"十二五"普通高等教育本科国家级规划教材
普通高等教育农业农村部"十三五"规划教材
全国高等农林院校"十三五"规划教材

畜牧学概论
XUMUXUE GAILUN
第三版

非动物科学专业用

李建国 主编

中国农业出版社
北　京

图书在版编目（CIP）数据

畜牧学概论/李建国主编．—3 版．—北京：中国农业出版社，2019.9（2024.6重印）
"十二五"普通高等教育本科国家级规划教材　普通高等教育农业农村部"十三五"规划教材　全国高等农林院校"十三五"规划教材
ISBN 978-7-109-25998-0

Ⅰ．①畜…　Ⅱ．①李…　Ⅲ．①畜牧学－概论－高等学校－教材　Ⅳ．①S81

中国版本图书馆 CIP 数据核字（2019）第 216401 号

中国农业出版社出版

地址：北京市朝阳区麦子店街 18 号楼
邮编：100125
责任编辑：王晓荣　　文字编辑：耿韶磊　王晓荣
版式设计：王　晨　　责任校对：巴洪菊
印刷：中农印务有限公司
版次：2002 年 7 月第 1 版　　2019 年 9 月第 3 版
印次：2024 年 6 月第 3 版北京第 7 次印刷
发行：新华书店北京发行所
开本：889mm×1194mm　1/16
印张：28.75
字数：770 千字
定价：75.00 元

版权所有·侵权必究
凡购买本社图书，如有印装质量问题，我社负责调换。
服务电话：010-59195115　　010-59194918

第三版编审者名单

主　编　李建国
副主编　莫　放　李文立　曹玉凤
编　者（以姓氏笔画为序）
　　　　田树军（河北农业大学）
　　　　刘　磊（山东农业大学）
　　　　刘月琴（河北农业大学）
　　　　刘忠军（吉林农业大学）
　　　　孙世铎（西北农林科技大学）
　　　　李文立（青岛农业大学）
　　　　李建国（河北农业大学）
　　　　李福昌（山东农业大学）
　　　　张慧林（西北农林科技大学）
　　　　陈　辉（河北农业大学）
　　　　莫　放（中国农业大学）
　　　　贾　琳（河北农业大学）
　　　　高艳霞（河北农业大学）
　　　　曹玉凤（河北农业大学）
　　　　曹志军（中国农业大学）
　　　　赖松家（四川农业大学）
审　稿　张　沅（中国农业大学）

第一版编审者名单

主　编　李建国
副主编　莫　放　李文立　桑润滋
编　者（以姓氏笔画为序）
　　　　　丁森林（河北农业大学）
　　　　　王　安（东北农业大学）
　　　　　田树军（河北农业大学）
　　　　　芒　来（内蒙古农业大学）
　　　　　李文立（莱阳农学院）
　　　　　李建国（河北农业大学）
　　　　　李福昌（山东农业大学）
　　　　　吴跃明（浙江大学）
　　　　　莫　放（中国农业大学）
　　　　　桑润滋（河北农业大学）
　　　　　黄仁录（河北农业大学）
　　　　　赖松家（四川农业大学）
审　稿　冯仰廉（中国农业大学）

第二版编审者名单

主　编　李建国
副主编　莫　放　李文立　曹玉凤
编　者（以姓氏笔画为序）
　　　　丁森林（河北农业大学）
　　　　王　安（东北农业大学）
　　　　火　焱（内蒙古农业大学）
　　　　田树军（河北农业大学）
　　　　刘忠军（吉林农业大学）
　　　　孙世铎（西北农林科技大学）
　　　　李文立（青岛农业大学）
　　　　李建国（河北农业大学）
　　　　李福昌（山东农业大学）
　　　　莫　放（中国农业大学）
　　　　高艳霞（河北农业大学）
　　　　桑润滋（河北农业大学）
　　　　黄仁录（河北农业大学）
　　　　曹玉凤（河北农业大学）
　　　　赖松家（四川农业大学）
审　稿　冯仰廉（中国农业大学）

第三版前言

《畜牧学概论》第二版于2011年出版，2014年被评为"十二五"普通高等教育本科国家级规划教材。近年来，世界畜牧科技创新步伐进一步加快，在科技畜牧、绿色畜牧、品牌畜牧、质量畜牧、安全畜牧、智慧畜牧等方面取得一批先进成果。为了让读者充分了解和掌握世界畜牧科学与技术的新成就，同时结合全国各高校的教学需要和在教材使用过程中反映出来的问题，我们对第二版进行全面修订，作为普通高等教育农业农村部"十三五"规划教材和全国高等农林院校"十三五"规划教材编写出版。

本版修订是在保持第二版基本构架和体例基础上，本着"立德树人""创新、协调、绿色、安全、高效"原则，对部分章节内容进行了调整，重点增补世界畜牧科学最新进展的资料和课程思政拓展，如畜牧生产系统的内涵、产业规划、全基因组选择、DHI、畜禽新品种、同期排卵与定时输精、粗饲料评定新方法、TMR配方设计、饲料与畜产品质量安全、动物福利与舒适度、智慧牧场建设、动物信号与饲养管理、粪污处理模式、牧场关键绩效指标管理、思政教学案例等。在编写过程中，力求做到文字精练，表达严谨，层次分明，图文并茂。实现教材内容与品德教育有机结合，培养学生的爱国情怀、科学家精神、辩证思维能力和学牧爱牧的热情。

本教材的编写承蒙中国农业大学张沅教授的审阅和修改，河北农业大学教务处和动物科技学院的领导给予了大力支持，谨此致以衷心的感谢！感谢中国农业出版社对本教材出版给予的支持！

由于编者水平所限，疏漏在所难免。诚恳欢迎同行和同学们批评指正。

李建国
2019年8月8日

第一版前言

畜牧业是农业生产的一个重要部门，在国民经济中占有重要地位。人类从事畜牧生产的目的，就是以最低成本，获取数量最大、品质优良和安全卫生的畜产品，丰富人们的生活，提高人们的健康水平。为此，在畜牧生产中，应选择优良畜禽品种，并为其创造优越的饲养条件，如适宜的营养水平、科学的管理技术、良好的环境控制、有效的疫病防治等，保证各个生产环节具有较高的效率。同时要搞好畜牧生产的经营决策和畜禽及其产品的市场营销，以提高畜牧业的经济、生态和社会效益。

《畜牧学概论》是按照21世纪本科生培养目标和为适应我国畜牧生产向规模化、产业化转变及其对畜牧学教学改革提出的要求而编著的。它主要阐述了畜牧生产的基本理论、生产知识、技术措施和经营决策，在内容上大量吸收采用了20世纪90年代以来本学科和相关领域学科的研究成果及生产新技术，较全面地反映了国内外研究进展。该教材理论联系实际，体现了教材的科学性、先进性和实用性。

本教材内容包括：绪论、动物营养原理、饲料、动物遗传基本原理、动物育种、动物繁殖、动物环境工程、动物卫生保健、牛生产、猪生产、羊生产、禽生产、兔生产、马属动物生产、特种经济动物生产、畜牧业企业经营管理和畜牧学概论实习指导。每章前有重点提示，章后有复习思考题。书后列出了编写参考书目，便于读者查阅。全书重点突出，文字精练、层次分明、图文并茂。该教材适用于高等农业院校动物医学、农学、农林经济管理、农村区域发展、生物技术等专业学生。本书也可作为畜牧科研、生产和管理人员的实用参考书。

本教材的编写和出版得到了中国农业出版社、河北农业大学教务处、河北农业大学动物科技学院的关心和大力支持；中国农业大学冯仰廉教授对本教材进行了耐心细致的审阅，谨此表示衷心的感谢！此外，本教材参考和引用了许多文献的有关内容，部分已注明出处或在附录中列出，限于篇幅仍有部分未加注出处或列出。在此，我们谨向原作者表示真诚的谢意和歉意。

由于编者水平所限，书中必定有不足之处，敬请读者批评指正。

编　者
2001年12月

第二版前言

本教材第一版是作为"面向21世纪课程教材"编写出版的，主要供非动物科学专业使用。自2002年7月出版以来，在全国各高等农业院校广泛使用，并获得2005年全国高等农业院校优秀教材奖。根据教学需要和在使用过程中反映出来的问题，以及近年来畜牧科学技术进展，我们对第一版进行了全面修订，作为全国高等农业院校"十二五"规划教材出版。

本次修订的基本宗旨是按照畜牧生产"高产、优质、高效、生态、安全"的基本要求，充分体现科学性、先进性、系统性和实用性，在保持第一版基本框架基础上，删繁就简，汲取畜牧学科领域的新理论和新技术。在编写过程中，力求做到文字精练，表达严谨，层次分明，图文并茂。

根据各位编写人员和部分教材使用单位任课老师的意见，本教材增加了生物信息学概述、基因组学概述、蛋白组学概述（第三章），计算机技术、分子生物技术在动物育种中的应用（第四章），动物生产机械化（第六章），畜产品生产质量控制、良好农业规范（GAP）认证、动物福利与畜牧生产（第八章）等内容。在实习指导中增加了饲料原料识别与品质检验、牛体部位识别与体尺测量、乳新鲜度的测定等内容。

本教材的编写承蒙中国农业大学冯仰廉教授的审阅和修改；河北农业大学教务处和动物科技学院的领导给予了热情支持，谨此致以衷心的感谢！此外，本教材参考和引用了许多文献的有关内容，在此一并表示谢意！

由于编者水平所限，疏漏在所难免，恳请同行和读者批评指正。

编　者
2010年9月

目 录

第三版前言
第一版前言
第二版前言

绪论 …………………………………………… 1
 复习思考题 …………………………………… 13

第一章　动物营养原理 ………………………… 14
 第一节　营养物质及其消化吸收 …………… 14
 第二节　营养物质与动物营养 ……………… 22
 第三节　营养需要与饲养标准 ……………… 38
 复习思考题 …………………………………… 44

第二章　饲料 …………………………………… 45
 第一节　饲料营养价值的评定 ……………… 45
 第二节　饲料营养特性 ……………………… 51
 第三节　饲料对畜产品品质的影响 ………… 63
 第四节　配合饲料及生产工艺 ……………… 65
 复习思考题 …………………………………… 78

第三章　动物遗传基本原理 …………………… 79
 第一节　细胞遗传 …………………………… 79
 第二节　群体遗传学 ………………………… 84
 第三节　动物数量性状的遗传 ……………… 86
 第四节　分子遗传与生物工程 ……………… 92
 复习思考题 …………………………………… 107

第四章　动物育种 ……………………………… 109
 第一节　品种概述 …………………………… 109
 第二节　动物生长发育的规律 ……………… 112
 第三节　动物的生产力 ……………………… 115
 第四节　选种 ………………………………… 118
 第五节　选配 ………………………………… 120
 第六节　动物育种的方法 …………………… 122
 第七节　动物品种遗传资源保存及
    　其利用 ……………………………… 129
 第八节　杂种优势及其利用 ………………… 131
 第九节　动物育种规划与工作组织
    　措施 ………………………………… 135
 复习思考题 …………………………………… 136

第五章　动物繁殖 ……………………………… 137
 第一节　动物的生殖器官 …………………… 137
 第二节　生殖激素 …………………………… 140
 第三节　雄性动物的生殖生理 ……………… 143
 第四节　雌性动物的生殖生理 ……………… 146
 第五节　动物配种与人工授精 ……………… 153
 第六节　动物繁殖控制技术 ………………… 157
 第七节　胚胎移植与胚胎工程技术 ………… 163
 第八节　提高动物繁殖力 …………………… 166
 复习思考题 …………………………………… 169

**第六章　动物环境控制、养殖设备及
   　福利** …………………………………… 170
 第一节　养殖场场址的选择及其建筑 ……… 170
 第二节　动物环境及其控制 ………………… 174
 第三节　规模化养殖场粪污处理及
    　利用 ………………………………… 181
 第四节　畜禽生产设备及智慧牧场 ………… 187
 第五节　动物福利与畜牧生产 ……………… 191
 复习思考题 …………………………………… 193

第七章　动物的卫生保健与疫病控制 ………… 194
 第一节　动物的卫生保健 …………………… 194
 第二节　动物防疫与检疫 …………………… 196
 第三节　动物常见疫病的防治 ……………… 200
 复习思考题 …………………………………… 212

第八章　动物产品的安全生产 ………………… 213
 第一节　影响动物产品安全生产的
    　因素 ………………………………… 213
 第二节　我国动物性食品的卫生

　　　　管理 …………………………… 215
　　第三节　动物性食品兽医卫生检验 …… 215
　　第四节　动物性食品安全生产 ………… 217
　　复习思考题 ……………………………… 223

第九章　牛生产 …………………………… 224
　　第一节　牛生产概述 …………………… 224
　　第二节　牛的生物学特征 ……………… 227
　　第三节　牛的品种 ……………………… 230
　　第四节　牛的体型外貌 ………………… 235
　　第五节　犊牛的饲养与管理 …………… 238
　　第六节　育成牛与青年牛的饲养与
　　　　管理 …………………………… 246
　　第七节　泌乳牛与干乳牛的饲养
　　　　管理 …………………………… 250
　　第八节　肉牛的饲养管理 ……………… 255
　　第九节　其他牛的饲养管理 …………… 258
　　第十节　牛产品的初步加工 …………… 260
　　复习思考题 ……………………………… 262

第十章　猪生产 …………………………… 264
　　第一节　猪生产概述 …………………… 264
　　第二节　猪的生物学特性 ……………… 267
　　第三节　猪的类型和品种 ……………… 270
　　第四节　种猪的饲养管理 ……………… 274
　　第五节　幼猪的培育 …………………… 278
　　第六节　肉猪生产 ……………………… 281
　　第七节　猪生产的工艺与设备 ………… 285
　　复习思考题 ……………………………… 288

第十一章　羊生产 ………………………… 289
　　第一节　羊生产概述 …………………… 289
　　第二节　羊的生物学特性 ……………… 292
　　第三节　羊的品种 ……………………… 294
　　第四节　羊的饲养管理 ………………… 299
　　复习思考题 ……………………………… 310

第十二章　家禽生产 ……………………… 311
　　第一节　家禽生产概述 ………………… 311
　　第二节　家禽的生物学特性 …………… 312
　　第三节　家禽的品种 …………………… 314
　　第四节　家禽的孵化 …………………… 317
　　第五节　家禽的饲养管理 ……………… 320
　　第六节　养禽设备 ……………………… 330
　　第七节　禽类产品的初步加工 ………… 334
　　复习思考题 ……………………………… 336

第十三章　家兔生产 ……………………… 337
　　第一节　家兔生产概述 ………………… 337
　　第二节　家兔的生物学特性 …………… 341
　　第三节　家兔的品种 …………………… 343
　　第四节　家兔的饲养管理 ……………… 349
　　第五节　养兔设备与工厂化养兔 ……… 356
　　第六节　家兔产品的初步加工 ………… 361
　　复习思考题 ……………………………… 363

第十四章　马属动物生产 ………………… 364
　　第一节　马生产 ………………………… 364
　　第二节　驴生产 ………………………… 370
　　复习思考题 ……………………………… 374

第十五章　经济动物生产 ………………… 375
　　第一节　经济动物生产概述 …………… 375
　　第二节　药用动物生产 ………………… 376
　　第三节　毛皮动物生产 ………………… 384
　　第四节　其他经济动物生产 …………… 388
　　复习思考题 ……………………………… 392

第十六章　畜牧业企业经营管理 ………… 393
　　第一节　畜牧业企业经营管理概述 …… 393
　　第二节　畜牧业企业的科学决策 ……… 395
　　第三节　畜牧业企业生产管理 ………… 404
　　第四节　畜产品营销管理 ……………… 413
　　复习思考题 ……………………………… 417

参考文献 …………………………………… 419
附录　实习指导 …………………………… 426

绪 论

一、畜牧业在农业和整个国民经济中的地位及作用

农业是国民经济的基础，是人类生存之本，而畜牧业是农业和整个国民经济的重要组成部分。世界上许多国家的畜牧业产值均接近或超过农业总产值的50%。畜牧业的发展水平是一个国家经济发展阶段和人民生活水准的标志，畜牧业在农业和整个国民经济中占有重要地位。

二维码绪-1 笃行党的二十大精神，服务中国式畜牧业现代化建设

(一) 促进农业持续协调发展

发展畜牧业，可使自然资源得到充分合理的利用，有助于保持生态平衡。从对太阳能的转化利用来看，由光合作用固定于植物中的太阳能，可以直接为人类所利用的部分仅为全部能量的25%，其余75%是由饲草和农副产品（如秸秆、糠麸）构成。畜牧生产能最大限度将其转化为人类所需的畜产品，这是完成生物循环和保持正常生态环境的重要方面。

以牧促农是确保种植业高产、稳产的基础。畜牧业可为农业生产提供大量的有机肥料，这些肥料，不仅氮、磷、钾三要素齐全，还能供给作物所需的钙、镁、硫、铁、硼、锌、铜等多种矿物元素，满足作物生长对多种养分的需要。在农业生产中，大量使用化肥（主要是氮肥），虽然可使产量提高，但也带来明显的不良后果，如土壤板结、土壤结构严重恶化，致使作物缺乏营养，生长发育不良。

畜多、肥多、粮多，这是被大量事实所证明的一条客观规律。实行农牧结合，以农养牧，以牧促农，反映了全面发展农业的客观规律，是现代农业的发展趋势。

(二) 为人类提供营养价值高的动物性食品

畜牧业为人们生活提供营养丰富的肉、蛋、乳。

猪肉是我国人民生活中的主要副食品，肉食消耗中，猪肉占比很大。猪肉味道鲜美，含热量高，一般含蛋白质14%，脂肪28%。2016年，全国人均猪肉食品消费量为19.6 kg。

禽肉蛋白质含量为23.3%，超过其他肉类，且富含各种氨基酸。2016年，全国人均居民禽肉食品消费量为9.1 kg。牛肉营养丰富，是高蛋白低脂肪食物，中等肥度牛肉含蛋白质20.6%，脂肪5.5%。2016年，全国人均居民牛肉食品消费量为1.8 kg。羊肉含蛋白质16.4%，脂肪7.9%，胆固醇含量低。2016年，全国人均羊肉食品消费量为1.5 kg。此外，畜牧业还可为人们提供驴肉、兔肉等。特种经济动物养殖业的发展，将给人们提供更多的特种动物肉食品。

禽蛋营养丰富，全蛋中蛋白质含量为13.3%，而且蛋白质容易消化，含有维持生命和促进生长发育的各种必需氨基酸及矿物元素和维生素。2016年，全国人均蛋类食品消费量为9.7 kg。

乳及乳制品所含营养物质完善，并且易于消化吸收。全球年人均乳类消费量为110 kg，经济发达国家牛乳及其制品占食品总营养的20%。2017年，我国人均乳类消费量折合生鲜乳达到36.9 kg，比2008年增加6.7 kg。未来乳及乳制品将成为我国人民生活中必不可

少的食物。

(三) 为工业提供原料,促进出口创汇

畜牧业发展促进食品、制革、毛纺、医药工业的发展。肉、乳、蛋等为食品工业的重要原料。牛皮、羊皮、猪皮是制革工业的重要原料,可制作皮鞋、皮帽、皮夹克、翻毛大衣等。羊毛、兔毛可用于毛纺工业制成绒线、毛毯等。羽毛、血、骨、蛋壳可加工成动物饲料。羽绒富弹性,保温性强,可制作被褥、防寒服等。各种动物的心、肝、胆、脑髓等可提取多种有价值的药品与工业用品。

我国畜牧业产品在对外贸易上占有重要地位。活畜禽、冻肉、蛋及其制品、蜂蜜、鬃尾、肠衣、绒毛、羽绒及其制品、皮革及其制品、裘皮及其制品、地毯等是我国的重要出口物,可直接换取外汇。

二、我国畜牧业现状及发展趋势

(一) 畜牧资源

1. 品种资源 我国拥有种类丰富、种质特异的畜禽遗传资源,已发现地方品种545个,约占世界畜禽遗传资源总量的1/6。我国是世界上畜禽遗传资源最为丰富的国家之一。不但具有世界著名的高产品种,而且还有大量适应性强,生产性能高的优良地方品种。根据《中国畜禽遗传资源状况》(2004年),我国畜禽遗传资源主要有猪、鸡、鸭、鹅、特禽、黄牛、水牛、牦牛、独龙牛、绵羊、山羊、马、驴、骆驼、兔、梅花鹿、马鹿、水貂、貉、蜂等20个物种,已认定畜禽品种(或类群)576个。其中,地方品种(类群)426个(约占74%),培育品种73个(约占12.7%),引进品种77个(约13.3%)。畜牧科技工作者运用现代育种技术选育出了一大批专门化品系和新品种,如苏姜猪、晋汾白猪、吉神黑猪、川藏黑猪、湖北白猪、京红1号、大午金凤、欣华2号、京海黄鸡、栗园油鸡、三高青脚黄鸡3号、良凤花鸡、皖江黄鸡、延黄牛、辽育白牛、云岭牛、蜀宣花牛、高山美利奴羊、察哈尔羊、鲁西黑头羊、简州大耳羊、"京粉2号"蛋鸡配套系、"国绍Ⅰ号"蛋鸭、扬州鹅、浙系长毛兔、康大肉兔,这些优良畜禽新品种(配套系)先后通过国家审定,并进行大范围的推广应用。绍兴鸭、金定鸭的产蛋量处于世界领先水平。这些品种广泛应用于畜牧业生产中,是培育新品种不可缺少的素材,在畜牧业可持续发展中发挥着重要作用。

我国畜禽品种对国外畜禽品种的育成有重要影响。如英国育成的大约克夏猪、巴克夏猪都含有中国猪的血统。美国波中猪也是用中国猪改良育成的。进入20世纪80年代,世界上许多国家引进我国的太湖猪和梅山猪等,改良其本国猪种。国外家禽品种育成过程中,如洛克鸡引入了黑色九斤鸡的血液,洛岛红鸡也引入了我国鹧鸪九斤鸡的血液。北京鸭分布到全世界,成为目前最有名的肉用鸭品种。

我国的畜禽遗传资源保护利用工作取得了一定成绩。20世纪50年代,建立了一批种畜禽场,80年代建立了各具特色的优良品种资源场和种牛站,1994年国务院颁布了《种畜禽管理条例》,"九五"期间国家启动畜禽种质资源保护项目,建立了国家家畜和家禽品种基因库,2016年制定了《全国畜禽遗传资源保护和利用"十三五"规划》。目前,我国已建立了原地和异地相结合的畜禽资源保护体系,农业农村部还建立了国家畜禽种质资源保存利用中心,目前已保存有16个品种的牛、羊等家畜的冷冻胚胎和冷冻精液,保存有60个中国地方猪品种和引进猪种近3 600个个体的DNA,并保存有部分细胞组织等遗传素材,为畜牧业可持续发展奠定了基础。但是,由于长期以来单纯追求畜牧业发展的数量,忽视其独特的资源特性和生态意义,缺乏对畜禽品种资源的足够认识,普遍存在"重引进、轻培育、重改良、轻保护"的现象。受外来高产品种强烈的冲击,我国部分畜禽品种数量逐渐减少、濒危,甚至灭绝。据统计,全国有40%以上的地方品种群体数量有不同程度的下降,相继有44个地

方品种被确定为濒危资源，有5个品种为濒临灭绝资源，17个品种已经灭绝。今后，应将畜禽品种资源的保护和畜禽品种开发与利用相结合，不断推进畜禽品种资源的选育，加快从资源优势向经济优势的转化。

2. 饲草饲料资源 饲草饲料是发展畜牧业的物质基础，确保饲草饲料供应和合理利用，是畜牧业生产的重要环节。

据估计，我国每年可用于养殖业的各种饲料达11亿t。其中，谷物类饲料1.8亿t（按我国原粮的36%被用于饲料），其余粮食资源和油料作物等的加工副产品及下脚料达1.5亿t，绿肥青饲料2亿t，各类农作物秸秆藤蔓6亿t。

全国牧草种植面积稳定增加，粮改饲试点步伐加快，优质高产苜蓿示范基地建设成效显著，饲草料收储加工专业化服务组织发展迅速，粮经饲三元种植结构逐步建立。2015年，全国种草保留面积0.22亿hm^2，干草年产量1.7亿t；优质苜蓿种植面积20万hm^2，产量180万t。草产品加工企业商品草生产量770万t；秸秆饲料化利用量达2.2亿t，占秸秆资源总量的24.7%。

我国饲料工业已形成了饲料加工、饲料原料、饲料添加剂、饲料机械等门类齐全的产业体系。2015年，全国工业饲料总产量2亿t，比2010年增长23.5%，保持世界第一。2015年，配合饲料产量达到1.74亿t，猪饲料、肉禽饲料、蛋禽饲料和反刍动物饲料产量分别为8 344万t、5 515万t、3 020万t和884万t。饲料添加剂生产和原料开发能力稳定提高。2015年，全国饲用维生素产量28万t，占全球产量的68.5%；饲用氨基酸产量152万t，占全球产量的38.7%。其中，蛋氨酸产量超过10万t，改变了我国蛋氨酸完全依赖进口的局面。然而，蛋白饲料原料主要依靠进口。2015年，全国蛋白饲料原料总消费量6 750万t，进口依存度超过80%。2013年公布的新版《饲料添加剂品种目录》中，有机矿物元素、酶制剂、微生物、植物提取物等新型饲料添加剂共计97种。

（二）畜产品产量及生产水平

我国畜牧业经历了一个从家庭副业成长为农业农村经济支柱产业的发展历程。目前，我国肉类人均占有量已达到世界平均水平，而蛋类则达到发达国家平均水平。2016年，全国畜牧业产值达到31 703.15亿元，占农林牧渔业总产值的28.3%。我国畜牧业的生产规模不断扩大，综合生产能力稳步提高。据统计，2015年，全国猪肉、乳类、牛肉、羊肉、兔肉、禽肉、禽蛋、羊毛和羊绒产量分别为5 487万t、3 870万t、700万t、441万t、84万t、1 826万t、2 999万t、48万t和1.92万t。肉类总产量居世界第一位，乳业总体规模仅次于印度和美国，位居世界第三位。生猪、肉牛、羊、乳牛、肉鸡和蛋鸡的规模化程度分别达到了56%、38%、44.6%、36.1%、81.6%和76.9%，规模化养殖优势逐渐显现，肉、蛋、乳等畜产品生产产业带已形成。畜牧业生产标准化逐步推进，畜产品品质明显提升，现已通过畜牧"无公害产品""绿色食品"和"有机食品"认证的品牌近2 000个。

配合饲料在畜牧生产中的应用使畜禽生产水平明显提高。用配合饲料喂畜、禽，比用单一饲料可提高饲料转化率20%~30%。同时，还可以缩短饲养周期，大量节约粮食资源。目前，肉鸡配合饲料转化率1.8:1；育肥猪配合饲料转化率2.8:1；蛋鸡配合饲料转化率2.4:1，农大3号为1.99:1。

2014年，我国生猪出栏率155%，每头能繁母猪年提供商品猪数量14.8头，生猪出栏日龄170 d，年出栏500头以上的规模养殖占比41.8%，规模养殖场人均饲养育肥猪数量650头，平均每头出栏猪胴体重76.873 kg；蛋鸡72周龄平均产蛋量15~16 kg，产蛋期死淘率20%~30%；肉鸡上市日龄56 d，上市体重2.5 kg，成活率85%~90%。2015年，我国每头泌乳牛平均单产6 500 kg，饲料转化率1.2（标准乳/干物质采食量）；每头肉牛和肉用犊牛平均胴体重140 kg，每只绵羊和羔羊平均胴体重15 kg。

（三）畜牧生产区域布局规划

为适应现代农业的发展需求，调整种养业结构，促进资源高效利用，优化畜牧生产区域布局，加强绿色、品牌、质量、安全、高效、循环畜牧业基础建设、国家有关部（委）制定了《全国畜禽遗传资源保护和利用"十三五"规划》《全国生猪生产发展规划（2016—2020年）》《全国草食畜牧业发展规划（2016—2020年）》《全国奶业发展规划（2016—2020年）》《特色农产品区域布局规划（2013—2020）》《种养结合循环农业示范工程建设规划（2017—2020年）》《全国农业可持续发展规划（2015—2030年）》和《全国种植业结构调整规划（2016—2020年）》。

1. 草食畜牧业生产 发展草食畜牧业是建设现代畜牧业的重要方面，对于加快农业转方式调结构，构建粮经饲兼顾、农牧业结合、生态循环发展的种养业体系，推进农业供给侧结构性改革，具有重要的战略意义和现实意义。近年来，草食畜牧业综合生产能力持续提升，生产方式转变加快，产品产量持续增长，标准化规模养殖稳步推进。2015年，乳牛存栏量100头以上、肉牛出栏量50头以上、肉羊出栏量100只以上的规模养殖占比达45.2％、27.5％、36.5％。行业产业化水平显著提升，基本形成了集草食动物育种、繁育、屠宰、加工、销售为一体的产业化发展模式，产业链条逐渐延伸完善。

草食畜牧业规划的指导思想：以乳牛、肉牛、肉羊为重点，兼顾其他特色草食畜种，坚持种养结合和草畜配套，进一步优化产业结构和区域布局，加快草食畜禽种业与牧草种业创新发展，大力推进标准化规模养殖，强化政策扶持和科技支撑，推动粮经饲统筹、种养加一体，推动一、二、三产业融合发展，不断提高草食畜牧业综合生产能力和市场竞争力，全面建设现代草食畜牧业。

（1）总体布局。优化发展传统农区和农牧交错区，适度发展北方牧区，保护发展青藏高原牧区，积极发展南方草山草坡地区。

传统农区：按照"以畜定草"的原则，逐步建立粮经饲三元种植业结构，推进"种养结合、农牧循环"的发展模式。积极培育龙头企业、合作社、养殖大户、家庭农（牧）场等新型经营主体，着力提升畜牧业标准化、规模化、组织化和信息化水平。重点推广标准化养殖综合配套、优质饲草种植与加工、青贮饲料生产、糟渣类饲料储藏利用、全混合日粮饲喂、精细化分群饲养、规模化集中育肥、废弃物综合处理与资源化利用等技术模式。

农牧交错区：推进粮草兼顾型农业结构调整，减粮增饲，调优粮经饲草比例，促进种养加紧密结合，挖掘饲草料生产潜力，坚持种养结合，草畜一体。探索"牧繁农育"和"户繁企育"的养殖模式，实现牧区与农区草畜平衡、循环利用、协调发展，重点推广天然草原改良、人工草地建植、优质饲草青贮、全混合日粮饲喂、精细化分群饲养、标准化养殖等技术模式。

北方牧区：围绕"提质、增效、绿色、可持续"的基本方针，引导牧民流转整合草场、牲畜等生产要素，发展家庭农（牧）场，采用"轮牧＋补饲"的养殖模式，走规模化养殖、标准化生产、品牌化经营的产业化发展道路，重点推广天然草原补播、粗饲料加工利用、牧区饲草青贮、划区轮牧、标准化养殖、幼畜早期培育等技术模式。

青藏高原牧区：以保护草原生态环境为前提，以科学合理利用草地资源为基础，走生态畜牧业的发展道路，通过培育合作社、家庭农（牧）场等多种经营主体，突出棚圈等基础设施建设，优化配置草场、饲草料产地、牲畜等基本生产要素，适度发展高原生态特色畜牧业，重点推广牛羊本品种选育、精料补饲、犊牛全哺乳、藏羊和牦牛育肥、青贮饲料和优质牧草种植等技术模式。

南方草山草坡地区：大力推广粮经饲三元结构种植和标准化规模养殖，推行"公司＋合作社""公司＋家庭农（牧）场"的产业化经营模式，因地制宜发展地方优质山羊、肉牛、

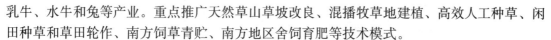

乳牛、水牛和兔等产业。重点推广天然草山草坡改良、混播牧草地建植、高效人工种草、闲田种草和草田轮作、南方饲草青贮、南方地区舍饲育肥等技术模式。

(2) 产业布局。

①肉牛。我国肉牛产业持续快速发展，区域布局不断优化，肉牛饲养的规模化、组织化程度不断提高，牛肉产量持续增长，产品品质不断提高，屠宰加工能力显著增强，为满足人们不断增长的牛肉需求发挥着越来越重要的作用。未来城乡居民对牛肉的消费将不断增加，肉食结构中牛肉的占比将不断上升，对肉牛业发展提出了更高的要求。当前，肉牛业基础母牛存栏量下降、投入水平低、产业链条短等问题比较突出，急需进一步提升肉牛业综合生产能力，确保基本供给。

区域布局：巩固发展中原产区，稳步提高东北产区，优化发展西部产区，积极发展南方产区。加快推进肉牛品种改良，大力发展标准化规模养殖，强化产品质量安全监管，提高产品品质和养殖效益，充分开发利用草原地区、丘陵山区和南方草山草坡资源，稳步提高基础母牛存栏量，着力保障肉牛基础生产能力，做大做强肉牛屠宰加工龙头企业，提升肉品冷链物流配送能力，实现产销对接，提高牛肉供应保障能力和质量安全水平。

②肉羊。随着肉羊区域化生产格局逐步形成，我国继续保持了世界第一羊肉生产大国的地位，生产方式转变加快，杂交改良推广面积不断扩大，羊肉产量持续增长，品质显著提高。随着我国城乡居民收入水平的不断提高，人们的消费观念逐步转变，未来羊肉消费量将呈上升趋势。但是，肉羊业仍然面临良种覆盖率低、专用饲料供应不足、养殖方式落后、加工流通企业规模偏小等制约因素，必须加快品种改良和转型升级步伐。

区域布局：巩固发展中原产区和中东部农牧交错区，优化发展西部产区，积极发展南方产区，保护发展北方牧区。积极推进标准化规模养殖，不断提升肉羊养殖良种化水平，提升肉羊个体生产能力，大力发展舍饲半舍饲养殖方式，加强棚圈等饲养设施建设，做大做强肉羊屠宰加工龙头企业，提升肉品冷链物流配送能力，实现产销对接，提高羊肉供应保障能力和质量安全水平。

③乳畜（乳牛、乳水牛、乳山羊）。2008年以来，我国乳业持续稳步发展，坚持以保障乳品质量安全为核心，全面开展乳品质量安全监督执法和专项整治工作，加快转变乳牛养殖生产方式，推动乳品加工优化升级，乳业素质大幅提升，现代乳业建设取得显著成绩。乳业已成为现代农业和食品工业中最具活力、增长最快的产业之一。乳业全产业链质量安全监管体系日趋完善，乳品质量安全水平大幅提升，乳牛养殖规模化、标准化、机械化、组织化水平显著提高。但与乳业发达国家相比，我国乳牛单产水平、资源利用效率和劳动生产率仍有一定差距，泌乳牛年均单产比欧美国家低30%；规模牧场人均饲养乳牛40头，只有欧美国家的一半。农牧结合不紧密，产业一体化程度较低，养殖与加工脱节，缺乏稳定的利益联结机制，产业周期性波动大；国产乳制品竞争力不强，品牌缺乏影响力。我国人均乳类消费量仅为世界平均水平的1/3、发展中国家的1/2。为确保我国乳牛养殖业健康持续发展，满足人民群众日益增长的消费需求，必须妥善解决乳畜饲养方式落后、良种化程度不高、乳业产业化组织化程度低、乳及乳制品市场不规范等问题，通过转型升级、创新驱动、提质增效、补齐短板，我国乳业将迎来更大的发展空间。

区域布局：巩固发展东北及内蒙古和华北产区，稳步提高西部产区，积极开辟南方产区，稳定大城市周边产区。重点推进品种改良和生产性能测定工作，提升乳牛、乳山羊和乳水牛单产水平，因地制宜发展乳肉兼用牛；强化规模养殖场疫病净化能力；加快发展全株青贮玉米及优质苜蓿高效生产，推进种养结合与农牧循环；推进标准化规模养殖，加快养殖小区牧场化改造和家庭牧场发展；引导乳业企业与乳农建立紧密的利益联结机制，引导乳品企业投资乳源基地建设，加快乳业一体化发展；合理布局加工企业，依法依规淘汰落后产能，优化调整乳制品结构，大力发展液态乳，加快乳酪等干乳制品生产发展，促进乳源基地建设和乳制品加工协调发展（表绪-1）。

表绪-1 乳业发展区域布局及主要任务

区 域	主要任务
东北和内蒙古产区（黑龙江、吉林、辽宁、内蒙古）	引导乳业生产实现规模化、标准化和专业化。发展全株青贮玉米及高产优质苜蓿生产，推进种养结合、循环发展。以荷斯坦乳牛为主，兼顾乳肉兼用牛发展。重点发展奶粉、干酪、奶油、超高温灭菌乳等，根据市场需要适当发展巴氏杀菌乳、发酵乳等产品
华北产区（河北、河南、山东、山西）	加快养殖小区改造升级为牧场，发展专业化养殖场，提高集约化程度。探索农副饲料资源综合利用新模式，形成种养加一体化产业体系。以荷斯坦乳牛为主，适当发展乳山羊等品种。重点发展奶粉、干酪、超高温灭菌乳、巴氏杀菌乳、发酵乳等产品
西部产区（陕西、甘肃、青海、宁夏、新疆、西藏）	着力发展乳牛规模养殖场、家庭牧场和乳农合作社，提高乳类商品化率，提升价值链。扩大青贮玉米、优质苜蓿等种植面积，提高优质饲草料供给水平。以荷斯坦乳牛为主，发展乳肉兼用牛，兼顾乳山羊、牦牛等品种。重点发展奶粉、干酪、奶油、羊乳及相关乳制品，适度发展超高温灭菌乳、发酵乳、巴氏杀菌乳等产品，鼓励发展具有地方特色的牦牛乳、骆驼乳等乳制品
南方产区（湖北、湖南、江苏、浙江、福建、安徽、江西、广东、广西、海南、云南、贵州、四川）	采用"龙头企业＋合作社＋家庭牧场"的组织形式，积极发展适度规模养殖场。加大养殖设施设备改造提升，提高青贮饲料供应水平，推广全日粮饲喂技术，提高乳业生产效率。安徽、湖北、福建、广东、四川等新兴区域发展荷斯坦乳牛、娟姗牛，广西、云南等省区鼓励发展乳水牛。重点发展巴氏杀菌乳、干酪、发酵乳，适当发展炼乳、超高温灭菌乳等产品，鼓励发展水牛乳等具有地方特色的乳制品
大城市周边产区（北京、天津、上海、重庆）	稳定乳牛数量，提高生产效率，重点发展种业龙头企业，培育优秀种公牛。大力开展粪肥污水环保处理和资源化利用，探索发展休闲观光乳业。主要发展巴氏杀菌乳、酸奶等低温产品，适当发展干酪、奶油等其他乳制品，鼓励新型乳制品的开发

2. 生猪生产 猪肉是我国城乡居民最重要的肉食品来源，猪肉占肉类总产量的64%左右，始终是肉类供给的主体。养猪业是保障我国食品安全的基础产业，具有"猪粮安天下"的战略意义。近年来，我国生猪生产总体保持稳定增长，生猪存栏量、出栏量和猪肉产量稳居世界第一位，标准化规模养殖持续推进，生产方式加快转变，综合生产能力显著增强，有力满足了城乡居民猪肉消费需求。但是，生猪生产面临环境压力加大，特别是南方水网地区等环境敏感区环境保护压力加大，生猪生产绿色发展面临严峻挑战。随着规模化、集约化程度不断提高，农牧结合不紧密和区域布局不合理等问题逐步显现。当前，我国生猪产业综合竞争力明显低于发达国家，养殖成本比美国高40%左右，每千克增重比欧盟多消耗饲料0.5 kg左右，母猪年提供商品猪比国外先进水平少8~10头。因此，要坚持不断地推进生猪标准化规模养殖，建设现代生猪种业，促进养殖废弃物综合利用，加强屠宰管理和疫病防控，建立健全猪肉产品质量安全追溯体系，推动全产业链一体化发展，加快产业转型升级和绿色发展，全面提升综合生产能力、国际竞争能力和可持续发展能力。

区域布局：综合考虑环境承载能力、资源禀赋、消费偏好和屠宰加工等因素，充分发挥区域比较优势，分类推进重点发展区、约束发展区、潜力增长区和适度发展区生猪生产协调发展。

（1）重点发展区。包括河北、山东、河南、重庆、广西、四川、海南7省（直辖市）。主要任务是依托现有发展基础，加快产业转型升级，提高规模化、标准化、产业化、信息化水平，加强粪便综合利用，完善良种繁育体系，扩大屠宰加工能力，加强冷链物流配送体系建设，推进生猪"就近屠宰、冷链配送"经营方式，提高综合生产能力和市场竞争力，开发利用地方品种资源，打造地方特色生猪养殖。

（2）约束发展区。包括北京、天津、上海等大城市和江苏、浙江、福建、安徽、江西、湖北、湖南、广东等南方水网地区。该区域受资源环境条件限制，生猪生产发展空间受限，未来区域养殖总量保持稳定。

京津沪地区：该区域经济发展水平和城镇化率较高，生猪养殖总量小，但规模化程度、生产水平等均处于全国前列。主要任务是稳定现有生产规模，优化生猪养殖布局，加强生猪育种能力建设，推行沼气工程、种养一体化等生猪粪便综合利用模式，提高集约化养猪水平和猪肉产品质量安全水平，加快信息化建设，构建质量安全可追溯体系，发展现代生猪产业。

南方水网地区：该区域河网密布，人口密集，生猪产销量大，水环境治理任务重。主要任务是调整优化区域布局，实行合理承载，推动绿色发展；推进生猪适度规模标准化养殖，提升设施装备水平；淘汰落后屠宰产能，推进生猪规模化、标准化屠宰，提升养殖屠宰设施设备水平；推行经济高效的生猪粪便处理利用模式，促进粪便综合利用。

①珠江三角洲水网区：实行生猪养殖总量控制，加快发展适度规模养殖，同时大力推广猪沼茶（果、林、草、菜）等生态养殖模式和高架床等清洁养殖模式，提高生猪养殖设施装备水平和粪便综合利用水平；利用技术和资本优势，加快生猪种业发展，提高生产效率和产业化水平，进一步提升生猪养殖业竞争力。

②长江三角洲水网区：应稳定现有生猪存栏量，推行大型沼气工程和区域性集中处理等生猪粪便综合利用模式，支持中小规模养殖场改造升级，提高集约化养殖水平和猪肉产品质量安全水平，加快生猪养殖信息化建设，建立质量安全可追溯体系，在全国率先实现生猪产业现代化。

③长江中游水网区：应加快退出禁养区内生猪规模养殖；适宜养殖区域应严格执行污染物总量减排要求，突出粪便综合利用，探索多种形式的农牧结合发展模式，研究推广水稻等大田作物施用有机肥，建设专业化粪肥等有机肥施肥队伍，加快生猪粪便综合利用进程，严格控制超载地区养殖总量。

④淮河下游水网区：应坚持适度发展，以环境承载力为依据，在稳定现有生产规模基础上，适度承接苏南和苏中地区生猪产业转移；加强圈舍改造，推广干法清粪工艺和节水工艺；加快粪便处理和利用设施建设，提高现代化装备和设施水平，促进粪便就地就近还田利用，进一步提高有机肥使用量。

⑤丹江口库区：应加大规模养殖场改造升级力度，推行农牧、林牧结合，发展生态养殖，提高综合效益。在科学划定禁养区的基础上，退出禁养区内生猪规模养殖。同时，重点推进生猪产业布局调整，充分发挥产业化龙头企业带动作用，推进库区生猪养殖向省内其他有潜力的区域适当转移。

3. 蛋鸡生产 我国鸡蛋产量占世界总产量的近40%，居世界首位。我国虽然是目前世界上蛋鸡生产第一大国，但产业发展水平与世界先进国家相比仍存在较大差距，如蛋鸡育种水平仍然较低；养殖企业总体规模偏小、技术创新能力薄弱、管理水平落后；产业生产方式以劳动力密集型为主，设备技术水平明显落后于发达国家；产业质量安全管理与保障体系不健全。因此，对中小型蛋鸡养殖户应加强引导，加快其转型升级过程。蛋鸡养殖在向标准化、规模化、现代化和集约化转变的过程中，要根据当地资源和承载力，因地制宜，实现适度规模，减少对环境的破坏，才能获得最大的经济效益。

蛋鸡的生产布局：蛋鸡的生产布局随着社会、经济的发展而发生变化。20世纪40年代，中国蛋鸡主产省份集中在东南地区（广东、江苏、浙江）、华中地区（湖北、湖南、江西、安徽）和华北地区部分省份（山东、河南），这些主产省的家禽数量高达全国总数的80%~90%。1985—2008年，中国蛋鸡主产省分布大致稳定，主要分布在山东、江苏、湖北、河南、河北、四川和辽宁等地区。2008年，河北、河南地区的蛋鸡量迅速攀升，分别上升到全国第1位和第2位，而江苏和湖北的蛋鸡量却不断下降，分别退到全国第5位和第7位，这说明中国蛋鸡的生产布局呈现出向华北玉米带（山东、河南、河北）集中的趋势。研究证实，河北、河南、山东、辽宁、吉林、山西、陕西、湖北、安徽等省无论是在资源禀赋上还是在综合比较优势上都具有优势，是中国蛋鸡生产比较优势最全面的地区，特别是对于河北、河南这些具有较强资源禀赋优势的地区，应大力开发利用并升级该区域的现有资源，推进这些区域蛋鸡的适度规模养殖。

4. 肉鸡生产 我国是世界第二大肉鸡生产和消费国，肉鸡育种水平不断提高，已初步形成了肉鸡育种、养殖、饲料生产、疫病防控、产品加工、出口、销售为一体的肉鸡产业化体系。肉鸡产业已成为我国农业和农村经济中的支柱产业，在解决农村劳动力就业、增加农民收入、保障重要农产品供给、提高人民营养水平和生活水平等方面发挥了巨大的作用。但我国肉鸡产业的发展还存在很多问题，如肉鸡品种与区域结构不合理、名优品牌鸡数量偏少、部分品种短缺等。随着我国消费结构升级，人们对高品质的肉鸡产品需求日益增加，肉鸡的品种比例结构仍须不断调整和优化。随着肉鸡产业的发展，肉鸡养殖场和养殖规模不断增加和扩大，部分养殖场养殖污染治理不到位，环境压力越来越大。因此，应加强育种工作，完善育种体系；优化养殖结构；加强资源环境保护，推动绿色发展。

肉鸡的生产布局：我国肉鸡生产具有规模比较优势的地区主要集中于大城市和经济发达地区，东部和中部地区优势相对强些，而西部地区则相对较弱。①吉林、山东、河北、安徽、江西等省是中国肉鸡生产比较优势最全面的地区，应在充分尊重相关法律法规的前提下适度促进肉鸡生产的发展。②发达省份具有肉鸡生产的产量、规模优势及市场优势，因此，广东、江苏、浙江、山东等地，应积极引导规模化养殖的发展。同时，大力发展肉鸡加工业，提升肉鸡的产业化水平。由于成本和资源禀赋存在相对比较劣势，东部地区也可以考虑在拥有一定保有量的前提下把肉鸡生产向中西部等内地省份进行转移，降低农业资源的机会成本。③中西部省份在肉鸡生产的资源禀赋、生产成本方面具有比较优势，因此，中西部地区应大力开发利用并升级现有资源，提高肉鸡生产的效益，增加农民收入。同时，由于在规模和产量方面存在相对比较劣势，中西部省份不应该盲目地追求规模和产量，否则会得不偿失。

5. 特色草食牲畜生产 我国草地资源丰富，以牦牛、特用羊为主的特色草食畜是西部的畜牧优势产业，发展前景广阔。牦牛是青藏高原特有的遗传资源，其肉、乳等是天然绿色食品。在纺织产品出口拉动下，国产细羊毛市场需求逐步增加。我国羊绒衫占据了3/4的国际市场份额，原绒产量是全球产量的80%。藏系绵羊毛具有弹性大、拉力强和光泽度高的特点，是纺织地毯的上等原料。滩羊是在特定生态环境条件下育成的独特名贵裘皮用绵羊品种。目前存在的主要问题是牦牛个体生产性能弱，靠天养畜，草畜失衡，加工技术落后；特用羊品种退化，优质种羊规模小，舍饲技术不完善；羊绒和羊毛剪毛机械化程度低，产品混装混卖，品质及档次结构不能适应市场需求。重点发展5种特色草食畜。做到坚持市场导向，因地制宜发展兔、鹅、绒毛用羊、马、驴等特色草食畜产品，满足肉用、毛用、药用、骑乘等多用途特色需求，积极推进优势区域产业发展，支持贫困片区依托特色产业精准扶贫脱贫。

主攻方向：

牦牛：①立足地方优良品种，引进优良种牛改良本地品种，提高牦牛生产性能；②控制规模，保护草地，缓解草畜矛盾；③推广育肥新技术，综合开发牦牛的乳、肉、皮、骨，打造牦牛产业链；④开发牦牛的深加工产品。

特用羊：①建设原种场、扩大种羊规模，提高个体产毛（绒）量和羊毛（绒）品质；②建设机械化剪毛和羊毛分级等基础设施；③建立国家珍稀品种滩羊保护区。

优势区域：

（1）牦牛。青藏高原地区。

（2）细毛羊。新疆北部、内蒙古中东部、祁连山区、河北西北部、吉林、黑龙江西部和南部。

（3）绒山羊。西藏西部、内蒙古、陕西北部、河北北部、辽东半岛、黑龙江中北部、新疆西北部、甘肃河西走廊、青海柴达木。

（4）藏绵羊。西藏大部分地区、青海、甘肃南部、四川西部及云南西北部。

（5）滩羊。宁夏中部、甘肃中部、陕西西北部。

6. 特色猪、禽、蜂生产 我国猪禽肉市场供需基本平衡，但特色肉类需求增长势头强劲，发展潜力大，市场前景好。金华猪皮薄、骨细、肉嫩，是腌制金华火腿的原料；乌金猪肌肉发达，瘦肉比例高，是腌制"云腿"的原料；香猪体型矮小、肉质香嫩、皮薄骨细、早熟、乳猪无腥味，是加工制作高品质肉制品的原料；藏猪体型小、皮薄、瘦肉率高，风味独特。我国特色优质禽种质资源丰富，自然放养的地方特色肉鸡销售市场不断扩大，特色水禽正成为禽肉生产新的增长点。我国是世界蜂产品生产和出口大国，国内消费量日渐增加，50%蜂产品用于出口，蜂王浆产量占世界90%。目前存在的主要问题是品种杂乱，缺乏系统选育，品质参差不齐；生产模式落后，缺乏综合防疫设施，滥用和盲目用药现象严重；生产规模偏小，加工产品开发不足。规划期内重点发展7种特色产品。

主攻方向：①实施原产地保护，保护与开发相结合；②进行特色品种的保种与提纯；③改进养殖模式，扩大生产规模，建立标准化生产示范区，提高疫病监控水平，增强产业开发，形成产业链。

优势区域：

（1）金华猪。浙江中西部、江西东北部。

（2）乌金猪。云贵川的乌蒙山地区和金沙江流域。

（3）香猪。贵州东南部、广西西北部。

（4）藏猪。西藏东南部、云南西北部、四川西部、甘肃南部。

（5）特色肉鸡。华北区、长江中下游区、华南区、西南区、东北区、西北区。

（6）特色水禽。长江中下游区、东南沿海区、西南区、黄淮海区、东北松花江区。

（7）特色蜂产品。东北区、东南区、华中区、西部区、华北区。

7. 饲草料产业生产 饲草料产业坚持"以养定种"的原则，以全株青贮玉米、优质苜蓿、羊草和燕麦草等为重点，因地制宜推进优质饲草料生产，加快发展商品草。按照优质苜蓿产业带、东北羊草产区、南方饲草产区、"镰刀弯"和黄淮海产区、天然草原牧区等区域，分区施策，优化产业布局科学发展。

（四）我国畜牧业发展趋势

在今后很长一段时期内，畜牧生产应以提高商品率和经济效益为中心，进一步完善畜禽良种繁育体系，培育高产、优质、抗病的畜禽新品种；努力提高畜禽单产生产水平、产品品质和肉用畜禽的出栏率；注重畜禽产品质量安全、公共卫生安全和生态环境安全，提高畜禽产品的国际竞争力；大力发展配合饲料工业生产，建立高效安全的饲料生产和监管体系；调整畜牧生产结构，发展节粮型畜牧业和草食畜牧业；合理开发利用草地资源，加强农区饲草及饲料作物基地建设；建立动物疫病的监控和预警机制，以减少畜牧业损失和对人体健康的危害；加强畜牧生物技术的应用研究，加快畜牧业增长方式的转变，从单纯追求数量向数量与品质、效益和生态并重的方向转变，走优质、高产、安全、生态、可持续发展的道路；防治畜禽养殖污染，推进畜禽养殖废弃物的综合利用和无害化处理；加强信息化智慧牧场建设；重点构建现代畜牧业产业体系，促进畜牧业尽快向区域化布局、规模化养殖、标准化生产、产业化经营、社会化服务方向转变，实现种养加一体化经营，提高畜牧生产经济效益、生态效益和社会效益。

三、世界畜牧业现状及发展趋势

（一）畜牧业生产结构与布局

从全球畜群结构看，大体分 6 种类型：①养牛主导型，如拉丁美洲的哥伦比亚、巴西、阿根廷、委内瑞拉和墨西哥等国，印度是养牛最多的国家；②养羊主导型，如澳大利亚、新西兰、蒙古和土耳其等国，羊的数量一般占牲畜存栏数的 50% 以上；③养猪主导型，如日本、丹麦、匈牙利和中国等国，猪的数量一般占牲畜存栏数的 60% 以上；④牛、羊并重型，如埃及、智利、南非等国，牛的数量占牲畜存栏数的 50%，羊的数量占牲畜存栏数的 40% 以上；⑤牛、猪并重型，如美国和加拿大两国，牛、猪的数量约各占牲畜存栏数的 50%；⑥牛、羊、猪并重型，如意大利、英国、法国等国，一般牛、猪和羊的数量各占牲畜存栏数的 1/3。

从全球畜种变化看，养马业与耕牛饲养业因农业机械化的发展有所下降。肉类生产中，猪肉仍居首位，保持 30%~40%；牛肉有所下降；羊肉占比仍较低；由于现代化养鸡业迅猛发展，禽肉增长很快，已成为人们肉食消费中的重要选择之一。

（二）畜牧业经济发展模式

在发展畜牧业过程中，各国依据土地、资本和劳动力三大生产要素的投入情况，分别采取了以下 3 种发展模式：①以土地投入为主的澳大利亚、新西兰的草地畜牧业发展模式；②以资本投入为主的美国和欧洲的集约化畜牧业发展模式，美国和加拿大选择了土地、资本和技术密集、以机械作业为主的集约化大农场的发展道路，美国每个乳牛农场的养殖规模都达到 100 头以上，生猪养殖场年出栏 2 000 头以上，养鸡场平均饲养只数已超过 1 000 万只，德国、法国、荷兰、奥地利等国选择了资本密集和技术密集、以机械作业为主的适度规模经营、种植业与畜牧业相结合、环境友好的集约化家庭农场的发展道路；③以劳动力投入为主的广大发展中国家的传统畜牧业发展模式。

发达国家畜牧业产业化经营模式为"合作社＋公司＋农户"，合作社是公司的所有者，农户是合作社的股东，因此，农户也是公司的所有者，公司经营的好坏与农户的经济利益息息相关，年末农民可以享受分红。公司和农户之间在开拓市场、打造品牌方面存在一种互动力，形成了"品牌→市场→收益→品牌"良性循环模式。

（三）强化产品质量安全和环境保护理念

在发展现代畜牧业的过程中，发达国家都十分重视畜产品质量安全和环境保护。美国通过健全畜产品质量安全法律、法规、标准体系，对畜产品生产、加工、储运、销售过程进行全程控制。通过建立畜产品质量安全管理组织机构体系，强化生产源头控制和进出口检验检疫等，建立起了有效的畜产品安全综合管理机制。欧盟则通过完善质量控制管理机构，实施严格而统一的质量安全标准，建立食品信息的可追溯系统等，逐步建立起了以统一标准为中心的畜产品质量安全配套管理体系。在环境保护方面，为了保护环境，实现畜牧业生产与环境保护的协调，这些国家都相继出台了一系列法律法规，通过法制手段来规范生产经营者的行为，以保证畜牧业可持续发展。

（四）发展生态畜牧业，开发绿色、有机畜产品

许多国家的政府出台了相关的法律、法规和政策，以鼓励和支持生态畜牧业的发展。通过采用高新科技促进畜牧业资源的循环利用和高效转化，加大对畜牧业污染的防治，不断推动生态畜牧业发展。

综观世界各国生态畜牧业发展现状，世界生态畜牧业发展模式主要有 4 种：①以美国和

加拿大为典型代表的以集约化发展为特征的农牧结合型生态畜牧业发展模式；②以澳大利亚和新西兰为典型代表的以草畜平衡为特征的草原生态畜牧业发展模式；③以日本和中国为典型代表的以农户小规模饲养为特征的生态畜牧业；④以英国、德国等欧洲国家为典型代表的以开发绿色、无污染天然畜产品为特征的自然畜牧业。

进入20世纪90年代，全球绿色食品（有机食品）发展迅猛，全世界约有130个国家进行绿色食品（有机食品）生产。其中，非洲有27个国家，亚洲有15个国家，拉丁美洲有25个国家，绿色食品的生产主要集中在欧洲国家。近年来，通过"有机畜牧业"生产的肉类平均每年以20%的速度增长，有机畜产品的消费也与日俱增。如瑞典在全球率先禁止使用饲用抗生素促消化和促生长，发展绿色养猪业，并经多年实践应用形成了著名的"瑞典模式"。美国在发展有机畜牧业方面处于世界领先地位。1990年，美国食品与药品管理局批准有机植物制品、有机蛋制品和有机乳制品可以使用有机食品标签。1999年2月，美国农业部（USDA）批准可以对有机肉制品实行标签制度。在美国，有机畜牧场平均面积达75.6 hm^2，全美约有一半的州发展有机饲养业，有机牛乳的生产是美国畜牧业生产中发展最快的项目。

（五）关注动物福利

关注动物福利是诸多发达国家发展现代畜牧产业的重要特征。英国早在1822年就通过法律条文的形式来保护动物免受虐待，并在20世纪20年代初陆续通过了《动物保护法》《野生动物保护法》《实验动物保护法》等一系列法律来保护动物的利益。其他欧洲发达国家和美国在20世纪80年代也分别进行了动物福利方面的立法。甚至不少经济欠发达国家，如印度、泰国、尼泊尔等国也进行了动物福利的立法。目前，已经有100多个国家建立了完善的动物福利法规，在饲养、运输、屠宰、加工等过程中善待动物。在国际贸易中，越来越多的发达国家要求供货方必须提供畜禽在饲养、运输、屠宰过程中没有受到虐待的证明。

（六）推广畜牧业先进生产技术

畜牧业发达的国家历来注重优良畜禽品种的培育，国内建有数量众多的育种中心和种畜公司，培育出了很多优良、高生产力的畜禽品种。如美国的乳牛品种主要为荷斯坦乳牛和娟姗牛；肉牛品种为安格斯牛、海福特牛等；猪品种有长白、大约克夏、杜洛克、汉普夏和皮特兰。此外，美国还有像PIC这样的世界著名的育种公司，为该国畜牧业现代化发展提供优秀的畜禽品种。

人工授精技术、基因工程、同期发情、胚胎移植、同卵双生、胚胎性别鉴定、胚胎分割、激素免疫、早期断乳技术、全混合日粮（TMR）饲喂技术等，在畜牧业中得到推广应用，并取得较好效果。如美国养猪场的仔猪多为14~16 d断乳，50%~70%的猪场采用了人工授精技术。乳牛业发达国家，如美国、加拿大、以色列、荷兰、意大利等普遍采用TMR饲喂技术，而在亚洲的韩国和日本，TMR饲喂技术推广应用也已经达到全国乳牛总数的50%。

机械化程度、自动化程度、集约化程度和信息化程度不断提高。发达国家畜牧业不仅规模大、科技含量高，而且现代化程度高，最主要的特征就是畜牧业生产各个环节的作业实现了机械化和自动化。例如，澳大利亚、新西兰、荷兰等以草食畜牧业为主的国家，大规模发展优质草料种植、机械化牧草收割、机械化饲喂和人工草场建设；日本和韩国受国土面积影响，人口密度大，只能以家庭农场饲养为主，发展适度规模畜牧机械化；而美国主要是发展以粮食饲料为主的大型全自动化饲料加工及规模化饲养。总的来说，品种多样化、控制自动化、功能专业化、规模大型化、定量精确化、管理技术数字信息化与注意环境可持续发展构成了世界发达国家畜牧机械发展的主要方向。

智慧型牧场建设已成为21世纪畜牧生产的发展方向，畜牧生产正由基于经验的生产系统向基于信息和科技的生产系统转变。目前，国外已开发了很多供畜牧场应用的专家系统或决策支持系统，实现了对家畜的个体识别、联合育种、发情诊断、个体给料、胴体组成、活体测定、畜舍内环境控制、环境污染监控、人事管理、账目管理等方面的信息化管理。如早在20世纪50年代，美国乳牛群改良协会（DHIA）就开始用大型计算机进行乳牛生产记录管理，在70年代有了通过电话的数据自动查寻系统，到了80年代有了基于微型计算机的管理信息系统。在荷兰，1992年就有将近40%的种猪场使用管理信息系统（MIS），这些猪场所饲养的母猪数占全荷兰母猪总数的75%左右。使用信息管理系统可以给畜牧生产带来明显的经济效益。

四、畜牧生产系统及产业化经营模式

（一）畜牧生产系统

畜牧生产系统就是将畜牧业生产各要素转变成畜产品的过程，是指人们利用自然资源（土地、水等）、生物资源（畜禽、饲草、饲料等）、社会资源（人力、物力、财力、科技、市场等），进行畜产品生产、加工和销售过程的总体。在畜牧生产系统中，要求畜牧生产的各个环节既具有较高的转化效率和周转效率，又具有较高的经济效益和生态效益。要使整个畜牧生产系统发挥最大的生产效能，必须畜牧技术、生态、经济和社会4个方面必须高度协调一致。

按系统演变过程或饲料来源分，畜牧生产系统可分为放牧生产系统、农牧结合生产系统和工厂化生产系统。

1. 放牧生产系统 该系统内饲养动物的饲料，90%以上来自放牧草场。该系统的畜产品产量在很大程度上受自然灾害等不良因素的影响。在放牧生产系统条件下，放养的家畜以草食动物为主。其中，又以绵羊、山羊的饲养量最多，其次是牛、马、骆驼等动物。在我国内蒙古、甘肃、新疆、青海和西藏5大牧区，放牧生产系统是主要的生产方式。

2. 农牧结合生产系统 该系统内饲养动物的饲料10%以上来自农场（户）自己生产的农作物及其副产品。该系统可以充分利用当地饲料资源，有利于农牧生产的可持续发展。在农区，种植业为畜牧业发展提供充足的饲料来源，畜牧业反过来又为种植业发展提供资金、畜肥和动力资源，构成一种良性循环的生产体系；在牧区，也都有相当面积的耕地、草地和农田，每年生产大量饲草饲料和农副产品，通过发展农牧结合型草原畜牧业，可提高畜牧业生产效率。在我国，传统的农户分散养殖基本上仍保持农牧结合的生产体系。随着农畜产品生产专业化、商品化和规模化的发展，出现了种植业与畜牧业分离的趋势，即部分农户成为无畜户（种植业专业户），另一部分农户成为规模化养殖专业户。种养分离导致了土壤质量下降、化肥大量施用、畜禽粪污排放造成环境污染等现象的发生。由此可见，农牧结合才是可持续发展的重要途径，实现土地资源与养殖资源的匹配，既保障了优质饲料的就近供给，又消纳了畜禽粪便污染，提高土壤肥力，形成了良性循环。

3. 工厂化生产系统 根据畜禽生长与发育的要求，设计出的类似工业化生产过程的"高投入、高产出"的一类生产系统。该系统内饲养动物的饲料不足10%是来自农场自己生产的饲料。这种生产系统一方面可以降低自然环境对畜禽生产的影响，极大地提高生产效率；另一方面，该生产系统由于采用规模化的、高密度的畜群养殖模式，产生的大量排泄物也会带来严重的环境污染问题。工厂化生产系统主要分布在大中城市郊区和沿海发达地区，也已出现逐步由大中城市郊区向广大农区转移的发展趋势。

（二）畜牧生产的特点和产业化经营模式

畜禽规模化养殖和产业化生产是现代畜牧生产的显著特点，它是以市场为导向，以经济效益为中心，以畜产品生产为基础，以社会化服务为手段，通过将产品的生产、加工、销售诸环节联结为一个能够适应市场经济体制需要和社会化大生产要求的、有机的产业经营方式和组织形式。其基本特征表现为畜牧生产的区域化布局、规模化养殖、标准化生产、一体化经营、社会化服务、企业化管理和行业化协调。在组织形式上，通过畜禽养殖、产品加工与销售、技术服务等产供销一体化经营，引导畜牧生产从小规模分散生产转变为社会化大生产；在资源配置上，畜牧生产系统内部与系统外部通过市场机制相结合的措施，实现畜牧资源的最佳配置；在经营方式上，使畜产品生产变为名副其实的商品生产，建立各参与主体"风险共担、利益均沾"的有效措施，调动畜牧业产业链的各个积极因素，促进畜牧产业各环节的协调发展。

畜牧产业化经营是畜牧生产经营从单纯的生产领域扩展到加工与流通领域，使畜牧业诸环节即产前、产中、产后成为一个完整的产业系统，产业化各经营主体是否结成利益共同体是衡量某种经营是否实现产业化的基本条件。与产业化经营相对立的另一种形式是生产、流通的完全分离。目前，我国畜牧产业化经营组织的基本模式包括：专业化生产的畜禽养殖大户、养殖小区（场）、家庭牧场、畜牧场、股份合作制畜牧企业（公司）、畜牧企业集团、畜牧专业协会、专业性的合作经济组织、畜牧专业市场等。"饲料公司＋养鸡户"是最早的畜牧产业化组织模式，还有"公司（企业）＋农户""合作组织＋农户""批发市场＋农户""养殖小区＋农户＋加工企业"等模式。

畜牧产业化经营要取得好的效果，就必须坚持种、养、加、科、贸一体化全面发展，充分利用当地畜牧资源，调整畜牧业内部结构，紧紧抓住效益这个中心，壮大龙头企业，带动更多农户，鼓励农民在自愿互利基础上发展合作经济，明晰各自的利益和权利义务，形成合理的利益分配机制，以共同的利益为纽带，引导、鼓励农户向适度规模经营转化，将畜牧业生产的各个产业联结起来，共同面对市场，共同参与市场竞争，达到产业链间互利双赢的目的。

五、畜牧学概论课程的内容与学习要求

畜牧学概论是一门系统研究动物生产原理与技术的综合性课程，重点阐述国内外畜牧业的现状与发展趋势，动物营养原理，饲料，动物遗传基本原理，动物育种，动物繁殖，动物环境控制、养殖设备及福利，动物的卫生保健与疫病控制，动物产品的安全生产，牛生产，猪生产，羊生产，禽生产，家兔生产，马属动物生产，经济动物生产和畜牧业企业经营管理。学完畜牧学概论课程后，要求掌握畜牧生产与科研的基础理论，掌握畜牧生产中各主要环节的基本技能。能够用系统论的思维方式，结合所学理论和技术，科学地规划和发展畜牧生产，解决生产应用中的问题，提高动物生产力和经济、生态及社会效益。

复习思考题

1. 发展畜牧业对我国国民经济建设有何重要作用？
2. 阐述国内外畜牧业生产现状和发展趋势。
3. 简述畜牧生产系统的内涵。

第一章 动物营养原理

重点提示：本章在讲述饲料营养物质的种类、营养作用，各类动物营养物质的消化吸收及代谢特点的基础上，进一步阐明了动物营养需要的衡量指标及研究方法。

第一节 营养物质及其消化吸收

一、营养物质及来源

二维码 1-1 我国动物营养科学的奠基人和开拓者

动物为了维持自身的生命活动必须从外界摄取食物，动物的食物称为饲料。饲料中能够被动物消化吸收用于维持生命、生产产品的物质，称为营养物质，简称养分或营养素。动物需要的营养物质可以是简单的化学元素，如钙、磷、镁、钠、钾等，也可以是复杂的化合物，如蛋白质、脂肪、糖类、维生素等。

（一）营养物质的种类

动物必需的营养物质包括水分、蛋白质、脂肪、糖类、矿物质和维生素。

1. 概略养分 国际上通常采用 1864 年德国 Henneberg 提出的概略养分分析方案（feed proximate analysis），也称为常规分析方案，将饲料中的营养物质分为水分、粗灰分、粗蛋白质、粗脂肪、粗纤维和无氮浸出物 6 大类（图 1-1）。6 种成分间相互关系如下。

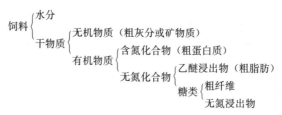

图 1-1 饲料中的概略养分

（1）水分（water）。动植物体内的水分一般以两种状态存在。一种含于动植物体细胞间，与细胞结合不紧密，容易挥发，称为游离水或自由水；另一种与细胞内胶体物质紧密结合在一起，形成胶体水膜，难以挥发，称为结合水或束缚水。构成动植物体内的这两种水分之和，称为总水。

（2）粗灰分（ash）。指饲料样品在 550~600℃ 灼烧后的残渣，残渣中主要是矿物质氧化物或盐类，也包括混入饲料的少量泥沙，故称粗灰分。

（3）粗蛋白质（crude protein，CP）。指饲料样品中所有含氮物质的总和。包括真蛋白质和非蛋白质含氮化合物（non-protein nitrogen，NPN）。根据凯氏定氮法，测定饲料的含氮量，换算成粗蛋白质含量。饲料蛋白质的平均含氮量为 16%，粗蛋白质含量可采用以下公式计算：

CP 含量＝饲料样品含氮量×100/16＝饲料样品含氮量×6.25

（4）粗脂肪（ether extract，EE）。指饲料样品中可溶于乙醚的所有脂溶性成分，又称为乙醚浸出物。EE 除真脂肪、类脂肪外，还包括叶绿素、色素、胡萝卜素、蜡质、有机酸、脂溶性维生素等成分。

（5）粗纤维（crude fiber，CF）。指植物细胞壁的成分，主要包括纤维素、半纤维素、木质素、角质等成分。纤维素和半纤维素不能被动物肠道消化吸收，但可被肠道微生物降解利用，木质素则不能被动物消化吸收。

饲料中 CF 含量与养分消化率呈负相关，但常规分析法测得的 CF 比实际含量低（部分半纤维素、纤维素和木质素在酸碱处理时被水解）。为改进 CF 分析方案，Van Soest（1976）建议改用中性洗涤纤维（neutral detergent fiber，NDF）、酸性洗涤纤维（acid detergent fiber，ADF）、酸性洗涤木质素（acid detergent lignin，ADL），作为测定饲料中纤维性物质的指标。根据我国国家标准和行业标准，国内现行的分析方案如图 1-2。

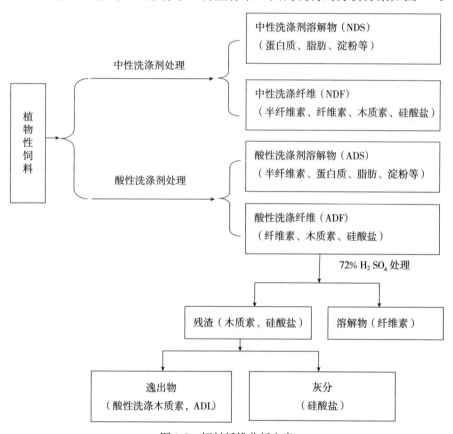

图 1-2　饲料纤维分析方案

（6）无氮浸出物（nitrogen free extract，NFE）。主要包括饲料中的单糖、双糖、淀粉等可溶性糖类。常规饲料分析不直接分析无氮浸出物，而是通过计算求得。

NFE（%）＝100%－水分（%）－粗灰分（%）－粗蛋白质（%）－粗脂肪（%）－粗纤维（%）

2. 纯养分　概略养分不能完全反映饲料营养价值和动物的营养需要。如概略养分分析中，脂溶性维生素包含于粗脂肪中，含氮的水溶性维生素包含在粗蛋白质中，不含氮的维生素则包含在无氮浸出物中。随着动物营养科学的发展和分析方法的不断完善，纯养分分析应用越来越普遍，饲料分析更趋于自动化和快速化。饲料中可以测定的纯养分包括氨基酸、单糖、双糖、低聚糖、必需脂肪酸、维生素和矿物元素等。

(二) 营养物质的来源

动物必需的营养物质来源于饲料，包括植物性饲料、动物性饲料、矿物性饲料、微生物饲料等。其中，植物性饲料和动物性饲料是营养物质的主要来源，尤其是植物性饲料。

1. 水分 植物体内水分含量变化范围较大，一般为5%~95%。成年动物体内水分含量相对稳定，一般占体重的1/2~2/3。

2. 糖类 糖类包括粗纤维和无氮浸出物，是植物体的结构物质和能量储备。其中，无氮浸出物主要为淀粉，含量很高。而动物体内糖类含量低，不超过体重的1%，主要包括糖原和葡萄糖，不含粗纤维。

3. 蛋白质 植物性饲料中的粗蛋白质含量变化较大，除真蛋白质外还含有大量非蛋白质含氮化合物，由于氨基酸组成不同，蛋白质品质差异较大。动物体内的蛋白质主要是真蛋白质，只含有游离氨基酸、尿素和尿酸等。

4. 脂肪 除油料籽实外，一般植物的脂肪含量较低。动物体内脂肪含量一般高于植物（油料籽实除外），脂肪含量因动物种类、品种和肥育状况等不同而有较大差异。动物体内的脂肪包括三酰甘油和复合脂类，如磷脂、糖脂、脂蛋白等。

5. 矿物质 植物性饲料中矿物质种类多于动物体，但矿物质总含量低于动物体（干物质计）。植物性饲料中矿物质含量由于品种、土壤和水肥条件等不同变化较大，而动物体内矿物质含量比较稳定，一般占2%~5%。其中，钙磷总和占65%~75%，钙磷比约为2:1。

6. 维生素 维生素主要来源于植物性饲料、动物性饲料和微生物饲料。青绿幼嫩植物、糠麸类和种子胚芽中含有较多的维生素；动物肠道微生物可合成部分维生素，鱼粉等动物性饲料也含有较多维生素。

二、动物的消化系统及消化方式

饲料中的营养成分，除水、矿物质和维生素可被机体直接吸收利用外，糖类、蛋白质和脂肪都是复杂的大分子有机物，不能被直接吸收，必须在消化道内经过物理的、化学的和微生物的消化，分解成简单的小分子物质才能被机体吸收利用。饲料在消化道内的这种分解过程称为消化。饲料经消化后，营养物质通过消化道黏膜上皮细胞进入血液循环的过程称为吸收。

(一) 消化系统的结构

消化系统由消化道和消化腺两部分组成。消化道起始于口腔，经咽、食管、胃、小肠、大肠，止于肛门。消化腺是分泌消化液的腺体，包括唾液腺、胃腺、胰、肝和肠腺等。动物按其采食习性可分为肉食类，如犬、猫；杂食类，如家禽、猪等；草食类，如牛、马、羊、兔等，它们的消化道结构和功能均有差异。消化系统可分为以下3种类型。

1. 单胃类 包括单胃肉食类、单胃杂食类（猪的消化系统见图1-3）和单胃草食类（马的消化系统见图1-4）。

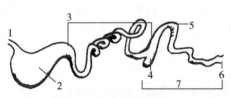

图1-3 猪的消化系统
1. 食道 2. 胃 3. 小肠 4. 盲肠
5. 结肠 6. 直肠 7. 大肠

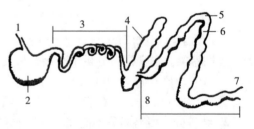

图1-4 马的消化系统
1. 食道 2. 胃 3. 小肠 4. 盲肠
5. 骨盆曲 6. 结肠 7. 直肠 8. 大肠

2. 反刍类 牛的消化系统见图 1-5。
3. 禽类 鸡的消化系统见图 1-6。

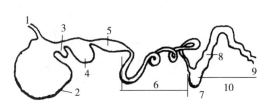

图 1-5 牛的消化系统
1. 食道 2. 瘤胃 3. 网胃 4. 瓣胃
5. 皱胃 6. 小肠 7. 盲肠 8. 结肠 9. 直肠 10. 大肠

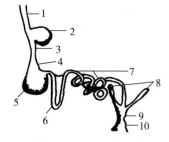

图 1-6 鸡的消化系统
1. 上食道 2. 嗉囊 3. 下食道 4. 腺胃 5. 肌胃
6. 十二指肠 7. 小肠 8. 盲肠 9. 直肠 10. 泄殖腔

（二）动物对饲料的消化方式

尽管动物的消化系统结构差异较大，但它们对饲料营养物质的消化却具有许多共同的规律，其消化方式主要包括物理性消化、化学性消化和微生物消化。

1. 物理性消化 主要靠动物的咀嚼器官（牙齿）和消化道管壁的肌肉运动把食物压扁、撕碎、磨烂，增加食物的表面积，从而使其易与消化液充分混合，并把食糜从消化道的一个部位运送到另一个部位。

猪、牛、羊等哺乳动物主要依靠口腔内牙齿的咀嚼进行物理性消化；鸡、鸭、鹅等禽类没有牙齿，主要依靠肌胃的强力收缩将食物磨碎。舍饲条件下，家禽配合饲料中添加适量硬质沙砾有助于物理性消化。

2. 化学性消化 动物对饲料的化学性消化主要依赖消化道分泌的消化酶对营养物质进行分解。化学性消化是非反刍动物营养物质消化的主要方式。主要的消化酶列于表 1-1。

表 1-1 胃肠道分泌的主要消化酶
（改自周安国，动物营养学，2013）

来源	消化酶	底物	终产物
唾液	唾液淀粉酶	淀粉	糊精、麦芽糖
胃腺	胃蛋白酶	蛋白质	肽
胃腺	凝乳酶	酪蛋白	凝结乳
胰	胰蛋白酶	蛋白质	肽
胰	糜蛋白酶	蛋白质	肽
胰	羧肽酶	肽	氨基酸、小肽
胰	氨基肽酶	肽	氨基酸
胰	胰脂肪酶	脂肪	甘油、脂肪酸
胰	胰淀粉酶	淀粉	糊精、麦芽糖
胰	胰麦芽糖酶	麦芽糖	葡萄糖
胰	蔗糖酶	蔗糖	葡萄糖、果糖
胰	胰核酸酶	核酸	核苷酸
肠液	氨基肽酶	肽	氨基酸
肠液	双肽酶	肽	氨基酸
肠液	麦芽糖酶	麦芽糖	葡萄糖
肠液	乳糖酶	乳糖	葡萄糖、半乳糖

(续)

来源	消化酶	底物	终产物
肠液	蔗糖酶	蔗糖	葡萄糖、果糖
肠液	核酸酶	核酸	核苷酸
肠液	核苷酸酶	核苷酸	核苷、磷酸

3. 微生物消化 微生物消化是指胃肠道内与宿主共生的微生物对饲料营养物质进行降解的过程。微生物消化的部位主要为反刍动物的瘤胃、盲肠以及非反刍动物的盲肠、结肠等。微生物消化不仅可降解饲料中的蛋白质、脂肪和淀粉，更重要的是可以利用饲料中的纤维素、半纤维素等成分，满足宿主动物的营养需要。因此，微生物消化对草食动物利用粗饲料至关重要。

（1）瘤胃微生物消化。

①瘤胃微生物种类及数量：瘤胃内微生物种类繁多，主要包括瘤胃细菌、原虫和真菌。但数量较多且在营养物质消化过程中起主要作用的是细菌和原虫。瘤胃内细菌的数量最多，一般成年反刍动物每 1 mL 瘤胃液含细菌（0.4～6.0）×10^{10} 个，含原虫（0.2～2.0）×10^6 个，总体积占瘤胃内容物的 5%～10%。

②瘤胃内环境：瘤胃是一个巨大的厌氧发酵罐。饲料和水不断进入，为微生物生长繁殖提供必需的营养物质；微生物的发酵产物部分被瘤胃壁吸收，部分随食糜流入后消化道。由于发酵产热，瘤胃内容物的温度维持在 38～41 ℃，略高于体温。瘤胃内容物的 pH 一般为 6.0～7.5，略偏酸性，具体取决于挥发性脂肪酸的产量、吸收速度以及与唾液缓冲盐的相互作用；瘤胃内容物中含有较稳定的挥发性脂肪酸、水、无机盐等，调节瘤胃液渗透压接近血浆水平。瘤胃发酵过程中产生大量气体，其中 CO_2 占 65.5% 左右，CH_4 占 28.8% 左右，还含有少量的氮气、氢气和硫化氢。

③微生物分泌的消化酶：瘤胃微生物能分泌 α-淀粉酶、蔗糖酶、呋喃果聚糖酶、蛋白酶、胱氨酸酶、半纤维素酶和纤维素酶等。这些酶可降解饲料中的纤维素、半纤维素、淀粉、蛋白质和脂肪等。微生物分泌的消化酶可以降解 70%～85% 的饲料干物质和 50% 以上的粗纤维。

④微生物的发酵产物：微生物的发酵产物包括挥发性脂肪酸、NH_3 等成分，同时也产生 CH_4、CO_2、H_2、O_2、N_2 等气体，通过嗳气排出体外。微生物生长繁殖过程中还可以利用氨、氨基酸等合成微生物蛋白。试验证明，绵羊由瘤胃转入真胃的蛋白质，约有 82% 属于菌体蛋白，可见饲料蛋白质在瘤胃中大部分已转化成了菌体蛋白。此外，瘤胃微生物还可合成 B 族维生素、必需氨基酸等被动物利用。

⑤瘤胃微生物消化的特点：瘤胃微生物在反刍动物消化过程中的优点有以下几方面，一是借助微生物产生的纤维素分解酶（β-糖苷酶），消化宿主动物不能消化的纤维素、半纤维素等物质，提高动物对饲料中营养物质的消化率；二是微生物能利用饲料中的 NPN 合成微生物蛋白，将饲料中的劣质蛋白质转化为质量较高的微生物蛋白质，提高其营养价值；三是微生物能合成必需氨基酸和 B 族维生素等供宿主利用。瘤胃微生物消化不足之处：一是微生物发酵使饲料中能量损失较多，部分糖类发酵生成 CH_4、CO_2、H_2 及 O_2 等气体，排出体外而流失；二是优质饲料蛋白质被降解；三是营养物质的二次利用明显降低了利用效率。

（2）大肠微生物消化：非反刍草食动物的微生物消化也很重要。如马的盲肠和结肠非常发达，类似瘤胃，食糜在马盲肠和结肠滞留达 12 h 以上。盲肠和结肠中分布有大量乳酸杆菌、链球菌、大肠杆菌、酵母菌等多种微生物，可分泌纤维素酶、半纤维素酶、淀粉酶、蔗糖酶、脂肪酶、蛋白酶等，经微生物充分发酵，饲草中 40%～50% 的粗纤维、39% 的蛋白质和24%的淀粉被分解为挥发性脂肪酸、NH_3和CO_2。家兔的盲肠特别发达，长度接近体长，容积占整个消化道的42%左右，有明显的蠕动与逆蠕动，从而保证盲肠、结肠内微生物对食物残渣进行充分消化。杂食动物（如猪）的大肠具有一定的微生物消化能力，可将部分纤维素降解为挥发性脂肪酸，还能消化部分蛋白质。禽类的盲肠微生物种类较少，发酵能力较弱，但鹅有比较发达的盲肠，微生物种类多，能够消化部分纤维素和半纤维素。

三、非反刍动物对营养物质的消化吸收

（一）蛋白质的消化吸收

非反刍动物对饲料蛋白质的消化主要在胃和小肠进行，以化学性消化为主，兼有物理性消化和微生物消化。饲料蛋白质从口腔转移到胃内，盐酸使之变性，蛋白质的空间结构被破坏，肽键暴露，经胃蛋白酶的作用，分解为蛋白胨和多肽。非反刍动物主要依靠十二指肠中的胰蛋白酶和糜蛋白酶等内切酶的作用，将蛋白质降解为含氨基酸数不等的各种多肽。在小肠中，多肽经胰分泌的羧基肽酶和氨基肽酶等外切酶的作用转变为游离氨基酸和寡肽。寡肽能被吸收入肠黏膜，经二肽酶水解为氨基酸。氨基酸经肠壁吸收，进入血液，运送到全身各组织器官，合成体蛋白。不同氨基酸的吸收速度不同。小肠中未被消化的蛋白质进入大肠，部分受肠道细菌作用，分解为氨基酸和氨，为细菌所利用，合成菌体蛋白，与未被消化的蛋白质一起经粪排出。猪体内蛋白质的消化代谢示意图见图1-7。

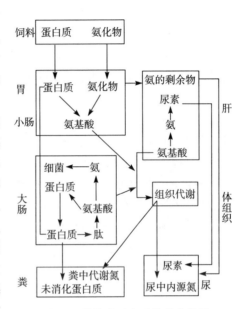

图1-7 猪体内蛋白质的消化代谢

（二）糖类的消化吸收

1. 淀粉的消化代谢 饲料中淀粉被唾液淀粉酶水解产生可溶性淀粉——糊精，再分解为麦芽糖，但由于饲料在口腔停留时间短，此消化过程微弱。食糜进入胃后，在胃液的酸性环境中，迫使唾液淀粉酶的作用停止，直到进入小肠，在胰淀粉酶的作用下继续分解为麦芽糖，再由麦芽糖酶将其分解为葡萄糖并被吸收。未被消化的淀粉及葡萄糖，在大肠受微生物的作用产生挥发性脂肪酸和气体，挥发性脂肪酸则被肠壁吸收，参与体内代谢，气体由肛门排出。

2. 纤维性物质的消化代谢 饲料中的纤维性物质进入胃和小肠后不发生变化。转移至大肠后，经细菌发酵，纤维素被分解为挥发性脂肪酸和CO_2，后者经氢化作用变为甲烷，由肠道排出。挥发性脂肪酸被肠道吸收，参与机体代谢。

（三）脂肪的消化吸收

非反刍动物的口腔和胃不能消化脂肪，饲料中脂肪的消化主要在小肠内由胰脂肪酶和胆汁共同作用完成。胆汁在激活胰脂肪酶和乳化脂肪方面具有重要作用。在胰脂肪酶的作用下，三酰甘油水解产生单酰甘油和游离脂肪酸。磷脂由磷脂酶水解成溶血卵磷脂。胆固醇酯由胆固醇酯酶水解成胆固醇和脂肪酸。单酰甘油、脂肪酸和胆酸可聚合在一起，形成适于吸收的混合微粒。没有被消化的饲料脂肪进入盲肠、结肠进行微生物消化，不饱和脂肪酸氢化成饱和脂肪酸。猪、禽脂肪的吸收部位主要是空肠。十二指肠内形成的混合微粒，可携带脂类的消化产物到达小肠黏膜细胞供吸收。混合微粒与小肠绒毛接触时即破裂，释放出的脂类

水解产物通过易化扩散的方式被吸收。脂肪酸中的不饱和脂肪酸在猪体内被吸收后，不经氢化即直接转变为体脂，因此猪体脂品质受食入饲料脂肪性质的影响很大。

四、反刍动物对营养物质的消化吸收

（一）蛋白质的消化吸收

反刍动物对蛋白质的消化吸收部位主要为瘤胃、皱胃、小肠和大肠。皱胃和小肠对蛋白质的消化和吸收与非反刍动物相似。

1. 饲料蛋白质在瘤胃中的降解 饲料蛋白质进入瘤胃后，一部分不发生变化直接进入皱胃和小肠进行消化吸收，这部分蛋白质称为瘤胃非降解蛋白质（rumen undegradable protein，UDP）。另一部分饲料蛋白质进入瘤胃后，经微生物的作用降解成肽和氨基酸，其中多数氨基酸又进一步降解为有机酸、氨和CO_2，这部分蛋白质称为瘤胃降解蛋白质（rumen degradable protein，RDP）。饲料中的非蛋白氮（如尿素）在瘤胃中可被微生物直接降解成氨。微生物降解所产生的氨、简单的肽类和游离氨基酸，又被用于合成微生物蛋白质。

瘤胃降解的蛋白质占食入总蛋白质的百分比，称为瘤胃蛋白质降解率。各种饲料蛋白质在瘤胃中的降解率和降解速度不同。尿素的降解率接近100%，降解速度也最快，酪蛋白降解率为90%，降解速度稍慢。植物性饲料蛋白质的降解率变化较大，一般为40%~80%。

2. 降解产物的吸收 瘤胃中产生的氨除用于合成微生物蛋白质外，其余的氨经瘤胃壁吸收进入血液，随血液循环进入肝合成尿素。合成的尿素一部分经唾液或直接通过瘤胃壁返回被微生物再利用，另一部分经肾排出，这种氨和尿素的合成及不断循环，称为瘤胃内的氮素循环。它在反刍动物蛋白质营养中具有重要意义，可减少食入饲料蛋白质的浪费，提高蛋白质利用率（图1-8）。

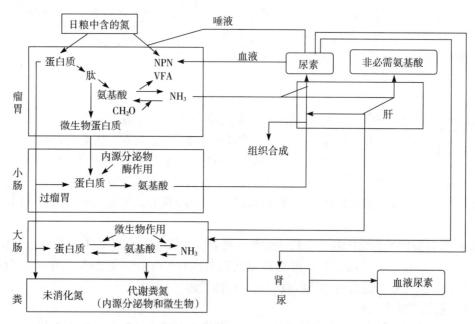

图1-8 反刍家畜体内蛋白质的消化代谢
（引自杨凤，动物营养学，2001）

3. 微生物蛋白质的产量和品质 瘤胃中80%的微生物能利用氨，其中26%可全部利用氨，55%可利用氨和氨基酸，少数微生物能利用肽。瘤胃微生物能在氮源和能量充足的情况下，合成足以维持正常生长和一定产乳量的蛋白质。用近于无氮的日粮加尿素，羔羊能合成维持正常生长所需的10种必需氨基酸，其粪、尿中排出的氨基酸是摄入日粮氨基酸的3~10倍，瘤胃中氨基酸是食入氨基酸的9~20倍。用无氮日粮添加尿素饲喂乳牛12个月，产乳 4 271 kg，当日粮中 20% 的氮来自饲料蛋白质时，产乳量提高。一般情况下，瘤胃中每 1 kg 干物质，微生物能合成 90~230 g 菌体蛋白，至少可供 100 kg 左右的动物维持正常生长或日产乳 10 kg 的乳牛所需。

瘤胃微生物蛋白质的品质次于优质的动物蛋白，与豆饼和苜蓿叶蛋白相当，优于大多数的谷物蛋白。

对瘤胃微生物在反刍动物营养中的作用也得一分为二：一方面，它能将品质低劣的饲料蛋白转化为高品质的菌体蛋白，这是主流；另一方面，它又可将优质的蛋白质降解。尤其是高产乳牛需要较多的优质蛋白质，而供给时又很难逃脱瘤胃微生物的降解。为了解决这一问题，可对饲料进行预处理使其中蛋白质免遭微生物分解，即所谓保护蛋白质。主要处理方法有：对饲料蛋白质进行适当热处理，用甲醛、鞣酸等化学试剂进行处理，这样可减少瘤胃对蛋白质的消化，使更多的优质蛋白质进入小肠消化吸收。

(二) 糖类的消化吸收

1. 纤维性物质的消化吸收 瘤胃是反刍动物消化粗饲料的主要场所。瘤胃微生物可将采食糖类的 70%~90% 消化。饲料纤维性物质进入瘤胃后，瘤胃微生物分泌的纤维素酶将纤维素和半纤维素分解为乙酸、丙酸和丁酸（图 1-9）。3 种挥发性脂肪酸的比例受日粮结构的影响而产生显著差异。日粮中精饲料比例升高，乙酸比例降低，丙酸比例升高；粗饲料比例升高，乙酸比例升高，丙酸比例降低。约 75% 的挥发性脂肪酸经瘤胃和网胃壁吸收，约 20% 经瓣胃和皱胃壁吸收，约 5% 经小肠吸收。挥发性脂肪酸被吸收后，参与体内代谢过程。第一，氧化供能，反刍动物由挥发性脂肪酸提供的能量占吸收营养物质总能量的 2/3。乳牛体内 50% 的乙酸，2/3 的丁酸和 25% 的丙酸都经氧化提供能量。第二，合成代谢，乙酸和丁酸可用于乳脂及体脂的合成，丙酸可用于合成葡萄糖和乳糖。

瘤胃中未分解的纤维性物质，到盲肠、结肠后受细菌的作用发酵分解为挥发性脂肪酸、CO_2 和 CH_4。挥发性脂肪酸被肠壁吸收，参与代谢，CO_2、CH_4 由肠道排出体外，最后未被消化的纤维性物质由粪排出。

2. 无氮浸出物的消化吸收 大部分无氮浸出物在瘤胃中的消化与纤维性物质相似，经瘤胃微生物作用产生挥发性脂肪酸（图 1-9），不同的是无氮浸出物发酵产生的挥发性脂肪酸中丙酸和丁酸数量较多，乙酸产量较低。只有少量的在瘤胃内没有降解的淀粉进入小肠，在胰淀粉酶的作用下分解成葡萄糖，被吸收进入体内。

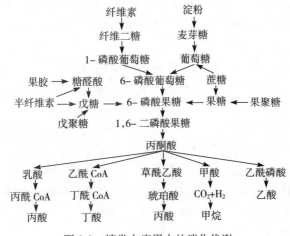

图 1-9　糖类在瘤胃中的消化代谢
(引自杨凤，动物营养学，2001)

(三) 脂肪的消化吸收

饲料脂肪进入瘤胃后，在微生物分泌的脂肪酶的作用下将三酰甘油分解为甘油和脂肪酸。甘油进一步被微生物降解为挥发性脂肪酸，脂肪酸通过微生物的氢化、异构化作用转变为饱和脂肪酸和异构化脂肪酸。饲草中大量的半乳糖酯经微生物作用分解为半乳糖和甘油，二者进一步被转化为挥发性脂肪酸。由于进入十二指肠的游离脂肪酸较多，且十二指肠和空肠前段内容物酸度较高，不利于脂肪的乳化，致使胰脂肪酶难以充分发挥水解作用。因此，反刍动物胰脂肪酶对脂类的消化主要在空肠后段进行。

瘤胃内产生的短链脂肪酸可被瘤胃壁直接吸收，其余脂类的消化产物进入空肠后均能被吸收。空肠前段呈酸性环境，主要吸收混合微粒中的部分长链脂肪酸，其余大部分脂肪酸在空肠的后3/4部位被吸收。

由于反刍动物的瘤胃微生物可将不饱和脂肪酸氢化成饱和脂肪酸，因此其体脂组成中饱和脂肪酸的比例显著高于非反刍动物，不饱和脂肪酸较少。因此，反刍动物体脂的硬度高于非反刍动物。

第二节 营养物质与动物营养

饲料中的水分、蛋白质、糖类、脂类、矿物质和维生素等被动物消化吸收后，用于维持生命、保障健康和生产产品。

一、水与动物营养

水是动物必需的营养成分，在动物体内的含量最多。动物失去全部脂肪、一半以上的蛋白质仍能存活，但失去1/10的水就会有死亡的危险。

（一）水在体内的分布

水占成年动物体重的50%～70%。从幼龄到成年，体内水分含量逐渐降低，从80%左右下降到50%左右。水在动物器官和组织中分布是不等的，肌肉含水量为72%～78%，血液含水量为80%左右，脂肪组织含水量不到10%。体内水以细胞膜为界分为细胞内液（约占体内总水分的2/3）和细胞外液（约占体内总水分的1/3）。

（二）水的营养生理作用

1. 水是动物体的主要组成成分 动物体内的水大部分与蛋白质结合形成胶体，使组织细胞具有一定的形态、硬度和弹性。

2. 水是一种理想的溶剂 水有很高的电解常数，很多化合物容易在水中电解。动物体内水的代谢与电解质的代谢紧密结合。体内各种营养物质的消化、吸收、转运和代谢废物的排出都必须溶于水后才能进行。

3. 水是化学反应的介质 水的离解较弱，属于惰性物质，但是由于动物体内酶的作用，使水参与很多生物化学反应，如水解、氧化还原、有机化合物的合成和细胞的呼吸过程等。

4. 调节体温 水的比热容大，导热性好，蒸发热高，所以水能储蓄热能，迅速传导热能和蒸发散失热能，有利于恒温动物体温的调节。如动物肌肉连续活动20 min，无水散热，其温度可使蛋白质凝固。水的蒸发散热对具有汗腺的动物更为重要。

5. 润滑作用 动物体关节囊内、体腔内和各器官间的组织液中的水，可以减少关节与器官间的摩擦力，起到润滑作用。唾液使饲料便于吞咽。

（三）水的来源和排出

1. 水的来源 动物体内的水来源于饮水、饲料水和代谢水。

（1）饮水：饮水是动物体内水的主要来源。动物饮水的多少与动物种类、饲料类型、日粮结构和环境温度等有关。一般牛的饮水量最多，猪次之，家禽饮水少。

(2) 饲料水：饲料含水量一般为10%～95%，也是动物体内水的重要来源。饮水和饲料水为外源水，经肠黏膜吸收进入血液，然后输送到身体的各器官组织。

(3) 代谢水：代谢水又称内源水，是指动物体内蛋白质、脂肪和糖类代谢过程中生成的水，能满足动物需水量的5%～10%。脂肪代谢产生的代谢水最多，其次为淀粉，蛋白质产生的代谢水最少。代谢水能够满足冬眠动物、沙漠啮齿类动物水的需要，具有重要的生命意义。

2. 水的排泄 动物体内的水经复杂的代谢过程后，通过粪、尿的排泄，肺和皮肤的蒸发，以及乳汁分泌等途径排出体外，保持动物体内水的平衡。

(1) 粪和尿的排泄：动物由尿排出的水受总摄水量的影响，摄水量多，尿的排出增加。正常情况下，随尿排出的水可占总排水量的一半左右。一般饮水量越少、环境温度越高、动物的活动量越大，由尿排出的水就越少。粪便中排水量因动物种类不同而异，牛粪含水量高达80%，羊粪含水量仅65%～70%。粪的含水量受饲料性质和饮水的影响。

(2) 肺和皮肤蒸发：肺的水蒸气呼出的水量，随环境温度的升高和动物活动量的增加而增加。由皮肤表面失水的方式有两种：一种是由血管和皮肤的体液中简单地扩散到皮肤表面而蒸发，母鸡以这种方式失水可占总排水量的17%～35%；另一种是通过排汗失水，在适宜的环境条件下，排汗丢失的水不多，但在应激时，具有汗腺、自由出汗的动物失水较多。

(3) 动物产品排出：泌乳动物除以上几种方式失水外，泌乳也是水排出的重要途径。牛乳平均含水量高达87%，充分满足乳牛饮水，可增加产乳量。产蛋家禽每产1 kg蛋，排出水0.7 kg左右，1枚60 g重的蛋，含水42 g以上，产蛋家禽缺水，产蛋率明显下降。

（四）动物的需水量及水质

1. 动物的需水量 动物的需水量因动物种类、生产目的、日粮组成和气温等不同而有差异，一般很难准确估计。生产实践中，动物的需水量通常根据采食的饲料干物质估测。一般每采食1 kg干物质，成年反刍动物需要饮水3～5 kg，犊牛6～7 kg，猪和禽类2～3 kg。适宜环境条件下畜禽的需水量为：肉牛22～66 L/d，乳牛38～110 L/d，绵羊和山羊4～15 L/d，猪11～19 L/d，家禽0.2～0.4 L/d。

2. 水质 评价水质的指标通常包括气味、理化特性[pH、总可溶固形物（TDS）、溶解氧和硬度]、有毒物质含量（重金属、有毒金属、有机磷等）、矿物质（硝酸盐、钠、铁等）及细菌含量。

(1) TDS：指溶解在水中的总无机物含量，是评价水质的常用指标。首先，考虑的是NaCl的含量；其次是碳酸氢盐、硫酸盐、钙、镁和硅的含量。当TDS含量在1 000 mg/L以下时，对任何动物都是安全的，家禽可耐受水中TDS浓度的上限为3 000 mg/L；当水中TDS的含量高于5 000 mg/L时，虽然动物的健康和生产性能不受影响，但可能导致腹泻及饮水量增加（表1-2）。

表1-2 畜禽对水中不同浓度盐分的反应

（引自NRC，1974）

可溶性总盐分（mg/L）	高级评价	反应
<1 000	安全	适于各种动物
1 000～2 999	满意	不适应的猪可出现轻度腹泻
3 000～4 999	满意	可能出现暂时性拒绝饮水或短时腹泻，上限水平不适于家禽
5 000～6 999	可接受	不适于家禽、妊娠和哺乳期的动物
7 000～10 000	不适	成年反刍动物可适应
>10 000	危险	任何情况下皆不适应

（2）硬度：硬度通常用钙和镁含量的总和表示。水中的阳离子，如锌、锶、铝和锰也对硬度产生一定影响。水的硬度划分标准为：软水 0~60 mg/L，中等硬度水 61~120 mg/L，硬水 121~180 mg/L，非常硬＞180 mg/L。

（3）有毒物质含量：被污染的水中常含有一些有毒元素，如铅、汞等重金属，不仅危害畜禽健康，降低其生产性能，而且还可通过产品影响人类健康。

二、蛋白质与动物营养

蛋白质是由氨基酸构成的一类结构复杂的高分子有机化合物，是生命的物质基础，一切生命活动均与蛋白质密切相关。

（一）蛋白质的营养生理作用

1. 蛋白质是构成动物体和畜产品的重要成分　蛋白质是动物体内除水外含量最多的养分，一般占动物体干物质的 50% 左右，占无脂固形物的 80% 左右。体内各种组织器官都由蛋白质构成。蛋白质也是肉、蛋、乳、毛皮等产品的主要组成成分。

2. 蛋白质是机体内功能物质的主要成分　在动物的生命和代谢活动中起催化作用的酶、起调节作用的激素、具有免疫和防御机能的抗体，都是以蛋白质为其主体构成的。例如，血红蛋白和肌红蛋白可以运输氧供组织呼吸，肌肉蛋白质可以收缩做功，免疫球蛋白可以提高机体免疫力，核蛋白可以传递遗传信息等。

3. 蛋白质是组织更新、修补的主要原料　在动物的新陈代谢过程中，组织和器官的蛋白质不断在更新，损伤组织也需修补。据同位素测定，全身蛋白质 6~7 个月可更新一半。

4. 蛋白质可氧化供能和转化为糖、脂　在机体能量供应不足时，蛋白质也可分解供能，维持机体的代谢活动。当摄入蛋白质过多或氨基酸不平衡时，多余的氨基酸也可转化成糖、脂肪或分解产热。正常条件下，鱼虾类、水貂、狐等动物体内必须有相当数量的蛋白质氧化供能。

（二）氨基酸营养

蛋白质的基本组成单位是氨基酸。氨基酸数量、种类和排列顺序的变化组成不同种类的蛋白质，因此蛋白质的营养实际上是氨基酸的营养。由于构成蛋白质的氨基酸种类和比例不同，所以各种饲料蛋白质具有不同的营养价值。

1. 必需氨基酸与非必需氨基酸　必需氨基酸（essential amino acid，EAA）是指那些在动物体内不能合成，或能合成但合成速度及数量不能满足正常需要，必须由饲料供给的一类氨基酸。一般成年猪、禽的必需氨基酸为 8 种，即赖氨酸、蛋氨酸、色氨酸、亮氨酸、异亮氨酸、苯丙氨酸、苏氨酸、缬氨酸。生长猪、禽除上述 8 种必需氨基酸外，还需精氨酸、组氨酸。雏鸡为了正常生长，还需要甘氨酸、胱氨酸、酪氨酸。对于猪和家禽，蛋氨酸需要量的 50% 可用胱氨酸代替，苯丙氨酸需要量的 30% 可用酪氨酸代替，家禽甘氨酸需要量的一部分可用丝氨酸代替。因此，胱氨酸、酪氨酸和丝氨酸也被称为半必需氨基酸。

反刍动物瘤胃微生物能合成机体所需的全部氨基酸。通常瘤胃微生物合成的必需氨基酸可以满足中等生产性能以下的反刍动物的需要，但对于高产动物（如高产乳牛、快速生长的肉牛等），瘤胃微生物合成的必需氨基酸不能满足其需要，必须由饲料直接供给，如赖氨酸、蛋氨酸、亮氨酸、组氨酸、色氨酸、精氨酸等。因此，高产反刍动物的日粮中必须包含在瘤胃中降解率比较低的优质饲料蛋白质，其直接到达小肠被消化吸收，才能保证反刍动物的高产性能。

非必需氨基酸（non-essential amino acid，NEAA）是指可不由饲粮提供，动物体内的合成完全可以满足需要的氨基酸。必须注意，非必需氨基酸并不是指动物生长和维持生命活动过程中不需要。必需氨基酸与非必需氨基酸的划分只是针对体内合成的数量以及是否需要由饲料提供而言，对于动物的生命活动和生产活动，它们都是必需的。实际上，人和动物对非必需氨基酸的需要约占氨基酸总量的60%，非必需氨基酸绝大部分仍由饲粮提供，不足部分才由体内合成。

2. 限制性氨基酸 限制性氨基酸是指一定饲料或饲粮中的一种或几种必需氨基酸的含量低于动物的需要量，而且由于它们的不足限制了动物对其他必需氨基酸和非必需氨基酸的利用。根据缺乏程度可将限制性氨基酸进行排序。通常将饲料中最缺乏的氨基酸称为第一限制性氨基酸，其次缺乏的依次为第二限制性氨基酸、第三限制性氨基酸、第四限制性氨基酸……当喂以玉米-豆粕型日粮时，猪的第一限制性氨基酸为赖氨酸，第二限制性氨基酸为蛋氨酸；鸡的第一限制性氨基酸则为蛋氨酸，第二限制性氨基酸为赖氨酸。

反刍动物限制性氨基酸的种类也是根据动物的营养需要和饲料中的含量来定的。但由于瘤胃微生物的影响，确定反刍动物的限制性氨基酸及其排序更为困难。研究表明，蛋氨酸通常是反刍动物的第一限制性氨基酸，赖氨酸、组氨酸、苏氨酸和精氨酸等也是重要的限制性氨基酸。一般情况下，泌乳动物的限制性氨基酸是蛋氨酸、组氨酸、色氨酸和亮氨酸；产毛动物的限制性氨基酸主要是蛋氨酸；肌肉生长和氮沉积的主要限制性氨基酸是蛋氨酸和赖氨酸。因此，蛋氨酸是反刍动物最重要的必需氨基酸。

3. 氨基酸平衡 氨基酸平衡是指饲料中各种氨基酸的数量和比例与动物的需要量相符合。为保证动物合理的蛋白质营养，既要供给足够数量的必需氨基酸和非必需氨基酸，还应注意各种必需氨基酸之间以及必需氨基酸与非必需氨基酸之间的比例应符合动物的营养需要。氨基酸平衡包括数量和比例两方面的含义，但通常主要指氨基酸之间的比例。只有在饲料中氨基酸保持平衡状态下，氨基酸才能最有效地被利用，任何一种不平衡都会导致动物体内的蛋白质消耗增多，而生产性能也将明显降低。

4. 氨基酸互补作用 氨基酸互补作用是指在饲料配合中，利用各种饲料氨基酸含量和比例的特点，通过两种或两种以上饲料蛋白质配合，相互取长补短，弥补氨基酸组成的缺陷，使饲料氨基酸比例达到较理想状态。生产实践中，这是提高饲料蛋白质品质和利用率的有效方法，也是配合饲料生产的理论基础之一。

对各类动物而言，若供给某种单一饲料，往往由于氨基酸不平衡而不能满足机体的需要，因而影响体蛋白的合成和动物生产性能。如果把两类或几类饲料合理搭配，混合使用，取长补短，互相补充，便可以使饲料氨基酸达到较好的平衡状态，从而提高其营养价值和饲喂效果。

混合饲料蛋白质的生物学价值高于任何一种单一饲料的蛋白质生物学价值。例如，玉米蛋白质的生物学价值为51%，肉骨粉为42%，如果用2份玉米和1份肉骨粉混合饲喂其蛋白质生物学价值可提高到61%；又如用饲料酵母喂猪时，其蛋白质的生物学价值为72%，用向日葵饼饲喂时，其蛋白质的生物学价值为76%，如将其按1∶1比例混合使用，其蛋白质的生物学价值不是74%，而是79%。因此，配合饲料生产中，应该充分利用氨基酸互补原理，合理搭配饲料，最大限度地提高饲料蛋白质的营养价值。

5. 氨基酸颉颃作用 某些氨基酸在过量的情况下，有可能在肠道吸收时与另一种或几种氨基酸产生竞争，增加机体对这种（些）氨基酸的需要，这种现象称为氨基酸颉颃。氨基酸颉颃作用的实质是相互之间干扰吸收，竞争相同的吸收载体。氨基酸间的颉颃作用通常发生在结构相似的氨基酸之间，因为它们在吸收过程中共用同一转运系统，存在相互竞争。

最典型的具有颉颃作用的氨基酸是赖氨酸和精氨酸，赖氨酸可干扰精氨酸在肾小管的重吸收而增加精氨酸的需要。饲料中赖氨酸过量会增加精氨酸的需要量,当雏鸡饲料中赖氨酸过量时,添加精氨酸可缓解由于赖氨酸过量所引起的失衡现象。亮氨酸与异亮氨酸因化学结构相似,也有颉颃作用。亮氨酸过多可降低异亮氨酸的吸收率,使尿中异亮氨酸排出量增加。苯丙氨酸与缬氨酸、苏氨酸,亮氨酸与甘氨酸,苏氨酸与色氨酸之间也存在颉颃作用。存在颉颃作用的氨基酸之间,比例相差越大颉颃作用越明显。颉颃往往伴随着氨基酸的不平衡。

6. 过瘤胃氨基酸 又称保护性氨基酸。猪禽配合饲料中常用的蛋氨酸和赖氨酸等氨基酸添加剂,不适合于反刍动物。因为它们进入瘤胃后可被微生物快速脱氨,从而失去作用。因此,必须对氨基酸进行保护处理,使其通过瘤胃直接到小肠进行消化吸收。因此,对过瘤胃氨基酸进行了大量研究。

氨基酸的过瘤胃保护技术主要包括两类:①化学保护法:将易被水解的氨基酸转变成氨基酸的衍生物、类似物、金属螯合物等而实现保护作用,如蛋氨酸羟基类似物(MHA 或 MHA 钙盐),在瘤胃内分解时,羟基转变为氨基,完成从类似物到氨基酸的转化,从而避免了瘤胃微生物的作用,直接到达小肠被利用;②物理保护法:即对氨基酸进行包被(埋)处理,选择对 pH 敏感的包被材料(如脂肪、纤维素及其衍生物、聚合物等)对氨基酸进行包埋或微胶囊化处理,使其在瘤胃中稳定而在皱胃或小肠中被分解利用,从而达到保护氨基酸的目的。

不同的保护方法其抵抗微生物降解的能力和在肠道内的可利用性不同,同一包被的氨基酸在不同的日粮类型中的稳定性也有差异,其中以对 pH 敏感的多聚合物包被氨基酸效果较好。应用过瘤胃氨基酸可提高饲料蛋白质和氨基酸的利用率,进而改善动物的生产性能。

(三)小肽营养

小肽是指含有 2~3 个氨基酸残基的肽片段,主要包括二肽和三肽。随着对蛋白质和氨基酸营养研究的不断深入,小肽营养的重要性逐渐被重视。小肽的吸收利用直接关系到体内蛋白质的生物学合成,也会影响动物机体的健康和生产性能。

1. 小肽的吸收利用机制 小肽与氨基酸的吸收转运是 2 个完全独立的系统。二肽和三肽吸收的主要途径是小肠黏膜的肽转运载体——小肽转运蛋白 I(PepT I)与氢离子(H^+)的协同转运。小肽吸收进入肠上皮细胞后,部分二肽和三肽被二肽酶和三肽酶水解,以小肽或游离氨基酸的形式进入血液循环。小肽的吸收特点为:吸收速度快,耗能低,吸收载体不易饱和,可以避免氨基酸之间的颉颃作用。

2. 小肽的营养作用

(1) 消除氨基酸之间的颉颃作用,促进氨基酸吸收:二肽和三肽不仅自身能被快速吸收,而且可促进其他游离氨基酸和肽的吸收转运。

(2) 促进蛋白质的合成:研究表明,当以小肽形式作为饲料氮源时,动物体内蛋白质沉积量高于相应的游离氨基酸日粮。

(3) 有利于矿物元素的吸收利用:小肽可与矿物元素螯合,并以小肽的形式被吸收,提高了矿物元素的利用率。

(4) 提高动物生产性能:在生长猪的饲料中添加适量小肽,可显著提高日增重和饲料转化率。

(四)理想蛋白质

1. 理想蛋白质的概念 理想蛋白质指这种蛋白质的氨基酸在组成和比例上与动物的营养需要完全一致,或者为各种氨基酸之间(包括必需氨基酸之间以及必需氨基酸和非必需氨基酸之间)平衡的一种蛋白质。动物对该种蛋白质的利用率应为 100%。

2. 理想蛋白质的氨基酸模式 理想蛋白质中氨基酸之间的比例关系称为理想氨基酸模

式，其表达方式通常为以赖氨酸为100的必需氨基酸的相对比例。理想蛋白质研究和构想起源于20世纪40年代，但将理想蛋白质正式与单胃动物氨基酸需要量的确定及饲料蛋白质营养价值的评定联系起来，则是1981年ARC（英国）猪的饲养标准，该标准体系推荐使用赖氨酸作为参比标准。而NRC（1988）曾以色氨酸作为参比标准，但现在仍以赖氨酸作为参比标准（NRC，1998）。选用赖氨酸作为参比标准的原因包括：①赖氨酸通常是第一限制性氨基酸；②必需氨基酸中赖氨酸的需要量一般最多，容易看出变化规律；③赖氨酸需要量的研究最深入、最完善；④赖氨酸已普遍应用于生产且可大量工业合成；⑤饲料中赖氨酸含量的测定方法较成熟。

理想蛋白质的氨基酸模式通常采用以下方法建立：①以动物体组织蛋白质氨基酸组成为基础，但无法考虑维持需要和氨基酸的再利用；②确定单个氨基酸需要量，再组合而成；③扣除部分氨基酸（或梯度添加）后进行氮平衡试验。科学家对猪、禽的理想蛋白质氨基酸模式已进行了大量研究，并提出了一些模式。表1-3列出了常见的饲养标准中猪、禽的理想蛋白质必需氨基酸模式。

表1-3 猪、禽理想蛋白质必需氨基酸模式[a]（占赖氨酸百分比）

（引自杨凤，动物营养学，2001）

氨基酸	生长肥育猪					肉鸡		肉鸭	
	ARC[a] (1981)	INRA (1984)	日本[b] (1993)	SCA (1990)	NRC[c] (1998)	SCA (1987)	NRC[d] (1994)	ARC (1985)	NRC[e] (1994)
赖氨酸	100	100	100	100	100	100	100	100	100
精氨酸	—	29	—	—	39	100	114	94	122
甘氨酸+丝氨酸	—	—	—	—	—	—	114	127	—
组氨酸	33	25	33	33	32	39	32	44	—
异亮氨酸	55	59	55	54	54	60	73	78	70
亮氨酸	100	71	100	100	95	136	109	133	140
蛋氨酸	—	—	—	—	26	45	45	44	44
蛋氨酸+胱氨酸	50	59	51	50	57	—	82	83	78
苯丙氨酸	—	—	—	—	58	70	65	—	—
苯丙氨酸+酪氨酸	96	98	96	96	92	120	122	128	—
脯氨酸	—	—	—	—	—	—	55	—	—
苏氨酸	60	59	60	60	64	78	73	66	—
色氨酸	15	18	15	14	18	19	18	19	26
缬氨酸	70	70	71	70	67	81	82	89	87

注：a. 表中除NRC（1998）以回肠可消化氨基酸为基础外，其余均是以总氨基酸为基础；INRA为法国农业科学研究院；ARC为（英国）农业研究委员会，SCA为美国大豆协会；b. 30~70 kg生长猪；c. 20~50 kg生长猪；d. 0~3周龄肉鸡；e. 0~2周龄肉鸭。"—"表示未知。

（五）反刍动物对NPN的利用

反刍动物瘤胃微生物能将非蛋白态的含氮化合物分解成氨，合成微生物蛋白，供宿主利用，所以人工合成的NPN广泛用于反刍动物。目前使用的主要有尿素、羟甲基尿素和淀粉糊化尿素等。在应用NPN饲喂反刍动物时应注意以下几个问题：①供给足够的可溶性糖类，以提供能量和碳架；②日粮中硫、磷、铁、钴等含量应充足，氮与硫适宜比例为（10～14）∶1；③日粮粗蛋白质水平不易过高；④尿素用量要适宜，一般乳牛日粮中尿素用量不超过日粮干物质的1%；⑤如果日粮含NPN较高（如青贮饲料），尿素用量可减半；⑥饲喂尿素需2～4周的适应期。

三、糖类与动物营养

糖类是多羟基的醛、酮或其简单衍生物以及能水解产生上述产物的化合物的总称，通常含C、H、O 3种元素。在常规饲料分析中包括无氮浸出物和粗纤维，广泛存在于植物性饲料中，是动物的主要能源。

（一）糖类的种类

糖类主要包括单糖、低聚（寡）糖和多糖。

1. 单糖 是糖类的基本结构单位。单糖主要包括戊糖（核糖、核酮糖、木糖、木酮糖、阿拉伯糖等）和己糖（葡萄糖、果糖、半乳糖、甘露糖等）。葡萄糖和果糖是饲料中最常见的单糖，是植物和动物组织中糖的最简单的形式，但含量都不高。在动物体内，果糖很容易转变为葡萄糖，只有葡萄糖才能被机体代谢。饲料作物中也含有其他单糖，但含量都很少。

2. 低聚（寡）糖 由2～10个单糖聚合而成，常见的为双糖。蔗糖是葡萄糖和果糖的结合物，它在甘蔗、甜菜等植物中含量很高。乳糖是葡萄糖和半乳糖的结合物，仅存在于乳中。麦芽糖和纤维二糖均由2个单位的葡萄糖连接而成，但二者的差别在于麦芽糖是以α-1,4-糖苷键连接，而纤维二糖以β-1,4-糖苷键连接。

3. 多糖 由10个以上的单糖聚合而成。包括同质多糖（同一单糖组成，如糖原、淀粉、纤维素等）和异质多糖（不同单糖组成，如半纤维素等）。淀粉是植物中最重要的非纤维性多糖，在籽实和块茎中含量最多。淀粉由多个葡萄糖单位构成，分直链淀粉和支链淀粉两类。纤维性多糖是植物组织的结构物质，主要包括纤维素和半纤维素。纤维素和淀粉都是葡萄糖的聚合物，但纤维素中葡萄糖分子之间的连接方式为β-1,4-糖苷键。动物消化道分泌的α-淀粉酶不能分解β-糖苷键，这是单胃动物本身不能消化利用纤维素的根本原因。半纤维素是木糖、阿拉伯糖、半乳糖和其他糖类的聚合物，含大量的β-糖苷键，与木质素以共价键结合后很难溶于水。

（二）糖类的营养作用

1. 糖类的供能和储能作用 葡萄糖是供给动物代谢活动最有效的营养素。葡萄糖是大脑、神经系统、肌肉、脂肪组织、胎儿生长发育、乳腺等代谢的主要能源。葡萄糖供给不足，猪出现低血糖症，牛产生酮病，妊娠母羊出现妊娠毒血症，严重时会导致动物死亡。动物体内代谢需要的葡萄糖来源有2个途径：一是从肠道吸收，这一途径是最经济、最有效的能量来源；二是由体内生糖物质转化，肝是主要的生糖器官（占总生糖量的85%），其次是肾（15%）。在所有可生糖物质中，最有效的是丙酸和生糖氨基酸，其次是乙酸、丁酸和其他生糖物质。非反刍动物获取葡萄糖主要依靠第一条途径，而反刍动物主要靠第二条途径。糖类除了直接氧化供能外，也可以转变成糖原和脂肪储存在动物体内，作为体内的能量储备。

2. 糖类在动物产品形成中的作用 反刍动物产乳期体内50%～85%的葡萄糖用于合成乳糖，如高产乳牛合成乳糖平均每天大约需要1.2 kg葡萄糖。葡萄糖也参与部分羊乳蛋白质非必需氨基酸的形成。糖类进入非反刍动物乳腺主要用以合成乳中必要的脂肪酸，母猪乳腺可利用葡萄糖合成肉豆蔻酸和其他一些脂肪酸，也可利用葡萄糖为原料合成部分非必需氨基酸。

3. 糖类的其他作用

(1) 功能性寡糖的生理作用：某些寡糖不能被动物分泌的消化酶所消化，在胃肠道内，这些寡糖可以选择性地作为某些有益微生物的底物，促进微生物的增殖。例如，果寡糖能够作为乳酸杆菌和双歧杆菌生长的底物，但沙门菌、大肠埃希菌和其他革兰阴性菌发酵的效率则很低，从而抑制它们的生长。由于合成寡糖具有上述调整胃肠道微生物区系平衡的效应，也将其称为化学益生素。

豆类籽实中含有较多的天然寡糖，主要为棉籽糖（三糖）和水苏糖（四糖）。大豆中寡糖的平均含量为 46g/kg。这些糖主要被肠道中的有益微生物发酵，但如果含量过高，发酵产气过多可导致胃肠胀气。同时，发酵产物也影响肠黏膜与血浆间的渗透压，严重时可导致动物腹泻，这也是仔猪饲喂含高水平大豆或豆粕日粮易产生腹泻的原因之一。

(2) 结构性糖类的营养生理作用：结构性糖类在体内有多种营养生理功能，饲料中适宜的纤维对动物生产性能和健康具有积极的作用。黏多糖是保证多种生理功能实现的重要物质。透明质酸具有高度黏性，能润滑关节，保护机体在受到强烈震动时不至于影响正常功能。硫酸软骨素在软骨中起结构支持作用。几丁质（又名甲壳素、壳多糖）是许多低等动物尤其是节肢动物外壳的重要组成成分。

(3) 糖蛋白、糖脂的生理作用：糖蛋白是一类结合蛋白质，种类繁多，参与细胞质膜的组成。在体内物质运输、血液凝固、生物催化、润滑保护、信息传递、信号传导、黏着细胞、卵细胞受精、免疫和激素发挥活性等方面发挥极其重要的作用。糖脂是神经细胞的组成成分，对神经传导起重要作用。

（三）非淀粉多糖的抗营养作用

1. 概念及分类 非淀粉多糖（non-starch polysaccharide，NSP）主要由纤维素、半纤维素、果胶和抗性淀粉（阿拉伯木聚糖、β-葡聚糖、甘露聚糖、葡甘露聚糖等）组成。NSP分为不溶性NSP（如纤维素）和可溶性NSP（如β-葡聚糖和阿拉伯木聚糖）。

2. 抗营养作用 可溶性NSP的抗营养作用受到越来越多的关注。麦类饲料中含有较高的可溶性NSP（大麦主要含β-葡聚糖，小麦主要含阿拉伯木聚糖），猪、鸡消化道缺乏相应的消化酶而难以降解。可溶性NSP与水分子直接作用增加溶液的黏度，且随其浓度的增加而增加；多糖分子本身相互作用，缠绕成网状结构，这种作用过程能引起溶液黏度的增加，甚至形成凝胶。因此，可溶性NSP在动物消化道内能使食糜变黏，进而阻止养分接近肠黏膜表面，最终降低养分消化率。

（四）粗纤维与动物营养

粗纤维是草食动物必需的营养物质。尽管猪、禽难以消化利用，但饲料中适宜的粗纤维含量对消化道发育、胃肠道蠕动以及营养物质的消化具有重要作用。粗纤维的特殊营养生理作用日益受到重视。

1. 粗纤维与反刍动物 粗纤维是反刍动物的必需营养物质，不仅可为反刍动物提供大量能量，而且可影响反刍动物的反刍、咀嚼、瘤胃功能及健康状况。

(1) 提供能量：粗纤维在瘤胃中发酵产生挥发性脂肪酸（VFA），VFA是反刍动物的主要能量来源，可满足能量总需要量的70%~80%。

(2) 维持正常的生产性能：饲料粗纤维水平可影响瘤胃内乙酸的发酵，进而影响乳腺内乳脂的合成。因此，日粮中适宜的粗纤维水平可维持反刍动物较高的乳脂率和产乳量。

(3) 维持瘤胃功能和机体健康：日粮中充足的纤维性物质，可防止瘤胃微生物发酵产酸过快，进而引起瘤胃酸中毒。NRC（2001）推荐在以青贮玉米或青贮苜蓿为主要粗饲料，以粉碎干玉米为主要淀粉来源的全混合日粮情况下，泌乳牛日粮干物质中NDF的最低含量为 25%，其中至少 19%NDF 来源于粗饲料。

2. 粗纤维与非反刍动物 猪和家禽对纤维物质消化能力有限，日粮中纤维水平过高可加快食糜在消化道中的流通速度，降低动物对淀粉、蛋白质等养分的消化率。随着研究的深入，纤维的有益生理作用日益受到人们的重视，并在动物生产中加以应用。

（1）维持胃肠道正常蠕动和生长发育：饲料纤维通过机械作用影响肠道蠕动和食糜滞留时间。现代动物生产中，常用纤维冲淡饲料营养浓度的方法保证种畜禽胃肠道充分发育，以满足以后高产的采食量需要。

（2）提供能量：纤维经大肠微生物发酵产生的 VFA 可满足能量需要的 10%～30%，这对于马、兔等草食动物尤其重要。

（3）饲料纤维的代谢效应：饲料纤维可刺激胃液、胆汁和胰液分泌。果胶物质及可溶性纤维，如 β-葡聚糖可使胆固醇随粪的排出量增加，降低胆固醇的肠肝再循环，有效降低血清胆固醇水平。

（4）解毒作用：饲料纤维可吸附饲料和消化道中产生的某些有害物质，使其排出体外。适量的饲料纤维在后肠发酵，可降低后肠内容物的 pH，抑制大肠杆菌等病原菌的生长，防止仔猪腹泻的发生。

四、脂类与动物营养

脂类是不溶于水而溶于乙醚、氯仿等有机溶剂的一类物质，是脂肪和类脂的总称。脂肪即三酰甘油，类脂则包括磷脂、糖脂、固醇等。脂类种类繁多，常规饲料分析中将这类物质称为粗脂肪或乙醚浸出物。

（一）脂类的分类

脂类的分类见图 1-10。

简单脂类是动物营养中最重要的脂类，其主要形式为三酰甘油，主要存在于植物种子和动物脂肪组织中。复合脂类是动植物细胞中的结构物质，平均占细胞膜干物质（DM）的一半或一半以上。非皂化脂类在动植物内种类甚多，但含量少，常与动物特定生理功能有关。

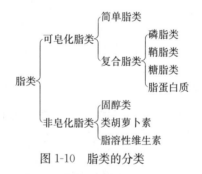

图 1-10 脂类的分类

（二）脂类的性质

1. 脂类的水解性质 水解性质是指脂类分解为其基本结构单位的过程。水解对脂类的营养价值没有显著影响，但水解产生的某些脂肪酸有特殊异味或酸败味，可能影响适口性。脂肪酸碳链越短（特别是 4～6 个碳原子的脂肪酸），异味越浓。

2. 脂类的氧化酸败 脂类暴露在空气中，经光、热、湿、空气（氧气）的作用或者微生物的作用，逐渐形成醛、酮及其他低分子化合物的复杂混合物，产生一种特有的臭味，这个过程称为脂类的氧化酸败。氧化酸败包括自动氧化和微生物氧化两种。自动氧化是一种由自由基激发产生的氧化，先形成脂过氧化物，这种中间产物并无异味，中间产物再与脂肪分子反应形成氢过氧化物，再分解生成短链的醛、酮、醇，使脂肪出现不适宜的酸败味,自动氧化是一个自身催化加速进行的过程;微生物氧化是一个由酶催化的氧化过程,存在于植物饲料中的脂肪氧化酶或微生物产生的脂肪氧化酶最容易使不饱和脂肪酸氧化。酶催化的反应过程与自动氧化一样,但反应生成的过氧化物,在同样温湿度条件下比自动氧化多。

氧化酸败不仅产生不良气味,影响脂类的适口性,更重要的是酸败产生的低分子化合物对动物具有较强毒性,严重影响脂类营养价值。因此,脂类一旦氧化酸败后,就不能作为饲料饲喂动物。

3. 脂肪酸氢化　即在催化剂或酶的作用下,不饱和脂肪酸的双键得到氢而变成饱和脂肪酸的过程。通过脂肪酸的氢化作用,可使脂肪的硬度增加,不易氧化酸败,有利于储存,但也损失必需脂肪酸。反刍动物的瘤胃微生物对饲料不饱和脂肪酸具有较强的氢化作用。

(三)脂类的营养作用

1. 脂类是构成动物体组织的重要成分　动物体内的各种组织,如神经、肌肉、骨骼、皮肤及血液中均含有脂肪。多数类脂物质作为各种生物膜的成分,如磷脂、糖脂是细胞膜的重要组成成分,对维持细胞膜的完整性和功能具有重要作用。动物脂肪组织中的脂肪主要为三酰甘油,是动物体内的能量储备。

2. 脂类是动物能量的重要来源　脂类的能值最高,完全氧化分解后释放的能量约为糖类和蛋白质的 2.25 倍。由于脂肪的适口性好,动物生产在配合饲料中添加脂肪,可满足动物对高能的需要。

3. 脂类的额外能量效应　家禽饲料中添加一定水平的油脂替代等能值的糖类和蛋白质,能提高饲料代谢能,使消化过程中能量消耗减少,热增耗降低,饲料的净能增加,当植物油和动物脂肪同时添加时效果更加明显,这种效应称为脂肪的额外能量效应或脂肪的增效作用。

4. 脂类是脂溶性维生素的溶剂　饲料中的脂溶性维生素,维生素 A、维生素 D、维生素 E 和维生素 K,只有溶解于脂肪中才能被消化吸收,植物体内的类胡萝卜素也只有在脂类存在的条件下,才能被动物吸收利用。饲料中缺乏脂肪,将影响这类维生素的消化吸收,从而出现维生素缺乏症。例如,鸡日粮中含脂类 0.07% 时,类胡萝卜素吸收率仅 20%,而含脂类 4% 时,类胡萝卜素吸收率则为 60%。

5. 脂类是动物必需脂肪酸的来源　动物机体需要的必需脂肪酸,包括亚油酸、亚麻酸和花生油酸,不能在体内合成,必须由饲料提供。

6. 脂类的防护作用　脂肪不易导热,具有良好的绝热保温性能。动物体内的脂肪组织,特别是皮下脂肪能够防止体内热量的散失,对动物御寒越冬具有重要作用。高等哺乳动物皮肤中的脂类具有抵抗微生物侵袭、保护机体的作用。禽类尤其是水禽,尾脂腺中的脂肪对羽毛的抗湿作用特别重要。

7. 脂类是体内代谢水的重要来源　蛋白质、脂肪和糖类在体内代谢过程中,均可以产生代谢水,其中以脂肪代谢产生的代谢水最多。

8. 脂类是动物产品的组成成分　动物产品,如肉、蛋、乳等均含有一定数量的脂肪。饲料中缺乏脂肪,将影响动物产品的形成,降低风味和营养价值。

(四)必需脂肪酸

1. 概念及种类　必需脂肪酸(essential fatty acids,EFA),是指体内不能合成,必须由饲料供给,或能通过体内特定先体物形成,对机体正常机能和健康具有重要保护作用的脂肪酸。必需脂肪酸包括 ω-6 和 ω-3 系列,主要包括亚油酸($C18:2\omega6$)、亚麻酸($C18:3\omega3$)和花生油酸($C20:4\omega6$)。

2. 营养作用 必需脂肪酸的主要营养作用包括以下几方面。

（1）合成生物膜脂质的主要成分：必需脂肪酸参与磷脂的合成，并以磷脂的形式作为生物膜（细胞膜、线粒体膜、细胞核膜等）的组成成分。磷脂中脂肪酸的浓度、链长和不饱和程度在很大程度上决定了细胞膜的流动性、柔软性等物理特性，这些物理特性又影响生物膜的结构和功能。

（2）合成类二十烷物质：类二十烷物质包括前列腺素、凝血噁烷、环前列腺素和白三烯等，都是必需脂肪酸的衍生物。类二十烷的作用与激素类似，但又无特殊的分泌腺，不能储存于组织中，也不随血液循环转移。几乎所有的组织都可产生，仅在局部作用以调控细胞代谢，属于类激素。这类物质对动物的胚胎发育、骨骼生长、繁殖机能及免疫机能均具有重要作用。故日粮中长期缺乏，可导致动物生长停滞，繁殖性能下降，抗病力降低。

（3）维持皮肤和其他组织对水分的不通透性：正常情况下，皮肤对水分和其他许多物质是不通透的，这一特性是由于ω-6EFA的存在。EFA不足时，皮肤细胞对水分的通透性提高，毛细血管的脆性和通透性增强，水分可迅速通过皮肤逸失。许多膜的通透性与EFA有关，如血-脑屏障、胃肠道屏障。

（4）降低血液胆固醇水平：α-亚油酸衍生的前列腺素PGE_1能抑制胆固醇的生物合成，降低血液胆固醇水平。

（5）转化成长链多不饱和脂肪酸：必需脂肪酸在动物体内可转化为一系列长链多不饱和脂肪酸，如二十碳五烯酸和二十二碳六烯酸等，可形成抗凝结因子，具有显著抗血栓形成和动脉粥样硬化作用，对人体保健具有特殊意义。

3. 来源 必需脂肪酸主要来源于各种动植物油脂。一般植物油脂，如玉米油、花生油、大豆油、棉籽油、菜籽油等不饱和脂肪酸含量高，因而亚油酸、亚麻酸和花生油酸等必需脂肪酸的含量较高；动物脂肪由于饱和脂肪酸多于植物油脂，必需脂肪酸的含量也较低；水生动物油脂，如鱼油也可提供较多的必需脂肪酸。因此，畜禽配合饲料中添加油脂类，既可满足动物的能量需要，也可提供大量必需脂肪酸。

五、矿物质与动物营养

矿物质是一类无机营养物质。存在于动植物体内的各种化学元素中，除C、H、O、N外，其余各种元素无论含量多少，统称为矿物质或矿物元素。

（一）动物体内矿物元素含量

动物体内矿物元素含量约为4%。其中，5/6存在于骨骼和牙齿中，其余分布于身体的其他部位。动物体内矿物元素含量分布有以下特点：①按无脂空体重基础表示，每种元素在各种动物体内的含量比较近似，常量元素近似程度更大；②体内电解质类元素含量从胚胎期到发育成熟，不同阶段都比较稳定；③不同组织器官中元素含量，依其功能不同而含量不同，钙、磷是骨骼的主要组成成分，骨中钙、磷含量丰富，铁主要存在于红细胞中，而肝中微量元素含量普遍比其他器官高。

（二）必需矿物元素

在体内具有确切的生理功能和代谢作用，日粮供给不足或缺乏时可引起机体生理功能和结构异常，并导致缺乏症的发生，补充后缺乏症即可消失的元素都称为必需矿物元素。迄今为止，已知有22种矿物元素是动物必需的。根据在动物体内含量不同，可将矿物元素分为常量元素和微量元素两大类。

1. 常量元素 常量元素指在动物体内含量高于0.01%的元素，主要包括Ca、P、Mg、Na、K、Cl、S等7种。

2. 微量元素 微量元素指在动物体内含量低于0.01%的元素，主要包括Fe、Cu、Co、Mn、Zn、I、Se、Mo、Cr、F、Sn、V、Si、Ni、As等15种。

（三）矿物元素的基本功能

矿物元素虽然不是动物体能量的来源，但它们是动物体组织器官的组成成分，在体内物质代谢中起重要作用。

1. 构成动物体组织的重要成分 钙、磷、镁是构成骨骼和牙齿的主要成分，磷和硫是组成体蛋白的重要成分，有些矿物质存在于毛、蹄、角、肌肉、体液及组织器官。

2. 维持体液渗透压恒定和酸碱平衡 动物体液中有1/3是细胞外液，2/3是细胞内液，细胞内液与外细胞液间的物质交换必须在等渗情况下才能进行。维持细胞内液渗透压的恒定主要靠钾，而维持细胞外液渗透压的恒定则主要靠钠和氯。动物体内各种酸性离子（如Cl^-）与碱性离子（如K^+、Na^+）之间保持适当的比例，配合重碳酸盐和蛋白质的缓冲作用，即可维持体液的酸碱平衡。

3. 维持神经和肌肉的正常功能 多种矿物元素，如钾、钠、钙、镁等与神经和肌肉的兴奋性关系密切，尤其是钾、钠、钙、镁离子保持适宜的比例，即可维持神经和肌肉的正常功能。

4. 体内多种酶的成分或激活剂 磷是辅酶I、辅酶II和焦磷酸硫胺素酶的组成成分，铁是细胞色素酶等的组成成分，铜是细胞色素氧化酶、酪氨酸酶、过氧化物歧化酶等多种酶的组成成分，氯是胃蛋白酶的激活剂，钙是凝血酶的激活剂等。

（四）电解质平衡

体内正负离子平衡是影响动物生产性能的重要因素。这些离子虽然可由体内代谢产生，但主要还是来自日粮。因此，日粮离子平衡与动物生产性能密切相关，研究电解质营养已成为挖掘动物营养和饲养潜力的一个方面。

1. 日粮电解质平衡值 日粮电解质平衡值（dietary electrolyte balance，DEB）是指日粮中各种阴阳离子的毫摩尔数与其化学价（电荷数）乘积的总和，主要根据饲料中各离子的摩尔数计算而得。日粮电解质平衡值也称为日粮阴阳离子平衡值（dietary cation-anion balance，DCAB）。用公式表示为：

$$DEB（每千克日粮）=(Na^++K^++Ca^{2+}+Mg^{2+})(mmol)-(Cl^-+S^{3-}+P^{3-})(mmol)$$

实际情况下通常不考虑Ca^{2+}、Mg^{2+}、S^{2-}、P^{3-}等离子，可用简化式计算：

$$DEB（每千克日粮）=(Na^++K^+-Cl^-)(mmol)$$

2. 日粮电解质平衡的重要意义 日粮离子平衡状况既影响能量、氨基酸、维生素及其他矿物元素的代谢，也影响饲料的营养价值、动物的生长性能以及抗应激能力等。电解质平衡有利于调节水的代谢和摄入，保证营养物质的适宜代谢环境，提高饲料营养物质的利用率。

电解质平衡可以较好地缓解热应激对动物的影响。热应激期间，动物饮水量增加导致尿量增加，因而加速钾离子的损失，而钠、镁、硫和磷酸根离子的排出量相对较少，钙及某些微量元素（铜、铁、锰、锌）的排出量保持相对恒定。日粮中添加氯化钾具有缓解作用。此外，在日粮中添加碳酸氢钠对于克服热应激下离子平衡失调也有积极作用。已经证明，用$NaHCO_3$代替部分$NaCl$，既可缓解高温季节的热应激，又可改善蛋壳质量。电解质平衡失调引起动物的典型症状是牛产后瘫痪，家禽蛋壳变薄易碎、腹泻、酸中毒或碱中毒，进而影响生产性能。

（五）常量元素

常量元素的主要功能、缺乏症状和来源见表1-4。

表 1-4　常量元素与动物营养

常量元素	主要功能	主要缺乏症状	来源
钙（Ca）	构成骨与牙齿，维持神经肌肉兴奋性，维持膜的完整性，调节激素分泌	幼龄动物佝偻病，成年动物软骨病，高产乳牛乳热症，产蛋鸡蛋壳质量下降	植物性饲料中钙含量低，常用石粉补充
磷（P）	构成骨与牙齿，参与能量代谢，维持膜的完整性，参与核酸和蛋白质代谢	幼龄动物佝偻病，成年动物软骨病，产蛋鸡蛋壳质量下降	植物性饲料中磷含量低，且多为植酸磷，常用磷酸氢钙补充
镁（Mg）	构成骨与牙齿，参与酶系统的组成与作用，参与核酸和蛋白质代谢，调节神经肌肉兴奋性	反刍动物易缺乏，典型症状为"草痉挛"	硫酸镁、氧化镁
钾（K）	细胞内液的主要阳离子。调节体液渗透压和酸碱平衡，参与维持神经肌肉兴奋性	生产中动物一般不会缺乏	植物性饲料中钾的含量一般较高，不需要补充
钠（Na）	血浆和细胞外液的主要阳离子。维持体液的酸碱平衡和渗透压平衡，参与维持神经肌肉兴奋性	食欲下降，饲料转化率和生产性能降低，异嗜，猪咬尾，家禽啄羽	植物性饲料含量低，常用食盐补充
氯（Cl）	主要存在于细胞外液。与钾、钠共同维持体液的酸碱平衡和渗透压平衡	鸡生长受阻，哺乳动物肾功能受损	植物性饲料含量低，常用食盐补充
硫（S）	组成含硫氨基酸、硫胺素和生物素，在脂肪、糖类及能量代谢中具有重要作用	动物正常情况下不会缺硫	反刍动物饲料中应用尿素可补充硫酸盐

（六）微量元素

对动物生产影响较大的微量元素的主要功能、缺乏症状、来源以及配合饲料中的最高限量见表 1-5。

表 1-5　微量元素与动物营养

微量元素	主要功能	主要缺乏症状	来源	在配合饲料或全混合日粮中的最高限量（以元素计）*
铁（Fe）	血红蛋白、肌红蛋白和特定酶的成分，参与氧气运输和物质代谢过程	缺铁性贫血	硫酸亚铁、氨基酸螯合铁	仔猪（断乳前）250 mg/（头·d）；家禽 750 mg/kg；牛 750 mg/kg；羊 500 mg/kg；宠物 1 250 mg/kg；其他动物 750 mg/kg
铜（Cu）	促进血红素的形成，与酶的活性、毛的发育、色素产生、骨的发育、生殖泌乳等有关	营养性贫血；运动不协调，关节肿胀，骨骼有脆性，被毛褪色	硫酸铜、氨基酸螯合铜	仔猪（≤25kg）125 mg/kg；开始反刍前的犊牛 15 mg/kg；其他牛 30 mg/kg；绵羊 15 mg/kg；山羊 35 mg/kg；甲壳类动物 50 mg/kg；其他动物 25 mg/kg（单独或同时使用）
锌（Zn）	多种酶的成分或激活剂。广泛参与体内物质代谢，维持上皮细胞和被毛的结构及功能，胰岛素的组分	生长受阻；生长动物的"不全角化症"；影响繁殖机能，降低精液品质	硫酸锌、氧化锌、氨基酸螯合锌	仔猪（≤25kg）110 mg/kg；母猪 100 mg/kg；其他猪 80 mg/kg；犊牛代乳料 180 mg/kg；水产动物 150 mg/kg；宠物 200 mg/kg；其他动物 120 mg/kg
锰（Mn）	参与骨骼的生长发育，参与糖类和脂肪的代谢，多种酶的激活剂	生长家禽的"骨短粗症"（滑腱症、脱腱症）	硫酸锰、氨基酸螯合锰	鱼类 100 mg/kg；其他动物 150 mg/kg

(续)

微量元素	主要功能	主要缺乏症状	来源	在配合饲料或全混合日粮中的最高限量（以元素计）*
碘（I）	合成甲状腺素（T_4）和三碘甲腺原氨酸（T_3），参与基础代谢	甲状腺肿大	碘化钾、碘酸钾、碘酸钙	蛋鸡 5 mg/kg；乳牛 5 mg/kg；水产动物 20 mg/kg；其他动物 10 mg/kg
硒（Se）	作为谷胱甘肽过氧化物酶（GSH-Px）的成分，参与体内抗氧化作用	幼龄动物的营养性肝坏死，雏鸡的渗出性素质，胰纤维变性，生长动物的肌肉营养不良（白肌病），生长育肥猪的桑葚心，繁殖机能降低	亚硒酸钠、酵母硒	0.5 mg/kg
钴（Co）	维生素 B_{12} 的成分，是一种抗贫血和促生长因子，还是磷酸葡萄糖变位酶、精氨酸酶的激活剂，与蛋白质和糖类的代谢有关	贫血，生长速度下降	氯化钴、硫酸钴	2 mg/kg
铬（Cr）	调节糖类、脂类、蛋白质代谢，与烟酸、甘氨酸、谷氨酸、胱氨酸形成有机螯合物-葡萄糖耐受因子，具有类似胰岛素的生物活性，缓解应激	一般不缺乏	酵母铬、烟酸铬、吡啶羧酸铬	0.2 mg/kg
氟（F）	对动物具有健齿的功能，能抑制口腔细菌的产酸作用	一般不缺乏，生产中须注意氟中毒问题	不需要添加	

*《饲料添加剂安全使用规范》（农业部公告第 2625 号）。

六、维生素与动物营养

（一）维生素的概念及种类

维生素（vitamin）是一类动物代谢所必需且需要量极少的低分子有机化合物。动物体内一般不能合成，必须由饲料提供或提供其先体物。

维生素按其溶解性可分为两大类，即脂溶性维生素和水溶性维生素。脂溶性维生素包括维生素 A、维生素 D、维生素 E 和维生素 K，它们主要由碳、氢、氧元素组成。随饲料脂肪一起吸收进入血液，吸收机制与脂肪相似。这类维生素可储存于体内，不从尿中排出，而通过胆汁由粪排出。过量的脂溶性维生素还具有一定毒性。脂溶性维生素的缺乏症一般与其功能相联系。除维生素 K 可由动物消化道微生物合成外，其他脂溶性维生素都必须由饲料提供。脂溶性维生素多来源于动物性产品，如蛋类、乳类、肉类等。

水溶性维生素包括 B 族维生素和维生素 C。B 族维生素包括硫胺素、核黄素、烟酸、泛酸、维生素 B_6、生物素、叶酸、维生素 B_{12} 和胆碱。它们的组成元素除了碳、氢、氧外，还含有氮、硫或钴。水溶性维生素几乎都不能在体内储存，过量的水溶性维生素迅速从尿中排出，所以必须持续补充。动物采食过量的水溶性维生素时，通常也不会发生中毒现象。水溶性维生素多存在于植物性饲料中，如谷类、水果、蔬菜等。

还有一类物质，如肌醇、肉毒碱、辅酶 Q、硫辛酸和多酚等，虽然在不同程度上具有维生素的属性，但它们只为少数动物必需，目前还不能完全证明它们属于维生素，故称之为类维生素。

(二) 维生素的营养特点

1. 广泛参与体内物质代谢过程　维生素既不是机体的能源物质也不是组织器官的结构成分，但却是体内正常代谢不可缺少的有机物质。维生素主要以辅酶和催化剂的形式广泛参与体内代谢的多种化学反应，从而保证机体组织器官的细胞结构和功能正常，以维持动物的健康和各种生产活动。

2. 具有相似的营养缺乏症　维生素缺乏可导致体内代谢紊乱，产生一系列缺乏症状。但缺乏症状一般不具特异性，食欲下降、生长受阻是其共同症状；但部分维生素缺乏也可引起典型症状，如维生素 A 缺乏引起夜盲症，维生素 D 缺乏导致佝偻病等。

3. 消化道微生物可合成部分维生素　瘤胃、盲肠和结肠中的微生物可以合成维生素 K、B 族维生素，可以满足宿主动物的营养需要。

4. 不同种类动物对维生素的需要量差异较大　由于消化道微生物，特别是瘤胃微生物可合成维生素 K 和 B 族维生素，因此，反刍动物日粮中一般仅供给维生素 A 或胡萝卜素、维生素 D 和维生素 E，而猪和禽类则需要由日粮提供全部维生素。同时，随着动物年龄、生长阶段、生理状况或生产性能的不同，维生素的需要量差异较大。动物的生产性能越高，其维生素的需要量越大。此外，维生素的需要还受来源、饲料结构与成分、饲料加工方式、储藏时间、饲养方式（如集约化饲养）等多种因素的影响。

水溶性维生素很少或几乎不在体内储备。因此，短时期缺乏或不足就会影响生产和动物健康。一般情况下，维生素 C 在成年动物体内均可合成满足需要，仅在逆境或应激条件下需要量增加。

5. 具有特定生理作用　部分维生素，如维生素 A、维生素 E 等还可提高机体免疫力，增强抗肿瘤、抗应激能力，改善畜产品品质。这使得维生素添加剂的应用越来越广泛。

(三) 脂溶性维生素

脂溶性维生素的主要理化特性、功能、缺乏症状和来源见表 1-6。

表 1-6　脂溶性维生素与动物营养

维生素	主要理化特性	主要功能	主要缺乏症状	主要来源
维生素 A	环状不饱和一元醇；性质活泼，易被氧化；高温、高湿、紫外线照射、微量元素等可加速其氧化	维持动物正常视觉，维持黏膜上皮组织的健康，促进骨骼生长，提高机体免疫力和繁殖性能	夜盲症，眼干燥症，尿道结石	青绿饲料含胡萝卜素，在动物体内可转化为维生素 A；维生素 A 存在于动物肝和鱼肝油中
维生素 D	性质稳定，脂肪酸败可破坏活性；多数动物维生素 D_3 的活性高于维生素 D_2	调节钙、磷代谢，促进钙、磷吸收和骨骼生长	幼龄动物佝偻病，成年动物软骨症，产蛋家禽蛋壳质量下降	植物性饲料含维生素 D_2，动物肝及鱼肝油含维生素 D_3
维生素 E	酚类化合物，淡黄色油状物，无氧条件下不易被酸、碱及热破坏，但有氧时易被氧化	生物抗氧化作用，维持正常的繁殖机能，维持外周血管的结构和中枢神经系统机能，增强机体免疫力和抗病力	肌肉营养不良（白肌病），雏鸡渗出性素质，营养性肝坏死，雏鸡脑软化（疯雏病），繁殖机能紊乱	绿色植物、青干草、种子胚芽、植物油中维生素 E 含量丰富
维生素 K	耐热，但易被光、辐射、碱和强酸所破坏，维生素 K_1（叶绿醌）由植物合成，维生素 K_2（甲萘醌）由肠道微生物合成，维生素 K_3（亚硫酸氢钠和甲萘醌的合成物）由人工合成	参与凝血活动。在肝中促进凝血酶原和凝血因子合成，使凝血酶原转变为凝血酶，保证机体凝血功能正常	凝血时间延长，可发生皮下、肌肉及胃肠道出血	绿色植物，肠道微生物，工业合成

(四) 水溶性维生素

水溶性维生素的主要理化特性、功能、缺乏症状和来源见表1-7。

表1-7 水溶性维生素与动物营养

维生素	主要理化特性	主要功能	主要缺乏症状	主要来源
硫胺素（维生素B_1）	白色结晶，易溶于水，黑暗干燥时不易被氧化，酸性溶液中稳定，碱性溶液中易氧化	以硫胺素焦磷酸（TPP）的形式参与糖代谢过程中α-酮酸（丙酮酸、α-酮戊二酸）的氧化脱羧反应，是α-酮酸脱羧酶的辅酶	厌食，生长受阻；神经系统代谢障碍，雏鸡可出现"多发性神经炎"，胃肠道机能障碍	酵母中含量最高；禾谷籽实及副产品、饼粕料及动物性饲料中含量丰富
核黄素（维生素B_2）	橙黄色结晶，对热和酸稳定，遇光和遇碱易破坏	是细胞内黄酶类的辅基、黄素单核苷酸（FMN）和黄素腺嘌呤二核苷酸（FAD）的成分，生物氧化中传递氢原子，参与蛋白质、脂肪和糖类代谢	食欲不振，消化不良，生长受阻；雏鸡"卷爪麻痹症"	饲料酵母、肝、鱼粉、血粉、肉粉中含量较高；青绿饲料、苜蓿草粉、糠麸类等饲料（原料）中含量较高，但谷物、块根、块茎含量低
维生素PP（烟酸，烟酰胺）	无色结晶，稳定，遇酸、碱、热氧化剂都不易破坏	为辅酶Ⅰ（烟酰胺腺嘌呤二核苷酸，NAD）和辅酶Ⅱ（烟酰胺腺嘌呤二核苷酸磷酸，NADP）的成分，参与能量代谢；维持皮肤和消化器官的机能	生长受阻；鸡黑舌症，皮肤和脚趾皮炎；猪癞皮病	饲料酵母和鱼粉、肝、肉骨粉等动物性饲料中含量较多；谷物饲料中的烟酸大多呈结合态，猪禽不能有效利用
泛酸	淡黄色黏滞油状物，吸湿性强，不稳定。饲料中多以钙盐形式添加	辅酶A和酰基载体蛋白的成分，参与三大营养物质的代谢	鸡羽毛生长不良，皮肤炎症，眼睑肿胀，脚底裂缝出血；猪四肢运动失调，后肢"鹅步"	饲料酵母、动物性饲料、植物性饲料中含量均较多
维生素B_6	吡哆醇、吡哆醛和吡哆胺的总称。白色结晶，对热和酸稳定，易氧化，易被碱和紫外线破坏	活性形式为5-磷酸吡哆醛和5-磷酸吡哆胺。以多种酶的辅酶形式参与氨基酸脱羧、转氨基作用、色氨酸代谢、含硫氨基酸代谢、不饱和脂肪酸代谢等	猪食欲差、生长缓慢、小红细胞异常的血红蛋白过少性贫血，阵发性抽搐或痉挛；鸡异常兴奋、癫狂、无目的运动和倒退、痉挛，眼睑炎性水肿，羽毛粗糙	酵母、肝、肌肉、乳清、谷物及其副产品和蔬菜都是维生素B_6的丰富来源
生物素（维生素H）	针状结晶粉末，对光、热稳定，但可被氧化剂破坏	细胞中羧化酶的辅酶，如乙酰CoA羧化酶、丙酮酸羧化酶等，参与三大营养物质的代谢	皮炎、贫血，脱毛症。雏鸡脚、喙边皮肤裂口，种鸡孵化率降低；猪蹄裂，后肢痉挛	动物性饲料含量丰富；青绿饲料、谷物及其加工副产品中含量较多
叶酸（维生素B_{11}）	黄色结晶粉末，对空气和热稳定，但紫外线照射可破坏活性	以四氢叶酸的形式参与一碳基团（甲基、亚甲基、甲酰基）的代谢，是一碳基团转移酶的辅酶	生长受阻；巨红细胞性贫血，红细胞和血小板减少	酵母、肝粉、鱼粉等饲料中含量较多；青绿植物的叶片、肉质器官中含量丰富

(续)

维生素	主要理化特性	主要功能	主要缺乏症状	主要来源
维生素 B_{12}（氰钴胺素）	深红色结晶粉末，具吸湿性，易被光、热破坏	主要以 $5'$-脱氧腺苷钴胺素和甲基钴胺素两种辅酶的形式参与蛋白质、脂肪和糖类的代谢；参与一碳基团（如甲基）的转移；促进红细胞的发育和成熟，与机体的造血机能有关	贫血，生长受阻。猪繁殖性能降低，鸡孵化率下降，新孵出的鸡骨异常，类似骨粗短症	肝、鱼粉、肉粉、蛋、乳等动物性饲料是其主要来源，一般植物性饲料不含维生素 B_{12}
胆碱（维生素 B_4）	常温下为液体、无色，有黏滞性和较强的碱性，易吸潮，也易溶于水	构成卵磷脂和乙酰胆碱，参与神经冲动的传导；增强肝对脂肪酸的利用，防止脂肪在肝中异常沉积，又称为"抗脂肪肝因子"；提供活性甲基，参与其他物质的合成	脂肪代谢障碍，肝发生脂肪浸润，产蛋母鸡易引起脂肪肝，产蛋量下降，生长鸡溜腱症	动物肝可合成胆碱；酵母、鱼粉、肝粉等含量丰富；饼粕类、糠麸类饲料含量较高
维生素 C（抗坏血酸）	白色结晶，有酸味；具有酸性和强还原性；空气、热、光、碱性物质、微量元素可加速其氧化	参与胶原蛋白的合成，促进伤口、溃疡愈合，降低毛细血管的通透性和脆性，防止黏膜、皮下、肌肉出血；具有电子传递作用和抗氧化功能；改善心肌功能，增强抗应激能力	动物体内一般均能合成一定数量的维生素 C。缺乏可致生长受阻，贫血，黏膜自发性出血	动物性饲料中含量低；柑橘类水果、番茄、绿色蔬菜、马铃薯以及大多数的青绿植物中含量较高

第三节 营养需要与饲养标准

动物为了维持生命、生产产品和繁衍后代，需要从外界摄取各种营养物质。动物种类不同，生产目的与水平不同，对营养物质的需要量也不同。动物营养不仅研究不同种类动物需要的营养物质种类及其作用，而且还阐明各种营养物质的需要量，这是合理配制日粮的依据，也是动物饲养实践的科学指南。

一、营养需要

（一）营养需要的概念

营养需要（nutrient requirement）是指动物在最适宜的环境条件下，正常、健康生长或达到理想生产成绩对各种营养物质种类和数量的最低要求。动物对养分的需要包括两部分，一部分用于维持动物基本的生命活动，表现为维持基础代谢和必要的自由活动，这部分需要称为维持需要；动物对养分需要的另一部分主要用于动物的生长或生产，称为生产需要。根据生产目的的不同，又可把生产需要分为生长需要、产乳需要、产蛋需要、产毛需要等。维持需要仅维持动物自身的生命，不产生经济效益，生产需要才对人类真正有用。维持需要占营养需要的比例越低，动物生产的经济效益就越高。

（二）营养需要的测定

测定动物营养需要的方法包括综合法和析因法两种。

1. 综合法 综合法是根据动物的总体反应来确定其对某种营养物质的总需要量。综合法是营养需要研究中最常用的方法，包括饲养试验法、平衡试验法、屠宰试验法、生物学法等，其中严格控制的饲养试验法用得最多。在严格控制试验条件的情况下，根据剂量（某养分的摄入量）-效应（增重、产蛋、泌乳、产毛等）反应的原则，通过回归分析法，求出动物在不同生长阶段或生产性能时营养物质的总需要量。

2. 析因法 析因法是把动物对营养物质的总需要量剖析为多个部分的营养需要（如维持需要、产乳需要、产毛需要、产蛋需要等），通过测定各个部分的营养需要，得到动物对营养物质的总需要量。

动物对营养物质的总需要量，可剖析为维持生命活动和保证生产两大部分，即：

$$总营养需要＝维持需要＋生产需要$$

生产需要又可细分为产乳、产蛋、增重、繁殖、产毛等。用公式表示为：

$$R = aBW^b + cX + dY + eZ$$

式中，R 为动物对某种营养物质的总需要量（MJ/d 或 g/d），BW 为体重（kg），BW^b 为代谢体重（kg），a 为常数，表示每 1 kg 代谢体重的维持需要，X、Y、Z 分别为不同产品（乳、脂、肉、蛋、妊娠产物等）中某营养物质的含量（MJ 或 g），c、d、e 分别为营养物质形成产品时利用率的倒数。

（三）维持需要

1. 维持与维持需要 维持是动物生存过程中的一种基本状态。成年动物或非生产动物，体重保持不变，体组织成分保持相对恒定，即体内合成代谢与分解代谢处于动态平衡状态，即称为处于维持状态。满足处于维持状态下动物的营养需要，称为维持需要。维持需要主要用来弥补体内周转代谢过程中的损失和必要的活动。随环境温度和运动量的变化，维持需要也会改变。

2. 维持需要的意义 动物食入的养分，一部分用于维持生命活动和必要的自由活动（维持需要）；另一部分用于生产产品（生产需要）。动物生产中，维持需要属于无效损失，营养物质满足维持需要的生产利用率为零，只有生产需要才能产生经济效益。但维持需要又是必要的损耗，因为只有在满足维持需要的基础上，摄入的养分才能用于生产。因此，维持需要是动物的一种基本需要，是研究其他各种生产需要的前提和基础。

维持需要占总营养需要的比例很大。由于维持需要不产生经济效益，因此，必须合理平衡维持需要与生产需要的关系。现代动物生产中，饲料成本是影响生产效益的主要因素，平均占总生产成本的 50%～80%。因此，必须尽可能地降低维持的饲料消耗，提高生产需要的比例，从而提高生产效率。表 1-8 表明，生产需要所占比例越大，则维持需要所占比例越小，生产效率就越高。生产实践中，培育优良品种，优化畜群结构，采取科学的饲养管理方法以提高动物的生产力，应视为节省维持需要的关键技术措施。

表 1-8 畜禽能量摄入与生产之间的关系

（引自杨凤，动物营养学，2001）

动物种类	体重（kg）	摄入代谢能（MJ/d）	产品（MJ/d）	维持需要代谢能（MJ/d）	维持所占比例（%）	生产所占比例（%）
猪	200	19.65	0	19.65	100	0
猪	50	17.14	10.03	7.11	41	59
鸡	2	0.42	0	0.42	100	0
鸡	2	0.67	0.25	0.42	63	37

(续)

动物种类	体重（kg）	摄入代谢能（MJ/d）	产品（MJ/d）	维持需要代谢能（MJ/d）	维持所占比例（%）	生产所占比例（%）
乳牛	500	33.02	0	33.02	100	0
乳牛	500	71.48	38.46	33.02	46	54
乳牛	500	109.93	76.91	33.02	30	70

3. 主要养分的维持需要

（1）能量：动物维持状态下的能量需要主要用于基础代谢及自由运动的能量消耗。基础代谢是指动物在理想条件下维持自身生存所必要的最低限度的能量代谢。此种代谢仅限于维持细胞内必要的生化反应和组织器官必要的基本活动。基础代谢的理想条件要求动物必须处于：适温环境条件，饥饿和完全空腹状态，绝对安静（意识正常）和放松状态，健康及营养状况良好。但对于动物而言，很难准确测定这种最低代谢。

动物营养研究中，通常以绝食代谢代替基础代谢。动物绝食到一定时间，达到空腹条件时所测得的能量代谢称绝食代谢。动物的绝食代谢水平一般比基础代谢略高，但仍比较稳定。大量研究表明，各种成年动物的绝食代谢产热量用单位代谢体重（$W^{0.75}$）表示比较一致。平均为：

$$绝食代谢（kJ/d）= 300 BW^{0.75}$$

即成年动物每天每1 kg代谢体重的绝食代谢产热量为300 kJ（净能）。成年动物绝食代谢的平均值不适合于生长动物，单位代谢体重的绝食代谢产热量随生长动物年龄的增加而减少。

维持的能量需要除包括绝食代谢能量外，还包括随意活动的能耗及必要的抵抗应激环境的能耗。但由于随意活动量很难准确评定，同时也难以评判抵抗应激环境的能量消耗，因此，估计动物维持的能量需要，一般是在绝食代谢的基础上，根据具体情况（活动量、环境温度等），酌情增加一定的安全系数。牛、羊在绝食代谢基础上增加20%～30%可满足维持需要，猪、禽可增加50%。舍饲动物增加20%，放牧则增加25%～50%，公畜另加15%，处于应激条件下的动物增加100%，甚至更高。

（2）蛋白质和氨基酸：蛋白质的维持需要可通过基础氮代谢估测。基础氮代谢包括代谢粪氮、内源尿氮和体表损失氮，分别测定这3部分，总和即为净氮维持需要，乘以蛋白质转换系数6.25，除以饲料蛋白质用于维持的效率即可得到可消化蛋白质的维持需要，再除以饲料蛋白质的消化率，即可得到维持的饲料粗蛋白质需要量。

动物在维持状态下对各种必需氨基酸的需要量变化较大，其需要量也与代谢体重呈一定的比例关系。表1-9为成年猪、禽部分必需氨基酸的维持需要。

表1-9　成年猪、禽必需氨基酸的维持需要（mg/kg，$BW^{0.75}$）

（引自杨凤，动物营养学，2001）

动物	赖氨酸	蛋氨酸	蛋氨酸+胱氨酸	色氨酸	苏氨酸	苯丙氨酸	苯丙氨酸+酪氨酸	亮氨酸	异亮氨酸	缬氨酸	精氨酸
猪	36	10	44	9	54	18	44	25	27	24	−72*
禽		22	58	10	82	12	57	81	73	82	81

*：−72表示体内精氨酸合成能满足维持需要和部分生产需要。

（四）生长肥育的营养需要

生长肥育的营养需要主要取决于动物的体重、日增重、增重内容，以及生长动物对饲料能量和营养物质的利用效率。因此，按照动物生长规律，研究制订生长动物的营养需要具有重要意义。我国及世界很多国家的饲养标准对生长肥育畜禽的营养需要量都是按阶段给出的。

1. 能量需要 生长肥育动物的能量需要包括维持需要和生长需要。生长需要主要用于体内蛋白质和脂肪的沉积。因此，只要了解动物维持的能量，每天体内沉积的蛋白质和脂肪，以及饲料蛋白质和脂肪的利用效率，就可计算出动物的能量需要。

析因法估计能量需要的公式表示如下：

$$ME = ME_m + \frac{NE_f}{K_f} + \frac{NE_p}{K_p}$$

式中，ME_m 是维持所需代谢能（kJ），NE_f 和 NE_p 分别为脂肪沉积和蛋白质沉积所需净能（kJ），K_f 和 K_p 为 ME 转化为 NE_f 和 NE_p 的效率。

生长肥育牛的能量需要一般按析因法确定，即用维持需要加增重需要的方法确定。我国肉牛饲养标准（2004）采用综合净能体系，并且用肉牛能量单位（RND）表示。采用下述公式计算：

$$NE_m = \left\{322BW^{0.75} + \left[(2\,092 + 25.1BW) \times \frac{ADG}{1 - 0.3 \times ADG}\right]\right\} \times F$$

式中，NE_m 为综合净能（kJ/kg），BW 为体重（kg），ADG 为平均日增重（kg），F 为综合净能校正系数。

肉牛能量单位：我国肉牛饲养标准（2004）规定，以 1 kg 中等品质玉米所含的综合净能值 8.08 MJ（1.93 Mcal）为一个"肉牛能量单位"（beef cattle energy unit, BCEU）即：

$$RND = NE_m (MJ)/8.08 (MJ)$$

2. 蛋白质和氨基酸需要 蛋白质的需要可采用综合法，通过饲养试验和氮平衡试验测定；也可用析因法测定维持和生长（蛋白质沉积）蛋白质的需要。氨基酸的需要同样用析因法先确定维持和沉积的单个氨基酸的需要。一般是先求得赖氨酸的需要，然后根据维持和沉积的蛋白质的氨基酸模式，推算出各个氨基酸的需要（相当于真可消化氨基酸），维持加上沉积即为氨基酸的总需要量。

析因法估计蛋白质的需要表示如下：

$$蛋白质需要量（g/d）= \frac{维持蛋白质需要 + 生长蛋白质需要}{净蛋白质利用率}$$

我国肉牛饲养标准（2004），生长牛的蛋白质需要除采用粗蛋白质和可消化粗蛋白质外，还采用小肠可消化粗蛋白质指标，采用析因法估计生长牛的蛋白质需要量。肉牛维持的粗蛋白质需要量为 $5.43BW^{0.75}$（g/d），肉牛维持的小肠可消化粗蛋白质需要量（$IDCP_m$）为 $3.69BW^{0.75}$（g/d）。肉牛增重的净蛋白质需要量（NP_g）为肉牛体内每天蛋白质沉积量，根据单位增重中蛋白质含量和每天的增重计算得到。

$$NP_g = ADG \times [268 - 7.026 \times (NE_g/ADG)]$$

$$IDCP_g = NP_g/0.492$$

式中，NP_g 为净蛋白质需要量（g/d），NE_g 为增重净能（MJ/d），$IDCP_g$ 为增重小肠可消化粗蛋白质需要量（g/d），0.492 为小肠可消化粗蛋白质转化为增重净蛋白质的效率。

（五）繁殖的营养需要

繁殖动物的营养需要包括维持需要、母体增重需要和妊娠产物需要 3 部分。母体增重的营养需要取决于母体体重的变化规律和母体增重的内容，妊娠产物的营养需要主要是胎儿生长发育的营养需要。

例如，妊娠母猪的能量和蛋白质需要一般按析因法确定，包括母猪维持需要、母体增重需要和妊娠产物需要 3 大部分。NRC（1998）母猪的维持能量需要按照 $443.5BW^{0.75}$（ME，kJ/d）或 $460BW^{0.75}$（DE，kJ/d）估计。蛋白质的需要首先估计回肠真消化赖氨酸的需要量，然后按维持和蛋白质沉积的理想氨基酸模式推算其他氨基酸需要量，最后按玉米-豆粕饲料中真消化赖氨酸与粗蛋白质含量间的回归关系计算粗蛋白质需要量。母体增重的能量需要按每天蛋白质和脂肪的沉积估测，妊娠产物包括胎儿、母猪子宫及其内液、乳腺组织等几部分，其能量需要按照每天沉积的蛋白质和脂肪量估测。我国猪的饲养标准（2004）按照综合法估算营养需要，将妊娠期分为妊娠前期和妊娠后期两个阶段，妊娠前期指妊娠前 12 周，妊娠后期指妊娠最后的 4 周，营养需要分别按配种体重给出。

（六）泌乳的营养需要

泌乳的营养需要大多通过析因法研究而得。维持需要前已叙及，现仅介绍产乳的营养需要。研究表明，1 kg 乳脂率 4% 的标准乳的净能含量为 3.079～3.133 MJ。因此，产乳母牛每天的产乳净能需要量为日泌乳量乘以每千克乳的净能值。我国奶（乳）牛饲养标准的能量体系采用产乳净能，以"奶牛能量单位（NND）"表示，即用 1 kg 含脂 4% 的标准乳所含净能 3.138 MJ 作为一个"奶牛能量单位（NND）"。

为了便于比较不同乳成分和不同状态下的产乳量，计算不同条件下产乳的营养需要，通常将不同乳脂含量的乳校正到含乳脂 4% 的标准状态，校正后含乳脂 4% 的乳称为乳脂校正乳（fat corrected milk，FCM）。校正公式如下：

$$4\%乳脂率校正乳（kg）= 0.4M + 15F$$

式中，M 为非标准乳的重量（kg），F 为非标准乳的乳脂含量（kg）。

泌乳的蛋白质需要，国外饲养标准多以可消化粗蛋白质、瘤胃降解蛋白质和非降解蛋白质表示。我国乳牛饲养标准（2004）则以可消化蛋白质和小肠可消化粗蛋白质表示。乳牛的蛋白质需要包括维持、产乳和增重 3 个方面的需要。

我国乳牛饲养标准（2004）规定，产乳牛维持的可消化粗蛋白质需要量为 $3.0\,BW^{0.75}$（g），维持的小肠可消化粗蛋白质需要量为 $2.5\,BW^{0.75}$（g）。

产乳的蛋白质需要量主要根据牛乳中蛋白质含量确定。

$$产乳的可消化粗蛋白质需要量 = 牛乳的蛋白质含量/0.60$$
$$产乳的小肠可消化粗蛋白质需要量 = 牛乳的蛋白质含量/0.70$$

泌乳母牛在泌乳初期至高峰期容易出现钙、磷的负平衡，因此钙、磷的合理供给十分重要。一般产乳牛的维持需要为 100 kg 体重供给 6 g 钙和 4.5 g 磷，每千克标准乳供给钙 4.5 g 和磷 3.0 g。此外，还需注意钠、氯、镁及各种微量元素和维生素 A、维生素 D、维生素 E 的供给。

（七）产蛋的营养需要

产蛋家禽的营养需要包括维持、产蛋和体增重几部分。以产蛋鸡能量需要的估测方法为例，产蛋母鸡的基础代谢能量消耗为每千克代谢体重（$BW^{0.75}$）350 kJ，代谢能用于维持的利用效率一般按 80% 计算，则每千克代谢体重需代谢能 440 kJ。母鸡用于自由活动的能量消耗为基础代谢的 37%～50%，主要取决于饲养方式。笼养与平养比较，笼养鸡活动受到较大限制，故能量消耗远较平养少。笼养与平养条件下产蛋鸡的维持能量需要可分别用下列公式计算：

笼养：NE_m（kJ/d）$= 350 \times BW^{0.75} \times 1.37$ 或 ME_m（kJ/d）$= 440 \times BW^{0.75} \times 1.37$

平养：NE_m（kJ/d）$= 350 \times BW^{0.75} \times 1.50$ 或 ME_m（kJ/d）$= 440 \times BW^{0.75} \times 1.50$

母鸡产蛋的能量需要主要取决于蛋重（蛋的能值）、产蛋率和饲料能量用于产蛋的效率。每枚鸡蛋重 50～60 g，含能量 290～380 kJ，故每克蛋平均含能量 6 kJ。饲料代谢能用于产蛋的效率平均为 65%，所以母鸡每产 1 枚蛋需代谢能 445～585 kJ。

母鸡在 42 周龄前仍处于生长阶段，体重不断增加。以单位增重含蛋白质 18% 和脂肪 15% 计算，沉积在蛋白质中的能量为：18%×16.7＝3.0 kJ/g，沉积在脂肪中的能量为：15%×37.7＝5.7 kJ/g，两项合计为 8.7 kJ/g。代谢能用于增重的效率为 70%，则每增重 1 g 约需代谢能 12.5 kJ。

例如，产蛋母鸡 25 周龄，体重 2.0 kg，笼养，每枚蛋重平均为 50 g，产蛋率 80%，日增重 6 g。计算其代谢能需要量。

代谢能需要量（kJ/d）＝440×2.0$^{0.75}$×1.37＋445×80%＋12.5×6＝1 444

二、饲养标准

（一）饲养标准的概念及作用

根据大量饲养试验结果和动物生产实践经验的总结，对特定动物所需要的各种营养物质的定额作出规定，这种系统的营养定额及有关资料统称为饲养标准（feeding standard）。一般以表格形式出现，以每天每头（只）具体需要量或占日粮的百分含量表示。

一个完整的饲养标准包括序言、研究综述、营养需要量表、饲料营养价值表、典型配方和参考文献等部分，如美国 NRC 标准。我国畜禽饲养标准的核心部分是营养需要量表和饲料营养价值表，一般没有文献综述和参考文献。

饲养标准是动物营养需要研究应用于动物饲养实践的最有权威的表述，反映了动物生存和生产对饲料及营养物质的客观要求，高度概括和总结了营养研究和生产实践的最新进展，具有很强的科学性和广泛的指导性。饲养标准不仅是动物饲养的准则，使动物饲养者做到心中有数，不盲目饲养，而且还是动物生产计划中组织饲料供给、设计饲料配方、生产平衡饲料、实行标准化饲养的技术指南和科学依据。

饲养实践中只有按饲养标准的营养定额平衡供应各种养分，才能使饲料转化率和动物的生产性能最高。但是，由于饲养标准中规定的各种养分的定额数值受动物个体差异、饲料适口性、环境条件及市场形势的变化等影响较大；同时，饲养标准是在一定的生产技术条件下制订的，随着科学技术水平的提高，需要重新调整饲养标准的营养定额，使之更为符合饲养实践的要求。此外，不同国家和地区的饲料资源状况和饲养管理水平差异较大，应用饲养标准时应根据自身的生产实际和饲料饲养条件，适当进行调整。因此，制订饲料配方和饲养计划时，要合理选择饲养标准，对饲养标准要正确理解，灵活应用。

（二）饲养标准的指标

饲养标准中所涉及的养分种类因动物种类不同而不同。一般猪和家禽饲养标准中所涉及的营养指标比反刍动物多。饲养标准的一般营养指标包括以下几种。

1. 采食量 指干物质或风干物质采食量。此指标常见于反刍动物或猪的饲养标准。

2. 能量 能量指标包括消化能、代谢能和净能。通常有牛用净能（如产乳净能、增重净能），家禽用代谢能，猪用消化能或代谢能。某些国家的饲养标准中往往不同程度地标出总可消化养分（TDN）、饲料单位、淀粉价等传统能量单位。我国牛的饲养标准为了突出实用性，用 NND 表示乳牛的能量需要，用 RND 表示肉牛能量需要。

3. 蛋白质 非反刍动物一般包括粗蛋白质和可消化粗蛋白质，反刍动物一般列出可消化粗蛋白质、小肠可消化粗蛋白质、瘤胃降解蛋白（RDP）和非降解蛋白（UDP）等。

4. 氨基酸 一般列出部分或全部必需氨基酸的需要量。

5. 维生素 包括脂溶性维生素和水溶性维生素。单胃动物一般列出部分或全部维生素，而反刍动物仅列出部分或全部脂溶性维生素。

6. 矿物元素 一般按常量元素和微量元素的顺序列出。常量元素中除硫外全部列出，有的饲养标准还列出了非植酸磷指标。微量元素中大都列出铁、铜、锰、锌、碘、硒等指标。

7. 必需脂肪酸 亚油酸已作为鸡的必需脂肪酸列入饲养标准。

8. 纤维素 部分国家的牛羊饲养标准中列出了中性洗涤纤维（NDF）和酸性洗涤纤维（ADF）的最低需要量。

（三）饲养标准的表达方式

不同动物饲养标准的表达方式有所不同，主要有以下几种。

1. 按每天每头需要量表示 如我国乳牛饲养标准规定体重 400 kg 的生长母牛，若日增重达到 500 g，每天每头需要日粮干物质 5.94 kg，能量 13.81 NND，产乳净能 43.35 MJ，可消化粗蛋白质 417 g，粗蛋白质 642 g，钙 34 g，磷 23 g，胡萝卜素 44.0 mg，维生素 A 17.6 IU。一般反刍动物的营养需要以此种方式表达。

2. 按单位饲粮中营养物质浓度表示 该表达方式分风干饲料和全干基础两种，对任食饲养和配合饲料生产或配方设计很适用。如 0~4 周龄的肉用仔鸡，需要代谢能 12.13 MJ/kg，粗蛋白质 21.0%，钙 1.00%，总磷 0.65%，非植酸磷 0.45%，食盐 0.37%。一般非反刍动物的营养需要都按此种方式表示。

3. 按单位能量中的养分含量表示 主要表示为单位能量中的蛋白质和必需氨基酸的需要量，这种表示方法有利于动物平衡摄食。如 0~6 周龄的生长鸡日粮，1 MJ 代谢能需要 67 g 粗蛋白质，蛋氨酸＋胱氨酸 2.07 g。

4. 按体重或代谢体重表示 营养物质的需要量与动物的体重或代谢体重呈正比，此方法便于计算任何体重的营养需要。

5. 按生产力表示 动物的营养需要与生产力成正比，此方法便于计算不同生产性能动物的营养需要。如乳牛每产 1 kg 标准乳需要粗蛋白质 58 g。

复习思考题

1. 按照常规饲料分析，饲料中营养物质可分为几类？
2. 说明动物必需的营养物质种类。
3. 比较鸡、猪、牛的消化特点。
4. 简述水在动物体的功能。
5. 简述畜禽的消化方式。
6. 说明蛋白质的营养生理作用。
7. 猪、禽的必需氨基酸种类有哪些？
8. 说明小肽的营养作用。
9. 简述糖类的营养作用。
10. 说明非淀粉多糖的概念及抗营养作用。
11. 简述纤维性物质对动物的营养作用。
12. 说明脂类的性质和营养作用。
13. 简述必需脂肪酸的概念及营养作用。
14. 什么是常量元素和微量元素？各包括哪些矿物元素？
15. 与骨骼发育有关的矿物元素有哪些？
16. 说明维生素的营养特点。
17. 什么是营养需要和饲养标准？
18. 饲养标准的指标有哪些？

第二章 饲料

重点提示：本章简要介绍了饲料营养价值评定的基本方法、饲料分类体系、饲料营养特性、配合饲料的种类和配方设计方法以及饲料生产工艺。

第一节 饲料营养价值的评定

一、化学分析方法

二维码 2-1 基于粮食安全背景下的饲料粮替代与饲料资源开发

主要通过化学分析和物理化学分析技术测定饲料营养物质、抗营养因子以及毒害成分的含量。

1. 概略养分分析法 也称常规分析法，由德国学者 Henneberg 和 Stohmann 于 1860 年创建，主要测定饲料水分、粗灰分、粗蛋白质、粗脂肪、粗纤维和无氮浸出物六大概略养分含量。该方法经过多次修正而沿用至今，在世界各国广泛应用。

2. 纯养分分析 随着动物营养科学的发展和测试手段的提高，饲料营养价值的评定进一步深入细致，也更趋于自动化和快速化。饲料纯养分分析项目，包括真蛋白质、非蛋白氮、氨基酸、维生素、矿物元素以及脂肪酸等，这些项目的分析需要昂贵的精密仪器和先进的分析技术。对粗纤维的成分分析采用更为准确的范氏分析法（Van Soest，也称洗涤纤维分析法），该方法通过用中性洗涤剂溶液、酸性洗涤剂溶液和 72% 的浓硫酸相继处理饲料样品，所得的不溶性残渣分别称为中性洗涤纤维、酸性洗涤纤维和酸性洗涤木质素，由此可以分别计算出饲料中纤维素、半纤维素和木质素的含量。

3. 近红外分析技术（near infrared reflectance spectroscopy，NIRS） 用传统的化学方法分析饲料营养价值，由于耗时、耗试剂而且成本高，一些营养实验室采用了将分析技术和统计分析技术联合使用的近红外分析技术。这一技术是应用一套光学设备和计算机获得样品的数据谱，将一套已知分析值的饲料样品（通常需要 50 个样品）在近红外仪上测定，然后计算二者之间的回归关系，这一关系被输入计算机，用作样品测定时的经验公式。近红外的波长为 730~2 500 nm，是介于波长更短的可见光和波长更长的红外光之间的，样品分析时只要读取光学数据就可以很快获得分析结果。该方法已经用于测定饲料中的水分，粗蛋白、粗纤维、粗脂肪、淀粉、氨基酸、维生素、钙、磷、粗灰分、酸性和中性洗涤纤维等。目前，在部分院校、科研单位和企业已经开始将 NIRS 技术用于常规营养成分的快速测定。使用该方法时，样品的制备非常重要，由于样品制备不好，颗粒大小变异而造成的分析误差可以占整个仪器分析误差的 90%。

二、消化试验

饲料被动物采食后，其养分被动物消化吸收的部分占摄入饲料养分总量的百分比称为饲料养分的消化率。通过消化试验的方法可测定饲料中各种养分和能量的消化率，进而计算饲料中可消化养分或消化能的含量，能较真实地反映饲料的营养价值，这是评定饲料营养价值最常用、最基本的方法之一。消化试验的常用方法主要包括全收粪法、指示剂法、尼龙袋法和离体消化试验等方法。

（一）全收粪法

将供试饲料按试验要求饲喂给动物，然后测定动物在一定期间内食入的养分数量和从粪中排出的养分数量，以二者的差值来反映饲料中可消化养分含量，进而求得饲料养分的消化率。消化率可分为表观消化率和真消化率两种，按常规方法测定的消化率，因为测定过程中未将非直接饲料来源的物质（即代谢性粪产物，包括肠道脱落的黏膜上皮、消化液和微生物等）扣除，故称为表观消化率（apparent digestibility）；而将粪中非直接饲料来源的物质扣除后计算的消化率，称为真消化率（true digestibility）。但表观消化率的测定程序比较简便，因而在饲料营养价值评定中所测得的消化率参数，通常为表观消化率。

计算公式如下：

$$饲料养分表观消化率 = \frac{N_1 - N_2}{N_1} \times 100\%$$

$$饲料养分真消化率 = \frac{N_1 - (N_2 - N_3)}{N_1} \times 100\%$$

式中，N_1 为食入饲料养分量（g/d）；N_2 为粪中排出养分量（g/d）；N_3 为代谢性粪产物养分量（g/d）。

试验动物选择应具有代表性，生长发育良好，营养状况、体质和消化机能等正常。不同组别的试验动物之间，其品种、类型、年龄、体重、性别、血缘关系和生长发育阶段等应该基本一致，对性别如无特殊要求时，一般选择雄性动物，以便于粪、尿分开收集。试验动物的头数可根据试验目的和要求确定，对于猪和羊一般每个处理组初选不应少于6头（只），最后选留头（只）数不少于3头（只），以4~5头（只）为宜；对于家禽则至少应选用8~10只。

消化试验集粪装置。为了保证试验期间动物采食量和排粪量的准确测量，必须配备有专用的饲槽和集粪装置。猪可采用专用的消化试验栏或消化代谢试验笼（图2-1）进行集粪；绵羊和山羊一般采用消化代谢试验笼或集粪袋来收集粪便；牛则采用集粪袋（图2-2）或专用牛床进行集粪。

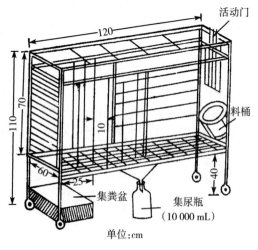

图2-1 猪消化代谢试验笼装置

图2-2 牛消化代谢试验集粪袋装置

（引自吴晋强，1999）

预试期和正试期的长短应随试验动物种类的不同而异（表 2-1）。

表 2-1　不同种类动物消化试验期的规定

动物种类	预试期（d）	正试期（d）
牛、绵羊、水牛	10～14	10～14
育成牛（6～12月龄）	6	6
马	7～10	8～10
猪（成年）	7～10	6～10
育成猪（4～8月龄）	6	5
家兔	7～10	7～10
家禽	4～6	4～5

（二）指示剂法

1. 外源指示剂法　常用的外源指示剂为三氧化二铬（Cr_2O_3），可将其按比例（约 0.5％）均匀地混入待测饲料中饲喂给动物，然后根据其在饲料与粪中的比例，即可计算出待测饲料养分消化率。

$$饲料养分消化率 = \frac{\frac{a}{c} - \frac{b}{d}}{\frac{a}{c}} \times 100\% = 100\% - 100\% \times \left(\frac{b}{a} \times \frac{c}{d}\right)$$

式中，a 为饲料中某养分含量（％），b 为粪中相应养分含量（％），c 为饲料中 Cr_2O_3 含量（％），d 为粪中 Cr_2O_3 含量（％）。

2. 内源指示剂法　常用的内源指示剂主要为 2 mol/L 或 4 mol/L 盐酸不溶灰分（AIA），它们是饲料中本身所固有的不可消化吸收的成分。试验操作要求与外源指示剂法基本相同，计算公式也相同，但操作更为简便，测定结果更准确。

（三）尼龙袋法

主要用来测定反刍动物饲料蛋白质的瘤胃降解率。安装瘤胃瘘管后，将一定量（3～5 g）的待测饲料样品装入一特制的尼龙袋中［尼龙滤布孔径大小规格为 120 mm×80 mm］，然后将尼龙袋系于塑料软管上，并通过瘤胃瘘管置于瘤胃内的一定部位，连续培养 12～48 h 后取出，冲洗干净，烘干并称重，同时再测定饲料样品及残渣的粗蛋白质含量，即可根据下式计算饲料蛋白质的瘤胃降解率：

$$饲料蛋白质降解率 = \frac{培养前袋中样品含氮总量 - 残渣中含氮总量}{培养前袋中样品含氮总量} \times 100\%$$

本方法的主要优点是简单易行，重现性好，试验期短，便于大批量样品的分析测定。

（四）离体消化试验法

离体消化试验法是指在实验室条件下，通过人工手段模拟动物消化道内环境和消化过程，在体外（实验室内）进行的消化试验的方法。由于全收粪法和指示剂法都需要耗费大量的人力、物力和时间；尼龙袋法也需要较多的试验动物，且须在动物身上安装瘘管，操作也较麻烦，所以离体消化试验得到了较多研究和迅速发展。根据消化液的来源，离体消化试验可分为消化道消化液法和人工消化液法。

三、平衡试验

通过消化试验，只能测定饲料的可消化营养物质含量，但不能测得饲料养分在动物体内的利用情况。通过平衡试验，测定营养物质的食入、排出和沉积（或动物产品）的数量，可以估计动物对营养物质的需要量和营养物质的利用率。常见的平衡试验法有氮平衡试验、碳氮平衡试验和能量平衡试验。

1. 氮平衡试验（nitrogen balance test） 根据动物摄入的饲料氮与粪氮和尿氮排出量之间的差异，来反映动物体组织中蛋白质数量的增减情况，从而评定饲料蛋白质在动物体内的利用效率。通过氮平衡试验可以测定动物对蛋白质的需要量，评定饲料蛋白质的营养价值，如测定饲料蛋白质的生物学价值、净蛋白质利用率等。

2. 碳氮平衡试验（carbon-nitrogen balance test） 碳氮平衡试验是估计动物对能量的需要和评定饲料能量利用效率的试验方法，此方法主要适用于生长肥育动物。碳氮平衡试验实际上是碳平衡试验与氮平衡试验的同步结合，通过氮平衡试验可以测定动物体内蛋白质的沉积量，在此基础上再结合碳平衡试验，则可以测定出动物体内脂肪的沉积量，进而可以推算能量的沉积量。

3. 能量平衡试验（energy balance test） 能量平衡试验是用于研究动物机体内能量代谢过程的数量关系，从而确定动物机体对能量的需要和饲料的能量利用效率。根据动物摄入饲料能量的去向，可以按照下列试验方案进行能量平衡试验：

消化能（DE）＝饲料总能－粪能　　　　　　　　（通过消化试验进行测定）
代谢能（ME）＝消化能－尿能－甲烷气体能　　　（通过代谢试验进行测定）
净能（NE）＝代谢能－体增热　　（通过直接测热法或间接测热法进行测定）
产热量（HP）＝体增热＋维持净能（通过直接测热法或间接测热法进行测定）
能量沉积（Er）＝代谢能－产热量

在上述能量平衡试验的测定方案中，最关键的试验环节是要测定动物机体的产热量（HP），目前主要有直接测热法和间接测热法两种方法。

四、饲养试验

饲养试验（feeding experiment）是将待测饲料（或日粮）直接饲喂给动物，然后根据试验动物的采食量、健康状况和生产性能的表现，来评定饲料的生产效率或饲喂效果。饲养试验是动物营养与饲料科学研究中最基本的试验方法，可用于测定动物的营养需要、比较饲料的优劣。饲养试验有多种设计方法，常见的有单因子对照、随机化区组、复因子设计、正交设计、拉丁方设计等。试验动物必须健康，生长发育正常，品种、类型、年龄、性别和生产性能等应基本一致，数量要求牛每组至少 15 头，仔猪和育肥猪每组至少 36 头，繁殖母猪每组至少 20 头，羊每组至少 15 只，鸡每组 30 只以上。试验期应分为预试期和正试期，预试期一般 10~15 d，以便使试验动物充分适应试验环境和试验日粮；正试期的长短应根据试验动物和试验目的确定，生长试验一般要求 30 d 以上。饲养试验测定的指标通常包括体重及增重、采食量（饲料消耗）、饲料转化率、生产性能等。此外，依据试验目的和要求，血液生化指标和屠宰性能指标也常常应用于饲养试验。

五、饲料能量价值的评定

饲料能量的实质是指饲料有机物质中的化学能，包括脂肪、蛋白质和糖类中的化学能。当动物采食饲料后，饲料中的化学能可以不同的效率代谢转化为其他形式的能量，在此转化过程中均符合热力学定律和能量守恒原理，这是评定饲料能量价值的基础。评定饲料能量价值的基本根据是饲料能量在动物机体内的生理利用过程。具体而言，就是指饲料总能、消化能、代谢能与净能等生理能值指标的划分和测定，这是饲料能值评定的基本依据。

1. 总能（gross energy，GE） 饲料的总能是指饲料中有机物质完全氧化燃烧生成二氧化碳、水和其他氧化物时释放的全部能量，主要为糖类、脂肪和蛋白质能量的总和，可通过氧弹式热量计直接测定。总能是评定饲料能值的最基础的指标，是计算所有其他能值指标的基础，但总能并未反映饲料能量在动物体内的利用情况。因此，总能并不能准确地衡量饲料能量的价值。

2. 消化能（digestible energy，DE）　饲料消化能是指动物食入饲料的总能扣除粪能（feces energy，FE）后所剩余的部分。粪能是动物食入饲料后能量损失最大的部分，但由于动物粪便中除含有未消化的饲料残渣外，还含有非饲料源性的物质，如肠道脱落的上皮细胞、消化液、微生物等，这些成分中也含有能量，称为代谢粪能（FE_m），故此时计算的消化能称为表观消化能（apparent digestible energy，ADE），从粪能中扣除代谢粪能后计算的消化能称为真消化能（true digestible energy，TDE）。计算公式为：

$$ADE = GE - FE$$
$$TDE = GE - (FE - FE_m)$$

由于 TDE 测定复杂，动物生产中应用的多是 ADE。我国猪饲养标准和饲料成分表中的能量指标，都是采用消化能。

3. 代谢能（metabolizable energy，ME）代谢能是指饲料的消化能扣除尿能和消化道气体能后所剩余的部分，即 $ME = DE - UE - E_g$，又称为表观代谢能（apparent metabolizable energy，AME）。

尿能（urinary energy，UE）为尿中氮的代谢废物中的含能量，哺乳动物主要来源于尿素，禽类主要是尿酸。消化道气体能（E_g）主要来源于消化道发酵产生的可燃气体，主要是甲烷。同代谢粪能一样，尿能中也包括来源于非饲料源性的能量，称为内源尿能（urinary endogenous energy，UE_e），将 UE_e 扣除后的 ME 称为真代谢能（true metabolizable energy，TME），计算公式为：

$$TME = GE - (FE - FE_m) - (UE - UE_e)$$

由于禽类粪、尿一起由泄殖腔排泄，难以分开，且消化道发酵产生气体少，故气体能可以忽略不计，因此家禽代谢能计算比较简单，在禽类营养需要和饲料营养价值表中，大都采用代谢能作为能值指标。公式为：

$$ME = GE - (FE + UE)$$

4. 净能（net energy，NE）　饲料净能是代谢能减去热增耗（heat increment，HI）后剩余的有效能，即：$NE = ME - HI$。饲料净能根据其利用目的不同，可分为维持净能（NE_m）和生产净能（NE_p）两种，前者用于维持动物机体的生命活动；后者用于动物生产产品或做功，主要包括产脂净能（NE_f）、泌乳净能（NE_l）、增重净能（NE_g）、产毛净能、产蛋净能和劳役净能等。

世界各国的家畜能量评定体系的今后发展趋势仍然是净能体系，但是，由于目前的净能体系还不够完善，实际测定很费人力、物力，尚难以大批量地评定各种饲料的净能值，大多是由 DE 或 ME 进行间接推算。故世界各国目前只在大型反刍动物（牛）的饲料评定中采用净能体系。

六、饲料蛋白质营养价值的评定

（一）单胃动物蛋白质营养价值的评定

1. 粗蛋白质（CP）和可消化粗蛋白质（DCP）　粗蛋白质是通过凯氏定氮法测得的饲料中全部含氮物质的总和，由饲料的总含氮量乘以 6.25 计算而得，它包括真蛋白质和非蛋白含氮物两部分。粗蛋白质只是评价饲料蛋白质的一个基本指标，它只能粗略评价饲料中蛋白质的含量情况，而不能反映饲料蛋白质的有效性高低。可消化粗蛋白质是通过动物消化试验测定的饲料粗蛋白质中可被动物消化吸收的部分。由于考虑了动物的消化吸收，作为饲料蛋白质评价的指标来说，它比粗蛋白质指标具有相对较高的准确性。

2. 蛋白质生物学价值（biological value，BV） 指饲料蛋白质在动物体内沉积的氮量与吸收的氮量之比。饲料蛋白质的生物学价值越高，表明其营养价值越高，反之则越低。计算公式如下：

$$蛋白质生物学价值 = \frac{食入氮-(粪氮+尿氮)}{食入氮-粪氮} \times 100\%$$

3. 蛋白质净利用率（net protein utilization，NPU） 指动物体内沉积的蛋白质数量与食入的蛋白质数量之比，它是把蛋白质生物学价值与蛋白质消化率相结合，来评定饲料蛋白质营养价值的方法。其计算公式如下：

$$蛋白质净利用率 = \frac{沉积氮}{食入氮} \times 100\% = 蛋白质消化率 \times BV$$

4. 蛋白质效率比（protein efficiency ratio，PER） 指动物每食入 1 g 蛋白质所增加的体重克数，是根据动物的生长速度评定饲料蛋白质营养价值的一种方法。其计算公式如下：

$$蛋白质效率比（PER） = \frac{增重（g）}{食入蛋白质（g）}$$

根据 PER 评定饲料蛋白质营养价值的主要缺点是饲料蛋白质的营养价值并不与蛋白质效率比呈正比关系，该指标不便于比较各种不同饲料蛋白质的营养价值。

（二）反刍动物蛋白质营养价值的评定

1. 蛋白质瘤胃降解率的测定 这是评定反刍动物饲料蛋白质营养价值最常用的基本指标，也是反刍动物蛋白质营养新体系的基本内容。降解蛋白质（RDP）和非降解蛋白质（UDP）的划分及测定，充分考虑了瘤胃微生物在反刍动物蛋白质消化代谢上的生理特点，反映了瘤胃微生物对饲料蛋白质的降解作用和合成作用。因此，它比粗蛋白质和可消化粗蛋白质指标更能反映反刍动物饲料蛋白质的营养价值。对于优质的饲料蛋白质，其瘤胃降解率宜降低一点为好，这样可以增加过瘤胃蛋白质的数量，提高蛋白质的利用效率。

$$降解率 = 1 - \frac{十二指肠非氨氮-瘤胃微生物氮}{食入氮} \times 100\%$$

饲料蛋白质降解率的测定方法有体内法、尼龙袋法和体外连续发酵法等，而以尼龙袋法较为方便和准确，是最常用方法。

2. 瘤胃微生物蛋白质合成量的测定 瘤胃微生物蛋白质是反刍动物蛋白质营养的重要来源，能提供反刍动物所需蛋白质的70%。因此，测定微生物蛋白质的合成量具有重要的营养意义。可通过同位素（^{35}S、^{15}N、^{32}P 等）标记或嘌呤法测定瘤胃微生物蛋白质的合成量。

七、粗饲料品质评定

为了更好地评定粗饲料品质，国内外学者进行了大量研究，并提出了一些得到广泛利用的综合指标，如营养值指数（NVI）、可消化能进食量（DEI）、相对饲料价值（relative feed value，RFV）、品质指数（quality index，QI）、粗饲料相对品质（relative forage quality，RFQ）、粗饲料分级指数（grading index，GI）等。这些指数都是由当粗饲料作为唯一能量和蛋白质来源时的粗饲料随意采食量和某种形式的粗饲料可利用能计算而来。粗饲料随意采食量用粗饲料干物质（dry matter intake，DMI）占体重的百分比或者占代谢体重的百分比表示。粗饲料可利用能的形式有能量的消化率（ED）、消化能（DE）、可消化干物质（DDM）、总可消化养分（TDN）和代谢能（ME）等。

1. RFV RFV是美国目前广泛使用的粗饲料品质综合评定指数。RFV用 ADF 和 NDF 体系制定干草等级的划分标准，其定义为：相对于特定标准的粗饲料（假定盛花期苜蓿

RFV 值为 100），某种粗饲料的可消化干物质采食量。

RFV 计算公式为：RFV=DMI（%BW）×DDM（%DM）/1.29

式中，DMI 为粗饲料干物质随意采食量（%BW），DDM 为可消化干物质（%DM），1.29 是基于大量动物试验数据所预测的盛花期苜蓿 DDM 的采食量（%BW），除以 1.29，目的是使盛花期的苜蓿 RFV 值为 100。

DMI 的预测模型为：DMI（%BW）=120/NDF（%DM）

DDM 的预测模型为：DDM（%DM）=88.9−0.779ADF（%DM）

RFV 值越大，表明饲料的营养价值越高。RFV 的优点是其参数预测模型是一种比较简单实用的经济模型，只需在实验室测定饲料的 NDF、ADF 和 DM 即可计算出某粗饲料的 RFV 值。RFV 目前仍在美国粗饲料的管理、生产、流通和交易等各个领域广泛使用，牧草种子生产者也使用 RFV 反映品种的改良进展。RFV 的缺点是只对粗饲料进行了简单分级，没有考虑粗饲料中粗蛋白质含量的影响，无法利用其进行粗饲料的科学组合和合理搭配。

2. GI 由卢德勋先生在继承 RFV 基础上，提出了粗饲料分级指数（GI）。GI 的特点是综合了影响粗饲料品质的蛋白质和难以消化的纤维物质两大主要指标及其有效能（在绵羊和育肥牛为 ME，乳牛为 NE_l），并引入动物对该种粗饲料的 DMI，克服了现行粗饲料评定指标的单一性和脱离动物反应的片面性，全面、准确地反映粗饲料的实际饲用价值。

计算公式为：$GI_{2009}=NE_l×DCP×DMI/（NDF-peNDF）$

式中，GI_{2009} 为粗饲料分级指数（MJ/d），NE_l 为粗饲料产乳净能（MJ/kg），DMI 为粗饲料干物质随意采食量（kg/d），DCP 为可消化粗蛋白质（%），NDF 为中性洗涤纤维占干物质的百分比（%），peNDF 为物理有效中性洗涤纤维（%）。

第二节 饲料营养特性

一、饲料的分类

饲料是动物生产的物质基础。为了科学合理地利用饲料及便于饲粮配合，有必要建立现代化的饲料分类体系和饲料数据库。美国学者 Harris 在 1956 年提出了一套饲料分类方法，即按照饲料的营养特性等将饲料分为粗饲料、青绿饲料、青贮饲料、能量饲料、蛋白质饲料、矿物质饲料、维生素饲料和添加剂八大类，并对每类饲料进行相应的编码（6 位数字），以便于建立电脑化饲料数据管理系统。

（一）国际饲料分类体系

1. 粗饲料（1-00-000）　指干物质中粗纤维含量在 18% 以上的一类饲料，主要包括干草类、秸秆类、农副产品类以及干物质中粗纤维含量为 18% 以上的糟渣类、树叶类等。

2. 青绿饲料（2-00-000）　指自然水分含量在 60% 以上的一类饲料，包括牧草类、叶菜类、非淀粉质的根茎瓜果类、水草类等。不考虑折干后粗蛋白质及粗纤维含量。

3. 青贮饲料（3-00-000）　用新鲜的天然植物性饲料制成的青贮及加有适量糠麸类或其他添加物的青贮饲料，包括水分含量在 45%～55% 的半干青贮。

4. 能量饲料（4-00-000）　指干物质中粗纤维含量在 18% 以下，粗蛋白质含量在 20% 以下的一类饲料，主要包括谷实类、糠麸类、淀粉质的根茎瓜果类、油脂、草籽树实类等。

5. 蛋白质饲料（5-00-000）　指干物质中粗纤维含量在 18% 以下，粗蛋白质含量在 20% 以上的一类饲料，主要包括植物性蛋白质饲料、动物性蛋白质饲料、单细胞蛋白质饲料和合成蛋白质饲料等。

6. 矿物质饲料（6-00-000）　包括工业合成的或天然的单一矿物质饲料，多种矿物质混合的矿物质饲料，以及加有载体或稀释剂的矿物质添加剂预混料。

7. 维生素饲料（7-00-000） 指人工合成或提纯的单一维生素或复合维生素，但不包括某些维生素含量较多的天然饲料。

8. 添加剂（8-00-000） 指各种用于强化饲养效果，有利于配合饲料生产和储存的非营养性添加剂原料及其配制产品。如微生态制剂、酶制剂、酸化剂、抗氧化剂、防霉剂、黏结剂、着色剂、增味剂等。

（二）中国饲料分类体系

我国现行的饲料分类及编码体系从20世纪80年代初开始建立，该体系按照国际惯用的分类原则，将饲料分为8大类，再结合我国传统饲料分类习惯分为17个亚类（表2-2）。我国的饲料编码为7位数字，首位为饲料分类编码，2~3位为亚类编码，4~7位为各种饲料属性编码，如玉米的编码为4-07-0279。

表2-2 中国现行饲料编码分类

饲料类别（亚类）	小类及其饲料编码（1~3位编码）	水分（自然含水,%）	粗纤维含量（%，干物质基础）	粗蛋白质含量（%，干物质基础）
青绿饲料	2-01-0000	>45	—	—
树叶类	鲜树叶 2-02-0000	>45	—	—
	风干树叶 1-02-0000	—	≥18	—
青贮饲料	常规青贮料 3-03-0000	65~75	—	—
	半干青贮料 3-03-0000	45~55	—	—
	谷实青贮料 4-03-0000	28~35	<18	<20
块根、块茎、瓜果类	含天然水分的块根、块茎、瓜果 2-04-0000	≥45	—	—
	脱水的块根、块茎、瓜果 4-04-0000	—	<18	<20
干草	第一类干草 1-05-0000	<15	≥18	—
	第二类干草 4-05-0000	<15	<18	<20
	第三类干草 5-05-0000	<15	<18	≥20
农副产品类	第一类农副产品 1-06-0000	—	≥18	—
	第二类农副产品 4-06-0000	—	<18	<20
	第三类农副产品 5-06-0000	—	<18	≥20
谷实类	4-07-0000	—	<18	<20
糠麸类	第一类糠麸 4-08-0000	—	<18	<20
	第二类糠麸 1-08-0000	—	≥18	—
豆类	第一类豆类 5-09-0000	—	<18	≥20
	第二类豆类 4-09-0000	—	<18	<20
饼粕类	第一类饼粕 5-10-0000	—	<18	≥20
	第二类饼粕 1-10-0000	—	≥18	—
	第三类饼粕 4-10-0000	—	<18	<20
糟渣类	第一类糟渣 1-11-0000	—	≥18	—
	第二类糟渣 4-11-0000	—	<18	<20
	第三类糟渣 5-10-0000	—	<18	≥20
草籽、树实类	第一类草籽、树实 1-12-0000	—	≥18	—
	第二类草籽、树实 4-12-0000	—	<18	<20
	第三类草籽、树实 5-12-0000	—	<18	≥20

(续)

饲料类别（亚类）	小类及其饲料编码（1~3位编码）	水分（自然含水，%）	粗纤维含量（%，干物质基础）	粗蛋白质含量（%，干物质基础）
动物性饲料	第一类动物性饲料 5-13-0000	—	—	≥20
	第二类动物性饲料 4-13-0000	—	—	<20
	第三类动物性饲料 6-13-0000	—	—	—
矿物质饲料	6-14-0000	—	—	—
维生素饲料	7-15-0000	—	—	—
饲料添加剂	8-16-0000	—	—	—
油脂及其他类	4-17-0000	—	—	—

二、八大类饲料特性

（一）粗饲料

粗饲料（roughage）是指在饲料干物质中粗纤维的含量大于或等于18%，并以风干物形式饲喂的饲料。这类饲料的突出特点是粗纤维含量高，尤其是收割过迟的劣质干草、秸秆和秕壳等，木质素的含量较高，营养价值较低。但这类饲料资源量大，通常在草食动物的日粮中占有较大比重。因此，也是重要的饲料资源，特别是在目前全国各地大力提倡发展草食家畜的形势下更显其重要性。这类饲料主要包括干草及农作物副产品，如秸秆、秕壳、荚壳和藤蔓等。

1. 干草 是指青草（或青绿饲料作物）在未结籽实前刈割，然后经自然晒干或人工干燥调制而成的饲料产品，包括豆科干草、禾本科干草和野杂干草等。目前，在规模化乳牛生产中大量使用的干草除了野杂干草外，还有羊草和苜蓿。这类饲料的营养价值主要取决于原料饲草的种类、收割时间和调制方法等。

干草的主要营养特点：①豆科干草的营养价值一般优于禾本科干草，尤其是前者含有较丰富的蛋白质（15%~24%）和钙，但两者能值相近；②人工干燥的优质青干草的营养价值较高，与精饲料相近，其中可消化粗蛋白质含量较高，而劣质干草的营养价值很低，几乎与秸秆相当；③阳光晒制的干草中含有丰富的维生素D_2，是动物维生素D的重要来源，但是其他维生素却因日晒而遭受较大的破坏。另外，地面自然晒干的干草其他营养物质的损失也较多，如蛋白质损失达37%，相反，人工干燥的优质干草中维生素和蛋白质的损失较少，并含有较丰富的β-胡萝卜素。

干草的品质评定：青干草品质的好坏，一般应根据青干草的消化率及营养成分量来评定，但在生产实践中，常以外观特征来评定青干草的饲用价值。①水分：优质青干草的含水量应为15%~18%，鉴定方法是一束干草紧握时，发出"沙沙"响声。②颜色：优质青干草呈绿色，其绿色越深营养物质损失越少，表现其他颜色时，表明晒的时间太久或被雨淋、霉烂，品质较差。③气味：调制得当的青干草具有清香气味，如果干草堆里有烂及焦灼气味，则说明其品质不佳。④草龄：在青干草样品中，如果有大量花序尚未结籽，则表明刈割适时，品质较好。如果草束有大量种子或已结籽脱落，则表明刈割迟、质量差。⑤叶片的含量：叶片数量多，营养价值就高，鉴定时取干草看叶的多少，禾本科牧草叶不易脱落，优良豆科牧草叶的重量应占干草总重量的50%以上。⑥植物学组成：植物学组成对判定干草营养价值有重要意义，禾本科和豆科干草所占比例高于60%时，则表示植物学成分优良，如果杂草中有少量的地榆、防风、茴香等，因其有芳香气味可增强家畜食欲，有毒有害植物如白头翁、飞燕草等含量不应超过干草重量的1%。⑦病虫害的侵袭情况：凡是受病虫害侵袭过的牧草，调制成干草后不但营养价值低，而且有损于家畜的健康，鉴定方法是抓一把干草，检查其穗上是否有黄色或黑色的斑纹及小穗上是否有煤烟的粉末，而且干草中的杂质含量越少越好。

2. 秸秆 指农作物在籽实成熟并收获后的剩余副产品即茎秆和枯叶，包括禾本科秸秆和豆科秸秆两大类。禾本科秸秆主要有稻草、大麦秸、小麦秸、玉米秸和粟秸等；豆科秸秆主要有大豆秸、蚕豆秸、豌豆秸等。

这类饲料的主要营养特点为：在饲料干物质中含有大量的纤维物质，其粗纤维含量高达30%～45%，且木质化程度较高，质地坚硬粗糙，适口性较差，不易于消化利用；蛋白质、脂肪和无氮浸出物的含量均较少，能值较低；除维生素 D 外，其他维生素都很少。因此，秸秆的营养价值很低，即使是反刍动物也不宜单一饲喂秸秆，而应与优质干草配合饲用，才能获得应有的饲喂效果。秸秆饲料的营养价值因秸秆种类不同而异，质量从高到低依次为：粟秸、燕麦秸、稻草、大麦秸、小麦秸、枯老玉米秸。

3. 秕壳 指作物种子脱粒或清理种子时的副产品，包括种子的外壳、荚皮和颖片等，如砻糠（即稻谷壳）。与其同种作物秸秆相比，秕壳的蛋白质和矿物质含量较高，粗纤维含量较低。因此，秕壳的营养价值略高于同种秸秆。但秕壳的质地更坚硬、粗糙，且含泥沙较多，甚至还含有芒刺，因此适口性差，大量饲喂易引起动物消化道功能障碍，应严格限制喂量。

4. 加工副产品

（1）大豆皮：大豆制油的副产品，米黄色或浅黄色，主要成分是细胞壁和植物纤维，粗纤维含量为38%，粗蛋白质含量为12.2%，净能7.49 MJ/kg，钙0.35%，磷0.18%，几乎不含木质素，因此消化率高，NDF 消化率高达95%，可以替代部分干草。可替代玉米等谷物饲料，对于高产乳牛有助于保持日粮粗纤维理想水平，同时又能保证泌乳的能量需求。

（2）甜菜粕：甜菜粕中主要含有纤维素、半纤维素和果胶，还有少量的蛋白质、糖分等。干甜菜渣的主要成分为无氮浸出物和粗纤维。矿物质中钙多磷少，维生素中烟酸含量高；甜菜渣中有较多游离酸，如草酸；甜菜中还含有甜菜碱。粗蛋白质7.8%，NDF 占干物质的59%左右，果胶含量平均为28%左右，钙0.9%，磷0.06%。甜菜粕也可作为能量饲料替代部分玉米或大麦，不仅节省成本，而且有利于瘤胃健康，预防亚急性瘤胃酸中毒。经压榨处理的鲜甜菜渣，在高温或低温中快速干燥，再经干燥机制成颗粒，每100 t 甜菜可生产颗粒粕6 t。颗粒粕与鲜甜菜渣相比，干物质、粗脂肪、粗纤维等含量大大增加。运输方便，便于保存，泡水后体积增大4～5倍。

（二）青绿饲料

青绿饲料是指天然水分含量大于或等于45%的新鲜牧草（包括天然牧草和栽培牧草）、草原青牧草、野菜、鲜嫩藤蔓枝叶（含树枝叶）、未成熟的谷物植株及水生植物等。常见的青绿饲料品种有青饲玉米、黑麦草、紫云英、甘薯、狼尾草、篁竹草、鲁梅克斯、大绿豆、串叶松香草和桑叶等。

青绿饲料的主要营养特性为：水分含量很高，一般可达60%～80%，高者可高达95%，如水生植物；大部分柔嫩多汁，具有良好的适口性和可消化性，能提高动物的食欲，促进消化液的分泌，一般有机物质的消化率可达60%以上，反刍动物可高达70%以上。按照青绿饲料干物质计，其中粗蛋白质含量达10%～20%，粗脂肪达4%～5%，粗纤维达18%～30%；其蛋白质中各种必需氨基酸的含量较高，营养品质较好，属于叶蛋白，其蛋白质生物学价值可达80%以上。除维生素 D 外，其他维生素的含量均很丰富，是动物维生素的重要来源。

青绿饲料的营养价值因其生长阶段不同而差异很大，一般以抽穗或开花前期的青绿饲料营养价值较高，此时应为适宜刈割期；而至老熟阶段时，其营养价值显著下降。在南方地区野地里的杂草一般以7—8月收割较好。

青绿饲料是草食动物的良好基础饲料，对于反刍动物即使仅喂青绿饲料，也能提供相当数量的产品。一般的饲喂量为：成牛母牛60 kg/d，青牛母年40 kg/d，幼牛10～20 kg/d，犊牛4～5 kg/d。猪也可以饲喂一定量的青绿饲料，成年母猪用新鲜黑麦草替代20%～30%的精饲料，仍能保证正常产仔之需；生长育肥猪用黑麦草替代15%～20%的精饲料，饲喂效果良好，与全精料相当。

（三）青贮饲料

青贮饲料是指以新鲜的青绿植物为原料，在厌氧条件下，经过自然发酵或添加剂青贮调制而成的饲料。青贮是保存青绿饲料的一种良好方法，通过青贮可以保持青绿饲料固有的营养特性，减少青绿饲料中营养物质的损失，并达到长期储存青绿饲料的目的。因此，它是解决草食家畜对青绿饲料常年均衡供应需要的重要技术措施。青贮的方法一般包括常规青贮（高水分青贮）、半干青贮（低水分青贮）和添加剂青贮等。目前，在草食动物生产上常用的青贮饲料有青贮玉米、青贮苜蓿、青贮黑麦草、青贮小麦和青贮紫云英等。

1. 青贮原理　青贮实质上是通过控制高水分饲料的发酵作用，特别是抑制有害微生物的生长繁殖，防止饲料发生腐败变质，以改变饲料性质的调制过程。青贮饲料因种类不同，其调制原理也各不相同，具体分述如下。

（1）常规青贮：常规青贮主要是利用乳酸菌的发酵作用。在青绿饲料作物上所附着的微生物主要是好氧真菌和细菌，随着青贮的进程而逐渐被厌氧菌及兼性厌氧菌所取代。乳酸菌也是一种兼性厌氧菌，仅少量存在于生长作物的表面，在青贮过程中乳酸菌快速增殖，将青贮原料中的水溶性糖类发酵而形成有机酸，主要是乳酸。乳酸可降低原料的pH，当pH降至3.8～4.0时，各种微生物包括乳酸菌的活动全部终止。此时，青贮发酵过程就告完成，已经调制而成含有相当数量乳酸和少量乙酸以及微量丙酸和丁酸的青贮饲料。

（2）半干青贮：半干青贮是将青贮原料预先风干，使其水分含量降至40%～50%，使植物细胞质的渗透压达到5 000～6 000 kPa，从而可以抑制各种有害微生物的生长。在半干青贮条件下，虽然某些乳酸菌仍能生长和增殖，但其作用已无关紧要。

（3）外加添加剂青贮：当青贮原料中水溶性糖类的含量较低时，如豆科植物青贮的情况，可通过外加添加剂的方法，来保证青贮饲料的品质。常用的青贮添加剂可分为两类：一类是促进乳酸菌发酵的物质，如糖蜜、乳酸菌制剂等；另一类是抑制微生物生长的物质，如甲酸、甲醛等。通过外加添加剂可促进乳酸菌的生长和增殖，或使青贮原料的pH迅速降至3.8～4.0，从而达到调制优质青贮饲料的目的。

（4）谷实青贮：指饲用谷物，如玉米、大麦、高粱和燕麦等，在籽粒成熟后（含水量25%～40%），不经干燥即直接储存于密闭的青贮设备中，经乳酸菌发酵即可制成谷实青贮饲料。

2. 青贮饲料的营养特性

（1）青贮过程中的营养损耗：青绿饲料在青贮过程中其营养物质和能量有一定的损耗。其中，发酵损耗和氧化损耗可达5%～6%，而田间损耗和汁液流失损耗则因青贮设备和技术不同而异。青贮过程中的营养物质总损耗一般为8%～27%。其中，半干青贮的营养损耗较低，为8%～16%。

（2）青贮饲料的主要营养特性：优质青贮饲料的品质与其青贮原料接近，主要表现为青贮饲料具有良好的适口性，反刍动物的采食量、有机物质消化率和有效能值均与青贮原料相似，青贮饲料的维生素含量和能量水平较高，营养品质较好。但是，青贮饲料的氮利用率常低于青贮原料或同源干草。青贮饲料是草食动物的基础饲料，其喂量一般以不超过日粮的

30%~50%为宜。

(3) 青贮饲料的质量评定：

①感官评定：开启青贮设备时，根据青贮饲料的颜色、气味、口味、质地、结构等指标，通过感官评定其品质好坏，这种方法简便、迅速。优质的青贮饲料非常接近于作物原来的颜色。若青贮前作物为绿色，青贮后仍为绿色或黄绿色最佳。青贮设备内原料发酵的温度是影响青贮饲料色泽的主要因素，温度越低，青贮饲料就越接近于原来的颜色。对于禾本科牧草，温度高于30℃，颜色变成深黄；当温度为45~60℃，颜色近于棕色；超过60℃，由于糖分焦化近乎黑色。一般来说，品质优良的青贮饲料颜色呈黄绿色或青绿色，中等的为黄褐色或暗绿色，劣等的为褐色或黑色。品质优良的青贮饲料具有轻微的酸味和水果香味。若有刺鼻的酸味，则醋酸较多，品质较次。腐烂腐败并有臭味的则为劣等，不宜喂家畜。总之，芳香而喜闻者为上等，而刺鼻者为中等，臭而难闻者为劣等。青贮饲料植物的茎叶等结构应当能清晰辨认，结构破坏及呈黏滑状态是青贮腐败的标志，黏度越大，表示腐败程度越高。优良的青贮饲料，在青贮设备内压得非常紧实，但拿起时松散柔软，略湿润，不黏手，茎、叶、花保持原状，容易分离。中等青贮饲料茎叶部分保持原状，柔软，水分稍多。劣等的结成一团，腐烂发黏，分不清原有结构。综上所述青贮饲料的感官要求见表2-3。

表2-3 青贮饲料感官要求

质量等级	颜色	气味	酸味	结构	可饲喂的家畜
优良	青绿或黄绿色，有光泽，近于原色	芳香酒酸味，给人以好感	浓	湿润、紧密，茎、叶、花保持原状，容易分离	可饲喂各种家畜
中等	黄褐或暗褐色	有刺鼻酸味，香味淡	中等	茎、叶、花部分保持原状，柔软，水分稍多	可饲喂除妊娠家畜和幼畜以外的各种家畜
低劣	黑色、褐色或暗墨绿色	具特殊刺鼻腐臭味或霉味	淡	腐烂、污泥状、黏滑或干燥或黏结成块，无结构	不适宜饲喂各种家畜，洗涤后也不能使用

②青贮饲料酸度测定：实验室鉴定是指应用化学试剂对青贮饲料进行品质鉴定，主要是测定青贮饲料的pH和各种有机酸。一般优良的青贮饲料的pH在4.2以下，超过4.2说明在青贮发酵过程中，腐败菌活动较为强烈。可按三级评分（表2-4）。

表2-4 青贮饲料酸度测定

pH	指示剂颜色	评定结果
3.8~4.4	红色到紫色	品质良好
4.6~5.2	紫到污暗紫蓝	品质中等
5.4~6.0	蓝绿到绿色	品质低劣

③青贮饲料的腐败鉴定：如果青贮饲料腐败，其中含氮物质分解形成游离氨，检查到游离氨的存在即可知青贮饲料腐败。氨态氮测定方法：取新鲜样品20.0 g于带盖的聚乙烯样品瓶中，随即加入180 mL去离子水，混合均匀，4层粗纱布过滤，取上清液，参照冯宗慈（1993）改良的苯酚-次氯酸钠比色法测定青贮饲料中的氨态氮含量。

④青贮饲料的污染鉴定：污染常常是使青贮饲料变坏的原因之一，地下式青贮设备常因为内壁未抹水泥、灰浆而渗入由其他地方来的污水，或利用家畜压紧捣固青贮饲料时，家畜将粪便排于饲料内。因此，可根据氨、氯化物及硫酸盐的存在来判定青贮饲料的污染程度。

⑤青贮饲料水分测定：按《饲料中水分的测定》（GB/T 6435—2014）规定执行。为了减少青贮饲料中挥发性物质的逸失，导致水分含量偏高，干燥温度为100℃，干燥时间为48 h。也可用微波炉加热，缩短干燥时间。

⑥有机酸含量测定：有机酸含量、有机酸总量及其构成可以反映青贮发酵过程的好坏，其中最重要的是乳酸、乙酸和丁酸，乳酸所占比例越大越好。优良的青贮饲料，含有较多的乳酸和少量乙酸，而不含丁酸。品质差的青贮饲料，含丁酸多而含乳酸少。

（四）能量饲料

能量饲料是指在饲料干物质中粗纤维的含量低于18%，并且粗蛋白质的含量低于20%的饲料。主要包括谷实类，糠麸类，淀粉质的块根、块茎、瓜果类以及油脂类等。

1. 谷实类

（1）玉米：谷实中以玉米的有效能值最高，是畜禽主要的能量饲料，通常可占到饲料总量的50%~70%。玉米粗纤维含量很低，无氮浸出物特别是淀粉的含量很高，易被动物消化利用，且适口性好。玉米维生素B_1含量丰富，黄玉米中还含有较多的胡萝卜素，但维生素D、维生素B_2和烟酸较少。玉米的营养缺陷主要是蛋白质含量低，且蛋白质品质较差。其中，赖氨酸、色氨酸含量严重不足。另外，玉米的钙、磷含量不足。因此，玉米不宜作为猪、禽的唯一饲料使用，必须与其他饲料搭配饲喂。另外，在生长育肥动物的日粮中，因玉米中含有较多的不饱和脂肪酸，所以饲喂量也不宜过高，否则会导致动物体脂变软而降低胴体品质。

（2）大麦：大麦粗纤维含量高于玉米，能量价值略低于玉米，蛋白质含量较玉米高，但其蛋白质的品质也较差，除了富含烟酸外，其他维生素如维生素D、维生素B_2和胡萝卜素等都很缺乏。大麦是猪的优良饲料，可提高猪的胴体品质，饲喂量最高可占日粮的35%。大麦因粗纤维含量较高，且含有较多的抗营养因子——β-葡聚糖，若直接饲喂家禽，饲喂效果较玉米和小麦差，但若添加β-葡聚糖酶制剂，则可以改善饲喂效果。

（3）小麦：小麦的有效能值低于玉米，蛋白质含量较玉米高，但蛋白质中也缺乏赖氨酸。小麦的B族维生素和维生素E含量较高，特别是胚芽富含维生素E。小麦对猪的适口性较好，但若用小麦替代玉米喂鸡，其替代量以1/3~1/2为宜。

2. 糠麸类

（1）米糠：是指稻谷砻去外壳（砻糠）后的糙米进一步加工成精米的过程中，所分离出来的种皮、糊粉层和胚的混合物，因此不包括谷壳，它占糙米的8%~10%。

米糠的粗蛋白质含量较高（达13.8%），与小麦麸相近，且必需氨基酸含量较高；富含B族维生素和维生素E，但缺乏维生素D；米糠中脂肪含量高达14%，且不饱和程度较高，在高温、高湿环境下易发生酸败变质，故米糠不宜长期储存。此外，米糠中的色素很容易转移到肉、乳、蛋的脂肪中，而影响产品品质。因此，在畜禽饲料中应严格限制米糠的用量，猪限量为25%以下，鸡限量为20%以下，特别是育肥末期的猪更应限量。生产实践中常对米糠进行脱脂处理，制成脱脂米糠，便于储存和利用。

（2）小麦麸：也称麸皮，是小麦加工成面粉的副产品，包括小麦种皮、胚和糊粉层。其营养特性与米糠相似，但粗纤维和粗脂肪的含量较米糠低。小麦麸含钙低而含磷多，但其中大部分为植酸磷，动物的利用率很低；小麦麸富含烟酸和硫胺素，但核黄素含量较低，且维生素D的含量很低。麸皮质地疏松，具有轻泻作用，常用于母畜产后调节消化道的机能；同时，也是犊牛和青年母牛的优良饲料。另外，小麦麸也常用于饲喂家禽，尤其是产蛋母鸡，用以调节日粮的营养浓度和容重，但用量通常控制在10%以内。

（3）玉米皮：也称玉米皮渣，或玉米纤维饲料、玉米皮糠等，是湿法生产淀粉时将玉米浸泡、粉碎、水选之后的筛上部分，经脱水制成的玉米糠质饲料。其粗纤维含量为6%~16%，无氮浸出物为57.45%（其中淀粉40%以上），粗蛋白质为2.5%~9%，在乳牛日粮中可以代替20%~50%的麸皮。

3. 淀粉质的块根、块茎、瓜果类 块根、块茎、瓜果类饲料的自然含水量高达70%~

90%，其干物质含量仅为10%～30%，故常习惯称为多汁饲料。但其干物质中主要是淀粉，粗纤维和粗蛋白质含量均很低，符合能量饲料的条件，故常将其归属为能量饲料。

常用的块根、块茎、瓜果类饲料主要有胡萝卜、甘薯、甜菜、大头菜、马铃薯、木薯、芜菁、菊芋、焦藕、南瓜及各种落果等。其主要的营养特点是干物质中主要含淀粉和糖，粗纤维含量一般不足10%，粗蛋白质含量仅为5%～10%，矿物质中钙、磷贫乏。某些根茎和瓜果，如胡萝卜、甘薯和南瓜等，常含有丰富的胡萝卜素和维生素C，是动物胡萝卜素的重要来源。

4. 油脂类 油脂类能值高，含大量必需脂肪酸，常用于猪禽的配合饲料中。用作能量饲料的油脂主要包括动物油脂、植物油脂等。

（五）蛋白质饲料

蛋白质饲料是指饲料干物质中粗蛋白质含量高于或等于20%，且粗纤维含量低于18%的饲料，主要包括植物性蛋白质饲料、动物性蛋白质饲料、加工副产品、微生物蛋白质饲料（单细胞蛋白质饲料）和工业合成产品。

1. 饼粕类饲料 是油料作物籽实提取油脂后的副产品，其中用榨油机夯榨加工成大块饼状的称为油饼，而用溶剂浸提油脂后，呈小片状或颗粒状的称为油粕。饼粕类饲料是目前动物所需蛋白质的主要来源，主要产品有大豆饼粕、棉籽饼粕、菜籽饼粕、芝麻饼粕、花生饼粕和亚麻仁饼粕等。饼粕类饲料的共同营养特点为：蛋白质含量均较高，且品质较好；残留有一定量的油脂，故能值也较高；含有不同的抗营养因子或有毒成分。

（1）大豆饼粕：是饼粕类饲料中营养价值最高的饲料，蛋白质含量高达42%～46%，除含硫氨基酸外，赖氨酸、色氨酸、甘氨酸含量均较高。大豆饼粕中钙少磷多，磷主要是植酸磷；大豆饼粕中维生素B_{12}缺乏，但胆碱含量较高。此外，在生的或熟度不够的大豆饼粕中含有胰蛋白酶抑制因子、皂角苷、凝集素和脲酶等抗营养因子，应做适当的热处理。

（2）棉籽饼粕：蛋白质含量一般为35%～40%，仅次于大豆饼粕，但其蛋白质的品质较大豆饼粕低，其氨基酸的组成受加工条件的影响很大，特别是其中有效赖氨酸的含量相对较低，而精氨酸的含量又过高，导致二者发生颉颃作用，但蛋氨酸含量较大豆饼粕高。棉籽饼粕作为动物饲料的不利因素是其中含有毒素——游离棉酚，若过量饲喂易引起动物中毒。其中，以猪和家禽尤为敏感。因此，须严格控制棉籽饼粕的用量。

（3）菜籽饼粕：蛋白质含量一般为35%～39%，蛋氨酸、赖氨酸含量较高；粗纤维含量较高；含有较多的植酸，对动物具有抗营养作用。另外，菜籽饼粕还具有辛辣味，对动物的适口性较差；菜籽饼粕中还含有潜在性有毒物质，即硫葡萄糖苷，在芥子酶的催化下可水解生成异硫氰酸盐和噁唑硫烷酮等有毒物质，可刺激动物的胃肠道黏膜而引起炎症和腹泻，还可影响甲状腺激素的合成，导致动物甲状腺肿大。因此，最好饲喂"双低"菜籽饼粕，或严格限制菜籽饼粕的饲喂量。

2. 动物性蛋白质饲料

（1）鱼粉：是指由整鱼或渔业加工废弃物制成的产品。优质鱼粉蛋白质含量高达60%～65%，必需氨基酸含量丰富而齐全，蛋白质营养价值较高，常用于饲喂猪和家禽。此外，鱼粉中钙、磷的含量很丰富，B族维生素也很丰富，它是畜禽钙、磷的良好来源。

（2）肉骨粉：是指由卫生检验不合格的畜禽屠体和内脏等经高温、高压处理后脱脂干燥制成的产品。营养价值取决于原料中骨肉的比例。一般肉骨粉中蛋白质的含量为30%～50%。其中，赖氨酸的含量丰富，但蛋氨酸含量较低。此外，肉骨粉中还含有丰富的钙、磷和B族维生素，是畜禽钙、磷的重要来源。

（3）血粉：是宰杀畜禽的鲜血，经加热凝固干燥或浓缩喷雾干燥制成的粉状物。蛋白质含量高达80%，但其中氨基酸的比例很不平衡，赖氨酸含量虽较丰富，但异亮氨酸和蛋氨酸含量则较低，且其蛋白质的可消化性较差，适口性也较差。血粉中含有大量的铁，是动物铁的重要来源。

（4）水解羽毛粉：是由禽类的羽毛经高压蒸汽处理后制成的一种饲用产品。蛋白质含量通常在80%以上，含有较多的胱氨酸、精氨酸和苯丙氨酸，但蛋氨酸、赖氨酸和甘氨酸的含量较少。因此，蛋白质营养价值较低，必须与其他动物性或植物性蛋白质饲料搭配使用。

我国规定：在反刍动物饲料中禁用动物性饲料。

3. 加工副产品　常见的加工副产品主要有玉米蛋白粉和糟渣类，前者是生产玉米淀粉和玉米油的副产品，蛋白质含量高达40%~60%，氨基酸组成中富含蛋氨酸、胱氨酸和亮氨酸，但赖氨酸和色氨酸缺乏。因此，蛋白质品质较低，但其中类胡萝卜素含量很高，达150~270 mg/kg，对畜禽产品具有良好的着色效果。后者主要以啤酒糟为代表，是酿制啤酒的副产品，干物质中粗蛋白质含量一般为22%~27%，粗纤维含量常低于18%，故属于蛋白质饲料。但啤酒糟的容重和有效能值较低，当作为猪、鸡等单胃杂食动物的蛋白质补充料时，其喂量应控制在日粮的5%~10%为宜，而对反刍动物（肉牛和乳牛）则可加大饲喂量，可以达到混合精料的30%~35%。

（1）DDGS：也称玉米酒精糟或玉米酒精蛋白饲料，因加工工艺与原料品质差别，其营养成分差异较大。一般粗蛋白质含量为26%~32%，含蛋白氮较多。酒精糟气味芳香，是乳牛良好的饲料。一般在牛精料中的使用量为30%以下。

（2）玉米胚芽饼：是玉米胚芽经提脂肪后的副产品，粗蛋白质含量为14%~29%，其氨基酸组成较差，赖氨酸含量为0.75%，蛋氨酸和色氨酸含量较低，钙少磷多，钙、磷比例不平衡。玉米胚芽饼的维生素E含量非常丰富，适口性好，但其品质不稳定，易变质，价格较低，一般在牛精料中的使用量为15%~20%。

4. 微生物蛋白质饲料　这是一类工业化生产的蛋白质饲料，主要是酵母蛋白质饲料，常称为单细胞蛋白质（single cell protein，SCP）。可分为两类：一类是利用淀粉工业废液或造纸工业木材水解液作为培养底物，进行液态发酵生产，纯分离干制的酵母其粗蛋白质含量可达40%~65%；另一类是利用糟渣等工业副产品（如酒糟、啤酒糟等）作为培养底物，进行固态发酵生产，其产品为酵母与培养底物的混合物，粗蛋白质含量因底物不同而异。

5. 工业合成产品　这类蛋白质饲料主要包括非蛋白质含氮化合物和人工合成氨基酸两类。

（1）非蛋白质含氮化合物：简称非蛋白氮（NPN），主要作为反刍动物蛋白质饲料，供给瘤胃可降解氮的需要。此类化合物种类很多，主要包括尿素及各种铵盐等。

饲料级尿素的含氮量约45%，是目前应用最广泛的非蛋白含氮化合物。但它在反刍动物瘤胃中的降解速度很快，如果使用不当易发生氨中毒。因此，应严格控制尿素用量，一般控制在饲料干物质的1%或饲料粗蛋白质的30%~35%。

（2）人工合成氨基酸：饲料中使用合成氨基酸的主要目的是平衡各种必需氨基酸的比例，以满足动物机体的需要。目前用于饲料的合成氨基酸主要是赖氨酸和蛋氨酸，其次是苏氨酸、色氨酸和甘氨酸等。

目前，生产上使用的商品赖氨酸主要是L-赖氨酸的盐酸盐，其纯度为98.5%，其中L-赖氨酸的实际含量为78.8%，一般在饲料中的添加量为0.05%~0.30%，具体应视动物种类和饲料的组成不同而异。目前使用的商品蛋氨酸主要是DL-蛋氨酸，其纯度为98.5%，其添加量一般为鸡0.05%~0.25%，猪0.05%~0.1%。在反刍动物的饲料中也开始使用蛋氨酸，主要是包被保护的蛋氨酸制剂或N-羟甲基蛋氨酸钙等。

蛋氨酸羟基类似物（MHA）是蛋氨酸的前体物，在动物体内经酶的催化可转变为蛋氨酸，目前主要的产品有两种：一是DL-2-羟基-4-甲硫基丁酸（代号为DL-MHA-FA），为黏性液体，纯度为88%以上，其生物学活性约为蛋氨酸的88%；二是DL-2-羟基-4-甲硫基丁酸钙盐（代号为DL-MHA-Ca），产品为白色粉末，纯度为97%，其中蛋氨酸含量为67.6%以上，其生物学活性约为DL-蛋氨酸的86%。该产品适用于反刍动物，可免于瘤胃微生物的降解破坏作用，用于高产乳牛日粮中，可有效地提高产乳量和乳蛋白含量，并可延长泌乳高峰期。用于肉牛日粮，则可有效地提高增重和胴体品质。

（六）矿物质饲料

矿物质饲料包括工业合成的或天然的单一矿物质饲料，多种矿物质混合的矿物质饲料，以及加有载体或稀释剂的矿物质添加剂预混料。

1. 常量矿物质饲料

（1）钙源矿物质饲料主要包括①石粉：由天然石灰石粉碎加工制成，基本成分为碳酸钙，含钙量为32%～38%；②轻质碳酸钙：以石灰石为原料，经粉碎、煅烧、加水调制，再经二氧化碳作用后的沉淀物，纯度为98%以上，含钙量为39.2%以上；③石膏：其基本成分为硫酸钙（$CaSO_4 \cdot 2H_2O$），含钙量为20%～30%；④贝壳粉：由各种贝壳，如蚌壳、牡蛎壳、蛤蜊壳等经粉碎加工制成的粉状或颗粒状产品，其主要成分为碳酸钙，含钙量为34%～38%。

（2）磷、钙、钠源矿物质饲料主要包括①磷酸钙类：主要包括磷酸钙、磷酸氢钙、磷酸二氢钙及脱氟磷酸钙等，其中以磷酸氢钙应用最为广泛，含有2个结晶水的磷酸氢钙的生物学效价较高，该产品的磷含量为16%以上，钙含量为21%以上，氟含量低于0.18%，可同时作为磷和钙的补充源；②骨粉：是以动物的骨骼为原料，经高压灭菌后粉碎制成的产品，其化学组成为$Ca_3(PO_4)_2 \cdot Ca(OH)_2$，磷含量约为10%（蒸制骨粉）或12%（脱胶骨粉），钙含量为17%；③磷酸钠类：主要是给动物单补磷，包括磷酸一钠、磷酸二钠、磷酸三钠，其中以磷酸二钠应用较多，其磷含量为18%以上。

（3）含钠、氯的矿物质饲料：应用最广泛的是食盐，一般饲用食盐的氯化钠含量为95%以上。

（4）镁源矿物质饲料：主要有氧化镁、硫酸镁和碳酸镁等。对反刍动物而言，以氧化镁的效果较好，其适口性较佳，且致泻性较弱，而硫酸镁的适口性较差，致泻性较强，应控制用量。

（5）阴离子盐：日粮中的阴阳离子差（DCAD）是保证动物正常发挥生产性能的重要因素，指的是日粮矿物元素离子酸碱性的大小。DCAD是指每100 g干物质中所含有的主要阳离子的物质的量与主要阴离子的物质的量之差，可通过向日粮中添加$NaHCO_3$、$KHCO_3$、$CaCl_2$、$CaSO_4$、NH_4Cl、$(NH_4)_2SO_4$、$MgCl_2$等进行调节。阴离子型日粮可使日粮呈酸性，提高日粮中钙的吸收，降低干乳期牛的乳热症发病率；而阳离子日粮可诱发并提高乳热症的发病率。一般来说，阴离子型日粮要在干乳期末3～4周时饲喂，有利于提高下一泌乳期的产乳量。阴离子盐适口性不好，可以与酒糟、糖蜜等饲料混合饲喂。

2. 微量矿物质饲料 主要包括微量元素的无机化合物和有机酸盐及蛋白质（氨基酸）螯合物等。目前，国内广泛使用的微量矿物质饲料主要为无机化合物，主要包括硫酸盐、碳酸盐、氯化物和氧化物等；而蛋白质（氨基酸）螯合物的使用则相对较少，其主要产品有微量元素-氨基酸螯合物和微量元素-蛋白质盐两类，它们比同种微量元素无机盐的吸收率和生物利用率高，但成本也较高。

（七）维生素饲料

维生素饲料是指由工业合成的或提纯的单一或复合维生素制品，包括脂溶性维生素饲料和水溶性维生素饲料两类。

1. 脂溶性维生素饲料 主要包括维生素A、维生素D、维生素E、维生素K等制品。

商品维生素 A 制品主要是合成产品，即包括维生素 A 醋酸酯和维生素 A 棕榈酸酯，前者为黄色结晶粉末，后者为黄色油状或结晶状。其性质不稳定，须加入适量抗氧化剂和稳定剂，并以明胶、淀粉等为辅料制成微粒，且应避光、密封保存，在储存过程中其生物学活性会有所损失，在预混料中月效价损失为 2%～5%，而在全价饲料中损失为 5%～8%。

商品维生素 D 制品是以维生素 D_3 油为原料，配以适量抗氧化剂和稳定剂，并以明胶和淀粉等为辅料，经喷雾法制成，外观为黄色的微粒。其稳定性与维生素 A 制品相似，也应避光、密封保存，但其抗氧化力较强，且在稀释剂中储存较为稳定；在预混料中储存时，其效价损失也较大，每月损失可达 4%～8%。

商品维生素 E 制品多为 DL-α-生育酚醋酸酯，为微绿黄色或黄色的黏稠液体，一般均经过包被处理而制成微型胶囊，以减缓氧化损失。维生素 E 极易被空气中的氧所氧化，并易于水解变质，故未经包被处理者活性损失很快；但经包被处理后，其活性在预混料中可保存 3～4 个月，在全价饲料中可保存 6 个月。

2. 水溶性维生素饲料 主要包括 B 族维生素的维生素 B_1、维生素 B_2、维生素 B_6、维生素 B_{12}、泛酸、烟酸、生物素、胆碱、叶酸及维生素 C 等制品，这些维生素制品的外观大多为白色、少量为黄色（维生素 B_2、叶酸）或红色（维生素 B_{12}），当以单体形式存在时，一般性质都比较稳定（维生素 C 除外）。但是，当以复合形式存在或与微量矿物元素混合存在时，则性质不稳定，很容易遭受破坏。

（八）饲料添加剂

饲料添加剂是指各种用于提高饲养效益，有利于配合饲料生产和储存的非营养性添加剂原料及其配制产品。传统广义的饲料添加剂包括营养性添加剂和非营养性添加剂两类，前者主要包括氨基酸、维生素和微量元素添加剂等；后者主要包括生长促进剂、动物保健剂、助消化剂、代谢调节剂、动物产品品质改进剂和饲料保护剂等。而现行饲料分类体系中的饲料添加剂则专指非营养性添加剂。

1. 草药饲料添加剂 是指将草药研磨或粉碎，生产出的单方或复方制剂。将草药制剂添加在日粮或饮水中，以预防动物疾病、加速生长、提高生产性能和改善动物产品品质为目的。

2. 酶制剂 酶是由生物活性细胞所产生的一类生物活性催化剂，是一种具有专一性催化作用的蛋白质。近年来，随着生物技术的迅猛发展，已可通过微生物发酵或从动植物原料中提取的方法，批量生产酶制剂。

（1）酶制剂种类：目前使用的饲料用酶制剂主要是一些助消化的水解酶，包括以下两个类别：①外源性消化酶：主要包括蛋白酶、淀粉酶和脂肪酶等；②外源性降解酶：主要包括非淀粉多糖酶和植酸酶，前者主要包括纤维素酶、半纤维素酶、β-葡聚糖酶、木聚糖酶、甘露聚糖酶和果胶酶等。其主要作用是降解动物机体难以消化或完全不能消化的物质，以及抗营养性物质。其中，植酸酶的主要作用是降解植物性饲料中所含有的植酸及其盐类，从而显著提高单胃动物对饲料磷的利用率；β-葡聚糖酶可有效降解大麦、黑麦、燕麦、黑小麦等谷实饲料中所含有的抗营养因子——胶态大分子 β-葡聚糖，从而提高上述饲料的消化利用率；木聚糖酶则主要用于含木聚糖较多的谷实类饲料中，如小麦、黑麦等。

（2）酶制剂的应用：目前在生产上使用的商品酶制剂一般均为经过稳定化处理的复合酶，多用于仔猪、家禽和犊牛等。

①应用酶制剂的条件：酶制剂的应用具有很强的针对性，只有当所选用的酶制剂产品与所用的饲料类型、动物状态和环境条件相匹配（适宜）时，酶制剂才能显示出其应有的效果。饲料类型不同，其中所含的抗营养因子的种类和数量也不相同，所适用的酶制剂种类也就有所差异；从动物状态看，单胃动物、幼龄动物、老龄动物、高产动物及患病动物使用酶

制剂的效果会更加明显；从环境条件看，动物在断乳前后、高温季节、换料之际以及其他应激状态下更应使用酶制剂。因此，应根据饲料类型、动物状态和环境条件等因素，合理选择适宜的酶制剂产品。

②酶制剂的应用方式：一是直接将固体状的饲用酶制剂添加到配合饲料中，这是目前的主要应用方式，使用操作简单，但在饲料制粒过程中酶活性破坏很大；二是将液态酶制剂喷洒在制粒后的饲料颗粒表面，这是目前国际上正在推行的方式，它避免了制粒对酶活力的影响；三是用于饲料原料的预处理；四是直接饲喂给动物。

③酶制剂的应用：在仔猪的开食料中添加酶制剂，可提高饲料中有效赖氨酸的含量，改善饲料营养物质的消化利用，从而促进仔猪的生长和增重。在肉鸡、肉鸭饲料中添加酶制剂，可显著提高增重和饲料转化效率。经过稳定化处理的复合酶制剂，一般具有较高的稳定性，因而能较好地承受饲料加工工艺过程。实践中为了保证酶制剂具有较高的活性，纯酶制剂保存期一般不宜超过 6 个月，含有酶制剂的预混料和浓缩料在室温下保存一般不宜超过 2 个月。

3. 益生素 益生素（probiotic）是指一种用以直接饲喂动物并能改善动物肠道微生态平衡的有益微生物及其代谢产物，又称为活菌剂、饲用微生物添加剂、微生态制剂等。益生素是在人们对广泛使用抗生素所出现的种种问题十分关注的背景下提出的，其目的是研制出在功效上能全面替代抗生素，但又无任何毒副作用的实用产品。因此，益生素类产品应具备以下基本条件：①其菌株对动物体无毒、无害；②产品性质较稳定，可长时间保存；③能被迅速激活，并有很强的活性。

（1）益生素的种类：益生素的生产菌种很多，美国已经批准的有 43 种，其中主要使用的包括乳酸杆菌、粪链球菌、芽孢杆菌、双歧杆菌和酵母（酿酒酵母）等，但不包括饲用酵母。

（2）益生素的作用机制：目前，对益生素的作用机制虽尚未完全阐明，但其营养生理效应已得到普遍认同。①促进动物肠道内有益微生物菌群的生长和增殖：益生素可通过产生抗菌物质、过氧化氢和有机酸等抑制和排斥有害菌群；同时，还可促进有益菌群，如乳酸菌群等的生长和增殖，从而在宿主动物肠道内建立有利于机体健康和消化代谢的菌群平衡新体系。②增加活性物质的合成：动物肠道内有益菌群的增殖，不仅可以产生各种消化酶以助消化，而且能合成大量维生素（B族维生素、维生素 K 等）和有机酸（乳酸等），从而增强动物机体的消化代谢功能，并改善机体的营养状况。③强化免疫功能：益生素可通过提高动物机体的抗体水平，刺激动物机体的免疫系统和提高免疫力。④减少有害物质的产生：益生素可减少动物肠道内氨和其他有害物质的产生，并可中和大肠杆菌的毒素，因而有利于宿主动物体内环境的改善和健康。

（3）益生素的使用：益生素产品安全高效，且无任何毒副作用，主要用于猪和鸡的饲料中。对仔猪尤其是乳猪有促生长、减少腹泻发生和提高饲料转化率的作用；对肉用仔鸡具有促进生长、提高增重和饲料转化率，并降低死亡率的效果；对产蛋母鸡则可提高产蛋率和蛋重，并改善蛋壳品质。

4. 寡糖 是一类具有类似益生素功效的化学合成物质，它们既不能被动物消化、吸收和利用，也不能被肠道内大部分有害菌利用，但能被大部分有益菌利用，从而能促使肠道内有益菌群大量增殖，起到与益生素（活菌剂）相同的效果。此类物质本质上为低聚糖，目前的产品主要有果寡糖、甘露寡糖和半乳寡糖 3 种。

5. 有机酸 常用的有机酸主要有延胡索酸和柠檬酸。在仔猪日粮中添加有机酸，能改善仔猪的生产性能，即提高日增重和饲料转化率。反刍动物中使用的有机酸主要是异位酸，它是异戊酸、异丁酸、戊酸和 α-甲基丁酸的混合物。若在乳牛的日粮中添加异位酸，可获得较好的增产效果。

有机酸的可能作用机制：①调节胃内pH，激活胃蛋白酶原，减慢胃的排空速度；②降低胃内pH，从而抑制胃和小肠中大肠杆菌与其他细菌的生长繁殖；③与一些矿物质形成金属螯合物，促进其吸收；④促进瘤胃内纤维分解菌的生长繁殖及微生物蛋白质的合成，从而促进动物体内氮的沉积；⑤某些有机酸是能量代谢过程中的重要中间产物，可直接参与代谢。

6. 饲料保藏添加剂 主要包括抗氧化剂和防腐剂。其中，抗氧化剂主要是用来防止饲料中脂肪酸败、维生素氧化破坏及其他生物活性成分的氧化变质，主要产品有乙氧喹、丁基化羟甲氧基苯（BHA）、丁基化羟基甲苯（BHT）和抗坏血酸等。防腐剂主要是用来防止饲料的霉变及因沙门菌引起的变质，主要产品有丙酸及其盐、苯甲酸及其盐、山梨醇等。

第三节 饲料对畜产品品质的影响

畜产品是人类膳食的重要组成部分。广义的畜产品品质包括4个方面，即感官品质、营养价值、卫生质量和深加工品质；狭义的畜产品品质主要指畜产品的感官品质。感官品质指畜产品对人的视觉、嗅觉、味觉和触觉等器官的刺激，即给人的综合感受。营养价值指畜产品的养分含量和保健功能。卫生质量指畜产品的安全特性，即畜产品中有害微生物和有毒有害物质的残留情况。深加工品质指畜产品是否适合进一步加工的品质。畜产品生产者、加工者和消费者对上述4个方面的追求不尽相同。对消费者而言，畜产品的安全是第一位的，至关重要。在安全的前提下，消费者最关注畜产品的营养价值和感官品质，前者是消费者购买畜产品的动机，后者则是影响消费者是否购买畜产品的重要因素。随着人们生活水平的提高和对膳食与健康关系的意识增强，人们越来越重视畜产品的安全、感官品质和保健功能，对畜产品的追求已逐渐由数量转为对品质的追求。我国畜产品生产面临与国际接轨，必须立足国际竞争和养殖业可持续发展战略的高度来重新审视畜产品品质问题，目前的形势与任务赋予优质畜产品生产以更加迫切和重要的意义。畜产品的品质受畜禽遗传特性、营养和饲料、饲养环境以及加工储存等众多因素的影响，是一个涉及面广、影响因素复杂的问题，其中营养和饲料是影响畜产品品质的重要因素。

养殖业可以说是人类用饲料喂养畜禽而换取肉、蛋、乳等蛋白质产品的过程。饲料是畜禽的食物，饲料品质的好坏不仅关系到畜禽生产能力，而且关系到畜产品的品质。人们对畜产品的品质要求，除外观体脂硬度、胴体瘦肉率、肉品色泽和口感风味外，更主要的是对畜产品卫生质量的控制，那些肉眼看不见、鼻嗅不着，在一般情况下不易鉴别的内在卫生质量越来越引起人们的重视。因此，要让畜禽生产出让人放心食用的卫生、安全且符合质量标准的优质肉、蛋、乳等畜产品，饲料的品质和安全性是最基本的先决条件。

一、饲料的品质直接影响畜产品的品质

（一）脂肪对畜产品脂肪的影响

1. 饲料中的脂肪对肉类脂肪的影响 饲料中脂肪的性质直接影响着单胃动物体脂的硬度，组织沉积的不饱和脂肪酸多于饱和脂肪酸，这是由于植物性饲料中脂肪的不饱和脂肪酸含量较高，被猪、鸡采食、吸收后，不经氢化即直接转变为体脂，故猪、鸡体脂内不饱和脂肪酸含量高于饱和脂肪酸。马虽是草食动物，但其没有瘤胃，虽有发达的盲肠，但饲料中不饱和脂肪酸进入盲肠之前，在小肠中经胰液和胆汁的作用，未转化为饱和脂肪酸就被吸收，所以马的体脂中也是不饱和脂肪酸多于饱和脂肪酸。因此，单胃动物体脂的脂肪酸组成明显受饲料脂肪性质的影响。为保证得到较好的胴体品质，猪日粮中玉米含量最好不超过50%。如育肥后期

的猪过量饲喂不饱和脂肪酸含量丰富的饲料，则会导致猪肉体脂变软，易发生腐败，不耐储藏，降低了猪肉的品质。因此，育肥后期猪的日粮中不宜过多地搭配玉米、燕麦、米糠等富含不饱和脂肪酸的饲料，应适当搭配含饱和脂肪酸较多的饲料，如大麦、高粱等。

反刍动物瘤胃内微生物可将饲料中不饱和脂肪酸氢化为饱和脂肪酸，因此，反刍动物的体脂组成中饱和脂肪酸比例明显高于不饱和脂肪酸，这说明反刍动物体脂品质受饲料脂肪性质的影响较小。

2. 饲料中的脂肪对乳脂品质的影响　饲料中的长链脂肪酸在一定程度上可直接进入乳腺，脂肪的某些成分，可不经变化地用以形成乳脂。因此，饲料中脂肪的性质与乳脂品质密切相关。

3. 饲料中的脂肪对蛋黄脂肪的影响　将近一半的蛋黄脂肪是在卵黄发育过程中，摄取经肝而来的血液脂肪而合成的，这说明蛋黄脂肪的质和量受饲料影响较大。

(二) 饲料对畜禽胴体瘦肉率的影响

畜禽胴体瘦肉率的高低除因畜禽的品种和经济类型不同而不同外，一般认为，同一品种和同一经济类型的畜禽，在饲料能值相同的情况下，饲料中蛋白质含量相对较高的，胴体瘦肉率就高，脂肪相对较少。因此，要提高畜禽胴体瘦肉率，必须提高饲料中的蛋白质水平。同时，可在饲料中加入适量的合成氨基酸来调整氨基酸的平衡，以限制脂肪的沉积，提高畜禽的瘦肉率。

(三) 饲料对畜禽产品色泽的影响

畜禽肉品的色泽也是决定畜禽肉质的重要因素。饲喂黄色玉米的鸡，鸡体就偏黄色，其品质高于白色鸡。因此，在配合日粮时应适当添加含有氧化类胡萝卜素或叶黄素的天然着色剂类饲料，如苜蓿粉、松针粉、槐叶粉等。

禽蛋的品质包括其营养成分、蛋黄色泽、蛋重等。除蛋白质外，饲料中维生素和微量元素的种类以及含量，将直接影响禽蛋的营养成分，饲料中铁、锰、碘、铜的含量高，则蛋内这些元素的含量就高；家禽补饲青绿多汁的饲料或维生素 A，可提高蛋中维生素 A 的含量；勤晒太阳或补充维生素 D 的家禽，可提高蛋中维生素 D 的含量；饲料中添加维生素 B_2、维生素 B_6，可相应提高蛋中的含量，从而提高禽蛋品质。蛋黄的色泽受饲料的影响较大，饲料中色素含量较高，蛋黄色泽就较深，品质就较好。因此，在日粮中适量搭配黄色玉米和青绿饲料，或加入草粉等，均可加深蛋黄的色泽。禽蛋的蛋重受饲料中蛋白质水平的影响，饲料中蛋白质含量低，则蛋重小，提高饲料中蛋白质水平，则蛋重增加。

(四) 饲料对畜禽产品风味的影响

乳的品质一般指乳蛋白、乳脂、维生素和无机元素的含量，以及风味。饲料对乳品质（特别是乳脂）的影响较大。因此，日粮中应适当搭配玉米、燕麦、花生饼、豆饼、鲜草等，禁止使用霉变饲料饲喂乳牛。

影响畜禽肉品风味的因素很多。据资料显示，仅化合物方面就至少有 40 种，如肉用仔鸡饲喂高鱼粉饲料，其肉质就有鱼腥味，人们一般感到进口鸡肉口感和味道不如本地草鸡肉纯正可口，而在鸡的饲料中添加大蒜，可使肉用仔鸡的肉品增香，明显改善肉用仔鸡的肉品质。

二、饲料安全直接影响畜产品的安全性

饲料是人类的间接食品，饲料中有毒有害物质在畜产品中残留，不仅给养殖业带来经济损失，还直接威胁人类的健康。长期食用抗生素等兽药残留量超标的畜产品会使人体对化学药物反应迟钝乃至出现耐药性，给人的疾病治疗带来困难。有毒有害物质铅、砷、氟等的大量残留，以及铜、锌、有机砷的大量使用，必将通过畜禽的排泄物排出，造成土壤和水源污染，对人类的生活环境造成威胁。随着畜牧业的发展，人们对畜产品的消费需求已由过去的

数量型转变为质量型，追求无污染、无残留和无公害的安全食品已逐渐成为人们的消费时尚，饲料行业也由关注产品产量的增加，转为关注饲料品质的提高和饲料产品对畜禽乃至对人类安全性的影响。我国已把饲料安全质量问题提高到了一个新的高度，无论在法规的制定，还是在饲料市场整治力度上都是空前的，其主要措施包括：对《饲料和饲料添加剂管理条例》进行了修订，增加了保障饲料安全的内容；加大了饲料安全检查力度；启动了饲料安全工程等。作为畜禽养殖者，应加强饲料安全卫生的控制、检测和监督管理，正确掌握饲料和饲料添加剂的使用方法，避免使用抗生素、激素、重金属和其他非法违禁药物增加剂，以确保饲料的安全，从而确保畜产品的安全。

第四节 配合饲料及生产工艺

动物的科学饲养是建立在合理利用各类饲料原料以符合营养需要基础上的。既要发挥营养物质的作用与动物的生产潜力，又要符合经济生产的原则。依据饲养标准配合日粮，生产高品质、低成本的配合饲料，是养殖业和饲料工业获得高效益的关键技术措施。

一、配合饲料的概念及种类

（一）配合饲料的概念

1. 配合饲料 指根据动物的营养需要及饲料资源状况，将多种饲料原料按一定比例均匀混合，按规定的工艺流程加工而成的具有一定形状的饲料产品。配合饲料是以动物营养需要和饲料营养价值评定的研究结果为基础，设计出营养平衡的饲料配方，按规定的工艺流程生产的具有营养性和安全性的商品饲料。这种饲料产品，可以满足不同种类、不同生产目的与水平和不同生长发育阶段的各种动物的营养需要，可以合理利用各种饲料资源，最大限度地发挥动物的生产潜力，提高饲料转化率，降低饲养成本，使饲养者取得良好的经济效益。

2. 饲料配方 根据动物的营养需要、饲料的营养价值、饲料原料的现状及价格等因素，合理地确定各种饲料的配合比例，这种饲料的配比即称为饲料配方。进行饲料的配合，必须有饲料配方，合理地设计饲料配方是科学饲养动物和生产高品质配合饲料的关键环节。设计饲料配方时，既要考虑动物的营养需要和消化生理特点，又应合理地利用各种饲料资源，才能设计出低成本、高效益的饲料配方。

3. 日粮和饲粮 日粮是指个体饲养动物在一昼夜（24 h）内所采食的各种饲料组分的总量。饲粮是指按日粮中各种饲料组分的比例配制的饲料。生产实践中，除少量动物还保留个体单独饲养外，通常都采用群饲。因此，为满足集约化畜牧生产和饲料工业生产的需要，一般是按生产目的相同的动物群体配制大量的配合饲料，再按日分顿饲喂。

（二）配合饲料的种类

1. 按营养成分分类 按照配合饲料所含营养成分的不同，可将配合饲料分为以下几种。

（1）全价配合饲料：除水分外能完全满足动物营养需要的配合饲料称为全价配合饲料，也称全价料。这种饲料所含的营养成分均衡、全面，能完全满足动物的营养需要，不须添加任何成分就可以直接饲喂，并能获得最好的经济效益。由能量饲料、蛋白质饲料、矿物质饲料以及各种饲料添加剂组成。

（2）精料补充料：指为了补充以粗饲料、青绿饲料、青贮饲料为基础的草食动物的营养而用多种饲料原料按一定比例配制的饲料，也称混合精料。主要由能量饲料、蛋白质饲料、矿物质饲料和饲料添加剂组成，主要适合于饲喂牛、羊、兔等草食动物。这种饲料营养不全价，仅构成草食动物日粮的一部分，饲喂时必须与粗饲料、青绿饲料或青贮饲料搭配。

（3）全混合日粮：指根据动物的营养需要和饲养要求设计日粮配方，通过特定的加工工艺将粗饲料、青贮饲料、精饲料和各种饲料添加剂按一定比例均匀混合，调制而成的一种营养平衡的日粮，即 TMR（total mixed ration）。这种日粮适合于饲喂牛、羊等反刍动物，主要包括饲草类（青贮饲料、干草、秸秆等）、精饲料（能量饲料、蛋白质饲料、矿物质饲料、维生素饲料）和各种饲料添加剂。

（4）浓缩饲料：指由蛋白质饲料、矿物质饲料和添加剂预混料按一定比例配制的均匀混合物，也称浓缩料。按一定比例将浓缩饲料与能量饲料混合均匀，就可以配制成全价配合饲料，浓缩饲料占全价配合饲料的比例通常为20%～40%。

（5）添加剂预混料：指由一种或多种饲料添加剂与载体或稀释剂按一定比例配制的均匀混合物，也称预混料。添加剂预混料在配合饲料中所占比例很小，但它是构成配合饲料的精华部分，是配合饲料的核心。

2. 按物理性状分类 按物理性状的不同，可将配合饲料分为以下几种。

（1）粉状饲料：粉状饲料是指多种饲料原料的粉状混合物。粉状饲料的生产是将配合饲料所需的各种原料，粉碎至一定粒度后再称重配料，然后混合均匀。这是目前国内普遍采用的一种料型。这种饲料的生产设备及工艺比较简单，加工成本低，但易引起动物挑食，造成浪费。

（2）颗粒饲料：指粉状饲料经过调质，用压模挤压而成的粒状饲料。颗粒饲料的生产是先将所需的饲料原料按要求粉碎到一定的粒度，制成全价粉状配合饲料，然后与蒸汽充分混合均匀，进入颗粒饲料机（平模压粒机或环模压粒机）加压处理而成。这种饲料可提高动物采食量，避免挑食，饲料转化率高。颗粒饲料在制作过程中经加热加压处理，破坏了饲料中的部分毒害成分，还可起到杀虫灭菌作用。但这种饲料制作成本较高，在加热加压时还可使一些维生素、酶、赖氨酸等的效价降低。

（3）碎粒饲料：指由颗粒饲料破碎而成的适当粒度的饲料。它是颗粒饲料的一种特殊形式，即将生产好的颗粒饲料经过磨辊式破碎机破碎成2～4 mm大小的碎粒。这是因为如果按要求加工小动物，如雏鸡等的颗粒饲料，费工、费时、费电、产量低。实践证明，压制大颗粒（直径4.5～6.0 mm）再破碎成小颗粒（直径2.0～2.5 mm）比直接压制小颗粒电耗可减少5%～10%，且可提高产量。碎粒饲料具有颗粒饲料的各种优点。

（4）膨化饲料：指经调质、增压挤出模孔和骤然降压过程制得的膨松颗粒饲料。膨化是对物料进行高温高压处理后减压，利用水分瞬时蒸发或物料本身的膨胀特性使物料的某些理化性质改变的一种加工技术。它分为气流膨化和挤压膨化两种。膨化饲料不仅具有颗粒饲料的优点，而且还具有适口性好、饲料转化率高、有益健康、经济效益显著等独特的优越性。可膨化的饲料原料有大豆、玉米、豆粕、棉籽粕、鱼粉、羽毛粉及肉骨粉等。

3. 按动物的种类、生长阶段和生产性能分类 按此分类方法，可将配合饲料分为鸡用、猪用、牛用、羊用、兔用配合饲料等。不同种类动物的配合饲料又可根据生长阶段和生产性能的不同分为多种，此处不再赘述。

二、设计饲料配方的原则

1. 科学性 饲料配合的理论基础是现代动物营养与饲料学，而饲养标准则概括了其基本内容，列出了动物在不同生长阶段和生产水平下对各种营养物质的需要量，是设计饲料配方的科学依据。饲料营养价值表是选择饲料种类的重要参考。设计饲料配方时，必须根据饲料的营养价值、动物的种类及消化生理特点、饲料原料的适口性及体积等因素合理确定各种饲料的用量和配比。

2. 经济性 饲料成本通常占动物生产总成本的60%～70%。因此，在设计饲料配方时，必须注意经济原则，使配方既能满足动物的营养需要，又尽可能地降低成本，防止片面追求高品质。

3. 可操作性 可操作性即生产上的可行性。因为一个合理的配方必须选择特定的原料通过一定的生产工艺才能生产出合格的产品，设计的饲料配方必须与企业的生产条件配套，必须满足生产工艺及设备的要求。

4. 市场性 配合饲料是一种商品，设计饲料配方必须以市场需求为目标。

5. 安全性 设计饲料配方选用饲料原料，尤其是饲料添加剂时，禁止使用发霉、变质、酸败、含有毒害物质的不合格饲料原料。各种饲料原料和饲料添加剂应严格按照国家有关规定选用。

6. 合法性 合法性即配方设计应符合国家有关规定，不仅要符合饲养标准的要求，还必须严格遵守国家有关饲料标准和法规，防止违规生产。

三、配合饲料配方的设计

饲料配方技术是动物营养与饲料学同近代应用数学相结合的产物，是实现饲料合理搭配，获得高效益、低成本饲料配方的重要手段。尤其是计算机技术的发展和普及，越来越多的饲料生产企业采用电脑配方软件来优选饲料配方，这对降低动物生产成本、提高配合饲料品质、促进饲料工业和养殖业的发展起到巨大的推动作用。

饲料配方的设计方法主要有手工计算法和计算机辅助设计方法两种。手工计算法是依据动物营养与饲料学的基本知识和简单的数学运算，计算配方中各种饲料的配合比例。常见的有试差法、方形法、公式法等。手工计算法设计过程清晰，可充分体现设计者的意图，是计算机辅助设计配方的基础。但该方法计算过程繁杂，速度慢，尤其当饲料种类及营养指标较多时，往往须反复调整，运算量大，而且难以得到一个最低成本饲料配方。计算机辅助设计是通过线性规划或多目标规划原理，可在较短时间内，快速设计出营养全价且成本最低的优化饲料配方。目前，我国在线性规划最大收益饲料配方设计、多目标规划饲料配方设计及"专家系统"优化饲料配方设计的软件研究与开发方面已取得了很大进展。现在已有很多配方软件供选择，使用时只要输入有关的营养需要量、饲料营养成分含量、饲料价格以及相应的约束条件，即可很快得出最优饲料配方。

下面以试差法为例，说明饲料配方设计的基本原理和方法。

试差法也称凑数法，是目前中小型饲料企业和养殖场（户）经常采用的方法。用试差法计算饲料配方的方法是：首先根据配合饲料的一般原则或以往经验自定一个配方，计算出该配方中各种营养成分的含量，再与饲养标准或自定的营养需求进行比较，根据原定配方中养分的余缺情况，调整各类饲料原料的用量，直至各种养分含量符合要求。这种方法简单易学，配料经验比较丰富的人非常容易掌握。缺点是计算量大，尤其当自定的配方不够恰当或饲料原料种类及所需营养指标较多时，往往须反复调整各类饲料原料的用量，且不易筛选最佳配方，成本也可能较高。下面举例说明。

[例] 用玉米、麸皮、豆粕、棉籽粕、鱼粉、石粉、磷酸氢钙、食盐、微量元素添加剂及维生素添加剂为0～6周龄蛋雏鸡设计饲料配方。可按下列步骤进行：

第1步：查营养需要量。从蛋鸡饲养标准中查得0～6周龄蛋雏鸡的营养需要（表2-5）。

表2-5　0～6周龄蛋雏鸡的营养需要

代谢能（MJ/kg）	粗蛋白质（%）	钙（%）	磷（%）	赖氨酸（%）	蛋氨酸（%）
11.92	18.00	0.80	0.70	0.85	0.30

第2步：查饲料原料的营养成分。从鸡的饲料营养价值表查得各种饲料原料的营养成分含量（表2-6）。

表2-6 所用各种饲料原料的营养成分含量

名称	代谢能(MJ/kg)	粗蛋白质(%)	钙(%)	磷(%)	赖氨酸(%)	蛋氨酸(%)
玉米	14.06	8.60	0.04	0.21	0.27	0.13
麸皮	6.57	14.40	0.18	0.78	0.47	0.15
豆粕	11.05	43.00	0.32	0.50	2.45	0.48
棉籽粕	8.16	33.80	0.31	0.64	1.29	0.36
鱼粉	12.13	62.00	3.91	2.90	4.35	1.65
石粉			36.00			
磷酸氢钙			23.00	18.00		

第3步：自定饲料配方。根据实践经验和营养原理，初步拟定配方并验算含量。一般来讲，雏鸡饲料中各类饲料原料的比例一般为：能量饲料65%～70%，蛋白质饲料25%～30%，矿物质饲料2%左右，维生素和微量元素添加剂约为1%。拟定配方时可先确定能量饲料和蛋白质饲料的用量，矿物质饲料和饲料添加剂待定。同时，注意棉籽粕适口性差并含有棉酚等有毒成分，用量应限制在3%以下，鱼粉价格高，用量也应控制在3%以下。初步拟定饲料配方见表2-7。

表2-7 初步拟定的饲料配方及营养水平

名称	配比(%)①	饲料原料代谢能(MJ/kg)②	饲料代谢能(MJ/kg)①×②	饲料原料粗蛋白质(%)③	饲料粗蛋白质(%)①×③
玉米	60.00	14.06	8.44	8.60	5.16
麸皮	10.00	6.57	0.66	14.40	1.44
豆粕	21.00	11.05	2.32	43.00	9.03
棉籽粕	3.00	8.16	0.24	33.80	1.01
鱼粉	3.00	12.13	0.36	62.00	1.86
合计	97.00		12.02		18.50
营养需要			11.92		18.00
相差			+0.10		+0.50

第4步：调整配方。首先考虑调整能量和蛋白质，使其符合标准。方法是降低配方中某种原料的比例，同时增加另一原料的比例，二者的增减数相同，即用一定比例的某种原料替代另一种原料。计算时，可先求出每替1%时，日粮能量和蛋白质的改变程度，然后结合第3步中求出的与标准相差的数值，计算出应代替的百分比。

由表2-7可知，上述配方中代谢能浓度比营养需要高0.1 MJ/kg，粗蛋白质高0.5%。用能量和蛋白质含量都较低的麸皮代替豆粕，每代替1%可使能量降低0.05 MJ/kg，粗蛋白质降低0.29%。因此，为满足能量需要，麸皮代替豆粕的比例为0.1÷0.05×1%=2%；为满足蛋白质需要，麸皮代替豆粕的比例为0.5%÷0.29%×1%=1.7%。可见，麸皮代替豆粕的比例为1.7%。配方中豆粕改为19.3%，小麦麸改为11.7%。经调整后饲料中各种养分的含量见表2-8。

表2-8 第1次调整后的日粮组成和营养成分

名称	配比(%)	代谢能(MJ/kg)	粗蛋白质(%)	钙(%)	磷(%)	赖氨酸(%)	蛋氨酸(%)
玉米	60.00	8.44	5.16	0.02	0.13	0.16	0.08
麸皮	11.70	0.77	1.68	0.02	0.09	0.06	0.02

(续)

名称	配比（%）	代谢能（MJ/kg）	粗蛋白质（%）	钙（%）	磷（%）	赖氨酸（%）	蛋氨酸（%）
豆粕	19.30	2.13	8.30	0.06	0.10	0.47	0.09
棉籽粕	3.00	0.24	1.01	0.01	0.02	0.04	0.01
鱼粉	3.00	0.36	1.86	0.12	0.09	0.13	0.05
合计	97.00	11.94	18.01	0.23	0.43	0.86	0.25
与标准相差		+0.02	+0.01	−0.57	−0.27	+0.01	−0.05

第5步：计算矿物质饲料和添加剂用量，确定配方。在能量和蛋白质基本接近标准后，调整饲料的钙、磷和氨基酸含量。根据上述配方计算可知，饲料中钙比营养需要低0.57%，磷低0.27%（表2-8）。因磷酸氢钙中含有钙和磷，所以先用磷酸氢钙满足磷的需要，需磷酸氢钙0.27%÷18%=1.50%。1.50%磷酸氢钙可为饲料提供钙23%×1.50%=0.35%，与营养需要相比钙还差0.22%，可用石粉补充，需要石粉0.22%÷36%=0.61%。赖氨酸已满足需要，蛋氨酸与标准差0.05%，可用商品蛋氨酸添加剂补充，需蛋氨酸添加剂0.05%÷98%=0.05%。

原估计矿物质饲料和添加剂约占饲料的3%，现计算结果为磷酸氢钙1.50%，石粉0.61%，食盐应占0.30%，补加蛋氨酸添加剂0.05%，维生素添加剂为0.02%，微量元素添加剂为0.5%，总加起来为2.98%，比估计值低0.02%。像这样的结果不必再算，增加小麦麸0.02%即可。一般情况下，在能量饲料调整不大于1%时，对饲料中能量、蛋白质等指标引起的变化不大，可忽略不计。最终配方及营养水平含量见表2-9。

表2-9 第2次调整后的饲料组成和营养成分

名称	配比（%）	代谢能（MJ/kg）	粗蛋白质（%）	钙（%）	磷（%）	赖氨酸（%）	蛋氨酸（%）
玉米	60.00	8.44	5.16	0.02	0.13	0.16	0.08
麸皮	11.72	0.77	1.69	0.02	0.09	0.06	0.02
豆粕	19.30	2.13	8.30	0.06	0.10	0.47	0.09
棉籽粕	3.00	0.24	1.01	0.01	0.02	0.04	0.01
鱼粉	3.00	0.36	1.86	0.12	0.09	0.13	0.05
磷酸氢钙	1.50			0.35	0.27		
石粉	0.61			0.22			
食盐	0.30						
维生素添加剂	0.02						
微量元素添加剂	0.50						
蛋氨酸添加剂	0.05						0.05
合计	100.00	11.94	18.02	0.80	0.70	0.86	0.30
与标准相差		+0.02	+0.02	0	0	+0.01	0

经过两次调整后，所有营养成分均接近饲养标准，饲料配方计算完成。可以用同样的方式定出几组饲料配方，以便比较和选择。试差法设计饲料配方需要一定的配方经验，设计过程中应注意的主要问题是：初拟配方时，先将矿物质、食盐、预混料等的用量确定；调整配方时，先以能量和蛋白质为目标，然后考虑矿物质和氨基酸；矿物质不足时，先以含磷高的饲料原料满足磷的需要，再计算钙的含量，不足的钙以低磷高钙原料补充；氨基酸不足时，以合成氨基酸补充。

四、浓缩饲料配方设计方法

随着饲料工业的发展，浓缩饲料已成为饲料工业的主要产品之一。发展浓缩饲料可减少能量饲料的运输费用，降低饲料成本。浓缩饲料一般占全价配合饲料的20%~40%。

1. 根据全价配合饲料推算浓缩饲料配方 先设计出全价配合饲料的配方，然后由全价饲料配方推算出浓缩饲料配方。例如，蛋鸡产蛋高峰期全价饲料配方为：玉米60.0%、豆粕18.0%、菜籽粕2.0%、棉籽粕8.0%、鱼粉0.5%、石粉9.0%、磷酸氢钙1.2%、食盐0.3%、预混料1.0%。其中，浓缩饲料部分共占40%，故设计40%浓缩。设计方法如下：①扣除玉米60%；②将其余组分各除以40%，即为浓缩料配方（表2-10）；③计算出浓缩饲料的营养水平。

表2-10 浓缩饲料的计算方法

饲料原料	全价饲料中剩余组分（%）	浓缩饲料配比（%）
豆粕	18.00	45.00
菜籽粕	2.00	5.00
棉仁粕	8.00	20.00
鱼粉	0.50	1.25
石粉	9.00	22.50
磷酸氢钙	1.20	3.00
食盐	0.30	0.75
预混料	1.00	2.50
合计	40.00	100.00

2. 直接计算浓缩饲料配方

（1）依据各种动物浓缩饲料的国家标准设计：目前，我国已发布了猪、鸡、牛等动物浓缩饲料的国家标准，可以利用试差法直接设计浓缩饲料配方。

（2）由设定的搭配比例计算浓缩饲料配方：通常根据用户的使用习惯或特定要求，确定浓缩饲料在全价饲料中的搭配比例，然后根据该比例计算浓缩饲料配方。

例如，给体重为20~60 kg的猪配制25%的浓缩饲料。此例中，能量饲料应占75%，设定为玉米65%，麸皮10%。然后用总营养需要减去能量饲料提供的各种养分，即为浓缩饲料的养分含量（表2-11），再按全价配合饲料的设计方法即可计算出浓缩饲料配方。

表2-11 生长猪25%浓缩饲料应达到的营养水平

	配合饲料中的比例（%）	消化能（MJ/kg）	粗蛋白质（%）	钙（%）	磷（%）	赖氨酸（%）	蛋氨酸+胱氨酸（%）
玉米	65.00	9.28	5.66	0.01	0.18	0.16	0.25
麸皮	10.00	0.94	1.57	0.01	0.10	0.06	0.04
能量饲料总和	75.00	10.22	7.23	0.02	0.28	0.22	0.29
总需要量		12.97	16.00	0.60	0.50	0.75	0.38
浓缩饲料应满足	25.00	2.75	8.77	0.58	0.22	0.53	0.09
浓缩料养分含量		11.00	35.08	2.32	0.88	2.12	0.36

五、添加剂预混料配方的设计

添加剂预混料是配合饲料的核心，其配方直接影响配合饲料的品质。添加剂预混料配方的合理设计与生产技术的提高，是提高配合饲料品质、降低饲料成本、增强饲养效果、提高企业经济效益的关键。

（一）添加剂预混料的种类

1. 单一预混料 指由同一种类的饲料添加剂配制而成的均匀混合物。如微量元素预混料和维生素预混料等。微量元素预混料是指一种或多种微量元素化合物与载体或稀释剂按一定比例配制的均匀混合物；维生素预混料是指一种或多种维生素与载体或稀释剂按一定比例配制的均匀混合物。

2. 复合预混料 指由微量元素、维生素、氨基酸或非营养性添加剂中任何两类或两类以上的组分与载体或稀释剂按一定比例配制的均匀混合物。

（二）载体和稀释剂的选择

为保证添加剂预混料中活性成分的有效性及在饲料中的均匀分布，配制添加剂预混料必须使用载体或稀释剂。

1. 载体和稀释剂的概念 载体是指能够承载或吸附微量活性成分的可饲物料。它不仅能承载和吸附微量添加剂，而且能够提高添加剂的散落性，使添加剂能均匀地分布于饲料中。常用的载体种类包括有机载体和无机载体。有机载体包括次粉、小麦麸、脱脂米糠、玉米粉、稻壳粉、大豆粉、淀粉、乳糖等；无机载体包括碳酸钙、磷酸钙、二氧化硅、沸石粉、陶土、海泡石粉等。可根据不同预混料的制作要求合理选用。稀释剂是掺入到一种或多种微量添加剂中起稀释作用的物料。它可以稀释活性组分的浓度，但不起承载添加剂的作用。常用的稀释剂也包括有机物和无机物两类，有机类如脱胚玉米粉、葡萄糖、蔗糖、大豆粉、豆粕粉等；无机类有石粉、磷酸二氢钙、碳酸钙、磷酸氢钙、贝壳粉等。

2. 载体和稀释剂的选择 载体和稀释剂是保证预混料混合均匀的重要条件，也是预混料中数量最大的组分。为保证活性组分均匀分布，获得良好的混合效果，必须正确选用载体和稀释剂。

（1）含水量：通常认为载体和稀释剂的含水量越低越好，一般为8%~10%，最高含水量不能超过12%。

（2）粒度：用于制作预混料的载体，粒度一般要求在30~80目（0.59~0.177 mm），而稀释剂的粒度一般比载体的粒度要小、均匀一些，一般在30~200目（0.59~0.074 mm）。

（3）容重：载体或稀释剂的容重是影响预混料混合均匀度的重要因素，要根据活性组分的容重来选择载体和稀释剂。生产微量元素预混料时可选用容重较大的载体（如石粉、沸石粉、碳酸钙等），生产维生素预混料时可选用容重较小的载体（如玉米粉、脱脂米糠、细麦麸等），复合预混料的载体容重一般应为各种微量活性组分容重的平均值，即0.5~0.8 kg/L。

（4）表面特性：载体应有粗糙的表面，或表面有小孔、皱脊等，以便当载体与微量成分充分混合时，微量活性成分能吸附在粗糙的表面上或进入载体的小孔内。粗纤维含量较高的小麦麸、脱脂米糠、大豆皮、玉米芯粉、稻壳粉等都是较好的载体。而稀释剂则要求表面光滑，流动性好，一般选用粒度较小的脱胚玉米粉、碳酸钙、磷酸氢钙等。

（5）吸湿性和结块性：不能使用吸湿性强、易结块的物料作载体和稀释剂。

（6）流动性：流动性差不易混合均匀，流动性太强则易导致预混料在运输过程中的分离，必须选用流动性适当的载体或稀释剂。

（7）化学稳定性：载体或稀释剂必须是化学性质稳定，不易被氧化破坏，而且不与活性组分发生化学反应的物料。

(8) 酸碱度（pH）：载体或稀释剂的酸碱度一般以中性为好。

(9) 静电荷：载体或稀释剂以不带静电荷为宜。

(10) 黏着性：载体的黏着性越好，越容易把活性成分黏牢、载好。

(11) 卫生指标：载体或稀释剂的卫生指标必须符合国家饲料卫生标准。

（三）添加剂预混料配方设计注意事项

1. 配方设计应以饲养标准为依据 饲养标准是设计预混料配方的重要依据，但饲养标准中的营养需要量通常是动物的最低需要量。因此，确定各活性成分的添加量时，应在饲养标准的基础上增加一定的安全系数，以保证满足动物在生产条件下对各种营养物质的需要。

2. 正确选用添加剂原料 各种添加剂原料的品质直接影响添加剂预混料的品质。因此，对各种添加剂原料的品质要严格把关、正确选用。

3. 注意添加剂之间的配伍性和配伍禁忌 组成添加剂预混料的各组分之间存在配伍性和配伍禁忌问题，设计配方时应注意。

（1）微量元素与维生素：微量元素铁、铜、锰、锌等，能促进一些维生素的氧化破坏，混合后随着预混料储存时间的延长，维生素效价的损失越严重，尤其是Fe^{2+}对维生素A及其他多种维生素的破坏极为显著。因此，微量元素添加剂预混料和维生素添加剂预混料最好分别配制、加工、包装和储藏。

（2）泛酸钙与烟酸、维生素C：泛酸钙的吸湿性强，容易脱氨失活，尤其在酸性环境（pH<6）下性质很不稳定，效价降低；而烟酸、维生素C酸性较强，可加快泛酸钙的分解破坏。因此，泛酸钙应避免与烟酸、维生素C等酸性物质混合使用。

（3）氯化胆碱与维生素：氯化胆碱具有很强的吸湿性，对其他维生素具有较强的破坏作用，特别是有金属元素存在时，对维生素A、维生素D_3、维生素K_3破坏较快，因而，不宜加入。若配制复合添加剂预混料，必须将氯化胆碱的配比控制在20%以下。已加入氯化胆碱的预混料应尽快使用。

（四）微量元素预混料配方设计

1. 设计的方法与步骤

（1）微量元素添加量的确定：理论上讲，预混料中微量元素的添加量应根据动物的营养需要量与基础饲料中微量元素的含量确定，即添加量等于动物的需要量减去基础饲料中的含量。但实际生产中，由于基础饲料中微量元素的含量变化很大且难以测定，所以，一般按饲养标准规定的需要量添加，而基础饲料中的含量则作为安全裕量。对某些中毒剂量低（如硒）或特殊用途的微量元素（如铜、锌等），应严格控制添加量。

（2）微量元素原料的选择：根据原料的生物学效价、价格及加工工艺的要求综合考虑。同时，查明其中杂质和其他元素的含量。

（3）计算出商品原料的用量：可采用以下公式计算：

$$纯原料量=微量元素需要量/纯品中元素含量$$
$$商品原料量=纯原料量/商品原料纯度$$

（4）计算载体用量：根据预混料在全价配合饲料中的比例，计算载体用量。一般预混料占全价配合饲料的0.5%～1.0%。载体量为预混料量与商品原料量之差。

（5）列出微量元素预混料配方：常以每吨预混料的组成形式表示。

2. 配方设计示例

[例] 设计0～21日龄肉用仔鸡1%微量元素预混料配方。设计方法如下：

（1）确定添加量：查肉用仔鸡饲养标准可得微量元素需要量，需要量即添加量（表2-12）。

表 2-12　美国 NRC 肉用仔鸡饲养标准

微量元素	铜	碘	铁	锰	硒	锌
需要量（mg/kg）	8	0.35	80	60	0.15	40

（2）微量元素原料选择：见表 2-13。

表 2-13　商品微量元素化合物的规格

商品微量元素化合物	分子式	元素含量（%）	商品原料纯度（%）
硫酸铜	$CuSO_4 \cdot 5H_2O$	Cu：25.5	96
碘化钾	KI	I：76.4	98
硫酸亚铁	$FeSO_4 \cdot 7H_2O$	Fe：20.1	98
硫酸锰	$MnSO_4 \cdot H_2O$	Mn：32.5	98
亚硒酸钠	$NaSeO_3 \cdot 5H_2O$	Se：30.0	95
硫酸锌	$ZnSO_4 \cdot 7H_2O$	Zn：22.7	99

（3）计算商品原料量：商品原料量＝微量元素需要量÷元素含量÷商品原料纯度。经计算得 6 种商品原料在每千克全价配合饲料中的添加量（表 2-14）。

表 2-14　每千克全价配合饲料中商品原料用量

商品原料	计算方法	商品原料量（mg）
硫酸铜	8÷25.5%÷96%	32.7
碘化钾	0.35÷76.4%÷98%	0.5
硫酸亚铁	80÷20.1%÷98%	406.1
硫酸锰	60÷32.5%÷98%	188.4
亚硒酸钠	0.15÷30%÷95%	0.5
硫酸锌	40÷22.7%÷99%	178.0
合计		806.2

（4）计算载体用量：预混料占全价配合饲料的比例为 1%，即每吨全价配合饲料有预混料 10 kg，则载体用量为：10－0.806 2＝9.193 8 kg。

（5）列出预混料配方：见表 2-15。

表 2-15　肉用仔鸡微量元素预混料配方

商品原料	每吨全价料用量（g）	每吨预混料用量（kg）	配合比例（%）
硫酸铜	32.7	3.27	0.38
碘化钾	0.5	0.05	0.01
硫酸亚铁	406.1	40.61	4.06
硫酸锰	188.4	18.84	1.88
亚硒酸钠	0.5	0.05	0.01
硫酸锌	178.0	17.80	1.78
载体	9 193.8	919.38	91.88
合计	10 000.0	1 000.00	100.00

(五) 维生素预混料配方设计

1. 维生素添加量的确定 确定维生素添加量的基本原则是依据饲养标准,但饲养标准均为最低需要量,应在饲养标准的基础上,根据环境条件、饲养管理水平、基础饲料构成、抗维生素因子、维生素的稳定性、加工及储藏条件等影响维生素效价的因素,采用超量添加的方法。世界各大公司,如德国巴斯夫和瑞士罗氏都有维生素添加量的推荐标准。国内超量添加量一般为10%~30%,甚至更大。但至于超量添加多少适宜,还应考虑配方成本、饲喂效果及经济效益。

2. 配方计算 添加量确定后,即可进行配方的设计。方法步骤为:

(1) 原料选择:维生素添加剂的种类很多,可根据维生素的稳定性、原料中有效成分的含量、生物学效价、加工工艺及价格等因素综合考虑。

(2) 计算维生素添加剂原料用量:根据产品的规格及有效成分含量,计算出每吨全价饲料所需原料用量。

(3) 确定添加比例及载体的种类和用量:可根据用户习惯或市场需求确定添加比例,维生素预混料的添加比例一般在1%以下。根据配方的特点和使用目的选用适宜的载体,然后按维生素预混料的添加比例计算载体的用量。

(4) 列出配方:计算出维生素预混料配方,同时列出不同批量的生产用配料单。

[例] 设计生长育肥猪0.02%维生素预混料配方(表2-16)。

表2-16 生长育肥猪0.02%维生素预混料配方设计

维生素	规格	每千克全价饲料中有效成分含量	全价饲料中添加量 (g/t)	预混料百分比 (%)	每千克预混料中原料用量 (g)	每100 kg预混料原料用量 (kg)
维生素A醋酸酯	50万IU/g	5 000 IU	10.00	5.00	50.00	5.00
维生素D_3	50万IU/g	1 000 IU	2.00	1.00	10.00	1.00
维生素E	50%	10 mg	20.00	10.00	100.00	10.00
维生素K_3	50%	2 mg	4.00	2.00	20.00	2.00
维生素B_1	98%	1 mg	1.02	0.51	5.10	0.51
维生素B_2	96%	2 mg	2.08	1.04	10.4	1.04
维生素B_6	98%	1 mg	1.02	0.51	5.10	0.51
维生素B_{12}	1%	0.01 mg	1.00	0.50	5.00	0.50
烟酸	99%	20 mg	20.20	10.10	101.00	10.10
泛酸钙	98%	10 mg	10.20	5.10	51.00	5.10
叶酸	80%	0.5 mg	0.63	0.31	3.12	0.31
生物素	2%	0.05 mg	2.50	1.25	12.5	1.25
抗氧化剂,BHT	50%		0.80	0.40	4.00	0.40
小计			75.45	37.72	377.22	37.72
载体			124.55	62.28	622.78	62.28
合计			200.00	100.00	1 000.00	100.00

(六) 复合预混料配方设计

复合预混料使用方便,是市场上较为常见的一种料型。主要由微量元素、维生素、氨基酸、酶制剂、调味剂、抗氧化剂等多种添加剂与载体组成,几乎包括了所有须预混的成分。由于所含成分复杂,性质变异大,要特别注意各组分之间相互影响,以免影响使用效果。

1. 设计复合预混料配方应注意的问题

（1）维生素的添加：由于影响维生素活性的因素很多，制作复合预混料时，维生素的添加量应比制作维生素预混料时更大。

（2）微量元素原料的选择：应尽量选用低结晶水或无结晶水的盐类，或选用微量元素的氧化物或微量元素氨基酸螯合物。

（3）氯化胆碱的用量：由于氯化胆碱对维生素活性的破坏作用，应将其用量控制在20%以内。

（4）氨基酸的添加：预混料产品中的氨基酸有赖氨酸、蛋氨酸、色氨酸、苏氨酸等，但目前广泛应用的主要为前两种。由于添加氨基酸对预混料产品的成本及销售价格影响较大，为兼顾成本与品质，氨基酸的添加量要适中。市售预混料产品，应标明氨基酸的含量，以便用户使用时参考。

2. 复合预混料配方的设计方法

（1）确定添加比例：确定标准或添加量及预混料的添加比例。

（2）选择原料：包括各活性组分、抗氧化剂、油脂、载体、稀释剂等。

（3）计算原料用量：根据添加量及原料中有效成分的含量计算各商品原料的用量及百分比，并计算出每一生产批次的原料用量。

六、配合饲料生产工艺与设备

（一）主要生产工序与设备

1. 原料接收与清理 原料接收是各种饲料原料经质检合格后，经过称重、初清后入库储存或直接使用的过程。这是饲料生产的首道工序，是保证生产连续性和产品品质的关键环节。该工序主要是通过除杂来保证供应下一道工序要求的原料。饲料厂一般都有粒料线和粉料线两条接收清理生产线，粒料线接收清理需要粉碎的原料，如谷物、饼粕类等原料；粉料线接收清理不需要粉碎的原料，如麸皮、米糠、鱼粉等。

（1）一般流程：原料→卸料坑→提升→清理→称量→进仓。

（2）主要设备及设施：

①输送设备：包括水平输送设备（刮板输送机、螺旋输送机、皮带输送机）和垂直输送设备（斗式提升机）。

②原料储存仓：常见的为钢板仓（立筒库）、房式仓、缓冲仓。

③清理设备：谷物饲料及其加工副产品中常夹带非金属杂质（如泥沙、绳绳、秸秆、烟头等）和金属杂质（铁钉、铁丝等），大杂质的清除率应在90%以上。非金属杂质的清理常用筛选法，常见的初清设备主要有圆筒初清筛、圆锥粉料清理筛、回转振动分级筛等。金属杂质的清理常选用磁选法，常见的磁选设备有永磁筒磁选器、永磁滚筒磁选机、磁选箱等。

2. 粉碎 粉碎是利用各种粉碎机将粒料破碎至适宜粒度的过程。粉碎的目的是便于动物采食，提高饲料转化率，有利于饲料的后续加工。根据饲料加工的不同要求，可将粉碎产品分为粗粉碎、细粉碎、微粉碎、超微粉碎几种类型（表2-17）。由于动物的消化生理特点和采食习性的差异，不同动物饲料原料的粉碎粒度明显不同。

表 2-17 粉碎的类型
（引自袁惠新，2001）

分类类型	原料粒度	产品粒度
粗粉碎	10～100 mm	5～10 mm
细粉碎	5～50 mm	0.1～5 mm

(续)

分类类型	原料粒度	产品粒度
微粉碎	5~10 mm	小于100 μm
超微粉碎	0.5~5 mm	小于10~25 μm

(1) 一般流程：储存→喂料→去磁→粉碎→输送。

(2) 主要设备：

①喂料设备：合理选择喂料设备可使粉碎机负荷稳定，提高粉碎效率，降低能耗。饲料厂常用的喂料设备包括叶轮式喂料器、带式喂料器和螺旋式喂料器等。

②粉碎设备：

锤片式粉碎机：锤片式粉碎机在饲料工业中使用最广泛。设备的主要工作部件为锤片。主要包括普通锤片粉碎机、水滴式锤片粉碎机、振动锤片粉碎机、立式锤片粉碎机、双轴卧式锤片粉碎机等类型。

齿爪式粉碎机：齿爪式粉碎机主要利用齿盘上的动齿和定齿的撞击及剪切作用进行粉碎。适合于粉碎脆性硬质物料。

对辊式粉碎机：对辊式粉碎机的主要工作部件为磨辊，主要依靠挤压力与剪切力来粉碎原料。

碎饼机：常用锤片式碎饼机，主要用于豆饼、棉籽饼、菜籽饼等饼类饲料的破碎。

3. 配料 配料是按照配方要求，采用特定的配料装置，对各种不同的饲料原料进行投料并计量的过程。配料是饲料生产过程中的一个关键环节，配料秤是实现这一过程的主要装置，配料秤的准确性直接影响着产品品质。

(1) 一般流程：粉状物料→输送装置→配料仓→喂料器→配料秤→输送装置。目前，常见的配料工艺流程包括一仓一秤、多仓一秤、多仓数秤（2~4台配料秤）等几种形式。

(2) 主要设备：配料设备根据工作原理可分为重量式和容积式。目前，饲料厂使用较为广泛的是重量间歇式的配料系统。其中，又以电子配料秤为主。

电子配料秤以称重传感器为核心，反应速度快，称重信号可以远距离传递，可避免现场环境的干扰，不受安装地点限制，结构简单，使用寿命长。电子配料秤具有称量速度快、配料精度高、性能稳定、控制显示功能好、工作可靠、劳动强度低、自动化程度高等优点。

电子配料秤主要由秤斗、连接件、称重传感器、显示仪表和电子线路组成。

4. 混合 混合是将计量配料后的各种物料组分通过搅拌混合均匀的工序。混合是保证饲料产品中的饲料成分分布均匀、质量稳定的关键环节。在现代饲料加工工艺中，配料混合系统对保证饲料厂的生产效率和饲料产品的品质起着决定性作用，被誉为饲料厂的"心脏"。

(1) 一般流程：配料秤→混合机→输送机。目前，饲料厂多采用分批混合工艺，即将各种饲料原料按配方要求的比例计量，配成一定重量的一个批量，将此批料送入混合机进行混合，一个混合周期即产生一个批次的配合饲料。

(2) 主要设备：

①卧式螺带混合机：卧式螺带混合机主要由机体、转子、出料门及出料控制机构、传送机构等组成。其优点是混合速度快，混合均匀度高，卸料时间短。缺点是占地面积大，电力消耗大。

②立式螺旋混合机：又称立式绞龙混合机，主要由立式螺旋绞龙、机体、进出料口和传动装置构成。该种混合机优点是配备动力小，结构简单，价格低。缺点是混合均匀度低，混合时间较长。

③双轴浆叶式混合机：双轴浆叶式混合机主要由传动结构、卧式机体、双搅拌轴、卸料门、控制机构及液体添加系统组成。其特点是混合速度快、混合均匀度高、适应范围广，大型饲料厂广泛采用。液体添加系统包括：进油槽、储油罐、油泵、滤油器、压力阀、压力表、溢流阀、流量计、油脂喷头及加热系统和控制系统。管道材料一般为钢管或不锈钢管，不宜用铜管。糖蜜添加的方法与油脂相似，但只能用热水管加热和保温，而不能用蒸汽加热，以免使糖蜜焦化。

5. 制粒 颗粒饲料是通过机械作用将单一原料或多种成分原料的混合料压密并挤压出模孔所成的圆柱状或团块状饲料。制粒可以提高饲料转化率，避免动物挑食，减少浪费，改善饲料卫生状况。

（1）一般流程：粉料仓→调质器→制粒机→冷却器→碎粒机→分级筛→成品仓→包装。

（2）主要设备：

①调质器：调质就是对饲料进行热湿处理，使其淀粉糊化、蛋白质变性、物料软化以便于制粒机提高制粒的品质和效率，并改善饲料的适口性、稳定性及提高饲料转化率。调质的目的是将配合好的干粉料调质为具有一定水分、一定温度、利于制粒的粉状饲料。一般用蒸汽在调质器内进行调质，调质器以喂料绞龙为主体，可以控制颗粒机的流量，保证进料均匀度。

②制粒机：按工作主轴方向，制粒机可分为卧式制粒机和立式制粒机；按颗粒成形模具的形式，可分为平模制粒机和环模制粒机。环模制粒机是目前应用最为广泛的一种，可分为齿轮传动型和皮带传动型两种。环模制粒机主要由料斗、喂料斗、喂料器、磁铁、搅拌调质器、斜槽、门盖、压制室、切刀、主传动系统、过载保护装置及电气控制系统组成。

③冷却器：冷却器主要用于颗粒饲料的冷却。冷却后的颗粒料既增加了硬度，又能防止霉变，便于颗粒饲料的运输和储存。冷却工艺包括逆流冷却（冷却空气的流动方向与料流方向相反）和顺流冷却两种。冷却器包括立式冷却器和卧式冷却器两种。

④碎粒机（破碎机）：碎粒机是将大颗粒饲料（直径 3~6 mm）破碎成小颗粒饲料（直径 1.6~2.5 mm）的专用设备，主要通过两个轧辊上的锯形齿的差速运动，对颗粒剪切及挤压而破碎，所需破碎粒度可通过调节两轧辊间距来获得。碎粒机主要有对辊和四辊两种形式，由位置固定的快辊、可移动的慢辊、轧距调节机构、活门操纵机构、传动机构及机架等组成。

⑤分级筛：主要用于颗粒饲料破碎后的分级，筛分出粒度合格的产品。常用设备为振动分级筛，主要由机架、支撑结构、筛船、筛框、驱动机构和机座组成。

6. 膨化 膨化是将混合后的粉状饲料，经过调质处理和膨化机挤压，在物料从模孔挤出的瞬间迅速膨胀，并被切断成一种蓬松多孔的颗粒饲料产品。膨化可使饲料淀粉糊化、蛋白质变性，提高饲料转化率。

（1）一般流程：粉料仓→喂料调质→挤压膨化机→干燥冷却器→筛理→成品。

（2）主要设备：膨化机按螺杆的结构分为单螺杆和双螺杆两种，按膨化机调质方法分为湿法膨化机和干法膨化机两种。目前，玉米、小麦、大豆等饲料原料的膨化多采用干法膨化机，水产饲料的生产多采用单杆湿法膨化机。根据工作原理，膨化可分为挤压膨化和气体热压膨化两种（图2-3）。

7. 包装 包装是饲料生产的最后一道工序，主要包括自动定量称重、人工套袋、输送和缝口几部分。包装袋材料常采用塑料复合编织袋，要求严密无缝、无破损。

（1）一般流程：

①自动包装流程：饲料成品→自动定量秤→放料→输送引袋→缝口→输送。

②人工包装流程：人工套袋→称重→发放。

③散状流程：散状成品仓→散装车→称量→发放。

（2）主要设备：由电子定量包装秤、缝口机和输送装置组成。

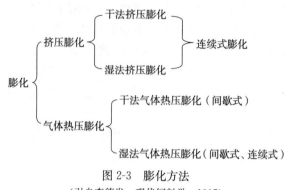

图 2-3 膨化方法
(引自李德发，现代饲料学，1997)

（二）配合饲料加工工艺流程

配合饲料的加工工艺可分为先粉碎后配料和先配料后粉碎两种。

1. 先粉碎后配料生产工艺　是指将原料仓的粒料先进行粉碎，然后进入配料仓进行配料、混合、制粒，这是一种传统的加工工艺，主要用于加工谷物含量高的配合饲料。此工艺按以下工序生产配合饲料：主、副原料接收和清理→粒料粉碎→配料和混合→制粒→成品包装及散装发放。

优点：①粉碎机可置于容量较大的待粉碎仓之下，原料供给充足，机器始终处于满负荷生产状态，呈现良好的工作特性；②分品种粉碎，可针对原料的不同物理特性及饲料配方的粒度要求，调整筛孔大小，获得较佳经济效益；③粉碎工序之后配有大容量配料仓，储备能力较强，粉碎机的短期停车维修不会影响整个生产；④装机容量低，先粉碎工艺的车间装机容量低于先配料工艺的容量。

缺点：①料仓数量多，还需设置待粉碎仓，投资较大；②经粉碎后的粉料在配料仓中易结块。

2. 先配料后粉碎生产工艺　是指将饲料各组分先进行计量配料，然后进行粉碎、混合、制粒。此工艺按以下工序生产配合饲料：主、副料接收和清理→配料→二次粉碎→混合→制粒→成品包装及散装发放。

优点：①原料仓兼作配料仓，可省去大量的中间配料仓及其控制设备，并简化了流程；②避免了中间粉状原料在配料仓的结块；③配料后的物料同时粉碎有利于粉碎粒度的均匀；④多种原料在一起粉碎比单一原料容易，特别是某些难粉碎的高脂肪、高水分原料。

缺点：①装机容量比先粉碎后配料工艺高，动力消耗较大；②粉碎机比较关键，由于粉碎处于配料之后，一旦粉碎机发生故障，将影响整个工厂的正常生产。

复习思考题

1. 名词解释：表观消化率、真消化率、消化能、代谢能、净能、蛋白质生物学价值。
2. 简述现行的饲料分类体系及其基本原则。
3. 简述各类饲料的主要营养特性及其代表性饲料品种。
4. 简述常用饼粕类饲料的主要营养特点及其所含的毒素或抗营养因子。
5. 简述常用饲料添加剂的种类和作用机制。
6. 简述配合饲料是如何分类的。
7. 简述设计体重为 35～60 kg 生长育肥猪 0.5% 微量元素预混料配方。
8. 简述配合饲料生产的主要工序。

第三章
动物遗传基本原理

重点提示：本章主要学习内容为染色体、群体遗传、数量遗传和分子遗传等动物遗传育种的基础理论和原理。掌握染色体的畸变、细胞分裂过程、三大遗传定律、哈代-温伯格定律及常染色体上一对等位基因频率的计算，三大遗传参数的概念及计算公式，近交和杂交的概念，分子遗传和表观遗传的基本内容。了解伴性遗传，引起基因频率变化的因素，近交和杂交遗传效应，转基因，限制与修饰，基因定位。

第一节 细胞遗传

细胞遗传是遗传学与细胞学相结合的一个遗传学分支学科，研究对象主要是真核生物，尤其是高等动植物。早期的细胞遗传着重研究分离、重组、连锁、交换等遗传现象的染色体基础以及染色体变异的遗传学效应。随着技术的进步，研究内容进一步扩展，如染色体的核型、带型分析。

二维码 3-1　动物数量遗传学科奠基人

一、孟德尔遗传及其细胞学基础

（一）遗传的细胞学基础

动物细胞由细胞膜、细胞质和细胞核构成。细胞质中的核糖体是蛋白质合成的场所，细胞核中的染色体携带生物体全部的遗传信息，它是遗传的细胞学基础。

1. 染色体

（1）染色体形态结构（图 3-1）：染色体一般呈圆柱形，外有表膜，内有基质。通过技术处理，在光学显微镜下可观察到细胞分裂各个时期的形态，细胞分裂中期染色体具有以下形态特征。

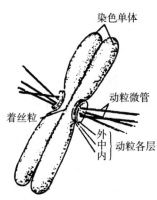

图 3-1　染色体形态结构

①着丝粒和主缢痕：在光学显微镜下观察细胞分裂中期的染色体时，都会发现有一个相对不着色的缢缩部位，称为主缢痕。这个区域两侧的染色体部分称为染色体臂。染色体臂染色较深，将主缢痕区明显地呈现出来。着丝粒是染色体上纺锤丝的附着部位，同时着丝粒也是主缢痕处的染色质部位，与细胞的有丝分裂有关，而且染色体只有在主缢痕处能够弯曲，所以着丝粒的位置决定着染色体在细胞分裂后期的形态及染色体两臂的长度。通常每个染色体只有一个着丝粒，它在某条特定的染色体上的位置比较固定，但不同的染色体着丝粒的位置不同，所以常用它作为描述一个染色体组每条染色体的一个标记。

②次缢痕和随体：在染色体组中，除每一条染色体都有主缢痕外，在个别染色体上还有另外一个染色比较淡的缢缩部位，称为次缢痕。它通常出现在染色体末端的近旁，其大小和范围是恒定的，一般位于染色体臂上，这一区域与末期核仁的形成有关。与次缢痕相连的圆形或椭圆形小体称为随体，其大小可以发生变化，大的直径可以与染色体相同，小的如小圆球状或甚至难以辨认。随体的有无、大小、形态，也是鉴别染色体类型的依据之一。

③染色粒：在减数分裂的粗线期，染色体上出现沿着染色体分布的，具有恒定大小和一定位置的"念珠"状突起的染色粒。染色粒之间着色较浅的区域为染色粒间区。在粗线期染色体上，染色粒的数目基本恒定，因此可作为可靠的形态特征。

④端粒：端粒是染色体上增大的末端染色粒，是染色体的组成部分。端粒起稳定染色体功能的作用，防止染色体上DNA降解、末端融合，保护染色体结构，端粒能封闭正常染色体的末端，具有端粒的染色体末端不能与其他断裂的染色体末端连接；端粒还起细胞分裂计时器的作用，从而调节细胞正常生长。当端粒缺失时，该染色体无正常功能。

⑤染色单体：有丝分裂中期的染色体由两条染色单体所组成，二者在着丝粒相结合。每一条染色单体由一条DNA双链经一定的折叠盘曲而形成。

(2) 染色体的大小和数目：在真核生物中，每一物种都有其特定的染色体数。如猪有38条，普通牛和瘤牛60条，牦牛有60条，水牛有48条或50条，山羊有60条，马有64条，人有46条等。虽然有时两种动物会有相同的染色体数目，但从染色体的形态、大小、着丝粒的位置以及基因结构和功能上看却有很大差异。

除了染色体的数目，还要注意染色体的大小。因为生物体的基因组DNA在染色体上，染色体的大小和数目直接反映了基因组的大小。通常以单倍染色体组中的DNA含量来表示基因组的大小，称为生物体的C值。C值是单倍体染色体的DNA总量。一个物种的C值是恒定的，不同物种的C值差异很大。

(3) 染色体的畸变：自然界中各种生物的染色体都有一定的形态和数目，并通过精确复制，准确地传递给后代，从而保持染色体结构和数目的稳定。但在自然条件下由于温度、营养、生理等异常变化，有时可能使染色体的结构和数目发生变化。染色体畸变是指在自然突变和人工诱变的情况下，染色体的结构和数目发生的变化。由于染色体发生畸变，使染色体上的基因数目和位置也发生变化，从而导致个体性状表现型的改变。

①染色体结构变异：

a. 缺失：指一个正常染色体某区段的丢失，位于该段上的基因也随之丢失。如果缺失发生在末端，称为末端缺失。末端缺失只在染色体的近末端发生一次断裂。如果缺失发生在染色体的内部，称为中间缺失。中间缺失的发生较复杂，要在染色体的某一臂上发生两次断裂并经过一次重接才可形成。缺失的遗传效应是破坏了正常的连锁群，影响基因间的交换和重组。而且当缺失了显性基因时，则杂合体表现出假显性现象。

b. 重复：指染色体上额外增加了与本身区段相同的某区段。如果重复区段上的基因排列顺序与原来相同，则称为顺接重复，反之则称为反接重复。重复的遗传效应同样是破坏了正常的连锁群，影响交换率，而且重复可以使基因的数量发生变化而引起剂量效应。

c. 倒位：一个正常染色体的某一区段断裂下来，后经过180°的倒转重新连接起来，成为一条具有倒位区段的染色体，这一现象称为倒位。倒位没有增加任何遗传物质，只是改变了染色体上基因的排列顺序。倒位可以分臂内倒位和臂间倒位。倒位发生在染色体臂内，倒位区段不包括着丝粒的称为臂内倒位；如果涉及两个染色体臂，倒位区段包括着丝粒的称为臂间倒位。倒位的遗传效应也是改变了正常的连锁群，而且可能抑制倒位区段内的基因交换。

d. 易位：缺失、重复、倒位都是指一对同源染色体内某区段的变异，而易位是指两对非同源染色体间某区段的转移。如果只是一个染色体的某区段转移到另一个非同源染色体上，则称为单向易位；如果两个非同源染色体的某区段相互转移，则称为相互易位。易位的遗传效应也改变了正常的连锁群。

②染色体数目的变异：

a. 整倍体的变异：指体细胞内含有完整的染色体组变异。所谓染色体组是指二倍体生物配子中所包含的全部染色体。整倍体变异包括单倍体变异和多倍体变异。

b. 非整倍体变异：指在正常体细胞（$2n$）的基础上发生个别染色体的增减现象，它包括亚倍体和超二倍体变异。亚倍体是指生物中缺少一条或几条染色体，超二倍体是指比正常的染色体数多一条或几条染色体的个体。

2. 细胞分裂　在原核细胞中由于无细胞核，实行无丝分裂，仅包括染色体的复制和细胞直接分裂两个过程。在真核细胞中细胞分裂包括染色体分裂和细胞质分裂两个紧密相连的过程。如果这一过程发生在体细胞就是有丝分裂，发生在产生性细胞的过程中就是减数分裂。

（1）细胞周期与有丝分裂：从一次有丝分裂结束到下一次有丝分裂结束之间的期限称细胞周期。细胞周期要经历两个时期，即分裂间期和有丝分裂期。分裂间期也称生长期，包括生长前期（G_1），DNA合成期（S），生长后期（G_2），三期都不同程度地进行DNA、RNA和蛋白质的合成。有丝分裂是一个复杂的连续过程，根据细胞核内染色体的变化，可分为前期、中期、后期和末期。各期的主要特征如下：

①前期：前期发生的主要变化是染色质丝不断螺旋化而逐渐凝集成染色体，每条染色体包含两条染色单体；核膜、核仁消失和形成纺锤体等。

②中期：核膜完全消失。染色体开始向赤道板移动，最后在赤道板上排成一圈。染色体的着丝点和纺锤丝连接起来。此期的染色体高度螺旋化，变粗变短。

③后期：每个染色体的着丝粒分裂为二，每个染色单体各具一个着丝粒而成为一个独立的子染色体，并在纺锤丝的牵引下向两极移动。由于着丝粒的位置不同以及纺锤体的收缩牵引作用，染色体呈V形、L形、棒形等形状。

④末期：分裂以后的两套染色体开始各在一极聚集，并变细变长，纺锤丝逐渐消失，核仁、核膜重新出现，逐渐形成了两个子细胞。到此，有丝分裂完成。

（2）减数分裂：减数分裂是有性生殖个体性细胞（精母细胞、卵母细胞）成熟后，配子形成过程中所发生的特殊方式的有丝分裂，它只经过一次染色体复制，却经过两次连续的核分裂，从而使子细胞的染色体数目只有原来的一半。减数分裂形成的子细胞经过配子发生过程发育成配子。在染色体减数分裂期可以发生联会和交换，并导致重组的发生。减数分裂包括连续的两次分裂，分别称减数第1次分裂和减数第2次分裂。两次分裂的特点虽不相同，但每次分裂都可分为前、中、后、末四期。

①减数第1次分裂：

a. 前期Ⅰ：前期Ⅰ的一个重要特征是细胞核明显增大，减数分裂的前期细胞核体积要比有丝分裂前期大3~4倍。在这一时期，染色体还表现出一些特殊的行为：染色体配对、单体交换、相斥和端化作用。它包括细线期、偶线期、粗线期、双线期、终变期5个阶段。

b. 中期Ⅰ：核膜、核仁消失，纺锤体出现，各染色体上的着丝粒相连，并牵引着丝粒使同源染色体移向细胞中部的赤道板，两同源染色体逐渐被分开。

c. 后期Ⅰ：由于纺锤丝的收缩，配对的两条同源染色体彻底被分开，并随机移向两极。

d. 末期Ⅰ：纺锤丝开始消失，核膜、核仁重新出现，着丝粒仍未分裂，接着进行胞质分裂，成为两个子细胞。

减数第1次分裂末期之后经过很短的分裂间期即进入减数第2次分裂。

②减数第2次分裂：比减数第1次分裂简单。每条染色单体未经纵裂就排列到赤道板上。然后着丝粒分裂，于是两条姐妹染色单体彼此分开，向两极移动，到达两极后组成两个新核。最后细胞体分裂，形成两个子细胞。

在动物中每个初级精母细胞经过两次连续分裂，变成4个精子细胞，随后经过成形期，形成4个精子；每个初级卵母细胞通过两次分裂，变成1个卵细胞和3个极体，极体最后消失。

3. 核型分析 核型分析是指利用显微摄影的方法把生物体细胞内整套染色体拍摄下来，按照它们相对恒定的特征排列起来，并进行分析的过程。有带型分析、常规的形态分析、着色区段分析、定量细胞化学分析等方法。近年来，带型分析用得较多，如G带法、Q带法、Ag-NOR染色法。

（二）孟德尔定律

1. 分离定律 孟德尔选用具有明显差异的7对相对性状的品种作为亲本，分别进行杂交，并按照杂交后代的系谱进行详细记载，采用统计学的方法计算杂种后代表现相对性状的株数，最后分析了它们的比例关系。现以其中红花豌豆和白花豌豆的杂交组合试验为例，如图3-2所示，F_1代植株全部开红花。在F_2代群体中出现了开红花和开白花的两种植株，共929株。其中，705株开红花，224株开白花，两者比例接近3：1。孟德尔还将以上试验进行反交，白花（♀）×红花（♂）的杂交，所得结果完全一致。说明F_1和F_2的性状不受亲本组合的影响。此外，孟德尔在豌豆的其他6对相对性状的杂交试验中都分别得到相同的结果，从而得出了分离定律。

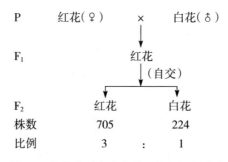

图3-2 红花豌豆和白花豌豆杂交组合试验

分离定律的主要内容为：一对等位基因决定一对相对性状的遗传，当具有相对性状的两个纯系杂交时，子一代全部表现为杂合型显性性状，F_1代自交时，配子分离比为1：1，F_2基因型比为1：2：1，F_2中显性性状与隐性性状个体的比例为3：1。

2. 自由组合定律 孟德尔以豌豆为材料，选取具有两对相对性状的纯合亲本进行杂交，观察后代的变化。例如，一个亲本结圆形和黄色子叶的种子，另一个结皱皮和绿色子叶的种子，它们都是纯合体。杂交后产生的F_1都结圆形和黄色子叶的种子，这表示两个性状都是显性。再让F_1自花授粉，产生的F_2发生性状分离，出现了16种组合，9种基因型，4种表现型，结果如图3-3所示。

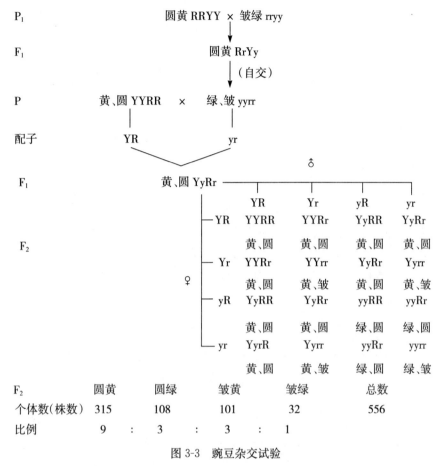

图3-3 豌豆杂交试验

根据每一对相对性状来归类，可得到下列结果：
种子形状，圆 315+108=423，占76.1%；皱 101+32=133，占23.9%。
子叶颜色，黄 315+101=416，占74.8%；绿 108+32=140，占25.2%。
可见各相对性状的分离比例都接近3∶1，这表明分离定律在发生作用，也表现一对性状的分离与另一对性状的分离无关，即它们是独立遗传、互不影响的。

自由组合定律的主要内容为：位于不同对染色体上两对或两对以上的等位基因所决定的性状遗传，子一代全为显性性状，F_1代自交时配子分离比为1∶1∶1∶1，F_2基因型比为$(1:2:1)^n$，F_2的表型比为$(3:1)^n$，n为等位基因对数。

二、连锁互换定律与伴性遗传

(一) 连锁互换定律

贝特生等在1906年用香豌豆的两对性状进行杂交试验。紫花（P）对红花（p）为显性，长花粉粒（L）对圆花粉粒（l）为显性，试验结果如图3-4所示。

从试验结果可以看出，虽然F_2代也表现出4种表型，但表型的比例与自由组合时的比例相差很大。其中，亲本组合性状的实际数多于理论数，而重新组合性状的实际数少于理论数，这一结果不符合自由组合定律；后来采用其他两种表型的杂交试验也获得了相似的结果。它们都有一个共同的特点：原来为同一亲本所具有的两个性状，在F_2中常有联在一起遗传的倾向，这种现象称为连锁遗传。

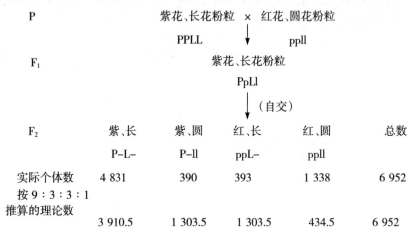

图 3-4 香豌豆杂交试验

连锁和互换定律的主要内容：位于同一染色体上非等位基因所决定性状的遗传，由于基因间的连锁，在形成配子及染色体分离时，它们较多同时出现，产生大量属于亲本类型的配子。但这种连锁一般是不完全的，即非姐妹染色单体间发生一定比例的片断交换，产生少量的重组配子。

（二）伴性遗传

遗传学基本的规律所引证的性状都是受位于常染色体上的基因所控制的，在发生性状分离时与性别无关。但发生在性染色体上的非同源染色体所控制的性状则不同。伴性遗传指位于性染色体上非同源部分的基因所控制的性状总是随着性别遗传。其特点为性状分离比数在两性中不一致，正交与反交结果不一致。

伴性遗传的规律为在家畜中配子异型的都是公畜（XY），而配子同型的都是母畜（XX）；在家禽中，配子异型是母禽（ZW），而配子同型的是公禽（ZZ）。伴性遗传的规律为：

（1）如配子同型的性别传递伴性性状，则子一代表现为交叉遗传，即儿子表现母亲的性状，女儿表现父亲的性状。在子二代中伴性和正常的性状在每个性别中各占一半。

（2）如配子异型的性别传递这个伴性性状，在子一代中全部正常，子二代中，配子同型的性别全部正常，配子异型的性别，正常的和伴性的各占一半。

第二节　群体遗传学

群体遗传学是应用数学和统计学方法研究群体的遗传结构及其变化规律的一门科学。

一、群体的遗传结构

描述群体的遗传结构主要采用群体基因频率和基因型频率。

（一）基因频率

一个群体中某一等位基因占该基因座上所有等位基因总数的比值称为基因频率。

假设某一位点上只有两个等位基因（A，a），有 N 个二倍体个体，其中 P 个显性（AA）个体，H 个杂合体（Aa）个体，Q 个隐性（aa）个体。

$$P+H+Q=N$$

设 A 基因频率为 p，则 $p=(P+1/2H)/N$，a 基因频率为 q，则 $q=(Q+1/2H)/N$。

若用百分比表示，则 $P+H+Q=1$，$p=P+1/2H$，$q=1/2H+Q$，$p+q=1$。

（二）基因型频率

一个群体中某基因位点上不同基因型所占的比值称为基因型频率。例如，安达鲁西鸡有 3 种毛色：黑色、蓝色和白花。它们是由一对等位基因 B（黑色）和 b（白色）控制的，某次抽样调查 200 只安达鲁西鸡，结果为：黑色鸡（BB）98 只，蓝色鸡（Bb）84 只，白花鸡（bb）18 只，则基因型频率分别为 0.49、0.42、0.09。

（三）哈代-温伯格定律

英国数学家哈代和德国医生温伯格经过各自独立的研究，于 1908 年分别提出了群体遗传平衡法则，即哈代-温伯格定律。其中心内容为：在随机交配的大群体内，在没有选择、突变和迁移的条件下，基因频率和基因型频率在世代间保持恒定；对任何群体只需经一代随机交配即可达遗传平衡；在平衡状态下，基因型频率与基因频率存在简单关系：

亲本基因		后代基因型		
A_1	A_2	A_1A_1	A_1A_2	A_2A_2
频率 p	q	P	H	Q

则有：$P=p^2$，$H=2pq$，$Q=q^2$。

二、基因频率的计算

在实际分析群体的遗传组成时，所知的是表现型，由于基因的显隐性，表现型与基因型有时不一致，现将有关基因频率的计算简单介绍如下。

（一）具有两个不同等位基因的常染色体基因型

1. 共显性的常染色体等位基因 根据表现型直接计算基因型频率，基因频率为：

$$p=P+1/2H; \quad q=Q+1/2H$$

其中，P、Q、H 为基因型频率。

2. 完全显性的常染色体基因 以一对等位基因 A、a 为例，AA、Aa 表现型相同，aa 为另一种表现型，从隐性型 aa 的表现型计算基因型频率，基因频率为：$q=\sqrt{Q}$，$p=1-q$。

3. 从性性状 从性性状一般由常染色体上的基因决定，等位基因的频率计算从一个性别中的隐性表型的频率来计算，基因频率为：$q=\sqrt{Q}$，$p=1-q$。

（二）性连锁基因座

对于性连锁基因，在同型配子性别（♀）中等位基因频率和基因型频率之间关系同常染色体，在异型配子性别（♂）中只有两种基因型，且每一个体只有一个等位基因，基因频率等于基因型频率，群体中 2/3 的性连锁基因由♀携带，1/3 由♂携带，整个群体中：

A_1 基因频率为 $\bar{p}$，$\bar{p}=2/3p_f+1/3p_m$

A_2 基因频率为 $\bar{q}$，$\bar{q}=2/3q_f+1/3q_m$

式中，p_f、p_m 分别为♀、♂群体中 A_1 基因的频率，q_f、q_m 分别为♀、♂群体中 A_2 基因的频率。

（三）复等位基因

由于等位基因较多，基因类型也较多，因此计算比较复杂。以 3 个复等位基因为例：设 3 个复等位基因及频率为 A_1（p）、A_2（q）、A_3（r），纯合型 A_1A_1、A_2A_2、A_3A_3 的频率分别为 F_1、F_2、F_3。按照哈代-温伯格定律：$p+q+r=1$。

$$(pA_1+qA_2+rA_3)^2 = p^2(A_1A_1) + q^2(A_2A_2) + r^2(A_3A_3) + \\ 2pq(A_1A_2) + 2pr(A_1A_3) + 2qr(A_2A_3)$$

某一基因的频率为该基因纯合体的频率加上含有该基因的全部杂合体频率的1/2。例如：

$$p\text{A}_1 = p^2 + 1/2\,(2pq + 2pr)$$
$$r = \sqrt{F_3}$$
$$p = 1 - \sqrt{F_2 + F_3}$$
$$q = 1 - \sqrt{F_1 + F_3}$$

三、影响基因频率变化的因素

基因频率和基因型频率的平衡是有条件的、相对的。实际上，没有一个群体的基因频率和基因型频率不是在不断变化中的，引起它们变化的原因有以下几个。

（一）突变

突变是产生新基因的来源，突变本身就改变了基因频率，当基因 A 突变为 a 时，群体中 A 的频率降低，a 的频率相应升高；突变又为选择提供了材料，如果突变与选择方向一致，则基因频率改变的速度就更快了。

设

$$\underset{p_0\quad\quad q_0}{\text{A} \underset{u}{\overset{v}{\rightleftarrows}} \text{a}}$$

达到平衡时，$q = \dfrac{u}{u+v}$

式中，q 为达到平衡时 a 基因的频率，u 为逆突变率，v 为正突变率。

（二）选择

自然选择和人工选择都是基因频率改变的重要因素。就家畜而言，选择在某种意义上说，就是把某些合乎人类要求的性状选留下来，使其基因型频率逐代增加，从而使基因频率向着一个方向改变。

（三）遗传漂变

哈代-温伯格定律的成立是以群体成员数无穷大为前提的，实际上任何群体都是有限的。因此在一个有限群体特别是小群体中，个体的随机选留和它们之间的随机交配，基因在配子里的随机分离和在合子里的随机重组，都会产生一定的机误，也就是说与理论概率不能完全一致。由于这种机误而产生的基因频率的变化称为遗传漂变，或称为基因随机漂移。遗传漂变引起基因频率的变化用方差表示为：

$$\sigma_q^2 = p_0 q_0 / 2N$$

式中，p_0、q_0 为基础群基因频率，N 为样本数量。

此外，杂交和近交也引起基因频率的变化。

第三节 动物数量性状的遗传

数量性状是表现连续变异的性状，在家畜方面几乎所有重要的经济性状都属于这一范畴。例如，牛的泌乳量、猪眼肌面积、鸡的产蛋量、羊的剪毛量等。

数量性状有以下特征：变异的连续性，杂交后代的分离在各世代中不能明确分组；对环境的敏感性，数量性状容易受到环境的影响而发生变异；分布的正态性；控制数量性状的遗传基础是多基因系统。

一、遗传参数

遗传参数是选择基因型时对个体育种值估计所必须参考的可遗传性状进行定量描述的指

标。遗传参数包括重复力、遗传力、遗传相关。

(一) 重复力

重复力指同一个体某性状各次测量值之间的组内相关系数，畜禽许多生产性状在终身是可多次度量的，如母猪的窝产仔数、乳牛的产乳量。某性状在每个个体进行多次重复度量时表型方差剖分成个体间方差（σ_b^2）和个体内即相同个体重复度量间的方差（σ_w^2）。

$$r = \frac{\sigma_b^2}{\sigma_b^2 + \sigma_w^2}$$

$$r = \frac{MS_b - MS_w}{MS_b + (k-1)MS_w} = \frac{k\sigma_b^2 - \sigma_w^2}{(k-1)\sigma_w^2}$$

$$k = \frac{1}{n-1}\left(\sum k_i - \frac{\sum k_i^2}{\sum k_i}\right)$$

式中，r 为重复力，MS_b、MS_w 分别为个体间均方和个体内均方，n 为度量的个体数，k_i 为第 i 个个体度量次数。

从遗传学的角度看，重复力就是遗传组分和永久性环境组分占表型变量的百分比，重复力源于对环境方差的剖分：$V_P = V_G + V_E$ $V_E = V_{Eg} + V_{Es}$，其中 V_P 为表型方差，V_G 为遗传方差，V_{Eg} 为一般（永久）环境方差，V_{Es} 为特殊（暂时）环境方差，由于永久性环境效应对个体的影响是终身不变的，V_{Eg} 可以和 V_G 合并作为永久效应，所以：

$$r = \frac{V_G + V_{Eg}}{V_P}$$

重复力在畜禽育种中的作用表现为：①验证遗传力估计的准确性，它给出了遗传力的上限；②确定性状需要度量的最佳次数；③估计个体最大可能生产力；④估计种畜的育种值；⑤确定各单次记录估计总性能的效率。

(二) 遗传力

遗传力（h^2）指数量性状加性遗传方差占表型方差的比例，它代表度量总方差内由基因的平均效应引起的那部分，这正是确定亲属间相似程度的部分。

遗传力来源于对遗传方差 V_G 的剖分。

$$P = G + E = A + D + I + E = A + R$$

式中，P 为数量性状的表型值，G 为基因型值（由等位基因互作引起），E 为环境离差，A 为基因的累加效应（育种值），D 为显性离差值，I 为上位离差（由非等位基因互作引起）。G 中只有 A 能稳定的遗传。而 D 和 I 并不能稳定的遗传，在育种中意义不大。因此，把 D、I 和 E 放在一起称为剩余值（R）。

$$V_P = V_A + V_R$$

式中，V_A 为加性方差，V_R 为剩余方差。

$$h^2 = V_A / V_P$$

遗传力根据亲属间的相似性来估计，亲属间的相似性采用子代对亲代的回归来表示，即 $b_{OP} = \frac{COV_{OP}}{\sigma_P^2}$，实际中常采用半同胞和子女与一个亲体来估计遗传力。

半同胞法：$h^2 = 4t = \frac{4\sigma_s^2}{\sigma_s^2 + \sigma_d^2 + \sigma_w^2}$

子女对一个亲本法：$h^2 = 2b = \frac{2COV_{OP}}{\sigma_P^2}$

式中，t 为相关系数，σ_s^2 为公畜间方差，σ_d^2 为公畜内后裔间的方差，σ_w^2 为母畜内后裔间的方差，b_{OP} 为子亲回归系数，COV_{OP} 为子代对亲代的协方差，σ_P^2 为亲代的表型方差。

畜禽育种中遗传力应用于：①确定选种方法；②预测选择反应；③估计畜禽育种值；④制订选择指数。

（三）遗传相关

性状间的遗传相关是指同一个体两个性状育种值间的相关，一般用符号 $r_{A(xy)}$ 表示。

依据协方差的性质，我们可将表型协方差剖分为遗传协方差（COV_A）和环境协方差（COV_E）两个部分：

$$COV_P = COV_A + COV_E$$

所以上式可写为：$r_P = \dfrac{COV_A + COV_E}{\sigma_{Px} \cdot \sigma_{Py}}$

根据遗传力的定义可知：

$$\sigma_P^2 = \frac{\sigma_A^2}{h^2} \text{ 和 } \sigma_P = \frac{\sigma_A}{h}$$

同样，

$$(1-h^2) = 1 - \left(\frac{\sigma_A^2}{\sigma_P^2}\right) = \frac{\sigma_E^2}{\sigma_P^2}$$

即：

$$(1-h^2)^{\frac{1}{2}} = \frac{\sigma_E}{\sigma_P}, \quad \sigma_P = \frac{\sigma_E}{(1-h^2)^{\frac{1}{2}}}$$

将上述结果代入公式 $r_P = \dfrac{COV_A + COV_E}{\sigma_{Px} \cdot \sigma_{Py}}$ 中则得：

$$r_P = h_x h_y \frac{COV_A}{\sigma_{Ax} \cdot \sigma_{Ay}} + (1-h_x^2)^{\frac{1}{2}} (1-h_y^2)^{\frac{1}{2}} \frac{COV_E}{\sigma_{Ex} \cdot \sigma_{Ey}}$$

上式中包括有遗传相关系数 r_A 和环境相关系数 r_E，即：

$$r_A = \frac{COV_A}{\sigma_{Ax} \cdot \sigma_{Ay}}, \quad r_E = \frac{COV_E}{\sigma_{Ex} \cdot \sigma_{Ey}}$$

于是可将 r_P 表示为：

$$r_P = h_x h_y r_A + (1-h_x^2)^{\frac{1}{2}} (1-h_y^2)^{\frac{1}{2}} r_E$$

式中，r_P 为表型相关系数，h 为遗传力 h^2 的平方根。

遗传相关由基因多效性和基因连锁引起，可根据亲属间的表型资料进行间接估测。遗传相关可应用于以下方面：

（1）间接选择：对于某些无法直接选择（如限性性状、无法度量的性状、度量花费大的性状、生长发育后期表现的性状）的性状（y），可通过与性状（y）相关强烈的性状（x）的选择来获得选择进展。

$$CR_y = i_x h_x h_y r_{A(xy)}$$

式中，CR_y 为间接选择反应，i 为选择强度。

（2）预测同一性状在不同环境中的效果：若甲地选择的某一性状为 x，同一性状在乙地的表现为 y，则乙地选择反应为：$\dfrac{CR_y}{R_x} = r_{A(xy)} \dfrac{h_y \sigma_{Py}}{h_x \sigma_{Px}}$，其中，$R_x$ 表示直接选择性状 x 的选择反应。

（3）多性状综合选择：用于计算复合育种值。

二、选　　择

所谓选择就是使候选群体中的个体繁殖机会不均等，从而使不同个体对后代的贡献不一致。造成这种繁殖机会不均等的机制主要有：个体繁殖力的不同、个体生活力不同、留种个体的人为选择，前两者主要属于自然选择的范畴。然而在实际育种工作中，数量遗传学研究的主要是人工选择，一般简称为选择或选种。自然选择有利于个体生活力、适应性等的提高，人工选择则有利于个体生产性能的提高，而生产性能突出的个体其自然竞争力可能是很低的。因此，人工选择的结果有可能被自然选择所抵消。一般而言，选择包括质量性状和数量性状的选择，而且两种选择都应力争依据个体的遗传基础来进行。质量性状的基因型可以直接和间接地判断出来，因此选择比较容易进行，而且选择效果也比较明显。而数量性状则比较复杂，育种值在个体之间只有高低之分，只能由表型值来估计，且受到环境的影响。

（一）基本概念

1. 选择差与选择强度 衡量选择效果的最基本指标是平均值和方差。数量遗传学中通常用选择强度和选择差间接表示。

$$I = z/p = S/\sigma$$
$$S = U_s - U$$

式中，I 为选择强度，S 为选择差，σ 为标准误，U 为群体均值，U_s 为留种群子女均值。

选择差即是留种群均值与全群均值的差，也称为表型选择差。选择强度实际上是留种平均值的标准化值，它消除了性状单位和变异程度不同的影响，从而可以比较不同的选择措施，不同性状所承受的选择压大小。

2. 选择反应 选择的目的是希望后代生产性能有所提高，其遗传改进用选择反应来预测。留种群子女均值（U_0）与全群均值的差就称为选择反应，即 $R = U_0 - U$，它度量了在亲代得到的选择进展有多大部分可以传递给下一代，显然它与性状遗传力的大小有关。一般用 $R = h^2 S$ 来表示，$R = h^2 S = i\sigma_A h = h^2 i\sigma_P = i\sigma_A r_{AP}$。式中，$R$ 为选择反应，h^2 为某性状遗传力，S 为选择差，i 为选择强度，σ_A 为某性状的育种值标准差，r_{AP} 为育种值与表现值的相关系数。从这个公式可以看出，选择反应的大小取决于该性状在群体中的遗传变异程度、育种值估计的准确度和选择强度。

3. 世代间隔 世代间隔是指群体中种用后代出生时父母按其子女数加权的平均年龄。设 a_i 为种用后代出生时父母平均年龄，N_i 为同窝留种子女数，n 为窝数，则世代间隔 L、单位时间选择进展 R_T 表示如下：

$$L = \frac{\sum_{i=1}^{n} N_i a_i}{\sum_{i=1}^{n} N_i}$$

$$R_T = \frac{R}{L} = \frac{i}{L}\sigma_P h^2$$

4. 选择极限 在长期选择时，选择反应是不能无限持续的，随着选择的延续，有利基因逐渐在群体中固定，遗传方差逐渐减小，选择反应逐渐降低。当有利基因全部固定时，选择反应停止，群体处于选择极限状态。产生选择极限的原因主要有：①群体内可以利用的遗传变异消耗殆尽；②超显性作用；③多选择目标的颉颃作用。

（二）选择方法

在动物育种生产中，应充分利用一切可能的资料进行选择，包括祖先、个体本身、同胞和后裔等亲属间的资料。依据一定的选择标准进行种畜评定和选择。在实际生产中分为单性状选择和多性状选择。

1. 单性状选择方法

（1）个体选择：根据个体本身表型值选择，使用个体的 P_i（某性状的表型值）估计 A_i

（某性状的育种值），即选择个体表型值高的个体留作种用。该方法简单易行，而且在很多情况下可以获得较大的选择反应，因而在实际育种工作中常采用这种方法。其选择强度（I_I）和选择反应（R_I）如下：

$$I_I = \hat{A} = b_{AP}P = h^2 P$$
$$R_I = i\sigma_A r_{AP} = i\sigma_A h$$

由公式可知：个体选择的准确度完全依赖于遗传力的大小。因此，只要遗传力不是很低，采用个体选择是有效的。

（2）家系选择：是以整个家系作为一个选择单位，只根据家系均值大小来决定个体是否选留。它包含两种不同的情况：一是根据包含被选个体在内的家系均值选择，这时就称为家系选择；二是根据不包含被选个体在内的家系均值选择，这时称为同胞选择。家系选择法满足的条件有：遗传力要低；共同环境造成的家系间差异小，家系内个体表型相关要小；家系要大。

①家系选择：这时家系均值中包含被选个体，由 P_f 估计 A_i。其选择反应（I_f）和选择强度（R_f）如下：

$$I_f = \hat{A} = b_{APf}P_f = \frac{1+(n-1)r_A}{1+(n-1)r}h^2 P_f$$
$$R_f = i\sigma_A r_{APf} = i\sigma_A h \frac{1+(n-1)r_A}{\sqrt{[1+(n-1)r]n}}$$

式中，r 为组内相关系数。

②同胞选择：在家系均值中没有包含被选个体，由同胞均值 P_f 估计 A_i。其选择强度（I_s）和选择反应（R_s）如下：

$$I_S = \hat{A} = b_{APS}P_S = \frac{nr_A}{1+(n-1)r}h^2 P_S$$
$$R_S = i\sigma_A r_{APS} = i\sigma_A h \frac{\sqrt{n} r_A}{\sqrt{1+(n-1)r}}$$

（3）家系内选择：指不管家系均值的大小，仅根据每个个体表型值与家系均值的偏差来选择，在每个家系中选择超过家系均值最多的个体留种。当性状的遗传力较低时，系间环境差异大，系内个体表型相关也较大时有利于家系内选择。这时用 P_W 来估计 A_i。此时：

$$I_W = \hat{A} = b_{APW}P_W = \frac{1-r_A}{1-r}h^2 P_W$$
$$R_W = i\sigma_A r_{APW} = i\sigma_A h \sqrt{\frac{n-1}{n(1-r)}}(1-r_A)$$

（4）合并选择：是对家系均值和家系内偏差两种信息来源给予不同的加权，构成一个新的合并指标，称为合并选择指数。用这一指数来估计个体的育种值可以获得较高的精确度和最大的选择进展。其选择指数表达式为 $I = b_{APf}P_f + b_{AP}P_W = h_f^2 P_f + h_W^2 P_W$（$b$ 为偏回归系数）。在这种情况下选择强度（I_c）和选择反应（R_c）为：

$$I_C = h_f^2 P_f + h_W^2 P_W$$
$$= \frac{1+(n-1)r_A}{1+(n-1)r}h^2 P_f + \frac{1-r_A}{1-r}h^2 P_W$$
$$R_C = i\sigma_A h \sqrt{1 + \frac{(n-1)(r_A-r)^2}{(1-r)[1+(n-1)r]}}$$

2. 多性状选择方法

（1）顺序选择法：它是指对所选择的 n 个性状 x_1、$x_2 \cdots x_n$，每一个性状选择一代或数代，而每代只对其中一个性状进行选择，当一个性状选择完成后再选择下一个性状。因此，在大群选择情况下，第 i 个性状的选择进展为：$\Delta G_i = i h_i \sigma_{Ai}$。

（2）独立淘汰法：该法是指对所选的几个性状各自确定一个淘汰标准，一个候选个体的 n 个表型性状只要有一个低于淘汰标准，而不管其他性状优劣与否都予以淘汰。因此，在每一代都可以对这 n 个性状进行选择。

（3）综合选择指数法：各性状育种值依据各自经济重要性不同，以货币为单位分别给予适当的加权，综合成一个指数称为综合育种值；通过各信息来源的表型值加以估计，最后得到育种值的估计值，依据这个值的大小进行选择称为综合选择指数法。其综合选择指数（H）为：$H = \sum a_i A_i = a_1 A_1 + a_2 A_2 + \cdots + a_n A_n$，式中，$a_i$ 为某性状的经济加权值，A_i 为性状的育种值。

（4）间接选择法：由于性状间存在遗传相关，当对某个性状施加选择时，与其相关的另一个性状发生相应的变化，该方法称为间接选择法。主要适用于早期选种和难以度量的性状、待改良的性状为限性性状、低遗传力性状的选择等。

三、近交和杂交

（一）概念

遗传学中的杂交是以性状为对象的，就某一特定性状而言，两个基因型不同的纯合子之间的交配称为杂交。相同基因型的交配称为同型交配，而近交就是完全的或不完全的同型交配。从遗传学效应上看，近交与杂交是一对效应相反的事件。

（二）近交与杂交的遗传效应

1. 近交使基因纯合，杂交使基因杂合 近交是完全或不完全的同型交配，其完全程度与近交程度密切相关，由于近交亲本的基因型相同，因此，近交导致纯合子的频率提高，即使基因纯合。而杂交是两个基因型不同的个体之间的交配，必然导致纯合子频率降低，杂合子频率增加。

2. 近交降低群体均值，杂交提高群体均值 一个数量性状的基因型值由基因的加性效应值和非加性效应值两部分组成。非加性效应中除一小部分上位效应在纯合子也可存在以外，显性效应和大部分上位效应都存在于杂合子中。因此，非加性效应值也可称为杂合效应。随着群体中杂合子频率的降低，群体的平均杂合效应值也减小，群体均值也降低。所以，近交使群体均值降低，而杂交使群体均值增加。

3. 近交使群体分化，杂交使群体一致 近交能使个体的基因型趋向纯合，同时使群体发生分化。经过近交，杂合子频率逐渐减少，最后趋向零，纯合子频率逐代增加，因而使整个群体最后分化成几个不同的纯系。杂交则相反，它使个体的基因型杂合化，使群体逐渐趋向一致。

4. 近交出现近交衰退，杂交出现杂种优势 近交衰退是指由于近交使家畜的繁殖性能、生理活动以及与适应性有关的各性状都较近交前有所削弱。具体表现为繁殖力减退、死胎和畸形增多，生活力下降，适应性变差，体质变弱，生长较慢，生产力降低。不同种群的家畜杂交所产生的杂种在生活力、生长势和生产性能等方面，表现在一定程度上优于其亲本纯繁群体，这种现象在遗传学上称为杂种优势。杂种优势产生的机制有显性学说和超显性学说两种。显性学说认为，控制双亲性状的许多有利显性基因汇合在杂种中，一个亲本的显性有利基因有可能掩盖来自另一亲本的不利基因，这种互补效应消除了不利基因的作用，使杂种的表现优于任何一个亲本。超显性学说认为，杂种优势来源于双亲基因型的异质结合所引起的基因间的互作，杂合等位基因个体在生理、生化反应能力和适应性等方面均优于任何一种纯合型，这种杂合等位基因不论是显性基因还是隐性基因都表现出优势。

（三）近交和杂交的应用

1. 影响近交效果的因素

（1）畜种：从不同的家畜种类来说，猪对近交敏感，连续两代的全同胞交配，就可出现明显的生活力降低，羊对近交的耐受力要强一些。

（2）类型：一般而言，肉用畜的耐受力高于乳用畜和役用畜。

（3）品种：不同品种，其育成时间和基因纯度不同，那些通过杂交育成的新品种与长期进行纯种繁育的老品种比较，前者的近交程度高；高产品种比未经改良的低产品种敏感性高。

（4）性别：实践证明，公母畜同是近交的产物，但母畜对后代的不良影响比公畜更直接、更恶劣。因为公畜对后代只有遗传效应，而母畜除遗传效应外还有母体效应，也就是说母畜对近交更为敏感。

（5）环境条件：良好的营养水平和适宜的温度环境在一定程度上可延缓近交衰退表现；反之，则加剧近交衰退。

（6）性状种类：近交对各性状的影响不相同。遗传力低的性状在近交时近交衰退比较严重，而杂交时杂种优势也比较明显；遗传力高的性状在近交时近交衰退表现并不显著，杂种优势也不明显。

2. 近交和杂交的应用 在家畜育种上普遍认为近交是获得稳定遗传性的一种高效方法。在实际生产中，根据不同情况，灵活采取不同措施，运用得当，并防止其有害影响，就可以充分发挥近交的有利作用。具体应用时必须要有明确的近交目的，近交只能在育种工作认为必要时才可采用，不能滥用，更不能长期连续使用；灵活运用各种近交形式；控制近交的速度和时间；严格选择。杂交主要用于杂交育种和经济杂交。

第四节　分子遗传与生物工程

经典的遗传学主要研究基因的传递规律，即研究遗传单位在各世代的分布情况，而分子遗传学着重研究遗传信息大分子在生命系统中的储存、复制、表达以及调控过程。生物工程指人们以现代生命科学为基础，结合先进的工程技术和其他基础学科的科学原理，按照预先的设计改造生物体或加工生物原料，它主要包括基因工程（gene engineering）、细胞工程（cell engineering）、酶工程（enzyme engineering）、发酵工程（fermentation engineering）、蛋白质工程（protein engineering）。生物工程主要解决人类面临的食品与营养、资源与能源、环境与健康等重大问题，并将对有关的传统旧行业技术的改造和产业结构的调整产生极其深远的作用，蕴藏着巨大的经济潜力和社会效益。

一、分子遗传的本质

绝大部分生物的遗传物质是脱氧核糖核酸（DNA），而 RNA 病毒以及类病毒的遗传物质是核糖核酸（RNA）。它们基本结构单位是核苷酸，通过 $3',5'$ 磷酸二酯键连成核酸链，核苷酸由碱基、戊糖、磷酸构成。DNA 是由两条多核苷酸长链以氢键相连所构成的双螺旋结构。生物中遗传信息的传递由 DNA 到 RNA 再到蛋白，即为中心法则，它包括 DNA 自我复制、转录和翻译等过程。美国生物化学家斯坦利·普鲁辛纳于 1982 年发现了一种新型的病毒——朊病毒（PrP 蛋白），朊病毒严格来说不是病毒，它是一类不含核酸而仅由蛋白质构成的可自我复制的蛋白质。"中心法则"认为 DNA 复制是"自我复制"，即 DNA→DNA；而朊病毒蛋白是 PrP→PrP，这是对遗传学理论的补充。

1. DNA 自我复制　DNA 复制为半保留半不连续复制，复制过程需要一系列的酶和蛋白质因子参与。DNA 复制开始时，由解链蛋白、单链结合蛋白、DNA 旋转酶解开 DNA 双链；以 RNA 片段为引物，先导链连续合成，随后链不连续合成，即首先合成冈崎片段，然后切除引物，继续合成 DNA 以补上缺口，最后在 DNA 连接酶作用下形成 DNA 长链。两条新链的合成方向均是 $5'\to 3'$。

2. 转录　在 DNA 指导下的 RNA 合成称转录，RNA 的转录过程分为 4 步：RNA 聚合酶识别并结合到模板启动子部位，转录的起始，RNA 链的延长和 RNA 链合成的终止。转录产物还须进行一系列后加工过程才能成为成熟的 mRNA、rRNA、tRNA。

3. 蛋白质生物合成　原核生物蛋白质生物合成可分为 5 个阶段：①在氨酰-tRNA 合成酶作用下氨基酸的活化；②在起始因子 IF1、IF2、IF3 作用下肽链合成的起始；③在延长因子 EF-Tu、EF-Ts、EF-G 的作用下肽链的延长；④在释放因子 RF1、RF2、RF3 的作用下肽链延伸的终止及释放；⑤肽链合成后的折叠与加工，成为有生物活性的蛋白质。

二、遗传密码

mRNA 上每 3 个核苷酸编码蛋白质多肽链上的 1 个氨基酸，这 3 个核苷酸就称为遗传密码，它是联系核酸的碱基序列和蛋白质的氨基酸序列的途径。DNA 或 mRNA 的 4 种碱基共组成 $4^3=64$ 个三联体密码子，其中 61 个密码子编码常规的 20 种氨基酸，故存在多个密码子编码 1 个氨基酸的现象；另外 3 个密码子为肽链终止密码，又称为无义密码子。现已发现携带稀有氨基酸的 tRNA 也能够识别终止密码子。

破译密码的破译主要运用 4 项技术：①在体外无细胞蛋白质合成体系中加入人工合成的 poly U 开创了破译遗传密码的先河；②混合共聚物（mixed copolymers）实验对密码子中碱基组成的测定；③Nirenberg 和 Leder 于 1964 年建立的 tRNA 与确定密码子结合实验；④Nishimura、Jones 和 Khorana 等人应用有机化学和酶学技术，制备了已知的核苷酸重复序列，用重复共聚物（repeating copolymers）破译密码。整个遗传密码字典如表 3-1 所示。

表 3-1　遗传密码字典

第一位置 (5'端)	第二位置（中间碱基）				第三位置 (3'端)
	U	C	A	G	
U	Phe	Ser	Tyr	Cys	U
U	Phe	Ser	Tyr	Cys	C
U	Leu	Ser	终止	终止	A
U	Leu	Ser	终止	Trp	G
C	Leu	Pro	His	Arg	U
C	Leu	Pro	His	Arg	C
C	Leu	Pro	Gln	Arg	A
C	Leu	Pro	Gln	Arg	G
A	Ile	Thr	Asn	Ser	U
A	Ile	Thr	Asn	Ser	C
A	Ile	Thr	Lys	Arg	A
A	Met*	Thr	Lys	Arg	G

(续)

第一位置 (5'端)	第二位置（中间碱基）				第三位置 (3'端)
	U	C	A	G	
G	Val	Ala	Asp	Gly	U
	Val	Ala	Asp	Gly	C
	Val	Ala	Glu	Gly	A
	Val	Ala	Glu	Gly	G

* 同时编码起始氨基酸。

三、基因的结构与突变

（一）基因的结构

遗传性状由在生殖过程中从亲代传到子代的遗传因子决定，这些遗传因子称为基因（gene）。

1. 转录单位 基因的基本功能部分是编码特殊的核苷酸序列，这段序列称为转录单位。RNA聚合酶可以将其转录成与其互补的RNA链，包括rRNA、tRNA和mRNA，如果转录子是mRNA，通过翻译就能编码特定的蛋白质序列。

2. 基因间的间隔序列 在两个基因的编码区之间存在一些不编码的核苷酸序列，这些序列统称为间隔序列，其长度变化很大，从一对碱基到数千对碱基不等，间隔序列中通常含有对基因的功能有特殊作用的序列，把基因5'端的非编码序列称为前导序列，3'端的非编码序列称为拖尾序列。

3. 内含子与外显子 在真核生物中，大多数基因内的编码序列都是被若干个不编码的序列所隔开，这种基因中不编码的序列称为内含子，编码的序列称为外显子。基因在转录以后，通过RNA的剪切作用，将内含子去掉，然后将外显子连接起来，形成一个连续的编码区。

4. 基因的控制序列 基因在表达过程中，受到一系列具有特殊功能的短DNA序列的控制，在遗传学上将这类特殊序列称为控制序列。其中，有些序列控制基因的转录起始和终止，有些确定mRNA与核糖体的结合位点，而有些则接收特殊信号。

（1）启动子：基因的5'RNA聚合酶所识别和结合的特异序列称为启动子，它控制基因的转录起始过程。

（2）增强子：增强子首先见于病毒基因，后来在真核生物中也有发现，它一般位于启动子附近，通常由一个或多个连续或不连续的DNA序列元件组成，可与特定的蛋白质相互作用，增强子含有一种特殊的结构（保守序列GGTGTG-GAAATTTG），该结构可以显著提高启动子起始基因转录的作用。

（3）沉默子：沉默子是另一种与基因表达有关的调控序列，它通过与有关蛋白质的结合，对转录起抑制作用，根据需要关闭某些基因的转录，而且可以远距离作用于启动子。沉默子对基因的抑制作用没有方向的限制。

（4）终止子：终止子是一段位于基因3'端非翻译区中与终止转录过程有关的序列，它由一段富含GC碱基的颠倒重复序列以及寡聚T序列组成，是RNA聚合酶停止工作的信号，当RNA转录到达终止子区域时，其自身可以产生一串寡聚U序列，并且形成发卡式的结构，阻碍了RNA聚合酶的移动，寡聚U序列与DNA模板的A序列结合不稳定，导致RNA聚合酶从模板上脱落下来，转录终止。

（5）核糖体结合位点：在基因编码区的上游，在mRNA的翻译起始位点周围有一组特殊的序列,控制 mRNA 的翻译过程,主要为 ATG(mRNA 中为 AUG)起始密码及其前后的若干碱基,是核糖体的结合位点。

此外,还有基因拖尾区中的信号序列、加尾信号。

(二)基因突变

1. 基因突变的概念 又称点突变,指染色体上某一基因位点的内部发生了化学性质的变化,与原来基因形成对性关系,它包括自发突变和诱发突变。自然发生的突变是自发突变,经诱变剂处理所诱发的突变称为诱发突变,两种突变之间没有本质的区别。突变表型显示出 DNA 改变所产生的结果。

2. 引起突变的因素

(1) 引起自发突变的因素:一般认为,除了温度剧变、宇宙射线和化学污染等外界因素外,生物体内或细胞内部新陈代谢异常的某些产物也是很重要的诱发因素,DNA 复制中的错误及 DNA 自发的化学变化也会引起基因的突变。

(2) 引起诱发突变的因素:有物理因素和化学因素两大类。

①物理因素:除温度外,主要是电离辐射线,如 X 射线、γ 射线、α 射线和 β 射线、中子流等;另有一种非电离射线是紫外线。近年来,还有激光、电子流、超声波等。

②化学因素:早期用秋水仙碱、芥子油、咖啡因、甲醛等。近年来,效果最好的主要是一些烷化剂,如甲基磺酸乙酯、硫酸二乙酯、乙烯亚胺等。

3. 基因突变频率和时期 基因突变常用基因突变频率来进行定量描述,基因突变频率指一个细胞群体中或个体中,某种突变发生的数目,即每 10 万个生物中发生突变的个体数目,或每百万个体中突变的数目。一般基因突变率为 $10^{-6}\sim10^{-5}$。

基因突变可发生在生物发育的任何时期,体细胞或性细胞都可能发生基因突变。实验表明,性细胞的突变频率较高,特别是在减数分裂的末期,对外界环境的变化具有较强的敏感性。

四、基因重组

基因重组就是在获得目的基因之后,利用限制性内切酶和其他一些酶进行切割或修饰载体目的基因,将两者连接使目的基因插入到可以自我复制的载体内,再转入受体细胞,使外源性的基因在受体内得到正确表达,从而改变生物遗传特性或创造新类型生物。这种经遗传工程改造的生物,称为转基因生物(遗传修饰生物)。转基因生物一般是为了实验研究而制备的,它的实际应用是开发家畜和农作物良种。基因重组包括目的基因的选择、载体的选择和构建、载体 DNA 与目的基因的连接、重组体的鉴定和分离、重组体导入受体、目的基因的表达等一系列过程。

(一)重要的工具酶

在重组 DNA 技术中需要一些基本工具酶进行基因操作。如对目的基因进行处理时,要利用序列特异的限制性核酸内切酶把 DNA 分子切割成所需要的片段。构建重组 DNA 分子时,必须在 DNA 连接酶催化下才能使 DNA 片段与克隆载体共价连接。同时,为了 DNA 片段之间的连接,还须对片段末端进行修饰的 DNA 片段末端修饰酶。

(二)目的基因的获取

基因工程的主要目的是通过优良性状相关基因的重组,获得具有高度应用价值的新品种。在基因工程中把那些已被或者将要被分离、改造、扩增或表达的特定基因或 DNA 片段称为目的基因。获取目的基因主要有以下几种方法。

1. 聚合酶链式反应(PCR)法 PCR 法又称无细胞克隆系统或特异性 DNA 序列体外引物定向酶促扩增法。它是以 DNA 的一条链为模板,在多聚酶的催化下,通过碱基配对使寡核苷酸引物向 3′方向延长合成模板的互补序列，是目前分离筛选目的基因的一种有效方法。

2. 酶促合成法　以 mRNA 为模板，利用反转录酶合成与 mRNA 互补的 DNA 序列（cDNA），再复制成双链 cDNA 片段，与适当载体连接后转入受体菌，扩增为 cDNA 文库。然后采用适当的方法从 cDNA 文库中筛选出目的基因。

3. 鸟枪法　鸟枪法又称散弹射击法，首先利用物理方法或酶化学法将生物细胞染色体 DNA 切割成为基因水平的许多片段，继而将这些片段与适当的载体结合，将重组 DNA 转入受体菌扩增获得无性繁殖的基因文库，再从众多的转化菌株中筛选出含有某一基因的菌株，将重组的 DNA 分离、回收。

4. TA 克隆技术　TA 克隆技术是一种不需要限制性内切酶，只需要连接酶的克隆方法。经 Taq DNA 聚合酶扩增的 PCR 产物中大多数的 3′末端会带一个 A 尾，与 3′末端一个有 T 突出的线性载体（T 载体）会发生互补连接，从而筛选出目的基因。

5. 依赖修饰酶的克隆方法　这类克隆方法不受限制性内切酶酶切位点的限制，而是用一些 DNA 修饰酶使目的基因和载体分别形成较长（十几个至几十个碱基）的互补的 3′或 5′突出末端，通过互补的突出末端间的退火互补复性而达到 DNA 重组。

此外，还有化学合成法、物理化学法。物理化学法主要包括密度梯度离心法、分子杂交法、单链酶法等。

（三）基因载体

外源 DNA 需要与某种工具重组，然后才能导入宿主细胞进行克隆和保存或者表达外源 DNA 中的遗传信息。将携带外源 DNA 进入宿主细胞的工具称为载体。作为基因工程的载体应具备以下特点：①能在宿主细胞内进行独立和稳定的 DNA 自我复制；②有选择性标记，易于识别和筛选；③具有使外源 DNA 片段插入的位点，而不影响其本身的复制；④在其 DNA 序列中，具有适当的限制性内切酶位点。常用于基因重组的载体如下。

1. 细菌质粒载体　质粒是指在细菌细胞内作为与宿主染色体有别的复制子而进行复制，并且在细胞分裂时能稳定传递给子代细胞的独立遗传因子。质粒分子是双链闭合的环状 DNA 分子，大小为 1～200 kb，主要有 COIE I、PBR322、PBH10 和 PBH20、PAT153、PTR262、PUC 质粒系列。

2. λ 噬菌体载体　λ 噬菌体是一个遗传学上研究得最清楚的病毒。1974 年，N. E. Murray 等和 M. Thomas 等第 1 次用噬菌体作基因工程载体以来，许多 λ 噬菌体相继被组建。λ 噬菌体是双链 DNA 病毒，基因组大约有 50 kb。在 λ 颗粒中，DNA 是线型双链分子，分子两端各有 12 个碱基组成的单链互补黏性末端。

3. 单链 DNA 噬菌体载体　即 M_{13} 载体，M_{13} 是一种细丝状的特异性大肠杆菌噬菌体，含有 6～7 kb 的本身单链环状 DNA 基因组。它作为重组 DNA 的载体，具有两个特性：①允许包装大于病毒长度的外源 DNA；②感染细菌后，复制的重组 DNA 经包装形成噬菌体颗粒，分泌到细胞外而不产生自溶。

4. 柯斯质粒　1978 年，Collins 和 Hohn 发展了一个新的质粒称柯斯质粒（cosmid）。这类质粒的基因由 3 部分组成：①1 个抗药性标记和 1 个质粒的复制起始部位；②1 个或多个限制酶的单一位点；③1 个带有噬菌体 λ 的黏性末端。该质粒主要用于容纳 35～45 kb 的外源 DNA。

此外，还有 Phagemid 载体系列；酵母质粒载体；人和动物病毒载体，如牛乳头瘤病毒（BPV）、RNA 肿瘤病毒、猴病毒（SV40）等。

（四）目的基因与载体的连接

目的基因与载体的连接，即 DNA 的体外重组。这种 DNA 重组是靠 DNA 连接酶将目的基因共价连接的。在进行目的基因与载体连接前，必须结合研究目的基因的特性，设计最终构建的重组分子。

1. 黏性末端的连接

（1）同一限制性酶切位点的连接：由同一限制性核酸内切酶切割的不同DNA末端片段具有完全相同的末端。只要酶切割产生单链突出的DNA末端，且酶切位点附近的DNA序列不影响连接。那么，当这样的两个DNA片段一起退火时，黏性末端单链间进行碱基配对，然后在DNA连接酶催化作用下形成共价结合的DNA分子。

（2）不同限制性酶切割位点的连接：由两种不同的限制性核酸内切酶切割的DNA片段，具有相同类型的黏性末端，彼此称为配伍末端，也可产生黏性末端连接。

2. 平端连接 DNA连接酶可催化相同或不同限制性核酸内切酶切割的平端之间的连接。原则上，限制酶切割DNA后产生的平端也属于配伍末端，可相互连接。

另外，还有人工接头连接、同聚物加尾连接。

（五）重组体的鉴定和分离

在获得重组DNA分子文库后，应鉴定和分离含有目的基因的特定重组体。重组体的鉴定和分离方法有以下几种。

1. 抗药性标记及其插入失活选择法 用带有抗生素抗性基因的克隆载体将外源DNA插入抗生素抗性基因序列内，该基因就失活。设计一套含有抗生素的平板，可筛选出重组体，常用的有四环素抗性基因（Tet^r）、氨苄西林抗性基因（Amp^r）等。

2. 核酸杂交法 采用放射性标记的DNA或RNA探针与目的基因序列杂交，通过放射自显影显示杂交结果，从而挑选出含有目的基因的阳性克隆。

3. PCR筛选法 首先将质粒或菌落的整个文库保存在多孔培养板上，用设计好的目的基因探针对每个孔进行PCR筛选，鉴定出阳性克隆。

4. 免疫筛选法 利用抗体与固化抗原的膜杂交，抗原抗体结合后，再用标记的二抗与之反应，通过对标记物的选择，达到间接选出阳性克隆的目的。

（六）重组体导入受体细胞

DNA重组分子构建完成后，必须导入特定的受体细胞，使之无性繁殖并高效表达外源基因或直接改变其遗传性状，这个导入过程及操作称为重组DNA分子的转化。重组体导入受体细胞的方法主要有以下几种。

1. 电穿孔转化法 电穿孔是一种电场介导的细胞膜可渗透化处理技术。受体细胞在电场脉冲的作用下，细胞膜形成一些微孔道，使得DNA的分子直接与裸露的细胞膜双层结构接触，并被吸收入受体细胞，具体操作因转化细胞的种属不同而异，几乎所有的细菌均可找到一套与之相适应的操作条件。因此，电穿孔转化法将成为细菌转化的主要操作方法。

2. λ噬菌体转染法 对于分子质量较大的重组体DNA，如以λ噬菌体DNA为载体的重组DNA分子，通常采用转染的方法导入受体细胞内。在转染之前须对重组DNA分子进行人工体外包装，使之成为具有感染活性的噬菌体颗粒，然后通过转染导入受体细胞。

（七）目的基因的表达

1. 目的基因表达的条件 目的基因在受体细胞中的表达受许多因素的影响，关键在于有效地转录与翻译以及翻译后加工，一个重组DNA分子的转录，必须有一个能被受体细胞识别的启动子，启动子的强弱与转录效果密切相关，在翻译过程中，还必须有核糖体结合位点来保证翻译的有效进行。此外，目的基因的表达还受到增强子、目的基因与载体DNA的连接方向等因素的影响。

2. 目的基因表达的监测 在目的基因的功能已知，而表达产物又知道的情况下，目的基因在宿主细胞中的表达可根据其功能活性，利用与宿主的功能互补或特定的生物活性及酶活性进行检测，通用的方法是蛋白质电泳、免疫扩散和凝集、放射免疫和酶联免疫等。当外源基因的功能未知时，则可在带有重组体分子的细胞中寻找新合成的蛋白质。

五、限制与修饰

（一）限制-修饰作用

菌株本身含有一种限制-修饰系统，主要由限制性内切酶和甲基化酶组成能选择性地降解外源 DNA，可有效保护个体免受外来 DNA（如噬菌体）的侵入。每一种内切酶在 DNA 上都有一定的结合位点，当菌株本身的 DNA 也含有这样的结合位点时，则该菌株的甲基化酶就在这些识别位点上将腺嘌呤甲基化，成为 N^6-甲基腺嘌呤；或者将胞嘧啶甲基化，成为 5-甲基胞嘧啶。这样，限制性内切酶就不会将自身的 DNA 降解。这两方面结合起来就称为限制-修饰作用。菌株借助于限制-修饰系统就能区别自身的 DNA 和外源 DNA。

（二）限制-修饰系统

现在已经发现了多种限制性酶，其中绝大部分为二类限制酶。大约 3 个菌株中就有 1 个含有类限制-修饰系统。根据酶的功能特性、大小及反应时所需的辅助因子，限制性内切酶可分为两大组：第 1 大组为二类限制酶，它与相应的甲基化酶是分开的，不属于同一个酶分子，在重组 DNA 技术和生化分析技术中所常用的限制性内切酶均为二类限制酶；第 2 组包括一类限制酶和三类限制酶，它们的限制酶和甲基化酶都作为亚基包含在同一个酶分子中。

限制性核酸内切酶分布极广，几乎在所有细菌的属、种中都发现至少一种限制性内切酶，多者在同一属中就有几十种，可用于 DNA 基因组物理图谱的组建、基因的定位和基因分离、DNA 分子碱基序列分析、比较相关的 DNA 分子和遗传工程等。

六、基因编辑技术

基因编辑是对细胞基因组中目的基因的一段核苷酸序列或单个核苷酸进行替换、切除或插入外源 DNA 序列，并能够产生可遗传改变的一类基因的编辑技术。基因编辑技术能够定向改变基因的组成和结构，具有靶向性作用，但是目前的基因编辑技术存在一定程度上的脱靶效应。

目前，使用最广泛的基因编辑技术主要有锌指核酸酶（zinc finger nuclease，ZFN）、转录因子激活样效应物核酸酶（transcription activation like effector nuclease，TALEN）、成簇的有规律间隔的短回文重复序列（clustered regularly interspaced short palindromic repeats，CRISPR）及相关蛋白（Cas9、Cpf1）系统（如 CRISPR/Cas9 系统）等。

（一）锌指核酸酶

锌指核酸酶由一系列锌指结构蛋白基元与 ForkⅠ的核酸酶切活性区域组合而成，能够识别、切割特定 DNA 序列。锌指结构从 N 端到 C 端由 2 个反向的 β 平行结构和 1 个 α 螺旋组成。α 螺旋的 1、3、6 位氨基酸残基能够分别特异性地识别 DNA 分子中 3 个连续的碱基。锌指蛋白的 N 端对应靶 DNA 的 3′端，即 1、3、6 位氨基酸残基沿 3′到 5′的方向（反向）与 DNA 序列结合。而不同的锌指结构基元中的 α 螺旋的 1、3、6 位氨基酸残基不同，通过将不同锌指结构基元组合，再与 ForkⅠ连接起来就能够识别 18～36 bp 的特定的一段双链 DNA 序列，从而在 ForkⅠ的作用下将其切割。ForkⅠ需要形成异源二聚体才具有活性。由于锌指结构基元间存在相互作用，识别 DNA 序列不是简单将各个基元排列组合。研究表明，这种互作容易导致脱靶效应，即不能完全实现对靶 DNA 序列的识别和切割。

（二）转录因子激活样效应物核酸酶

黄杆菌的转录因子激活样效应因子中存在一系列 DNA 序列识别模块，与 ZFN 相似，将 TALE 与 FokⅠ的活性区域连接起来，就组成了 TALE Nuclease（TALEN）。TALEN

识别模块一般由 34 个氨基酸组成，仅第 12 位和第 13 位氨基酸不保守，被称为可变的双氨基酸残基 RVD（repeat variable di-residue），这两个氨基酸决定 TALEN 识别的核苷酸种类。DNA 分子的 4 种不同碱基对应不同的 TALEN 识别模块。与 ZFN 的合成类似，根据靶 DNA 序列信息排列连接 TALEN 识别模块，并与 ForkⅠ酶的编码序列连接，构成了具有活性的特异性的 TALEN。TALEN 同样存在脱靶效应，包括未实现对靶 DNA 序列的识别切割以及对非靶标 DNA 序列错误的识别切割。扩展 RVD 能够增强 TALEN 的特异性，从而提高成功率。

（三）CRISPR/Cas9 系统

成簇的有规律间隔的短回文重复序列是指普遍存在于原核生物中的成簇的、有规律间隙的、短回文重复序列。CRISPR/Cas 系统是目前所知的唯一一种具有适应性和可遗传性的后天免疫系统。CRISPR/Cas 系统分为 3 个基本类型（TypeⅠ、TypeⅡ和TypeⅢ），进一步分为更多的亚型（TypeⅠ-A-F、TypeⅡ-A-B 以及 TypeⅢ-A-B）。CRISPR 元件由保守的重复序列（repeats）和可变的间隔序列（spacers）交叉排列组成，通常位于 A/T 碱基富集的序列。在 CRISPR 附近伴随有 Cas 蛋白基因，一些 Cas 蛋白起到对 DNA/RNA 切割的作用。Ⅱ型 CRISPR/Cas 系统中的 CRISPR/Cas9 系统是目前应用最广泛的系统。CRIPR/Cas9 系统在生物体内的工作流程分为 3 个步骤：首先，在靠近 PAMs（proto-spacer adjacent motifs，原型间隔序列邻近序列、核苷酸组成为 5′-NGG-3′或 5′-NAG-3′）的前提下，将与病毒或质粒序列同源的 DNA 序列（约 30 bp）作为 post spacers 被整合到 CRISPR 基因座上形成新的 spacer，与 repeats 一起转录成 pre-CRISPR，此时 TracrRNA（trans-activating crRNA）和 Cas9 蛋白也被转录出来；当 TracrRNA 与 pre-CRISPR 中 repeat 互补结合形成双链 RNA（small guide RNA，sgRNA）后，在 RNaesⅢ和 Cas9 蛋白的作用下 pre-CRISPR 剪切为成熟的短 crRNA；最后，crRNA、TracrRNA 及 Cas9 组成的核酸蛋白复合物对外源 DNA 的靶位点进行切割，导致 DNA 发生双链断裂，启动自我修复过程，发生同源重组修复或非同源重组修复。CRISPR/Cas9 系统也存在一定概率的脱靶，sgRNA 对靶基因上非靶定位点的不完全匹配，导致错误切割。此外，PAM 序列存在一定的不敏感性，如原识别 NGG，错误识别 NGA，增强了对非靶定位点的错误切割概率。

七、转基因技术

转基因技术是指通过分子生物学技术将目的基因导入动植物受体细胞，与其本身的基因组进行重组，从而培育出携带外源基因且能稳定遗传的个体。在 DNA 操作过程中整合到受体细胞的染色体上的外源基因称为转基因。以下介绍几种常用的转基因方法。

（一）显微注射法

通过显微注射技术直接将目的基因注射入受体细胞。显微注射法具有操作简单、可靠性和重复性好等优点，但它不能控制转基因的整合位点和整合拷贝数。其技术路线为：生产胚胎和制备重组基因 DNA→显微镜下将 DNA 注射到胚胎中→注射后胚胎培养→胚胎移植→获得转基因后代→基因表达检测→建立转基因动物家系。

（二）体细胞克隆技术

通过体细胞克隆技术生产转基因动物的过程，是指先将目标基因转移到供体体外培养的动物体细胞中，筛选出阳性转基因细胞并进行有限代数的繁殖，制备出供移植的细胞核供体。制备成转基因细胞核供体后，可以直接或经过冷冻保存后将它们移植到去核的卵母细胞中，重构胚胎经过激活和培养后，移植到受体母畜的输卵管或子宫中。具体的移植部位视重构胚胎体外培养达到的阶段而定。

(三) 胚胎干细胞法

胚胎干细胞是从胚泡中将内细胞团取出在体外培养建立的，在培养时保持了它的正常核型。胚胎干细胞注入寄主胚泡后，能参与宿主胚胎的发育。首先将目的基因导入胚胎干细胞，再将转入外源基因的胚胎干细胞重新导入囊胚或进行克隆，并选出带有目的基因的干细胞，然后导入受体胚胎，生产转基因动物。

(四) 基因打靶技术

该方法首先把含有目标基因或目标基因的一部分插入到载体，并引入胚胎干细胞进行组织培养，细胞增殖一段时间后，筛选出发生同源重组的细胞克隆并进行扩增，然后利用显微毛细管将细胞注入受体早期胚胎中产生嵌合体，再利用嵌合体生殖细胞中含有外源基因的个体进行交配，产生转基因动物。

八、基因定位与基因图谱

(一) 基因定位的方法

基因定位是指基因所属的连锁群及基因在染色体上的位置的测定。基因定位有3种类型，第1类是已经获得DNA片段，只需进行染色体原位杂交即可；第2类是采用体细胞遗传学的方法，将基因定位在某条染色体上或染色体的一定区域，这种方法比较适合代谢产物容易测定的基因；第3类是采用连锁分析的方法进行基因定位。其中，连锁分析法在基因定位的早期就产生了，随着分子标记技术的发展，特别是短串联重复多态性的发展，连锁分析方法在基因定位中已经处于主导地位。现简单介绍4种基因定位的方法。

1. 三点测验 三点测验是基因定位的常用方法，它是通过一次杂交和一次用隐性亲本测交，同时确定3对基因在染色体上的位置。采用三点测验一次就能同时确定连锁基因的位置，简单而且准确。

2. 遗传交换定位法 遗传交换发生在减数分裂时期，两个同源染色体特异地吸引而配对，然后在同一点断裂，再交叉、复合，就形成了基因的重组染色体。遗传交换给基因定位的基本原理是：当2个基因位于不同的染色体上时，它们在单倍体分离子中的分配是随机的。也就是说，它们保留在同一个分离子的机会是50%。相反，如果2个基因位于同一条染色体上，则倾向于分配在一起，除非通过交换而分开。由于交换是沿着整个染色体纵向随机发生的，因此相隔较远的2个基因之间断裂而引起遗传重组的概率就比较大。

3. 原位杂交基因定位 这种方法是细胞遗传学与分子遗传学相结合的重要方法，是将基因或DNA片段定位在染色体上的最直观的方法，主要利用具有互补顺序的变性DNA探针能在退火复性时与载玻片上的中期或前中期染色体DNA结合，DNA探针进行同位素或荧光标记，通过测定标本的放射性和荧光即可知道杂交的位置，进行基因定位。

4. 利用遗传标记进行基因定位 随着分子遗传学的发展，同工酶标记、限制性片段长度多态性（RFLP）标记、扩增片段长度多态性（AFLP）标记以及重复序列标记等相继出现，并逐渐应用于基因定位的研究，其中以RFLP和短串联重复序列多态性（STRP）应用较多。

(二) 数量性状基因的定位

数量性状基因座（quantitative trait loci，QTL）定位就是寻找那些与数量性状共分离的分子标记，分析这些分子标记，推断与其连锁的数量性状基因的位置和效应，确定数量性状基因座在染色体上的位置，又称为QTL作图（QTL mapping）。数量性状基因定位的步骤如下。

1. 构建分离群体 构建分离群体常用的方法有2种，一种是采用近交系杂交，F_1代与任一亲本回交或F_1代个体互交获得F_2代，F_2代即为分离群体；另一种是利用远交群体作为资源群体。

2. 选择遗传标记 遗传标记主要有 RFLP 标记、随机扩增多态性 DNA（RAPD）标记、AFLP 标记，简单序列重复（SSR）标记、单核苷酸多态性（SNP）标记。

3. 检测基因型和测定表型值 在一个分离群体中标记基因型和被测数量性状表型值记录，通过统计方法进行连锁分析，确定连锁关系。

4. 统计分析 利用统计方法分析数量性状表型值与基因型值的关联程度，确定数量性状位点在染色体上的位置及效应大小。QTL 定位统计分析采用的方法有单标记分析法、区间定位法、最大似然法等。

（三）动物的基因图谱

基因图谱包括基因连锁图谱和物理图谱。基因连锁图谱是通过估计动物三代谱系中具有明确基因型的标记位点的基因重组频率，展示出遗传标记间的距离，从而确定的各个基因在染色体上的先后次序和间隔距离的基因图。物理图谱是标明限制性核酸内切酶在 DNA 分子上的限制位点数目、限制片段大小及其排列顺序的图谱，又称限制性图谱。因此，只有把两者结合起来进行分析，才能将动物染色体组上所有的基因按其所在具体位置、次序和间隔距离精确排列完成基因图谱。构建的基因图谱对了解动物整个基因组结构、对与重要经济性状相关的基因或遗传标记的鉴定以及对家畜开展分子标记辅助选择均十分重要。

建立基因图谱的基本方法是进行群体连锁分析。首先，选择那些遗传起源相差很远的品种（或近交系）杂交，并让 F_1 代自交或回交产生 F_2 代分离群体，与此同时对上述 3 个世代样本群体的 DNA 标记进行测定。然后，通过两点、三点或多点连锁分析计算出的优势对数值来确定 DNA 标记间的连锁关系。优势对数值大于 3 时，即 2 个 DNA 标记连锁的概率与不连锁的概率之比大于 1 000∶1 时，就认定它们之间连锁，从而进一步计算出重组率、遗传结构及其排列次序。基因图谱的准确程度取决于世代样本的大小及结构。

组建物理图谱的常用方法是限制性内切酶的部分消化法和双酶消化法。此外，还有顺序消化法、内切与外切酶混合消化法、分子杂交法、末端标记法等。为了得到精确的物理图谱，选用那些在 DNA 链上切点在 20 个左右的酶。若切点过多，误差就越大，还要避免选择产生双重带的限制性内切酶，可以通过染色强度判断双重带，电泳时凝胶上的 DNA 片段的染色强度随分子质量减少而递减。首先，如果某个下带的颜色强度反常地高于上带，经过荧光比色分析，其浓度比单一带高出 1 倍，此即为双重带；其次，DNA 分子的大小与物理图谱的精确度也有密切关系，太大的 DNA 片段难以得到精确的物理图谱；最后，由于几种方法都是以 DNA 片段大小为基础的，所以在电泳后，要尽可能准确地测定各片段的分子质量。为了不遗漏琼脂糖凝胶上的小片段（1 kb 以下的片段在 0.7% 的琼脂糖上难以观察），最好能同时用聚丙酰烯胺进行电泳。

九、表观遗传学概述

随着遗传学的发展，人们发现 DNA、组蛋白、染色质水平的修饰也会造成基因表达模式发生变化，而且这种改变是可以遗传的。这种基因结构没有变化，只是其表达发生改变的遗传变化，称表观遗传改变。表观遗传学是研究生命有机体发育与分化过程中，在基因核苷酸序列不发生改变的情况下基因表达发生可遗传变化的一门学科。表观遗传主要包括 DNA 甲基化（DNA methylation）、基因组印记（genomic imprinting）、母体效应（maternal effects）、基因沉默（gene silencing）、组蛋白修饰和染色质重塑。此外，还有非编码 RNA、核仁显性、休眠转座子激活和 RNA 编辑（RNA editing）等。

（一）DNA 甲基化

DNA 甲基化是指在 DNA 甲基转移酶催化下，利用 S2 腺苷甲硫氨酸提供的甲基，将胞嘧啶的第5位碳原子甲基化，从而使胞嘧啶转化为5′2-甲基胞嘧啶。DNA甲基化的主要位点是5′-CpG-3′二核苷酸，它在基因组中呈不均匀分布，在某些区域CpG序列的密度比平均密度高10～20倍，G+C含量大于50%，其长度大于200个碱基，这种区域也称为CpG岛。在人类，大约有50%的基因含有CpG岛，CpG岛通常位于管家基因或组织特异表达基因上游调控区的启动子里，启动子区的CpG岛通常处于非甲基化状态，基因能正常表达，当其发生甲基化时，影响基因转录调控，使基因表达发生沉默。DNA甲基化在维持染色体结构、X染色体失活、基因印记和肿瘤的发生中起重要作用。影响甲基化的因素有DNA甲基转移酶、组蛋白甲基化、RNA干扰及饮食等因素。

（二）非编码RNA

非编码RNA（non-coding RNA，ncRNA）是指不能翻译为蛋白质的功能性RNA分子，细胞中含量最高的是rRNA和tRNA这两种常见的非编码RNA。具有调控作用的非编码RNA按其大小主要分为短链非编码RNA（包括siRNA、miRNA、piRNA）和长链非编码RNA（lncRNA）两类。近年来，大量研究表明非编码RNA在基因组水平及染色体水平对基因表达进行调控，决定细胞分化的命运。

（三）组蛋白质修饰

组蛋白质修饰是指组蛋白质在相关酶作用下发生甲基化、乙酰化、磷酸化、腺苷酸化、泛素化、ADP核糖基化等修饰的过程。这些修饰方式灵活地影响着染色质的结构和功能，既可以阻碍也可以促进基因的转录。参与组蛋白质修饰的酶主要有组蛋白甲基转移酶、组蛋白乙酰转移酶、组蛋白激酶、组蛋白泛素化酶和脯氨酸异构化酶等，这些酶都是催化相应的基团结合到组蛋白氨基残基上所必需的酶。相应的，也有组蛋白去甲基化酶、组蛋白脱乙酰基酶等，这些酶可以去除结合在组蛋白氨基残基上的分子基团。其作用过程有2种，一种是介导核小体滑动，DNA解旋酶打开DNA双螺旋，从而引起核小体滑动；另一种是介导核小体"置换"，染色质中大部分核小体由4种经典组蛋白（H2A/H2B/H3/H4）构成，但是有一部分核小体中的经典组蛋白可以被组蛋白变异体所替换。组蛋白修饰是一个动态可逆的过程，基团的添加和去除就是由1个或多个不同的共价修饰发生协同或者颉颃作用，这些多样性修饰及它们时间和空间上的组合形成大量的特异信号，这些信号相当于密码，可被相应的调节蛋白识别，影响一系列蛋白的活性，从而调控真核生物基因的表达，这也称为组蛋白密码假说。因此，组蛋白的共价修饰是精细、有序的基因表达和生理调控方式。

（四）染色质重塑

染色质重塑（chromatin remodeling）是指在基因表达的复制和重组等过程中，核小体中组蛋白以及对应DNA分子发生改变的过程。在真核细胞中，染色质重塑因子通过改变染色质上核小体的装配、拆解和重排等方式来调控染色质的结构，可导致核小体位置和结构的变化，从而改善转录相关因子对染色质局部的可接近性。在染色质重塑因子的作用下，染色质结构趋于疏松，增加了RNA聚合酶域、转录因子等对染色质DNA的可接近性，从而启动基因的转录。相反，当染色质结构趋于致密时，RNA聚合酶域和转录因子等对染色质DNA的可接近性减弱，从而抑制了相关基因的转录。由此，染色质重塑因子通过调节转录相关因子对染色质的可接近性来控制基因转录，并参与调控细胞内多种重要的生物学过程。尽管我们目前对大多数亚基在染色质重塑复合物中所起的作用并不十分清楚，但是可以推测它们在特定位点的识别、特异蛋白的结合、复合物结构的稳定以及酶活性的调节等过程中发挥重要的作用。换而言之，这些染色质重塑复合物的亚基可帮助复合物井然有序地参与细胞内的各种生物学过程，如基因转录、DNA复制和损伤修复等。

十、生物工程

(一) 基因工程

基因工程（genetic engineering）又称为基因拼接技术和 DNA 重组技术，是一门使用生物技术直接操纵有机体基因组、用于改变细胞的遗传物质的技术。广义的基因工程还包括生化工程、蛋白质工程、细胞工程、染色体工程、细胞器工程及酶工程等。基因工程，一方面，可以通过采用分子克隆技术或直接人工合成的方式得到需要的 DNA 序列，作为新的遗传物质插入宿主基因组中；另一方面，可以使用核酸酶或基因编辑技术敲除特定基因。此外，还可以利用基因靶向技术实现基因敲除、插入，基因的外显子去除及引入点突变。基因工程涉及 4 个步骤：获取所需的 DNA 片段，构建基因的表达载体，目的基因的导入，目的基因的检测和鉴定。

(二) 细胞工程

细胞工程（cell engineering）是指以细胞为基本单位，在体外条件下进行培养、繁殖或人为地使细胞某些生物学特性按人们的意愿发生改变，从而达到改良生物品种和创造新品种、加速繁育动植物个体，或获得有用的物质目的的过程。它主要包括动植物细胞的体外培养技术、细胞融合技术、细胞器移植技术等。

(三) 酶工程

酶工程（enzyme engineering）是利用酶、细胞器或细胞所具有的特异催化功能，或对酶进行修饰改造，并借助生物反应器和工艺过程来生产人类所需产品的一项技术。它包括酶的固定化技术、细胞的固定化技术、酶的修饰改造技术及酶反应器的设计等技术。

(四) 蛋白质工程

蛋白质工程（protein engineering）指在基因工程的基础上，结合蛋白质结晶学、计算机辅助设计和蛋白质化学等多学科的基础知识，通过对基因的人工定向改造，达到对蛋白质进行修饰、改造、拼接以生产能满足人类需要的新型蛋白质的一门技术。

十一、生物信息学概述

生物信息学（bioinformatics）是 20 世纪 80 年代末随着人类基因组计划的启动而兴起的，是采用计算机技术和信息论方法研究蛋白质及核酸序列等各种生物信息的采集、储存、传递、检索、分析和解读的科学，是现代生命科学与信息科学、计算机科学、数学、统计学、物理学、化学等学科相互渗透而形成的一门新的交叉学科。生物信息学的主要任务是利用现代信息技术对大规模核苷酸和氨基酸数据分析，预测各种新基因和功能位点、分析模式生物基因组信息结构，并预测与功能基因组信息相关的核酸、蛋白质的空间结构及蛋白质功能等生物信息，以解释和认识生命的起源、进化、遗传和发育的本质，破译隐藏在 DNA 序列中的遗传语言。随着生物技术和计算机科学的发展，生物信息学在 21 世纪飞速发展，并成为生物医学、农学、遗传学、细胞生物学等学科发展的强大推动力量，也是药物设计、环境监测的重要组成部分。现在，生物信息已经被直接应用于精准医疗、健康监测、分子诊断和农业育种等方面。

随着高通量测序技术和高性能计算机的飞速发展及普及，生物信息学以分析基于高通量测序技术所得的数以亿计的核苷酸序列为主。目前，主要以第 2 代和第 3 代测序技术测定核苷酸序列。针对不同的生物学问题，可以采用不同的测序策略，常见的包括基因组测序、基因组三维构象捕获测序（Hi-C）、转录组测序（RNA-Seq）、小 RNA 测序（miRNA）、微生物宏基因组测序等。针对高通量测序数据，基本分析方法包括短序列比对、序列组装、定量分析等。生物信息分析正在逐渐向流程化、自动化、智能化分析的方向迈进。

在农业领域，生物信息学也发挥着不可替代的作用。在前基因组时代，生物信息学的主要工作是运用有效的农业生物信息学研究手段，结合我国丰富的特有遗传资源，开展中国优良动物资源的单核苷酸多态性（SNP）和插入缺失多态性的研究；收集分析国内外基因库数据，建立与动物良种繁育相关的基因组数据库，并为动物育种工作者提供长期稳定的数据支持。人类基因组草图发布之后，主要农业动物基因组相继发表，生物信息主要工作转变为功能基因及其调控元件的识别与发现和基于大规模 DNA 数据发现潜在的具有重要经济价值的新基因或者分子标记。现在生物信息学已经进入后基因组时代，基于已有的大规模生物数据，从全基因组、全转录组、外显子和蛋白质组等复杂水平揭示生命的奥秘成为主要工作。在农业动物领域，可以从全基因组、全转录组、外显子和蛋白质组等水平研究畜禽疾病发生的分子机制，为提高畜禽生产效率提供支持；利用全转录组测序、基因组重测序等技术，研究微效多基因控制性状，为分子育种提供参考成为可能。因此，在畜禽研究领域，生物信息学正在发挥着不可替代的作用。

十二、基因组学概述

基因组学（genomics）是指对所有基因进行基因组作图（包括基因图谱、物理图谱、转录图谱）、核苷酸序列分析、基因定位和基因功能分析的一门学科。基因组学的内容包括结构基因组学、功能基因组学、表观基因组学和宏基因组学 4 个方面。

结构基因组学（structural genomics）是以全基因组测序为目标，代表基因组学的早期阶段。以建立生物体高分辨率基因图谱、物理图谱和转录图谱为主，并分析核苷酸序列，确定基因构成和基因定位。

功能基因组学（functional genomics）以基因功能鉴定为目标，又称后基因组学（postgenomics），功能基因组学代表基因分析的新阶段，是利用结构基因组学提供的信息和产物，通过在基因组水平或系统水平上全面分析基因的功能，使得生物学从对单一基因或蛋白质的研究转向对多个基因或蛋白质同时进行系统的研究。功能基因组学的研究包括基因功能的发现、基因的表达分析及突变检测。它采用包括 SAGE、DNA 芯片和高通量测序在内的技术，对成千上万的基因表达进行分析和比较，力图从基因组整体水平上对基因的活动规律进行阐述。

表观基因组学（epigenomics）是一门在基因组水平上研究表观遗传修饰的学科。表观遗传修饰作用于细胞内的 DNA 和其包装蛋白、组蛋白，用来调节基因组功能，表现为 DNA 甲基化和组蛋白的翻译后修饰，这些分子标记影响了染色体的架构、完整性和装配，同时也影响了 DNA 接近它的调控元件，以及染色质与功能型核复合物的相互作用能力。目前，研究最深入的表观遗传修饰是 DNA 甲基化和组蛋白修饰。

宏基因组（metagenome），也称环境微生物基因组或元基因组，是指环境中全部微小生物（目前主要包括细菌和真菌）DNA 的总和。宏基因组学（metagenomics），也可以称为环境基因组学或生态基因组学，是指对特定环境中全部微生物的总 DNA 随机片段化，利用克隆构建宏基因组文库并通过筛选等手段获得新的生理活性物质，通过系统学分析获得该环境中微生物的遗传多样性和分子生态学信息的一门学科。其研究对象已从最初的土壤微生物发展到水体浮游微生物、海底沉积物、空气悬浮物以及动植物体附生微生物等。

十三、转录组学概述

转录组学（Transcriptomics）是一门研究特定条件下生物体组织或细胞内所有转录基因的学科，包括编码 RNA（即 mRNA）和非编码 RNA（non-coding RNA，ncRNA）。其中，ncRNA 主要包括 rRNA、tRNA、snRNA、snoRNA、microRNA、lncRNA、cirRNA 等多

种功能已知的 RNA，还包括 eRNA、SNPRNA、gRNA、tmRNA 等在内的功能未知的 RNA。

(一) mRNA

mRNA 是以 DNA 的一条链为模板转录而来的一类单链核糖核酸。在真核生物中，mRNA 主要包括以下 4 个部分：5′非编码区（untranslated region，UTR）、编码序列、3′非编码区以及 3′polyA。其中，UTRs 区域可维持 mRNA 稳定、mRNA 定位及 mRNA 翻译效率，编码序列以非重叠的、3 个核苷酸一组的方式编码氨基酸，3′polyA 保护 mRNA 不被降解。mRNA 的主要作用是翻译蛋白质，同时也受到其他非编码 RNA（如 miRNA、lncRNA、siRNA）的调控。在不同条件下，生物体组织或细胞中 mRNA 的结构和功能存在差异。

(二) miRNA

MicroRNA（miRNA）是一类由内源性基因编码的长度为 18～24 nt 的非编码单链 RNA。它在进化上高度保守，通过与其目标 mRNA 分子的 3′UTR 特异性的碱基互补配对，引起靶 mRNA 降解或者抑制其翻译，从而参与基因转录后的表达调控过程。在细胞核内编码 miRNA 的基因转录成初始 miRNA（pri-miRNA），pri-miRNA 在 DroshaRNase 作用下，被剪切为长度约 70 个核苷酸、具有茎环结构的 pre-miRNA。pre-miRNA 在 Ran-GTP 依赖的核质/细胞质转运蛋白 Exportin 5 的作用下，从核内运输到胞质中。在 Dicer 酶（双链 RNA 专一的 RNA 内切酶）的作用下，pre-miRNA 被剪切成 18～24 个核苷酸的双链 miRNA。成熟 miRNA 与其互补序列结合成双螺旋结构，随后双螺旋解旋，其中一条结合到 RNA 诱导的基因沉默复合物（RNA-induced silencing complex，RISC）中，形成非对称 RISC（microRNA-RISC）发挥调控作用。在各类小分子 RNA 中，miRNA 具有最广泛的基因调节功能，对基因活动的各个层面进行调节。研究发现，miRNA 可参与生命过程中的一系列重要进程，包括早期胚胎发育、细胞增殖、细胞凋亡、细胞死亡、脂肪代谢，以及调节干细胞的分化。miRNA 序列、结构、丰度和表达方式的多样性，使其可能作为 mRNA 编码蛋白质的调节因子，对基因表达、细胞周期调控乃至个体发育产生重要影响。此外，miRNA 与人类癌症和其他疾病的发生、发展有密切关系。

(三) lncRNA

长链非编码 RNA（long non-coding RNA，lncRNA）是指长度大于 200 个核苷酸的非编码 RNA。lncRNA 种类丰富，有反义长链非编码 RNA（antisense lncRNA）、内含子非编码 RNA（intronic transcript RNA）、编码基因之间长链非编码 RNA（large intergenic noncoding RNA，lincRNA）、启动子相关 lncRNA（promoter-associated lncRNA）、非翻译区 lncRNA（UTR associated lncRNA）等种类。lncRNA 通常较长，具有 mRNA 样结构，经过剪接，具有 polyA 尾和启动子结构，分化过程中有动态的表达与不同的剪接方式，其启动子可以结合转录因子参与调控。大多数的 lncRNA 具有明显的时空表达特异性，不同部位和发育阶段具有不同的表达方式，在肿瘤与其他疾病中有特征性的表达方式。序列上保守性较低，只有约 12% 的 lncRNA 可在人类之外的其他生物中找到。lncRNA 起初被认为是没有功能的转录垃圾，随着研究的深入，大多数 lncRNA 被确定是转录和翻译过程中的关键调控因子，对细胞正常生理功能的维持具有重要的意义，如在染色质重塑、转录及转录后调控、细胞内物质运输、细胞核亚结构形成、干细胞多能性、体细胞重编程、发育调控、疾病发生等方面发挥功能。在发挥这些功能时，lncRNA 通过不同的作用途径及方式实现基因表达的调控，包括顺式调节与反式调节方式。长链非编码 RNA 也可以通过募集特定蛋白质或参与 microRNA 调控网络等方式发挥不同的作用。

(四) CircRNA

环状 RNA（circular RNA，CircRNA）是一类不具有 5′端帽子和 3′末端 poly（A）尾，以共价键形成环形结构的非编码 RNA 分子。CircRNA 呈封闭环状结构，不易被核酸外切酶 RNase 降解，比线性 RNA 更稳定。CircRNA 种类繁多且数量庞大，分布广泛，在真核细胞细胞质、酵母线粒体、哺乳动物体内均存在环状 RNA 转录；大多数来源于 pre-mRNA 索尾插接产生的外显子环状 RNA，少部分由内含子直接环化形成；大部分 CircRNA 位于细胞质，少数位于细胞核内；在进化上具有较强的保守性；多数 CircRNA 表达水平与线性 RNA 的表达水平相当，部分 CircRNA 的表达水平甚至超过它们的线性异构体 10 倍。过去几十年，人们认为 CircRNA 是转录过程中的副产物，不具有生物学功能。随着 RNA 测序和生物信息学的快速发展，越来越多的 CircRNA 被发现，其功能和生物学作用逐渐被人们挖掘出来，CircRNA 主要功能包括充当 miRNA 分子海绵（miRNA sponge）、调控基因转录、与 RNA 结合蛋白相互作用、翻译蛋白质等。

十四、蛋白质组学概述

蛋白质组学（proteomics）是在总结基因组学的基础上发展起来的以蛋白质组为研究对象的新兴学科。它主要包括 2 个方面的内容：一方面，表达蛋白质组学（expression proteomics），即把细胞、组织中的蛋白质通过 2-D 凝胶图和图像分析技术建立蛋白质定量表达图谱或扫描 EST 图，该方法在整个蛋白质组水平上提供了研究细胞通路、疾病、药物相互作用和一些生物刺激引起的功能紊乱的可能性；另一方面，细胞图谱蛋白质组学（cell-map proteomics），即确定蛋白质在亚细胞结构中的位置，并通过纯化细胞器或用质谱仪鉴定蛋白复合物的组成来确定蛋白质与蛋白间的相互作用。

蛋白质组学的主要内容是建立和发展蛋白质组研究的技术方法、进行蛋白质组分析。对蛋白质组的分析大致有 2 个方面的工作：一方面，通过二维凝胶电泳得到正常生理条件下细胞、组织的全部蛋白质的图谱，构建数据库；另一方面，比较分析在变化了的生理条件下蛋白质组所发生的变化，如蛋白质表达量的变化、翻译后修饰的变化，或者可能的条件下分析蛋白质在亚细胞水平上定位的改变等。随着蛋白质组学研究的深入，对探讨动物生长发育调控机理、重大疾病的机理、疾病诊断、疾病防治、新药开发等方面发挥新的重大作用。

十五、代谢组学概述

代谢组（metabolome）指参与生物体新陈代谢、维持生物体正常生长发育功能的小分子化合物的集合，主要是指相对分子质量小于 1 000 的内源性小分子。代谢物包括初生代谢物和次生代谢物。初生代谢物包括糖类、氨基酸、脂肪酸等；次生代谢物包括酚类、萜类、黄酮类、生物碱、含硫化合物等。在人类及模式动物疾病研究中，代谢物相对于基因表达与蛋白表达，反应疾病状态的速度要更快，更能反映出疾病的生理特征。因此，代谢组学在寻找疾病生物标记、阐明疾病发生的重要代谢通路、揭示复杂疾病的致病基因与易感基因、药物研发等领域有着潜在的重要作用。

代谢组学（metabolomics）指对某一生物、组织或细胞中所有低分子质量代谢产物进行定性和定量分析，并寻找代谢物与生理病理变化的相关关系的一门学科。随着高通量检测技术的快速发展，代谢组学已经渗透到多个领域，如疾病诊断、药物研发、植物学、毒理学、人类健康等。

根据研究目的的不同，代谢组学分为非靶向代谢组学和靶向代谢组学两种。非靶向代谢组学又称代谢全谱，是在组学水平检测生物体所有的代谢物，并比较不同样本代谢产物的差异，关注整个组学水平上的变化。非靶向代谢组学检测的代谢产物通量高，但灵敏度低，定性和定量都不太准确,难以检测低丰度的代谢物。靶向代谢组学是指对单个或少量目标代谢物进行检测,关注某几个特定目标。靶向代谢组学包括应用广泛的多重反应监测(MRM),与人类疾病密切相关的脂质代谢组学等。靶向代谢组学检测代谢产物时因采用同位素做内标,可做到绝对定量,检测灵敏度高、定量准确、特异性强,缺点是通量低,需要使用标准品。目前,代谢组学的检测技术主要包括核磁共振技术、气相色谱-质谱联用技术和液相色谱-质谱联用技术。

十六、微生物基因组学概述

微生物基因组学(microbial genome program,MGP)是在微生物全基因测序的基础上,研究单个基因或多个基因的作用、功能以及它们之间相互关系的一门学科。1994年,美国 DOE(Department of Energy)首先发起微生物基因组研究计划,称为 MGP 计划(microbial genomic project,MGP)。该计划主要是对环境或能源相关、系统发生学相关,或具有潜在商业应用性的微生物基因组进行完全测序,目的是更好地了解地球上的微生物资源。它的研究计划还包括和应用微生物学相关的生物技术,涵盖了有益有害的众多种类,广泛涉及健康、医药、工农业、环保等诸多领域。其研究内容为阐明微生物基因的核苷酸序列,并在此基础上认识微生物的完整生物学功能,主要包括结构基因组学、功能基因组学及比较基因组学,涉及微生物基因序列测定、微生物基因组注释、微生物基因组功能研究等。

利用微生物基因组学的知识,我们可以将微生物的全部 DNA 和蛋白质序列、mRNA 和蛋白质水平的变化以及蛋白质的相互作用的所有信息进行整合,以便了解基因组结构及其参与的生命活动。其研究的意义主要在于:①加速致病基因的研究;②寻找灵敏而特异性的病原分子标记,病原微生物的特异性 DNA 序列作为分子标记而用于疾病的诊断;③促进新药的研发和疫苗的研发;④促进微生物分类的发展;⑤提高对人类相关基因功能的认识。

复习思考题

1. 名词解释:染色体、同源染色体、联会、单倍体、核型、有丝分裂、减数分裂、基因型、性状、等位基因、性染色体、伴性遗传、完全连锁、重复力、遗传力、遗传相关、选择强度、近交、杂交、遗传密码、转基因、基因编辑、基因定位、基因物理图谱、生物信息学。
2. 一般染色体由哪些部分组成?从形态上可分为几种类型?
3. 家猪细胞染色体数 $2n=38$,分别说明下列各细胞分裂时期有关数据:
(1)有丝分裂前期、后期着丝点数。
(2)减数第 1 次分裂前期、后期着丝点数;第 2 次分裂前期、后期着丝点数。
(3)减数第 1 次分裂前期、中期、末期染色体数。
4. 为什么分离现象比显、隐性现象有更重要的意义?
5. 什么是完全连锁和不完全连锁?其细胞学本质是什么?
6. 怎样理解基因突变与染色体结构畸变之间的关系?
7. 写出遗传力的计算公式及其应用范围。
8. 性状选择的方法有哪些?
9. 简述近交和杂交的遗传效应。
10. "重组 DNA"这个术语是什么意思?列举几个重组 DNA 的用途。

11. 为什么在绝大多数类型的重组 DNA 研究中限制性内切酶都是必不可少的?
12. 在细菌克隆载体中哪些特性是必不可少的?
13. 主要的转基因技术有哪些? 分别简述其优缺点。
14. 目前已经成熟的基因编辑技术有哪些?
15. 简述 Cas9 系统实现基因编辑的步骤。
16. 简述限制-修饰系统的作用原理。
17. 基因定位的方法有哪些?
18. 生物工程有哪些种类?
19. 生物信息学在农业领域的应用有哪些?
20. 什么是基因组学? 基因组学主要包括哪些内容?
21. 功能基因组学的研究内容及技术有哪些?
22. 简述表观遗传及表观遗传学的概念。
23. 表观遗传包括哪几种?
24. 什么是宏基因组?
25. 什么是 miRNA? 其具体的作用机制是什么? 有哪些生物学功能?
26. 什么是 lncRNA? 有哪些生物学功能?
27. 什么是 CircRNA? 有哪些生物学功能?
28. 什么是代谢组和代谢组学? 代谢组学的检测技术有哪些?
29. 假设牛的黑毛 (B) 和白毛 (W) 为共显性的等位基因,其杂合子为沙毛 (BW)。
(1) 若纯合子的黑毛牛和白毛牛杂交,写出 F_1 代的基因型。
(2) 让 F_1 自交,F_2 的表现型有几种? 为什么?
30. 上海人群中的一个群体记录了人类 M-N 血型的下列数字。

	MM	MN	NN
	1 526	2 893	1 216

(1) 在该样本中各基因型频率是多少?
(2) 各等位基因频率为多少?

第四章 动物育种

重点提示：本章重点论述与动物育种学有关的基本概念和基本原理。即以畜禽品种和动物生长发育的规律以及动物生产力为基础，以家畜家禽的选种与选配为重点，并从现代育种学的角度阐述了动物品种遗传资源的保存与利用、杂种优势、动物育种规划等重大育种学问题。因此，要求学习本章之后，能对动物育种学的有关理论有一个规律性的了解，并初步掌握动物育种的各主要环节的操作方法。

第一节 品种概述

一、家畜品种的概念

（一）物种和品种

物种（species）也简称种，指具有不同的生态特点，彼此之间存在着生殖隔离，二倍体染色体的数目和基本形态互不相同的生物集团。种是生物分类学的基本单位，马、牛、羊、骆驼、猪、鸡等为不同的动物物种。种间的差别主要表现在生物学特性（形态构造、生理机能和发育特征等）方面的不同。物种是动物分类学的基本单位，是自然选择的产物。

品种（breed），指家畜种在人类干预下所发生的分化，在家畜种内具有更为接近的亲缘关系，具有相似并能稳定遗传的形态生理特征，因而也具有一致的生产性能，并具有一定数量的类群。在一个动物物种内，由于人工选择形成的具有某种特殊生产用途的动物群体可称为该动物的一个品种。品种间的差异，主要表现在经济特性（生产性能、繁殖力和适应性等）方面的不同。品种是畜牧学的基本单位，是人工选择的产物。

二维码 4-1 育民族禽种，创世界品牌——厚植民族情怀、弘扬爱国精神

（二）品种应具备的条件

1. 具有较高的经济价值 首先能满足人类某些经济生活方面的要求，如美利奴羊产细毛多，滩羊裘皮质量好，蒙古羊适应性强；来航鸡产蛋多，白洛克鸡长肉快，泰和鸡可供药用等。作为一个品种，或是生产水平高，或是产品品质好，或是能生产某种特殊产品，或是对某一地区有良好的适应性，从而有别于其他类群。

2. 血统来源相同，性状及适应性相似 品种内的个体间都有血统上的联系。一般的古老品种往往来源于一个祖先，新培育品种则可能来源于多个祖先。如新疆细毛羊的共同祖先是哈萨克羊、高加索羊、蒙古羊和泊列考斯羊4个品种。

品种内的个体在血统来源、培育条件、选育目标和方法上基本相同，其遗传基础也很相似，使同一品种动物在体型结构、生理机能以及许多重要经济性状上都很相似，构成了该品种的特征。品种都是在一定自然条件和社会经济条件下育成的，对育种的条件具有良好的适应性。

3. 遗传性稳定、种用价值高　只有具备稳定的遗传性才能将其典型的优良性状遗传给后代，并使品种得以保持。用其进行纯种繁育时，能得到品质同样好的后代；当与其他品种杂交时，又能表现出很强的杂种优势，具有改良低产品种的能力，表现较高的经济价值，这是与杂种的根本区别。

任何一个品种遗传性的稳定总是相对的，而"变"是绝对的，都有一个形成、发展和消亡的过程。

4. 具有一定结构　一个品种往往由若干各具特点的类群所构成，品种内这些各具特点的类群就是品种的异质性，品种内异质性的存在形式称为品种结构。如地方类群、育种场类群或品系。这些类群可以是自然隔离形成的，也可以是人工培育而成的，它们构成了品种内的遗传异质性。

品系：在品种的基础上一群具有某种突出优点，并能稳定地遗传，相互间有亲缘关系的个体所组成的类群。后代（包括公母畜在内）均应具有与系祖类似的表型特征和生产特性。

品族：是指源自于同一头（只）优秀族祖的高产母畜（禽）群，后代符合要求的只限于母畜（禽）。一个品种内具有若干个优良品系或品族，就能使品种得到更好的保持和提高。

5. 具有足够的数量　品种的个体数量多，才能分布广，适应性强，避免近交引起的衰退。具体数量标准，我国近年提出：新品种猪至少应有分属 5 个以上不同亲缘系统的 50 头以上的种公猪和 1 000 头以上的生产母猪；绵羊、山羊新品种的特级、一级母羊应在 3 000 只以上等；家禽类地方品种鸡、鸭不少于 5 000 只，其他禽种不少于 3 000 只，稀有珍禽的数量可适当减少，各种禽类的保种群体不少于 60 只雄禽和 300 只雌禽；培育品种类鸡、鸭不少于 20 000 只，其他禽种不少于 10 000 只。

一般作为一个新品种，须经国家或组织成立的鉴定委员会或鉴定专家小组形成书面意见，报国家畜禽遗传资源委员会（中华人民共和国农业农村部主管）审批，确定其是否满足以上 5 项条件，并予以命名，只有这样才能作为正式品种。

二、品种的分类

各个畜（禽）种驯化后经过自然和人工的长期选择形成了成千上万的品种，并且每个品种都各具特点。因此，合理地将各个品种进行归类，将有利于更好地掌握各类品种的特性，便于育种工作的组织与开展。品种的分类标准很多，但在畜牧学中比较通用的分类方法主要有 2 种，即按品种的改良程度和经济类型来划分。

（一）按改良程度分类

根据改良程度可将品种分为原始品种、培育品种和过渡品种。

1. 原始品种（primitive breed）　是在农业生产水平低、受自然选择作用较大的历史条件下形成的，因而其膘情变化呈明显季节性——夏壮、秋肥、冬瘦、春乏。其特点是：体小晚熟，体质结实，体格协调匀称，各性状稳定整齐，个体间差异小，有较强的增膘和保膘能力，生产力低，但较全面。如蒙古马、蒙古牛等品种。

2. 培育品种（developed breed）　是在较高饲养管理和繁育技术条件下形成的。因此，生产力和育种价值都很高。如荷斯坦乳牛、长白猪等品种。培育品种的主要特点是：①生产力强而且专门化；②分布地区广；③品种结构复杂，除地方类型和育种场类型外，还有许多专门化品系；④育种价值高，用它进行品种间杂交时，能起到改良作用；⑤适应性较差，对这类品种进行选育时，应注意保持其优良品质，同时提高其适应性。

3. 过渡品种（transitional breed）　是原始品种经过培育品种改良或人工选育，但尚未达到完善的中间类型，即正在培育的品种群。其主要特点是：在生产性能和体质外形上有两重性，即培育程度较高的群体接近于培育品种，而培育程度较低的群体则接近于原始品种。

(二) 按经济类型分类

一般分为专用品种和兼用品种两大类。

1. 专用品种（special-purpose breed） 即具有一种主要生产用途的品种。专用品种一般生产性能高，饲养管理要求严。如羔皮用的湖羊、裘皮用的滩羊。

2. 兼用品种（dual-purpose breed） 指具有2种或多种用途的品种，兼用品种一般体质结实、适应性强、生产力较强。如肉乳兼用的草原红牛、毛肉兼用的新疆细毛羊、肉蛋兼用的浦东鸡。

这种品种分类法也是相对的，因为有些品种随着时代的变迁，人类需求的变化，其主要用途将发生一些变化。例如，短角牛以肉用著称，但后来有些地方育成了乳用短角牛和兼用短角牛品种。所以，这种分类法也不是绝对的。

三、引种与风土驯化

从动物的生态分布看，各种动物都有其特定的分布范围，各自在特定的自然环境条件下生存繁衍，并与其历史发展和农牧业条件相适应，对原产地有特殊的适应能力。随着国民经济的发展，需要不断提高动物生产效益，满足人们日益增长的多种多样的需求。为了快速改变当地原有品种或直接从国内外引进优良品种从事动物生产，动物引种会更加频繁。

(一) 引种与风土驯化的意义

将异地优良品种、品系或类型引到当地，或将异地优良种用动物的精液或胚胎引入当地，直接作为推广或育种素材的行为就称为引种。当动物被引入到新地区后，若能按照新的环境条件（温度、湿度、地势、光照、饲料及饲养管理方式等）改造自身的生理机能，逐渐适应新环境，不但能正常地生存、繁殖、生长发育，并且能保持原有的基本特征和特性，这种逐渐适应新环境的复杂过程，就称为风土驯化。它包括育成品种对不良生活条件的适应能力、原始品种对丰富的饲料和良好的管理条件的反应，以及动物对某些疾病的免疫能力。风土驯化有2条途径。

1. 直接适应 从引入个体本身在新环境条件下直接适应开始，经过后裔每代个体发育过程中不断对新环境条件的直接适应，直到基本适应新环境条件。

2. 间接适应（定向地改变遗传基础） 新的环境条件超越了动物的反应范围，即引入动物发生不能适应新环境的种种反应，可通过选择和交配制度的改变，淘汰不适者，留下个体进行繁衍，逐渐改变群体中基因和基因型频率，使引入品种在保持原有主要特征特性的前提下，改变其遗传基础，间接适应当地环境条件。

(二) 引种应注意的问题

1. 正确选择引入品种 根据当地经济发展需要和品种区划要求，选择有较高经济价值和育种价值及有较强适应性的品种。同时，应注意原产地和引入当地生活环境条件差异不宜过大。

2. 慎重选择个体 除按照本品种标准要求选择外，还应尽量选择年幼健壮的个体。

3. 合理安排调运季节 避免严寒酷暑，使动物逐渐适应温和的气候变化。

4. 防止疾病传播 严格执行检疫隔离制度，防止疫病传入。

5. 饲养管理 加强适应性锻炼，增强其适应能力。

6. 注意留种 选择适应性好的个体留种，避免近亲交配。

(三) 引种后的主要变化

品种原产地和引入地各方面的条件存在着差异，总会使品种特性产生一些或大或小的变异。按其遗传基础是否有改变，可将变异分为暂时性变化和遗传性变化。

1. 暂时性变化 即一旦生活条件改变，这种变化也随之消失。

2. 遗传性变化 又分为：①适应性变异：因引进时间较长或导入了当地品种血统，而使该品种发生某些有利变异并提高了适应性，并且成为可遗传的稳定性状，这种变异也算符合引种的愿望；②退化：当两地生活环境条件差异过大，引入品种长期不能适应，表现出体质过度发育、经济价值降低、繁殖力减退、发病、死亡率升高，即使改善了饲养管理及环境条件也难以彻底恢复，这种情况就称为退化。

第二节 动物生长发育的规律

一、生长发育的概念

生长和发育是2个不同的概念。生长（growth）是动物经过机体的同化作用进行物质积累的过程，表现为细胞数量增多、组织器官体积增大、动物整体的体积与体重的增加。生长是以细胞分裂增殖为基础的量变过程。发育（development）是生长的发展与转化。当某一类型的细胞分裂到某个阶段或一定数量时，就出现质的变化，分化产生与原来母细胞不同的细胞，并在此基础上逐渐形成新的组织与器官。发育是以细胞分化为基础的质变过程，表现为有机体形态和功能的本质变化。二者既有区别又有联系，生长是发育的基础，而发育又促进生长，并决定着生长的发展方向。生长发育的过程就是一个由量变到质变的过程。动物的特征特性是在个体生长发育全过程中逐渐形成和完善起来的。

二、生长发育的测定和计算

（一）生长发育的测定

研究个体生长发育状况时多采用定期称重和测量体尺的方法，取得有关数据，经分析处理得到相应阶段的代表值。

观测度量时间：因动物种类和度量目的不同而异，通常在初生、断乳、初配和成年等阶段进行测定。

测定项目：体重、体高、体长、胸围、管围。对种用动物要求测定次数多些，初生时测定1次；从初生到6月龄，每月测定1次；从6月龄到12月龄，每隔3个月测定1次；从1岁到成年，每半年测定1次等。

称量体重：用盘秤、磅秤、地秤等来称量动物的体重。

测量体尺：用测杖和卷尺等来量取动物的体高、体长、胸围、管围等体尺数值。测量方法如下：

1. 体高（鬐甲高） 是由鬐甲顶点至地面的垂直高度。

2. 体长（体斜长） 是由肩端到臀端的直线距离。猪的身长则是由两耳连线的中点沿着背线量至尾根的距离。

3. 胸围 沿着肩胛软骨的后缘量取胸部的垂直周径。

4. 管围 左前肢管部上1/3最细处量取的水平周径。

（二）生长发育的计算

观察个体由小到大的动态发展，可以是整体的，也可以是局部（组织、器官、部位）的。主要观察动物整体或器官、组织等是如何随个体年龄的变化而发生变化的。要求在个体不同年龄时间点上观察度量所需的有关数据，对生长发育的度量结果经初步整理后，除可用基本的统计量平均数、标准差、变异系数（X、S、CV）做静态表述外，还可对个体由小到大的发展进行动态分析。

1. 生长发育的指标

（1）累积生长：任何一次所测的体重和体尺，都是代表该动物在测定以前生长发育的累积结果，称为累积生长。它反映动物的一般生长发育情况。

（2）绝对生长：是在一定时间的增长量，是生长速度的标志。其计算公式为：

$$绝对生长＝（末重－始重）/所经过的时间$$

生产中常用绝对生长来检查动物的营养水平、生长发育是否正常，作为制订饲养标准及各项生产指标的依据，用来评定肉用动物肥育性能的优劣等。

（3）相对生长：是用增长量与原来体重的比率来代表动物在一定时间内的生长强度。不同年龄的动物在同一时间内生长速度可能一致，但生长强度并不完全一致。肯定是年龄小体重轻的个体生长强度比较大。计算公式为：

$$相对生长＝（末重－始重）/始重 \times 100\%$$

（4）生长系数：是用末重与始重直接相比较来说明动物生长强度的一种指标。其公式为：

$$生长系数＝末重/始重 \times 100\%$$

2. 体尺指数　是说明动物各部位发育的相互关系和比例，即体态结构情况的指数。常用体尺指数及计算方法如下：

（1）体长（体型）指数：以体长与体高相比来表示体长与体高的相对发育程度。公式为：

$$体长（体型）指数＝体长/体高 \times 100\%$$

此指数随年龄增长而增大，如生前发育受阻，则体长（体型）指数加大；如生后发育受阻，则体长（体型）指数较正常的减小。乘用马此指数在100%以下，挽用马在105%以上，兼用马介于二者之间。

（2）胸围指数：以胸围与体高相比来表示体躯的相对发育程度。其公式为：

$$胸围指数＝胸围/体高 \times 100\%$$

由于生后胸围增长比体高大，故该指数随年龄增长而增大。

（3）管围指数（骨量指数）：以管围与体高相比来表示骨骼的相对发育程度。其公式为：

$$管围指数（骨量指数）＝管围/体高 \times 100\%$$

由于管骨的粗度在生后生长较多，故该指数随年龄增长而增大。

（4）体躯指数：以胸围与体长相比来表示体躯的相对发育程度。其公式为：

$$体躯指数＝胸围/体长 \times 100\%$$

由于胸围和体长在生后生长均较快，故该指数随年龄增长变化不显著。

三、生长发育的一般规律

（一）生长发育的阶段性

动物生长发育的全过程明显分为胚胎期和生后期。

1. 胚胎期　从受精卵开始到出生时为止。此期又分为胚体期和胎儿期。

（1）胚体期：由结合子形成到胚盘固定时为止。此期长短约为整个胚胎期的1/4。

（2）胎儿期：是由胎儿形成到出生。此期生长极快，初生重的3/4约在后期长成。因而营养需要量急剧增加，若营养不足则易造成生前生长发育受阻。

2. 生后期　由出生后直到衰老死亡。生后期较长，又可分为5个时期。

（1）哺乳期：由初生到断乳时为止。此期特点是生长发育快，条件反射相继形成，增重及适应能力不断提高，末期由哺乳渐变为食植物性饲料。

（2）幼年期：断乳到性成熟这段时间。动物体内各组织器官逐渐接近成年状态，性机能开始活动。此期是定向培育的关键时期,其特点表现为由依赖母乳过渡到自己食用饲料,食量不断增加,消化能力大大加强;骨骼和肌肉迅速生长,各种组织器官相应增大,特别是消化器官和生殖器官的生长发育强度最大;绝对增重逐渐上升,奠定了今后生产性能和体质外形的基础,是畜禽肉品生产最重要的阶段,此阶段屠宰的畜禽胴体的肉质均较好。

(3) 青年期:性成熟到生理成熟这段时间。动物机体生长发育接近成熟,体型基本定型,能繁殖后代,其特点表现为各类组织器官的结构和机能日趋完善;绝对增重达到最高峰,随后的增重强度则呈下降趋势,但体脂肪的沉积量增加;生殖器官发育完善,雌性动物乳房的生长强度加快。

(4) 成年期:由参加配种繁殖到衰老。此期体躯完全定型,各种性能完善,生产性能最高,性活动最旺盛,增重停止,遗传性稳定。

(5) 衰老期:各种机能开始衰退,代谢水平降低,生产力下降。

(二)生长发育的不平衡性

成年动物不是幼龄动物的放大,幼龄动物也不是成年动物的缩影。在同一时期,机体各部位及各组织之间,并不是按相同比例来增长的,而是有先后快慢之分,这就是不平衡性。

1. 骨骼生长的不平衡性 动物全身骨骼可分为体轴骨(躯干骨)和四肢骨(外周骨)。出生前四肢骨生长明显占优势,故初生时四条腿特别长,尤其是后肢;出生后不久,转而为体轴骨生长强烈,四肢骨的生长强度开始明显下降,故成年时体躯变长、变深和变宽,四肢相对变粗变短。体轴骨生长的顺序是由前向后依次转移;而四肢骨则是由下而上依次转移,这种生长强度有顺序地依次变换的现象称为"生长波",而最后长的部分则称为"生长中心"。马、牛、羊等草食动物的荐部和骨盆部是两个生长波汇合的部位,是"生长中心",它的最高生长强度出现得最晚,是全身最晚熟的部位,但该部位又是全身出肉最多、肉质最好的地方,如果在强烈生长时期发育受阻,则将使后躯变得尖窄而斜,无疑要影响产肉量。

2. 外形部位生长的不平衡性 外形变化与全体骨骼生长顺序密切相关。马、牛、羊、骆驼初生幼畜的外形特点是,头大、腿长、躯干短、胸浅、背窄、荐高、毛短、皮松、骨多、肉少;而成年时则躯干变长,胸深而宽,四肢相对较短,各部位变得协调匀称,肌肉与脂肪增多。一头幼畜从小到大是先长高,然后加长,最后变得深宽,体重加大,肉脂增多。幼畜和成畜出现的外形差别主要是骨骼生长的不平衡性所致。

3. 体重生长的不平衡性 各种动物体重的相对增长是胚胎期远远超过出生以后。以牛为例,其受精卵重仅为 0.5 mg,初生重为 35 kg,即体重加倍次数为 26.06;成年时体重为 500 kg,即生长到成年时体重的加倍次数仅为 3.84。不同畜种和品种的动物,绝对增重最高峰出现的时间不同。

4. 组织器官生长的不平衡性 不同组织发育快慢的先后顺序是,先骨骼和皮肤,然后是肌肉和脂肪。幼龄动物的皮肤宽松,皱褶较多;肌肉的变化是随年龄增长而增多,肌纤维变粗,肌束变大,肉色变深,蛋白质增多,水分减少;脂肪则在发育成熟后才大量沉积,顺序是先肠油和板油,然后肌间脂和皮下脂(膘厚),最后沉积在肌纤维之间。

(三)发育受阻及其补偿

1. 发育受阻的规律 动物在生长发育过程中,由于饲养管理不良或其他原因,引起某些组织器官和部位直到成年后还显得很不协调,这种现象称为发育受阻或发育不全。

各部位发育受阻的程度与其生长强度成正比,与其生物学意义成反比。即该阶段生长强度最大的部分如遇不良条件,受阻程度最大;那些维持生命和繁殖后代的重要器官,则受阻程度相对较小。

2. 发育受阻的类型 可分为 3 种。

(1) 胚胎型:草食动物在胚胎后期四肢骨生长最旺盛,如母体此时营养不良,则此部分的受阻程度最大。直到成年时仍具有头大体矮、尻部低、四肢短、关节粗大等胚胎早期的特征。

（2）幼稚型：生后由于营养不良，使体躯的长度、深度和宽度发育受阻，成年后仍具有躯短肢长、胸浅背窄等幼龄时期的特征。

（3）综合型：生前生后都营养不良，使以上两种特征兼而有之。特点是体躯短小，体重不大，晚熟，生产力低。

3. 发育受阻的补偿　一般是受阻时间越早、越长，则畜体发育受影响越深，以后改善饲养也只能使体重得到补偿。相反，受阻的时间越短、越晚，则完全补偿的可能性就越大。

四、影响生长发育的主要因素

1. 遗传因素　包括品种、性别和个体的差别。如荷斯坦乳牛，一般雄性个体较雌性个体生长快而大，遗传性优秀个体在相同条件下各方面的表现明显优于一般个体。

2. 环境因素　包括母体、营养和生态条件的差别。如母体大小和胚胎发育呈正相关，母马所生的马骡明显大于母驴所生的驴骡（驶骒）；妊娠母畜营养过度不足，使胚胎生长发育受阻，该个体生后仍保持胚胎早期的幼稚型体型；光照变化对绵羊和鸡的繁殖、产蛋有明显影响；环境温度高低可直接影响幼小个体的成活。

第三节　动物的生产力

（一）动物生产力评定的意义

可根据动物生产力按质分群，优畜优饲，做到科学养畜，并有助于查清妨碍生产力发挥的有关因素。评定动物生产力对指导牧业生产，改进劳动组织，搞好经营管理也有很大帮助，同时为选种选配提供依据。

（二）评定生产力的主要指标

动物生产力可分为肉用、乳用、毛用、蛋用、役用和繁殖六大类。各种生产力评定指标的名目尽管不同，但按其性质可分为数量指标、质量指标和效率指标 3 种。

1. 评定产肉力的指标　肉用动物有猪、牛、羊、兔等，以猪为主，其评定指标有：

（1）活重：指动物宰前的活体质量。由于相同活重的个体产肉量相差很大，因此常根据动物一定年龄时的体重作为评定的指标。

（2）经济早熟性：指动物在一定的饲养条件下能早期达到一定体重的能力。如猪用 6 月龄时的体重作为评定经济早熟性的指标。

（3）肥育性能：它表示动物在肥育期间增重和脂肪沉积的能力。常以平均日增重和每增重 1 kg 所需的饲料量（饲料转化率）这两个指标来表示。

（4）胴体重：屠宰放血后，去头、蹄、尾和内脏（保留板油、肾）后的两片胴体合重（kg）。

（5）屠宰率：胴体重占宰前活重的百分比，其公式为：

$$屠宰率 = \frac{胴体重（kg）}{宰前活重（kg）} \times 100\%$$

（6）净肉率：屠体去骨后的全部肉脂重量为净肉重，净肉重与宰前活重的比值为净肉率。它说明畜体可食部分的多少，多用于牛、羊。

（7）瘦肉率：指胴体剥离皮、骨骼和分离脂肪后所剩的重量与胴体重之比。

$$瘦肉率 = \frac{瘦肉重（kg）}{胴体重（kg）} \times 100\%$$

（8）膘厚：将猪的屠体劈半，测量第 6～7 肋处背膘的厚度。膘越薄，瘦肉率越高。

(9) 眼肌面积：猪一般以最后一对腰椎间背最长肌的横断面积作为眼肌面积，计算公式是：长度（cm）×宽度（cm）×0.7或0.8。眼肌面积越大，其瘦肉率越高。

(10) 肉的品质：主要根据肉的颜色、风味、嫩度、系水力、硬度、大理石纹等项来评定。

2. 评定产乳力的指标 产乳动物有乳牛和乳山羊等。乳牛从分娩开始挤乳至停止挤乳的整个时期称为泌乳期；由停止挤乳至分娩的间隔时间称为干乳期。评定指标有：

(1) 牛群生产性能测定体系（dairy herd improvement，DHI）：可以获得全面准确的牛群量化信息指标，可以为我国的乳牛改良和后裔测定提供准确的量化数据，有助于我国建立乳牛育种和良种登记体系，对全面提升我国乳牛遗传品质具有实际意义。测定的主要指标有产乳量、乳脂率、乳蛋白率、乳体细胞数、乳糖率、总固体、泌乳天数、高峰天数、高峰产乳量、持续力等信息资料。

(2) 产乳量：产乳时间一般以305 d计算。产乳量可以逐次逐日测定并记录，也可以每月测定1 d（每次间隔的时间要相等），然后将10 d测定的总和乘以30.5，作为305 d的记录。

(3) 平均乳脂率和标准乳：乳脂率即乳中含脂肪的百分比，是乳品质的重要指标。我国规定，荷斯坦乳牛全泌乳期中在第2个月、第5个月及第8个月分别测定3次乳脂率。最后计算全泌乳期平均乳脂率时，不能以各次测定的乳脂率直接相加来平均，而必须按下列公式进行加权平均。

$$\bar{F} = [\sum (F \times M) / \sum M] \times 100\%$$

式中，$\bar{F}$为平均乳脂率（%），F为每次测定的乳脂率（%），M为该次取样期内的产乳量（kg）。

每头牛的产乳量和乳脂率互不相同，为了合理比较它们的产乳力，就应统一换算成4%的标准乳量。公式为：

$$4\%标准乳量（kg） = (0.4 + 15F) M$$

式中，M为某牛的产乳量（kg），F为某牛的乳脂率（%）。

例如，甲牛产乳量8 100 kg，乳脂率为3.4%，乙牛产乳量7 500 kg，乳脂率4.5%。将其换算成4%标准乳。

甲牛：4%标准乳=（0.4+15×0.034）×8 100＝7 371（kg）

乙牛：4%标准乳=（0.4+15×0.045）×7 500＝8 062.5（kg）

显然，乙牛的产乳力比甲牛高。

(4) 泌乳的均衡性：乳牛产犊之后若产乳量上升快，泌乳高峰维持时间长，下降又较缓慢，则说明其泌乳的均衡性较好，其产乳量也较高。

3. 评定产毛力的指标 产毛的动物有绵羊、山羊和骆驼，但以绵羊为主。评定重点有剪毛量、净毛率、毛的品质、裘皮和羔皮品质等。

(1) 剪毛量：即从一只羊身上剪下的全部羊毛（污毛）的重量。细毛羊比粗毛羊的剪毛量要大得多，一般是在5岁以前逐年增加，5岁以后逐年下降，公羊的剪毛量高于母羊。

(2) 净毛率：除去污毛中的各类杂质后的羊毛重量为净毛重，净毛重与污毛重之比，称为净毛率。计算公式是：

$$净毛率 = \frac{净毛重}{污毛重} \times 100\%$$

(3) 毛的品质：包括细度、长度、密度和油汗等指标。

细度：是指毛纤维直径的大小。直径在25 μm以下为细毛，25 μm以上为半细毛。工业上常用"支"来表示，1 kg羊毛每纺出1个1 000 m长的毛纱称为1支，如能纺出60个

1 000 m 长的毛纱，即为 60 支。毛纤维越细，则支数越多。

长度：指的是毛丛的自然长度。一般用钢尺量取羊体侧毛丛的自然长度。细毛羊要求在 7 cm 以上。

密度：指的是单位皮肤面积上的毛纤维根数。

油汗：是皮脂腺和汗腺分泌物的混合物。对毛纤维有保护作用。油汗以白色和浅黄色为佳，黄色次之，深黄和颗粒状为不良。

（4）裘皮和羔皮品质：一般要求是轻便、保暖、美观。具体是从皮板的厚薄、皮张大小、粗毛与绒毛的比例，毛卷的大小与松紧、弯曲度及图案结构等方面进行评定。

4. 评定产蛋力的指标　产蛋动物主要有鸡、鸭、鹅等。评定指标有产蛋量、蛋重和蛋的品质等。

（1）产蛋量：是指从开产之日起，到满 1 年为止的产蛋数。第 1 年产蛋量最多，第 2 年约减产 20%。1 年内春季产蛋最多，夏季产蛋显著减少，秋季换羽，一般产蛋停止。目前多以 500 日龄产蛋量来计算。

（2）蛋重：指单独称量每枚蛋的重量。如要计算某个品种全群的平均蛋重，可以每月间隔或连续 3 次称重，求其平均值。

（3）蛋的品质：是根据蛋形、蛋壳色泽、蛋壳厚度等项来评定。

5. 评定役用能力的指标　役用动物有马、牛、驴、骆驼等，评定指标有挽力、速力和持久力。

（1）挽力和速力：挽力是役畜在挽拉货物或克服车辆及农具阻力时所表现的力量。可用挽力计来测定役畜的最大挽力，或用最高载重量和耕作能力等方法来表示。挽力大小主要取决于体重、体态结构与调教程度，同时也受道路和车辆的性质、单套或多套等因素的影响。马的正常挽力相当于体重的 10%～15%，牛为 18%～26%，但短时间内的最大挽力则可接近或超过本身体重。

速力与挽力呈相反关系，速度快的马则挽力小，而挽力大的马则速度慢。马的速度常通以跑完一定的距离所需的时间来表示。

（2）持久力：它是代表役畜长期、持续、紧张工作的能力。持久力差的役畜在紧张工作时易疲劳，呼吸紧迫，多汗，四肢发抖，或工作后拒绝采食等。

6. 评定繁殖力的指标　猪的产仔数和断乳窝重、鸡的产蛋量，不仅是繁殖力，还是重要的生产力。常用的评定指标有：

（1）适龄母畜的比例：它说明适龄繁殖母畜在畜群中所占的比例。一般大畜保持在 35% 左右，小畜在 50% 上下。计算公式为：

$$适龄母畜比例=\frac{适龄母畜数}{畜群总头数}\times 100\%$$

（2）受胎率：为受胎母畜数与参加配种母畜数之比，可反映配种效果的好坏。公式为：

$$受胎率=\frac{受胎母畜数}{参加配种母畜数}\times 100\%$$

（3）繁殖率：说明适龄母畜的产仔情况，也反映畜群配种和保胎工作的效果。公式为：

$$繁殖率=\frac{全部出生仔畜数}{适龄母畜数}\times 100\%$$

（4）成活率：反映对幼畜护理和培育的工作效果。计算公式为：

$$成活率=\frac{断乳时成活仔畜数}{全部出生仔畜数}\times 100\%$$

（5）总增率：主要反映畜群饲养管理和经营管理工作的情况，也是衡量用于扩大再生产数量的一个指标。计算公式为：

$$总增率 = \frac{当年仔畜成活数 - 当年死亡仔畜数}{年初畜群总数} \times 100\%$$

（6）纯增率：它说明畜群在本年度内的增减情况，也是衡量用于扩大再生产数量的一个指标。计算公式为：

$$纯增率 = \frac{年末总头数 - 年初总头数}{年初总头数} \times 100\%$$

第四节 选 种

一、选种的基本原理

（一）选种的意义和作用

从畜群中选择出优良个体作为种用的过程称为选种。选种使品质较差个体的繁殖后代受到限制，而使优秀个体得到更多的繁殖机会，产生更多的优良仔畜。结果使群体的遗传结构发生定向变化，有利基因的频率升高，不利基因的频率降低，最终使有利基因纯合个体的比例逐代增多。任何动物的育种都需要选种，没有选种也就没有畜群改良。当今世界上所有动物良种，无一不是人类长期选择和培育的结果，选种具有很强的创造性作用。

（二）影响数量性状选择效果的因素

1. 遗传力 是指在整个表型变异中可遗传的变异所占的百分比，一般用符号 h^2 来表示。一般把遗传力值在 0.4 以上的性状认为是高的，0.2～0.4 为中等，0.2 以下为低遗传力。遗传力一方面直接影响选择反应，如高遗传力性状的选择反应就要比低遗传力的性状大很多；另一方面也影响选择的准确性，如遗传力高的性状，表型选择的准确性也越大。

2. 选择差与选择强度 选择差就是所选种畜某一性状的表型平均数与畜群该性状的表型平均数之差。从公式 $R = h^2 \times S$ 可以看出，R（选择反应）值既受遗传力直接影响，也与 S（选择差）值的大小密切相关。必须指出，在影响选择反应的 2 个因素中，只有选择差是可由人来调节和控制的。选择差的大小决定于畜群的留种比率和变异程度。留种率越小，性状在畜群中的变异程度越大，则选择差越大，选择的收效也越好。为了便于比较分析，可将选择差标准化，即除以该性状表型值的标准差（以 σ 代表），所得结果称为选择强度（以 i 代表）。用公式表示：$i = S/\sigma$，$R = i\sigma h^2$。在育种工作中，根据所选性状的遗传力和标准差，结合从小样本中选择时的选择强度表找出与留种比例相应的选择强度，即可预测选择反应。

3. 世代间隔 它以双亲产生种用子女时的平均年龄来计算，即从这一代到下一代所需的平均年数。以猪为例，让公母猪都在 8 月龄时配种，并在头胎仔猪中留种，则种用仔猪出生时的公母猪双亲年龄都是 $8 + 4 = 12$ 个月。世代间隔（GI）$=(1+1)/2=1$ 年。如从第 3 胎开始留种，则 GI 延长为 2 年。假如连续选择 4 年，则前者可得四代种用仔猪，而后者只能得二代；当每世代的遗传改进量相同时，当然 4 年内选四代的改良速度要比只选二代的快 1 倍。由于育种需要若干个世代，并且不同畜群的成熟和种用年限不同，所以需要根据平均世代间隔来计算每年改进量。公式：年改进量 $= R/GI$。为了缩短世代间隔，可考虑采用提早配种、头胎留种和降低老畜在畜群中的比例等措施。

4. 性状间相关 表型相关是反映同一动物两个性状之间的相互联系，可根据观测到的表型值做出估计。遗传相关是表示动物的这一性状与其后代的另一性状之间的相互联系，需要进行一代或数代选择才能做出估计。这两种相关的系数值都在 $-1 \sim +1$。数值前面冠以"正""负""无"，表示相关的性质，而以"强""中""弱"表示相关程度。选择中最关心的是遗传相关，因为只有这一部分才是可以遗传的。

5. 选择性状的数目　现以选择单一性状的反应为1，则同时选择几个性状时，每个性状的反应只有 $1/n^{1/2}$。如果同时选择4个性状，则每个性状的进展只相当于单项选择时 $1/4^{1/2}=0.5$。所以选择时一定要突出重点，不要什么性状都一起抓。

二、种用价值的评定

对于种畜首先要求本身生产性能高、体质外形好、发育正常，其次还要求它繁殖性能好、合乎品种标准、种用价值高。这6个方面缺一不可。也就是要求种畜不仅本身的表型好，而且还要有优良的遗传型。

鉴定种畜的表型可根据其本身的表现，而鉴定其遗传型则须根据其亲属的各种遗传信息。种畜的亲属有：祖先、后代和兄弟姐妹等。

（一）个体选择

根据个体的生长发育、体质外形、生产力的实际表现来推断其遗传型的优劣。具体方法是，与其所在畜群的其他个体相比，或与所在畜群的平均水平相比，也可与鉴定标准相比。一般都要经历一个从小到大多次选留、逐步淘汰的过程。个体选择能使后代得到多大的遗传改进，取决于所选个体表现型与基因型的相关程度、选择什么性状、选择强度大小、同时选多少性状以及怎样选。一般是选择遗传力高的性状效果最可靠，进展也最大，而选择遗传力低的性状则可靠性最差。

个体选择中，当所选性状不止1个时，可采用以下不同方法。

1. 顺序选择法　指同一时期只选1个性状，当这个性状得到满意的改良后，再致力于选择第2个性状，然后再选择第3个性状，如此顺序递减。此法的效率主要取决于所选性状间的遗传相关。如果性状间呈正遗传相关时，此法可能相当有效；如果呈负遗传相关时，此法则费时费力，效率低。

2. 独立淘汰法　是同时选择两个以上性状，并对每个性状分别规定出应达到的最低标准，凡全部达到标准者被选留。若有一项未达标准，即使其他方面都很突出也将被淘汰。此法虽简单易行，但被选留下来的个体，总的表现可能很平常，因而后代的遗传改进不会很大。

3. 综合选择指数法　是根据育种要求，对所选择的每一性状按其遗传力及经济重要性的不同，分别给予不同的加权系数，组成一个综合选择指数，然后按指数高低选种。此法的特点是对所选几个性状有主次之分并综合在一个指数公式中进行同时选择，效果最好。选择指数的计算公式为：

$$I = \sum_{i=1}^{n} w_i h_i^2 (P_i / \bar{P}_i)$$

式中，w_i 为性状的加权值，h_i^2 为性状的遗传力，P_i 为个体表型值，$\bar{P}_i$ 为畜禽群体平均值。

（二）系谱选择

根据系谱，按个体祖先的表型值进行选种的方法称为系谱选择。一个完整的系谱应包括2～3代祖先的名号、生长发育及生产性能等有关资料。因为后代的品质在很大程度上取决于亲代的遗传品质及其遗传的稳定性，所以系谱选择一般采取分析和对比法，即先逐个分析个体的系谱，审查祖先特别是亲代和祖代的血统是否为纯种、生产性能高低及是否稳定；然后对个体的系谱进行比较，从中选出其祖先性能高而且稳定又没有遗传疾患的个体作种用。但根据系谱选种只能预见个体的遗传可能性。因此，此法多用于幼畜的选留和引种。

（三）后裔选择

根据后代的平均表型值选择的方法，这种方法尤其是对遗传力低的性状是较好的选种法。因为后代品质的好坏是对亲本遗传性能及种用价值最确切的见证。该方法被许多国家都采用，并设立测定站专门承担这项工作。但它又是需要时间长、投资高的工作，所以此法一般只用于种公畜的选留。后裔测验的方法有以下4种。

1. 母女对比法 将女儿与其母亲的生产成绩相比，如女儿成绩显著高于母亲，则证明其父亲是一个"改良者"；反之，则为"恶化者"；成绩相近则为"中庸者"。此法简便易行，但母女年代不同，生活条件难以取得一致。

2. 同龄女儿比较法 是将被测的几头公畜的同龄女儿进行同伴生产力间比较。由于它们的年龄、饲养管理条件较一致，故结果也较准确。

3. 半同胞比较法 是以同父异母的半同胞后裔的成绩进行比较。此法优点是能最大限度地消除母亲间和季节间的差异。

4. 公牛指数法 是将公牛女儿的成绩与其母亲的成绩按公式计算成公牛指数后进行比较。公式是：

$$F=2D-M$$

式中，F 为父亲的产乳遗传潜力，即公牛指数；D 为女儿的平均产乳量；M 为母亲的平均产乳量。

后裔选择应注意的事项：①选配的母畜应在品种、类型、年龄、等级上尽可能相同；②后裔之间，后裔与亲代之间应在饲养管理上尽可能相同；③后裔的出生时间应尽可能安排在同一季节；④后裔的数量要足够大，大家畜有10~20头、小家畜有20~30头有生产能力的后代，即可对种畜的种用价值做出大致肯定；⑤评定指标要全面，既要重视后裔的生产力，还要注意其生长发育、体质外形、适应性及有无遗传疾患等。

（四）同胞选择

以旁系亲属（有全同胞与半同胞兄妹等）的表现为基础的选择。一般只根据全同胞或半同胞兄妹的平均表型值来选留种畜。统计资料时，被选留个体本身是不参加同胞的平均值的。同胞测验，因其双亲相同，其基因型一致，所以根据同胞资料能对该个体遗传基因型做出可靠判断，同时也是一个亲本（半同胞时）或双亲（全同胞时）的后裔测验，而且比后裔选择需时短，能提早得出答案；同时，对限性性状、活体不能度量的性状及低遗传力性状的选择都有重要意义。

上述几种选种法虽已被广泛应用，但都有些粗糙，不能用数字来准确表示种畜的种用价值，而且评定结果不能相互比较。为克服这些缺点，可采用较复杂的"估计个体育种值"的方法来评定种用价值。

（五）提高选种的准确性

为了掌握和确保选种工作顺利进行，提高选种效果及其准确性，须建立一套选种的程序与制度。例如，猪的选种程序及制度可概括为："三选、四评、两达到、一突出"。三选即选留、选出、选定三步，四评即从外形、生长发育、生产性能和适应性（耐粗饲性能）4个方面评定猪的好坏，两达到即本身与其后裔要达到育种要求，一突出即要突出育种的主选性状或品系特点。为此，应做好以下工作：①目标明确；②情况熟悉；③条件一致；④资料齐全；⑤记录精确；⑥方法正确；⑦制度健全。

第五节 选 配

一、选配的意义和作用

选配就是有明确目的地决定公母畜的配偶。选种选出了优秀的公母种畜，但它们交配所生的后代品质有很大差异，其原因不是遗传性不稳定，就是后代未得到相应的环境条件，或是公母双方缺乏适宜的亲和力。所以选配的任务就是要尽可能选择亲和力好的公母畜来配种。选配的作用在于：

1. 能创造新的变异 为培育新的理想型创造了条件。

2. 能加快遗传性的稳定 如使性状相似的公母畜相配若干代后，基因型即趋于纯合，遗传性也就稳定下来。

3. 能把握变异的大方向 选配可使有益变异固定下来，经过长期继代选育后，有益性状就会突出表现出来，形成一个新的品种或品系。

选配分为个体选配和种群选配两大类。在个体选配中，按品质不同，又分为同质选配和异质选配两种，按亲缘远近不同又分为近交和远交两种。在种群选配中，按种群特性不同可分为纯种繁育和杂交繁育两种。

二、品质选配

动物的品质包括一般品质（如体质外形、生产性能及产品质量等）和遗传品质（如育种值的高低）。按交配双方品质的异同，可分为同质选配和异质选配两种。

1. 同质选配 选用性状相同、性能表现一致，或育种值相似的优秀公母畜来配种，以期获得与亲代品质相似的优秀后代。如高产牛配高产牛，超细毛羊配超细毛羊等。此法对遗传力高的性状，以1个性状为主的选配，效果较好。同质选配的优点是使畜群逐渐趋于同质化。

2. 异质选配 即表型不同的选配。有两种情况：①选用具有不同优异性状的公母畜相配，以期获得兼有双亲不同优点的后代；②选择相同性状但优劣程度不同的公母畜相配，即以优改劣，以期后代有较大的改进和提高。

异质选配多属中间型遗传，其结果是把极端性状平均一下。异质选配和同质选配都是相对的，不能截然分开。

必须指出，同质选配和异质选配的效果与选种对基因型判断的准确性有关，如交配双方的基因型都是杂合子，即使是相同基因型的交配，后代也会出现分离。采用异质选配时，不允许有相同缺点或相反缺点的公母畜交配，选配的公畜等级一定要比母畜的等级高。同时，应注意充分利用原有的育种记录，查明有效的交配组合继续使用，重复以往的选配，以增殖理想型个体的数量，不必做过多的探索。

三、亲缘选配

亲缘选配即考虑交配双方亲缘关系远近的一种选配。交配双方有较近亲缘关系的称近亲交配，简称近交；反之，则称远亲交配，简称远交。

1. 近交程度的分析 亲缘关系是指两个个体在双方系谱中，七代之内有共同祖先，且就共同祖先出现代数的远近和数量多少而言，出现的代数越近、数量越多，则亲缘关系也越近。表明亲缘关系程度（近交程度）的方法有：①罗马数字表示法；②近交系数计算法；③畜群近交程度计算法等。

2. 近交的用途

（1）固定优良性状。近交可使优良性状的基因型纯化，能使优良性状确实地遗传给后代，很少发生分化。同质选配虽也有纯化和固定遗传性的类似作用，但不如近交的速度快而且全面。

（2）揭露有害基因。由于近交使基因型趋于纯合，有害基因暴露机会增多，因而早期就将有有害性状的个体淘汰了。

（3）保持优良个体的血统。

（4）提高畜群的同质性。近交使基因纯合的另一结果是造成畜群分化，但经过选择，却可达到畜群提纯的目的。

3. 近交衰退的防止　由于近交而表现的繁殖力减退，死胎和畸形增多，生活力下降，适应性变差，体质变弱，生长变慢，生产力降低等称近交衰退。为防止近交衰退出现，除正确运用近交、严格掌握近交程度和时间外，还应采用以下措施：①严格淘汰：坚决把那些不合理想要求、生产力低、体质弱、繁殖力差等有衰退迹象的个体淘汰掉；②加强饲养管理：如果能满足近交后代对饲养管理条件要求高的需要，衰退现象则可缓解；③血缘更新：近交一二代后，为防止不良影响过多积累，可从外单位引进一些同类型但无亲缘关系的种公畜或冷冻精液，来进行血缘更新；④做好选配工作：适当多留种公畜，使每代近交系数的增量维持在3%~4%就不会有显著有害后果。

4. 近交的具体应用　近交是获得稳定遗传性的一种高效方法，育种中不可不用。但在具体应用时，应切实做好以下几点：①须有明确的近交目的；②灵活运用各种近交形式；③控制近交的速度和时间；④严格选择那些体质结实、外形健康正常的个体继续近交。

四、个体选配的注意事项

在制订选配计划和进行个体选配时，应注意以下几点：①选配必须根据既定的育种目标进行，注意如何加强其优良品质和克服其缺点；②选配时，尽量选择亲和力好的家畜相配；③公畜的等级一定要高于母畜；④有相同缺点或相反缺点者不能配；⑤搞好品质选配，对优秀的公母畜，应进行同质选配。

五、种群选配

种群选配就是根据与配双方是属于相同的还是不同的种群而进行的选配。因为使用相同品系或品种个体，与使用不同品系或品种的个体，以及使用不同种或属的个体相配，其后果是不大相同的。所以，为了更好地进行育种工作，除要进行个体选配外，还要合理而巧妙地进行种群选配，这样才能更好地组合后代的基因型，育出更符合人们理想要求的畜群，或利用其杂种优势。

1. 纯种繁育与杂交繁育的关系　种群选配分为纯种繁育与杂交繁育两大类。纯种繁育是使品种内的个体相配，目的是促使更多的成对基因纯合。而杂交繁育则是使品种间的个体相配，目的是促使各对基因的杂合性增加。

基因的纯合与杂合是同一遗传现象的矛盾两极，它们互为依存，相互促进，只有亲本种群越纯，才能使杂交双方基因频率之差越大，所得杂种优势也才更突出。

2. 杂交繁育的分类　杂交方法按种群远近的不同可分为系间杂交、品种间杂交、种间杂交和属间杂交等；按杂交目的的不同，可分为经济杂交、改良杂交和育成杂交等；按杂交方式的不同，可分为简单杂交、复杂杂交、引入杂交、级进杂交、轮回杂交和双杂交等。

第六节　动物育种的方法
一、本品种选育

本品种选育是对培育程度较低的地方品种的改进提高而言，并不强调保纯，有时甚至可用某种程度的小规模杂交。纯繁的基础在于品种内存有差异。任何一个品种，纯是相对的，尤其是较高产的品种，受人工选择影响较大，性状的变异范围更大。

本品种选育是在一个品种的生产性能基本能满足国民经济需要，不必做重大方向性的改变，为了保持和发展该品种优良特性，并克服个别缺点时才使用的。

(一) 纯种繁育

纯种繁育（简称纯繁）是指在品种内，通过选种选配、品系繁育、改良培育条件等措施，以保持和发展一个品种的优良特性，增加品种内优良个体的比重，克服该品种的某些缺点，达到保持品种纯度提高整个品种品质的目的。

(二) 品系繁育

品系是品种内的一种结构单位，它既符合该品种的一般要求，而又有其独特优点。

为了把本品种选育工作进行得更有成效，常把品种核心群分化成若干个各具特点的品系，然后按品系来进行繁育，这称为品系繁育。它是促进品种不断改善和发展的一项重要措施。

1. 品系的类别 其表现形式有 5 种。

(1) 地方品系：数量多、分布广的品种，在某些自然或社会因素影响下，形成的一些具有不同特点的地方类型，它既符合品种要求，又有某些差别，称为地方品系。

(2) 单系：凡来自同一优良公畜的后代，在类型特征上都与该公畜（系祖）大致相同，这种同祖同型的特殊类群称为单系。

(3) 近交系：在养禽业和养猪业中，一般采用连续的全同胞交配，使近交系数很快上升到 37.5% 以上，这种通过高度近交所建立的品系，称为近交系。

(4) 群系：群体继代选育法，即通过组建基础群和闭锁繁育等措施，使畜群中分散的优秀性状得以迅速集中，并转变成为群体所共有的稳定性状，为与单系相区别，故称为群系。此法建系速度快、规模大，其品质也超过祖先。

(5) 专门化品系：根据动物的全部选育性状，由作父本用的品系和作母本用的品系分别承担。这种品系不仅各有特点，而且用于专门与另一特定品系交配，故称为专门化品系。这在养禽业和养猪业中应用较普遍。

2. 建系的方法 目前主要有 3 种。

(1) 系祖建系法的程序是①选择系祖：系祖在各方面都要达到畜群的中上等水平，且具有独特优点，遗传力强，并有成功的选配组合；②选配：一开始即进行没有亲缘关系的同质选配，到第 3 代才围绕系祖进行中亲交配，对在次要性状上有微小缺点的系祖，可用一定程度的异质选配，以配偶的优点补充系祖的不足；③继承者的选择：只能选择那些完整继承系祖的优良品质，而又经后裔测验证明其能忠实遗传给后代的公畜。

(2) 近交建系法：是利用高度的近交，使基因尽快纯合，以达到建系的目的。①建立基础群：基础群的母畜数量越多越好，公畜不宜多，并力求彼此同质，相互间有亲缘关系。组成基础群个体不仅要求优秀，而且选育性状相同，且不带有隐性不良基因。②选配：建系开始时近交程度可以较高，以后则根据上代近交效果来决定下一代的近交方式。③选种问题：最初四五代中可不加选择，任其分离，等分化出现明显不同的纯合子时，再按选育目标进行选择，这样易于选准，大大提高建系的效率。

(3) 群体继代选育法（世代选育法）的工作大体分为①组建基础群：建系目标所要求的各种性状务必一次选齐，如果拟建立的品系要同时在好几个方面都有特点，则基础群以异质为宜，任何个体只要有某项特殊优点即可入选，若拟建立的品系只需要突出个别性状，则基础群以同质为好；②闭锁繁育：至少在 4~6 个世代不得引入任何外来种畜，更新用的后备动物，都应从基础群的后代中选留解决，如果畜群不大，可采用随机选配，当畜群较大或选配技术较强时，则要据上代选配效果，对那些品质已符合品系标准的优秀个体进行同质选配或近交；③严格选留：要求做到，第一，对后备动物在出生时间、饲养管理条件、选种标准和选种方法等方面，各世代之间应基本保持一致，以提高选种的准确性；第二，每世代的畜群规模大小，以保持稳定不变为宜；第三，要特别照顾家系，一般每一家系都应留下后代，优秀家系可多留些；第四，要在保证子代优于上代的前提下，适当缩短世代间隔，以加快遗传进展。

3. 品系的利用 品系建成后可从以下两方面加以利用。

（1）合成新的品系：进行两个或多个品系的系间杂交，将各自优点综合在一起，从而合成另一个新的综合品系，以后又让合成品系再杂交，建立新的更好的合成品系。

（2）利用杂种优势：系间杂交同样可产生强大的杂种优势，特别是近交系杂交和专门化品系的杂交更为明显。在养鸡业中多用双杂交形式，在养猪业中则多用"顶交"形式。而用专门化品系来生产肉畜，比一般品种间杂交的效果还要好。

二、杂交育种

杂交育种，就是运用两个或两个以上品种相杂交，创造出新的变异类型，然后通过育种手段将它们固定下来，以培育出新品种或改进品种的个别缺点。

（一）引入杂交与畜群改良

引入（导入）杂交，是当某品种基本符合国民经济的要求，但还存在个别缺点需要改良，而采用本品种选育短期内又不易见效时，为了迅速改良这些缺陷所采用的一种有限杂交方法。

1. 引入杂交的方法 是利用改良品种的公畜和被改良品种的母畜杂交1次，然后选用优良的杂种（包括公畜和母畜）与被改良品种（母畜和公畜）回交。回交1次获得含有1/4改良品种血统的杂种，此时如果已合乎要求，即可对该杂种动物进行自群繁育；如果回交1次所获得的杂种未能很好地表现被改良品种的主要特征、特性，则可再回交1次，把改良品种的血统含量降到1/8，然后开始自群繁育（图4-1）。

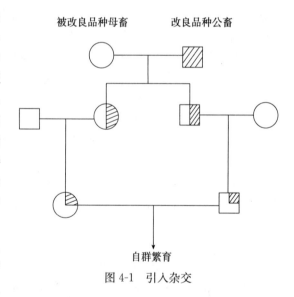

图4-1 引入杂交

2. 引入杂交应注意的问题 ①改良品种和被改良品种要体质类型相似，生产方向一致，改良品种必须具有针对被改良品种缺点的显著优点；②以加强本品种选育作为基础；③引入外血的量一般不要超过1/8～1/4；④创造有利于性状表现的饲养管理条件，同时必须进行严格的选种和细致的选配，这是保证引入杂交成功的两条重要措施。

（二）级进杂交与畜群改良

级进杂交又称改造杂交或吸收杂交。当某一品种不能满足国民经济的要求，需要彻底改变其生产方向，改良其生产性能时，即可采用级进杂交法育成适应当地条件的新品种。

1. 级进杂交 是利用改良品种的公畜与被改良品种的母畜杂交，所生杂种母畜连续几代与改良品种的公畜交配，直到杂种基本接近改良品种的水平。然后将理想型的杂种进行自群繁育（图 4-2）。

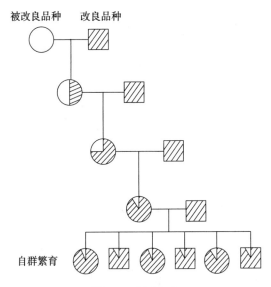

图 4-2 级进杂交

2. 级进杂交应注意的事项 ①正确选择改良品种：即根据地区规划、国民经济的需要以及当地自然条件，选择适应性强、生产力高、遗传能力强的品种作为改良品种；②正确掌握级进杂交的代数：当后代既具有改良品种的优良性状，又适当保留被改良品种原有良好的繁殖力和适应性等优点时，就要不失时机地进行横交自繁；③必须为杂种创造合理的饲养管理条件。

（三）育成杂交与畜群改良

1. 概念 指用两个或更多的种群相互杂交，在杂种后代中选优固定，育成1个符合需要的新品种。育成杂交没有固定模式，大部分杂交育种培育新品种的过程都是采用育成杂交。图 4-3 为一种应用广泛的育成杂交。

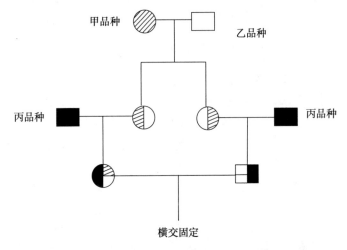

图 4-3 育成杂交

2. 应用范围 育成杂交用于原有品种不能满足需要，也没有任何外来品种能完全替代时，如北京黑猪是由北京本地猪、巴克夏猪、大约克夏猪等杂交育成。

3. 注意事项 要求外来品种生产性能好、适应性强；杂交亲本不宜太多以防遗传基础过于混杂，导致固定困难；当杂交出现理想型时应及时固定。

(四) 新品种的培育

1. 新品种培育的分类

(1) 依据参加品种的数量可分为①简单杂交育种：即通过两个品种杂交来培育新品种，例如，草原红牛就是利用短角牛和蒙古牛杂交来培育的；②复杂杂交育种：即通过多个品种杂交以育成新品种，例如，内蒙古细毛羊，就是利用苏联美利奴羊、高加索羊和当地蒙古羊进行复杂杂交培育成的，用此法来培育新品种，一般比简单育成杂交所需用的时间较长。

(2) 依据育种工作的目的可分为①改变生产方向的杂交育种：例如，将脂肪型猪向瘦肉型猪的方向转变等；②增进抵抗力的杂交育种：如培育有特殊抵抗能力的耐热性品种、耐寒性品种、抗病性品种等。

(3) 依据育种工作的基础可分为①在杂交改良基础上培育新品种：例如，三河马、三河牛都是在群众性杂交改良基础上培育的；②有计划地从头开始培育新品种。

2. 新品种培育的方法和步骤 无论哪一种杂交育种，其育种的基本过程是一致的，可分为3个阶段。

(1) 杂交创新阶段：主要是根据育种目标选择杂交用品种。通过杂交，综合各品种的优良特性，结合培育，创造出符合育种目标的理想型杂种。应当注意：①参加杂交的品种数量不宜过多，以免给横交固定增加困难，杂交时应按先老后新、先专后兼的原则来安排，因为老品种育成时间较长，专用品种遗传性较稳定；②注重参加杂交个体的选择；③杂交代数要掌握适当，只要达到了理想型标准，就应停止杂交；④加强对杂种的培育，其优良性状一般都能充分表现出来，但如果杂种的生活条件太差，则反而会引出更坏的后果。

(2) 自繁定型阶段：是对已达到理想型标准的个体停止杂交，转入自群繁育，从血统上封闭畜群。为了使理想型个体的遗传性能尽快纯正稳定，使其已具备的新品种特征能得到巩固和发展，在选配方式上当然是同质选配，必要时也可采用近交。衡量遗传性稳定的标志：①从自繁开始算起，经3～4代可认为基本稳定；②自繁所生后代，有70%能达到或接近一级标准；③要求新品种具有一定的近交程度；④利用固定后的公畜与低产品种杂交，并与其他品种杂交的效果进行比较。

(3) 扩群提高阶段：主要任务是大量繁殖已固定的理想型，迅速增加数量和扩大分布地区，建立品系，完成一个品种应该具备的条件，使之成为合格的新品种。

三、动物育种中的新技术

(一) 分子生物学技术在动物育种中的应用

1. 分子遗传标记在家畜育种中的应用 20世纪80年代以来，由于分子生物学技术的发展，分子克隆及DNA重组技术的完善，PCR技术和新的电泳技术的产生及发展，使各种分子遗传标记应运而生，为人类医学、动植物育种以及基因图谱的构建战略和技术带来了革命性的变化。分子遗传标记技术在动物遗传育种中已显示出重要作用，主要有限制性片段长度多态性（RFLP）、单核苷酸多态性（SNP）、随机扩增多态DNA（RAPD）、扩增片段长度多态性（AFLP）、微卫星等标记。

(1) 分子标记辅助选择：随着分子遗传学、分子生物学技术和数量遗传学的发展，一种新型的选种方法——遗传标记辅助选择（MAS）已经诞生并逐渐成了研究的热点。我们将占据一定特定染色体区域的微效多基因群称为一个数量性状基因座（QTL）。在理论上，对于这些对数量性状有较大影响而又难以识别和分离的QTL，可以通过分析它们与诸如RFLP之类的分子标记的连锁关系，确定其在染色体上的位置、单个效应及互作效应，从而通过选择可识别的分子标记来选择具有育种意义的QTL。另外，控制一个性状基因型的差异本身也是有关基因的碱基顺序的差异。因此，某些标记基因座本身就可能是QTL，或它们与 QTL 100％连锁，二者一同分离和重组，在此情况下我们可以直接对 QTL 进行识别和选择。所以，一旦明确了分子标记与畜禽的生产性能、抗病力、抗应激反应力等诸多有经济意义性状间的连锁关系，在育种工作中就可依据基因型或与基因座连锁的分子标记进行选种，这显然比仅依据表型值进行选种要准确和经济。

（2）数量性状主效基因的检测与定位：基因定位就是确定基因在染色体上的位置及与之相连锁的标记。由分子标记定位的控制动物重要经济性状的主效基因目前已检测出了许多，例如，影响猪产仔数的雌激素受体（ESR）基因、促卵泡素β亚基（FSHβ）基因，影响猪肉质的氟烷敏感基因，影响羊产羔数的 Booroola 基因，影响鸡体重的矮小基因，影响牛产肉性能的双肌基因等，这些基因控制的性状在我国当前育种中尤为重要，对它们育种费时费力，而且它们受环境的影响也大，利用标记辅助选择将有现实意义。

2. 转基因技术在家畜育种中的应用 转基因技术就是将外源基因转移到动物受精卵内组成一个新的融合基因，使其在动物体内融合和表达，产生具有新的遗传特性的动物。生产转基因动物的目的是，通过基因转移使受体的生理特征受到影响或产生新的功能。当移植的重组 DNA 整合到受体的基因组中，并高效表达，即能产生受体原来不出现的，或虽然出现但在质上和量上均较低的基因产物（通常为蛋白质）。

研究表明，转基因动物的利用需要特定的条件。被转移的基因一般仅在1条染色体位点上稳定地整合，即对双倍体个体来说，在1个位点的2个等位基因中只有1个是转入的基因，故称此类动物为半合子转基因动物。只有将2个半合子动物成功地交配，才有可能得到纯合子转基因动物。而且还要考虑到，在将1个外源基因整合到1个位点时，如果这个位点本身是对胚胎发育或机体功能十分重要的，由于外源基因的介入，转基因动物将部分或全部失去原来的功能，于是得到纯合子转基因动物，或得到的是有遗传缺陷的纯合子。此外，由于外源基因导入，还可能引起基因组的其他位置上产生突变，甚至带来有害的功能。待转入的基因一般应具有重要的经济意义。例如，通常将可用于制药的蛋白质编码基因移植到羊或牛，以期获得能在乳腺高效表达的"生物反应器"，再通过快速繁殖，得到足够数量的动物，用它们大量生产人们期望的高价值生物制品。通过生物反应器生产的大多是需要量较少的药物产品，因此只需要少量的转基因个体就足够了。但如果为了获得一个新品种或品系的话，例如，生长速度快的"超级猪"品系，或能生产"人体化乳"的乳牛品系，则需要很多的功能稳定并能正常繁殖和遗传的转基因动物。转基因技术的诞生标志着人类在生命科学的发展史上进入一个崭新的阶段。转基因技术的发展不仅促进了其他学科的发展，而且带动的产业将推动世界经济的发展。

（二）计算机技术在动物育种中的应用

1. 资料的保存与管理 当今世界，随着信息量的急剧膨胀，对信息的收集、加工处理、存储管理、传播使用等技术要求也越来越高，随着计算机技术的广泛应用，如何有效地管理好数据，成为人们所关注的课题。在整个家畜遗传资源管理中，畜禽品种信息数据库的建立是一项基础性的工作。随着现代畜禽品种的推广以及生物技术的发展，一些遗传多样性的地方品种正被抛弃，优良品种的遗传基础迅速缩小。为获得优质高产、抗逆性强、适应推广的新品种，畜禽遗传资源的调查、评估、保存、管理和利用已经成为当前遗传学家、育种工作者和有关国际组织十分关注的问题。

2. 相关数值计算 育种工作大多以数据资料为基础，如果没有准确可靠的计算方法就不可能得到理想的选择进展。在计算机出现之前，人工对大量数据进行处理的能力非常有限，一定程度上降低了性状特别是数量性状的改良速度。利用计算机之后，可以处理大量的数据，遗传参数以及育种值的估计效率和准确性都大大提高了，还提高了选择的速度和可靠程度。

3. 计算机模拟技术　动物遗传育种研究工作普遍具有周期长、耗资大的特点，要在实际育种中对一些新型育种方法进行研究，具有很大的风险，而且实际规模也往往会因资金等原因而受到限制。与此相对应，计算机模拟具有灵活设计各种实验情况、耗资少、不受时间和空间制约的优点。因此，计算机模拟是开展那些在实际工作中难以进行或没有把握成功的研究工作的理想手段。目前，已成为动物遗传育种研究中一个十分活跃的研究领域。

（三）BLUP 在动物育种中的应用

自 20 世纪 80 年代以来，随着数理统计学（尤其是线性模型理论）、计算机科学、计算数学等学科领域的迅速发展，家畜育种值估计的方法发生了根本变化，以美国动物育种学家 C. R. Henderson 为代表所发展起来的以线性混合模型为基础的现代育种值估计方法——BLUP 方法，即最佳线性无偏预测（best linear unbiased prediction，BLUP），将畜禽遗传育种的理论与实践带入了一个新的发展阶段。

1. BLUP 的概念　美国动物育种学家 C. R. Henderson 于 1948 年提出了 BLUP 方法。如果对一个随机效应（如个体育种值）的预测具有线性（预测量是样本观察值的线性函数）、无偏（预测量的数学期望等于随机效应本身的数学期望）和预测误差方差最小等统计学性质，则称其为最佳线性无偏预测（BLUP）。20 世纪 70 年代，计算机技术的高速发展，使这一方法的实际应用成为可能，C. R. Henderson 对它做了较为系统的阐述，从而引起了世界各国育种工作者的广泛关注，纷纷开展了对它的系统研究，并逐渐将它应用于育种实践。目前，它已成为世界各国家畜遗传评定的规范方法。

2. BLUP 方法的特点和应用前提　BLUP 方法本身可看作是一个一般性的统计学估计方法，但它特别适合用于估计家畜的育种值。在用 BLUP 方法时，要根据资料的性质建立适当的模型。目前，在育种实践中普遍采用的是动物模型。所谓动物模型是指将动物个体本身的加性遗传效应（即育种值）作为随机效应放在模型中。基于动物模型的 BLUP 育种值估计方法即称为动物模型 BLUP。

动物模型 BLUP 具有以下理想性质：①最有效地充分利用所有亲属的信息；②能校正由于选择交配所造成的偏差；③当利用个体的重复记录（如多个胎次的记录）时，可将由于淘汰（例如，将早期生产成绩不好的个体淘汰）所造成的偏差降到最低；④能考虑不同群体及不同世代的遗传差异；⑤能提供个体育种值的最精确的无偏估计值。

由 BLUP 方法所提供的最佳线性无偏估计值是有前提的，它们是：①所用的数据是正确并完整的；②所用的模型是真实模型；③模型中随机效应的方差组分或方差组分的比值已知。这些前提在实际中几乎是不可能满足的。记录（包括性状记录和系谱记录）的差错（如测量仪器或人为因素造成的系统误差）和不完整是很难完全避免的。所用的模型（操作模型）也与真实模型是有区别的，方差组分或方差组分比值的真值作为总体参数一般也是未知的，只能用估计值去代替。因此，由动物模型 BLUP 得到的育种值估计值往往并不是真正最佳无偏的，但是我们可以说对于同一数据资料，动物模型 BLUP 要优于过去所采用的各种育种值估计方法。

3. BLUP 方法的应用　BLUP 方法是评定畜禽种用价值的一种最先进的方法，已经被应用于乳牛、肉牛、绵羊、乳山羊、绒山羊、猪以及家禽的选育研究，并取得了较好的效果。

随着人工授精技术、胚胎移植技术和其他高新生物技术的日益广泛应用，畜群的遗传结构会变得越加复杂。同时，新技术的应用能使数据结构更加优化，促使动物模型更准确地估计生物技术的效应。随着计算机技术的不断发展，其储存和计算功能越来越强大，必将提高动物模型 BLUP 方法估计育种值的效率。

(四) 全基因组选择 (GWAS)

全基因组关联分析（genome-wide association study，GWAS），是指在动物全基因组范围内找出存在的序列变异，即单核苷酸多态性（single nucleotide polymorphism，SNP），通过比较发现影响复杂性状的基因变异的一种新策略。随着基因组学的研究以及基因芯片技术的发展，人们已通过 GWAS 方法发现并鉴定了大量与复杂性状相关联的遗传变异。近年来，这种方法在动物重要经济性状主效基因的筛查和鉴定中得到了应用。为了获得构成表型的所有遗传变异，其中一个途径就是在基因组水平上检测影响目标性状的所有 QTL 并对其利用，这就是全基因组选择。全基因组选择的思想是 Meuwissen 等于 2001 年最早提出来的。全基因组选择简单来讲就是全基因组范围内的标记辅助选择。这种方法的具体思想是利用覆盖整个基因组的标记（主要指 SNP 标记）将染色体分成若干个片段，即每相邻的 2 个标记就是 1 个染色体片段，然后通过标记基因型结合表型性进行选择。

第七节 动物品种遗传资源保存及其利用

一、动物品种遗传资源保存工作的意义

在现代化的商品动物生产中，随着畜牧业生产的"工厂化""集约化"的发展，地方畜禽品种的地位在生产中已发生了很大变化。现代畜禽的育种使为数不多的几个分布广、专门化程度高的良种在世界许多地区取代了当地的固有地方品种，在整个畜牧业中起着支配地位。以猪为例，在欧洲基本上是大约克夏猪、长白猪；在北美除了这些猪品种外，饲养较多的是杜洛克猪和汉普夏猪。这是人们对猪产品的需求所造成的结果。即随着人们对蛋白质食品量需求的不断增加，猪生产中一直把瘦肉率高和生长速度快作为主要的追求目标。从而，杂交成为养猪业的总趋势，对杂交所用的公母品种提出了较高的要求，促使那些在经济和产品类型上暂时处于劣势的品种越来越少，导致了一些地方猪种的濒危，甚至灭绝。

一个畜禽的原始品种（品系）或类型（类群）的形成，往往要花费很长时间，但要破坏一个品种却十分容易。一个有独特遗传特性的品种若遭到破坏，就很难恢复。而从长远的眼光来看，畜禽品种遗传资源越丰富，越具有多样性，就越能适应环境条件和社会经济条件的变化，越能适应人们的不同要求和变化。因此，地方畜禽品种遗传资源的保存（以下简称保种）工作具有极其重要的现实意义和深远的历史意义。

二、动物保种理论

要解决好畜禽保种问题，首先必须认真总结并充分认识畜禽保种工作的历史经验、教训及其发展过程，从而揭示保种工作所遇到的诸问题以及它们之间的相互关系。

（一）保种与选育的关系

保种与选育的目的各不相同，保种的目的是保存现有的遗传资源，要求不变或少变、慢变；选育则是为了改进品种的品质，希望多变、快变。就一个群体而言，保种是要保持原有群体遗传结构，最好使全部基因都处在平衡状态，都能长期保存下来。因而，保种应避免选择与近交，尽量减少随机遗传漂变并延长世代间隔；而选育则相反，选育首先要打破遗传平衡，使基因频率有所变动，甚至基因有所得失。选择是其必要手段，而且要尽可能使世代间隔缩短，有时还利用近交等选配手段。

保种与选育的这种对立关系给我们实际保种工作者带来很大困难。如果保种与选育工作不能结合进行，势必各行其是，各搞一套。但这一矛盾，究其实质并不是变与不变的不可调

和的矛盾，而只是随机与定向之间的人为矛盾。尤其是目前我国畜禽地方品种大多数都面临着选育和保种的双重任务。一方面，需要保存优异的遗传资源；另一方面，又必须提高其生产性能。因此，选育与保种最好能结合进行，即选育群与保种群最好能合而为一，选育措施与保种措施最好能统一兼容。实际上保种与选育并不对立，唯有随机的保种与定向的选育才难以兼顾，我们只要把随机的保种变为有目标的保种，保种与选育就完全可以结合进行。只有这样，我国丰富珍贵的畜禽地方品种的遗传资源才能保住，才能充分发挥它们的作用，为我国甚至全世界的畜牧业发展做出应有的贡献。

（二）优点与缺点的关系

畜禽保种的目的是保存现有遗传资源以备将来育种需要。畜禽保种随时代和社会对畜产品要求的变化而演化。应该承认我们对将来的预测还不可能那么准确，即不可能很准确地预测到现有的畜禽遗传特性在未来相当长的一段时间里，哪一种将"有用"（有利、好），哪一种将"无用"（不利、坏）。例如，太湖猪的繁殖力强，母猪1胎生十六七头仔猪，比外国猪几乎多1倍。但过去这算不上优点，因为生多了也养不活，生多了反而影响初生重，可现在畜牧育种技术提高了，甚至可以采用人工哺乳等方法解决母猪哺育能力不够的问题。这样随着仔猪成活率的提高刺激了人们要求提高猪产仔数的愿望。再如，夏洛来牛的"双肌"，发现当初也被认为它是病理现象（肌肉肥大），而现在却有人认为它是优良的产肉特性；矮小基因（dw）促使家禽个体变小，一般认为它是坏的，都加以淘汰，但目前却发现它与产蛋量和蛋重没有必然的遗传上的对抗性。国外目前正流行利用dw基因培育饲料转化率高的蛋鸡，因为个体小维持生命所需的饲料少，饲料利用就较经济。以上3个例子充分说明，我们要保存的是特异遗传特性，而不一定都是保存所谓的优点，这样的例子还很多。对许多畜禽品种来说，有的遗传特性眼前看来好像是缺点，但它有可能有朝一日转变成为优点。畜禽的"优点"与"缺点"是相对的，今天的优点将来不一定都是优点，今天的缺点将来也可能成为优点，两者在一定条件下可以相互转化，是因时因地而异的。

（三）量与质的关系

群体遗传学认为，畜禽品种是一个具有一定遗传结构的相对平衡群体。同一畜种的不同品种，其基因位点基本相同，遗传结构的差异主要体现在基因种类和基因频率上。基因频率的变化是量变，频率降到零即意味着该基因的消失，也就是发生基因种类的变化。所以，基因种类差异是基因频率差异的极端形式，即基因种类的变化是质变。保种的低目标是"不丢失基因"，即基因种类不变；保种的高目标是"原封不动地保存所有基因"，即基因频率也不变。所以，即使是低目标保种，只为了保持基因的种类，也必须把基因频率的变化控制在一定的范围之内才行，因为"任何质量都表现为一定数量，没有数量也就没有质量"。保种是一个十分复杂的问题，有些问题可以做定量处理，有些问题则不行。因此，畜禽保种理论中的诸多关键性问题必须采取定量与定性分析相结合的方法来处理。

三、现有保种方法

现有畜禽保种方法大致可以归纳为两类：一是以配子（单倍体）形式保存，如长期冷冻保存精子、卵细胞或卵母细胞；二是以合子（二倍体）形式保存，主要是养育活体畜禽或冷冻保存胚胎。其中，配子的保存方法和冷冻保存胚胎的方法又可称为冷冻保种；而养育活体畜禽的形式保存则可称为活体保种。

四、动物品种遗传资源的利用

动物品种遗传资源的利用，主要有直接利用和间接利用两种。

(一) 直接利用

我国的地方良种以及新育成的品种，大多具有较高的生产性能，或某一方面有突出的生产用途，它们对当地自然条件及饲养管理条件又有良好的适应性，因此均可直接用于生产畜产品。

(二) 间接利用

这是我国目前更为广泛的利用方式。

1. 作为杂种优势利用的原始材料　在开展杂种优势利用时，对母本的要求主要是繁殖性能好、母性强、泌乳力强、对当地条件的适应性强。我国地方良种大多都具备这些优点。

2. 作为培育新品种的原始材料　培育新品种时，为了使新育成的品种对当地的气候条件和饲养管理条件具有良好的适应性，通常都利用当地优良品种或类型与外来品种杂交。

第八节　杂种优势及其利用

一、杂种优势利用的概念和意义

不同品种或品系的动物相杂交所产生的杂种，往往在生活力、生长势和生产性能等方面表现出在一定程度上优于其亲本纯繁群体，这种现象称为杂种优势。杂种是否有优势，有多大优势，在哪些方面能表现优势，杂种群中的个体是否都能表现程度相同的优势，这些都主要取决于杂交用的亲本群体及其配合情况。杂种优势利用既包括对杂交亲本种群的选优提纯，又包括杂交组合的选择和杂交工作的组织等一整套的综合措施。一些畜牧业发达的国家，89%的商品猪是杂种，肉用仔鸡几乎全是杂种，肉牛、肉羊、蛋鸡等也都广泛利用杂种优势。目前，已由一般的品种间杂交发展成一整套"配方式"系间杂交的现代化体系。

二、杂种优势利用的主要环节

(一) 杂交亲本种群的选优与提纯

选优就是通过选择，使亲本种群原有的优良、高产基因的频率尽可能增大；提纯就是通过选择和近交，使亲本种群在主要性状上纯合子的基因型频率尽可能增加，个体间的差异尽可能减小。选优提纯最好的方法是开展品系繁育，因为品系比品种小，易培育，易提纯，易提高亲本种群的一致性。提纯与否可由后代的整齐度来决定，如所生后代相对整齐一致，则可认为该种群的遗传纯度较高。当前，我国许多地方猪种的选择，其重点无疑应放在进一步选优提纯上。

(二) 杂交亲本的选择

1. 母本选择的要求　一是选择本地区数量多、适应性强的品种或品系作母本，以便于推广；二是应选择繁殖力强、母性好、泌乳能力强的品种或品系作母本；三是在不影响杂种生长速度的前提下，母本的体格不一定要求太大，以节约饲料。

2. 父本的选择标准　一是应选择生长速度快、饲料转化率高、胴体品质好的品种或品系作父本；二是应选择与杂种所要求的类型相同的品种作父本，有时也可选用不同类型的父母本相杂交，以生产中间型的杂种。因父本的数量很少，所以多用外来的品种作杂交父本。

(三) 杂交效果的预估

不同种群间的杂交效果好坏差异很大，只有通过配合力测定才能最后确定。但可根据以下几点对杂交效果进行预估，只把那些预估效果较好的杂交组合正式列入配合力测定，这样可大大节省人力物力。杂种优势的大小，一般与种群差异大小成正比；主要经济性状变异系数小的种群，一般杂交效果较好；遗传力较低，近交时衰退比较严重的性状，杂种优势也较大。因为，近交衰退和杂种优势一般是相等的，长期与外界隔绝的种群间杂交，一般可获得较大的杂种优势。

（四）配合力测定

配合力就是指杂种优势程度，或杂交效果的好坏。它是选配亲本和决定杂交成效的重要因素，配合力包括一般配合力和特殊配合力两种。杂种优势是按性状分别计算的，其大小用杂种优势率表示，即杂种后代超过亲本均值的百分比，其公式为：

$$H_F = (\overline{F}_1 - \overline{P})/\overline{P} \times 100\%$$

式中，H_F 为杂种优势率，$\overline{F}_1$ 为杂种一代的平均值，$\overline{P}$ 为亲本的平均值。

两品种杂交时，亲本的均值为

$$\overline{P} = （父本性能＋母本性能）/2$$

三品种杂交时，亲本的均值为：

$$\overline{P} = [P_3 + (P_1 + P_2)/2]/2 = (2P_3 + P_1 + P_2)/4$$

杂种优势率是杂种性状值与亲本均值的比率，反映的是相对的遗传效应；而配合力是按杂种的平均表现计算的绝对值，代表着实际水平。其中，一般配合力反映的是基因的加性遗传效应，是可以通过选育提高的；而特殊配合力反映的是基因的非加性遗传效应，是难以预测的。为了提高畜牧业生产效益，应该选育出一般配合力高的品种（或品系）作为当家品种进行推广，用作杂交亲本，并通过杂交试验选定特殊配合力高的杂交组合供生产使用。两种配合力测定方法见图4-4。

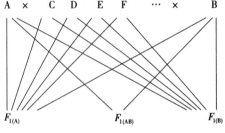

图4-4 两种配合力示意图

（五）杂交

因具体情况不同，杂交方式有以下几种。

1. 简单杂交 即2个品种杂交1次，所生杂种一代全部利用，不再配种繁殖。这种杂交方式对提高产肉、产蛋、产乳及繁殖性能都有明显效果。缺点是不能充分利用繁殖性能方面的杂种优势，所需大量的母畜得靠另一纯繁群来补充，耗资较大（图4-5）。

2. 三元杂交（三品种杂交） 即先用2个品种杂交，以产生繁殖性能方面具有显著杂种优势的母畜，再用第3个品种作父本与它杂交，以生产经济用畜群。其总的杂种优势要超过简单杂交。目前，为了提高猪的瘦肉率，正广泛采用三代杂交（图4-6）。

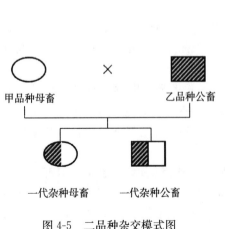

图4-5 二品种杂交模式图

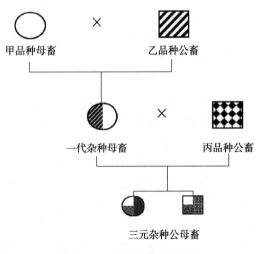

图4-6 三品种杂交模式图

3. 双杂交 即先用4个种群分别两两杂交，然后再在两杂种间进行杂交，产生商品畜禽（图4-7）。如鸡的近交系之间的杂交。

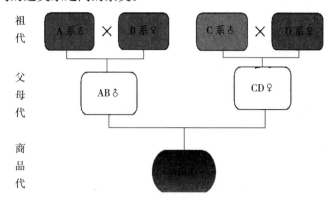

图4-7 四系配套双杂交模式图

4. 轮回杂交 即两三个或更多个品种轮流参加杂交，杂种母畜继续参加繁殖，杂种公畜供经济利用。此杂交方式的优点：①有利于充分利用繁殖性能方面的杂种优势；②由于母畜需要较多，故适合于单胎动物；③始终都能保持一定的杂种优势（图4-8、图4-9）。

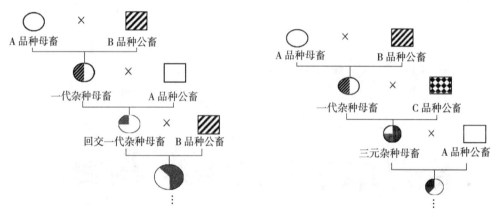

图4-8 二元轮回杂交模式图　　　　图4-9 三元轮回杂交模式图

5. 顶交 即近交系公畜与无亲缘关系的非近交系母畜交配。由于近交系母畜的生活力和繁殖性能都差，不宜作母本，故改用为非近交系母畜。顶交方式的优点是收效快、投资少、后代多、成本低，此法多用于猪。

（六）杂种的培育

杂种优势的有无和大小与杂种所处的生活条件有密切关系。只有在良好的饲养管理条件下杂种优势才可能充分表现；否则，单靠杂交是难以奏效的。

（七）配套系杂交利用的范例

1. PIC 配套系猪简介 PIC 配套系猪是 PIC 种猪改良公司选育的世界著名配套系猪种之一，PIC 公司是一个跨国种猪改良公司，目前总部设在英国牛津。PIC 中国公司成立于1996年。1997年10月，PIC 中国公司从 PIC 英国公司遗传核心群直接进口了5个品系共669头种猪组成了核心群，开始了 PIC 种猪的生产和推广。长期的饲养实践证明，PIC 种猪及商品猪符合中国养猪生产的国情。PIC 配套系杂交模式见图4-10。

2. 曾祖代原种各品系猪的特点 PIC 曾祖代的品系都是合成系，具备了父系和母系所需要的不同特性。

A系瘦肉率高、不含应激基因、生长速度较快、饲料转化率高，是父系父本。

B系背膘薄、瘦肉率高、生长快、无应激综合征、繁殖性能同样优良，是父系母本。

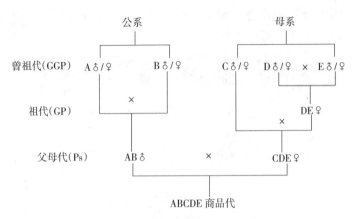

图 4-10 PIC 配套系杂交模式图

C 系生长速度快、饲料转化率高、无应激综合征，是母系中的祖代父本。

D 系瘦肉率较高、繁殖性能优异、无应激综合征，是母系父本或母本。

E 系瘦肉率较高、繁殖性能特别优异、无应激综合征，是母系母本或父本。

3. 祖代种猪 祖代种猪提供给扩繁场使用，包括祖代母猪和公猪。

祖代母猪为 DE 系，产品代码 L1050，由 D 系和 E 系杂交而得，毛色全白。初产母猪平均产仔 10.5 头以上，经产母猪平均产仔 11.5 头以上。

祖代公猪为 C 系，产品代码 L19（图 4-11）。

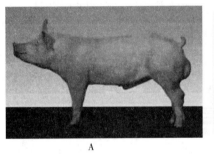 

A B

图 4-11 PIC 配套系祖代公母猪
A. PIC 配套系祖代 C 系公猪 B. PIC 配套系祖代 DE 系母猪

4. 父母代种猪 父母代种猪来自扩繁场，用于生产商品肉猪，包括父母代母猪和公猪。

父母代母猪 CDE 系，商品名称康贝尔母猪，产品代码为 C22 系，被毛白色，初产母猪平均产仔 10.5 头以上，经产母猪平均产仔 11.0 头以上。

父母代公猪 AB 系，PIC 的终端父本，产品代码为 L402，被毛白色，四肢健壮，肌肉发达（图 4-12）。

A B

图 4-12 PIC 配套系父母代公母猪
A. PIC 配套系父母代 AB 系公猪 B. PIC 配套系父母代 CDE 系母猪

5. 终端商品猪 ABCDE 是 PIC 五元杂交的终端商品肉猪，155 日龄体重达 100kg，育肥期饲料转化率 1：(2.6～2.65)，100kg 体重背膘小于 16mm，胴体瘦肉率 66%，屠宰率 73%，肉质优良。

PIC 公司拥有足够的曾祖代品系，在五元杂交体系中，根据市场和客户对产品的不同需求，进行不同的组合用以生产祖代、父母代以及商品猪。目前，PIC 中国公司的父母代公猪产品主要有 L402 公猪，陆续推出的新产品有 B280、B337、B365 以及 B399 等；父母代母猪除了 PIC 康贝尔 C22 以外，将陆续供应市场的还有康贝尔系列的 C24、C44 父母代母猪等。

（八）畜禽的三级繁育体系

在杂种优势利用过程中，建立各个畜种的三级两种繁育体系十分必要。首先建立几个纯种繁殖场，然后向下一级种畜场提供父母代，构成杂交制种场，再由杂交制种场杂交生产杂种后代提供给商品生产场进行生产，具体情况见图 4-13。

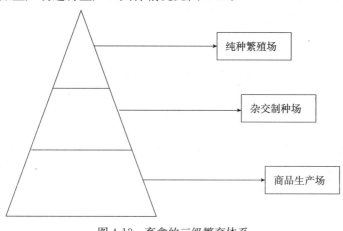

图 4-13 畜禽的三级繁育体系

第九节 动物育种规划与工作组织措施

一、动物育种规划

育种方案的规划和实施过程中，有许多育种组织，诸如育种协会、生产性能测定组织、人工授精站、计算机数据处理中心和遗传评定中心等直接参与其中。因此，为了使各组织间工作协调，有必要阐明育种规划组织工作的必要性。实际上，在育种规划工作中起主导作用的是两部分人员，一部分是各育种组织部门的管理人员，他们是与育种方案实施有直接利益关系的；另一部分是为育种规划工作提供科学方法的专家。在育种规划的不同工作阶段中，实施育种方案的管理者和规划专家的任务和职责包括"优化"育种方案的规划阶段和"优化"育种方案的实施阶段两部分。图 4-14 描述了育种规划工作流程。

二、动物育种工作组织措施

1. 确定育种工作方向与任务的基本原则 一是要适应国民经济发展的需要，二是要适应当地的条件，三是要保持和发扬原有动物的优点。

2. 拟订育种工作计划的主要内容 包括基本情况、育种目标、育种措施、育种年限等。

3. 育种工作的组织措施

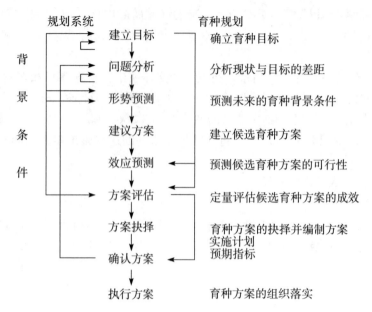

图 4-14　育种规划工作流程
(引自张沅，动物育种学规划，2000)

（1）鉴定与分群。每年鉴定种畜之后，将它们分别编入育种核心群、基本群、后备群、淘汰群等。

（2）编号与标记。种畜个体编号，有的前两位数字代表年别，以后为畜号；标记的方法有剪耳、烙印、耳标等。

（3）拟订具体的繁育和饲养管理制度。

（4）建立各种记录和登记制度。如动物清册、种畜卡片、鉴定卡片、交配记录、分娩记录、生长发育记录、饲料消耗记录、健康和防疫记录等。所有记录都要记录精确，妥善保管，并定期进行整理分析，发挥其应有的作用。

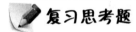复习思考题

1. 作为一个品种应具备哪些条件？为什么要具备这些条件？
2. 动物生长和发育在概念上有何区别？研究动物生长发育的意义是什么？
3. 评定动物生产力时应该注意的原则是什么？何谓体质？在实践中常见的体质类型有哪几种？各体质类型的特点是什么？
4. 试论述提高选择效果的途径及其评估方法。
5. 试论述本品种选育与纯种繁育的异同点。
6. 动物育种中的新技术有哪些？
7. 简述动物模型 BLUP 的特点及应用。
8. 畜禽品种遗传资源保存的意义和任务是什么？
9. 拟制订育种规划时应从哪些方面去考虑问题？

第五章 动物繁殖

重点提示：本章从动物生殖生理、动物繁殖技术、动物繁殖管理3个层面进行阐述。动物生殖生理主要从动物的生殖器官构成及生理功能，生殖激素的种类、来源、化学特性及主要生理作用，雄性和雌性动物的生殖机能等方面进行论述；动物繁殖技术重点介绍人工授精及精液冷冻保存技术、繁殖控制技术（包括发情控制、排卵控制、性别控制、受精控制、产仔控制、分娩控制）、胚胎移植与胚胎工程技术［胚胎与卵母细胞冷冻保存、胚胎嵌合、细胞核移植（克隆）、转基因、胚胎干细胞等］；动物繁殖管理技术主要介绍繁殖力的概念和提高动物繁殖力的措施。

第一节 动物的生殖器官

一、雄性动物的生殖器官

雄性动物的生殖器官由睾丸、输精管道、副性腺、外生殖器所构成（图5-1）。

二维码5-1 从"滴水穿石"到"中国克隆之父"

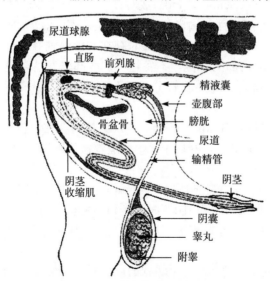

图5-1 公牛生殖器官

（引自米歇尔·瓦迪欧著，施福顺、石燕译，奶牛饲养技术指南，2004）

（一）睾丸

睾丸（testis）位于阴囊内，成对存在，均为长卵圆形。睾丸上端有血管和神经出入，为睾丸头，上有附睾头附着；下端为睾丸尾，连于附睾尾。睾丸实质呈黄色，表面覆以固有鞘膜，其深层为致密结缔组织构成的白膜。白膜向内分出许多结缔组织间隔深入睾丸内，将睾丸分隔成许多锥体形的睾丸小叶。这些间隔在睾丸纵轴处集中成网状，称为睾丸纵隔。每个睾丸小叶内有 2～3 条盘曲的精曲小管，精曲小管之间为间质，内有间质细胞。精曲小管伸向纵隔，在近纵隔处变直，成为精直小管。精直小管在纵隔中互相吻合，形成睾丸网。此后汇合成 6～12 条较粗的输出小管。输出小管穿出睾丸头的白膜，进入附睾头。

睾丸的精曲小管是精子发生的场所，精曲小管之间的间质细胞能分泌雄激素，可促进第二性征的出现和其他性器官的发育。

（二）输精管道

1. 附睾 位于睾丸的后面，可分为附睾头、附睾体和附睾尾 3 个部分。在胚胎时期，睾丸和附睾均在腹腔内，位于肾附近。出生前后，二者一起经腹股沟管下降至阴囊中，此过程称睾丸下降。如有一侧或双侧睾丸未下降到阴囊内，称单睾或隐睾，该种公畜没有生殖能力，不能作种用。

附睾是精子储存与成熟的器官。睾丸生成的精子并不具有运动和受精能力，在附睾内运行过程中逐步获得运动与受精能力，并达到成熟。附睾内温度比体温低 4～7 ℃，呈弱酸性（pH 6.2～6.8），并且含有某些制动因子，这一特殊内环境对精子运动有抑制作用，可使精子在附睾内储存较长时间仍具有受精能力。此外，附睾（特别是其尾部）容量很大，可储存大量精子。

2. 输精管 输精管是附睾管的延续，为运送精子的管道。输精管在膀胱的背侧膨大形成输精管壶腹，其黏膜内有腺体分布，腺体有分泌功能。

3. 尿生殖道 尿生殖道可分为骨盆部和阴茎部，两部分之间以坐骨弓为界。

（三）副性腺

副性腺（accessory sexual gland）包括精囊腺、前列腺和尿道球腺，其分泌物与输精管壶腹腺体的分泌物一起参与构成精清，有稀释精子、改善阴道环境等作用，有利于精子的生存和运动。凡是幼龄去势的公畜，所有副性腺都不能正常发育。

1. 精囊腺 精囊腺（vesicular gland）成对存在，位于膀胱颈背侧的生殖褶中，在输精管壶腹的外侧，贴于直肠腹侧面，输出管开口于尿生殖道骨盆部的精阜上。

2. 前列腺 前列腺（prostate gland）成对存在，由前列腺体和扩散部构成。前列腺体位于膀胱颈和尿生殖道起始部的背侧，不发达。扩散部较发达，包括尿生殖道骨盆外的黏膜，外由尿生殖道肌覆盖着。前列腺管分成两列，开口于精阜后方的 2 个黏膜褶之间和外侧。

3. 尿道球腺 尿道球腺（bulbourethral gland）成对存在，位于尿生殖道骨盆部后端的背外侧。每个腺体发出 1 条导管，开口于尿生殖道骨盆部末端背侧的半月状黏膜褶内。

（四）外生殖器

外生殖器包括阴茎（penis）和包皮（praeputium）。阴茎平时柔软，隐藏于包皮内。交配时勃起，伸长并变得粗硬。阴茎由阴茎海绵体和尿生殖道阴茎部组成，分为阴茎根、阴茎体和阴茎头。包皮为一末端垂于腹壁的双层皮肤套，形成包皮腔，包藏阴茎头。

（五）阴囊

阴囊（scrotum）位于两股之间，呈袋状的皮肤囊。阴囊上部狭窄，称阴囊颈，下面游离，称阴囊底。阴囊壁结构由外向内依次为皮肤、肉膜、睾外提肌和总鞘膜。

阴囊可通过其肉膜和肌肉收缩及舒张调节其与腹壁的距离来使睾丸获得使精子生成的最佳温度。

二、雌性动物的生殖器官

雌性动物的生殖器官由卵巢、输卵管、子宫、阴道、外生殖器构成（图 5-2）。

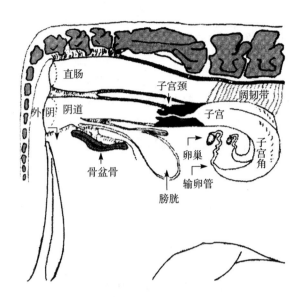

图 5-2 母牛生殖器官
（引自米歇尔·瓦迪欧著，施福顺、石燕译，奶牛饲养技术指南，2004）

（一）卵巢

卵巢（ovary）是产生卵细胞的器官，同时还有分泌雌激素，以促进其他生殖器官及乳腺发育的作用。卵巢左右侧各一。每侧卵巢的前端为输卵管端，后端为子宫端，两缘为游离缘和卵巢系膜缘。输卵管端、子宫端和卵巢系膜缘分别与输卵管系膜、卵巢固有韧带、卵巢系膜相连。

卵巢的表面覆盖一层生殖上皮，但在卵巢系膜附近被覆腹膜上皮。在生殖上皮的深面，是一薄层由致密结缔组织构成的白膜。白膜内为卵巢实质，可分为浅层的皮质和深层的髓质。皮质内含有许多不同发育阶段的各级卵泡；髓质无卵泡，由血管、淋巴管、神经和平滑肌纤维的结缔组织构成。

（二）输卵管

输卵管（oviduct）是输送卵细胞和卵细胞进行受精的场所。输卵管壶腹部是卵细胞进行受精的场所。

输卵管是位于每侧卵巢和子宫角之间的一条弯曲管道。输卵管的前端扩大成漏斗状，称为输卵管漏斗部。漏斗部的边缘为不规则的皱褶，称输卵管伞，其前部附着在卵巢前端。漏斗部中央的深处有一口，为输卵管腹腔口，与腹膜腔相通，卵细胞由此进入输卵管。输卵管前段管径最粗，也是最长的一段，称输卵管壶腹部；后端较狭而直，称输卵管狭部，以输卵管子宫口开口于子宫腔。输卵管与子宫角交界处无明显界限。

（三）子宫

子宫（uterus）可分为子宫角、子宫体和子宫颈 3 个部分。子宫角为子宫的前端，前端通输卵管，后端会合而成为子宫体。子宫体向后延续为子宫颈。平时紧闭，不易开张。子宫颈后端开口于阴道，又称子宫颈外口。

子宫是胚胎发育和胎儿娩出的器官。子宫黏膜内有子宫腺，分泌物对早期胚胎有营养作用。随着胚泡附植的完成和胎盘的形成，胎儿则可通过胎盘交换气体、养分及代谢物，这对胚胎的发育极为重要。此外，母畜妊娠期间，胎盘所产生的雌激素可刺激子宫肌肉的生长及肌动球蛋白的合成。到妊娠末期，胎盘产生的雌激素逐渐增加，为提高子宫的收缩能力创造条件，而且能使子宫、阴道、外阴及骨盆韧带（包括荐坐韧带、荐髂韧带）变松软，为胎儿顺利娩出创造条件。

（四）阴道

阴道（vagina）位于骨盆腔内，前接子宫，后接尿生殖前庭，是交配器官，同时也是分娩的产道。

（五）外生殖器

包括尿生殖前庭（urogenital vestibule）和阴门（cunnus）。外生殖器是交配器官和产道，也是排尿必经之路。

1. 尿生殖前庭 是左右压扁的短管，前接阴道，后连阴门。阴道与前庭之间以尿道口为界。

2. 阴门 又称外阴，是尿生殖前庭的外口，也是泌尿和生殖系统与外界相通的天然孔。以短的会阴部与肛门隔开。阴门由左、右阴唇构成，在背侧和腹侧相连。在腹侧连合之内，有一小而凸出的阴蒂。

第二节　生殖激素

一、概　　述

（一）生殖激素与动物生殖机能的关系

激素是由有机体产生、经体液循环或空气传播等途径作用于靶器官或靶细胞，调节机体生理机能的微量信息传递物质或微量生物活性物质。

几乎所有激素都是由内分泌腺产生的（前列腺素除外），动物的生殖机能与生殖过程都直接或间接地受激素影响。哺乳动物中，几乎所有激素在一定程度上均与生殖有关，直接或间接地影响某些生殖生理活动，维持正常的繁殖机能。

生殖激素即是那些直接作用于生殖活动，并以调节生殖过程为主要生理功能的激素。如促卵泡素、雌激素、孕激素等。

动物的生殖活动是一个复杂的过程。如雌性动物卵细胞的发生、卵泡的发育、卵细胞的成熟与排出；发情、排卵的周期性变化；雄性动物精子的发生和交配；精子、卵细胞在生殖道内的运行、受精；胚胎的附植及妊娠的维持；雌性动物的分娩和泌乳等，所有这些生殖机能都与生殖激素有直接关系。若生殖激素分泌失调，就能破坏生殖过程，从而造成繁殖的失败。

在整个生殖过程中，雌性动物承担了大部分繁重的任务，如排卵、受精、妊娠、分娩和哺乳等。这些不但使雌性动物发生较复杂的生理变化，而且经历较长的时间过程。而雄性动物的生殖活动则比较简单，主要是产生精子和交配。因此，生殖激素对雌性动物生殖机能的作用比对雄性动物生殖机能的作用更复杂，也更为重要。

随着畜牧业的迅速发展，在养殖生产中人们往往利用生殖激素来调节家畜的繁殖活动，达到提高繁殖效率、便于生产管理的目的。如同期发情、诱发发情、诱发多胎等技术都离不开生殖激素。

此外，生殖激素还作为药品广泛用于动物不孕症的治疗。

（二）生殖激素的种类、来源、化学特性及主要生理作用

根据生殖激素的分泌部位及其对生殖器官的作用，大体上可以分为5类：①下丘脑的释放激素；②垂体前叶的促性腺激素；③胎盘的促性腺激素；④性腺的性激素；⑤子宫的前列腺素。

根据激素的化学性质可以分为①多肽蛋白质激素：如下丘脑的释放激素和垂体前叶的促性腺激素；②类固醇（甾体）激素：如性腺和胎盘的性激素；③脂肪酸类激素：如子宫分泌的前列腺素。

生殖激素的种类、来源、化学特性及主要生理作用见表 5-1。

表 5-1　主要生殖激素的分类及其性质

(改自许怀让，家畜繁殖学，1992)

来源	激素名称	化学特性	主要生理作用
下丘脑	促性腺激素释放激素（GnRH），又称黄体生成素释放激素（LRH）	10 肽	刺激垂体前叶释放 FSH 和 LH
	促甲状腺释放激素（TRH）	3 肽	刺激垂体前叶释放甲状腺素（TSH）、生长激素（GH）和促乳素
	催乳素释放激素（PRH）	多肽	调节垂体催乳素的释放
	催乳素释放抑制激素（PRIH）	多肽	抑制垂体前叶释放催乳素
	催产素（储存于垂体后叶，卵巢也分泌）	9 肽	刺激子宫收缩、分娩、精子和卵细胞运行、排乳
松果腺	褪黑激素	胺	调节性机能
垂体前叶	促卵泡素（FSH），又称卵泡刺激素	糖蛋白	刺激卵泡生长、精子发生
	促黄体素（LH），又称黄体生成素，在雄性动物中又称间质细胞刺激素（ICSH）	糖蛋白	刺激排卵，促进黄体分泌孕酮，刺激性腺分泌雌激素和雄激素
	催乳（PRL），又称促黄体分泌素（LTH）	蛋白质	促进泌乳，对某些动物刺激黄体功能和孕酮的分泌，促进母性行为
	生长激素（GH 或 STH）	多肽	促进组织和骨骼的生长
胎盘	人绒毛膜促性腺激素（HCG）（限于灵长类）	糖蛋白	主要类似于 LH，也兼有 FSH 的作用，对灵长类动物具有维持黄体的功能
	孕马血清促性腺激素（PMSG）	糖蛋白	主要类似于 FSH，也兼有 LH 的作用，对母马刺激副黄体的形成
	胎盘催乳素（PL）	蛋白质	调节母体对胎儿的养分供应，可能促进胎儿生长，胚胎早期的 PL 可改变 $PGF_{2\alpha}$ 的流向，使之直接进入子宫腔，从而不影响卵巢上的黄体
	蛋白质 B	糖蛋白	了解不确切，可能在牛、羊有从胎盘向母体传递信息，防止黄体消失的作用
性腺	雄激素	类固醇	促进副性腺发育和维持其功能，刺激第二性征和行为，精子发生，有加强合成代谢的作用
	抑制素（雄性动物的支持细胞分泌，雌性动物的颗粒细胞也分泌）	蛋白质	抑制 FSH 释放
	雌激素	类固醇	促进雌性动物性行为，刺激第二性征、生殖道的生长、子宫收缩、乳腺管道生长，控制促性腺激素的释放，刺激骨骼对钙的吸收，有加强合成代谢作用
	孕激素	类固醇	在促进发情行为中，和雌激素起协同作用，使生殖道做好附植准备。刺激子宫内膜分泌，维持妊娠，刺激乳腺、乳泡生长，控制促性腺激素的分泌
	松弛素（胎盘和子宫也分泌）	多肽	使子宫颈扩张
子宫	前列腺素（$PGF_{2\alpha}$）	不饱和羟基脂肪酸	溶解黄体，引起子宫收缩

二、几种主要生殖激素及其在动物繁殖上的应用

（一）促性腺激素释放激素（GnRH）的应用

由于天然的 GnRH 不易提取，并且成本昂贵，目前人们采用人工合成的方法生产其类似物，不仅价格便宜且生物学效价高。国内合成的 GnRH 类似物主要有 LRH-A_2（促排卵 2 号）、LRH-A_3（促排卵 3 号），主要用于以下几个方面。

（1）提高动物受胎率，方法是在输精前肌内注射促黄体生成素释放激素类似物（LRH-A）。

（2）诱导排卵，对于诱发性排卵的动物，通过肌内注射 LRH-A，诱发排卵。

（3）治疗大牲畜卵泡囊肿。

（二）催产素（OXT）的应用

（1）促进分娩，有催产作用。

（2）治疗母畜产科疾病。促使死胎排出，治疗产后子宫出血、胎衣不下、子宫积脓。

（3）同期分娩。临产前母牛先注射地塞米松，48 h 后按每千克体重静脉滴注 5～7 μg 的 OXT 类似物，可在 4 h 左右分娩。妊娠 112 d 的母猪，先注射 $PGF_{2\alpha}$ 类似物，16 h 后给予 OXT 的母猪在 4 h 内全部分娩。

（三）促卵泡素（FSH）的应用

（1）治疗雌性动物不发情、卵巢静止、卵巢发育不全、卵巢萎缩等症。母牛每次肌内注射 FSH 100～200 IU，马为 200～300 IU，驴为 100～200 IU，一般连续用 3～4 d，1 d 2 次。

（2）超数排卵。以乳牛为例，于发情周期的 9～13 d，连续 4 d，每天肌内注射 2 次，总剂量为 400 IU 左右；绵羊总剂量为 300 IU 左右。

（3）提早动物的性成熟。对接近成熟的雌性动物与孕激素配合使用，可使其提早发情配种。

（4）诱导泌乳乏情期的雌性动物发情。对产后 4 周的泌乳母猪及 60 d 以后的母牛，应用 FSH 可提高发情率及排卵率，缩短产仔间隔。

（5）治疗雄性动物精液品质不良。当雄性动物精子密度不足或精子活力低时，应用 FSH 和 LH 可提高精液品质。

（四）促黄体素（LH）的应用

（1）治疗大家畜卵泡囊肿、排卵迟缓、黄体发育不全等。肌内注射 100～300 IU，用药 1 周后未见好转，可 2 次用药。

（2）诱导排卵。对于非自发性排卵的动物，为获得卵细胞可在发情期静脉注射，24 h 内即排卵。

（3）防止流产。对于黄体发育不全引起胚胎死亡或习惯性流产的雌性动物，可在配种后使用 LH 促使黄体发育和分泌，防止流产。

（4）治疗雄性动物不育症，LH 对雄性动物性欲减退、精子浓度低等疾病有一定疗效。

（五）孕马血清促性腺激素（PMSG）的应用

（1）治疗雌性动物卵巢发育不全，卵巢机能衰退，长期不发情或安静发情。马、牛皮下注射 1 000～2 000 IU，羊 200～400 IU；猪肌内注射 750～1 000 IU。

（2）治疗雄性动物性机能衰退，死精。牛皮下注射 1 500 IU，连续 2 次；羊皮下注射，1 次 500～1 200 IU。

（3）提高羊的双羔率。发情前 3～4 d 皮下一次注射 500 IU。

(4) 超数排卵。乳牛在性周期的 9~13 d 一次肌内注射 2 500 IU 左右。

(六) 人绒毛膜促性腺激素 (HCG) 的应用

作用类似 LH，当卵泡发育到接近成熟时给 HCG，可诱发排卵，继续应用可维持黄体功能。

(七) 雌激素的应用

合成的雌激素有已烯雌酚、苯甲酸雌二醇等多种。

(1) 用于动物的催情：小剂量的已烯雌酚可促使发情症状微弱的雌性动物发情。

(2) 治疗产后胎衣不下或排出干尸化（木乃伊）胎儿。

(3) 用于雄性动物的"生物去势"，改进肥育性能和肉的品质。

(4) 用于牛、羊的人工刺激泌乳。

(八) 孕激素的应用

天然的孕激素在体内含量极少，现已合成多种孕激素物质，其效力远大于孕酮。如甲地孕酮、氯地孕酮、18 甲基炔诺酮等。

(1) 同期发情。同一时间内对一批雌性动物做孕激素处理，经一段时间再同时停药，即可使雌性动物同时发情。

(2) 用于雌性动物早期妊娠诊断。如乳牛可测定配种后 28 d 乳汁中的孕酮水平，孕酮含量大于 11 ng/mL 表示妊娠，小于 2 ng/mL 表示未妊娠。介于二者之间的，再过 1 周进行第 2 次测定。

(3) 预防孕酮不足性流产。对具有习惯性流产且确认是因孕酮不足造成时，给予长效孕酮以渡过流产的危险期。

(九) 前列腺素 (PG) 的应用

天然的 PG 提取困难，价格昂贵，人工合成的 PG 类似物成本低且药效时间长。国内合成的 PG 类似物主要有氯前列烯醇等。

(1) 诱导同期发情。牛肌内注射 2 mL；羊肌内注射 0.5~1 mL，肌内注射后 48~72 h 绝大多数雌性动物发情。对于处于乏情期的绵羊、山羊效果不佳。

(2) 人工流产。对于不适宜继续妊娠的动物，应用 PG 可使其流产，但对马、驴和绵羊在妊娠后期，使用 PG 无效。

(3) 同期分娩。妊娠 112~113 d 的母猪，肌内注射氯前列烯醇 2 mL，75%（48/64）的母猪可在注射后 20~30 h 分娩。妊娠 111~113 d 母猪肌内注射 15 甲-$PGF_{2\alpha}$ 1 mL，97.8%（45/46）的猪在 36 h 内分娩。

(4) 治疗持久黄体或黄体囊肿。给患畜子宫灌注或肌内注射 $PGF_{2\alpha}$，几天后母畜即可出现发情并排卵。

第三节 雄性动物的生殖生理

一、雄性动物性机能的发育

(一) 初情期

指雄性动物初次出现性行为和能够射出精子的时期，是性成熟过程中的开始阶段。

(二) 性成熟

指雄性动物生殖器官和生殖机能发育趋于完善，达到能够产生具有受精能力的精子，并有完全的性行为的时期。雄性动物的性成熟通常比雌性动物要迟一些。兔、小鼠和大鼠等小动物在初次表现性行为时已达性成熟。

(三) 初配适龄

雄性动物在达到性成熟时，身体仍在继续生长发育，在性成熟的后期或更迟些，才能开始配种。配种过早会影响身体的正常生长发育，并且降低繁殖力，主要雄性动物的性成熟年龄和初配适龄见表 5-2。

表 5-2　几种雄性动物的性成熟年龄和初配适龄

动物	性成熟年龄（月龄）	初配适龄（月龄）
牛	10～15	18～24
水牛	16～30	36～48
马	18～24	30～36
驴	18～30	30～36
骆驼	24～26	60～72
猪	5～8	10～12
绵羊	6～10	12～15
山羊	6～10	12～15
兔	3～4	6～8

二、精子的发生

雄性动物在生殖年龄中，精曲小管上皮总是在进行着细胞的分裂和演化，产生出一批又一批精子，同时生精细胞源源不断得到补充和更新。精子形成的系统过程称为精子的发生。全过程历经以下 3 个阶段。

(一) 精原细胞的分裂和初级精母细胞的形成

在此阶段中，1 个精原细胞经过数次增殖分裂，最终分裂成 16 个初级精母细胞（马、牛、羊）或 24 个初级精母细胞（猪）。也使精原细胞本身得到繁衍。因各次分裂均为一般有丝分裂，所以精原细胞和初级精母细胞仍然是双倍体，此阶段需 15～17 d。

(二) 精母细胞的减数分裂和精子细胞的形成

初级精母细胞形成后，细胞核发生减数分裂的一系列变化，主要是染色体的复制，由原先的双倍体复制成四叠体；然后接连进行 2 次分裂，第 1 次分裂产生 2 个次级精母细胞，第 2 次分裂，每个次级精母细胞各分裂成 2 个精子细胞，1 个精母细胞最终分裂成 4 个精子细胞，将原先四倍的染色体均等分配到 4 个精子细胞中。因此，精子细胞和由它演化生的精子都是单倍体。此阶段需 16～19 d。

(三) 精子细胞的变形和精子的形成

精子细胞不再分裂而是经过变形成为精子。最初的精子细胞为圆形，以后逐渐变长，精子细胞发生形态上的急剧变化，细胞核变成精子头的主要部分，细胞质的内容物包括核糖核酸、水分大部分消失；中心小体逐渐生长成精子的尾部，高尔基体变成精子的顶体，线粒体聚集在尾的中段周围。精子形成后随即脱离精曲小管上皮，以游离状态进入管腔。此阶段需 10～15 d。精子发生的全过程，约需数十天（绵羊 49～50 d，牛约 60 d，猪 44～45 d）。

三、精子的形态和结构

哺乳动物的精子在形态结构上有共同的特征，即以头、颈和尾 3 个部分构成（图 5-3）。一般动物精子长 50～70 μm，但精子长度与动物体大小不成比例，如鼠的精子长 190 μm，而大象的精子只有 50 μm。

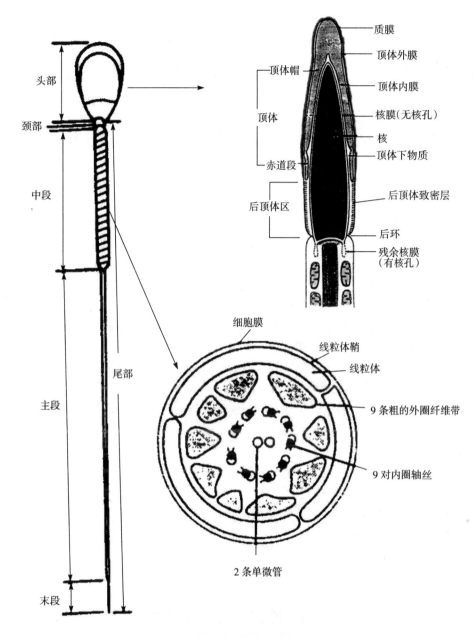

图 5-3 精子的结构图

(一)头部

动物精子的头呈扁卵圆形,长约 0.5 μm,由细胞核、顶体和顶体后区等组成。细胞核内含 DNA、RNA、K、Ca、P、酶类等;顶体呈双层薄膜,呈帽状覆盖在核的前部,内含中性蛋白酶、透明质酸酶、穿冠酶、ATP 酶,及各种酸性磷酸酶。顶体易变性和脱落,顶体后区是细胞质特化为环状的一层薄的致密带。

(二)颈部

位于头与尾之间,起连接作用。长约 0.5 μm,是最脆弱的部分。

(三)尾部

为运动器官和代谢器官,是最长的部分,长 40~50 μm。尾部因各段结构不同,又分为中段、主段和末段 3 个部分。中段是精子能量代谢的中心,由线粒体鞘和 9 条圆锥形粗纤维构成的纤维带、2 条单微管和 9 条二联微管构成的轴丝组成;主段由纤维带和轴丝组成;末段仅由轴丝组成,决定精子运动的方向。

四、精　　液

(一) 精液
精液由精子和精清组成。精清主要由睾丸、附睾、前列腺、精囊腺、尿道球腺和输精管壶腹的分泌液组成。

(二) 精清的化学组成及其作用
1. 精清的化学组成　精清的成分十分复杂，其中与精子代谢有关的化学成分主要有下列几类。

(1) 糖类：主要是果糖、山梨醇、肌醇，主要由精囊腺分泌。

(2) 蛋白质、氨基酸：含3%～7%，由精囊腺分泌。

(3) 酶：大部分来自副性腺，少量由精子渗出。精液中含有多种酶系，精子头部顶体中的透明质酸酶和顶体酶与受精有密切关系。此外，谷氨酸草酰乙酸转氨酶（GOT）是分解氨基酸的一种酶，主要来自精子，特别是当精子遭到冷冻而膜受到破坏时，此酶即从精子中大量逸出。

(4) 脂类：主要是磷脂，来自前列腺。

(5) 有机酸：柠檬酸、抗坏血酸、乳酸，少量的甲酸、草酸、苹果酸、琥珀酸。主要来自精囊腺，具有维持渗透压平衡的功能。

(6) 无机盐：阳离子，以Na^+、K^+为主，Ca^{2+}、Mg^{2+}次之；阴离子，有Cl^-、PO_4^{3-}等。主要参与维持渗透压平衡。

(7) 维生素：核黄素、硫胺素、抗坏血酸、泛酸、烟酸等，与精子代谢及活力有关，可减少异常精子的产生。

2. 精清的生理作用

(1) 扩大容量，便于在雌性动物生殖道内运输。

(2) 调整精液pH，促进精子的运动。

(3) 提供缓冲液和抗氧化剂等保护精子。

(4) 为精子提供营养物质。

(5) 清洗尿道和防止精液逆流。

第四节　雌性动物的生殖生理
一、雌性动物性机能的发育

(一) 初情期
动物的初情期是指初次发情和排卵的时期，是性成熟的初级阶段。

(二) 性成熟
性成熟是一个过程，此时生殖器官及生殖机能达到成熟阶段，表现出完全的发情特征、排出能受精的卵母细胞以及有规律的发情周期，具有繁衍后代的能力。但此时雌性动物身体生长发育尚未完成，不宜配种，以免影响母体的继续生长发育和胎儿的初生重。然而，小动物，如兔等到初情期时通常已达性成熟。

(三) 初配适龄
在生产实践中，考虑动物身体的发育成熟和经济价值，用于繁殖的年龄一般要比性成熟的年龄晚一些，这个适于开始繁殖的时期称初配适龄。雌性动物初配适龄一般以体重为根据，当体重达正常成年体重70%时可以开始配种。

（四）繁殖机能停止期

雌性动物至老年时，卵巢生理机能逐渐停止，不再出现发情与排卵而进入绝情期。往往家畜在此年龄之前，因已失去饲养价值而多被淘汰。

雌性动物性成熟期和初配适龄见表5-3。

表5-3 雌性动物性成熟和初配适龄

时间	马	驴	牛	水牛	绵羊	山羊	猪	骆驼
初情期	12~15月	12月	6~10月	12~15月	6~8月	4~6月	3~7月	3岁
性成熟	18月	15月	12月	1.5~2岁	12月	12月	8月	
初配适龄	3岁	2.5~3岁	1.2~2岁	2.5~3岁	1~1.5岁	1~1.5岁	8~12月	4岁
繁殖机能停止	8~20岁	15~17岁	13~15岁	13~15岁	8~10岁	12~13岁	6~8岁	20岁以上

二、卵细胞的发生

卵细胞的发生是雌性生殖细胞分化和成熟的过程，经过以下3个阶段。

（一）卵原细胞的增殖分裂和初级卵母细胞的形成

动物在胚胎期性别分化后，雌性胎儿的原始生殖细胞便分化为卵原细胞。卵原细胞经过多次有丝分裂，发育成为初级卵母细胞。卵原细胞经最后1次分裂形成初级卵母细胞后，初级卵母细胞进入成熟分裂前期，被卵泡细胞包围形成原始卵泡。以后便开始卵泡闭锁，卵母细胞退化。随着年龄的增长，卵母细胞数量减少。

（二）卵母细胞的生长

初级卵母细胞的生长是伴随卵泡的生长而实现的。卵泡细胞为卵母细胞的生长提供营养，卵母细胞的体积增大，透明带开始出现。

（三）卵母细胞的成熟

卵母细胞的成熟需经过2次成熟分裂。

1. 第1次成熟分裂 大多数动物在胎儿期或出生后不久，初级卵母细胞发育到双线期后不久，卵母细胞就进入持续很长的静止期或称核网期。此时，第1次成熟分裂中断，这一时期要持续到排卵前不久才结束。随之第1次成熟分裂继续进行，称为复始，进入前期的终变期，再进入中期Ⅰ、后期Ⅰ、末期Ⅰ完成第1次成熟分裂。1个初级卵母细胞分裂成为1个次级卵母细胞和1个极体（第1极体）。当第1个初级卵母细胞完成第1次成熟分裂之时就意味着初情期即将来临。

应该指出的是，大多数雌性动物在排卵时，卵细胞尚未完成整个成熟分裂，牛、马、羊、猪的卵细胞，排卵时只完成第1次成熟分裂，排出的是1个处于中期Ⅱ的次级卵母细胞和第1极体，次级卵母细胞以中期Ⅱ再次进入休止。

2. 第2次成熟分裂 完成第2次成熟分裂的时间很短，处于中期Ⅱ的次级卵母细胞，开始第2次成熟分裂是在精子进入这个卵母细胞后，使其被激活，这个次级卵母细胞分为卵细胞和第2极体，若受精卵母细胞和精子形成合子，第1极体分裂成第3和第4极体。此时，第2次成熟分裂才算完成，所以1个初级卵母细胞最后形成1个卵细胞和3个极体。

三、卵细胞的形态和结构

哺乳动物的正常卵细胞为圆球形（图5-4）。卵细胞的结构包括放射冠、透明带、卵黄膜和卵黄。

1. 放射冠 位于卵细胞的最外层，放射冠对卵母细胞起提供养分和进行物质交换的作用。

2. 透明带 透明带为一均质的蛋白质半透明膜，一般认为它是由卵泡细胞和卵母细胞形成的细胞间质。其作用是保护卵细胞。此外，在受精时阻止多精入卵，使受精正常进行。

3. 卵黄膜 卵黄膜是卵母细胞的皮质分化物，其作用主要是保护卵母细胞完成正常的生命活动。

4. 卵黄 排卵时卵黄较接近透明带，受精后卵黄收缩，在透明带和卵黄膜之间的卵黄周隙扩大，排出的极体即在周隙之中。卵黄内有线粒体、高尔基体和细胞核等。细胞核中有1个或多个染色质核仁。如卵母细胞未受精，则退化的卵黄断裂为大小不等的碎块。

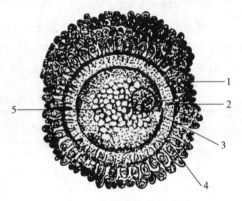

图 5-4 卵细胞结构模式图
1. 放射冠 2. 透明带 3. 卵黄膜 4. 核 5. 卵黄
（引自董伟，家禽繁殖学，1980）

四、卵泡的生长与排卵

（一）卵泡的生长

卵泡是由卵母细胞与包绕着它的数个到大量卵泡细胞共同组成的细胞集团。雌性动物一般自胚胎期即已形成原始卵泡，原始卵泡大量储存在卵巢的皮质部，卵泡的生长贯穿于胚胎期、幼龄期和整个生育期。在各个时期大量卵泡要在不同生长阶段先后闭锁退化，因此卵泡的绝对数随年龄增长而减少，如初生母犊有 68 000~75 000 个卵泡，10~14 岁时为 25 000 个；20 岁时只有 3 000 个。卵泡的生长从形态上可分为以下几个阶段。

（1）原始卵泡：直径约数十微米，中央是1个处于核网期的初级卵母细胞，外面被数个扁平单层的卵泡细胞所包绕。

（2）初级卵泡：原始卵泡发动生长，首先发育成初级卵泡，其卵泡细胞呈立方形，仍为数个单层，立方形卵泡细胞是卵泡已发动生长的主要形态学特征。

（3）次级卵泡：初级卵泡进一步生长，卵泡细胞的数目和层数持续增加，达到数十个和二至数层，卵泡细胞之间出现一些散在的、未连成整体的微小腔隙。在卵泡细胞增长的同时，卵母细胞继续增大，直径大于 100 μm，周围出现透明带，卵泡膜形成但未分化。原始卵泡、初级卵泡、次级卵泡统称为腔前卵泡（无腔卵泡）。

（4）三级卵泡：次级卵泡进一步生长，卵泡细胞大量生长并分离，微小腔隙扩展，原先散在的腔隙逐渐汇合成新月形腔隙，称为卵泡腔。腔内充满卵泡液，再后随着卵泡液逐渐增多，卵泡腔继续扩大，卵母细胞被推向一边，并被包裹在一团卵泡细胞中，这个细胞团突出于卵泡腔中，状如半岛，称为卵丘。其细胞称为卵丘细胞，其余的卵泡细胞则紧贴卵泡腔的周围形成颗粒层，称为颗粒层细胞。

（5）成熟卵泡：三级卵泡继续发育增大，卵泡腔进一步扩大，它扩展达卵巢皮质的整个厚度，甚至突出于卵巢的表面，此时称为格拉夫卵泡和成熟卵泡。三级卵泡和成熟卵泡又统称为有腔卵泡或囊状卵泡。

（二）排卵

成熟的卵泡突出卵巢表面破裂，卵母细胞和卵泡液及部分卵丘细胞一起排出，称为排卵。

1. 哺乳动物的排卵类型

（1）自发性排卵：卵巢上的成熟卵泡自行破裂排卵。牛、猪、羊、马等动物属此种类型。

(2) 诱发性排卵：在雄性交配刺激下引起排卵，并形成功能性黄体。骆驼、猫、兔、貂等动物属于这种类型。

2. 排卵时间、数目

(1) 排卵时间：牛在发情开始后 28～32 h 或发情结束时，猪在发情开始后 16～48 h，羊在发情结束时，马在发情结束前 24～48 h，兔在交配后 6～12 h。

(2) 排卵数：在每次发情中，牛、马、驴一般只排 1 个卵细胞，个别排 2 个；猪一般排 10～25 个；绵羊排 1～3 个；山羊排 1～5 个；兔排 18～20 个。

3. 黄体的形成和退化 成熟的卵泡破裂排卵后，在卵巢的排卵处形成黄体。黄体在排卵后 7～10 d（牛、猪、羊）或 14 d（马）达到最大体积。此后，存在时间的长短，依卵细胞是否受精和畜种而定。如已受精并妊娠，则黄体存在的时间长，且体积也有增大，这称妊娠黄体，分泌孕酮以维持妊娠需要。直至妊娠结束时才退化。但马、驴的妊娠黄体退化较早，一般在妊娠后 160 d 即开始退化，以后靠胎盘分泌孕酮维持妊娠。如未受精和妊娠，至排卵后 14～17 d（牛、猪、马）或 12～14 d（绵羊）开始退化，这种黄体称周期性黄体。

五、发情与发情周期

(一) 发情

雌性动物到一定年龄后，每隔一定时间，卵巢内就有卵泡发育，逐渐成熟而发生排卵，雌性动物的精神状态和生殖器官及行为都发生较大的变化，如精神不安、食欲减退、阴门肿胀、流出黏液、愿意接近雄性动物、接受雄性动物或其他雌性动物的爬跨等。出现这些现象称为发情。

(二) 发情周期

初情期后的雌性动物，在繁殖季节，生殖器官及整个机体都产生一系列周期性的变化，直至性机能停止。这种周期性的性活动称为发情周期或性周期。各种雌性动物正常的发情周期为：牛 21（18～24）d，猪 21（19～23）d，绵羊 17（14～20）d，山羊 21（16～24）d，马 21（16～25）d，兔 8～16 d。

(三) 发情周期的阶段划分

一般以卵巢上有无卵泡发育或黄体存在为依据，分为卵泡期和黄体期 2 个阶段。卵泡期指卵泡开始发育至排卵的时间；而黄体期是卵泡破裂排卵后形成黄体，直到黄体开始退化为止。卵泡期较短，而黄体期较长。

根据动物的性欲表现和相应的机体及生殖器官变化，可将发情周期分为发情前期、发情期、发情后期和间情期（休情期）4 个阶段。发情前期和发情期相当于卵泡期，而发情后期和间情相当于黄体期。

(四) 异常发情

常见的异常发情有以下几种。

1. 安静发情 又称暗发情。是指雌性动物卵巢上有卵泡成熟且排放，但是缺乏明显的发情症状。牛、羊安静发情多于马和猪。产后第 1 次发情、带仔、营养不良等情况的雌性动物多见。

2. 短促发情 发情持续期比正常的短，如果不注意观察，常易错过配种机会。常见于乳牛。

3. 间断发情 发情时断时续，延长发情时间，常见于早春及营养不良的动物。

4. 假发情 有 2 种情况，一种是未妊娠的雌性动物有发情表现，但触摸卵巢，没有卵泡发育，配种也不能受胎；另一种是妊娠后有发情表现，触摸卵巢，有卵泡发育，但多数卵泡发育到一定程度时即退化。后一种情况要十分注意,不能轻易配种,否则会造成流产。

六、受精、妊娠与分娩

(一) 受精

精子进入卵细胞,二者融合成1个细胞——合子的过程称为受精。

1. 精子、卵细胞受精前的准备

(1) 精子在雌性动物生殖道的运行:精子在雌性动物生殖道的运行是指由射精(输精)部位到受精地点的过程。

动物的射精部位因动物种类不同而有差别,马、驴、猪属于子宫射精型,交配时可将精液射入子宫体内;牛、羊、兔属于阴道射精型,交配时将精液射入阴道的子宫颈口附近。因此,精子到达受精部位(输卵管上1/3处的壶腹部)须有一个运行的过程。精子运动的动力,除其本身的运动外,主要借助于雌性动物生殖道的收缩和蠕动以及腔内液体的作用。在发情时期精子运动速度很快,只需数分钟到数十分钟,即可到达受精部位。

(2) 精子的获能:进入雌性动物生殖道的精子,不能立即和卵细胞受精,必须经和雌性动物生殖道分泌物混合,进行某种生理上的准备,经过形态及生理生化发生某些变化之后,才能获得受精能力,这一生理现象称为精子获能。一般情况下,精子在雌性动物生殖道获能所需的时间,绵羊1.5 h,猪3~6 h,兔5~6 h,牛十几个小时。

(3) 配子在雌性动物生殖道内保持存活能力的时间:精子存活时间:牛15~56 h,羊48 h,猪56 h,马24~144 h,兔30~36 h。掌握精子在雌性动物生殖道内存活时间,对于确定输精或配种时间至关重要。卵细胞存活时间:牛8~12 h,羊16~24 h,猪8~10 h,马6~8 h,兔6~8 h。在配种实践中,最好在排卵前的适当时机输精,使受精部位有活力旺盛的精子等候卵细胞,这样可以提高动物的受胎率。

2. 受精过程 受精过程即指精子和卵细胞相结合的生理过程。正常的受精过程大体分为以下5个阶段(图5-5)。

(1) 精子溶解放射冠:卵细胞的外周被放射冠细胞所包围。受精前大量精子包围着卵细胞,精子顶体释放一种透明质酸酶,溶解放射冠,使精子接近透明带。此时,卵细胞对精子无选择性。

(2) 精子穿过透明带:进入放射冠的精子,其顶体分泌顶体酶(素),此酶将透明带溶出一条通

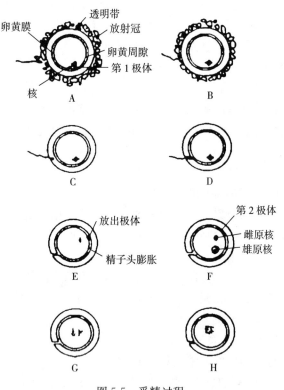

图5-5 受精过程
A. 精子、卵细胞相遇,精子穿入放射冠
B. 精子发生顶体反应,并接触透明带
C、D. 精子释放顶体酶,水解透明带,进入卵黄间隙
E. 精子头膨胀,放出极体
F. 雄、雌原核形成,释放第2极体
G. 原核融和,向中央移动,核膜消失
H. 第1次卵裂开始

(仿自 E. S. E. Hafez, Reproduction in Farm Animals, 6th Ed, 1993)

道,精子借自身运动穿过透明带。这时卵细胞对精子有严格的选择性,只有相同种类动物的精子才能进入透明带。当精子穿过透明带,触及卵黄膜时,引起卵细胞发生一种特殊变化,将处于休眠状态的卵细胞"激活"。同时,卵黄发生收缩,释放某种物质,使透明带起一种变化,这种变化称为透明带反应,可阻止后来的精子进入透明带内。

(3) 精子进入卵黄:穿过透明带的精子在卵黄膜外稍停之后,带着尾部一起进入卵黄内。精子一旦进入卵黄,卵黄膜立即起一种变化,拒绝新的精子进入卵黄,称为卵黄封闭作用。这是一种防止2个以上的精子进入卵细胞的保护机制。

(4) 原核形成:进入卵黄内的精子尾部脱落,头部逐渐膨大变圆,变成雄原核。精子进入卵黄后不久,卵细胞进行第2次成熟分裂,排出第2极体,形成雌原核。

(5) 配子配合:两性原核形成后,相向移动,彼此接触,随即便融合在一起,核仁核膜消失,2组染色体合并成1组。从2个原核的彼此接触到2组染色体的结合过程,称为配子配合。至此,受精即告结束,受精后的卵细胞称为合子。

(二) 妊娠

受精卵沿着输卵管下行,经过卵裂、桑葚胚和囊胚、附植等阶段,形成一个新个体——胚胎,该过程称为妊娠。

1. 胚胎的早期发育 合子形成后立即进行有丝分裂,进入卵裂期。

(1) 卵裂:由单细胞合子分裂形成2细胞胚、4细胞胚、8细胞胚等。一般把32~64细胞胚称为桑葚胚。这一时期统称卵裂期。一般在4~16细胞阶段由输卵管进入子宫,如牛为8~16细胞进入子宫,因动物品种而异。

(2) 囊胚:细胞数目进一步增加以后,细胞开始分化。胚的一端,细胞密集成团,称为内细胞团或胚结;另一端,细胞只沿透明带的内壁排列扩展,这一单层细胞称为滋养层,在滋养层与内细胞团之间出现囊胚腔,这时称为早期囊胚。卵裂和囊胚都是在透明带内发育的,虽然细胞数目大量增加,但总体积变化不大,囊胚进一步扩大,从透明带中伸展出来,这在胚胎移植技术中称为孵化囊胚。囊胚一旦脱离透明带,即迅速扩展增大。

(3) 原肠胚和中胚层的形成:囊胚进一步发育,出现2种变化,①内细胞团外面的滋养层退化,此后这里称为胚盘;②在胚盘下方衍生出内胚层,它沿着滋养(外胚)层内壁延伸、扩展,衬附在滋养层内壁上,这里称为原肠胚。原肠胚进一步发育,在滋养(外胚)层和内胚层之间出现中胚层,中胚层进一步分化成为体壁中胚层和脏中胚层。两层中胚层之间的空隙,以后构成胚胎的体腔。3个胚层的形成,奠定了胎膜和胎体各类器官分化发育的基础。

2. 妊娠的识别和建立

(1) 妊娠的识别:受精后,妊娠初期,孕体(即胎儿、胎膜和胎水构成的综合体)即能产生信号(激素)传感给母体。母体随即产生一定的反应,从而识别或知晓胎儿的存在。由此孕体和母体之间建立起密切的联系,这称为妊娠的识别。

(2) 妊娠的建立:孕体和母体之间产生了信息传递和反应后,双方的联系和相互作用已通过激素的媒介和其他生理因素而固定下来,从而确定开始妊娠。这称为妊娠的建立(或确立)。

妊娠的识别和建立是密切相关的,先有孕体的信号,母体产生反应(识别),继而开始相互联系和相互作用,并将此固定下来。

3. 胚泡的附植、妊娠期和妊娠症状

(1) 胚泡的附植:胚胎又称胚泡,胚胎进入子宫后,起初呈游离状态,同子宫内膜之间尚未建立联系,它以吸收子宫腺分泌的子宫乳为营养。然后逐渐同子宫内膜建立联系。胚胎同子宫内膜联系的建立过程,称为附植(着床)。

附植是一个渐进的过程。起初，胚胎在子宫中的位置先固定下来，继而对子宫内膜产生轻度浸溶，最后同子宫内膜建立起胎盘系统。这时，胚胎即同母体之间建立起巩固完善的联系。

胚胎在子宫中附植的位置，因动物种类不同而异。牛、羊怀单胎时，胚胎多在排卵同侧子宫角下 1/3 处附植；双胎时，则分别附植在两侧子宫角的相应部位。马怀单胎时，多附着在排卵对侧子宫角基部。猪的情况比较复杂，来源于两侧的胚胎，将向对侧子宫角迁移，相互混合以后平均分布，并附植在子宫角中。总之，胚胎都是在对胚胎发育最有利的地方附植。所谓有利，一是指子宫血管稠密的地方，以供丰富营养；二是距离均等，避免拥挤。

(2) 妊娠期的妊娠症状：胚胎在子宫内发育成长，直至分娩所需要的时间，称为妊娠期。各种动物的平均妊娠期为：牛 282 d，水牛 310 d，绵羊 150 d，山羊 150 d，猪 114 d，马 340 d，驴 360 d，家兔 30 d，双峰驼 400 d，犬 62 d，猫 58 d。

雌性动物妊娠后不再发情，代谢旺盛，食欲增加，体重增加，毛顺而有光泽，性格温驯等，这些现象称为妊娠症状。

4. 妊娠诊断 妊娠诊断，尤其是早期妊娠诊断对减少空怀和提高繁殖率方面特别重要；对诊断为已经妊娠的动物，可以按照妊娠动物需要的条件进行饲养管理，确保胎儿正常发育，防止流产事故的发生；对诊断为未妊娠的动物，可查明原因，以便在下一个发情期配种受胎；在妊娠诊断中发现患有不孕症的动物，有的可对症治疗，有的则应淘汰。

妊娠诊断的主要方法如下。

(1) 外部观察法：雌性动物妊娠后，一般表现为发情周期停止，性情温驯，安静，食欲增加易恋膘，妊娠一定时期（马、牛 5 个月，羊 3～4 个月，猪 2 个月）后腹围增大。

(2) 阴道检查法：先用温肥皂水、清水清洗外阴部，再用开膣器打开阴道，主要观察阴道黏膜的色泽、干湿状况、黏液性状（黏稠度）、子宫颈口形态等，此法多用于大动物。配种 15 d 后当阴道插入开膣器时，感到有阻力；阴道黏膜苍白而干燥；子宫颈口紧闭、有糨糊状样物质封住颈口，则是妊娠的表现。

(3) 直肠检查法：主要是触摸子宫的变化，其次是卵巢上有无大的黄体存在，以及子宫中动脉的搏动情况，借以判断是否妊娠。此法主要适用于牛、马、驴等大动物。

(4) 孕酮水平测定法：配种后如果妊娠，血液中（或乳中）孕酮含量较未妊娠雌性动物显著增加。利用此点可做早期妊娠诊断。用放射免疫法测定血浆（或乳）中的孕酮含量，以判定动物是否妊娠。

(5) B 超妊娠诊断仪诊断法：将兽用 B 超妊娠诊断仪送入直肠内，紧贴直肠壁，探明宫血音和影像，从而判断妊娠与否，此法多在配种后 1 个月应用，过早准确性较差。

(6) 早孕因子诊断法：早孕因子是存在于妊娠早期乳牛血清中的一种免疫抑制因子，尿液中早孕因子的代谢产物是妊娠诊断的可靠指标。应用层析式双抗体夹心法反向检测尿液中的早孕因子含量，判定乳牛是否妊娠、配种是否成功。从配种当天算起，20 d 后进行监测。

(7) 妊娠糖蛋白诊断法：目前牛场多采用此法。在人工授精后的 28 d，采用 ELISA 检测血清中牛妊娠相关糖蛋白，妊娠准确性为 95% 以上，可用于母牛的早期妊娠诊断。

(三) 分娩

妊娠动物将发育成熟的胎儿和胎盘从子宫中排出体外的生理过程，称为分娩。

在正常情况下，胎儿可以自然产出，人们只要做好产后护理工作即可。当母畜运动不足、瘦弱，或与配公畜过大，使母畜不能顺利产仔时，则必须进行人工助产。当胎儿姿势异常又难以矫正时，应请兽医师及时处理，不可草率行事。

1. 母畜临产表现 外阴部肿胀，阴道黏膜潮红，乳房膨大，乳头变得十分丰满，进而排乳，一般 1 d 左右即可分娩。若母畜频频排尿，不吃草料，或食量减少，起卧，转圈，出汗（马、驴），是即将分娩的表现。

2. 正常分娩的过程　先露胞破水，进而产出两前肢或两后肢，然后胎头和前膝露出，最后产出躯干和后肢或前肢。片刻，将胎衣排出。

3. 助产　先将常用接产器械外科剪、结扎线、碘酒、药棉、纱布等，放入药械箱备用。

当胎胞和胎儿口、鼻外露但未破水时，可用手撕破胎胞，以防胎儿窒息死亡。当姿势正常而产出困难时，可握住胎腿，与母畜努责相配合，将胎儿拉出，严禁粗暴行事。且应注意用手保护阴门，防止撕裂。当胎儿产出后，应及时将其嘴及鼻腔内的胎水用手或毛巾清理干净，以免吸入肺中。片刻，在靠近胎儿腹部处 3 cm（大牲畜）用消毒的剪刀剪断脐带。也可用碘酒浸泡的结扎线结扎后，用消毒剪刀将脐带剪断，再涂抹碘酒，以防引起脐带炎和破伤风等疾病。

仔畜身上的胎水含有激素，应任母畜舔干，若母畜不舔，且气温较低时，可用毛巾或草擦干。

如果胎儿产出后不活动，应及时清理其口鼻，并有节奏地按压其胸腹部，帮助其呼吸。

4. 产后护理　注意观察仔畜的胎粪是否排出，是否及时吃到初乳。有时还须帮助仔畜寻找乳头，固定乳头。对产后的母畜，应及时喂给温盐水或温盐麸皮水，观察母畜的精神和食欲，注意胎衣是否全部排出，并将湿的垫草清理干净，换上干燥的垫草。

第五节　动物配种与人工授精

动物配种的方法有 2 种，即自然交配和人工授精。

一、自然交配

自然交配又分自由交配和人工辅助交配。自由交配是最原始的配种方法，这种配种方法是将雌、雄动物混群饲养，任其自由交配。用这种方法配种时，节省人工，不需要任何设备，如果雌雄比例适当，受胎率也相当高。但是，用这种方法配种也有许多缺点，由于混群饲养，雄性动物在 1 d 中追逐雌性动物交配，雄性动物的精力消耗太大；无法了解后代的血缘关系；不能进行有效的选种选配；另外，由于不知道配种的确切时间，因而无法推测预产期。同时，由于雌性动物产仔时期拉长，所产幼畜年龄大小不一，从而给管理上造成困难。

为克服自由交配的缺点，但又不须进行人工授精时，可采用人工辅助交配法。即分群饲养，到配种季节每天检查雌性动物发情情况，然后把挑选出来的发情雌性动物与指定的雄性动物进行交配。采用这种方法配种，可以准确记录动物的耳号及配种日期，从而能够预测分娩期，节省雄性动物精力，提高受配雌性动物头数，同时也有利于种畜选配工作的进行。

二、人工授精概念与意义

自然交配是雌、雄性动物直接交配，而人工授精则是用器械采集雄性动物的精液，再用器械把精液注入发情雌性动物的生殖道内，以代替自然交配的一种方法。其优越性是可以提高优良品种雄性动物的配种效能；减少雄性动物的饲养量，降低生产费用；通过引进精液，实现异地配种；防止生殖疾病的传播，克服雌、雄性动物因体格大小不易交配或生殖道某些异常不易受胎的困难等。

三、人工授精的主要技术程序

主要包括采精、精液品质检查、精液的稀释和保存、动物的发情鉴定与输精等。

(一) 采精

牛、羊、马、驴采集精液多用假阴道法，猪采用手握法。

1. 假阴道采精法 假阴道由外壳、橡胶内胎、集精杯、气门等组成。安装时，先将洗净并干燥的内胎的两端套在外壳上，保持内胎松紧适度，两端用胶圈固定，再用70%乙醇均匀涂擦消毒，然后安装上经过消毒处理的集精杯，待乙醇挥发后便可使用。

采精前，向假阴道夹层内注入适量的温水（约相当夹层装水量的1/2），保证采精时内腔温度在39~40℃，并在假阴道内腔前部1/2处涂上已消毒的润滑剂，以保持润滑，再向假阴道夹层充入适量空气，使之保持一定压力。假阴道内的温度、润滑度、压力是否合适，是采精能否成功的关键因素。此外，采精前应对台畜进行清洗，特别是后躯的尾根、外阴、肛门等处。一般先用温肥皂水或洗衣粉清洗，然后再用净水冲洗，最后用蒸煮消毒的抹布擦干。

采精时，饲养员将种公畜牵至台畜后面，采精员站在台畜右臀侧，右手持已准备好的假阴道，当种公畜跳上台畜而阴茎未触及台畜前，用左手将阴茎导入假阴道内，射精后，将集精杯一端放低，待公畜滑下时，取下假阴道。到室内取下集精杯，以备进行精液品质检查。

种公畜采精频率应根据其种类、个体差异、健康状况、性欲强弱、精子产生数量等而定。生产实践中，成年公牛每周采精4~5次；公羊在配种季节，连续采精3~4 d，休息1 d；公马在配种季节隔天采精1次。

2. 手握采精法

（1）集精杯的准备：将集精杯和纱布蒸煮消毒15 min，再用10%氯化钠溶液冲洗2遍，拧干纱布，折成2~3层，用橡皮圈将纱布固定在集精杯口上。

（2）采精员的准备：采精员应先剪短指甲，洗净双手，并以酒精棉球擦拭消毒或戴上消过毒的橡胶手套。公猪赶进采精室后，用0.1%的高锰酸钾溶液消毒公猪的包皮及其周围皮肤并擦干。

（3）采精：采精员蹲在台猪的左后方，待公猪爬上台猪阴茎伸出时，立即用左手（手心向下）握住公猪阴茎前端的螺旋部，不让阴茎来回抽动，并顺势小心地把阴茎全部拉出包皮外，握阴茎的力度要适当，以不让阴茎滑脱为准。

拇指轻轻顶住并按摩阴茎前端龟头，其他手指一紧一松有节奏地协同运动，使公猪有与母猪自然交配同样的快感，促其射精。

当公猪射精时，左手应有节奏地一松一紧地加压，并将拇指和食指稍微张开，露出阴茎前端的尿道外口，以便精液顺利地射出。这时用右手持集精杯，稍微离开阴茎前端收集精液。

起初射出的精液多为精清，且常混有尿液和脏物，不宜收集，待射出乳白色精液时再收集，并及时用拇指清除排出的胶状物，以免影响精液滤过。

待公猪射完精后，采精员顺势用手将阴茎送入包皮中，并把公猪慢慢地从台猪上赶下来。

（二）精液品质检查

进行精液品质检查的目的在于鉴定精液品质的优劣及了解其在稀释保存过程中品质的变化情况，以便决定能否用于输精或进行冷冻保存。精液品质检查的项目如下。

1. 外观和精液量 牛、羊正常精液为乳白色或乳黄色，马、猪、兔为浅灰色。精液量因动物种类、品种、个体及年龄等不同而异。一般牛平均为5 mL，羊1 mL，猪250 mL，马100 mL，驴70 mL。此外，牛、羊精子密度大，精子运动翻滚如云，俗称"云雾状"，云雾状越显著，表明精子活力越强、密度越大。

2. 精子活力（率）

（1）评分法：用前进运动的精子数占总精子数的百分比来表示。测定方法是在38～40 ℃下，用400倍显微镜进行观察，直线前进运动的精子占总精数90%，分数即为0.9，80%，分数即为0.8，以此类推。以牛精液为例，新鲜精液活率在0.4以上，冷冻精液解冻后在0.35以上，水牛0.3以上，才能用以授精。

（2）死、活精子鉴别染色法：其方法是用苯胺黑、伊红作染料，活精子不着色，死精子着色，据此计算死、活精子的百分比。

3. 精子的密度

测定精子密度的简单方法是取1滴新鲜精液在显微镜下进行观察，将精子密度分为密（精子之间距离小于1个精子长度，精子之间没有什么空隙）、中（精子之间有一定空隙，其距离大约等于1个精子长度）、稀（精子之间距离很大，其距离大于1个精子长度）。

另一种较精确的方法是使用精子质量自动分析仪。将精液样本通过显微镜进行放大，图像经电子摄像系统送入计算机，运用先进的计算机技术对精子的密度、活力、运动轨迹特征等进行自动化定值定量的检测分析，并给出评估报告和适宜稀释比例。由于各种动物精子密度差异很大，所以密、中、稀的具体标准也不同。各种动物精子数的密度分级标准见表5-4。

表5-4 各种动物精子的密度分级标准（亿个/mL）

畜别	密	中	稀
牛	12以上	8～12	8以下
羊	25以上	20～25	20以下
猪、马	2以上	1～2	1以下

4. 异常精子

双尾、卷尾、断尾、双头、巨头等都属异常精子（畸形精子）。一般品质优良的精液，精子畸形率，牛不得超过18%，羊不得超过14%，猪不得超过18%，马不得超过12%。

（三）精液的稀释

1. 精液稀释的目的　精液稀释是指在精液中加入适宜于精子存活并保持受精能力的稀释液。稀释的目的：①扩大精液容量，提高一次射精量可配动物数；②补充适量营养和保护物质；③抑制精液中有害微生物的活动；④延长精子的寿命；⑤便于精液的保存和运输。

2. 精液稀释液的主要成分及作用

（1）糖类：如果糖、葡萄糖、蔗糖等。其作用是为精子提供营养，补充能量。

（2）缓冲物质：如柠檬酸钠、酒石酸钾钠、磷酸二氢钾、三羟基甲基氨基甲烷等。保证精液适宜的pH以利于精子存活。

（3）卵黄和乳类：如鸡蛋黄等。能调节渗透压、降低精液中电解质浓度；对精子质膜起保护作用，防止精子冷休克；也有营养作用。

（4）抗菌剂：如青霉素、链霉素、卡那霉素、氯霉素等。抑制病原微生物的生长繁殖。

（5）抗冻剂：如甘油、二甲基亚砜等。可以消除或减轻由于冰晶的形成而对精子的伤害作用。

（6）其他：如酶类、维生素类、激素类等。

3. 精液的稀释和稀释倍数　精液应在镜检后尽快稀释。稀释前应将稀释液和被稀释的精液做等温处理（30 ℃左右），然后将稀释液缓缓倒入精液杯中，稀释后还应取1滴精液再检查其活力，以验证稀释液是否有问题。稀释的倍数因动物种类不同而不同。一般的稀释倍数，牛10～40倍，羊2～4倍，猪2～4倍，马2～4倍。

（四）精液的保存

为了延长精子的寿命，提高精液的利用率，扩大配种范围和便于种用动物的精液调剂等，可进行精液的保存，做到随用随取。保存精液的原理是设法抑制精子的代谢和运动，减少精子能量的消耗。为保护精子不受伤害，还须给精子补充一定的营养，延长其存活时间。现行精液的保存方法，可分为常温保存（15～25 ℃）、低温保存（0～5 ℃）和冷冻保存（－196～－79 ℃）。

1. 常温保存 将稀释好的精液置于常温环境中。一般常温保存 1～2 d 的精液可用于输精，时间过长将影响受精能力。公猪精液常用 16 ℃恒温保存。

2. 低温保存 在稀释液中加入一定量的卵黄，以防冷休克的发生。一般是将精液稀释后放入冰箱中，温度维持在 0～5 ℃。在这种温度下，精子运动完全消失，代谢强度明显降低，故比常温保存时间长。羊精液常用此法保存。

3. 冷冻保存 同精液冷冻保存技术。牛精液保存采用冷冻保存。

（五）动物的发情鉴定

1. 外部观察法 此方法主要是根据雌性动物外在行为判断其是否发情。发情动物一般表现食欲减退，精神不安，喜欢接近雄性动物，外阴部肿胀并流出黏液等。

2. 试情法 此方法主要根据雌性动物对雄性动物的反应来判断发情程度。将带试情布、结扎输精管或进行阴茎扭转手术的雄性动物放入雌性动物群，观察雌性动物的反应，若表现接近雄性动物、频频排尿或被雄性动物爬跨站立不动者即为发情。此方法多用于羊、马、驴。

3. 阴道检查法 此方法主要根据雌性动物生殖道的变化判断是否发情。用消毒过的开膣器插入阴道内，观察子宫颈口色泽、开张及黏液等变化，若子宫颈口开张、颈口及阴道潮红且有黏液说明已经发情。此法适用于马（驴）、牛等大动物。

4. 直肠检查法 此方法主要根据卵巢上卵泡的大小、质地（软、硬）等来判断发情程度。此方法适用于牛、马（驴）等大动物。

5. 发情鉴定器测定法 此方法主要根据雌性动物是否接受爬跨来判定发情与否。其方法是将带有染料的兜布系在试情雄性动物颌下或腹部，当它爬跨发情雌性动物时，碰到其背部，于是兜布内的染料流出后印在雌性动物背上，据此标识便可得知发情雌性动物。

除上述方法外还有电测法、生殖激素检测法等。

（六）输精

输精就是利用器械将精液注入发情雌性动物的生殖道内，也称授精，这是人工授精的最后一道程序。正确的输精技术和适宜的输精时间是取得较高受胎率的重要条件。输精的方法主要有阴道开膣器输精法（羊）、直肠把握子宫颈输精法（牛）和输精器官内输精法（猪）等。

冷冻精液在输精前需要先解冻，经镜检活力、密度合格后输精。

四、精液冷冻保存技术

（一）概念与意义

精液的冷冻保存就是以液氮（－196 ℃）、干冰（－79 ℃）或其他制冷设备为冷源，将精液经过特殊处理，在超低温下保存，以达到长期保存的目的。

冷冻精液的最大优点是可长期保存，使精液的使用不受时间、地域以及种用雄性动物寿命的限制，可充分提高优良种雄性动物的利用率，对动物的繁殖、保种、引种、育种及畜牧业生产的发展均具有重要意义。

（二）冷冻精液制作的技术程序

以牛细管精液冷冻为例，主要包括采精、精液处理、精液稀释、封装、平衡和标记、精液冷冻、精液解冻。

1. 采精 同人工授精的采精。

2. 精液处理

（1）准备：凡是接触精液的器皿均应放在30~35℃恒温箱中，稀释液放在34℃恒温水浴箱中备用。盛装稀释精液的稀释管应做明显标记。

（2）镜检：取精液一小滴于载玻片上，加盖玻片后在38℃恒温装置的相差显微镜上评定活力，活力用百分比表示。活力是判断精液品质的重要指标，对镜检活力达65%的合格者进行稀释。

（3）密度测定：采集的精液从专用窗口转入精液处理室，按精液密度测定仪操作规程准确进行精液的密度测定。测出密度后经计算获得应加稀释液量、可制作细管数等信息。及时记录牛号、采精量、密度、所加稀释液量等有关数据。

3. 稀释、封装、平衡和标记 精液稀释有一步稀释法和两步稀释法。一步稀释法是把含有甘油的稀释液一次对精液进行稀释。两步稀释法先用不含甘油的稀释液初步稀释后，冷却到0~5℃，再用已经冷却到同温度的含甘油的稀释液做第2次稀释。

（1）一步稀释法：取1支含有30 mL稀释液经34℃水浴预先加温的试管，对精液进行稀释，在34℃水浴中暂存10 min后加稀释液到最终稀释量。

方法一：再过10 min后即可在20℃以下常温实验室操作台上进行精液的分装，分装后的细管精液放入不透明的塑料盒内，每盒以盛放300支为宜，把塑料盒放入4℃冷藏柜中平衡3~4 h。

方法二：加完稀释液后，用水杯盛适量34℃的水，把稀释管放入后送4℃冷藏柜内降温平衡，2 h后水杯中加冰块促使其快速降温至4℃（空细管也应降至4℃），再在冷藏柜中进行细管分装。分装后的细管即可进行冷冻。

（2）两步稀释法：将34℃的第一液缓慢地加入精液中，摇匀，所加第一液的量＝［（所加稀释液总量＋精液量）/2］－精液量，再用烧杯盛适量的34℃水，把稀释管放入后送4℃冷藏柜内降温。与此同时，把第二液也放入。平衡2 h后水杯中加冰块促其快速降温。当降至10℃时加入第二液，所加第二液的量＝所加稀释液总量－所加第一液的量。加入第二液后再平衡30 min以上才能在冷藏柜中进行细管分装，分装后的细管即可进行冷冻。

细管上的字迹应清晰易认，按牛冷冻精液标准规定进行标记。

4. 精液冷冻

（1）上架：平衡、分装后的精液上架时应注意细管摆放的方向，把棉塞封口端靠近操作者，入冷冻仪时也应如此放置。每架放一根类似于细管的标记物，1头牛用同一颜色标记。如同一架上有不同牛的细管精液，则要分开码放，2头牛精液之间要有一定距离，以免混淆。

（2）冷冻：全自动冷冻仪，由电子计算机控制，可根据使用者需要获取多条冷冻曲线。使用时首先在电脑中设置好冷冻的最佳温度曲线，冷冻仪与低温柜应尽量靠近，开启液氮罐阀门将冷冻仪降温至4℃，关闭风扇电源，待风扇停止后把排满细管的架子迅速放入冷冻仪，盖严盖子按预先设定好的程序自动完成冷冻过程。

5. 精液解冻 预先将水浴箱水温升高至38~40℃，用镊子取1支冷冻后的细管精液迅速浸入38~40℃水中并晃动，待溶解后立即取出，用吸水纸或纱布擦干，再用细管剪剪去超声波封口端，滴一小滴于载玻片上进行镜检。

第六节　动物繁殖控制技术

随着生物技术研究的快速发展，家畜繁殖科学领域出现了许多新理论、新技术。目前在国际上，从母畜的初情期、性成熟、发情、配种、妊娠到分娩等各繁殖环节，初步形成了一套完整的繁殖控制技术：如发情控制、排卵控制、性别控制、受精控制、产仔控制、分娩控制、产仔控制等。这些技术的出现，为提高家畜繁殖率展现了广阔的前景。

一、发情控制

发情控制主要包括同期发情和诱导发情，同期发情是针对群体母畜而言，而诱导发情是针对乏情的个体母畜而言。

（一）同期发情

1. 同期发情概念和意义 同期发情是采用激素类药物，使一群母畜能够在短时间内集中发情，并能排出正常的卵细胞，以达到同期配种、受精、妊娠、产仔的目的。其意义：①有利于推广人工授精，促进家畜品种改良；②便于组织和管理生产，节约配种费用；③提高母畜的繁殖率；④也是其他繁殖技术和科学研究的辅助手段。

2. 同期发情的方法

（1）孕激素法：孕激素法主要包括阴道栓法和皮下埋植法。目前使用的阴道栓主要有2种类型，一种为海绵栓，称为PRID，用时将海绵栓放在阴道内的子宫颈外口处；另一种为发泡硅橡胶制成的棒状Y形，称为CIDR，塞入阴道后叉向外展开，固定在阴道内，不易丢失，取出时扯动绳子此叉合拢。孕激素阴道栓处理的时间多为9～12 d。为增加同期效果，可在取出前2 d肌内注射前列腺素类似物。

皮下埋植法要使用专用的埋植器，埋植时间为9～12 d。

（2）前列腺素（PG）法：前列腺素及其类似物（简称PG_s）的主要功能是引起黄体溶解，但只对功能性黄体有溶解作用，只有当母畜黄体处在功能性黄体才能产生作用。为了使一群母畜获得较高的同期发情率，往往采取间隔一定时间进行2次注射。例如，母牛间隔11 d，第2次注射PG后大都在48～72 h发情。

（二）诱导发情

1. 诱导发情的概念和意义 诱导发情意为借助外源激素或其他方法人工诱导乏情期的母畜发情。其意义在于缩短母畜繁殖周期，提高母畜繁殖率。

2. 诱导发情的方法 产后长期不发情或欲使产后提前配种的母畜以及一般的乏情母畜，用孕激素处理1～2周（参阅同期发情）可引起发情，如在处理结束时注射PMSG效果更好。对于哺乳乏情的母畜，除用上述激素处理外，还可以采用提前断乳的方法。因持久黄体而长期不发情的母畜可注射$PGF_{2\alpha}$或其类似物，使黄体溶解，随后引起发情。

二、排卵控制

排卵控制主要是指使用激素处理母畜，控制其排卵的数量和时间。控制排卵数量主要指超数排卵，超数排卵又分为成年家畜超数排卵和幼畜超数排卵；控制排卵时间主要是指诱导排卵和同期排卵。

（一）超数排卵

1. 成年家畜超数排卵的概念和意义

（1）成年家畜超数排卵的概念：超数排卵是指在母畜发情周期的适当时间，利用外源促性腺激素，使卵巢中出现比自然情况下更多的卵泡发育成熟并排卵的技术，简称"超排"。

（2）超数排卵的意义：①是胚胎移植的关键技术；②可充分发掘优良母畜的繁殖潜力；③加速品种改良；④为胚胎生物技术研究提供更多可用资源；⑤为应用性控精液产双犊提供技术支撑。

2. 成年家畜超数排卵的方法 目前的超排方法有以递减剂量每天两次注射FSH，连续注射4 d，共计8次，或一次注射PMSG（也可配合抗PMSG）。

(1) FSH+PGF$_{2\alpha}$法：在发情周期9~13 d开始注射FSH，采用递减法肌内注射FSH，每天2次，连注4 d，总量为400~440 IU，开始注射FSH 48 h后肌内注射PGF$_{2\alpha}$ 2支（0.4 mg），待发情后12 h输精，间隔10~12 h后再输精1次。

(2) 孕激素（CIDR）+FSH+PGF$_{2\alpha}$法：给供体牛在阴道放入CIDR，第10~12天开始注射FSH，每天2次，连注4 d，在第7次注射FSH时取出CIDR，并肌内注射PGF$_{2\alpha}$，一般取CIDR后，24~48 h发情。

(3) FSH+CIDR+E$_2$+P$_4$法：在供体牛发情周期的任意一天（发情当天除外），将阴道栓放置于供体牛阴道内，同时肌内注射苯甲酸钠雌二醇（EB）2 mg，或配合注射孕激素（P$_4$）100 mg。放置阴道栓的第4天（放置阴道栓当天为第0天）开始FSH处理，递减法连续4 d肌内注射FSH，成年母牛总剂量为400 mg，青年母牛为成年牛剂量的70%左右；超排处理的第3天上午肌内注射氯前列烯醇2支（0.4 mg），发情后8~12 h进行人工授精，间隔12 h第2次输精。第1次输精后第7天用非手术法采集胚胎，采胚结束后肌内注射氯前列烯醇2支（0.4 mg），并间隔3~4 d再次注射氯前列烯醇。

(4) PMSG+PGF$_{2\alpha}$法：发情周期第9~13天，一次肌内注射PMSG 3 000 IU，48 h后，肌内注射PGF$_{2\alpha}$ 0.4 mg，等发情后一次肌内注射抗PMSG血清3 000 IU，然后人工授精。

3. 幼畜超数排卵的概念与意义

(1) 幼畜超数排卵的概念：幼畜超数排卵是指通过外源激素刺激幼畜（1~2月龄犊牛或羔羊）卵巢上的卵泡发育，之后通过外科手术方法采集卵巢上的卵泡以获得卵母细胞的技术。此技术往往与体外受精技术结合生产体外胚胎。

(2) 幼畜超数排卵的意义：①缩短世代间隔，加快育种进程；②充分挖掘和利用优良母畜早期繁殖潜力；③为胚胎生物技术研究提供丰富的试验资源。

4. 幼畜超排的方法

(1) 犊牛超排的方法与效果：选择体质健壮的1~2月龄犊牛，用孕酮栓处理6 d。之后，肌内注射FSH 2 d，4次，每次间隔12 h，FSH总剂量4 mg左右，在第1次注射FSH同时肌内注射PMSG 400 IU，于最后1次注射FSH的12~14 h手术采卵。

(2) 羔羊超排的方法与效果：选择健康状况良好的1~2月龄羔羊，对其肌内注射FSH 2 d，4次，每次间隔12 h，FSH总剂量4~8 mg，在最后1次注射FSH同时肌内注射PMSG 500 IU，于最后注射FSH的12~14 h手术采卵。

(二) 诱导排卵

1. 概念和意义

(1) 诱导排卵的概念：对排卵有障碍的母畜采用药物处理诱发卵巢的排卵功能即为诱导排卵。在生产实践中，多数是在同期发情或超排情况下实施诱导排卵。

(2) 诱导排卵的意义：使不能正常排卵的卵泡排卵，提高生产效益。

2. 诱导排卵的方法 诱导排卵的药物有多种，主要有HCG和GnRH。其中，常用的主要有GnRH及其类似物——促排卵2号或3号（LRH-A$_2$或LRH-A$_3$）。其具体方法是，在家畜配种前数小时或者第1次配种的同时肌内注射上述药物。

(三) 同期排卵

1. 概念和意义

(1) 同期排卵的概念：在同期发情基础上，利用排卵药物诱发同期排卵，即同期排卵。在母畜集中排卵的前提下，可以免发情鉴定，定时输精。

(2) 同期排卵的意义：①准确控制排卵的时间，不需要发情鉴定，即可定时输精，减少因安静发情造成的漏配，明显缩短产犊间隔，提高繁殖效率；②通过对群体进行集中处理，节省人力物力财力，提高生产效益。

2. 乳牛同期排卵、定时输精的方法

（1）GnRH-PG-GnRH 法：准备定时输精的母牛先用 GnRH 100 μg 进行处理，7 d 后注射 0.4～0.6 mg 氯前列烯醇，48 h 后再注射 GnRH 100 μg，母牛不需要观察发情，只要在第 2 次注射 GnRH 后 18～20 h 输精即可。该方法适用于乳牛卵巢疾病的治疗。

（2）PG-PG-GnRH-PG-GnRH 法：先注射 2 次氯前列烯醇钠，第 2 次注射氯前列烯醇钠后 12 d 开始 GnRH-PG-GnRH 法。母牛在产后 35～40 d 开始使用本方法，产后 70～75 d 就可配种。可使大部分母牛在第 1 次注射 GnRH 时进入理想的性周期，以获得更高的妊娠率。适用于产后乳牛的卵巢机能调节，明显缩短产犊间隔，也可用于乳牛的繁殖管理。

（3）PG-GnRH-GnRH-PG 法：先注射 0.6 mg 氯前列烯醇，过 2 d 注射 GnRH 100 μg，6 d 后再注射 GnRH 100 μg，7 d 后注射 0.6 mg 氯前列烯醇，48 h 后再注射 100 μg GnRH，过 18～20 h 输精。

三、性别控制

（一）性别控制的概念和意义

1. 概念 性别控制是指通过人为地干预并按人们的愿望使雌性动物繁殖出所需性别后代的一种繁殖新技术。目前，在生产中主要有 2 种途径，一种是在受精之前，即对精子进行分离，使之在受精时便决定性别；另一种是在受精之后，即对受精后的早期胚胎进行性别鉴定，从而获得所需性别的后代。

2. 意义

（1）可充分发挥受性别限制的生产性状（如泌乳、鹿茸）和受性别影响的生产性状（如生长速度）的优势，获得最大经济效益。

（2）提高繁殖效率，利于扩大再生产：在生产中由于人工授精的普及，使得种公畜的需要数量锐减，利用性别控制，提高母畜数量，可在较短的时间内扩大生产规模。

（3）提高育种效率：对后裔测定来说，性别控制比无性别控制至少可以节省一半时间和费用。

（二）性别控制的方法

1. X 精子和 Y 精子分离的方法 主要有物理学分离法、免疫学分离法和流式细胞仪分离法。因前 2 种方法都缺乏可靠性和可重复性。目前，只有流式细胞仪分离法才是最科学、最可靠、准确性较高的分离精子的方法。

（1）X 精子、Y 精子分离的理论基础：在哺乳动物中，每一个体的 X 精子和 Y 精子，其 DNA 含量都是恒定的，但 X 染色体的 DNA 含量要高于 Y 染色体，这就为流式细胞仪进行 X 精子和 Y 精子分离提供了理论依据。

（2）流式细胞仪分离 X 精子和 Y 精子的方法：将预分离精液稀释，与荧光染料 Hoechst33342 共同培养，这时染料定量与 DNA 结合。由于 X 精子的 DNA 含量比 Y 精子高，所以 X 精子放射出较强的荧光信号。放射出的信号通过仪器和计算机系统扩增，分析并分辨出哪些是 X 精子或 Y 精子。当含有精子的缓冲液离开激光系统时，借助于颤动的流动室将垂直流下的液柱变成微小的液滴，含有单个精子的液滴被充上正电荷或负电荷，并借助 2 块各自带正电或负电的偏斜板，把 X 精子或 Y 精子分别引导到两个收集管中。

2. 早期胚胎的性别鉴定法 胚胎的性别鉴定是指通过人为的方法对胚胎的性别进行鉴定，选择某一性别的胚胎进行移植，可以预知所生动物的性别。

目前，对胚胎性别进行鉴定的方法主要有以下几种。

（1）细胞学方法：此方法主要是通过核型分析对胚胎性别进行鉴定。

(2) 免疫学方法：此方法是利用 H-Y 抗血清或 H-Y 单克隆抗体检测胚胎上是否存在雄性特异性 H-Y 抗原，从而鉴定胚胎性别的一种方法。

(3) 分子生物学方法：分子生物学方法是近 20 年发展起来的一种利用雄性特异性基因探针和 PCR 扩增技术鉴别家畜胚胎性别的新方法。具体又分为雄性特异 DNA 探针法、PCR 检测法和 LAMP 法。

四、受精控制

(一) 体外受精

1. 体外受精的概念和意义

(1) 体外受精的概念：体外受精（IVF）就是将体内、体外获得动物卵母细胞，在实验室进行精卵结合的过程。由卵母细胞体外成熟、体外受精、受精卵体外培养 3 个关键环节构成。通过体外受精获得的后代又称为"试管动物"。

(2) 体外受精的意义：①克服母畜不孕，提高繁殖效率，可使因输卵管堵塞或排卵障碍等原因不能受孕的母畜正常繁殖后代；②扩大胚胎来源，可以利用屠宰母畜的卵巢采集卵母细胞，或者结合活体采卵技术从良种家畜体内采集卵母细胞进行体外受精，从而可"工厂化"生产胚胎，为胚胎移植提供充足而廉价的胚胎；③使犊牛和羔羊在幼龄时繁殖后代，缩短世代间隔，加快育种进程；④其他动物繁殖生物技术，如为克隆、转基因、性别控制等提供丰富的实验材料和必要的实验手段。

2. 体外受精的方法

(1) 卵母细胞的获得：可从屠宰后的母畜的卵巢获得，也可用活体采卵法直接从活畜卵巢上获得。

(2) 卵母细胞的体外成熟：将获得的未成熟卵母细胞在成熟的培养系统中进行培养使其成熟。

(3) 精子与卵细胞的体外受精：将获能精子与成熟卵细胞放在一起进行精卵共同孵育，使其形成受精卵。

(4) 早期胚胎培养：在一定条件下，将受精卵在体外培养液中进行培养，使其卵裂发育，如果进行输卵管移植，则培养至 2~8 细胞；如果进行子宫角移植，则培养至桑葚胚或囊胚。

(5) 胚胎移植或冷冻保存：将体外培养至 2~8 细胞的胚胎、桑葚胚或囊胚进行输卵管或子宫角移植，桑葚胚或囊胚可以冷冻保存后再移植。

(二) 显微受精

1. 显微受精的概念和意义

(1) 显微受精的概念：通过透明带钻孔、透明带下注射、卵母细胞胞质内注射等方法对配子进行显微操作，以协助其受精的技术称为显微受精技术，也称显微操作协助受精技术。

(2) 显微受精的意义：①使人们可以深入了解受精过程以及卵细胞激活、分裂、胚胎发育基因的表达调控等一系列胚胎发育生物学的问题；②探索异种之间精卵结合等生命现象中最根本的问题；③可以解决家畜雄性不育问题；④通过显微受精技术，可大大提高精子的利用率，从而可以充分地利用优良公畜；⑤显微受精技术可以作为性别控制的手段，随着 X 精子、Y 精子分离技术和标记技术的提高，可以有选择地进行 X 精子或 Y 精子的注射，从而得到要求性别的后代。

2. 显微受精的方法 主要有卵母细胞质内注射（ICSI）法、透明带下注射（SUZI）法、透明带钻孔（ZD）法、透明带部分切口（PZD）法。以 ICSI 法为例，其具体方法包括：卵细胞的收集和处理、精子或精核的制备、精子或精核的显微注射、卵细胞的激活、早期胚胎的培养等。

五、产仔控制

产仔控制技术主要是指通过人为方法使单胎动物牛、羊等产双胎的技术，即诱导双胎技术。

(一) 诱导双胎的概念及意义

通过遗传选择、生殖激素、胚胎移植及营养调控等途径，人为地使单胎动物产双胎的技术，称为诱导双胎。牛是单胎动物，且繁殖周期长。Gilmore（1992）报道，综合 20 万头（次）之多的分娩记录，肉牛的双胎率仅为 0.5%。羊的双胎率比牛高，且其双胎潜力还相当大。应用一胎双犊（羔）技术发现，提高双犊（羔）率可成倍提高牛、羊的繁殖力，增加后代数量，相对减少基础母牛、母羊饲养头（只）数，节省饲养管理费用，降低生产成本。X 精子、Y 精子分离的成功，让乳牛产双犊成为可能，为加快良种乳牛繁殖开辟了新的途径。

(二) 诱导双胎的方法

1. 遗传选择法 ①选择有双胎（多胎）史的种畜，通过不断选择，提高群体双胎、多胎基因；②利用转基因技术，将多胎基因转移到单胎物种中，或对某些基因进行人工改造，培育出双胎、多胎品种；③建立以公羊为主的家系选择制度，公羊选择以睾丸大小为主选性状，母羊选择以每次发情排卵个数为主选性状，则可以提高产羔率的遗传进展。

2. 复合促性腺激素法 具体方法是，在牛发情周期的 10～12 d，肌内注射 PMSG 1 200～1 500 IU，间隔 48 h 后，注射氯前列烯醇 0.4 mg，发情后 8～12 h 输第 1 次精液的同时，肌内注射抗 PMSG 1 200～1 500 IU。母牛妊娠后有可能怀双胎，妊娠足月后有可能产双犊。

3. 生殖激素免疫法

（1）类固醇激素免疫法：用类固醇激素作为免疫原制成双胎素。以羊为例，具体方法是配种前 7 周进行第 1 次免疫注射，间隔 3 周以后（即配种前 4 周）进行第 2 次免疫注射。注射方法为每只羊颈部皮下一次注射 2 mL。发情后适时配种。

（2）抑制素免疫方法：以牛为例，从精液或卵泡液提取的抑制素 1～2 mg 和弗氏完全佐剂，对产后 1～3 个月的母牛进行主动免疫，20 d 后再进行加强免疫。加强免疫所用抑制素剂量减半为 0.5～1 mg，佐剂为弗氏不完全佐剂。二免后第 10 天肌内注射氯前列烯醇 0.4 mg，母牛发情后适时配种。

4. 胚胎移植法

（1）人工授精＋胚胎移植（AI＋ET）：即追加 1 枚胚胎到已输精母牛生殖道内，这种方法使用最多。

（2）双胚及双半胚移植法：移植双胚或经分割的 2 枚半胚，即向经同期发情处理后的母牛子宫角移植相适应的双胚或 2 枚半胚。

5. 营养调控法 所谓营养调控是指在母羊配种前采取短期优饲、补饲维生素 E 和维生素 A 制剂及微量元素等措施。实践证实，采取这些措施可以提高母羊的繁殖率。对配种前（一般 1 个月以前）的母羊实行营养调控处理，可提高母羊双羔率，在补充高级蛋白质条件下，可增加母羊的排卵数和产羔数，配种前母羊体重与双羔率有密切关系。

六、分娩控制

(一) 同期分娩的概念和意义

同期分娩是指在妊娠末期的一定时间内，利用外源激素诱发妊娠动物在比较合适的时间内提前分娩，产出正常的仔畜。因可将妊娠动物分娩时间控制在预定的工作日和上班时间内,可加强准备监护措施,减少或避免新生动物和妊娠动物在分娩期可能发生的伤亡事故;可节约因护理分娩所花费的劳力和时间,便于有计划地利用产房和其他设备;分娩同期化,有利于仔畜的哺乳、断乳、育肥等饲养管理。同期分娩对于放牧牛群来讲具有较大的意义。据报道,新西兰放牧牛群每年都采用同期分娩处理100万头以上。同期分娩已成为当地极为重要的一项技术措施。

(二)同期分娩的药物和方法

主要药物为$PGF_{2\alpha}$及其类似物、糖皮质激素及其合成制剂、雌激素、催产素等。处理方法主要为肌内注射。其处理时间是在正常预产期结束之前数天,猪为4 d,牛、羊、马为7 d。以猪为例,在妊娠的110~113 d,肌内注射前列腺素,24 h后90%左右的母猪同期分娩产仔。值得注意的是,超过这一期限易出现幼龄动物成活率低,胎衣不下等现象。因此,通过同期分娩能够改变天然自发分娩的程度是有限的,所以,一般同期分娩适于妊娠期较长的动物。

第七节 胚胎移植与胚胎工程技术

一、胚胎移植技术

(一)胚胎移植的概念和意义

1. 胚胎移植的概念 胚胎移植是将早期胚胎取出,移植到同种的生理状态相同的雌性动物体内,使之继续发育为新个体,所以也称为借腹怀胎。提供胚胎的个体为供体,接受胚胎的个体为受体。胚胎移植实际上是产生胚胎的供体和养育胚胎的受体分工合作共同繁育后代的过程。

2. 胚胎移植的意义 如果说人工授精是提高良种雄性动物配种效率的有效方法,那么胚胎移植则为提高良种雌性动物的繁殖力提供了新的技术途径。胚胎移植的意义为:

(1)充分发挥优良雌性动物的繁殖潜力:据我国试验,从1头供体母羊1次超数排卵最多获得10头以上的羊羔,从1头供体母牛1次超数排卵最多获得23头犊牛。

(2)缩短世代间隔:及早进行后裔测定,将同一品种的供体重复超数排卵,不断地移植,可以获得大量后代,能及早地对后代进行后裔测定,及早了解雌性动物的遗传力,利于品族建立。采用超数排卵和胚胎移植(MOET)育种,可缩短世代间隔,现已成为育种工作的有力手段。

(3)代替种用动物的引进:胚胎冷冻保存的成功,使胚胎移植不受时间、地点的限制,这样就可通过胚胎运输代替种用动物的进口,大大节约购买和运输活动物的费用。

(4)便于保存品种资源:将优良品种的胚胎保存起来,可以避免因遭受意外灾害而绝种。冷冻胚胎和冷冻精液共同构成动物优良性状的基因库。

(5)有利于疫病防治:在养猪业中,为了培育无特定病原体(SPF)猪群,向封闭猪群引进新个体时,作为控制疫病的一种措施,往往采用胚胎移植技术代替剖宫取仔的方法。

(6)克服不孕:对某些容易发生习惯性流产、难产以及不宜负担妊娠过程的优良雌性动物,可让其专做供体,使之正常繁殖后代;对有些由于输卵管堵塞等原因不能受胎的雌性动物,让其专做受体,正常妊娠产仔。

(7)研究手段:胚胎移植是研究受精生物学、胚胎学、生殖生理学等理论问题的一种很好的手段,也是研究胚胎分割、嵌合、体外受精、性别控制、核移植、基因导入等的基础。

(二)胚胎移植的技术程序

1. 供体和受体的选择 应选择生产性能高、繁殖性能好、健康无病、营养良好的动物作为供体。受体动物要求繁殖机能正常、健康无病、体况良好。

2. 供体和受体同期发情处理　用孕激素和前列腺素对供体和受体进行处理，使二者发情时间早晚不超过 24 h。

3. 供体的超数排卵　对供体进行超数排卵处理。

4. 供体发情鉴定和输精　在确定发情后 8～12 h 输第 1 次精，间隔 12 h 再输第 2 次，每次输入精液的量为正常人工授精的 2 倍，以保证卵细胞有较高受精率。

5. 胚胎的收集　利用冲洗液将胚胎由生殖道冲出，并收集在器皿中。胚胎采集有手术和非手术 2 种方法，前者适用于各种动物；后者仅适用于牛、马等大动物。

（1）手术法收集胚胎：按外科手术的要求，在腹中线做一切口，用注射器吸取冲洗液注入输卵管或子宫角内，冲洗输卵管每侧须用冲洗液 5～10 mL，冲洗子宫角每侧须用 30～50 mL。同时观察记录卵巢上的黄体数。

（2）非手术收集胚胎：牛的非手术收集胚胎大多都用二路式采卵管。外管前端连接一气囊，当采卵管插入子宫体时，给气囊充气（一般 15～20 mL）使其胀大，一方面可固定于子宫体内；另一方面可防止冲洗液经子宫颈流出。使冲洗液通过子宫体流入子宫角，然后导出冲洗液，冲洗 2～3 次，每次注冲洗液 50 mL。

6. 胚胎鉴定　对胚胎鉴定比较实用的方法是形态鉴定法，即在解剖镜下，根据胚胎的形态鉴定胚胎的质量，正常发育的胚胎，其发育阶段与胚龄相一致，外形整齐清晰，卵裂球紧密充实。

7. 胚胎的移植　与收集胚胎一样，胚胎的移植也有手术法和非手术法 2 种，前者适于各种动物，后者仅适于牛、马等大动物。

（1）手术法移植：在受体腹部做一切口，找到排卵一侧的卵巢并观察黄体发育状况，用移液管将鉴定为发育正常的胚胎注入同侧子宫角上端或输卵管壶腹部。

（2）非手术法移植：牛的非手术移植，其方法是将一只手伸入直肠，先检查黄体位于哪一侧及其发育情况，然后握住子宫颈（如同直肠把握输精操作），另一只手将装有发育正常胚胎的移植器经阴道、子宫颈、子宫体最后插入与黄体同侧的子宫角内，将胚胎注入（图 5-6）。

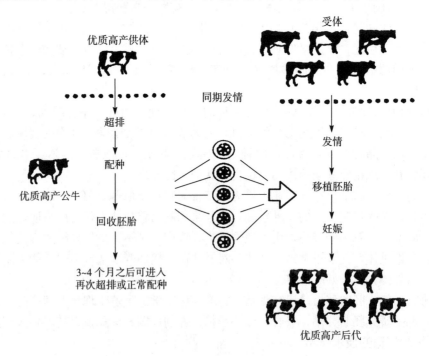

图 5-6　胚胎移植程序示意图

（引自郭志勤，家畜胚胎工程，1998）

二、胚胎工程技术

20世纪70年代后期,在动物胚胎移植技术迅速发展的同时,人们把注意力转到对胚胎进行加工改造上,以期进一步提高胚胎的利用价值,因而兴起了胚胎的高新技术——胚胎工程。

这里所讲的胚胎工程是指对卵细胞和胚胎在体外条件下进行的各种操作和处理,主要包括卵细胞与胚胎冷冻、胚胎嵌合、核移植(克隆)、基因导入、胚胎干细胞等。

这些高新技术不仅可最大限度地挖掘动物的繁殖潜力,而且也为动物遗传学、胚胎学等基础理论的研究开辟了新的途径。这些技术的应用将为人类创造更大的效益。

(一)胚胎与卵母细胞冷冻保存

1. 胚胎与卵母细胞冷冻保存的概念和意义 胚胎与卵母细胞冷冻保存一般是指在干冰(-79℃)和液氮(-196℃)中保存胚胎。胚胎的冷冻保存可以使胚胎移植不受时间、地域的限制,利于胚胎移植的推广应用,是使该技术实现商品化的关键因素;还可以利用此项技术,建立良种动物和濒危动物的卵细胞库、胚胎库;可解决国内外胚胎远距离运输的问题,促进国际间良种交换,加快动物育种进程;可防止由于疾病、战争或其他原因造成的各种动物品系和稀有突变体的丢失。

2. 胚胎与卵母细胞冷冻保存的方法 胚胎冷冻保存技术自建立以来,已进行了许多改进,方法趋于简单实用。主要有以下几种方法。

(1)逐步降温法(快冻快解法):这是一种传统方法。动物胚胎冷冻最初获得成功,大都是用此方法取得的。解冻后胚胎存活率较高,但操作程序比较复杂。

(2)一步细管法:即在细管内用非渗透性蔗糖溶液一步脱除抗冻剂(甘油)的方法。其特点是从解冻到移植的全过程简单、易行,利于在生产中应用推广。

(3)玻璃化冷冻(nitrification):这是近年来研究出的一种新冷冻方法。抗冻剂在急剧降温到很低温度时,能被浓缩但不结晶,且黏滞性增加,形成玻璃化。用这种方法冷冻,胚胎内外液体能同时玻璃化,不会形成冰晶,这样能较好地保护胚胎。玻璃化冷冻的优点是无须冻前分步添加和冻后分步脱除抗冻剂的操作,特别是省去了费时费力的降温操作,也不需要昂贵的冷冻设备——冷冻仪。

(二)胚胎嵌合

1. 胚胎嵌合的概念与意义 胚胎嵌合就是通过显微操作,使2枚或2枚以上胚胎融合成为1枚复合胚胎,由此而发育成的个体称为嵌合体。胚胎嵌合不但对品种改良和新品种培育有重大意义,而且给不同品种间的杂交改良开辟了新渠道。此外,对水貂、狐等毛皮动物,可以利用胚胎嵌合获得用交配或杂交法不能获得的毛皮花色类型,以成倍提高毛皮产品的商品价值。

2. 胚胎嵌合的方法 主要有分裂球融合法和内细胞团注入法,前者就是将2个以上胚胎的卵裂球相互融合,形成1个胚胎。后者就是把1个胚胎的内细胞团注入另1个胚胎的囊胚腔内,使之与原来的内细胞团融合在一起。

(三)细胞核移植(克隆)

1. 细胞核移植的概念和意义 "克隆"一词来源于希腊语,原意为插枝,即无性繁殖的意思。动物克隆是指动物不经过有性生殖方式而直接获得与亲本具有相同遗传物质的后代的过程。通常将所有非受精方式繁殖所获得的动物称为克隆动物。将产生克隆动物的方法称为克隆技术,包括胚胎分割和核移植。核移植是生产克隆动物最为有效的技术。其意义在于:①动物细胞核移植技术能使遗传性状优秀的个体大量增殖,大大加快动物育种进程;②可扩大转基因动物的后代数量,提高转基因动物的生产效率;③通过性别鉴定,再克隆,可生产大量预知性别的动物后代；④可用于珍稀和濒危动物的扩繁与保护；⑤可满足动物试验和生物医学研究的特殊需要，提高试验的准确性；⑥以此技术为基础，可研究动物个体发生的核质互作关系、细胞核的去分化和重编程、细胞的老化等基础问题。

2. 细胞核移植的方法 重点介绍胚胎分割和核移植的方法。

（1）胚胎分割的方法：胚胎分割是通过对胚胎进行显微操作，人工制造同卵双生或多生的技术。胚胎分割又分为显微操作仪分割和徒手分割2种方法。

①显微操作仪分割：将待分割胚胎用吸管固定，调节操作仪旋钮，将分割针（刀）调至胚胎正上方，再调节操作仪旋钮垂直将胚胎从中央切开，一分为二，然后将无透明带的2枚裸半胚进行移植或冷冻保存。

②徒手分割。用链霉蛋白酶软化待分割胚胎，在实体显微镜下，直接用自制分割针（刀）将胚胎一分为二。裸半胚移植和冷冻保存同显微操作仪分割。

（2）细胞核移植的方法：细胞核移植又分为胚胎细胞核移植和体细胞核移植2种方法，具体方法是：

①核供体的准备：将胚胎或体细胞制成单个胚胎细胞（卵裂球）或单个体细胞。

②核受体的去核：将具有完整第1极体的卵母细胞的染色体连同周围胞质一起去除。

③注核：将单个胚细胞或体细胞注入去核的胞质质膜与透明带夹角处。

④卵母细胞胞质与注入核的融合：将二者在一定电融合条件下进行融合，而后进行培养。

⑤核移植后卵母细胞的激活：将融合后的胚胎在一定条件下进行激活并培养。

⑥核移植胚胎的培养：核移植胚胎在一定培养条件下进行培养，使其发育为早期胚胎，进行移植或冷冻保存。

第八节　提高动物繁殖力

一、繁殖力的概念

家畜繁殖力是指动物在正常生殖机能条件下，生育繁衍后代的能力。对种用动物来说，繁殖力就是生产力，它直接影响生产水平的高低和发展。种用雄性动物的繁殖力主要表现在性欲及精液的数量品质，与雌性动物的交配能力及受胎能力；雌性动物的繁殖力主要是指成熟的迟早、发情周期正常与否和发情表现、排卵多少、卵细胞的受精能力、妊娠能力、泌乳及哺育动物的能力等。

二、评定动物繁殖力的方法和指标

动物繁殖力通常用下列几种主要方法和指标来评定。

1. 雌性动物受配率 指在本年度内参加配种的雌性动物占种群内适繁雌性动物数的百分比，主要反映种群内适繁雌性动物的发情和配种情况。

$$受配率 = \frac{配种雌性动物数}{适繁雌性动物数} \times 100\%$$

2. 雌性动物受胎率 指在本年度内配种后妊娠雌性动物数占参加配种雌性动物数的百分比。在生产中为了全面反映种群的配种质量，在受胎率统计中又分为总受胎率、情期受胎率、第1情期受胎率和不返情率。

（1）总受胎率：指本年度末受胎雌性动物数占本年度内参加配种雌性动物数的百分比，反映了种群中雌性动物受胎头数的比例。

$$总受胎率=\frac{受胎雌性动物数}{配种雌性动物数}\times 100\%$$

(2) 情期受胎率：指在一定期限内，受胎雌性动物数占本期内参加配种雌性动物的总发情周期数的百分比，反映雌性动物发情周期的配种质量。

$$情期受胎率=\frac{受胎雌性动物数}{配种情期数}\times 100\%$$

(3) 第1情期受胎率：第1个情期配种后，此期间妊娠雌性动物数占配种雌性动物数的百分比。第1情期受胎率更便于及早做出统计，发现问题，改进配种技术。

$$第1情期受胎率=\frac{受胎雌性动物数}{第1情期配种雌性动物数}\times 100\%$$

(4) 不返情率：指在一定期限内，经配种后未再出现发情的雌性动物数占本期内参加配种雌性动物数的百分比。不返情率又可分为 30 d、60 d、90 d 和 120 d 不返情率，随着配种后时期的延长，不返情率就越接近于实际受胎率。

$$X 天不返情率=\frac{配种后 X 天未返情雌性动物数}{配种雌性动物数}\times 100\%$$

3. 雌性动物分娩率和产仔率

(1) 雌性动物分娩率：指本年度内分娩雌性动物数占妊娠雌性动物数的百分比，反映雌性动物维持妊娠的质量。

$$雌性动物分娩率=\frac{分娩雌性动物数}{妊娠雌性动物数}\times 100\%$$

(2) 雌性动物产仔率：指分娩雌性动物的产仔数占分娩雌性动物数的百分比。

$$雌性动物产仔率=\frac{分娩雌性动物的产仔数}{分娩雌性动物数}\times 100\%$$

单胎动物，如牛、马、驴等只使用分娩率，因为单胎动物1头母畜产出1头仔畜，产仔率不会超过100%，所以单胎动物的分娩率和产仔率应该是同一概念。多胎动物，如猪、山羊、兔等1头（只）母畜大多产出多头（只）仔畜，产仔率均会超过100%，故多胎动物产仔数不能反映分娩雌性动物数，对多胎动物应同时使用雌性动物分娩率和雌性动物产仔率。

4. 仔畜成活率 指在本年度内，断乳成活仔畜数占本年度产出仔畜数的百分比，可以反映仔畜的培育成绩。

$$仔畜成活率=\frac{断乳成活仔畜数}{产出仔畜数}\times 100\%$$

5. 雌性动物繁殖率 指本年度断乳成活仔畜数占本年度种群适繁雌性动物数的百分比。

$$繁殖率=\frac{断乳成活仔畜数}{适繁雌性动物数}\times 100\%$$

根据雌性动物繁殖过程的各个环节，繁殖率应该是包括受配率、受胎率、畜分娩率、产仔率及仔畜成活率等5个内容的综合反映。因此，繁殖率又可用下列公式表示：

$$繁殖率=受配率\times 受胎率\times 分娩率\times 产仔率\times 仔畜成活率$$

另外，除上述指标以外，还有产仔窝数、窝产仔数和产犊指数，以猪为例，分别为：

(1) 产仔窝数：一般指母猪在1年之内产仔的窝数。

$$产仔窝数=\frac{总产仔窝数}{分娩母猪数}$$

(2) 窝产仔数：指母猪每胎产仔的头数（包括死胎和死产）。一般用平均数来比较个体和畜群的产仔能力。

$$窝产仔数=\frac{总产仔数}{产仔窝数}$$

(3) 产仔指数：指母猪 2 次产仔所间隔的时间，以平均天数表示，反映不同猪群的繁殖效率。

$$产仔指数 = \frac{每 2 次产仔间隔的天数总和}{总产仔胎次}$$

三、提高动物繁殖力的措施

（一）加强种用动物的选育

繁殖力受遗传因素影响很大，不同品种和个体的繁殖性能也有差异。尤其是种用雄性动物，其品质对后代群体的影响更大。因此，选择好种用雌、雄性动物是提高动物繁殖力的前提。

（二）科学的饲养管理

加强种用动物的饲养管理，是保证正常繁殖机能的物质基础。种用动物要保证良好的膘情和性欲。营养缺乏会使雌性动物出现瘦弱，性腺机能减退，生殖机能紊乱，不发情或发情不排卵、多胎动物排卵少，产仔少等情况；种用雄性动物则表现为性欲下降、精液品质降低等。

（三）做好发情鉴定和适时输精

根据雌性动物发情内部及外部变化和表现，准确判定发情与否，适时输精，以保证活力强的精子和卵细胞在受精部位受精，防止误配和漏配。特别对于发情期比较长，发情表现不明显的动物，更须做好发情鉴定，这样才能提高受胎率。

（四）做好早期妊娠诊断、防止失配空怀

通过早期妊娠诊断，能够及早确定动物是否妊娠，做到区别对待。对已确定妊娠的母体，应加强保胎，使胎儿正常发育，防止妊娠后发情误配。对未妊娠的动物，应认真及时找出原因，采取相应措施，不失时机地补配，减少空怀时间。

（五）减少胚胎死亡和流产

由于营养失调、管理不当、生殖细胞老化、生殖道疾病等原因，动物胚胎死亡率相当高，牛、羊、猪一般可达 20%～40%；马为 10%～20%。特别是妊娠早期，胚胎与子宫的结合是比较疏松的，受到不利因素的影响易引起早期胚胎死亡。妊娠 26～40 d 的母猪，胚胎死亡率可达 20%～35%。应根据造成胚胎死亡的原因，采取相应的措施，如科学饲养管理、适度的使役和运动、外源补充孕激素等以减少胚胎死亡和流产。

（六）防治不育症

雌、雄性动物的生殖机能异常或受到破坏，失去繁衍后代的能力统称不育。对雌性动物直接称为不孕。对于先天性和衰老性不育，因难以克服，应及早淘汰。对于营养性和利用性不育，则应通过饲养管理和合理的利用加以克服。对于传染性疾病引起的不育，应加强防疫及时隔离和淘汰。对于一般性疾病引起的不育，应采取积极的治疗措施，以使其尽快地恢复繁殖能力。

（七）应用推广繁殖新技术

在有条件的地区单位，应大力应用推广如人工授精、繁殖控制、胚胎移植及胚胎工程等新技术，从雌、雄性动物 2 个方面提高繁殖力。

（八）建立频密繁殖技术体系

种用动物的主要任务就是繁殖，无论产仔早晚、世代间隔长短，其繁殖年限都是一定的，不会因为产仔早而繁殖寿命缩短，也不会因繁殖间隔长而延长繁殖寿命。因此，在有限的繁殖年限内，实施以青年雌性动物适时配种、缩短产仔间隔为核心的频密繁殖技术体系是提高雌性动物终生繁殖力的有力技术手段。

（九）健全繁殖制度

搞好种群繁殖计划，建立健全以生产责任制为中心的各项规章制度，认真做好各项记

录，定期分析种群繁殖动态，并做好疫病防治工作。

复习思考题

1. 雄性动物生殖器官的构成及主要生理机能是什么？
2. 雌性动物生殖器官的构成及主要生理机能是什么？
3. 根据生殖激素的分泌部位，举例说明生殖激素的种类。
4. 在动物繁殖上常用的生殖激素有哪几种？
5. 简述促卵泡素、孕马血清促性腺激素、前列腺素在动物繁殖上的应用。
6. 简述精子是如何发生的。
7. 简述卵细胞是如何发生的。
8. 简述精子与卵细胞受精的具体过程。
9. 目前生产中牛、羊、猪妊娠诊断的主要方法有哪几种？
10. 人工授精的技术程序是什么？
11. 繁殖控制技术包括哪些？
12. 胚胎移植的技术程序是什么？
13. 胚胎工程包括哪些内容？
14. 动物的繁殖力指标包括哪些？如何提高动物的繁殖力？

第六章
动物环境控制、养殖设备及福利

重点提示：本章重点阐述了养殖场场址的选择及其建筑，动物环境及控制，规模化养殖粪污处理及利用，畜禽生产设备及智慧牧场建设，动物福利与畜牧生产。

二维码 6-1 推动畜牧业绿色发展

第一节 养殖场场址的选择及其建筑

养殖场是种用动物、商品动物的生产基地。随着现代化畜牧业的不断发展，动物标准化规模养殖是现代畜牧业发展的必由之路，规模化、标准化、产业化养殖场场址选择和布局是否得当，动物舍的设计和建筑是否合理，都直接关系到养殖生产水平和经济效益的高低。

一、场址选择

规模养殖场场址的选择应遵守《中华人民共和国畜牧法》规定，符合当地土地利用总体规划、城镇发展规划、养殖业规划布局的总体要求，不占用基本农田；坚持农牧结合、林牧结合、果牧结合、生态养殖；注重动物防疫和公共卫生，遵守《中华人民共和国动物防疫法》，符合《动物防疫条件审查办法》规定的防疫条件。

从环境保护的观点选择养殖场的场址，既要考虑养殖场不对周围环境造成污染，又要考虑养殖场不受环境已经存在的污染所影响。应根据养殖场综合经营的种类、方式、规模、生产特点、饲养管理方式以及生产集约化程度等基本特点，对地势、地形、土质、水源以及居民点的配置、交通、电力、物资供应等条件进行全面考察。良好的养殖场环境条件是：保证场区具有较好的小气候条件，有利于舍内空气环境的控制；便于严格执行各项卫生防疫制度和措施，便于合理组织生产，提高设备利用率和工作人员劳动生产率。

1. 地势 应选择地势高燥平坦、地下水位 2 m 以上、排水方便和背风向阳的地方，场址的选择既要考虑防止污染湖泊河流，又要防止水淹、滑坡、塌方的出现。场址的土质以坚实、渗水性强、未被寄生虫和病原体污染的沙质土壤为好。场址周边气流通畅，远离风口，沿海区域宜有防风林遮挡。

2. 水源和水质 应选择水质好、水源充足的地方建场，无论是地表水还是地下水均要在水质上符合要求。

3. 位置 场址应尽可能选择接近饲料产地和加工地、交通方便、供电良好、网络通畅的地方。按照《畜禽规模养殖污染防治条例》《中华人民共和国畜牧法（2015 年修正）》《中华人民共和国环境保护法》《动物防疫条件审查办法》的规定科学选址。

二、养殖场的布局

规模养殖场总体规划布局是养殖场建设的前期工作,应做到周密规划,科学设计,以保证养殖场的长远发展,减少养殖建设投资,最大限度节约养殖成本。布局的原则是"因地制宜""科学合理""便于防疫""保证公共卫生安全""便于管理、利于环保""兼顾今后发展",在所选定的场地上进行分区规划和确定各区的合理布局,配置应做到紧凑整齐,节约用地。

(一)养殖场分区规划的原则

1. 循环利用,高效生产 以环境影响最小化、公共卫生与防疫安全和经济效益最大化为主要目标确定规划布局,做到动物粪尿和养殖场污水的处理与循环利用,并能与有机肥生产、种植业、沼气、蚯蚓养殖等有机结合。

2. 因地制宜,降低成本 合理利用地形地势解决挡风防寒、通风防热、采光等问题,有效利用原有道路、供水供电线路以及原有建筑物等,以创造最有利的养殖场环境、卫生防疫条件和生产联系,以达到提高劳动生产率、减少投资、降低成本的目的。

3. 留有余地,分步实施 采用分阶段、分期、按单元建设的方式,规划时对各区应留有余地,生产区规划尤其应注意,以使各区既符合总体规划要求,又能保证发展的需要。

(二)养殖场的布局规划

养殖场分区规划时,首先应从人畜保健角度出发,考虑地势和主风向,合理安排各区位置(图6-1),以建立最佳生产联系和卫生防疫条件。养殖场通常分3个功能区,即养殖生产区、粪尿污水处理区和病畜禽处理区(隔离区)、生产管理区。

养殖场的建筑物以坐北朝南为宜,布局应整齐紧凑。各建筑物的安排,应做到土地利用合理经济,尽量缩短运输距离,便于经营,利于生产。

图6-1 养殖场分区布局

1. 养殖生产区 养殖生产区是养殖场的主要部分和主要建筑区,一般建筑面积占全场总建筑面积的70%~80%。其中,包括各类生产用畜禽舍[如种畜禽舍、幼畜(雏)舍、育成舍、成年或育肥舍等]、饲料加工室、饲料仓库、青贮区、垫草区、隔离舍、水塔或储备水源等。

(1)生产用畜禽舍:各类畜禽舍的安排要充分考虑各类畜禽的生物学特性和生产利用特点,如公猪舍为了避免公猪由于闻到母猪气味导致骚动不安,应与母猪舍保持相当的距离。

(2)饲料加工室:尽量缩短喂饲距离,考虑方便全场喂饲,同时考虑到方便往场内运料,可安排在养殖场中间或一侧的尽端。

(3)饲料仓库:考虑到运料与加工的方便,应安排在养殖场一侧的尽端。

(4)青贮区、垫草区:安排在饲料加工室附近。

(5)隔离舍:安排在养殖场的一角,只对场内开门。

(6)水塔或储备水源:位置要与水源条件相适应,并留有选择余地,安排在养殖场最高处。

2. 粪尿污水处理区和病畜禽处理区(隔离区) 粪尿污水处理区设在地势低处,配置有粪尿、污水集中处理设施，如积肥场、粪污固液分离设备、污水氧化塘、沼气池、病死动物焚烧处理室等。病畜禽处理区（隔离区）包括病畜禽隔离室、新购入种畜禽的饲养观察室等，应安排在养殖场的下风区，以避免疫病传播和环境污染。

3. 生产管理区　包括工作人员的生活设施、养殖场办公设施及与外界接触密切的生产辅助设施，如办公室、会议室、接待室、职工宿舍等。该区与日常饲养工作关系密切，与生产区距离不宜远，可安排在养殖场的一角，独成一院，对场内外来往车辆与人员应设有安装消毒设备的专用通道。生产管理区和生活区应距生产区 50 m 以上。

三、畜禽舍建筑

畜禽舍建筑，要根据各地全年的气温变化和养殖畜禽的品种来确定。畜禽舍的建设要就地取材，经济实用，还要符合防疫要求，做到科学合理。

（一）畜禽舍建筑的要求

（1）舍内应干燥，不透水，且不滑，冬季地面应保温。要求墙壁、屋顶（天棚）等结构的导热性小，耐热，防潮。

（2）舍内要有一定数量和大小的窗户，以保证太阳光线直接射入和散射光线射入。

（3）要求供水充足，污水、粪尿能排净，舍内清洁卫生，空气新鲜。

（4）安置家畜和饲养人员的住房要合理，以便于正常工作。

（二）畜禽舍的类型

北方的畜禽舍，要求能保暖、防寒；南方的畜禽舍要求通风、防暑，根据各地不同气候和畜种采用不同的类型。一般畜禽舍的类型可按四周墙壁严密程度划分为封闭舍、半开放舍、开放舍、装配式畜禽舍等。

1. 封闭舍　指上有屋顶遮盖，四周有墙壁保护，通风换气、采光依靠人工调节，或者依靠门、窗调节的畜禽舍。这种畜禽舍最主要的特点是抵御外界不良因素影响的能力较强，使舍内保持一个较为理想的空气环境。封闭舍也可分为无窗和有窗 2 种形式。

①无窗舍：又称"环境控制舍"，舍内根据所养畜禽的要求，通过人工充分调节小气候，主要适用于靠精饲料喂养的畜禽——猪、鸡以及其他幼畜。

②有窗舍：其通风换气、采光均主要依靠门、窗或通风管。其特点是防寒较易，防暑较难。

2. 半开放舍　三面有墙，正面仅半截墙的畜舍称为半开放舍。这类畜舍由于舍内空气流动性大，舍内外温差相差不大，御寒能力较弱，冬季不适于饲养耐寒能力弱的畜禽，尤其不适宜在冬季饲养仔畜和幼畜。较适于耐寒性较好的成年家畜，如肉牛、乳牛等。为扩大半开放舍的使用范围，克服其保温能力弱的特点，可以考虑在冬季用帘子将开放的部位封闭，如某些简易开放型节能畜禽舍，冬天采用双层塑料卷帘将开放部位封闭。

3. 开放舍　所谓开放舍是指四面均无墙的畜禽舍。四周无墙的畜禽舍称棚舍，又称敞棚或凉棚。其屋顶可防止日晒雨淋，四周敞开可使空气流通，是防暑的一种极好形式。棚舍在削弱热辐射的影响方面有较好的效果。我国中原地区养牛多采用开放舍。

4. 装配式畜禽舍　其特点是能满足不同畜禽品种和不同饲养阶段的工艺要求，有利于设备更新和技术改造等。建筑形式为单层单跨，适宜建筑有开敞式、有窗式和密闭式等不同畜禽舍。结构为轻型钢屋架，墙体为板状夹心板，厚度为 40～100 mm，水泥地面，砖基础和地梁，墙面为红泥浪板（塑胶）和聚苯乙烯为主体的空气流动或不流动隔热层，畜禽舍长度视地形和饲养要求而定，跨度可为 6～8 m、9～12 m，直至 24 m，目前装配式牛舍应用较多。

(三) 畜禽舍建筑结构要求

1. 地基 土地坚实、干燥，可利用天然的地基。若是疏松的黏土，须用石块或砖砌好墙壁地基并高出地面，地基深80～100 cm。地基与墙壁之间最好有油毡绝缘防潮层。

2. 墙壁 砖墙厚50～75 cm。从地面算起，应抹100 cm高的墙裙。在农村也可用土坯墙、土打墙等，但从地面算起应砌100 cm高的石块。土墙造价低，投资少，但不耐用。

3. 屋顶（棚顶） 北方寒冷地区，屋顶应用导热性弱和保温的材料。南方则要求防暑、防雨并通风良好。

4. 屋檐 屋檐距地面为280～320 cm。屋檐和屋顶（顶棚）太高，不利于保温；过低则影响舍内光照和通风。可视各地最高温度和最低温度等因素而定。

5. 门与窗 畜禽舍的大门应坚实牢固，宽200～250 cm，不用门槛，最好设置推拉门。一般南窗应多、大（100 cm×120 cm）；北窗则宜少、小（80 cm×100 cm）。舍内的阳光照射量受畜禽舍的方向、窗户的形式、大小、位置、反射面积的影响，所以要求不同。窗台距地面高度为120～140 cm。

6. 通气孔 通气孔一般设在屋顶，大小因畜禽舍类型不同而不同。通气孔上设有活门，可以自由启闭，通气孔应高于屋脊0.5 m或在房的顶部。

7. 畜舍粪尿沟和污水池 为了保持舍内的清洁和清扫方便，粪尿沟应不透水，表面应光滑。粪尿沟宽28～30 cm，深15 cm，倾斜度1：（100～200）。粪尿沟应通到舍外污水池。为了保持清洁，舍内的粪便必须每天清扫，要保持沟畅通，并定期用水冲洗。

8. 通道 通道主要是饲料通道或工作人员通道。通道宽因养殖畜禽品种不同而不同，一般宽为120～150 cm。

9. 饲槽 饲槽有固定式和活动式2种。

10. 其他设施

（1）道路：养殖场的道路规划在总体布局中占有重要地位，场内有饲料、粪便、人、畜禽几条通道，要求分工明确。大型养殖场饲料通道（清洁道）、畜禽通道与粪便通道（污染道）尽量避免交叉。场内主干道宽度至少5.5～6 m，采用中级路面；靠两侧的边道，至少要求保持3～3.5 m，采用低级路面以利于出肥运料的车辆转向。

（2）大门：养殖场的大门根据运输车辆进出所需要的高度与宽度设置，并且大门只供场内运输使用，平时关闭。

（3）消毒设备：大门消毒池要与大门等宽，长度要求与车辆长相等而稍有余。行政管理区与场内交通专用门，形成一个通道消毒间，内设消毒池、喷雾消毒设施和紫外线消毒灯，任何人出入都必须接受双重消毒。与社会联系的专用便门，可与传达室相结合，设有常备消毒池的过道间，生产区中每栋建筑物门前都要有消毒池。

四、养殖场的公共卫生设施

公共卫生设施是养殖场重要的基础设施，也是卫生防疫和环境保护的基础，在规模化、集约化的饲养条件下，公共卫生设施的建设显得尤其重要。因此，在养殖场规划过程中，应同时做好场内公共卫生设施的规划，主要包括防疫消毒设施、排水设施、储粪设施以及场内道路和绿化。

1. 场界与场内的防护 在养殖场周围（尤其是生产区周围）要设置隔离墙（防疫沟），在场界周边种植乔木和灌木混合林带。特别是场界的西侧和北侧，种植混合林带宽度应在10 m以上，以起到防风阻沙作用，树种应适应当地气候特点。

2. 养殖场的供水 养殖场用水包括生活用水、生产用水、灌溉和消防用水。有条件的养殖场要自建水井或水塔，用管道接送到畜禽舍。

3. 养殖场的排水 场区排水设施是为了排出雨水、雪水，保持场地干燥卫生。排水系统应设置在各道路的两旁和畜禽的运动场周边，多采用斜坡式排水沟。有条件的养殖场或多雨地区应做到雨污分离，雨水和污水通道可设暗沟排水（地下水沟用砖石砌筑或用水泥管道），同时应防止雨季污水池满溢，污染周围环境。

4. 储粪场（池）的建造 粪污的储存是畜禽养殖污染治理的基础。储粪场（池）应在生产区的下风方向，与住宅保持 200 m、与畜禽舍保持 100 m 的间距。储粪场（池）的深度以不浸透地下水为宜，底部用黏土夯实或水泥抹面，以防粪液流失。储粪场（池）的容积在一般情况下为：每存栏 10 头猪所需粪便堆场容积约 1 m^3，存栏 1 头乳牛设计 3 m^3，肉牛或育成乳牛需要 1.5 m^3，100 羽肉禽或蛋禽需要 1 m^3。

除此之外，养殖场还应配备与其生产规模相适应的焚尸炉、化尸池等无害化处理设施设备，对于病死畜禽及其流产胎儿、胎衣、排泄物、乳、蛋等可采用销毁、化制、掩埋等方式进行定点无害化处理。

5. 养殖场的绿化 养殖场绿化可改善场区小气候，在进行场地规划时必须留出绿化地，包括防风林、隔离林、行道绿化、遮阳绿化、绿地等。

五、养殖场的环境保护

畜禽养殖产生的粪尿、污水、病畜禽等，都会对空气、水、土壤、饲料等造成污染，危害养殖环境。因此，养殖场的环境保护既要防止养殖场本身对周围环境的污染，又要避免周围环境对养殖场的危害。

1. 合理规划养殖场 在一个地区内合理设置养殖场（数量、养殖规模），使其废弃物尽可能在本地区加以利用，这就要根据废弃物的数量（主要是粪尿量）、土地的面积等因素来设计养殖场的规模，使其科学合理、相对均匀地分布在本地区内。养殖场环境保护最有效、最经济的途径是"种养结合"。

2. 妥善处理粪尿和污水 粪尿可用作肥料，产生沼气。采用农牧结合互相促进的方法，是当前处理粪尿的基本措施，对环境保护也起到积极的作用。合理地处理与利用养殖场污水，污水经过机械固液分离、氧化分解、生物过滤、沥水沉淀等处理后用于灌溉和循环利用，可以减少对环境的污染，节约水费的开支。

3. 绿化环境 绿化植物具有吸收太阳辐射，降低环境温度，减少空气中尘埃和微生物，减弱噪声等保护环境的作用。

4. 防止昆虫滋生 养殖场易滋生蚊蝇，骚扰人畜。因此，要定时清除粪便和污水，保持环境清洁、干燥，填平沟渠洼地，使用化学杀虫剂杀灭蚊蝇。

5. 注意水源防护 避免水源被污染，加强对水源的保护，防止污水直接排入水源，各养殖场所排出的污水，必须经过处理，符合排放标准。

6. 注重监测养殖场环境卫生 包括污染源监测和养殖场环境的监测。定期对养殖场废弃物和畜产品中的有害物质的浓度进行测定，定期采集养殖场水源及周围自然环境中大气、水等样品测定有害物质浓度，了解环境污染的情况。

第二节 动物环境及其控制

一、动物环境

动物都在一定的环境中生活，围绕着动物周围的空间及其他可直接或间接影响动物生长、发育、繁殖、生产产品和健康的一切外界条件及因素，统称为动物的环境。包括：

（一）物理因素

包括空气、温度、湿度、气流速度、气压、降水、太阳辐射、光照、噪声、灰尘等。

（二）化学因素

包括空气中各种气体成分，动物舍内的有害气体、污染大气的有害气体，饲料、牧草、水体、土壤中的化学物质或混入的有毒物质。

（三）生物因素

包括植物、动物、细菌、病毒、寄生虫以及畜禽群体间的关系。

（四）人为因素

包括人对动物的饲养、管理、调教和利用等。

在这些因素中，同类因素，如温度、湿度、气流速度三者可共同起作用；而不同类的因素，如灰尘与细菌也往往互相结合而起作用。其中，影响较大的是温度、湿度与空气成分、光照和噪声等。畜禽生活环境对畜禽的生长、发育、繁殖、健康和畜禽产品的生产量（蛋、乳、肉、毛）的影响非常大，而畜禽生活的环境是复杂多变的，不论北方和南方，全年都适应的畜禽生活环境是极少的。为使畜禽得到良好的发育，获得较高的生产能力，用人为的方法消除环境中的不利因素，创造有利因素，使畜禽经常处于比较适宜的稳定的环境中，以获得满意的饲养效益。

二、环境对畜禽生产性能的影响

环境直接影响畜禽的生长、生产、发育、繁殖，良好的环境可以有效预防、减少畜禽疾病的发生，有利于畜禽的健康生长并提高其产品品质。环境的好坏直接决定着畜禽生长的好坏，同时也直接关系到经济利益的大小，所以改善环境尤为重要。

（一）温度

环境温度是畜禽的重要环境因素之一，对畜禽的健康和生产力影响很大，合理控制环境温度是有效利用饲料能量，最大限度地获取畜产品的手段之一。此外，环境温度控制也是畜禽机械化生产环境控制的重要固定资产投资。

1. 畜禽的等热区和适宜温度 畜禽的产热与散热是对环境适应的一种调节手段。因此，当环境温度适宜时，畜禽产热最少，散热也最少，容易保持正常体温。畜禽存在一个感到舒适的温度范围，在这个范围内，畜禽与所处的环境完全协调，其各项生理机能最为正常，其只要通过血液循环、血管收缩和舒张等物理性调节，就能保持正常体温的平衡状态，因而畜禽放散的热量最少，所摄取的营养物质能够最有效地用于形成产品，饲料的利用也最为经济。在生理上将这个温度范围称为"等热区"（图6-2）。

当环境温度处在$t_2 \sim t_5$时，畜禽的体温可保持正常，但是等热区（即舒适温度范围）仅限于$t_3 \sim t_4$。

在等热区，畜禽的适宜温度因畜禽种类和生产类型的不同而不同。

当环境温度低于t_3或高于t_4时，畜禽的体温能维持正常，是通过体温调节来实现的。当低于t_3时，畜禽的散热增加，此时就必须提高代谢率，增加产热量，以维持体温恒定，将开始提高代谢率的环境温度称为临界温度或低限临界温度。如果环境温度升高（高于t_4），机体散热受阻，物理性调节不能维持体温恒定，体内蓄热，体温升高，代谢率也提高，这种因高温引起代谢率升高的环境温度也称为临界温度，为区别于低限临界温度，可称此为高限临界温度。低限临界温度与高限临界温度之间空气温度即为等热区。在等热区的温度范围内，畜禽的产热量等于散热量，不需要热调节即可维持正常体温。

当环境温度低于t_3时，畜禽为了维持正常体温，就必须增加产热，从而增加了饲料的

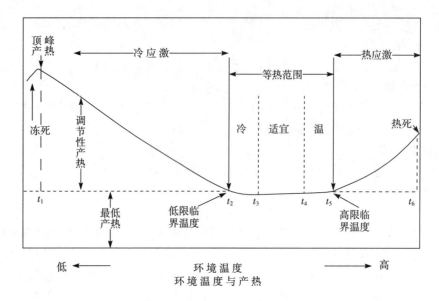

图 6-2 环境温度与产热

消耗或使生产力下降。环境温度高于 t_4 时,由于畜禽向外界散热受阻,要减少产热,就须减少采食或停止采食和减少活动,如环境持续高温,由于散热受阻,就要在体内蓄热,反而进一步促进能量代谢,增加产热,同样导致饲料消耗的增加和生产力的下降;在高温中生产力下降是机体为减少产热的一种保护性反应。

如果环境温度低于 t_1 或高于 t_6,畜禽靠体温调节已无法维持正常体温,体温随即下降或升高,甚至冻死或热死。

将环境温度控制在最适于畜禽生存和生产的范围之内,是少用饲料并能得到更多产品的有效措施。畜禽体重越大、增重越快,所要求的环境温度就相对越低。Johnson(1976)推荐了保持畜禽正常生产力适宜的环境温度范围(表 6-1)。这些数据可在设计畜舍时参考。因为畜禽圈舍环境的控制主要取决于温度的控制,目的是为畜禽创造适宜的温度环境。目前,世界上有的国家在揭示各种畜禽最适宜温度的基础上,进一步给畜禽规定了防寒与防热的温度界限(表 6-2)。

表 6-1 畜禽适宜的温度范围

畜禽类别		温度范围(℃)
乳牛	产乳牛	4~24
	犊牛	10~26
肉牛		4~24
绵羊		4~24
猪	生长育肥猪	10~24
	分娩母猪	10~16
鸡	雏鸡	13~27
	产蛋鸡	7~21

表 6-2 畜禽防寒与防热的温度界限

类别		防寒温度(℃)	防热温度(℃)
牛	乳用牛	4	21
	肉牛	4	25

(续)

类别		防寒温度（℃）	防热温度（℃）
猪	繁殖猪	6	25
	肥猪（45 kg）	6	22
	肥猪（90 kg）	6	22
鸡	蛋鸡	1	21
	肉鸡	3	23

2. 温度对畜禽生产性能的影响 温度与畜禽的生产性能关系密切，其影响主要是通过畜禽的热调节而起作用。对畜禽而言，除幼畜禽外，只要饲料供应充足，寒冷对畜禽生产力的影响不如炎热大，特别是大型家畜（如牛、马等）和被毛隔热性能良好的绵羊，临界温度很低。猪和鸡虽比较怕冷，但若畜禽舍保温性能好，饲养管理制度合理，依靠畜禽自身的热调节，也能够应付冬季的寒冷。温度对采食量影响的一般规律是，低温时采食量增加，但饲料消化率下降，而高温时采食量减少，但饲料消化率提高。

如据国内外试验结果表明，乳牛的每日维持能量需要（KJ）在 5 ℃时为 389 $W^{0.75}$（kg），0 ℃时为 402 $W^{0.75}$（kg），−5 ℃时为 414 $W^{0.75}$（kg），−10 ℃时为 427 $W^{0.75}$（kg），−15 ℃时为 439 $W^{0.75}$（kg）。维持需要增加，相应采食量也增加。

温度升高与畜禽饲料摄入量减少的量并不呈直线关系，温度越高，饲料摄入量减少幅度越大。又如蛋鸡生产中蛋重随温度升高而变轻，是饲料摄入量减少、营养不足所致。

我国很多地区，夏季气温高而持续时间长，有时再加上高湿，对畜禽的健康和生产力极为不利。再者，与低温情况下采取防寒保温措施相比，高温时，解决防暑降温要困难得多。生产实践中，除采取防暑降温措施来控制和改善环境外，还可通过调整日粮结构减少热的产生和增加营养的供应，这也是充分发挥畜禽生产潜力，提高饲料转化率和经济效益的重要措施。

环境温度（气温）是畜禽的重要环境因素之一，气温对畜禽的繁殖力影响较大，如高温可使公猪精液品质下降，并造成配种后附植于子宫前的胚胎死亡率高，也造成种蛋受精率降低。同时，气温对畜禽的健康和生产力影响更为明显。以猪为例，当生长猪暴露在低温环境中时，能量和含氮物的消化率下降。当环境温度每变动 10 ℃时，消化率的变动为12%~48%，外界温度低和高都会影响畜禽机体的能量代谢与物质代谢，而与能量代谢关系尤为密切。

（二）气湿

气湿指空气湿度，是表示大气中水汽含量多少的物理量，生产上一般用相对湿度来表示。

畜禽舍内水汽的来源有：畜体排出的水汽，地面、潮湿垫草和内部设备表面蒸发的水分，随空气进入畜禽舍内的外界水分。畜禽舍内湿度过高，有利于传染病的蔓延，会使畜禽抵抗力减弱，发病率增高，病程加重。同时，湿度过高有利于病原性真菌、细菌和寄生虫的发育。

一般环境温度下，空气湿度对动物的体热调节没有明显影响。高温环境下，动物主要靠蒸发散热。如处在高温高湿的环境下，因空气湿度过大而妨碍了动物体的蒸发散热。低温环境下，动物体主要靠辐射传导和对流散热。如处在低温、高湿的情况下，因被毛和皮肤都能吸收空气中的水分，提高被毛和皮肤的导热系数，降低体表的阻热作用，导致散发的热量显著增加，动物体会感到更冷。无论环境温度的高低，高湿对热调节都是不利的，而湿度稍低可以减轻高温或低温对动物体的影响。

(三) 光照

光照可对畜禽机体产生光热效应（红外线和可见光）、光电效应（紫外线）和光化学效应（紫外线和可见光），可见光的明暗变化规律还引起畜禽机体生理节律的改变，从而影响畜禽的生命活动过程、生产力和健康。

适当的光照度和光照时间，可以增强机体代谢和氧化过程，加速蛋白质和矿物质沉积，促进生长发育，并可提高繁殖力和抗病力。光照度不足和时间过短，则使机体物质代谢和氧化过程减弱，生长发育受阻，性成熟推迟，性机能减弱，畜禽活动减少。光照度过强或时间过长，则引起神经兴奋、眼疲劳、活动过多，饲料转化率低，并可能引起恶癖。光照度对畜禽的繁殖力、鸡的产蛋率、畜禽的生长和增重都有很大的影响。

(四) 其他环境因素

1. 气流　空气的流动是由于不同位置的空气温度不一致而引起的。热空气密度小而上升，留下的空间由周围的冷空气来填充。因此，就产生了气流。密闭式畜禽舍气流的形成除了以上原因之外，还来自门窗启闭、通风换气、外界气流的侵入、机械运转、人和动物的走动等。

在高温情况下，只要气温低于体温，气流有助于散热，对畜禽健康和生产力有良好的作用。在低温情况下，气流增强了机体散热，从而加重了寒冷对畜禽的影响，增加能量消耗，使生产力下降。

2. 有害气体　畜禽舍内由于畜禽的排泄以及排泄物的腐败分解，不仅使空气中的氧气减少，二氧化碳增加，而且产生氨、硫化氢、甲烷等有害气体。有害气体在畜禽舍内的产生和积累，取决于动物舍内封闭程度、设计、管理、通风、粪便处理和圈养密度等。

3. 灰尘和微生物　畜禽舍中除由舍外空气带入灰尘和微生物之外，畜禽的采食和活动等，都引起灰尘产生。灰尘颗粒的大小影响其在空气中的沉积速度的快慢，小于 5 μm 的灰尘很难下沉，长时间飘浮在空气中，高湿易使灰尘相互黏结而下沉，低湿则相反。空气运动速度小，灰尘易下沉；运动速度大则相反。病原微生物附着在灰尘上易于存活，对畜禽的健康有直接影响。病原微生物附着在灰尘上，对畜禽造成的传染称为"灰尘传染"；附着在飞沫上的传染称为"飞沫传染"。

4. 噪声　声音通过听觉器官——耳，将刺激传至听觉中枢，在大脑皮层的参与下，影响神经和内分泌活动，进而影响行为、代谢强度和各种生命活动。适度的声响可兴奋神经，刺激食欲，提高代谢机能。但过强的声响（如 80～110 dB）即可造成应激，特别是突然的强噪声，首先引起神经紧张和行为反应，畜禽奔跑、挤堆，有可能因此而导致外伤和死亡。同时，噪声引起的心理应激，必然导致生产力的下降、抵抗力和免疫力的降低。

畜禽舍内的噪声来源有①外界传入：主要是外面机械产生的噪声；②舍内机械产生：如风机、饲料传送、粪尿清除等产生的噪声；③畜禽自身产生：如畜禽鸣叫、采食、走动、争斗等产生的噪声。猪对声音比较迟钝，鸡对噪声比较敏感，其生产力受影响较大。

三、畜禽环境的控制

畜禽舍环境控制是实现畜牧业集约化和现代化的首要条件，而随着集约化、高密度养殖技术的兴起和长足发展，畜禽舍的环境问题已经成为影响我国当前畜禽生产发展的重要因素。畜禽舍环境调控的目的，就是通过不同类型的畜禽圈舍建设和科学应用机械设备及科学合理的技术管理以克服自然气候因素的影响，建立有利于畜禽生存和生产的环境。

(一) 畜禽舍建设

建造畜禽舍的目的就是为畜禽提供一个适宜的生产环境，通过不同类型的畜禽舍和科学应用机械设备以克服自然气候因素的影响，建立有利于畜禽生存和生产的环境的设施，称为畜禽舍的环境控制或调控。畜禽舍环境的调控主要取决于舍温,可采取隔热、通风、换气、采光、排水、防潮,以及采暖、降温等措施,以建立符合畜禽生理要求和行为习性的最佳环境。

1. 畜禽舍的保温、隔热与防寒、采暖　为畜禽创造适宜的环境,以克服自然因素的不良影响,最重要的措施是防热与防寒。如 50 kg 以上的育肥猪、后备猪、种猪防寒与防热的温度界限是 6 ℃和 22 ℃,低于 6 ℃应防寒,高于 22 ℃应防热。

畜禽舍的保温,就是在寒冷季节将畜禽产生的热和用热源(火炉、暖气等)产生的热存留下来,防止散失,而形成温暖的环境;隔热,就是在炎热季节,通过畜禽舍和其他设施(凉棚、遮阳等),以隔绝太阳辐射热传入舍内影响畜禽体,防止舍内和畜禽体周围的气温升高,形成较凉爽的环境。畜禽舍的保温隔热,要因地制宜,必须根据当地的气候特点和规定的环境参数进行设计;畜禽舍的保温隔热能力,取决于所用建筑材料的导热性和厚度。畜禽舍建筑工程中,对畜禽舍进行合理施工设计,基本上可以确保适宜的环境温度。

我国东北、西北、华北等地,冬季气温低,限制了畜禽生产力的发挥。畜禽舍防寒采暖就是通过良好的保温隔热,把舍内产生的热充分加以利用,使之形成适于畜禽要求的温度环境,对于幼龄畜禽或更低的温度,则需要采用采暖措施保持在适合畜禽发挥正常生理功能的适宜温度范围。

采取各种防寒措施仍不能满足畜禽舍温度要求时,必须实行采暖。要做好采暖装备的设计,有条件的地方宜采用人工采暖,以补充热源,这一点对产房和幼畜禽舍尤为重要,采暖方式有集中采暖和局部采暖 2 种。

2. 合理设置畜禽舍的排水排污系统　现代集约化畜禽养殖生产中,由于密闭畜舍、高密度的饲养模式以及舍内污染物的积累等因素,常造成畜禽舍环境潮湿,密闭式畜禽舍更为突出。畜禽每天排出的粪尿量很大,日常饲养管理所产生的污水很多,这些均会导致舍内潮湿;畜禽舍内的墙壁、地面、其他物体表面如果过于潮湿,会导致大量的氨气和硫化氢被吸附,当舍内温度上升则可加快其挥发速度。同时,潮湿也导致畜禽舍湿度的增加,在高温情况下高湿会加剧热应激,在低温高湿环境下可使畜禽非蒸发热量散失快,从而加剧冷应激。

(1) 重视畜禽舍的防潮设计:畜禽舍选址及规划建设要有利于生产过程中污水和雨水的排放,避免污水在场区内的蓄积。设计合理的传统清粪排水设施,包括粪尿沟、排出管和粪水池的建造,采用雨污分离的排水系统。

(2) 做好畜禽舍的通风设计,控制舍内空气湿度:畜禽舍良好的通风不仅能够有效降低舍内有害气体含量,还能够有效降低舍内湿度,保持环境卫生,尤其是封闭式饲养。畜禽舍通风分自然通风和机械通风,自然通风是靠舍外刮风和舍内外的温差实现的,而当自然通风起不到应有的作用时,则须进行机械通风。机械通风按驱动原理可分为负压通风、正压通风和联合通风。用风机把舍内污浊的空气抽到舍外为负压通风或排风,强制将风送入畜禽舍内而把舍内污浊空气压出舍外称正压通风或送风,同时用风机送风和用风机排风称联合通风。

3. 采光与照明　光照是畜禽舍小气候的重要因素之一,对畜禽的健康和生产力、对人们的工作条件和工作效率均有很大影响。为了使舍内得到适宜的光照,通常通过自然采光和人工照明来实现,在开放式或半开放式畜禽舍和一般有窗畜禽舍,主要靠自然采光,必要时辅以人工光照,在无窗畜禽舍则靠人工光照。

(1) 自然光照:影响畜禽舍自然采光的因素很多,如畜禽舍的方位、舍外情况、窗户面积、阳光入射角和透光角的大小、舍内的反光情况等。舍外附近无高大建筑物和大树,有利于光照。窗户面积越大,进入舍内的光线越多。畜禽舍南北窗面积的比例应根据当地气候确定,然后再考虑光照均匀和房屋结构对窗间宽度的要求。从防暑和防寒两方面考虑,夏季不应有直射阳光进入舍内;冬季则希望能有阳光进入舍内,为此应合理设置窗户与屋檐等。畜禽舍自然采光与采光系数、入射角、透光角等有关。

(2) 人工光照：为了保证畜禽在白昼和黑夜都能够得到充足的光照，可使用白炽灯或荧光灯作为人造光源，目前多用于养禽业。光照度要足够，以满足畜禽最低光照度要求。光照时间、光照度、光照程序的选择与雏鸡发育和健康关系密切。合理的光照度、光照程序有利于肉仔鸡延长采食时间，加快生长速度。光照过强，容易使雏鸡休息不好、烦躁不安，甚至互相争斗，诱发啄癖，造成伤亡。同时，也会影响肉仔鸡饲料转化率。光照要均匀。

4. 畜禽舍外部环境的控制 畜禽养殖场植树种草进行绿化，既可缓和太阳辐射，降低环境温度，改善小气候，又具有净化空气、美化环境和防风的作用。在盛夏，强烈的直射日光和高温不仅使畜禽的生产能力降低，而且容易发生日射病。有绿化的牧场，场内树木可起到良好的遮阳作用。当温度高时，植物茎叶表面水分蒸发，吸收空气中大量的热，使局部温度降低，同时提高了空气中的湿度，使畜禽感觉更舒适。树干、树叶还能阻挡风沙的侵袭，对空气中携带的病原微生物具有过滤作用，有利于防止疾病的传播。

(二) 安装环境控制设备

畜禽养殖环境通常包括舍内环境和外部环境。其中，舍内环境控制对提高畜牧业生产效率和经济效益最为重要，舍内环境即舍内温度、湿度、有害气体等。

1. 温度控制 畜禽舍内温度控制重点在幼龄动物的供温、夏季炎热时的降温和冬季保温与排风之间的平衡。高温时可安装电风扇、水帘等降温设备；冬季低温时，可集中供暖，如安装热风炉、水暖炉或电暖器等供暖设备。

畜禽舍的加温设备。畜禽舍的供热方式主要有热水循环供热和热风机供热2种方式。热风机供热初始投资较低，且效果明显，可以灵活方便的启停，但当热风机停止工作后舍内降温快，不适合长时间持续使用。在冬季需进行较长时间采暖，尤其是对幼畜禽或较寒冷的地区，一般采用循环热水供热。

畜禽舍的降温设备。当舍内温度较高时，增加遮阳网可以减少进入的太阳光，也可同时采用湿帘风机降温和开窗通风、风机通风。

2. 湿度控制 畜禽最适宜的相对湿度是50%~70%，高温高湿易造成热应激或中暑；夏季湿度主要受外界空气湿度和水帘使用的影响，通过水帘的间断启动和湿度过大后水帘的停用调节舍内湿度。冬季主要通过畜禽舍通风控制使相对湿度不超过80%，否则需加强通风。通过联合通风、供暖、湿帘降温、喷雾加湿等方法能将相对湿度控制在50%~70%。

3. 有害气体的控制 排出舍内有害气体、湿气以及粉尘、补充足够的新鲜空气、维持舍内的适宜温度主要依靠通风系统来实现，但在大型养殖场中，通风换气设备主要是风机。对于养禽场，需要在所有进气门设置气体过滤装置，气体过滤装置必须保证将外部气体中的大部分粉尘和病原微生物除去。

4. 猪场环境控制设备 现代猪场基本是全密闭式的建筑结构，自然采光，自然通风+机械通风+余温利用的通风模式。封闭猪舍内部的温度、湿度、有害气体浓度等环境因素直接影响猪的健康和生产性能，生产上采用自控技术手段调控猪舍内部环境。自动调控设备主要包括循环风机、湿帘、水泵、风机、水帘（带导流板）、锅炉地热取暖、排气扇、卷帘、猪舍环境自动控制箱、局部加热器、温度传感器、湿度传感器、风速传感器和环境控制电脑等。猪舍控制系统包括加热系统、湿帘通风系统、空气调节系统、喷淋系统等。通风是环境控制系统的主轴，包含湿帘系统、风机系统、进风口系统、机械驱动系统、控制系统等。加热系统包括加热器、日光灯、热隔板等。喷淋系统是向猪体或猪舍空气中喷水，空气调节采用除臭通风、静电除尘等新技术。在控制系统中，主要环境参数有温度，湿度，SO_2、H_2S、NH_3等有毒有害气体的浓度和风速等参数。

5. 鸡场环境控制设备 为达到全年均衡供应市场禽产品的目的，对养殖环境特别是封闭式禽舍环境提出了更高的要求，大部分养鸡场使用了自动化水平较高的禽舍环境调控设备，通过对温度、湿度、有害气体和光照等环境调控，为鸡只创造一个良好的生长和生产环境。禽舍环境控制设备主要包括供暖设备，如立体电热育雏笼、育雏保温伞、环保节能热风炉、红外线灯、远红外辐射加热器等；降温设备，如湿帘风机降温系统、喷雾降温设备、水冷式空气冷却器、蒸发式冷却器、机械制冷设备等；通风设备，如吊扇、换气扇、风机，其中风机是主要通风换气设备；光照设备，如各种光照灯具和光照自动控制器，光照灯具主要有白炽灯、荧光灯、紫外线灯、节能灯和便携聚光灯等；清粪设备，如刮板式清粪机、传送带式清粪机和螺旋弹簧横向清粪机。此外，还有喷雾器类消毒设备，如背负式手动型喷雾器、机动喷雾器和手扶式喷雾车等，及紫外线照射消毒器、禽舍消毒净化器、火焰消毒器。

（三）畜禽环境控制方案

1. 加强日常管理，制订合理的通风换气制度，保持适当的饲养密度　畜禽养殖场等所产生的废弃物都富含微生物生长所需的营养成分，为微生物提供了繁殖的条件。同时，也是畜禽舍内有害气体、有害微生物等恶臭污染的根源，日常管理中及时彻底地清除粪尿、污水、垫料垫草等废弃物，可有效保证舍内清洁。具体做法：①建立生产工艺及管理制度，加强日常的生产管理，保证舍内通风换气设备性能良好，注意通风换气；②改进生产工艺，选择适当的饲料类型和喂料方法，减少灰尘产生，定期检查空气过滤器；③冬季加大饲养密度时要兼顾舍内的环境卫生，以免产生氨气危害动物健康。

2. 发展生态养殖，减少排污物对周围环境的危害　生态养殖是指运用生态学原理，保护生物多样性与稳定性，合理利用多种资源，以养殖场为核心的一种养殖模式。生态养殖产生的粪便污水经过特殊微生物发酵后做有机肥，也可以与果园生产、桑园生产、养蚕、沼气池发酵、特种水产养殖、绿色蔬菜生产等环节结合，开展多样生态农业，更能高效地处理畜禽粪污，并将发酵后的粪便多次利用，生产出种类更多的副产品。此外，发酵床养殖也是我国推广应用的一种生态养殖技术，利用高效有益微生物对粪便的分解转化作用来实现粪污减排的目的；畜禽粪尿直接排放在发酵床上，通过有益发酵微生物的分解发酵，发酵后的副产品可作为优质有机肥，从而实现零排放目标，保护生态环境。

3. 完善饲料配制技术和饲料添加剂应用技术，提高营养成分消化率　通过调整日粮可达到提高畜禽对养分的消化吸收，减少粪尿中的营养物质，降低畜禽粪便臭气浓度的目的，调整日粮包括调整日粮成分和在日粮中添加饲料添加剂。

此外，还可以利用一些饲料添加剂的吸附功能，如沸石、硅酸、活性炭或活性氧化铝等减少畜禽舍内氨及其他有害气体的产生，降低畜禽舍内空气及粪便的湿度，达到减少异味产生的目的。生产中在粪池中加入化学除臭剂，如低浓度的高锰酸钾可控制气体的释放。

第三节　规模化养殖场粪污处理及利用

畜牧生产中的废弃物有粪便、污水、病死畜禽等，对其处理的基本原则是：畜牧生产所有的废弃物不能随意弃置，酿成公害，应加以适当处理，合理利用，化害为利，并尽可能在场内或就近处理解决。

畜禽粪便和污水处理是废弃物处理利用的主要内容。畜禽粪便和污水通过土壤、水和大气的理化及生物作用，其中微生物可被杀死，并使各种有机物逐渐分解，变成植物可以吸收利用的物质。农牧结合，互相促进的处理方法，既处理了畜禽粪便，又保护了环境，对维持农业生态系统平衡起着重要作用。

一、养殖场粪尿排放

养殖场废弃物主要包括粪尿、病死畜禽、污水等，它们富含氮，极易腐败，常常还带有病原微生物，其量很大，尤其是粪尿和污水（表6-3）。如果处理不当，将对水、土壤和空气等造成很大污染，污染物主要有病原（包括细菌、病毒、真菌和寄生虫等）、有毒物质（以硝酸盐为主）、耗氧物质、恶臭物、蚊蝇（养殖场是蚊蝇滋生的良好环境，如处理不好，将导致蚊蝇泛滥成灾，形成公害）。

表6-3　各种畜禽的粪尿排泄量 [kg/（只·d）]
（引自黄炎坤，应用酶制剂减轻畜禽粪便对环境的污染，2000）

畜种	乳牛	哺乳母猪	育肥猪	羊	产蛋鸡	肉鸡
排粪尿量	55~65	7~11	3.5	2.66	0.15	0.10

对于一个年出栏10 000头的猪场来说，平均每天的粪便排放量达17.5 t，其中氮和磷的排放量分别达105 kg和70 kg；年饲养10 000只产蛋鸡的鸡场平均每天的粪便排放量达1.5 t。其中，氮和磷的排放量分别达24.5 kg和23.1 kg。畜禽粪尿中含有丰富的有机营养物质（表6-4），但若处理不当，这些有机物质又很易腐败分解，污染环境，因而应妥善处理。

表6-4　畜禽粪便的化学成分（％）
（引自黄炎坤，应用酶制剂减轻畜禽粪便对环境的污染，2000）

种类	水分	有机质	氮（N）	磷（P_2O_5）	钾（K_2O）
猪粪	81.5	15.0	0.60	0.40	0.44
牛粪	83.3	14.5	0.32	0.25	0.16
羊粪	65.5	31.4	0.65	0.47	0.23
鸡粪	50.5	25.5	1.63	1.54	0.85

二、养殖场粪污管理与资源化利用

随着我国养殖业的迅猛发展，畜禽养殖产生的粪污已经成为我国农村及城市郊区污染的主要来源。解决集约化养殖场的粪污问题不能只考虑畜禽粪污的综合处理，而应从源头控制、中间处理、废弃物的出路等方面系统地、综合地加以考虑，这样才能切实解决养殖场粪污污染与环境保护的矛盾，保护好我们生存的环境。

（一）养殖场粪污的管理模式

第一，必须控制养殖场的粪污排放源头，对养殖场建设要进行系统规划、合理布局，保证养殖场与居民点、水源、旅游景点有一定的间距。要根据当地消纳粪污能力及粪污处理水平控制养殖规模，做到能就地消纳养殖场产生的粪便和污水。设计好雨污分流、污水回用的高效循环利用技术模式。

第二，要开发环保饲料，降低污染物的排放量，提高饲料转化率，尤其是提高饲料中氮和磷的转化率，降低畜禽粪便中氮、磷污染。一方面，采取培育优良品种、科学饲养、科学配料、应用高新技术的措施；另一方面，根据生态营养原理，开发环保饲料。

第三，改变水冲清粪方式，以干清粪方式代替水冲粪方式。

第四，做好畜禽粪便污水的资源化利用，处理后的废水利用应以灌溉还田和鱼塘养鱼为主，有条件时，可以考虑用来冲洗畜禽舍。固体粪污处理后可作为肥料、燃料。粪便的再利用不仅减少了粪便污染，而且充分利用了宝贵资源，取得了环境和经济双重效益。

目前，养殖场粪污管理主要模式有以下几种，其中关键是做到工艺设计和工程技术的配套。

1. 种养结合模式　采用干清粪或水泡粪方式收集粪污。干清粪时，固体粪便经堆肥或其他无害化方式处理，污水与部分固体粪便进行厌氧发酵、氧化塘等处理，在养分管理的基础上，将有机肥、沼渣沼液或肥水应用与大田作物、蔬菜、果树、茶园、林木等结合；采用水泡粪方式，将粪污进行厌氧发酵、氧化塘处理，还田应用于农业。

2. 循环利用模式 干清粪、控制生产用水、减少养殖用水量；场内实施污水暗道输送、雨污分流和固液分离，减少污水处理压力；处理后的污水主要用于场内冲洗粪沟或圈栏等，固体粪便通过堆肥、基质生产、畜床垫料、燃料等方式处理利用。

3. 达标排放模式 采用干清粪方式，养殖场污水通过厌氧、好氧等工艺处理后，出水水质达到国家排放标准要求，固体粪便通过堆肥等处理利用。

4. 集中处理模式 在养殖密集区，依托一个规模养殖场或独立的粪污处理企业，对周边养殖场、养殖小区、养殖户的粪便或污水进行收集，并集中处理。可以是固体粪便处理、养殖污水集中处理或粪便和污水集中处理。

（二）养殖场粪污的资源化利用

集约化畜禽养殖场粪便处理包括清粪、固体粪污处理。对于农业生产来说，无论过去、现在还是将来，畜禽粪便都是一种优质的有机肥源。畜禽粪便处理后用作肥料，是资源化利用的根本出路，也是世界各国最常用的方法。至今，国内绝大多数畜禽粪便都是作为肥料来消纳的。畜禽粪便经过适当的加工处理，可转化为宝贵的农业生产资源，为种植业和园艺业提供优质肥料，还可提供能源，不仅可解决农村污染问题，而且可提高农村的经济、社会、生态效益，促进农业可持续发展。

通过干清粪工艺得到的畜禽固体粪便中含有大量有机质和氮、磷、钾等植物必需的营养元素，也含有大量微生物和寄生虫（卵），必须经过无害化处理，消灭病原微生物和寄生虫（卵）才能应用。常用的处理方法有土地直接处理、干燥处理、堆肥化处理、厌氧发酵法——生产沼气、蚯蚓养殖综合利用、循环经济与畜禽粪便资源化利用。

1. 土地直接处理 把养殖场的固体污物储存在粪池中，一般可直接用于土壤作底肥，在土壤中微生物作用下氧化分解。这种处理方法虽然简单，但是因为没有进行无害化处理，容易造成环境污染和疾病传播。

2. 干燥处理 畜禽粪便脱水干燥分机械干燥和热力脱水。机械干燥设备可用固液分离机，粪便含水率可降至50%以下。热力脱水的方法有太阳能大棚自然干燥、高温快速干燥、烘干膨化干燥、热喷微波干燥等，可使粪便含水量降到12%～13%，干燥后的畜禽粪便可加工成颗粒肥料。

3. 堆肥化处理 堆肥化处理技术是利用自然环境条件，将养殖场粪便堆沤发酵后作为农田肥料。与干燥法相比，堆肥化处理具有省燃料、成本低、发酵产物生物活性强、粪便处理过程中养分损失少且可达到去臭、灭菌的目的，处理的最终产物臭气较少，且较干燥，容易包装、撒施等优点。对于养殖场的干粪和由粪水中分离出的干物质，进行堆肥化处理是目前采用最多的固体粪污净化处理方法，在发酵过程中形成的特殊理化环境也可基本杀灭粪中的病原体，主要方法有充氧动态发酵、堆肥处理、堆肥药物处理。

在农村大量用肥季节，养殖场的固体粪污可以通过各自养殖场的分散堆肥处理直接还田；而在用肥淡季，有机肥生产中心可将附近养殖场多余的固体粪便收集起来，采用好氧性集中堆肥发酵干燥的方法制作优质复合肥。

4. 厌氧发酵法——生产沼气 厌氧发酵利用自然微生物或接种微生物在缺氧条件下，将有机物转化为二氧化碳与甲烷。其优点是处理的最终产物恶臭味减少，产生的甲烷可以作为能源使用；缺点是NH_3挥发损失多、处理池体积大。厌氧发酵处理畜禽粪便除产生的沼气是优良的清洁能源外，沼液、沼渣可进行综合利用，成为农业生产中的肥料。沼气生产过程中要注意沼气房的通风，不能堆放易燃物品，并防缺氧，清除沉渣时要注意安全，以免中毒。生产沼气时要合理搭配原料（一般原料的碳氮比以1：25为宜），控制原料与水的比例（多采用原料与加水量为1：1），保持沼气池周围环境的温度为20~30℃。

5. 蚯蚓养殖综合利用　采用低等动物，如蚯蚓，吞食畜禽粪便，在分解大量废弃物的同时，也提供了动物蛋白质饲料及大量优质有机肥。蚯蚓作为一个潜在的土壤生物资源，对改善土壤肥力、保护环境、开发动物蛋白质饲料资源等都具有一定作用。畜禽粪便发酵腐熟后，可作为蚯蚓的饲料，有关蚯蚓人工养殖可参考其他书籍。

6. 循环经济与畜禽粪便资源化利用　畜禽粪便在资源化利用与生态环境系统的循环流动，是一种深层次的循环，体现了畜禽粪便在循环经济过程中的减量化、再利用、无害化。它将畜禽粪便资源化利用链条作为子系统和谐地纳入生态环境系统中，促进2个系统的协调共生。这种方式能减少对自然资源的索取，更有效地利用畜禽粪便，化为可以继续利用的资源，形成资源→产品→再生资源→再生产品的物质流动闭合回路，最终顺畅地进入生态环境系统中，降低畜禽粪便对生态环境的影响，为生态环境减轻负担，并且提供自我恢复的空间。

（1）生态农业模式：根据畜禽粪便的产生量，建立一个现代农业园区，内设工厂化养殖场、无公害果园、大棚蔬菜、稻米等多元化生产基地，建设沼气池，沼气用于圈舍照明、增温大棚，沼液用作果蔬苗木液肥，沼渣用作农田作物有机肥，形成畜禽-沼-农作物-能源"四位一体"的生态农业模式。从宏观农业及生态原理来看，此生态系统包括了4个子系统：即初级生产者（农作物、果蔬生产）、初级消费者（畜禽）、分解者即利用系统（粪便污水净化、沼气工程）、消费者（社会和农户）。系统内食物链达到最佳优化状态，使系统的正负反馈协调统一，形成物流、能流、经济流的良性循环，这是一种使物流循环增殖、资源利用率提高、废弃物产生减少的低排放技术。资源化了的畜禽粪便废物作为新的资源在降低自然资源消耗的同时，给农业经济增长提供了有力的支撑。循环经济模式下，人、畜禽养殖与生态环境之间互动影响已不再是破坏生态环境、限制经济发展的障碍，而是表现为一种社会、经济和环境"共赢"的有利局面。

（2）发酵床养猪：发酵床养猪技术是一种无污染、零排放的有机农业技术，是利用我们周围自然环境的生物资源，即采集本地土壤中的多种有益微生物，通过对这些微生物进行培养、扩繁，形成有相当活力的微生物母种，再按一定比例将微生物母种、锯木屑以及一定量的辅助材料和活性剂混合、发酵形成有机垫料。在经过特殊设计的猪舍里，填入上述有机垫料，再将仔猪放入猪舍。猪从小到大都生活在这种有机垫料上面，猪的排泄物被有机垫料里的微生物迅速降解、消化，最后和猪的排泄物一起作有机肥处理利用，达到零排放，减少对环境污染的目的。

三、病死畜禽的无害化处理方法

病死畜禽无害化处理，是指用物理、化学或生物学等方法处理带有或疑似带有病原体的畜禽尸体，达到阻止病原扩散的目的。涉及病死畜禽尸体处理的法律法规有《中华人民共和国动物防疫法》《病害动物和病害动物产品生物安全处理规程》（GB 16548—2006）、《病死及死因不明动物处置办法（试行）》等，这些法律法规规范了病死畜禽尸体处理的方式。目前，现行的处理方法主要有深坑掩埋法、焚毁处理、无害化处理等。

（一）深坑掩埋法

深坑掩埋法不适用于患有炭疽等芽孢杆菌类疫病，以及牛海绵状脑病（疯牛病）、痒病的染疫动物及产品、组织的处理。掩埋前对需掩埋的病害动物尸体和病害动物产品实施焚烧（别于焚毁）处理，深埋时应当建好用水泥板或砖块砌成的专用深坑。

（二）焚毁处理

对确认患猪瘟、口蹄疫、传染性水疱病、猪密螺旋体痢疾、急性猪丹毒等烈性传染病的病死动物，常采用此方法。实际应用中主要在猪场发生烈性传染病等时，国家强制要求采用。将病害动物尸体、病害动物产品投入焚化炉或用其他方式烧毁。对病死动物进行焚烧处理是一种常用方法。以煤或油为燃料，在高温焚烧炉内将病死动物烧成灰烬，可以避免地下水及土壤的污染。选择焚烧炉时，应注意其燃烧效率，而且最好有二次燃烧装置，以清除臭气。

（三）无害化处理

1. 化制法 指在密闭的高压容器内，通过向容器夹层或容器通入高温饱和蒸汽，在干热、压力或高温、压力的作用下，处理动物尸体及相关动物产品的方法，处理对象是患规定的动物疫病以外的其他疫病的染疫动物，以及病变严重、肌肉发生退行性变化的动物尸体或胴体、内脏。化制法分干湿2种，利用干化机、湿化机，将原料分类，分别投入化制，干化法是热蒸汽不直接与动物尸体及相关动物产品接触；湿化法是蒸汽直接与动物尸体及相关动物产品接触。

2. 高温生物降解法 适用于染疫动物蹄、骨和角的处理，将肉尸高温处理时剔出的骨、蹄、角放入高压锅内蒸煮至骨脱胶或脱脂时止。在密闭环境中，通过高温灭菌，配合好氧生物降解处理动物尸体及相关动物产品，转化为可生产优质有机肥的原料，进一步加工可制成优质有机肥料，达到灭菌、减量、环保和资源循环利用的目的。将辅料、生物活性酶按比例与动物尸体及相关动物产品分别加入高温生物降解设备的罐体中，在罐体内温度达50～70 ℃时，生物活性酶对罐体内动物尸体进行降解处理；当罐体内温度升到150 ℃时对降解尸体进行高温杀菌消毒，以完全杀灭各种病原微生物。经该工艺处理后的病死动物尸体及相关动物产品可直接作为有机肥。

3. 消毒法 如盐酸食盐溶液消毒法，适用于被病原微生物污染或疑似被污染的动物和一般染疫动物的皮毛消毒。用2.5%盐酸和15%食盐溶液等量混合，将皮毛浸泡在此溶液中，并使溶液温度保持在30 ℃左右，浸泡40 h，1 m² 皮用10 L消毒液，浸泡后捞出沥干，放入2%氢氧化钠溶液中，以中和皮上的酸，再用水冲洗后晾干。也可按100 mL 25%食盐溶液中加入盐酸1 mL配制消毒液，在室温15 ℃条件下浸泡48 h，皮与消毒液之比为1∶4。浸泡后捞出沥干，再放入1%氢氧化钠溶液中浸泡，以中和皮张上的酸，再用水冲洗后晾干。

四、污水的处理与利用

随着畜牧业高速发展和生产效率的提高，养殖场产生的污水量大大增加，如乳牛养殖场和养猪场，这些污水中含有许多腐败有机物，也常带有病原体，若不妥善处理，就会污染水源、土壤等环境，并传播疾病。

养殖场污水处理的基本方法有物理处理法、化学处理法和生物处理法。这3种处理方法单独使用时均无法把养殖场高浓度的污水处理好，要采用综合系统处理。

（一）物理处理法

物理处理法是利用物理作用，将污水中的有机污染物质、悬浮物、油类及其他固体物分离出来。常用方法有固液分离法、沉淀法、过滤法等。

1. 固液分离法 固液分离法首先将畜禽舍内粪便清扫后堆好，再用水冲洗，这样既可减少用水量，又能减少污水中的化学耗氧量，给后段污水处理减少许多麻烦。

对于漏缝地板清粪所得到的粪水，可用分离机将粪便固形物与液体分离，常见的分离机有2种：一种是旋转筛压榨分离机，另一种是带压轮刷筛式分离机。

2. 沉淀法 利用污水中部分悬浮固体其密度大于1的原理使其在重力作用下自然下沉，与污水分离，此法称沉淀法。固形物的沉淀是在沉淀池中进行的，沉淀池有平流式沉淀池和竖流式沉淀池2种。

（1）平流式沉淀池：沉淀池呈矩形，污水从池的一端进入，按水平方向在池内流动，澄清水经挡板从池的另一端流出，池进口底部设有储存沉淀污泥的漏斗，由排泥管将污泥排出。

（2）竖流式沉淀池：沉淀池为圆形或方形。畜禽舍污水从中心管进入，由下部流出，通过反射板的作用向四周均匀分布，然后沿沉淀池的整个断面上升，澄清的水由池四周溢出，过滤的污泥进入污泥池中。

3. 过滤法 过滤法主要是使污水通过带有孔隙的过滤器使水变得澄清的过程。养殖场污水过滤时一般先通过格栅，用以清除漂浮物，如草末、大的粪团等。之后，污水进入滤池。

（二）化学处理法

化学处理法是根据污水中所含主要污染物的化学性质，用化学药品除去污水中的溶解物质或胶体物质。

1. 混凝沉淀 用三氯化铁、硫酸铝、硫酸亚铁等混凝剂，使污水中的悬浮物和胶体物质沉淀而达到净化目的。

2. 化学消毒 各种消毒方法中，以次氯酸消毒法最经济、最有效。

（三）生物处理法

生物处理法是利用微生物的代谢作用，分解污水中的有机物的方法，净化污水的微生物大多是细菌。此外，还有真菌、藻类、原生动物等。

1. 氧化塘 也称生物塘，是构造简单、易于维护的一种污水处理构筑物，可用于各种规模的养殖场，塘内的有机物由好氧细菌进行氧化分解，所需氧由塘内藻类的光合作用及塘的再曝气提供。

好氧生物处理的原理是在好氧微生物的氧化分解过程中，废水中呈溶解状的有机物首先透过细菌的细胞壁，为细胞所吸收，并在细胞分泌的外酶作用下，分解成溶解状物质，然后再渗入细胞内，进入细胞内的溶解性有机物，在酶的作用下，一部分被分解成简单的无机物（CO_2、NH_3、SO_2等），并释放能量，供细菌生命活动所用；另一部分作为其生长繁殖的营养物质。为保证废水中有足够的细菌，污水中的有机物就要有一定浓度，实践中采用好氧生物处理废水时，有机物浓度以生物耗氧量（biology oxygen demmand，BOD）计。BOD是指水中微生物在分解水中有机物的生物化学氧化过程中所消耗的溶解氧量，一般100～500 mg/L较好。氧、氮、磷三者的比例关系应为100∶5∶1。

氧化塘可分为好氧氧化塘、兼性氧化塘、厌氧氧化塘和曝气氧化塘。

（1）好氧氧化塘：深度较浅，约0.5 m，阳光能照到底部，主要由藻类供氧，由好氧微生物起污水净化作用，污水在此停留2～6 d。

（2）兼性氧化塘：塘深1～2 m，在阳光能透入的上部藻类光合作用旺盛，溶解氧较充足，呈好氧状态；深处塘水溶解氧不足，由兼性微生物起净化作用，沉淀的污泥在坑底进行厌氧发酵分解。

（3）厌氧氧化塘：塘深2 m以上，BOD物质负荷很大，塘处于厌氧状态，净化速度慢，污水停留时间长，该塘一般用作好氧氧化塘的预处理。

（4）曝气氧化塘：一般池深3～4 m，其特征是塘水面安装特别的曝气装置，如浮筒式曝气器，全部塘水均保持好氧状态，BOD负荷很大，可达0.03～0.06 kg/m^2（塘面），停留时间短，为3～8 d。氧化塘处理污水时，一般以厌氧-兼氧-好氧氧化塘串连成多级的氧化塘，具有很强的脱氮除磷功能，可起到三级处理作用。氧化塘优点是土建投资少，可利用天然湖泊、池塘，机械设备的能耗少，有利于废水综合利用。缺点是受土地条件的限制，也受气温、光照等的直接影响，管理不当可滋生蚊蝇，散发臭味而污染环境。

2. 活性污泥法　由无数细菌、真菌、原生动物和其他微生物与吸附的有机物、无机物组成的絮凝体称活性污泥，其表面有一层多糖类的黏质层，对污水中悬浮态和胶态有机颗粒有强烈的吸附和絮凝能力。在有氧时，其中的微生物可对有机物发生强烈的氧化和分解作用。

传统的活性污泥需建初级沉淀池、曝气池和二级沉淀池。即污水→初级沉淀池→曝气池→二级沉淀池→出水，沉淀下来的污泥一部分回流入曝气池，剩余的进行脱水干化。

近年来，采用表面曝气沉淀池，沉淀池的曝气区和沉淀区合建在一个建筑物内，当设在曝气区表面的叶轮剧烈转动翻动水面时，使空气中的氧气充入水中。此方法设备简单，动力效率高，充氧能力强，占地少，造价低，不需污泥回流等设备，污水从池底进入曝气区后，立即与池内大量浓度低的水混合，故也称完全混合式曝气池。

3. 生物膜法　通过生长在物料（滤料、转盘）等表面上的生物膜来处理污水的方法，此法处理设备有生物滤池、生物转盘和生物接触池等。

经处理后的污水，无论是哪种处理方法，水源还需进行消毒，杀灭其中的病原体，才能安全利用。

（四）人工湿地处理污水

采用湿地净化污物的研究起始于20世纪50年代。已有的研究表明，宽叶香蒲能去除污水中的大量有机物质和无机物质。同时，宽叶香蒲还能通过从其根部分泌抗生素，大大降低废水中的细菌浓度。

几乎任何一种水生植物都适合于湿地系统，最常见的有芦苇、香蒲属和草属。某些植物，如芦苇和香蒲的空心茎还能将空气输送到根部，为需氧微生物活动提供氧气。人工湿地由碎石（卵石）构成碎石床。在碎石床上栽种耐有机物污水的高等植物（可选用鸭舌草、芦苇或蒲草等），植物本身能够吸收人工湿地碎石床上的营养物质，这在一定程度上使污水得以净化，并能给生物滤床增氧，根际微生物区系及酶还能降解矿化有机物。当污水渗流碎石床后，在一定时间内，碎石床会生长出生物膜，在近根区有氧情况下生物膜上的大量微生物以污水中的有机物为营养，把有机物氧化分解成二氧化碳和水，把另一部分有机物合成新的微生物，含氮有机物再通过氨化作用、硝化作用转化为含氮无机物（NO_2-N，NO_3-N），在缺氧区通过反硝化作用而脱氮。所以，人工湿地碎石床起到生物滤床的高效化作用，是一种理想的全方位生态净化系统。另外，人工湿地碎石床也是一种效率很高的过滤悬浮物的结构，使富含污染物质和营养物质的污水经过人工湿地后明显变清。

第四节　畜禽生产设备及智慧牧场

一、畜禽生产机械化和信息化

畜禽生产机械化和信息化是现代畜牧业的重要组成部分，是科学地用机械装备畜牧业，改善生产过程各作业环节的生产手段和生产条件，以期大幅度地提高劳动生产率，使每个劳动者生产出数量更多、品质更好的畜产品。智慧畜牧业是在高度机械化（如喂料、清粪、集蛋、挤乳机械化）和自动化（如供料供水的自动化、自动化调温）的条件下进行生产，大大地减轻了人员的繁重体力劳动。智慧养殖和畜禽产品溯源等信息化管理系统，助力现代畜牧产业转型升级。例如，在集约化养鸡场里，1个工人工作8 h可完成3万羽产蛋鸡的鸡蛋收集工作，生产效率提高几十倍。尤其是现代全封闭型的自动化养殖场工厂里，计算机调节和控制光照、温度、湿度、饲养、供水、清洁、挤乳、集蛋等管理环节，完全实行机械化、自动化管理。在高寒、冷凉、阳光不足的地区，机械化的畜牧业彻底改变了人们的生产方式和动物结构，增产更多的肉、蛋、乳产品。

我国幅员辽阔，不同地区畜牧业发展模式不尽相同，畜牧机械应向适合当地饲养规模和饲养特点的方向发展。如牧区以草食畜牧业为主，大规模发展优质草料种植、机械化牧草收割、机械化饲喂和人工草场建设；丘陵地带受土地面积影响，人口密度大，发展家庭农场饲养时以适度规模畜牧机械化为主；而大城市郊区以发展大型全自动规模化饲养为主。总的来说，品种多样化、控制自动化、功能专业化、规模大型化、定量精确化、管理技术数字信息化与注意环境可持续发展构成了我国畜牧机械发展的主要方向。

智慧牧场能减轻工作强度，进一步扩大养殖规模，由于饲养的统一规范，也保证了养殖品种的生长状况均衡，便于掌控各生产环节，对动物规格的统一有很大作用，有利于批量生产合格的动物产品。现代化畜牧业集畜牧兽医疫病防治、饲料营养和饲养管理、机械设备制造、建筑工程等一系列当代科技成果为一体，代表着一种先进的生产模式，涉及面广，但从目前动物生产整体来说，机械化、自动化也仅占到很小一部分。其中，养鸡机械化程度较高，养猪次之，而养羊机械化程度较低。

二、机械化和信息化养猪设备及智慧猪场

现代化养猪是采用先进的科学技术和连续均衡的生产饲养工艺，进行高密度、高效益的养殖生产。养猪设备是指养猪场在母猪、仔猪、种猪和肉猪饲养过程中所使用的专用机械、工具和内部设施的总称。养猪场所需设备的品种及类型，因养猪场的经营策略、规模大小、生产水平和机械化水平的高低而有不同，主要包括猪栏、喂饲设备、饮水设备、清粪设备等。

1. 猪栏 猪栏是机械化养猪场的基本生产单位，猪栏必须提供安全舒适的分娩、保育、育肥等饲养环境，猪栏有公猪栏、配种栏、母猪栏、妊娠栏、分娩栏、保育栏、生长栏、育成栏、育肥栏。其中，分娩栏和保育栏是现代化猪场设计的关键，各种猪栏都采用漏缝地板。常用的猪栏类型有隔离排粪式猪栏、明沟除粪式猪栏、部分缝隙地板式猪栏、全缝隙地板猪栏、分娩猪栏等，而漏粪地板主要有金属编织网漏缝地板、塑料漏缝地板、铸铁漏缝地板、水泥漏缝地板4种类型。

2. 喂饲设备 喂饲设备包括饲料储存和输送设备。喂饲设备主要由喂料机和自动食箱（料槽）组成。喂料机分固定式和移动式2种类型，固定式喂料机主要由饲料塔、饲料输送机等组成；移动式即为手推饲料车；自动食箱（料槽）分为固定料槽、移动料槽。

3. 饮水设备 饮水设备主要由供水系统和饮水器组成，供水系统与饮水器配套，常用的饮水器有鸭嘴式饮水器、杯式饮水器、吸吮式饮水器和乳头式饮水器。此外，还有带药箱的可移动式饮水器。

4. 清粪设备 清粪设备分自动水冲清粪设备和机械清粪设备2种类型。自动水冲清粪设备有自动翻水斗和虹吸自动冲水器，适用于有粪液净化处理设施或沼气发生设施的养猪场。机械清粪主要使用往复刮板式清粪机，常用设备包括除粪铲车、往复刮板式除粪设备和水冲除粪设备等。

5. 供热采暖和通风降温设备 采暖分集中供热采暖和局部供热采暖2种类型。集中供热采暖按猪舍需要供热采暖的面积不同，可选择水暖锅炉、热风炉及管路、散热器及配套设备；局部供热采暖适用于仔猪，有红外线灯、电热保温板、远红外电加热器、保温帘幕和保温箱，有些猪场在分娩栏或保育栏采用加热地板。规模猪场设计都尽量采用自然通风的方

式，但比较炎热的地区就应考虑使用通风降温设备。常用的通风降温方法有：①各种排风扇、吹风机降温；②湿帘降温；③喷雾降温；④滴水降温；⑤蒸发式水帘冷风机降温。

6. 清洁消毒设备 清洁消毒设备分水冲清洁设备和消毒设备。水冲清洁设备分粪沟冲洗设备和地面冲洗设备，消毒设备有机动背负式超低量喷雾机、手动背负式喷雾器、踏板式喷雾器，疫情严重时可选火焰消毒器。

7. 其他设备 猪场内的其他设备包括仔猪转运车、电子称猪器、粪便污水处理设备、电子赶猪器、套猪器、耳号钳、断尾器等，还有应付临时停电的发电机组。

8. 智慧猪场的建设与管理 运用物联网技术和RFID技术将生产管理、猪舍环境监控、产品溯源、专家系统整合为一套完整的系统。

三、机械化和信息化养鸡设备及智慧鸡场

不同的自动化养鸡水平和不同的饲养方式对设备的要求不同，有些是最基本的设备，主要机械设备包括孵化设备、育雏设备、鸡笼、鸡笼架、供料喂料设备、饮水设备、清粪设备、鸡粪处理设备、集蛋设备、鸡蛋处理设备、鸡舍（场）通风设备、采暖设备、降温设备、光照设备、防疫设备、自动控制设备、管理设备等，没有商品饲料来源的鸡场还应配置饲料加工设备。

1. 孵化和育雏设备 孵化设备是进行种蛋孵化和出雏的机械设备，主要有孵化器、验蛋灯、出雏器、照蛋器等。孵化器一般由机体、电热器、温湿度自动控制器、翻蛋器等组成，按装蛋容量大致可分为大、中、小3型。孵化温度自动控制在37.8 ℃，相对湿度控制在50%～55%，每隔2～4 h驱动翻蛋器实现自动翻蛋。孵化后期将蛋放入出雏盘内，等待幼雏破壳而出。验蛋灯用于检验孵化过程中胚胎发育和成活的情况。出雏器和大型孵化器配套使用，内装多层出雏盘，其温湿度可自动控制，当种蛋孵化18 d后经倒盘器移入出雏器，完成出雏过程。

育雏设备是用保温设备代替母鸡抚育雏鸡的器具。育雏有平养和笼养两种方式，平养所用设备有围网、保温伞、食盘或料桶、钟形饮水器等；笼养主要采用笼养育雏成套设备。常用的育雏器有烟道式、煤炉式、水暖式、伞式、红外线灯泡式和笼架式等多种类型。其中，以伞式育雏器应用最普遍，育雏器外围设有食盘和饮水器。

2. 鸡笼和产蛋箱 包括育雏笼、后备鸡笼、蛋鸡笼、肉鸡笼和种鸡笼等多种，大多用铁丝制成，肉鸡笼多用塑料制成，有多种尺寸规格。笼的前侧设有食槽、集蛋槽和饮水装置。育雏笼多采用层叠式电热育雏笼，有的不用电热部分，采取整室加温。平养鸡要设置产蛋箱。做种记录的个体鸡，须测定其产蛋量，多采用自闭产蛋箱，肉种鸡可采用蛋鸡笼；平养也可用二层式产蛋箱。

3. 自动喂料系统 包括料塔、输料器和喂料机。喂料机有行车式喂料机、机动喂料车等，常用的是固定式的如链式喂料机、索盘式喂料机和螺旋弹簧喂料机等。喂料设备的装置有饲槽（塑料、木制）、链板式喂料机、喂料桶（塑料、金属制）等。用于笼养鸡舍的喂料设备有固定式和移动式2种。机械化养鸡场所使用的喂料设备包括储料塔、输料器、储料箱和喂食器等。储料塔里的饲料通过塔底的输料器运送到舍内储料箱中。鸡舍内每间隔一定距离设有1个圆筒自动食盘，圆筒里的饲料可不断自动流出补充。

4. 饮水设备 饮水设备有4种，分别是乳头式、水槽式、吊塔式和真空式。雏鸡和散养鸡多用真空式、吊塔式和水槽式。养鸡场使用的饮水设备类型较多，其构造主要由过滤器、减压阀、压力表和饮水器等组成。常用的饮水器有长流水式、钟式、杯式、乳头式等，乳头式饮水器可用于散养或笼养鸡舍。

5. 集蛋设备 集蛋设备主要包括产蛋箱、集蛋设备和鸡蛋分级机。育种鸡场散养蛋鸡

常采用自动闭合式产蛋箱。大型机械化养鸡场现多采用电动回转式集蛋设备和传送带式集蛋设备。笼养鸡舍也可由工人用手推车拣拾鸡蛋。鸡蛋分级机根据鸡蛋的重量进行分级，有全自动式和半自动式 2 种，最后由人工装箱。

6. 环境控制设备 环境控制设备主要包括照明设备、供暖设备、通风换气设备、降温设备等。照明设备主要是光照自动控制器，能够按时开灯和关灯，还有鸡舍光控器；通风换气设备有排气扇、换气扇，采用比较多的是大直径、低转速的轴流风机；鸡舍的供暖可以采用电热、暖气、煤炉等，比较先进的是热风炉供暖系统，主要由热风炉、轴流风机、有孔塑料管和调节风门的设备等组成；降温设备有自动控制喷雾降温设备，还有冷风机、湿帘、空调等。

7. 清粪设备 常用的清粪设备除刮板式除粪器外，还可采用卷取式除粪设备，大型鸡场可采用自动清粪装置。

另外，养鸡设备还有喷雾消毒设备、断喙器、保存种蛋用的空调设备、运输饲料用的饲料运输车等。

8. 智慧鸡场的建设与管理 智慧鸡场建设包括：针对鸡舍环境的温度、湿度和供电状况进行实时监测、报警和分析的物联网系统。通过安装在鸡舍的物联设备，将实测的环境数据通过互联网实时传送到客户的手机端，养殖人员可随时随地通过手机查看和分析实测的环境数据，一旦发生异常，手机会自动报警提醒。还可以对风机运转、负压、二氧化碳、氨气、光照、采食、饮水等进行适时监测。

四、机械化和信息化养牛设备及智慧牛场

养牛生产中因采用不同的饲养方式，机械化生产设备的使用会有所区别。但无论采取何种饲养方式，一般牛生产中主要机械设备有牛床与拴系设备、挤乳和冷储设备、青贮饲料和饲料加工设备、饲喂设备、饮水设备、防暑降温通风设备、粪便清理和处理设备、其他生产辅助设备等。此外，还有些福利设施，如在舍内安装牛蹭痒机、精料自动补给器等。

1. 拴系设备 拴系设备有链式设备和颈夹式设备等，常用颈夹。

2. 挤乳和冷储设备 牛场均采用机械挤乳，挤乳装置由挤乳器、牛乳计量器、牛乳输送设备以及洗涤设备等组成。机械挤乳装置按照形式来分主要有以下几种类型：提桶式、管道式、移动式、挤乳厅式以及挤乳机器人。选择哪种类型的挤乳装置，主要由牛场的规模和饲养方式决定。牛乳挤出后 2 h 内须降温至 4~5 ℃，需 48 h 储存的，温度需保持在 3~4 ℃，可采用牛乳冷却机冷却。

3. 青贮饲料和饲料加工设备 青贮的方式主要有青贮窖（壕）、青贮塔和塑料袋青贮以及地面堆贮，可根据不同的条件和用量选择不同的青贮方法及相应的配套设施。青贮窖（壕）可以由青饲切碎机在切碎的同时装料，或由青饲料收获机在田间收获，然后由卡车运回装入青贮窖（壕）。

4. 饲喂设备 牛的饲喂设备包括饲料的装运、输送、分配设备以及饲料通道等，一般牛场采用全混合日粮设备（饲料搅拌机）进行全价饲料饲喂，TMR 设备分移动式 TMR 车和固定式 TMR 机。

5. 饮水设备 牛的饮水设备包括输送管路和自动饮水器或水槽，可以采用装有水龙头的水槽或采用阀门式自动饮水器。

6. 防暑降温通风设备 在舍内安装大型换气扇和风量较大的电扇，安装喷淋（雾）装置，使通风装置和喷淋（雾）装置一起组成"间歇喷淋（雾）、接力送风"设备，在挤乳待挤区设置喷洗与吹干装置，运动场设间隔式遮阳网。

7. 粪便清理和处理设备 牛舍的清粪形式有机械清粪、水冲清粪、人工清粪，有些乳

牛场还采用人工拾粪。机械清粪采用的主要设备有连杆刮板式清粪机、环行链刮板式清粪机、双翼形推粪板式清粪机等。固液分离装置是处理牛粪尿的重要设备。

8. 其他生产辅助设备 主要有管理设备，如体重自动测量设备、人工授精设备、保定架、电围栏、修蹄装置、高压清洗消毒装置、防疫设备、场内外运输设备及公用工程设备等。

9. 智慧牛场的建设与管理 牛只个体识别装备由套在颈部的项圈、固定在牛腿上的计步器和固定在挤乳位上的传感器组成，也可应用基于无线射频识别技术（RFID）对牛个体做到从出生开始就被全程记录，形成一个档案，实现从饲喂、检疫、疾病控制等全产业链各环节的跟踪与追溯。实现对牛称重、分群、发情、采食、环境温湿度、牛舍有害气体浓度等的精准管理，乳牛场也可引进机器人挤乳系统等。

五、机械化和信息化养羊设备及智慧羊场

可直接或间接用于羊生产的设备，大致可分为动力设备、草原建设设备、饲草饲料种植和管理设备、饲草饲料收获设备、饲草饲料加工设备、畜产品采集和加工设备、运输设备、保养维修设备等，肉羊场应根据实际情况选购所需要的机械设备。其中，铡草机、饲料粉碎机、饲料混合机和剪毛机等应是大中型羊场必备的设备。

1. 饲槽和饮水设备 饲槽主要用来饲喂精料、颗粒饲料、粗饲料和青贮饲料等，根据建造方式和用途，大体可分为移动式、悬挂式、固定式饲槽。养羊饮用水来源及设备全国各地情况不一，有的直接利用湖水、塘水、河水和降雪降雨积水，有的利用井水和饮水槽，也有的使用自动饮水器等。

2. 其他设备 有草架、母仔栏、分群栏、喷雾消毒装置或药浴池。

3. 智慧羊场的建设与管理 利用物联网技术，安装传感器、执行器和控制器，监测羊舍的氨气、硫化氢等气体浓度，空气温湿度，光照度等因子，采用信息技术实现羊舍环境自动调节和报警，可实现牧民远程监测和遥控。建设标准补饲棚，通过计算机管理，实现采食自动配送，实现精细化养殖。

建设自动饮水系统，安装蓄水塔控制器、阀门、自动开关、水槽和感应装置（RFID读取设备），实现定时、远程遥控、自动感应等多种上水方式。同时，有视频监控记录，真正实现远程无人供水。

建设自动放羊系统，由自动门控制器、感应开关、门驱动装置、RFID读取设备组成，实现定时、远程遥控、自动感应等多种开羊圈门方式。同时，有视频监控记录，真正实现远程开门放羊，建设全景监控系统。由高清360°全景摄像头24 h实时记录，观察牧场羊群活动。

第五节 动物福利与畜牧生产

世界上提出反对虐待动物、提倡善待动物的理念已经有100多年的历史，但是，提出动物福利（animal welfare）只有30多年的时间，目前已初步形成了一门新的学科体系。近些年出现的SARS、疯牛病、禽流感和猪链球菌病等事件表明，不遵照动物福利标准，动物源性产品的品质难以保证，从而影响到人类健康。此外，动物福利也反映了人类社会道德价值取向的进步。从本质上讲，保护动物就是保护人类自己。

一、动物福利的概念与基本要求

所谓动物福利，就是让动物在健康快乐的状态下生活，其标准是对动物维持生命、健

康、舒适3个方面需求的满足，即不存在阻碍动物维持正常生活、健康及舒适的不良刺激、超常刺激或任何负荷条件，或人为地剥夺动物的各种需要。

英国农业动物福利协会（farm animal welfare council，FAWC）提出了动物福利须遵循"五项基本自由"：①不受饥渴的自由——自由接近饮水和饲料，无营养不良，以保持身体的健康和充沛的活力；②生活舒适的自由——必须提供自由合适的环境，无冷热和生理上的不适，不影响正常的休息和活动；③不受痛苦伤害和疾病威胁的自由——饲养管理体系应将损伤和疾病风险降至最小限度，对动物应采用预防或快速诊断和治疗的措施，一旦发生情况能立即识别并进行处理；④生活无恐惧和悲伤感的自由——确保具有避免精神痛苦的条件；⑤享有表达天性的自由——提供足够的空间、合理的设施及同类动物伙伴。

二、动物福利与畜牧生产的关系

动物福利是畜牧生产中的动物保护，基本原则是保证动物健康快乐，而现代化畜牧生产是为了最大限度地提高生产效率和经济效益。在获得高效益的同时也暴露了弊端（如疫病大规模暴发、环境恶化、动物个体损伤以及行为疾病等），由其所造成的动物福利问题严重影响了畜禽产品的品质。导致此类问题的根本原因是这种生产方式的某些工艺设计，没有考虑动物的适应力，只考虑如何方便生产者的管理和提高生产力。

动物福利与畜牧生产是相互依存的2个方面，两者不可分，不能顾此失彼。没有动物福利的生产，会出现畜产品品质下降和发生疾病等，最终无利可图；如果福利条件过高，生产者会负重过大，苦不堪言。动物福利水平的提高有利于畜牧生产水平的提高，改进生产中那些不利于动物生存的生产方式，使动物尽可能免受不必要的痛苦，满足动物健康快乐的条件时，可最大限度地提高生产力水平。动物福利条件的提高意味着生产条件的改进，而投资成本的加大，也就增加了生产者和消费者的负担。福雷泽（Fraser，1988）认为，动物福利的目的就是在极端的福利与极端的生产利益之间找到平衡点。动物福利不是片面地保护动物，而是在兼顾生产的同时，考虑动物的福利状况，反对使用那些极端的生产手段和方式。

三、实施动物福利的措施

1. 增强动物福利意识，推进动物福利立法进程 加大宣传力度，普及动物福利知识。加快动物福利的立法，世界上许多国家特别是一些发达国家对动物福利都有完善的法律法规，而我国目前在这方面才刚刚起步。应尽快制定相关法律和动物福利评价标准，规范动物的生产、运输、屠宰、加工行为。

2. 改善动物养殖环境，提高动物舒适度 良好的卫生条件、舒适的房舍是动物福利的基本条件。除此之外，还应包括养殖场（舍）环境，周围卫生、交通、噪声、疫病与生态等外界环境。

人们在考虑生产效益和社会效益的同时，应当充分考虑为动物提供舒适、安全的养殖环境，确保动物生存有一个适宜的生态环境条件，这也是保证人们从动物身体上谋求最大的经济与社会效益的客观要求。

3. 转变饲养方式，改善动物饲养管理条件 善待动物是基本要求，提供合理的营养是福利的重要保障，加强动物养殖环节科学管理对改善动物福利状况显得尤为重要。确保充足的饮食与饮水空间，投喂饲料时，要注意饲料的生物安全，杜绝使用发霉变质和腐败有毒的饲料，严禁向饲料中添加抗生素、激素和其他违禁药物添加剂。动物休息时间充足，群体的规模适中，减少高密度应激，使动物有适当运动，能够晒太阳，减少不良刺激，实行数字化管理、标准化饲养。

科学的动物养殖模式和管理方式不仅能够极大地改善和保证动物福利，而且将有利于不断地提高动物个体与群体的生产水平，预防和控制疫病疫情发生，减少各种应激反应，改善和提高动物产品品质，保证动物产品安全，提高经济效益，维护社会公共卫生安全。走生态畜牧业发展之路，实现畜牧业持续健康发展与生态环境保护的统一。

4. 合理运输动物 世界动物卫生组织在制定的动物福利标准中对动物运输做了具体规定。因此，我国应根据世界动物卫生组织制定的有关动物福利标准，抓紧制定本国有关运输环节动物福利标准，改善运输条件与环境，竭力避免运输过程中人为损害动物福利，以解决动物在运输环节中的福利保障问题。

5. 减少疾病给动物带来的痛苦 在动物疫病预防、治疗和控制中，以及对患病动物处理、处置中，人们普遍对防控疫情传播、人类自身健康与社会公共卫生安全较为重视，而对此时待处理（处置）动物的福利考虑得较少，甚至没有考虑，这也是整个动物福利工作环节中最易为人们所忽视和最薄弱的环节。卫生、保健和疫病控制是福利的重要措施。按不同情况科学地制订动物疫病免疫方案，定期驱虫和清洁、消毒，及时隔离和处理发病动物，使动物少发病、少死亡，减少疾病对动物的折磨。

6. 善待待宰动物，改进宰杀方式 正确科学地善待待宰动物与改进宰杀方式，不但能够减轻待宰动物的疼痛和宰杀前后的动物应激反应，而且还可以改善肉品品质，提高肉品质量。因此，善待待宰动物，加强动物屠宰环节的动物福利，既是动物福利的最后一个环节，也是至关重要不应忽视的环节，理当引起人们的重视。动物福利要求处死动物时要有单独的空间，不能让其他动物直接看到。严禁野蛮宰杀、活体剥皮，严禁直接用棍棒将动物打死等。

复习思考题

1. 养殖场场址选择及布局的原则是什么？
2. 畜禽舍建筑有哪些要求？
3. 畜禽舍可划分为哪些类型？
4. 畜禽舍建筑结构的具体要求有哪些？
5. 不同种类养殖场的机械设备有什么不同？
6. 分析环境对畜禽生产性能的影响。
7. 畜禽圈舍环境控制的意义是什么？应采取哪些方式来控制圈舍环境？
8. 畜禽粪便和病死畜禽的处理方法有哪些？
9. 养殖场的污水处理有哪些方法？
10. 什么是动物福利？
11. 改善动物福利的措施有哪些？

# 第七章 动物的卫生保健与疫病控制

重点提示：本章重点介绍了动物的卫生保健、动物防疫与检疫、动物常见疫病的防治。

二维码 7-1 做畜牧生产和食品安全的守护者、践行者

第一节 动物的卫生保健

一、加强对动物疫病的检疫工作

在集约化动物生产中，应按动物的饲养期长短及发病特点、流行病学等进行定期与不定期的检疫。

在动物养殖过程中，对整群动物以视检为主；将非正常状态动物挑出后，对其体温、外部特征、排泄物、分泌物进行检查，结合精神状态做初步诊断，必要时做病理解剖学检验、病原体检查，以及各种病理及生理指标的实验室检验。经检查确认为可疑发病动物的，除做进一步确诊和检查外，应做必要的隔离及药物治疗；对其他未出现症状的动物应采取积极的预防措施；对急性传染病，按《家畜家禽防疫条例实施细则》，采取相应的控制、封锁、扑灭措施和消毒措施，一旦发现要及时确诊，并将其扑灭在初发期，避免疫情散布蔓延。

二、预防动物疫病的发生

疫病的预防措施主要分为免疫接种与疫病预防。

（一）免疫接种

做好动物的定期预防接种，是控制疫病的重要措施，根据不同疫病种类及动物的发病规律，制订免疫程序，做好计划免疫。

免疫接种是指根据特异性免疫的原理，采用人工方法，给动物接种菌苗、疫苗及免疫血清等生物制品，实际上是模仿轻度的自然感染，使机体产生对相应病原体的抵抗力，即特异性免疫力，使易感动物转为非易感动物，从而达到预防和控制传染病的目的。

在预防传染病的各种手段中，免疫预防接种是经济、方便、有效的手段，对动物以及人类健康均起着重要作用。

1. 疫苗的种类 用细菌、支原体和螺旋体等制成的预防用生物制品称为菌苗；用病毒、立克次体、衣原体制成的预防用生物制品称为疫苗；用细菌外毒素脱毒处理制成的生物制品称为类毒素；生产中，通常习惯将上述生物制品统称为疫苗。

疫苗是用于人工主动免疫的生物制剂，可预防传染病的发生。疫苗不但能保护动物本身，而且可保护其后代，如家畜可从初乳、乳汁中获得母源抗体而得到被动保护，母禽如能在产卵前的适当时间（1个月左右）接种疫苗，则能把母禽产生的保护力通过卵黄传给雏

禽。良好的疫苗应该安全、有效、免疫期长、使用方便、价格低廉的。目前常用的疫苗有弱毒疫苗和灭活疫苗。

疫苗分为活苗、死苗、代谢产物和亚单位疫苗，以及生物工程技术疫苗。

（1）活苗：活苗有强毒苗、弱毒苗和异源苗3种。

①强毒苗：应用最早的疫苗种类，使用强毒苗进行免疫有较大的危险。

②弱毒苗：目前生产中使用最广泛的疫苗种类，虽然弱毒苗的毒力已经致弱，但仍然保持着原有的抗原性，并能在体内繁殖，因而可用较少的免疫剂量诱导产生坚实的免疫力，而且不需使用佐剂，免疫期长，不影响动物产品（肉类）的品质。有些弱毒苗可刺激机体细胞产生干扰素，对抵抗其他野毒的感染也是有益的。

③异源苗：用具有共同保护性抗原的不同种病毒制备成的疫苗。例如，用火鸡疱疹病毒（HVT）接种预防鸡马立克病，用鸽痘病毒预防鸡痘等。

（2）死苗：病原微生物经理化方法灭活后，仍然保持免疫原性，接种后使动物产生特异性抵抗力，这种疫苗称为死苗或灭活苗。死苗的优点是研制周期短、使用安全、易于保存。目前所使用的死苗有组织灭活苗、油佐剂灭活苗和氢氧化铝胶灭活苗等。

（3）代谢产物和亚单位疫苗：细菌的代谢产物，如毒素、酶等都可制成疫苗，破伤风毒素、白喉毒素、肉毒毒素经甲醛灭活后制成的类毒素有良好的免疫原性，可做成主动免疫制剂。另外，致病性大肠杆菌肠毒素，多杀性巴氏杆菌的攻击素和链球菌的扩散因子等都可用作代谢产物疫苗。

亚单位疫苗是将病毒的衣壳蛋白与核酸分开，除去核酸，用提纯的蛋白质衣壳制成的疫苗。此类苗只含有病毒的抗原成分，无核酸，因而无不良反应，使用安全，效果较好。

（4）生物工程技术疫苗：生物工程技术疫苗是利用生物技术制备的分子水平的疫苗，包括基因工程亚单位疫苗、合成肽疫苗、抗独特型疫苗、基因工程活疫苗以及DNA疫苗。

2. 接种途径和使用方法　疫苗接种的途径很多，有滴鼻、点眼、刺种、注射（皮下注射、肌内注射）、饮水和气雾等，一种疫苗可以经多种途径接种，但有的疫苗则只有1种或2种途径接种才能有效，通常每种疫苗均有其最佳接种途径，应根据疫苗的类型、疫病特点及免疫程序来选择每次免疫的接种途径。例如，死苗、类毒素和亚单位疫苗不能经消化道接种，一般用于肌内注射或皮下注射。注射时应选择活动少、易于注射的部位，如颈部皮下，禽胸部肌肉等。

滴鼻与点眼免疫效果较好，仅用于接种弱毒疫苗，苗毒可直接刺激眼底哈氏腺和结膜下弥散淋巴组织。另外，还可刺激鼻、咽、口腔黏膜和扁桃体等，这些部位又是许多病原微生物的感染部位，因而局部免疫很重要。

饮水免疫是最方便的疫苗接种方法。适用于集约化养殖鸡群，饮水免疫只有当苗毒接触到鼻咽部黏膜时，才引起免疫反应。

刺种与注射也是常用的免疫方法，适于某些弱毒苗，如鸡痘与马立克病免疫。另外，灭活苗的免疫也必须用注射的方法进行。刺种与注射方法免疫确实，效果好。

气雾免疫分为喷雾和气溶胶免疫2种方式。在新城疫免疫中，气雾免疫效果较好，不仅可诱导产生循环抗体，而且也可产生局部免疫力，但气雾免疫会造成一定程度的应激反应，容易引起呼吸道感染。

（二）疫病预防

1. 做好养殖场卫生工作　做好养殖场、畜禽舍卫生工作可控制和切断传染源及传染途径，及时淘汰处理易感动物和带菌动物。一旦出现疫病，可用药物治疗来控制。同时，采取消毒、隔离、封锁等措施，病原污染的饲料及其他物品要及时消毒和做无害化处理，从根本上控制传染源和传播途径。为防止病原通过外界载体和媒介动物传入，引起疫病暴发和蔓延，应切实加强养殖场的预防性消毒和安全措施，以杜绝传染。对不同来源的饲料及不明来源的食品加工下脚料、肉类加工下脚料用作饲料的，用前必须高温消毒。出现疫病时，其相近的养殖场，应做好本场易感动物的卫生防疫与紧急预防措施。

抓好无传染源传入途径和无特定病原体（SPF）动物群体的建设。

2. 加强饲养，应用抗病药物 为预防动物疫病，可在饲料中添加某些药物，依靠投药预防疫病的措施，已证实对遏止一些疫病是成功的，但不能根除，而且容易产生新的疫病。

3. 对普通病的防治 对普通病的防治主要是针对影响动物商品生产和养殖业发展的某些疫病，如对瘦、弱、残、僵、滞所造成的增重、产蛋和泌乳量显著降低等进行确诊和治疗。

（1）加强饲养管理：保持良好的环境条件和生长条件，避免应激性因素刺激。

（2）满足动物的营养需要：各种饲料营养物质是否适合并满足生长和生产需要，必要时增加和调整营养成分。

（3）加强抗病育种工作：改良动物品种，开展无特定病原体（SPF）动物培育和抗病高产动物品种的研究，如对鸡马立克病在繁育过程中培育抗病品系。

（4）注意卫生消毒：搞好饲料卫生工作，注意饲养人员及管理人员的卫生，加强舍饲用具、场地卫生消毒与粪尿及污水处理。

第二节 动物防疫与检疫

一、动物疫病的防疫

（一）预防动物传染病发生的措施

（1）贯彻实行"自繁自养"原则，防止传染源传入。

（2）有计划有目的地定期预防接种和适时补种，增强机体免疫力。

（3）做好预防性消毒和杀虫、灭鼠工作是综合性防疫措施的重要一环，它对于切断传播途径和控制疫病蔓延具有重要作用。

（4）做好动物、动物产品的检疫检验与疫病监测工作，以便及早发现传染源并及时采取相应防疫措施，控制和消灭传染病。

（5）做好饲养卫生管理，注意饮水安全。做好圈舍卫生工作，农村要整改人畜（猪）连茅圈，切断动物疫病传播途径。

（6）加强对社会病死动物的无害处理管理。

（二）发生动物传染病时的控制和扑灭措施

当发生动物传染病时，要针对消灭传染源、切断一切传播途径和提高动物群体对传染病的抵抗力等3个环节采取措施，尽最大努力将传染病消灭在萌芽时期，或将其控制在最少的发病数量以减少损失。

消毒是扑灭传染病的一项重要措施。消毒的目的是把患病动物排出到周围环境中的病原体消灭掉。消毒的对象包括患病动物所在圈栏、厩舍、隔离场地和患病动物的分泌物、排泄物及其污染的一切场所、饮水池、用具等。通常疫区在解除封锁前，应定期多次消毒。患病动物隔离期间，其动物舍应每天进行消毒，当患病动物解除隔离、痊愈或死亡后，或在疫区解除封锁之前，必须进行全面彻底的消毒。

消毒时应根据病原体的特点，选择最佳消毒药物和消毒方法。

二、动物检疫

动物检疫是指由国家法定的检疫、检验监督机构和人员，采用法定的检验方法，依照法定的检疫项目、检疫对象和检疫、检验标准,对动物及其产品进行检查、定性和处理,以达到防止动物疫病的发生和传播,保护畜牧业生产和人民身体健康的一项带有强制性的技术行政措施。

动物检疫是兽医疫病防疫工作的主要组成部分,是预防疫病发生的关键环节。动物检疫的目的是保护畜牧业生产,保护人民身体健康,推动畜牧业发展,促进对外经济贸易发展。

(一)动物检疫范围和对象

1. 动物检疫的范围 根据《中华人民共和国动物防疫法》《中华人民共和国家畜家禽防疫条例》《中华人民共和国进出境动植物检疫法实施条例》的规定,凡在国内收购、交易、饲养、屠宰和进出中华人民共和国国境的贸易性、非贸易性的动物、动物产品及其运载工具,均属于动物检疫的范围,具体检疫的范围分为:

(1)活体动物:进出境动物检疫的动物包括饲养、野生的活动物,如畜、禽、兽、蛇、龟、鱼、虾、蟹、贝、蚕、蜂等。国内动物检疫的动物是指家畜家禽和人工饲养、合法捕获的其他动物。

(2)动物产品:进出境动物检疫的动物产品,是指来源于动物未经加工或者虽经加工但仍有可能传播疫病的产品,如生皮张、毛类、肉类、脏器、油脂、动物水产品、鲜乳、蛋类、血液、精液、胚胎、鱼粉、骨、角、蹄等。国内动物检疫的动物产品是指动物的生皮、原毛、精液、胚胎、种蛋以及未经加工的胴体、脂肪、脏器、血液、绒、骨、角、头、蹄等。

(3)运载工具:运载工具是指运载动物、动物产品的各种车辆、船舶、飞机以及铺垫材料、装载容器和包装物(如集装箱、包装箱)、饲养工具等。

动物检疫的类别有生产性(国有农场、牧场、部队、集体或个体饲养的动物等)、贸易性(进出口和国内省、市间进行贸易的各种动物及动物产品)、非贸易性(国际、国内邮包、展品、援助、交换、赠送及旅客携带的动物及动物产品)、观赏性(动物园的观赏动物、艺术团体的演艺动物)和过境性(通过国境的各种车辆、船舶和飞机运载的动物及动物产品)。

2. 动物检疫的对象与法定检疫对象 动物检疫的对象是动物疫病,即各种动物的传染病和寄生虫病。《中华人民共和国进出境动植物检疫法实施条例》规定必须检查的各类动物传染病和寄生虫病,称为法定检疫对象。动物检疫人员在实施检疫时必须对法定检疫对象进行检查,否则视为违章操作。动物检疫对象一般包括:

(1)危害大且目前防治有困难或耗费财力大的疫病:如口蹄疫、疯牛病等。

(2)急性、烈性传染病:如猪瘟、鸡新城疫等。

(3)人兽共患的一些疫病:如炭疽、结核病、布氏杆菌病、旋毛虫病、猪囊尾蚴病等。

(4)国内尚未发生或已消灭的疫病:如牛瘟等。

3. 国家规定的动物检疫对象 为有效地预防和消灭各种动物传染病和寄生虫病,根据其流行规律、病原特性,以及危害程度的不同,1992年,我国公布了《家畜家禽防疫条例实施细则》,将国内动物检疫对象分为三类共51种。

一类病:是指一些急性、烈性、严重危害人畜健康、可造成严重经济损失需要采取紧急、严厉的强制预防、控制和扑灭措施的动物传染病。它们是口蹄疫、蓝舌病、牛瘟、牛肺疫、非洲猪瘟、猪瘟、猪传染性水疱病、鸡瘟(A型流感)、非洲马瘟,共9种。

二类病:是指某些危害严重的急性、慢性动物传染病和一些传播与发病较为缓慢的区域性、散发性发生,需要采取严格控制、扑灭措施防止扩散的动物传染病,它们是炭疽、布氏杆菌病、结核病、副结核病、狂犬病、流行性乙型脑炎、猪丹毒、猪肺疫、猪支原体肺炎、猪密螺旋体痢疾、猪萎缩性鼻炎、牛地方性白血病、牛流行热、牛传染性鼻气管炎、黏膜病、羊痘、山羊关节炎脑炎、绵羊梅迪维斯那病、鼻疽、马传染性贫血、马鼻腔肺炎、鸡新城疫、禽霍乱、鸡马立克病、鸡白血病、鸡白痢、鸭瘟、小鹅瘟、兔病毒性败血症、兔魏氏梭菌病、兔螺旋体病、兔出血性败血症，共32种。

三类病：是指一些常见多发，可能造成重大经济损失，需要控制和净化的疫病。它们是疥癣、钩端螺旋体病、日本血吸虫病、弓形虫病、梨形虫病（又称焦虫病）、锥虫病、旋毛虫病、猪囊虫病、棘球蚴病、球虫病，共10种。

上述三类传染病和寄生虫病，是国家对国内动物检疫的法定检疫对象做出的规定。各省、自治区、直辖市农牧主管部门根据本地情况，可以增加检验、监测对象。

由于各种传染病和寄生虫病的流行情况、分布区域、危害性等，在不同种类和不同用途的动物中有所不同，国家规定县级以上地方农牧主管部门应根据当地动物传染病流行情况，定期或临时组织对所辖区域内的动物进行疫病检验和监测。

（二）动物检疫的分类

根据动物及动物产品的动态和运输形式，我国的动物检疫从总体上可分为国内动物检疫和口岸动物检疫。

1. 国内动物检疫 国内动物检疫指国内各地区间，为了防止动物传染病的传入或传出，对动物及其产品进行的检疫，简称内检。对进入、输出或路过本地区以及原产地的动物及其产品进行的检疫包括产地检疫、屠宰检疫、运输检疫监督和市场检疫监督。

（1）产地检疫：产地检疫是指动物、动物产品在离开饲养生产地之前进行的检疫。产地检疫是一项基层检疫工作，开展产地检疫工作，对于贯彻落实预防为主的方针有着极为重要的意义，它可以把疫情消灭在最小范围内，防止患病动物及其产品进入流通环节，最大限度地减少危害。根据产地检疫面广、量大和分散等特点，其检疫工作主要依靠基层动物防疫机构和人员，即由乡（镇）畜牧兽医站具体负责，并出具产地检疫证明。

产地检疫的检疫对象包括国家规定区域内的检疫对象和地方结合本地情况要增加的检验、监测对象。产地检疫的项目有：①活动物健康状况，预防接种项目（国家规定免疫接种项目有接种猪瘟疫苗、接种鸡新城疫疫苗等，有些地方还规定本地区要接种猪丹毒、猪肺疫、羊痘疫苗等）是否在有效期内；②动物产品的兽医卫生质量检查和当地疫情情况；③根据检疫结果出具产地检疫证明，内容包括产地检疫证明的有效区域，只限动物、动物产品在出产县境内进行交易、运输。

活体动物检疫证明的有效期一般在2 d以内为宜，最多延长不得超过7 d。动物产品检疫证明有效期的确定，应考虑运输距离远近、产品种类、用途及保存条件等因素，以保证其安全卫生质量为前提，如夏季销售的鲜肉类，有效期应限于当日，对保存条件好的可适当延长有效期。对其他非食用性动物产品，经检验消毒合格后，其有效期最长不得超过30 d。

（2）屠宰检疫：是指在屠宰场所对屠宰动物进行的宰前检疫和宰后检疫。屠宰检疫的项目包括查验有关产地检疫证明和运输检疫证明，进行宰前检疫和宰后检疫。

（3）运输检疫监督：是对运出县境乃至在运输途中的动物、动物产品实施的检疫和监督检查。农牧部门驻公路、铁路、机场、码头等的防检机构应对过往动物、动物产品依法进行监督检查，主要任务是验证查物。凡证件符合规定，动物、动物产品正常的，放行；对不合格者，如没有证明或证明已超过有效期或证物不符的，要实行重检，出具检疫证明，并按规定处罚；对发现动物患传染病或动物产品染病的，要中止运输，交当地动物防疫与检验机构处理。运输途中一旦发现传染病或可疑传染病，要向就近的动物防疫与检验部门报告，采取紧急处理措施。途中病死动物及其粪便、垫草、污物，必须在指定站或到达站卸下，并在当地兽医人员监督下按规定进行无害化处理。

（4）市场检疫监督：市场检疫监督是政府行为，由农牧部门的动物防疫监督机构对进入交易市场、集贸市场进行交易的动物、动物产品所实施的监督检查，以验证、查物为主。

2. 口岸动物检疫 口岸动物检疫是指由口岸动植物检疫机关对出入国境（含直达内地

的包机、班机内地口岸）的动物、动物产品实施的兽医检疫，也称国境检疫或进出境检疫（简称外检）。我国在国境各重要口岸设立动植物检疫机构，代表国家执行检疫，既不允许国外动物疫病传入，也不允许将国内的动物疫病传出。根据国境口岸检疫物的情况不同又进一步划分为：进出境检疫，过境检疫，携带、邮寄检疫和运输工具检疫。

（1）进出境检疫：指在我国开展动物、动物产品的对外贸易活动中，为防止国外动物疫病传入我国，保证出口动物、动物产品符合进口国质量要求，由口岸检疫机关进行的检疫。

根据《中华人民共和国进出境动植物检疫法实施条例》规定，输入或输出动物、动物产品，由口岸动植物检疫机关实施检疫，经检疫合格，准予进境或出境；检疫不合格的，依法分别处理。根据国内情况，目前我国的贸易性产品的出境检疫由国家动植物检疫司负责。输出动物、动物产品在进入口岸隔离场所之前，以及输入动物、动物产品在离开口岸或口岸检疫机关指定的隔离场所之后所进行的检疫则属于国内检疫，由所在地的动物防疫检疫机构负责实施。

（2）过境检疫：指输出国的动物、动物产品途经我国境内运输到输入国时，由我国口岸动植物检疫机关对其实施的检疫。我国规定，要求运输动物过境的，必须事先取得中华人民共和国海关总署同意，并按照指定的口岸路线过境。运输的动物、动物产品过境时，承运人或者押运人持货运单和输出国家或者地区政府动植物检疫机关出具的检疫证明，在进境时向口岸动植物检疫机关报检，出境口岸不再检疫。过境的动物经检验合格的，准予过境；对过境动物产品，口岸检疫机关检查运输工具或者包装，经检疫合格的，准予过境。

（3）携带、邮寄检疫：旅客携带动物、动物产品检疫是指对出入国境的人员（包括外交人员、交通员等）携带或托运的动物、动物产品和其他检疫物在对外开放的港口、机场、车站、通道关卡实施的以现场检疫为主，其他检疫手段为辅的动物检疫。

邮寄动物、动物产品和其他检疫物检疫是指对国际邮递渠道进出境动物、动物产品和其他检疫物实施的动物检疫。

携带、邮寄国家禁止携带、邮寄动物、动物产品进境的，做退回或者销毁处理。

携带、邮寄出境的动物、动物产品和其他检疫物，物主有检疫要求的，由口岸动植物检疫机关实施检疫。

（4）运输工具检疫：来自动物疫区的船舶、飞机、火车，不论是否装载动物、动物产品和其他检疫物，由口岸动植物检疫机关实施检疫。

过境的车辆，由口岸动植物检疫机关做防疫消毒处理。专运动物的运输工具抵达口岸时，由口岸动植物检疫机关对上下运输工具的人员、接近动物的人员、装运动物的运输工具以及被污染的场地做防疫消毒处理。

（三）动物检疫的基本程序

我国动物检疫从总体上分为国内动物检疫和国境口岸动物检疫。两者动物检疫的基本程序大体相同。首先动物主人或货主必须按规定向所在地兽医防疫检疫的主管部门报检，接受检疫人员的询问验证检查，然后由兽医防检机关派出检疫人员到现场实施检疫，有的必须进行隔离检疫和实验室检疫，最后根据检疫结果进行签证放行或做除害、退回或销毁处理。

1. 检疫审批　凡输入动物、动物产品，其承办人或单位必须事先向有关检疫的主管部门提出申请，办理检疫审批手续，检疫机关根据已掌握的输出国或地区的疫情，决定是否同意输入，以减少不必要的损失，防止国家规定进境动物一类、二类传染病、寄生虫病传入我国。

2. 报检　报检是法律规定的程序，也是每一个货主（单位）或其代理人、承运人、押运人的责任和义务。

国内动物及产品在离开饲养、生产地之前，单位或个人须向所在地农牧主管部门动物防疫检疫机构或其委托单位报检。

在输入动物、动物产品抵达国境口岸前（大、中饲养动物为 60 d，其他动物为 30 d，动物产品为 5~7 d) 或进境时，由货主或代理人向口岸动植物检疫机关报验或预报，以便口岸动植物检疫机关做好有关检疫、消毒准备，及时实施检疫。报检时，货主或代理人要填写报检单，并提交输出国检疫证书、贸易合同等单证。运输动物、动物产品过境的，在该检疫物进境时报检。

出境的动物、动物产品，其货主或代理人应在该检疫物出境前报检，填写报检单，提交有关资料和产地检疫证明、动物产品检疫检验证明等，并接受检疫人员的有关询问。入境前，需经隔离检疫的动物，在口岸动植物检疫机关指定的隔离场所检疫。

3. 检疫　检查动物疫病常用的方法有临床诊断法、流行病学调查诊断法、病理学诊断法、病原学诊断法以及免疫学诊断法。由于各种疾病的特点不同，有的要综合应用上述诊断方法来确诊；有的只需要其中某些或某种方法，便可确诊。对动物具体实施检疫时，一般包括现场检疫、隔离检疫和实验室检疫 3 种方式。

（1）现场检疫：在进出境的动物到达国境口岸时，或准备在国内出售、调运的动物或进入市场出售的动物，其现场检疫是检疫人员依法登机、登船或登车，到货物停放地，饲养户或饲养单位（如产地检疫）等对动物进行临床观察，有的要核对货证是否相符，询问动物运输途中情况。

（2）隔离检疫：是指动物在进境后与出境前，将动物从进境口岸或产地调离到动植物检疫机关认可或指定的隔离场所进行的检疫。其中，进境的大、中饲养动物必须在国家动植物检疫机关指定的动物隔离场检疫 60 d，其他动物在口岸动植物检疫机关认可的临时动物隔离场检疫 30 d。出境动物的隔离场所要求与进境动物相同，其隔离时间按输出国要求确定，没有要求的按我国规定检疫项目确定。

（3）实验室检疫：在进出境动物检疫中，根据双边协定、协议合同或信用证、检疫条款需要做动物疫病的实验室检查的，或在现场检疫中发现疫情必须进一步诊断的，或国内县级以上地方农牧主管部门根据当地动物传染病流行情况，定期或临时组织对所辖区域内的动物进行疫病检验或监测时，均需应用实验室一系列检验技术对疫病进行鉴定，从而达到对疫病确诊的目的。

4. 检疫结果处理　经检疫合格或除害处理合格的进出境动物、动物产品或国内动物检疫动物及动物产品，出具相应单证，胴体加盖验证印章，给予放行。经检疫不合格又无有效方法除害的，应根据不同情况，按规定采取相应措施，如封锁、隔离观察、退回、扑杀并销毁、高温以及其他处理措施。

第三节　动物常见疫病的防治

我国是畜禽生产大国。种类繁多、分布广、情况复杂的传染病和寄生虫病，仍然是当前制约畜牧业生产的主要因素之一，尤其是某些人兽共患传染病和寄生虫病，如狂犬病、炭疽、结核病、布氏杆菌病、猪囊尾蚴病、旋毛虫病等还能给人民健康带来严重威胁。做好动物疫病的预防控制工作，具有十分重要的意义。

《中华人民共和国动物防疫法》《中华人民共和国畜家禽防疫条例》是国家颁布的动物防疫法规，体现了"预防为主"的动物防疫工作的根本方针，它为发展我国畜牧业生产、保护人民身体健康提供了重要的法律保障。

一、动物传染病

（一）病原微生物

微生物是自然界中用肉眼看不见的微小生物。其中，绝大多数微生物对人类和动植物是有益的，而有些微生物则能引起人类和动植物的病害。具有致病害作用的这类微生物，称为病原微生物，也称病原体。

引起动物传染病的病原微生物，主要是细菌和病毒两大类群；而动物的少数疫病是由放线菌、螺旋体、立克次体、支原体、衣原体和真菌所引起的。

（二）传染与传染病

病原微生物通过一定途径侵入动物机体，并在一定部位定居、生长、繁殖，引起动物机体一系列的病理反应，这一过程称为传染。凡是由致病病原微生物引起的，具有一定的潜伏期和临床症状，并且能够由患病动物或其他途径传染给易感动物发生临床症状和病理变化相同的疫病，均称为传染病。传染病的表现虽然多种多样，但也具有一些共同特性，如传染病都有其各自的特异的致病微生物、都具有传染性等。传染病发生必须具备3个基本条件，即传染源、传播途径和易感动物，缺少任一条件，传染病的流行即被终止。

有针对性地采取有效的防疫、检疫与监测措施，切断其中任何一个环节，新的传染就不可能发生，也不能构成传染病在动物群体中流行。如采取隔离、治疗（驱虫）或扑杀患病动物、切断传播途径（消毒等）、增强动物抗病能力（接种疫苗等），就可以杜绝或中断疫病的发生和发展。

1. 传染源 即患病动物，它是指凡是体内有病原体生长、繁殖，并能不断向体外排出病原的动物机体，即指患传染病的动物和外表无临床症状的隐性感染的带毒（带菌、带虫）动物。患病动物在症状明显期能排出大量病原体，而大多数在潜伏期不起传染源作用，有些传染病在潜伏期后期排出病原体，如口蹄疫、猪瘟等。带菌、带毒、带虫动物是外表无临床症状的隐性感染动物，其危害性在于体内有病原体存在，并能生长繁殖，也能排出体外、污染外界环境。

2. 传播途径 传染病的传播可分为直接接触传染和间接接触传染2种基本方式。

（1）直接接触传染：直接接触传染是指在没有任何外界因素参与下，由健康动物与患病动物直接接触（如交配、啃咬等）而引起的传染。最典型的例证是动物狂犬病。

（2）间接接触传染：间接接触传染是指病原体通过传播媒介，如饲料、饲草、饮水、空气、土壤、中间宿主、饲养管理用具、昆虫、鼠类、畜（禽）及野生动物等，间接地传染给健康动物而引起的传染。大多数疫病都是通过这种方式传播的，例如，使用猪瘟病毒污染的饲料、饮水饲喂健康猪，健康猪可通过消化道感染猪瘟病毒。

3. 易感动物 对传染病、寄生虫病原体易于感染的动物，称为易感动物。如猪是猪瘟病毒的易感动物，而牛、马、羊、兔、禽类不是易感动物；口蹄疫病毒的易感动物是牛、羊、猪等。

（三）传染病的发展过程

在大多数情况下，传染病的发展过程可分为以下4个阶段。

1. 潜伏期 从病原微生物进入动物机体，到开始出现临床症状所经过的时间，称为潜伏期。各种传染病的潜伏期长短不一，即使是同一种传染病潜伏期也有很大的变化（表7-1）。

表7-1 一些主要畜禽传染病的潜伏期

病　　名	平均时间	最短时间	最长时间
口蹄疫	1～7 d	14～16 h	11 d
炭疽	2～3 d	1～3 h	14 d
牛肺疫	14～28 d	7 d	14 个月
猪瘟	5～6 d	2～3 d	21 d

(续)

病　名	平均时间	最短时间	最长时间
布氏杆菌病	14 d	7~15 d	12 个月以上
结核病	16~45 d	7 d	数个月
破伤风	7~14 d	1 d	1 个月以上
狂犬病	14~56 d	8 d	1 年以上
巴氏杆菌病	1~5 d	数小时	10 d
猪气喘病	7~14 d	3~5 d	1 个月
绵羊痘	6~8 d	2~3 d	10~12 d
马鼻疽	14 d	3~8 d	数个月
马传染性贫血	10~30 d	5 d	3 个月
鸭瘟	3~4 d	—	—
鸡新城疫	3~6 d	2 d	15 d
猪丹毒	3~5 d	1 d	7 d

2. 前驱期　前驱期是指病畜（禽）表现一般性临床症状，而该病的特征性症状并不明显，是发病的初期，如大多数传染病表现体温升高、精神异常、食欲减退等。

3. 发病期　发病期是指感染动物发病后明显表现该病特征的主要症状阶段，这一时期是疾病发展的高峰阶段。

4. 转归期　转归期是指患病动物的临床症状逐渐消退、体内的病理变化逐渐减弱及正常生理机能逐渐恢复的阶段。

（四）传染病流行过程的形式及其特点

在动物传染病的流行过程中，根据在一定时期内发病动物数量的多少和传播范围的大小，有 4 种不同形式。

1. 散发性　发病动物数量较少，并且在一段较长时间里都是零星散发形式，如破伤风、散发性巴氏杆菌病等。

2. 地方流行性　发病动物数量较多，但传播范围小，一般局限于一个动物群的单位或一定地区（如乡、镇、县内），如猪丹毒、炭疽、猪气喘病等常呈地方流行性发生。

3. 流行性　呈流行性发生的疾病，其传播范围广、发病率高，如不加防治，可在短时间内传播到几个乡镇和县，甚至几个省，这种病原的毒力较强，能以多种方式传播，动物的易感性也强，如猪瘟、猪传染性水疱病、鸡新城疫等。

4. 大流行性　若发生的传染病流行范围扩展到全国乃至几个国家或大洲时，称为大流行性，通常都是由传染性很强的病毒引起，如口蹄疫、牛瘟等，都曾出现过大流行性。

（五）人兽共患的传染病

人兽共患病是由于通过动物养殖、动物性食品及副产品加工、流通消费方式传播或造成职业性感染的疾病。人兽共患病多数通过动物性食品而传染给人，造成人的食物性疾病，通常将人兽共患病分为人兽共患的传染病和人兽共患的寄生虫病。人兽共患的传染病，主要是由病原相同的微生物引起的一类人和动物的传染性疾病。包括人兽共患的放线菌病及真菌病、细菌性和病毒性传染病。

1. 人兽共患的放线菌病及真菌病

（1）放线菌病：本病主要发生于牛，其次为猪和羊，人也可感染。本病病原体为牛放线菌（*Actinomyces bovis*）和金黄色葡萄球菌、化脓棒状杆菌。致病菌主要在土壤中生存，多附着干枯草及其腐烂的腐殖物或植物上，有时在污染的饲料中，也存在于健康的人和动物的口腔及动物的体表皮肤或黏膜，以及喉头、扁桃体和呼吸道。自然条件下，主要通过皮肤或黏膜的创伤感染本菌。

预防：①改善饲养卫生条件，加强放线菌病的早期诊断治疗；②伤口感染要及时采取局部消毒等处理措施；③经常洗刷畜体，饲养休息场所要通风、卫生和干燥。

（2）皮肤真菌病：又称皮肤霉菌病，是由毛霉菌属引起的，病原首先侵害皮肤、被毛，表现呈圆形的被毛缺损、脱毛，经常与患畜接触的人多发于手、腕以及毛发与皮肤等处。

预防：①接触患该病的动物的有关人员应加强个人防护和卫生消毒；②人畜感染后要加以药物治疗。

（3）曲霉菌病：是一种人兽共患的真菌病。本病主要发生于鸡，也发生于鸭、鹅、火鸡、鸽等。哺乳动物和人也能感染。急性暴发性流行多见于幼禽的霉菌性肺炎；初生雏因曲霉菌引起肺炎，其致死率很高。

预防：加强饲养及饲料卫生管理，禁止用霉变饲料饲养禽类及家畜，以防感染发生。

2. 人兽共患的细菌性传染病

（1）炭疽：本病是由炭疽杆菌（*Bacillus anthracis*）引起的一种人兽共患的传染病。本菌的危险性是在空气中遇氧气形成芽孢，芽孢对物理化学因素的抵抗力较强，在土壤中能存活 20 年。本病菌易感动物是羊、牛、马、驴、鹿等草食动物。患病动物多为败血症致死；其次是猪，为局限性咽喉部水肿。患病后体内的炭疽杆菌随粪便或分泌物排出体外，或死后尸体解剖时流出血液等使周围的土壤被污染，由于芽孢的形成，该地可能成为以后炭疽发生的疫源地。动物可通过炭疽污染地区土壤中的芽孢、野生干草、牧草，以及混入饲料受该菌污染的骨粉、肉屑等，或与患病动物同厩的饲养途径感染发病。也见有经带毒血的吸血昆虫刺伤皮肤受感染的。社会传播多发生于某些患病动物未经兽医检疫检验的情况下而宰杀。用活的芽孢制造炭疽疫苗可接种预防。

预防：消灭疫源地、扑杀患病动物、控制该病源污染。加强对患病动物及产品的无害处理。

（2）结核病：本病是由结核分枝杆菌（*Mycobacterium tuberculosis*）引起的一种人和多种家畜共患的慢性传染病，最常见于牛、猪和鸡。猪多是食入混有结核菌的饲料、碎肉而经口感染，也有通过空气进入呼吸道感染的。人的牛型结核病主要是通过接触病牛及其产品而感染，特别是通过未消毒或消毒不彻底的乳品而发生感染。病牛及产品（乳）是主要污染源。猪多见于颈部、颌下淋巴结发生病变，其次是肠系膜淋巴结。

预防：加强饲养卫生管理，及时发现并检查病畜，加以淘汰处理，做好场地消毒，做好畜产品的消毒及无害化处理。

（3）布氏杆菌病：本病是由布氏杆菌（*Brucella*）引起的人兽共患病，对牛、羊、猪、犬均易感。人主要是接触患病动物及产品，给患病动物（带菌动物）助产或饮用该菌污染的生乳或摄食含本菌的乳制品而发生感染。羊布氏杆菌对人感染最强，危害最大。因此，本病是屠宰工人、乳品工人、兽医和农牧民的重要职业病之一。

预防：除采用其他传染病预防措施外，动物患病要及时淘汰。

（4）钩端螺旋体病：本病是一种自然疫源性动物传染病，多种动物包括犬及家畜体内带菌（以猪最为严重）是本病的主要传染源。人可由屠宰加工或剖检时发生感染，但多由带菌动物的尿液、脏器或由尿液污染的水、泥土、潮湿地感染，以及与在其土壤（地）中生长的农作物接触后经皮肤或皮肤伤口感染，也是屠宰加工人员、饲养员、兽医的职业病。

预防：①加强饲养卫生工作，预防感染发病；②控制人的感染主要通过食肉卫生和职业卫生来解决。

（5）猪丹毒：本病是一种由猪丹毒杆菌（*Erysipelothrix rhusiopathiae*）引起的常见猪

的传染病,屠宰加工病猪和出售病猪肉常能引起发病,食入带菌肉也能感染。猪丹毒杆菌在腐肉中存活时间较长,在污水、土壤中分布,对干燥、腐败和盐腌有一定抵抗力。通过创伤感染人,感染后引起局部疼痛、充血、肿胀和化脓等。人发病类似于皮肤丹毒征候,也称为人的类丹毒。对猪除皮肤创伤感染外,还有接触性感染,通过污染的饲料、饮水、土壤经消化道感染。

预防:加强对该病预防,根据食品卫生要求,对病猪禁止屠宰食用。

(6) 沙门菌病:沙门菌病是指由本菌属各类型的沙门菌引起的对人类、家畜禽及野生动物不同形式疾病的总称。沙门菌属(Salmonella)种类繁多,在许多国家是引起食物传播性疾病的最重要的因素,目前国际上约有2 300个血清型。本病在猪感染机会较多,这与猪的家庭饲养和饲料污染及放养因素有关。在猪及多种动物体中分离到沙门菌属有40~60个血清型。其中,代表菌是猪霍乱沙门菌,甲型、乙型、丙型副伤寒及鼠伤寒沙门菌,都柏林沙门菌,纽波特沙门菌。

预防:①加强动物饲料及饲养过程中的卫生管理工作;②预防人的发病主要是做好屠宰加工检疫检验及病害肉的无害处理。

(7) 葡萄球菌病:本病是由金黄色葡萄球菌(S. aureus)引起的人兽共患病,通过加工过程人员带菌和空气中该菌污染肉品(食物),引起人感染发病。由葡萄球菌引起乳房炎的牛所产的牛乳感染人也有发生。引起人兽局部组织或器官化脓的主要是金黄色葡萄球菌。由此菌引起的皮肤感染伴有绿脓杆菌、棒状杆菌等继发感染。由金黄色葡萄球菌污染肉品,而引起的细菌性食肉(食物)中毒,也称葡萄球菌肠毒素性食肉中毒。

预防:患有伤口感染、脓疮的加工人员,应停止从事肉食品加工生产。

(8) 鼻疽:鼻疽是由鼻疽假单胞菌(Pseudomonas mallei)引起的一种传染病。主要临床症状为鼻腔鼻疽和皮肤鼻疽,形成特异性鼻疽结节、溃疡和瘢痕。人主要通过损伤的皮肤或黏膜感染,也可通过飞沫、尘埃以气溶胶形式经呼吸道感染,也有报道经消化道感染的。

预防:消灭疫源、扑杀患病动物、控制病原传播,加强对患病动物及产品的无害化处理。

(9) 野兔热:也称土拉杆菌病。本病是由土拉弗朗西斯杆菌(Francisella tularensis)引起的一种热性传染病。常见于野兔和家兔,通过吸血节肢动物叮咬而传播感染。多种动物和人均可感染,其特征为体温升高,淋巴结肿大和脾的小点状坏死。家畜中绵羊患病较多。传染途径有消化道和皮肤。人通常因食用未经处理的病畜肉或接触病畜而感染。

预防:加强生产过程的饲养卫生、环境卫生、舍内卫生和家畜卫生工作。

(10) 大肠杆菌病:本病主要是由致病(泻)性大肠杆菌(Diarrheogenic escherichia coli)引起的肠毒素性食物中毒,以菌痢致泻和循环系统衰竭为特征。猪的带菌率最高,其次是牛,羊也有带菌的。预防主要依靠加强动物饲养卫生管理,控制本病传染和感染动物;其次是通过肉品卫生管理来预防人的传染和食物中毒,如1996年日本发生了一场严重的致病(泻)大肠杆菌感染所致的传染病,分离到病原菌血清型为O157。类似引起人的致病(泻)性大肠杆菌病屡有发生,与动物患病而粪便带菌污染有关。

预防:该病与其他肠道病病原菌污染传播途径相似,除加强肉品卫生检验和肉品卫生管理外,还应加强对副产品及粪便的无害化处理。

3. 人兽共患的病毒性传染病

(1) 疯牛病与绵羊痒病:疯牛病是牛海绵状脑病(BSE)的俗称。此病可使牛大脑功能退化,症状是病牛烦躁不安、好斗、无法控制自己的动作,导致牛的精神错乱或痴呆,2周到6个月后解剖病牛发现,病牛的神经细胞被破坏,脑组织成海绵状,出现无数微细孔洞,最后因脑功能衰竭而死亡。这种病在牛发现之前,多出现于绵羊,称为绵羊痒病(scrapie)。

起初认为通过食用了添加患有疯牛病或绵羊痒病的牛羊内脏制作的饲料,后来证明螨虫是绵羊之间传染绵羊痒病的根源,至今世界上对此病无有效的诊断方法和防治措施。1985年底,英国一农场首次发现此病。1996年3月初,英国暴发了疯牛病。英国疯牛病带来的恐慌席卷欧洲各国,并已波及亚洲。我国一直禁止从发生疯牛病的国家进口牛及其有关产品,因此至今尚无此病发生。

(2) 其他病毒性人兽共患病:病毒性人兽共患病有狂犬病、脑炎(流行性乙型脑炎)、禽流感、轮状病毒病等。预防这类疾病发生,除加强畜牧业生产过程中卫生防疫工作外,还应禁止从存在重大疫源的国家进口畜产品。同时,着重注意动物流通和防止通过动物产品加工、废水废物及副产品造成环境污染,做好无害化处理,防止其危害动物生产和人类健康。

二、动物寄生虫病

(一) 寄生虫与寄生虫病

在自然界,2种生物在一起生活的现象非常普遍,它们之间存在着十分复杂的关系,有时这种关系是互相有益的;有时这种关系对其中的一方不仅无益,而且有一定的损害,这种现象就是寄生生活的现象。在寄生生活中,一种动物(寄生虫)暂时或永久地寄生在另一种动物(宿主)的体内或体表,从后者取得它们所需要的营养物质,并给予不同程度的危害,甚至导致死亡。将营寄生生活的动物称为寄生虫,如寄生在人和猪小肠中的蛔虫,寄生在人和牛以及其他哺乳动物的肝门静脉和肠系膜静脉中的血吸虫,寄生在人和猪的肠道、肌肉中的旋毛虫等。被寄生虫寄生的动物称为宿主,如人和家畜是许多寄生虫的宿主。

由寄生虫对宿主的严重侵袭而引起的疾病称为寄生虫病,寄生虫病是慢性消耗性疾病。根据病原体的类型,把寄生虫病分为吸虫病、绦虫病、线虫病、棘头虫病、蜘蛛昆虫病、原虫病。

(二) 动物寄生虫的类型

寄生虫可分为蠕虫、蜘蛛昆虫和原虫3大类。其中,蠕虫又包括吸虫、绦虫、线虫和棘头虫。寄生虫按其寄生部位,可分为内寄生虫和外寄生虫;按寄生虫寄生时间的长短可分为暂时性寄生虫和永久性寄生虫。

1. 暂时性寄生虫 寄生虫只在宿主的体表暂时地吸血,以获得营养,目的达到后就离开宿主。如蚊、臭虫等。

2. 永久性寄生虫 寄生虫终生不离开宿主,它们生活史的整个阶段都是寄生的。如旋毛虫,它们总是随着1个宿主的肌肉(如猪肉)直接经口转入另1个宿主体内,从无间断。

(三) 宿主的类型

寄生虫都有自己固有的宿主。在寄生虫的整个发育史中,有的只需要1个宿主,有的则需要2个或3个宿主。根据寄生虫在宿主体内发育的特性以及对寄生生活的适应性,可分为以下几个主要类型。

1. 终末宿主 寄生虫在宿主体内达到性成熟阶段,并进行有性生殖。如人、耕牛是日本血吸虫的终末宿主。

2. 中间宿主 是寄生虫幼虫期寄生的宿主,幼虫在其体内处于未成熟阶段或进行无性生殖。如日本血吸虫的幼虫寄生在钉螺体内,钉螺即为日本血吸虫的中间宿主;又如猪囊虫是猪带绦虫(又称有钩绦虫)的幼虫,猪带绦虫寄生于人,猪囊虫寄生于猪。这样,我们就称人是猪带绦虫的终末宿主,而猪则是中间宿主。

3. 补充宿主 有些寄生虫,其幼虫的发育需要1个以上的中间宿主,则早期幼虫发育阶段所需的中间宿主称第一中间宿主,晚期幼虫发育阶段所需的中间宿主称第二中间宿主或称补充宿主。如华支睾吸虫,其成虫寄生在终末宿主人和猪、犬、猫等的胆管内,排出的虫卵在外界孵出幼虫，钻入螺体内发育成尾蚴，尾蚴离开螺体，转入鱼体内变成囊蚴，这里螺是华支睾吸虫的第一中间宿主，鱼是它的第二中间宿主。

（四）寄生虫的感染途径

寄生虫感染宿主的途径有：

1. 经口感染　动物采食被侵袭性虫卵或幼虫污染的饲料和饮水，或者误食了含有侵袭性幼虫的中间宿主，如猪蛔虫和莫尼茨绦虫等的感染。

2. 经皮肤感染　寄生虫幼虫主动地钻入宿主的皮肤，如血吸虫等的感染；或吸血昆虫的吸血而感染，如锥虫和梨形虫等的感染。

3. 接触感染　发病动物和健康动物的直接接触而引起的感染。有的是通过黏膜接触，如马媾疫的病原体是在马交配时感染；有的则是由发病动物与健康动物皮肤的直接接触而感染，如疥螨的感染。

4. 经胎盘感染　寄生虫的感染性幼虫，在宿主体内移行时，通过胎盘进入未出生的胎儿体内，引起胎儿感染，如弓形虫。

（五）寄生虫对宿主的影响

寄生虫对宿主有不同程度的危害，表现为：

1. 机械的损伤　寄生虫以多种形式损伤宿主，如用其口囊、吸盘等附着器官损伤宿主的肠黏膜，引起肠壁溃疡、糜烂，产生炎症；有的幼虫在移行过程中引起宿主组织的严重损伤；大量成虫的寄生常聚结团块而引起肠道阻塞。

2. 营养物质的夺取　寄生虫在体内寄生时，其全部营养取自宿主，结果使宿主营养缺乏、生长发育受阻、消瘦和贫血等。

3. 毒素作用　有些寄生虫分泌一些特有的毒素，使宿主中毒；有些则是本身新陈代谢的产物对宿主起毒害作用，引起宿主生理机能紊乱而出现病状。

4. 引入病原微生物　很多吸血昆虫在侵袭宿主时能将病菌和病毒带入宿主组织，而寄生虫寄生时造成的组织创伤也给其他病原微生物打开了门户，而使宿主继发其他传染病。

（六）动物寄生虫病的防治

动物寄生虫病防治，要进行群防群治，实行综合防治。综合防治基本措施为消灭病原体，加强饲养，增强动物抵抗力。消灭病原体是最重要的防治措施。

1. 驱虫　防治动物寄生虫病的积极措施是驱虫。根据动物的体质、病情和寄生虫的生物学特性，采取相应的方法驱除、杀灭宿主体表或体内的虫体、幼虫和虫卵。对某些区域性流行的寄生虫病要进行定期的预防性驱虫。

2. 外界环境除虫　做好动物养殖场的环境卫生工作，消灭外界环境中的病原体，防止周围环境污染。对于粪便，最好进行无害化处理，如生物热发酵，以杀灭粪便中的虫卵和幼虫。

3. 切断传染源　消灭传播者和中间宿主，切断寄生虫病的传播途径。

4. 提高动物抗病力　加强饲养管理，提高动物抗病能力。

5. 加强防控　制订综合防治措施和总体规划。

（七）人兽共患的寄生虫病

1. 弓形虫病　弓形虫病是由龚地弓形虫（*Toxoplasma gondii*）引起的一种人和多种动物共患的疾病。宰前患病动物出现体温升高症状，易与其他疾病混淆，宰后可见淋巴结及肺受害最为严重，体表及皮下渗出性出血而呈紫红色斑块，肺水肿、淤血、淋巴结肿大、切面多汁、呈暗红色。患病动物各器官、组织、血液，包括蛋、乳中都带弓形虫或组织囊。人患病多通过接触患病动物及其产品，主要通过食入加热不彻底的肉食品和烹调刀具污染引起感染。人感染后可引起流产、死胎、致畸、脑积水、运动障碍、肝脾肿大等症状。

2. 孢子虫病　本病是猪较常见的一种寄生虫病，猪感染发病后虫体主要见于膈肌、肋间肌、咽喉肌、心肌等处。也见于牛、羊等其他动物，通过肉类食品也感染人。其中间宿主为杂食兽、草食兽、禽类、啮齿类及爬行类动物，终宿主为猫、犬、狐、狼及人等。宰后检验发现，肌肉中的虫体似线头状，严重感染者，可引起肌肉变色（黄红色），密布线头状黄白色或乳白色虫体，而使肉类失去食用价值。虫体在中间宿主横纹肌（心肌）内寄生呈一种包囊结构，也称米氏囊。

3. 旋毛虫病　旋毛虫病也称肌肉旋毛虫病。人感染本病后出现肌肉疼痛、发热，继而颜面、四肢水肿，贫血衰弱等，若虫体寄生在眼、脑等器官则出现特征性病变，呈地区性传播为本病特点。成虫多在哺乳动物小肠寄生，又称肠旋毛虫。虫体在小肠交配产生幼虫，幼虫通过淋巴循环、血液循环分布全身，从毛细血管脱出穿行至横纹肌（骨骼肌）内形成包囊。此过程前期表现发热、呕吐、腹痛、腹泻等，重者上吐下泻、高热昏迷、呼吸困难，类似急性食物中毒症状；随后引起上述肌肉疼痛或酸痛、出疹及全身水肿等症状。

4. 猪囊尾蚴病　猪囊尾蚴病，俗称囊虫病。本病是受寄生于人体小肠内的有钩绦虫的幼虫——囊尾蚴侵袭而感染。其中，对猪地区性多发。多发地区见有人的绦虫病，多因家庭（个体）饲养方式缺少粪便管理或猪的饲养卫生不良所致，如连茅圈，放牧式散养，猪采食人的粪便感染本病。患绦虫病的人除了自体感染囊虫外，还可通过粪便传染他人，致使其他人误食带虫卵的食物感染囊虫。绦虫虫卵通过消化道进入血液循环，到达体内各肌肉组织（器官），而发育至囊尾蚴，囊虫侵袭人体各器官，寄生脑部后压迫神经、血管，引起癫痫，造成痛苦甚至终身残废。

5. 牛血吸虫病　牛血吸虫以南方水田中的钉螺为中间宿主；牛、猪、马、羊，包括人在内均为终末宿主，泛指寄生在血管内（主要寄生在肠系膜静脉内）的血吸虫，主要代表种有日本分体吸虫（*Schistosoma japonicum*），是一种人兽共患寄生虫病。

6. 猪姜片吸虫病　主要寄生于猪小肠内，属人兽共患寄生虫病。

7. 肝片吸虫　肝片吸虫主要感染牛、羊等多种家畜，野生动物肝中也有发现，是一种食源性的人兽共患寄生虫病。家畜因虫体寄生而产生毒性代谢产物，同时夺去宿主营养物质，而导致家畜发生营养障碍。

三、动物营养代谢性疾病和中毒性疾病

（一）营养代谢性疾病

动物营养物质的过多或不足，可能引起动物消化、吸收和排泄过程的紊乱，导致动物营养障碍。动物因体内营养物质代谢机制失调，导致动物的代谢障碍，可使动物生长发育迟缓，生产力、生殖能力和抗病能力降低，甚至危及生命。因此，动物营养代谢病是营养性疾病和代谢障碍性疾病的总称，包括糖、脂肪和蛋白质代谢紊乱，矿物质和水代谢紊乱，维生素和微量元素缺乏与过多症。

1. 营养代谢性疾病发生的原因

（1）营养缺乏：日粮中某些营养物质进食不足或缺乏，引起营养缺乏，或致使参与代谢的酶缺乏，如微量元素或维生素缺乏等。

（2）营养过剩：日粮中某一营养物质采食过多，引起消化机能紊乱、代谢障碍等，如蛋白质过多的代谢障碍引起家禽的痛风或反刍家畜的营养障碍；糖类过多，引起反刍家畜瘤胃酸中毒等。

（3）营养不平衡：日粮中营养物质平衡失调，如钙、磷比例失调，影响其本身的利用，如必需氨基酸的比例不当或缺乏，影响蛋白质的利用；饲喂高蛋白、低能日粮的高产乳牛易患酮病等。

(4) 消化力降低：营养物质消化、吸收不良，如动物消化吸收功能衰退，对营养物质的吸收与利用能力降低，导致营养缺乏。

(5) 代谢异常：机体内分泌机能异常或继发于某些疾病，如寄生虫病、胃肠病等。

2. 营养代谢性疾病的特点

(1) 营养代谢性疾病的发生多呈慢性变化过程：从病因作用至呈现临床症状的时间较长。但当表现出明显临床症状时，动物的营养代谢已处于严重紊乱的程度。

(2) 营养代谢性疾病的发病率较高：有些疾病呈地方性发生。营养代谢性疾病一般表现为营养不良或营养过剩，较多地出现酸中毒和神经症状。

(3) 发病动物营养不良或生产性能低下：营养代谢病是漫长的积累过程，造成的伤害涉及动物体内生理机能的各方面，如生长、发育、繁殖等，具体表现为生长发育停滞、体内各项新陈代谢功能降低等营养不良症状，最终导致生产性能降低，养殖场生产效率降低。

(4) 营养代谢性疾病早期诊断比较困难：在调查发病原因和观察临床症状的基础上，结合实验室诊断，有助于营养代谢性疾病的诊断。

3. 营养代谢性疾病的防治措施 动物品种较多，营养代谢性疾病在临床上的表现也呈现多样性，一般动物的营养代谢病表现为消化障碍、生长发育缓慢、贫血和异食癖等，因此要及时开展有效的监测工作，及时有效地诊断，跟踪监测也是营养代谢病的有效防治措施。根据养殖场的发病史，在养殖场发病高峰期对动物群体进行抽样调查，了解各种营养物质代谢的变化，正确评价动物的营养需求，及早发现患病动物，采取相应的防治措施，根据动物的生长情况和品种，科学的配比营养物质。

(1) 科学配制饲料：根据不同动物的营养需要，结合当地饲料资源，选择数量充足、品质良好的饲料进行科学配比。注意各种营养物质间的平衡，是预防动物营养代谢性疾病的主要措施。

(2) 加强饲养管理：防止饲料储存或加工过程中变质和营养物质的损失。保持舒适、安静和卫生的环境，保证有足够的阳光照射和适当的运动。同时，避免和排除各种不良应激等。

(3) 满足动物营养需要：对于地方性发生的营养代谢病，应针对其所缺乏的营养物质，在饲料中补加以满足其需要。

(4) 预防疾病发生：积极防治影响营养物质消化吸收的疾病和消耗性疾病，如寄生虫病。

4. 常见动物营养代谢病 动物营养代谢病会影响幼龄动物的生长发育，降低动物的生产性能，影响饲料转化率，使机体免疫机能下降，造成母畜繁殖障碍，诱发其他疾病的发生，从而增加生产成本。积极防治营养代谢病在生产中有重要意义。

(1) 猪的营养代谢病：猪的营养代谢病就是猪体内的营养摄取和对营养物质的代谢发生紊乱。该类疾病主要就是营养物质缺乏以及机体内的代谢出现障碍，一般分为先天性和后天性。同时，这类疾病的发生也与生猪养殖户的管理不当存在着紧密关系。

①低血糖：猪低血糖疾病是由于猪体内血糖含量降低而引发的一种疾病，是糖代谢过程中发生的疾病。大多因管理水平不高，造成猪舍内存在大量大肠杆菌等病原菌引起，病猪表现消化不良、采食量降低、食欲不振等现象，出生后至1周龄内的新生仔猪较多见。患病严重的猪群还可能出现意识丧失、昏迷不醒等状况，甚至有死亡现象。治疗一般都采用葡萄糖溶液肌内注射的方法，同时要对喂食的饲料进行相应改变。

②营养性贫血：猪缺乏铁元素时，会影响机体内血红蛋白的产生，使猪体内的红细胞数量急剧减少，主要特征就是贫血。患有该疾病的猪一般是14～21日龄，一般表现为精神萎靡、体温骤降、食欲减退等，最典型的症状是可视黏膜苍白、轻度黄染、心跳加速且极度消

瘦。营养性贫血发病十分迅速，猪在运动过程中就极有可能发病猝死。治疗一般是在发现病猪后为其补充微量元素铁，同时丰富饲料的营养成分，保证饲料中各类营养物质均衡，还可以通过对妊娠期母猪调整营养配比来防止新生仔猪患病。

③佝偻病和软骨病：由于猪在生长发育时期软骨钙化不完全，导致骨基质沉积不足，引起骨骼慢性疾病，引发的主要原因是维生素D摄入量不足，长期喂食的饲料中钙、磷比例不平衡以及缺乏。佝偻病和软骨病是典型的慢性骨营养不良的病症，佝偻病的临床症状表现为生长发育缓慢、骨骼变形以及骨骼肿胀等，软骨病则表现为跛行和骨质疏松。针对这一病症，按照猪发病的日龄以及管理条件、病理过程能做出快速清晰的诊断，必要时可以结合血液检查以及饲料成分分析等辅助手段，在确定病症后应及时补充维生素D和鱼肝油，增加饲料中的钙、磷配比。

④其他营养代谢病：如维生素A缺乏症、B族维生素缺乏症、硒与维生素E缺乏症等，都是营养物质长期单一化或摄入量不足引发的缺乏症。应在临床表现的基础上，通过对饲料、饲养情况的了解，查明致病原因，补给所缺乏的维生素制剂或富含维生素的饲料，收到预期的效果，可验证诊断。

(2) 家禽的营养代谢病：家禽的新陈代谢旺盛，相对生长速度快。营养代谢病具有群发性特点，一旦管理上出现疏忽，就会直接造成营养代谢病的群发问题，而且家禽寄生虫病、传染病等疾病发生风险高，增加了家禽的营养消耗量，使家禽的营养代谢病在早期很难诊断，增加了此病诊断的难度。因此，要从饲养管理工作和饲料营养供给方面进行分析并进行调整，就能很好地实现预防效果。

①维生素B_2缺乏症：维生素B_2（核黄素）缺乏时，10~30日龄患病雏鸡的主要特征是腿部扭曲，也就是"畸形足"或是"脚趾卷曲麻痹"等，大部分雏鸡为卷趾麻痹，一些病鸡为亚临床症状，可利用电镜与光镜观察外周神经的病变。

②肉鸡猝死综合征（SDS）：肉鸡猝死综合征是肉鸡生产中一种常见多发病，俗称翻跳病或急性死亡综合征。临床上以生长发育最快、肌肉丰满、外观健壮的肉鸡首先突然死亡为特征，多发生于3~4周龄，公鸡比母鸡易发。其病因可能与性别，生长速度，饲喂饲料的营养组成、加工后的形态，光照，应激等有关。该病在肉用鸡仔、种鸡、火鸡和产蛋鸡中均有发生。

③鸡胫骨软骨发育不良：此病为肉鸡腿病，该病病因复杂，缺锌、维生素A过多，缺乏维生素D_3，以及霉菌毒素、玫瑰花镰刀菌等均可诱发此病。在日粮中添加镁离子、维生素C和生物素等，可降低此病发生率。

④啄癖：临床上鸡、鸭、鹅、山鸡、火鸡等可发生。营养缺乏是引发啄癖的重要原因，主要包括日粮缺乏蛋白质和氨基酸，特别是含硫氨基酸的缺乏，钠、铜、钴、锰、钙、磷、铁、硫和锌等矿物质不足，维生素A、B族维生素、维生素C、维生素D、维生素E和泛酸的缺乏。

⑤笼养肉鸭骨质疏松症：一般雏鸭于7日龄发病，病鸭羽毛蓬乱、腹泻、消瘦、腿部无力、步态不稳。严重的关节肿大、断裂，以关节着网，不能站立，侧卧于笼内，甚至瘫痪。如不及时治疗，常因不能正常采食和饮水，最后消瘦衰竭而死。剖检可见肋骨和肋软骨连接处肿大、胸骨变软、弯曲，肋骨与脊椎接合处呈串珠状，个别病鸭肾有尿酸盐沉积。病因主要是笼育鸭得不到阳光照射。要杜绝和减少此病发生重在预防，要保证饲料中钙、磷和维生素D供应量以及钙、磷比例平衡。

⑥其他营养代谢病：如肉鸡腹水综合征、维生素A缺乏症、维生素D缺乏症、维生素E-硒缺乏症等。

(3) 乳牛的营养代谢病：随着乳牛产乳量的不断上升及高能饲料的开发利用，乳牛营养代谢性疾病的发病率也不断上升。乳牛营养代谢病是指乳牛所需要的某类营养物质缺乏或过多造成的疾病。而代谢障碍是因为乳牛机体内1个或多个代谢过程异常，致使体内环境紊乱而引起的。其主要包括糖、脂肪及蛋白质营养代谢病、矿物质营养代谢病、维生素营养代谢病及微量元素代谢病等。

①酮病：是高产乳牛常发的代谢病，指乳牛体内糖类及挥发性脂肪酸代谢紊乱造成的全身性功能失调的疾病。其主要表现是血、尿、乳中的3种酮体（β-羟基丁酸、乙酰乙酸、丙酮）含量升高，即酮血、酮尿、酮乳，及低血糖、消化机能紊乱、产乳量下降等，因此称酮病。酮病是乳牛产前产后采食量不足而引起的糖类和脂肪的代谢紊乱，日粮中营养不平衡及供给不足、乳牛产前过度肥胖都易发此病。此病分原发和继发2种，原发病多发于乳牛产后10~50 d，在高产牛群中有多发的趋势，尤其是产后1个月内和3~5胎次的高产乳牛发病率最高。病牛食欲减退，采食、反刍活动减少，有的便秘、身体消瘦、目光无神；也有的精神高度紧张、不安，大量流涎，视力下降，走路不稳，持续1~2 d后转入抑制期，精神高度沉郁，有的不能站立，有的头屈向颈侧，严重者处于昏睡状态。继发酮病体温升高，常伴有胎衣不下、子宫内膜炎、皱胃移位、瘤胃异物等，其病程较短，一般预后良好。对症治疗是根据病因调整饲料，增加糖类饲料和优质牧草，临床常采用药物治疗和减少挤乳次数相结合的方法，用丙二醇和烟酸可一定程度地减少酮病发生。本病发生复杂，生产中应采用综合防治措施，以预防为主、治疗为辅。预防酮病的关键是降低能量负平衡的严重程度和持续时间。

②乳热症（低钙症）：也称产后瘫痪，是母牛产后突发的以血钙急剧下降、知觉消失和四肢麻痹、卧地似瘫为特征的疾病。日粮不平衡，缺乏维生素D，甲状旁腺功能异常等均能导致该病发生。乳热症表现为蹒跚、不能站立、肌肉无力、卧床、前躯正卧在胸骨上、头折向肋部、昏迷、轻微体温不正常，如治疗不及时可引起死亡。预防措施：产前30 d根据实际情况调整饲料中钙、磷比例，使钙、磷比例控制在1：（1~2），以促进骨钙释放和肠道吸收；降低日粮中钠和钾的含量，日粮中富含阴离子如Cl^-、SO_4^{2-}可降低产后瘫痪的发生率；同时，增强运动，多晒太阳，在产前5~7 d肌内注射维生素D_3 2 000~3 000 IU，并喂富含维生素D的饲料，产后立即提高饲料中钙的含量，其Ca：P比为2：1。

③维生素A缺乏症：多发于犊牛，表现为生长缓慢、夜盲、失明、食欲不振、惊厥及其他神经症状、皮炎、消化不良、眼干燥症和肺炎。维生素A缺乏宜在初期尽早给予适宜的治疗（注射为好），关键是预防，要给予优质多汁的青草、干草等优质饲料或供给维生素A添加剂或维生素A强化饲料，以保证营养需要及对维生素A的充分吸收和利用。

④其他乳牛的代谢病：如蹄叶炎、酸中毒、牛血红蛋白尿病、肥胖综合征、骨软症、佝偻病、维生素D缺乏症、硒缺乏症（白肌病，或维生素E缺乏症）等。

（4）肉牛的营养代谢病：肉牛饲养周期较长，在饲养模式上多为高精料，极易发生营养代谢性疾病，多发于肉牛育肥后期，育成期肉牛偶有发生，但是发病率较低。

①瘤胃酸中毒：瘤胃酸中毒是一种营养代谢病，主要是突然采食过量的易发酵糖类（如淀粉）而引发的一种代谢性疾病，也可能因饲喂过程中大量添加或连续多日增加精料，引起瘤胃内乳酸菌和链球菌等的大量增殖，导致瘤胃内容物中乳酸含量增高，胃内容物pH降到5以下而引起。易发酵的饲料被分解为D-乳酸和L-乳酸，L-乳酸吸收后可被迅速代谢利用，被肝分解；而D-乳酸则代谢缓慢，被牛体吸收后可导致瘤胃酸中毒病的发生。胃内容物pH的降低导致瘤胃的纤维分解菌、纤毛虫等迅速死亡消失，造成瘤胃蠕动停止。本病是由饲养模式造成的，重在预防，主要是加强饲养管理。更换饲料或增加饲料时一定要逐步进行，5 d为1个周期，15~20 d更换完毕，这样才能达到平稳过渡的目的。同时，要控制淀粉类饲料的给量，保证优质干草供给，日粮精料中按混合料量

计算加入 1.0%～1.5%碳酸氢钠或其他缓冲剂，如氧化镁。如果发现及时，立刻进行治疗，以解毒、补充水和电解质为主。

②肉用繁殖母牛微量元素缺乏症：母牛饲草饲料单一、质地不良、饲养不当或日粮中缺乏某种必需的营养物质均可造成营养物质缺乏；或因胃肠道疾病对营养物质的消化、吸收障碍，导致机体摄入不足，影响营养物质在体内的代谢；或良种肉牛引入后不能实行良法饲养，仍采用传统的方法饲喂，使微量元素等缺乏；或养殖者不添加矿物质和维生素饲料及任何添加剂，造成相对缺乏等引起。本病对母牛发情、受胎率、生殖系统功能、内分泌平衡等影响很大，主要表现为因营养因素导致的母牛繁殖障碍、流产与不孕症等，哺乳母牛表现泌乳减少或无乳等综合征候。防治重点在于加强饲养管理，合理调配日粮，保证全价饲料供给，定期开展营养代谢病的监测，了解各种营养物质代谢的变动，正确估计或预测肉牛的营养需要，将重点放在矿物元素的补充上等。

③其他营养代谢病：如蹄叶炎、脂肪肝、低血钙症、肉用繁殖母牛的瞎眼病、蛋白质等营养缺乏症、维生素与微量元素缺乏症、猝死病、白肌病、干瘦病、异食癖、脱毛症、氟中毒等。

(5) 羊的营养代谢病：由于肉羊生产由放牧转为舍饲，生长速度加快，营养需要增加，但饲料投放单一、管理粗放，虽然羊群的饲料发生了结构性变化，但饲草营养不均衡仍不能满足其需要，从而引起一系列营养代谢病。

①羔羊白肌病：病变部肌肉色淡，似煮过样，甚至苍白，故名白肌病，也称肌营养不良症，是伴有骨骼肌和心肌变性，并发生运动障碍和急性心肌坏死的一种微量元素缺乏症。饲料中缺乏硒和维生素 E 是导致白肌病发生的主要原因。本病常发于秋冬或冬春时期，气温骤变、青绿饲料匮乏是诱因。临床表现羔羊弓背、四肢无力、喜卧不起等症状。生长发育越快的羔羊，越容易发病，且死亡越快。本病预防效果明显，可加强母羊的饲养管理，多饲喂豆科类牧草；也可对其进行药物预防，常用亚硒酸钠溶液，使用浓度为 0.2%，4～6 mL/次，给妊娠母羊皮下注射或肌内注射。在日常饲养管理中，一旦发现有染病羔羊，可使用亚硒酸钠溶液配合维生素 E 的组合，治疗效果明显。

②青草搐搦症：又称低血镁症、缺镁痉挛症，是放牧牛羊采食幼嫩青草或谷苗后突然发生的一种高度致死性矿物质代谢障碍性疾病。表现为血镁浓度降低，常伴有血钙浓度下降。临床上以阵发性和强直性痉挛、惊厥、呼吸困难和急性死亡为特征，分急性型和慢性型 2 种。青嫩牧草在瘤胃消化后，产生大量 NH_3，使瘤胃 pH 升高，改变微生物区系，而且高 NH_3 可与镁形成不溶性的硫酸铵镁，使镁的溶解度和吸收率降低，并间接影响钙的吸收，引起神经肌肉的兴奋性增强而发生抽搐。放牧时应逐渐过渡，放牧前适当补喂镁盐等预防此病发生。

③尿结石：尿结石（石淋）是在肾盂、输尿管、膀胱、尿道内生成或存留以碳酸钙、磷酸盐为主的盐类结晶，使羊排尿困难，并由结石引起泌尿器官发生炎症的疾病。尿结石普遍多发于肉用牛羊等。通常种公畜的发病率较高，临床上以尿淋漓、尿出血、尿痛、尿急和尿道结石为主要症状。病羊排尿努责，痛苦呻叫，尿中混有血液，精神不振，排尿困难呈里急后重姿势，呈慢性经过，严重者尿液在膀胱和尿道内蓄积，造成膀胱破裂引起死亡。育肥期肉羊饲料配比不合理，日粮中的钙、磷比例失调是主要致病因素，如大量使用麸皮等。同时，因体内微量元素和维生素缺乏，造成异食癖和体内酸碱不平衡，导致尿液呈碱性加重尿结石的发生，如饲料中缺乏维生素 A 导致膀胱上皮细胞脱落，增加尿结石的发生概率。此病药物治疗一般无效，预防是关键。合理搭配日粮，保证清洁饮水，补饲充足的微量元素和维生素，控制谷物、麸皮、玉米副产品、非蛋白氮的饲喂量，在饲料中添加氯化铵等阴离子盐等措施有助于降低尿液 pH，使尿液更偏向酸性，从而达到抑制结石形成和溶解尿结石的目的。

④其他营养代谢病：如羔羊因维生素 D 的缺乏，钙、磷代谢障碍而引起的一种骨组织发育不良症，矿物质缺乏造成羊代谢功能紊乱、味觉异常而引起异食癖，还有羔羊维生素 A 缺乏症、羊酮尿症、绵羊脱毛症、绵羊低镁血症、绵羊铜缺乏症、绵羊碘缺乏症、绵羊钴缺乏症等。

（二）中毒性疾病

经消化道、呼吸道或皮肤进入动物体内，积累到一定的数量，引起动物生理机能障碍的物质称为毒物。由毒物引起的病理状态称为中毒。由于毒物进入动物体内的量和速度不同，其发病程度也不相同。毒物在短期大量进入动物体后，突然发病的为急性中毒；毒物长期少量进入动物体后，可能引起的中毒为慢性中毒。

1. 动物中毒的一般原因

（1）饲料性中毒：由于饲料品质不良，腐败、霉败变质，长期或一次大量饲喂变质的饲料、饲草，引起中毒，或由于饲料调制不当，对部分含有有毒物质的饲料原料未做脱毒处理，饲喂量超过一定限度或长期饲喂时引起中毒，如棉籽饼、菜籽饼等，或者由于饲喂方法不当而引起中毒等，如尿素中毒。

（2）有毒植物中毒：由于误食了毒草、高粱幼苗、蓖麻叶等引起中毒。

（3）药物性中毒：由于饲养管理制度不严或药物治疗和预防时用药不当、农药和化肥等保管不善引起农药和化学药品中毒及药物中毒。

（4）其他中毒：如被有毒动物咬伤、刺伤，如毒蛇和毒蜂等；或误食过多的有毒昆虫等，都可引起中毒。

2. 中毒性疾病的预防 中毒性疾病种类繁多、病情复杂，症状严重者难以治愈，严重危害动物的安全和生产效益。中毒性疾病的预防是关键，在加强饲养管理和防病、防毒上做好工作，包括：

（1）健全防病防毒制度，并有专人负责督促检查。

（2）大型动物养殖场，应对饲料品质进行严格检查。

（3）腐烂、霉变的饲草、饲料严禁饲喂动物。

（4）科学合理地配合日粮。对棉籽饼等含有有毒物质的饲料原料，要控制用量，有条件的应先进行脱毒处理。

（5）遵守有关毒物、农药、化肥等的保管和使用制度。

复习思考题

1. 动物养殖过程的卫生保健措施有哪些？
2. 疫苗接种途径和使用方法有哪些？
3. 如何做好动物疫病预防？
4. 预防动物传染病的发生应采取什么措施？
5. 发生动物传染病时应采取哪些紧急控制和扑灭措施？
6. 国家规定的动物检疫对象有哪些？
7. 我国的动物检疫从总体上分为哪几类？
8. 动物检疫的基本程序是什么？
9. 传染病发生必须具备哪些基本条件？传染病流行过程的形式及其特点是什么？
10. 如何做好动物寄生虫病的防治？
11. 如何预防动物营养代谢病和中毒性疾病的发生？

第八章
动物产品的安全生产

重点提示：本章重点介绍了影响动物产品安全生产的因素、我国动物性食品卫生管理、动物性食品卫生检验、动物食品安全生产。

第一节　影响动物产品安全生产的因素

我国是畜牧业生产大国，随着人们生活水平的不断提高，人们的消费观念发生了巨大变化，对动物产品品质的要求越来越高。动物产品品质安全与卫生必须渗透到动物饲养管理、防疫检疫、屠宰加工和流通各个环节，以确保动物产品无病原微生物（寄生虫）侵害，无有毒有害物质残留，安全高质，使广大人民能吃上安全的肉、蛋、乳，维护人类的身体健康，进而确保动物产品走出国门，适应世界经济一体化的发展趋势。

一、养殖投入品

在肉、蛋、乳等动物产品生产中，养殖投入品的品质十分关键，关系到动物产品的品质和生产总量，影响到养殖的经济效益和动物产品安全。养殖投入品包括饲料、饲料添加剂、兽药等，每一种都不容忽视。

（一）饲料

饲料是发展畜牧业的物质基础。饲料品质直接影响动物产品品质和安全，优质安全的饲料，能够促进动物生产性能的充分发挥，达到最佳健康养殖状态；而劣质饲料（如发霉变质）或有害成分（如重金属、三聚氰胺等）超量的饲料，会抑制动物生长发育，直接影响动物产品品质，甚至导致动物中毒死亡，当人食用这类动物产品后，会直接影响身体健康。饲料中的不安全因素主要有以下几方面。

1. 饲料毒素　饲料在存放过程中发霉变质，产生霉菌毒素等有毒物质，如玉米、花生饼（粕）、菜籽饼（粕）、棉籽饼（粕）等极易被黄曲霉等霉菌污染，霉菌产生的霉菌毒素不但危害动物健康，通过残留也影响动物产品的食用安全。动物摄入霉变饲料后，在肝、肾、肌肉、乳及蛋中可检出霉菌毒素及其代谢产物，因而造成动物产品的污染。

2. 饲料中的有毒有害物质　植物性饲料中含有多种次生代谢产物，如生物碱、生氰糖苷、硫化葡萄糖苷、皂苷、棉酚、蛋白酶抑制剂、致甲状腺肿瘤因子、有毒硝基化合物等。某些动物性饲料中含有组胺、肌胃腐烂素（劣质鱼粉）等，如果用量控制不合适，就会使含量超过饲料卫生标准规定的允许量，造成安全隐患。

3. 饲料本身品质不合格　饲料产品提供者使用劣质、霉变、有毒有害的原料和不合格动物源性原料生产饲料。

4. 饲料中过量添加微量元素　如在饲料中合理添加硒、铜、锌等能促进猪生长，过量添加这些微量元素，不仅会在动物体内蓄积，而且还会通过动物产品危害人体健康，其随着排泄物排出体外后，更会造成环境污染，对人类造成伤害。

（二）饲料添加剂

在动物实际生产中，为了控制动物疫病的发生和促进动物快速生长发育以及防止饲料变质，生产者往往会使用一些药物和添加剂，但在使用过程中还存在着许多不规范、不正确等问题。

1. 人为加入有害物质 饲料生产企业或养殖者在鸡饲料中大量使用阿散酸、洛克沙胂等制剂，以加深鸡蛋黄、蛋壳的颜色等。此外，个别饲料厂为了经济效益，在饲料中添加了一些兽药（标签上未注明），而养殖户不清楚内情，一直用这些饲料饲喂到上市，造成药物在动物产品中残留。

2. 人为添加违禁药物 养殖者为片面追求利益，在饲料中非法添加违禁药物，在饲料中添加瘦肉精（盐酸克仑特罗），在鸡、鸭饲料中添加致癌物质苏丹红等。

（三）兽药

动物食品中的药物残留对人体健康的影响，主要表现为变态反应、细菌耐药性、致畸作用、致突变和致癌作用，以及激素（样）作用等方面。

1. 药物残留 饲料产品的农药残留超标，导致动物产品农药残留超标。

2. 不执行休药期 动物组织中存在的药物需要经过一定时间的代谢才可逐渐消除，直至达到安全浓度或完全消失。不同兽药的休药期是不同的，动物屠宰前或动物产品出售前需停药，通常规定的休药期为 7～28 d。有的养殖场（户）不严格执行休药期规定，动物不经过休药期就直接上市，致使有些兽药在动物体内造成大量蓄积，使产品中的药物残留超标，或出现不应有的残留药物，对人体造成潜在的危害，如青霉素或磺胺类药物等。

3. 滥用兽药 不严格按照用药规定使用兽药，在用药剂量、给药途径等方面不符合用药规定，如随意加大药物用量或把治疗药物当成添加剂使用，也容易导致药物在动物体内残留。

二、动物饲养环境

养殖场的生产环境包括空气环境、圈舍环境、草场、饮水水质等，这些不仅影响动物的生长，同时还会影响动物产品的品质。随着畜牧业规范化、集约化的发展，动物生产对环境的污染也日益严重，动物粪尿处理不合理，将成为动物生产的污染源。

1. 饲养环境恶劣 ①养殖场建筑简易，畜禽混养，农舍与厩舍连在一起，甚至人畜混居，管理设施不配套，重产出轻投入；②养殖密度大，没有无害化处理设施，交叉污染严重；③疫病防治不及时，饮水喂料不卫生，粪便排放、死尸处理等不规范，根本达不到无公害养殖条件；④在工业污染严重的区域进行动物产品生产。

2. 养殖环境污染 工业、交通、城市排污等造成的"三废"污染，如铅、汞、镉、砷等。农业生产的农药化肥污染，工业化合物或工业副产品（如 N-亚硝基化合物、二噁英、多氯联苯等）引起的有机污染等都会对动物产品品质产生影响。这些化学污染物具有在环境、饲料和饮水中富集，难分解、毒性大等特点，从而使动物体内重金属等有害物质超标。此外，畜禽排泄物中含有大量氮、磷、铜、砷等物质，一方面，可造成土壤污染、植物中毒和水质恶化；另一方面，增加了氨、硫化氢等气体的浓度，污染人和动物生活环境，直接或间接地危害动物产品。

三、动物疫病

动物疫病是影响动物产品安全生产和品质最直接的因素，健康合格的动物提供的动物产品安全合格；发生疫病的动物提供的动物产品则是不合格产品。很多人兽共患病严重危害着人类的健康，包括各种寄生虫病、口蹄疫、结核病、巴氏杆菌病、布氏杆菌病、疯牛病等。动物患有这些疾病时，不仅能致死，而且动物产品品质降低，还可直接传给养殖者，或通过肉、乳、蛋及其制品传染给人，或引起食物中毒。除人兽共患病外，猪瘟、牛瘟、兔瘟、鸡新城疫等，这些疾病虽不感染人，但由于病原体在动物体内的致病作用，使动物体内积蓄了某些毒性物质，引起食用者的食物中毒。

1. 疫病防治、监督管理存在薄弱环节 防疫意识淡薄，预防知识不足，疫（菌）苗保管使用不当，化验、检疫、检测设备没有达到应具备的要求，缺乏必要的病害动物产品处理设施，动物产品品质安全令人担忧。

2. 动物产地检疫不到位 产地检疫能及时发现和扑灭动物疫病，禁止染疫动物及其产品进入流通环节，从源头上控制动物疫病的传播并确保动物产品品质安全。

第二节 我国动物性食品的卫生管理

针对我国动物性食品生产、加工、销售（进出口）各环节的不同情况，我国有关法律和条例规定，对动物性食品的卫生管理主体是农业农村部、国家卫生健康委员会、国家市场监督管理总局和海关总署等部门。主要管理格局如下：

一、食用畜禽生产

由农业农村部畜牧兽医部门从事整个生产（饲养）过程的动物检疫、防疫与灭病工作。

二、屠宰加工过程

分为外贸肉类冷藏加工厂与内贸肉类冷藏加工厂。厂内检疫检验，由本厂卫检（质检）职能部门（科）负责，并接受上级主管部门及有关部门检查与监督。属出口产品，接受商品检验部门、动（植）物检疫部门的监督和检验；属内销产品（肉制品），接受食品卫生行政主管部门的监督和检验。

三、销售环节

出口产品检验归商检、动（植）物检疫部门负责；内销产品，内贸部门的经营网点（商店）归内贸部门直接管理，并接受同级和上级卫生主管部门的检查指导。

四、肉类加工企业

由卫生、工商、农业等主管部门实行监督检查，企业应按照国家相关法律、法规和规定对生产、加工、卫生和管理实施有效控制。

五、肉类市场

市场出售的肉类产品，由卫生、工商、农业等主管部门实行监督检查，职权责任不清，容易导致市场管理失控，产品检疫与卫生监督流于形式。

第三节 动物性食品兽医卫生检验

动物性食品主要包括畜肉类、禽肉类、乳蛋类、水产类及其他食用动物资源。不同动物产品有相应的卫生检验规定和要求。

一、肉 类

肉类包括猪、牛、羊、马、骡、驴等肉，以猪肉、牛肉所占比例较大。国内市场鲜猪肉消费量最大，其次是牛肉、羊肉。近年来，马、驴等食草动物加工量渐大，其肉制品成为人们喜爱的肉食品。

（一）猪肉检验

对猪肉及其加工的检验是在大中型肉联厂流水线，或有传送装置的屠宰场按加工程序设置检验点，进行同步检验。检验包括：头部检验、蹄部检验、皮张检验（体表检验）、内脏检验、寄生虫检验、胴体检验等。

（1）剖检颌下淋巴结，检验炭疽，剖检两侧内外咬肌，检验猪囊尾蚴。

（2）检验蹄部，以确定是否有口蹄疫及水疱病。

（3）皮张（皮肤）检验有无疹块型丹毒、猪肺疫、皮肤病变。

（4）内脏检验主要是检查有无寄生虫，如旋毛虫。

（5）胴体检验主要视检肌肉、脂肪、胸腹膜等，确定有无寄生虫病、传染病、普通病等。

（二）牛羊肉检验

对牛羊肉的检验也与屠宰加工同步。其中，包括头部检验、内脏检验、胴体检验和寄生虫检验4个主要环节。

1. 头部检验 主要视检口腔、唇、舌面有无水疱、溃疡（口蹄疫、牛瘟），观察下颌骨有无放线菌肿，剖开咽后内侧淋巴结和颌下淋巴结检验有无炭疽、巴氏杆菌病、结核病、住肉孢子虫病、囊尾蚴病。

2. 内脏检验 与猪的相似。

3. 胴体检验 主要检验与胴体有关的淋巴结及肌肉、脂肪等组织及肾是否正常。

4. 寄生虫检验 主要检查有无囊尾蚴、住肉孢子虫。

（三）禽兔肉类

1. 禽肉的检验 主要包括鸡肉、鸭肉、鹅肉、人工养殖的肉食鸽、火鸡及七彩鸡、乌骨鸡等的检验。禽肉的卫生检验，主要进行胴体和内脏的检验。重点检验对禽类危害较大的传染病和寄生虫病，以及对禽肉卫生影响突出的致病菌的污染，如马立克病、鸡新城疫、伤寒（禽霍乱）等。同时，注意检查和发现禽的肿瘤病、淋巴细胞白血病，着重防止危害人类食肉安全的有关葡萄球菌病、大肠杆菌病［致病（泻）性大肠杆菌］、沙门菌病及其致病菌的污染。对肉用仔鸡，应检测药物（包括磺胺类、抗生素）残留和农药残留。

2. 家兔肉的检验 主要对皮肤、头部、胴体、内脏进行检验，主要检验耶尔森杆菌病、巴氏杆菌病、葡萄球菌病、钩端螺旋体病、球虫病、豆状囊尾蚴病、血吸虫病、链形多头蚴病、肝毛细线虫病、肝片吸虫病、华支睾吸虫病、肿瘤病。

（四）肉类检验后的处理

由屠宰场所或集贸市场经过检验，剔出不能直接作为商品出售的肉品，须经无害化处理；各种病变组织、器官以及宰前死亡和宰后检出的某些病死畜禽肉等，都必须在动物防疫监督人员的监督下，严格按照有关规定处理。

二、乳 蛋 类

1. 鲜蛋及蛋品的检验 鲜蛋的检验主要是蛋品的品质、鲜度、蛋壳卫生及其致病菌，如沙门菌的检验；蛋制品还应进行细菌和致病菌的检验。

2. 鲜乳的检验 对鲜乳主要进行感官指标、理化指标、兽药残留及微生物指标的检验。

第四节 动物性食品安全生产

"民以食为天，食以安为先"，食品安全直接影响人们的身体健康。随着人们生活水平的提高，人们对食品的安全给予了前所未有的关注。发展绿色、有机、安全、优质、高效的动物产品将是畜牧业发展的必然趋势，把保障食品安全放在更加突出的位置，并把着眼点放在发展安全、绿色、有机的产品上，提高畜产品的品质和科技含量，打造消费者信得过的知名品牌，完善食品安全监管体制机制，大力实施动物食品安全生产战略。

一、畜禽养殖生产过程中的药物应用

兽药残留可直接引发人类的急性或慢性毒副作用，还直接造成人体内的细菌耐药性增强，导致药物不能发挥有效作用，同时影响畜禽产品出口，造成经济损失，严重影响畜牧养殖业的可持续健康发展。

（一）合理应用兽药

畜牧生产中常用的兽药有抗微生物药类（主要治疗传染病、乳房炎、肠炎、肺炎等）、驱虫药和杀虫药（主要治疗蠕虫病和体外寄生虫病等）。

加大规范使用兽药宣传力度（如国家明文规定有21类兽药属于食品动物禁用药），加强兽药残留的监测工作，严格执法，加强兽药残留执法管理，重点监控β-兴奋剂、生长激素和镇静剂等违禁药物。

（二）改善养殖场环境

干净卫生的饲养环境是养殖场获得高效益和减少动物疾病的保障，环保型畜禽养殖场有一套健全的管理制度，为动物提供一个良好的生长环境，既降低动物的发病率也减少了抗生素的使用量；生产做到全进全出，定时消毒，定期接种疫苗，及时治疗，勤打扫，勤通风，职工进出场勤洗手消毒，及时处理畜禽废弃物等。

（三）使用绿色环保型饲料和添加剂

加强对绿色饲料添加剂的宣传和使用的指导，如草药及其提取物、饲用酶制剂、饲用微生态制剂等饲料添加剂的应用。治疗性使用药物时，不可违反国家食物、药品法规。

二、动物产品生产品质控制

动物产品质量安全事关人民群众身体健康和生命安全，事关社会和谐稳定。我国是畜牧生产和动物产品加工消费大国，动物产品的生产、流通数量多、周转快，动物产品生产品质控制和监管难度较大。国际上通用的实施食品安全控制的方法是危害分析和关键控制点（HACCP）、良好加工操作规范（GMP）等，但无论是HACCP还是GMP，都主要是对加工环节进行控制，缺少将整个供应链全过程链接起来的控制手段。因此，要做好动物产品质量安全监督检测，必须按照《中华人民共和国农产品质量安全法》，对生产中或者市场上销售的动物产品进行实时监控，抓好对养殖场、批发市场、超市、农贸市场的动物产品品质控制工作。

（一）完善动物产品质量安全管理保障体系

完善国家立法及地方或部门法规，进一步明确动物产品生产者、供应者及管理部门各自的职责，按照相关法律法规，规范动物产品生产和经营管理；参照动物养殖国际标准和国家标准，加强对地方标准与企业标准的技术指导；普及推广危害分析和关键控制点，严格执行HACCP、ISO9000标准体系、良好农业规范（GAP）和良好加工操作规范等标准化管理体系。建立层次分明的动物良种繁育体系和公正、权威的种动物品质检验、监督机制，规范种

动物生产、经营行为和方向，落实《种畜禽管理条例》，加强种畜禽生产经营许可证的发放和管理，逐步建立符合我国畜牧业生产实际的育种、繁殖、推广相互配套，科学高效、监督有力的良种繁育体系；健全动物疫病防控体系和动物疫情监测网络，对重大动物疫病防治实行计划免疫和强制免疫；完善动物产品质量安全监督检测体系，特别要加大对县级基层检验检测机构的投入，改善基层检测机构的各项硬件和软件设施。

（二）建立动物产品质量全程控制系统

通过政策引导、统筹规划、合理布局，使养殖企业科学选址，远离一切污染源，养殖场要设有对粪尿、污水、病死动物等进行无害化处理的设施，切断疫病传染源。严格执行《兽药管理条例》《饲料和饲料添加剂管理条例》，禁止使用假冒伪劣兽药和饲料及饲料添加剂，确保投入原料安全，从源头控制动物产品质量安全。根据动物不同的生长发育阶段，通过严格饲养管理，采用不同的饲养与管理方法，规范动物养殖档案，并采取全进全出饲养模式。加强饲料品质和动物疫病的监测，建立科学、合理的药残、农残等有害物质和疫病防治的监测体系，强化监督检测。动物生产实行封闭管理，建立以预防为主的兽医保健体系，制订科学的免疫程序，加强疫病控制，强化防疫消毒设施，建立卫生防疫体系，实施全方位防疫。

（三）加工环节的质量控制

运用信息技术实现对肉品从"繁殖→饲养→屠宰→加工→冷冻→配送→零售→餐桌"全流程各个环节的可跟踪与可追溯，建立动物产品信息可追溯机制，确保肉食品供应链每一个环节，尤其是屠宰和加工环节的信息准确性。通过给每个产品附上标记（如耳标、序号、日期、批号等）来实现，以便能根据标记追查到生产过程中的各种记录，了解作业过程的条件和操作人员。一旦发现问题，能迅速查明原因，采取相应措施。

严格执行加工资质认证制度，屠宰加工企业厂址应远离居民住宅区、城市水源和畜牧场，避开产生污染源的地区或场所。严格宰前检疫和管理，控制屠宰过程的微生物污染。逐步推广和完善定点屠宰制度，逐步形成以加工企业为中心的畜产品产销体系。流通环节监控是把好动物产品安全生产质量控制的最后一关，要严格执行动物运输检验检疫制度，对异地销售的动物产品要严格检疫。加大市场环节的执法力度，严格执法。结合可追溯体系的建设，严格市场主体的准入和退出机制。

（四）动物产品质量安全控制监督机制

健全组织机构，强化监督职责，建立企业自查、区域检查、主管部门督查、传媒舆论监督相结合的监督机制。发现问题及时整改，逐级追究责任。建立预警与危机反应机制，提高对突发事件的应对能力，在产品安全质量危机发生时，可以迅速启动预警系统，鉴定和显示动物产品质量安全问题，并根据导致危害的性质对其进行监测、监视、追踪和处理。

严格准入制度，净化动物产品经营市场，执行国家质量监督检验检疫总局发布的《食品生产加工企业质量安全监管办法》，实施企业食品生产许可（QS）市场准入许可制度，要求肉食品加工企业未取得许可证不得生产；未经检验合格、未加印（贴）QS标识的肉食品不得销售。要充分发挥政府行政部门职能，从源头上铲除私屠滥宰，严禁病害有毒肉、注水肉流通，更大程度地保障人民群众的食肉安全。实行问题动物产品召回制度，动物产品的生产商、经销商或进口商在获悉其生产、经销或进口的动物产品存在可能危害消费者健康和安全问题时，依法向政府部门报告，及时通知消费者，并从市场和消费者手中收回问题产品，以消除危害风险。

三、安全卫生系统的建立

畜牧业正在托起农业经济"半边天"，挑起农民增收的大梁，成为国民经济中的重要产业和农村经济的重要支柱。动物产品的安全与卫生，不仅关系到畜牧业发展，而且关系到人们的健康和生活品质。做好动物产品安全与卫生工作是各级政府和畜牧兽医主管部门的重要工作内容，责无旁贷。动物产品安全与卫生工作，必须自始至终贯彻于动物饲养管理、防疫检疫、屠宰加工和流通等各个生产环节，确保动物产品无病原微生物（寄生虫）侵害，无有毒有害物质残留，无异常气味和颜色，无掺假注水，使广大人民真正能够吃（喝）上放心肉、放心蛋和放心乳。

影响动物产品安全卫生的主要因素是动物产品中的药物残留和人兽共患的传染病、寄生虫病以及有害化学物质的污染等，国家高度重视动物防疫和动物产品质量安全，相继出台了《中华人民共和国动物防疫法》《中华人民共和国畜牧法》和《中华人民共和国农产品质量安全法》等有关法律法规，并先后对不同农产品建立了相应的农产品质量安全追溯制度。所有这些都是建立动物产品安全卫生系统、规范动物养殖生产行为、落实动物产品质量安全责任追究制度的需要，可有效防控重大动物疫病，保障动物产品卫生安全，对提高动物产品国际竞争力，促进畜牧业持续健康发展有重要意义。

（一）加强法制建设，健全动物防疫体制

加大动物卫生管理力度，做好动物疫病防治工作。加强基础设施建设，开展动物标识溯源工作，提高重大动物疫病防控技术水平，保障动物产品安全，对重大疫病应建立起快速应急机制，依法规制定防治方案。高度重视动物疫病诊断监测工作，尤其是加强对种畜禽场和大型养殖场（户）的定期监测工作。根据我国畜牧业发展现状和国民经济状况，制定切实可行的养殖场环境质量标准、污水排放标准及残留药物监控标准，加大对病死动物无害化的处理力度，大力发展环保型、生态型畜牧业，推广渔牧结合、果牧结合，以及种植、养殖、沼气一体化生产模式。

（二）加强兽药管理和质量监督工作，完善兽药残留监控体系

加强兽药质量监督抽检工作，严厉打击处罚非法制售假劣药，严禁非法生产国家已明确禁止生产的兽药。兽药生产厂家要严格执行《兽药管理条例》《饲料和饲料添加剂管理条例》及配套规章的各项规定，按GMP要求规范企业的生产、经营行为，提高产品合格率。各兽药使用单位要严格遵守兽药的使用对象、使用期限、使用剂量以及停药期等，禁止使用违禁药物或可能具有"三致"作用和过敏反应的兽药。加快兽药残留的立法工作，并完善相应的配套法规，使兽药残留检验工作的开展和结果的处理有法可依。

四、良好农业规范（GAP）认证

为了适应食品安全的需要，近年来，国际上先后发展了很多质量安全管理体系，其中良好农业规范（good agricultural practices，GAP）得到许多国际组织、国家的认同和采纳。GAP是应用现有的知识来保证农场生产过程和产后的环境、经济和社会的可持续性，从而获得安全健康的农产品。GAP是以能持续改进农作物体系的先进技术为载体，通过有害生物综合管理（IPM）和作物的综合管理（ICM），以风险预防和风险分析为基础，以食品安全、环境保护、职业健康/安全与福利、动物福利和可持续农业为目标，在HACCP基本原理的指导下制定的农产品质量安全体系，包括安全、质量、环保和社会责任等4个方面的基本要求。

（一）GAP的起源和中国良好农业规范（CHINAGAP）

GAP认证起源于欧洲。1997年，欧洲零售商协会农产品工作组（也称欧洲零售生产经销集团或欧洲零售商组织，简称EUREP）在零售商的倡导下提出其良好农业规范（GAP）概念，即EUREPGAP。EUREPGAP作为一种评价用的标准体系，目前涉及水果蔬菜、观赏植物、水产养殖、咖啡生产和综合农场保证体系（IFA）。GAP代表了一般公认的、基础广泛的农业指南，可操作性强。GAP的目的在于帮助农产品企业解决在种植、收割、堆放、包装和销售等方面常见的微生物危害问题以提高农产品的安全，从源头降低农产品质量安全风险。

CHINAGAP是结合中国国情，根据中国的法律法规，参照EUREPGAP的有关标准制定的用来认证安全和可持续发展农业的规范性标准。2004年，中国国家认证认可监督管理委员会（CNCA）加快启动了CHINAGAP认证项目的研究工作。2006年1月，CNCA制定了《良好农业规范认证实施规则（试行）》，并会同有关部门联合制定了良好农业规范系列国家标准，用于指导认证机构开展作物、水果、蔬菜、肉牛、肉羊、乳牛、生猪和家禽生产的良好规范认证活动，每个标准包含通则、控制点与符合性规范、检查表和基准程序。这些标准与规则成为当前认证试点和建立良好农业规范认证示范基地的依据，并通过第三方认证的方式来实施。同时，经与EUREP实施的EUREPGAP标准的基准性比较，进行互认，并加贴EUREPGAP商标，出口欧洲，避免二次认证，促进我国农产品贸易。

实施CHINAGAP认证可以优化我国农业生产组织形式，提高农产品生产企业的管理水平，实施农业可持续发展战略，规范良好农业认证活动。CHINAGAP认证是针对种植或养殖所进行的良好农业规范认证。CHINAGAP认证证书有效期为1年。

GAP认证分为一级认证和二级认证（图8-1），一级认证即GAP^+认证，一级认证等同于EUREPGAP，是指应100%符合所有适用的一级控制点要求；二级认证即要求规范中所有一级控制点的95%满足要求，不设定二级控制点、三级控制点的最低符合百分比。CHINAGAP认证依据标准是《良好农业规范》（GB/T20014.1～20014.11—2005）。

图8-1　GAP认证标识
A. GAP一级认证标识　B. GAP二级认证标识

（二）实施GAP管理的应用

GAP认为从农场到餐桌的食物链中，任何一点都有可能受到生物污染，故应在各环节范围内采用GAP进行控制，并在遵守所有法律法规和标准的基础上，实施有效监控，确保产品安全和可持续发展，强调防范优于纠偏，采用危害分析和关键控制点的方法，使整个供应链的各个环节确定了GAP的控制点和符合性规范。

GAP为进一步提高畜禽养殖安全控制、动物疫病防治、生态和环境保护、动物福利、职业健康等方面的保障能力，优化畜禽养殖生产组织形式，提高畜禽养殖企业的管理水平，实现可持续发展战略提供了保证，为规范生产者和提高生产水平提供了技术参考。

在畜禽养殖中积极运用GAP，是有效提高畜禽养殖质量安全水平的有效方法，涉及企业对自身、员工和社会等多方面的关注和承诺。通过系统的管理，必将全面提高企业生产优质、安全产品的能力以及企业的社会形象，有利于企业建设良好的产品品牌。

五、绿色动物产品

绿色食品是在特定的环境条件下，按严格的生产方式、加工方式组织生产，并经专门机构认定，许可使用绿色食品标识商标的安全无污染、优质、营养类食品。

（一）绿色动物产品分级

绿色动物产品生产要求利用生态学的原理，强调产品出自良好的生态环境，对产品实行从饲养到餐桌全程质量控制。我国的绿色动物产品分为A级和AA级2种（图8-2）。其中，A级绿色动物产品的生产中允许限量使用化学合成生产资料，AA级绿色动物产品中则较为严格地要求在生产过程中不使用化学合成的兽药、饲料添加剂、食品添加剂和其他有害于环境和健康的物质，按照农业农村部发布的行业标准，AA级绿色动物产品等同于有机动物产品，有机动物产品是最高级别的无公害动物产品。

图8-2 绿色食品标识

（二）绿色动物产品的生产

绿色动物产品是指遵循可持续发展原则，按照特定生产方式生产，经专门机构认定许可使用绿色食品标识的无污染、安全、优质、营养动物产品。我国绿色动物产品认证准则——《绿色食品 畜禽卫生防疫准则》《绿色食品 兽药使用准则》和《绿色食品 畜禽饲料及饲料添加剂使用准则》由中国绿色食品发展中心制定，归农业农村部审定颁布执行。3项标准给绿色动物产品的生产和认证提供了法定依据。在《无公害食品 畜禽饲料和饲料添加剂使用准则》中，明确规定90%的动物饲料必须来自绿色食品生产基地；禁止使用任何激素类、安眠镇静类药品；禁止使用任何药物性饲料添加剂；禁止使用以哺乳动物为原料的动物性原料饲喂反刍动物；禁止使用工业合成的油脂和转基因方法生产的饲料原料；禁止使用各种人工合成的调味剂和着色剂；对黏着剂、抗氧化剂、稳定剂、防腐剂及非蛋白氮物质均做出严格而明确的限制。在兽药使用方面，《无公害食品 畜禽饲料和饲料添加剂使用准则》明确限定了在畜禽生产过程中，准用抗寄生虫药、抗菌药、消毒防腐剂及疫苗的种类和停药期。

六、有机动物产品

有机食品是不含人工合成化学物质的食品，有机动物产品则是不含人工合成化学物质的动物产品。有机畜牧业生产体系则是生产有机动物产品的畜牧业生产体系。这一生产体系根据国际有机农业生产要求和相应标准生产、加工、储存、运输并经有机食品认证机关认证的供人类食用或使用的一切动物产品，包括蛋及蛋制品、肉及肉制品、乳及乳制品、皮及皮制品、毛及毛制品等。

（一）有机动物产品的认证

有机动物产品是指以有机方式生产加工的、符合有关标准并通过专门认证机构认证的纯天然、无污染、安全营养的动物产品。有机动物产品必须具备以下4个条件。

（1）原料来自有机畜牧业生产体系，不使用化学肥料，不使用化学农药，不使用化学添加剂，土壤无污染，大气无污染，水体无污染。动物饲养也尽可能是顺其自然，充分利用天然资源放牧，在生产中只使用有机饲料来喂养，禁止使用未经权威部门鉴定的饲料和含农药、化肥、激素等的物质，并且不允许使用基因工程技术。动物生病时不使用有滞留性的有毒药品治疗，必须选择用量少、疗效好、排泄快、无残留、无副作用的药品治疗，禁止在动物屠宰时使用杀寄生虫的药物，以保证动物产品的品质。

（2）动物产品在整个生产过程中遵循有机食品的生产、加工、包装、储藏、运输等标准要求。

（3）有机动物产品流通过程中的质量检测体系是完整的、可信的。

（4）经权威的有机产品认证机构认证（图8-3、图8-4），有机产品的另一重要工作是认证问题，我国目前有资质的有机产品认证机构共26家。其中，中绿华夏有机食品认证中心（COFCC）是农业农村部所属的从事有机食品的认证和管理的专门机构。有机产品认证监管由国家认证认可监督管理委员会负责。其认证程序大致相同，即：申请→认证中心核定费用并制定初步检查计划→签订认证检查合同→初审→实地检查评价→编写检查报告→综合审查评价意见→颁证委员会决议→颁发证书。

图8-3 有机产品认证标识
A. 中国有机产品GAP认证（China GAP） B. 中国有机转换产品认证（China GAP）

图8-4 有机食品标识

（二）有机动物产品的生产

建立有机畜牧业生产体系要解决2个关键环节：合格背景与过程控制。所谓合格的背景，就是要解决建立有机畜牧业生产系统中清洁的无污染的无机环境。在有机食品生产背景合格的基础上，有机食品生产的另一重要环节，就是生产过程的全面控制。为此，要编制有机食品发展规划，对有机种植、有机养殖、有机加工、有机配套产业、有机农业害虫等防治、有机观光旅游、有机市场体系建设、有机文化建设、特色农产品保护与特色加工业建设的发展方向、发展重点、布局、规划与进度等都要做出比较明确与细致的规定。要做好这个规划，要吸收有机农业生态工程以及相应的种植、养殖领域专家参与，共同讨论，以确保规划的可行。

七、生态动物产品

随着科学技术的进步和人们生活水平的提高，人们对动物产品的要求，在品质上越来越高。当今世界上兴起"绿色食品"回归大自然的运动，即是要保障消费者的健康和社会整体的根本利益。生态畜牧业生产的动物产品，应该而且必须是无污染、安全、优质的营养食品，即"绿色无污染食品"。

生态动物产品3个必备条件：①产品原料的产地具有良好生态环境；②原料作物的生长过程及水、土、肥条件必须符合一定的无公害控制标准，并接受环境保护监测中心的监督；③产品的生产、加工及包装、储运过程，符合《中华人民共和国食品卫生法》要求，最终产品必须由国家指定的食品监测部门依据食品卫生标准检测合格。

提高动物产品品质和产量是生态畜牧业的生命线，保护空气、土壤、水源的清洁是生态畜牧业的重要任务。

复习思考题

1. 动物性食品的卫生检验规定和要求是什么？
2. 生产无公害动物产品应具备哪些条件？采取什么措施？
3. 安全动物产品生产质量控制体系包括哪些内容？
4. 养殖场实施良好农业规范认证的意义是什么？
5. 绿色动物产品和有机动物产品有什么区别？

第九章 牛生产

重点提示：本章主要学习内容为牛的生物学特征，牛的品种，牛的体型外貌，犊牛的饲养管理，育成牛与青年牛的饲养管理，泌乳牛与干乳牛的饲养管理，肉牛的饲养管理，其他牛的饲养管理，牛产品的初步加工。要求掌握牛的品种特征、外貌鉴定方法，犊牛及乳牛的饲养管理技术，肉牛的育肥技术，牛乳的验收及初步处理。

第一节 牛生产概述

一、牛生产的特点

二维码9-1 强化后备乳牛管理，创建自主标准体系，推进民族乳业振兴

养牛业是畜牧业的重要组成部分，牛是一种多用途的家畜，既能产肉、产乳、产皮和产绒，又可为农业生产提供动力和优质有机肥。与其他畜禽生产相比较，牛生产有以下几方面特点。

（一）为人类提供高品质的食物

牛的主要产品是牛乳和牛肉，富含蛋白质，脂肪含量低，矿物质含量和维生素含量高。每千克牛肉中蛋白质含量比猪肉高22.2 g，而脂肪低87.7 g，维生素A、维生素D高80%。牛乳被誉为人的"保姆"，是理想的食品，全面的营养成分能和乳牛相媲美者几乎没有。每千克牛乳中含蛋白质31～34 g、脂肪31～40 g、乳糖46 g、钙1 250 g、维生素A 300 mg、维生素D 0.6 g。牛乳中钙的含量是鸡蛋的1.91倍，胆固醇的含量仅为鸡蛋的2.4%。

（二）牛为节粮型家畜，可高效利用粗饲料

我国人多地少，人均粮食占有量低，畜牧业大力发展，必须走"节粮型"畜牧业之路，牛在发展"节粮型"畜牧业中有巨大的优越性。牛对粗纤维的消化率高达50%～90%，而马、猪等家畜仅为3%～25%。实践证明，牛能利用不能被人类直接利用的各种副产品的75%，以及不适宜在耕作土地上栽培的天然植物，将它们转化为人类生活所必需的肉、乳等营养食品。

（三）生产周期长

牛是单胎大动物，生产周期长。一般条件下，牛5岁成年，10～12月龄性成熟，妊娠期10个月。从配种开始到后代出栏，肉牛一般需要28个月，而肉猪仅需要9个月，肉鸡7周，肉兔3.5个月。

二、牛生产的发展概况

据联合国粮食及农业组织（FAO）统计，2014年，全世界牛总量14.75亿头，水牛约

1.94亿头，牦牛1 600多万头。从牛的绝对数量看，养牛最多的国家是巴西，约2.12亿头，其次分别为印度（1.87亿头）、中国（1.14亿头）、美国（0.88亿头）。水牛则以印度最多（1.1亿头），其次是巴基斯坦（0.35亿头）、中国（0.23亿头）。

2014年，全世界牛乳产量6.5亿t，水牛乳产量1.07亿t，牛肉产量6 468万t。其中，美国牛肉为1 145万t，约占世界总产量的1/5，中国656.7万t；水牛肉产量372.4万t，其中印度161.5万t，占总量的43%，其次为巴基斯坦、埃及、中国。

目前，全球人均乳占有量已超过100 kg，发达国家人均乳制品消费基本维持稳定，消费量为220 kg/年，而发展中国家人均乳制品消费逐年增长，达到78.9 kg/年，中国人均消费量约为36 kg/年，仅为世界平均水平的1/3。从乳制品消费结构来看，全球乳制品消费以液体乳和乳酪为主，将乳制品折算为原乳，液体乳、乳酪、黄油、全脂奶粉、脱脂奶粉占比分别为40%、26%、13%、11%、10%（其中，奶粉：原乳按照1:8，乳酪：原乳、黄油：原乳按照1:6）。人均牛肉消费量也有较大的差异，据美国农业部（USDA）统计数据显示，2007年阿根廷人均消费牛肉超过60 kg，美国、乌拉圭、澳大利亚等国也超过40 kg，而发展中国家人均消费量比较低，如中国人均只有5.6 kg，印度1.6 kg。

世界牛群分布的区域差异与各地自然地理环境、农业生产和经济发展水平、人民的饮食习惯、国家对养牛业的支持情况，以及社会、文化等因素有关。发达国家和地区饲养乳牛和肉用牛，如美国、加拿大、欧盟、澳大利亚和新西兰等；而经济欠发达的国家和地区以饲养水牛、役用牛为主，如亚洲、非洲的一些国家和地区。

牛生产力水平在不同国家和地区间也有明显的差别，欧美等国家的乳牛、肉牛整体生产水平较高，而非洲的牛业发展水平是世界上最低的。FAO数据显示，2014年，全球乳牛平均单产2 380.8 kg，欧洲国家平均达6 775.7 kg，以色列、美国超过了10 000 kg，中国为5 500 kg，约为世界平均水平的2倍，但仍与欧美等畜牧业发达国家有较大差距。而非洲平均最低，为515.1 kg。全世界肉牛平均胴体重208.5 kg，西欧诸国平均超过250 kg，德国和英国超过300 kg，美国为357.1 kg，除日本牛胴体平均重高达417.4 kg外，大多数亚洲国家牛平均胴体重仅为100～150 kg，我国只有132.7 kg。

三、现代牛生产发展趋势

（一）牛生产及管理上向自动化、信息化方向发展

随着单个牛场养殖规模日益扩大，牛生产及管理上日趋自动化和信息化。由电脑控制机械，自动完成牛的饲喂、挤乳、清粪等生产过程，挤乳生产环节自己脱挤乳杯、自动计量，自动分析记录牛乳理化指标。牛乳生产及经营管理的各环节使用电脑，进行信息化管理。美国、日本、欧洲等国家和地区已研究成功挤牛乳的机器人，在生产中进行示范并应用推广。

（二）乳牛品种单一化，肉牛品种大型化

近年来，乳牛品种日趋单一化，各国饲养荷斯坦乳牛的头数日益增加，美国、日本、加拿大、以色列等国荷斯坦乳牛占饲养乳牛总数的90%以上，而其他乳牛品种如娟姗牛、更赛牛等所占比例较小。大型肉牛品种的特点是生长快，可在年龄不大的时候屠宰，使瘦肉多而脂肪少，符合人们普遍不喜动物脂肪、追求瘦肉多的消费趋势。因此，夏洛来牛、利木赞牛、西门塔尔牛等大型肉牛品种，引起了饲养者的广泛兴趣。正逐渐替换海福特、短角牛等中小型肉牛品种。

（三）养牛业规模化进程加快，向专业化、集约化发展

随着机械化、自动化水平在牛生产环节的提高，乳牛业和肉牛业规模化进程的加快，养牛场数量减少，规模不断扩大。在养牛业发达的国家，如美国、加拿大、日本、以色列等，乳牛养殖规模以200～300头的牛场为主，出现了许多存栏1 000头以上的大型乳牛场，以

前饲养100头的大规模的乳牛场正渐渐失去市场优势。以我国为例，2016年的单体牛场最大规模已达到4.6万头。规模牧场根据乳牛的年龄和生理周期分群饲养管理，从牛场设计规划、饲喂、挤乳、防疫、配种等统一进行科学化管理。机械化程度高，粗饲料条件优良，生鲜乳品质好，平均单产高。从2006年开始，我国乳牛养殖规模化（存栏大于100头）比例逐年提升，2006年为13.1%，2008年为19.5%，2016年为53%。大型企业易于实施现代化技术和方法，开发品种多样的牛乳、牛肉制品，极大地满足了市场需求并增加了抗风险能力。肉牛场的饲养规模也逐渐扩大，大规模的饲养可以达30万～50万头，如美国，饲养1 000头左右的大型牛场有几万个；饲养5 000头以上的特大型乳牛场也有几十个。规模化生产极大地提高了牛的生产性能，也创造了极佳的经济效益。

（四）牛群生产水平不断提高

现代育种技术、胚胎移植技术及现代饲料配合技术的应用，乳牛、肉牛的生长水平和生长质量稳步提高。如2007—2016年，美国乳牛的平均年单产乳量从9.16 t提高到10.33 t，而我国从4.14 t提高到6.20 t，增幅近50%。

（五）饲养技术更趋向于科学化

饲养规模100头以上的牛场，由传统的拴系式饲养改为散放式饲养，饲喂方式上普遍推广全混合日粮（TMR），避免了由于过量采食精饲料带来的代谢病的问题。据国家乳牛产业技术体系2016年调研数据显示，我国规模牛场平均单产达到7.5 t，84%的牛场使用了TMR设备，44%的牛场自有或租赁了饲料用土地，全株玉米青贮的应用比例达到82%；饲养标准采用蛋白质降解-非降解体系，小肠蛋白吸收体系，同时研究理想氨基酸需求模式，微量元素、各类维生素的最适需求量；将瘤胃代谢调控技术和抗应激技术应用于牛生产。重视优质牧草的开发利用，养牛业发达的国家和地区，如澳大利亚、北美等，大面积人工种植牧草，发展乳牛和肉牛业；美国和加拿大牛日粮中苜蓿、黑麦草、三叶草等优质牧草占50%左右。

（六）生物技术的应用研究与推广

随着生物技术的迅速发展，大批成熟的分子生物技术、细胞生物技术应用于牛生产。分子生物技术方面，构建牛的基因图谱，开展数量性状基因座（QTL）定位，进行标记辅助选择（MAS），提高了牛种选择的准确性，利用测序、限制片段长度多态性（RFLP）、微卫星标记等技术开展牛的遗传多样性研究，探讨牛的遗传结构以及与生产性状的相关研究。基因工程方面，生产转基因牛，尤其是利用乳腺生物反应器生产药用蛋白。美国利用DNA重组技术，将牛生长激素转移到大肠杆菌成功进行了牛生长激素商业化开发，使牛生长速度提高10%～30%。生物工程技术上，采用超排技术，通过胚胎移植繁殖优质高产乳牛、肉牛；进行胚胎性别控制和性别鉴定、胚胎分割和胚胎克隆，不断建立健全牛的繁育体系；开展超数排卵胚胎移植（MOET）核心群育种。目前，养牛业发达的国家，如美国、加拿大、英国、日本等大力推广胚胎移植技术，繁殖乳牛、肉牛。近几年，美国的高产乳牛40%来自胚胎移植。

（七）充分利用杂种优势提高肉牛生产水平

充分利用杂交优势提高肉牛生产性能，是国际肉牛生产中采用的有效措施之一。近年来，广泛采用轮回杂交、"终端"公牛杂交、轮回杂交与"终端"公牛杂交相结合的三品种杂交等杂交方法。杂交后代生产性能比一般的品种提高15%～20%。

（八）高档牛肉生产呈现快速发展趋势

随着世界经济的发展，人类牛肉消费量增长，尤其是高档牛肉需求增加。高档牛肉消费方向是西式牛排、铁板烤牛肉。高档牛肉在大理石花纹、成熟度上有特殊评价和较高标准。为了适应高档牛肉生产的需求，一些发达国家和地区，如美国、日本、加拿大、欧盟等制定了牛肉分级标准。采用不同优良牛品种，如安格斯牛、利木赞牛、皮埃蒙特牛生产适应市场的高档牛肉产品，并结合饲养技术、饲料配制，提高高档牛肉产量和经济效益。

（九）重视养牛业的环境控制和牛的福利，生产绿色产品也成为主流

牛场对环境的污染主要来自牛的粪尿、牛场排放的污水及气味。世界上许多国家制定了一系列法规，以控制养牛业对环境的影响。对养牛业排放的粪污进行无害化处理。

受疯牛病、二噁英事件的影响，滥用添加剂、激素、药残超标等成为人们普遍关注的问题，食品安全性已成为各国政府普遍重视的问题。各国政府对添加剂等使用制定了相应的法规和监控措施，以保证牛产品生产的安全性。

满足牛的天性和生理需求，提供与其相适应的饲养管理条件，将有利于牛生产潜力的发挥，提高牛生产性能，保证牛的健康、生产安全食品原料。对牛的"福利"已成为世界普遍关注的问题。

养牛业发展的总体趋势是将新的生物技术、饲养及管理技术应用于养牛业，提高乳牛、肉牛的生产水平、生产的产品品质及卫生标准，以满足人们日益增长的物质生活需要。

第二节　牛的生物学特征

一、一般外形特征

（一）体型

牛的体型与其经济用途和性别相一致，它是劳动人民在长期生产实践中选育而成的，乳用牛体躯呈楔形，肉用牛呈长方砖块形，役用牛前强体型。公牛头粗重，短而宽，颈粗短；母牛头狭长而清秀，颈较细。

（二）角

牛角是在进化过程中，作为防御器官而保存下来的，角的形状因品种、性别有差异。一般而言，水牛角较长而大，牦牛角较长而尖细，普通牛相对短而细，公牛角较母牛角长大，在牦牛中表现尤为突出。黄牛中无角基因P对有角基因p为显性。

（三）肩峰与垂皮

肩峰指牛鬐甲部位肌肉组织隆起，垂皮是指颈的下侧、胸和脐部的皮肤皱褶，生活在热带、亚热带的牛肩峰和垂皮较温带、寒带的牛发达，如瘤牛、印度野牛有发达的肩峰和垂皮，我国黄牛由北向南肩峰和垂皮越来越明显；公牛肩峰较母牛明显，牦牛则更为突出。

（四）被毛

毛的颜色及分布为牛的品种特征之一，并与生态适应性有关。牛的被毛色泽多种多样，基本色调为黄、红、白、黑，牛的毛色由位于常染色体上的等位基因控制。目前，已知控制毛色的基因有20多个位点，如红色毛由等位基因R控制，使褐色素在被毛中表现。浅色毛比深色毛更能适应炎热的环境条件，同时能降低牛虻的趋光特性。牦牛全身生长粗长毛，尤其是体侧的下部毛更长，形成"毛裙"，粗毛内密生绒毛，这种毛丛结构能有效地抵抗寒冷侵袭。

（五）其他形态特征

乳用牛和肉用牛的皮肤较薄，役用牛皮肤较厚，某些肉牛品种中表现"双肌"特征，即在牛的臀部和股部肌肉异常发达，形成界线分明的肌肉块，如夏洛来牛、利木赞牛。母牛在正常情况下有4个乳头，但少部分牛有额外的1个以上的副乳头，由显性基因决定，影响挤乳。

二、牛的生活习性

（一）环境条件

温度是对牛影响最大的环境因子。一般情况，牛适宜的环境温度为 10~21 ℃。高温使牛的采食量下降，引起牛生长速度减慢和产乳量下降。同时，使公牛精液品质下降。一般情况下，欧洲的牛耐热性差一些，瘤牛耐热性较强。低温对牛无明显的影响，牛对低温环境调节能力较强，低温使牛的基础代谢提高，通过增加采食量产生热量抵御低温，极端低温抑制母牛的发情和排卵。湿度通过温度来影响牛的生产性能，高湿使高温或低温对牛的影响加剧。牛喜欢安静的环境，噪声影响牛的生长和产乳量。

（二）特殊环境的适应性

牛汗腺不发达，通过垂皮来辅助散热，皮肤分泌有臭气的皮脂抵御蚊蝇侵袭。瘤牛为了适应热环境，有发达的垂皮，对热带和亚热带气候具有良好的适应性。牦牛全身密生黑色的粗长毛和绒毛，抵抗寒冷和高辐射，发达的胸廓和粗短的气管，高含量的血红蛋白和红细胞适应低氧环境。我国水牛通过浸水和滚泥浆来适应高温环境及抗御蚊蝇袭击。

（三）牛的摄食行为

1. 牛对食物的要求 牛是草食性家畜，味觉和嗅觉敏感。喜欢采食草类饲料，尤其是青绿饲草和块根饲料，喜欢采食带甜味和咸味的饲料，不愿采食外表粗糙、绒毛多、被粪尿和唾液污染的饲草、动物性饲料。因此，变更饲料种类时，有一段适应时间。

2. 牛的采食行为 牛采食时依靠灵活有力的舌卷食饲草，匆匆嚼碎后，将粉碎的草料混合成食团吞入胃中，由于牛采食行为较粗糙，容易将异物吞入胃中造成瘤胃疾病，所以应防止异物混入草料。牛没有上门齿，放牧中采食牧草时，用舌将草卷入口腔，依靠舌和头的摆动扯断牧草，牧草过矮（5 cm 以下）时，牛不易采食，牛采食时间为 4~9 h，鲜草采食量约占体重的 10%，干物质采食量占体重的 2%~2.5%。牛的采食量受饲料品质、日粮组成、牛的生理状况、环境温度等因素的影响，如饲料品质好、妊娠、低温环境则采食量增加。采食速度因草料种类、形状和适口性不同而有差异，如颗粒料比粉料采食快，日出前和近黄昏时是牛的采食高峰，牛有夜间采食的习惯。

（四）合群性

牛是群居家畜，具有合群行为，群体中形成群体等级制度和群体优胜序列，当不同的品种或同一品种混群时，通过角斗决定顺序。牛的群体行为对于放牧按时归队，有序进入挤乳厅和防御敌害具有重要意义。牛群混合时一般要 7~10 d 才能恢复安静。牛的这一习性，在育肥时应多加注意，育肥群体中不要加入陌生个体。

（五）运动

牛喜欢自由活动，在运动时常表现嬉耍性的行为特征，幼牛特别活跃，饲养管理上保证牛的运动时间，散栏式饲养有利于牛的健康和生产。

（六）休息

牛每天需要休息 9~12 h，表现为游走，站立或躺卧，休息时反刍，咀嚼食物。

（七）牛的排泄行为

一般情况下，牛每天排尿 9~11 次，排粪 12~20 次，早晨排粪次数最多。排尿和排粪时，平均举尾时间分别为 21 s 和 36 s。成年牛每天粪尿的排泄量为 31~36 kg。牛排泄的次数和排泄量因采食饲料的种类和数量、环境温度及个体不同而有差异，排泄的随意性大，对于散放的舍饲牛，在运动场上有向一处排泄的倾向，排泄的粪便大量堆积于某处，牛对粪便不在意，常行走或躺卧于粪便上。舍饲时，应及时清除粪便。据观察，乳牛排泄时有模仿行为，一头牛排粪时另一些牛可能跟随排泄。

三、牛的消化

（一）特殊的消化器官

1. 口腔 牛的上颌无门齿，有坚硬的齿板，舌上有角化的乳头，草进入口腔，下门齿和齿板将其切断，口腔中有发达的唾液腺，包括腮腺、颌下腺和舌下腺等。唾液对牛的消化和内源氮的利用具有重要作用。

2. 胃 牛是复胃动物，有瘤胃、网胃、瓣胃和皱胃4个胃，前3个胃合称前胃，前胃无消化腺，以物理消化和微生物消化为主；皱胃有胃腺，能分泌消化液。牛胃容积较大，一般成年牛胃容积有100 L。乳牛胃容积更大，最大容量可达250 L。牛胃中瘤胃的容积最大，约占胃总容积的80%。瘤胃中含有大量微生物，主要是细菌和原虫两大类，每毫升瘤胃内容物中含有100万个原生动物和超过100亿个细菌。水牛瘤胃中含有与蛋白质合成有关的季氏颤螺菌。该菌在水牛瘤胃中的量是黄牛和瘤牛的5~30倍。

3. 小肠 成年牛小肠特别发达，长达24~40 m，为体长的27倍。

（二）瘤胃消化代谢

食物进入瘤胃后，70%~80%的干物质和50%粗纤维在瘤胃内消化，在微生物的作用下，瘤胃内的糖类、含氮物被分解成挥发性脂肪酸、氨基酸、多肽、氨、二氧化碳、甲烷和水，某些微生物又利用多肽和氨合成菌体蛋白，瘤胃能合成B族维生素、维生素C和维生素K，并能氢化不饱和脂肪酸。瘤胃微生物的活动受日粮种类和日粮水平、瘤胃内pH和电位的影响。因此，饲养管理上，变更饲料的种类时要有一定的过渡期（10~12 d），逐渐过渡。牛具有利用非蛋白氮（NPN）的特性。

（三）特殊的消化生理

1. 反刍 牛在休息时，将之前匆忙吞入的饲料通过逆呕反送到口腔，混入唾液，反复咀嚼后再吞入瘤胃，这一过程称为反刍。一般情况下，犊牛在3周龄后出现反刍现象，每个食团反刍50~70次，每天用于反刍的时间为5~9 h。牛的反刍时间和次数受日粮品质、年龄和生理状况影响，如采食劣质牧草后，反刍时间和频率增加。役用牛在使役期要有足够的休息时间，以便反刍。

2. 嗳气 瘤胃中由于微生物的发酵作用，产生大量的挥发性脂肪酸和CO_2、NH_3和CH_4，使瘤胃内压力增加，兴奋压力感受器和嗳气中枢，导致瘤胃由后向前收缩，压迫气体向瘤胃前部移动，由食管进入口腔，排出体外，这一过程称嗳气，牛平均每小时嗳气17~20次。

此外，哺乳犊牛有食道沟反射现象。

四、牛的繁殖特性

（一）牛的一般繁殖特征

牛为双角子宫，单胎动物，性成熟年龄因牛种和品种不同而有差异。普通牛性成熟年龄一般为8~12月龄，小型品种性成熟早一些，个别品种要15~18月龄才能达到性成熟，如瑞士褐牛。水牛8~12月龄出现发情，但周期不明显，15~18月龄表现明显的发情征兆和规律性的发情周期。摩拉水牛性成熟稍晚一些。牦牛性成熟较晚，15~30月龄出现第1次发情，公牦牛12~18月龄性成熟。牛的繁殖年限为11~12年。一般无明显的繁殖季节，但春秋季发情较明显。牦牛发情有明显的季节性，主要集中在7—9月，一般为6—10月。牛的发情持续性较短，一般为16~21 h。母牦牛的发情持续性较长，18~48 h；圈养牛随年龄增加，尤其在高龄时，发情持续性增长，达1~3 d。

（二）性行为

母牛发情后，表现为兴奋不安、食欲下降、哞叫、外阴红肿、颜色变深、阴道分泌物增加；公牛通过听觉和嗅觉判断母牛的发情状况，反应为追逐，靠近母牛，表现为性激动。当发情母牛与公牛接触时，公牛常嗅舐母牛外阴部，公牛阴茎勃起，母牛接受交配时，站立不动，公牛爬跨，跃上母牛后躯，阴茎插入母牛阴道，抽动，阴茎提肌收缩，5～10 s后射精，公牛跃下，阴茎收回，完成整个交配行为。

（三）妊娠母牛行为

母牛妊娠后，食欲增加，被毛光泽性增加，性情温驯，行动缓慢、小心。

五、乳牛的泌乳特性

乳的排放是神经-激素共同作用的结果。当按摩、挤乳或犊牛吸吮时，乳头和乳房皮肤上的感受器和神经受到刺激，产生一种反射传到神经中枢，再传到脑垂体后叶，垂体后叶即分泌催产素，由血液流到乳腺泡和乳管的肌上皮，引起其收缩，使乳由乳腺泡流到乳管，最后流到乳池。泌乳是一个连续不断的过程。催产素在循环血液中的半衰期仅 3 min。所以，挤乳必须迅速，这种作用过后，产生排乳抑制现象，很难将乳挤出。

六、牛的生长发育特征

牛断乳前各组织器官发育已基本完成，神经组织发育已完善，牛体的生长过程是由前到后、由下到上的过程。各组织生长是与生命关系密切者优先。身体各部位生长次序为由头到颈、四肢，再到胸廓，最后是腰尻部；各组织发育的顺序是由神经到骨骼，再到肌肉，最后到脂肪。10～12月龄以前是骨骼生长发育的高峰期，12月龄后肌肉生长加快，18月龄左右其生长基本完成，以后脂肪的沉积加快。牛在生长发育某阶段受营养水平的限制，生长速度减慢甚至停止，当恢复到高营养水平后，生长速度比未受限制饲养的牛快，经过一段时间饲养后能恢复到正常体重，称之为代偿生长，合理利用代偿生长有助于肉牛生产。

第三节　牛的品种

牛在动物分类学中属于牛亚科，牛亚科分为牛属和水牛属。牛属中的牛种包括黄牛、牦牛、瘤牛、野牛、大额牛等；水牛属中的牛种包括亚洲野水牛和非洲野水牛。依据生产用途和生产性能水平，按经济用途一般可分为乳用牛、肉用牛、乳肉或肉乳兼用牛、役用牛或役肉兼用牛。

一、乳牛品种

（一）荷兰牛

荷兰牛原产于荷兰北部的北荷兰省和西弗里斯省，德国北部荷尔斯坦省也有分布，故称为荷斯坦-西弗里斯牛，因其毛色为黑白花片，俗称黑白花牛。荷兰牛19世纪后期开始陆续输到世界各国，经过多年长期的培育，形成了各国自己的品种，各冠以本国名称。如美国荷斯坦（黑白花）牛、英国荷斯坦牛、中国荷斯坦牛、日本荷斯坦牛等。黑白花牛有乳用型和兼用型2种。

乳用型黑白花牛体格高大，结构匀称，皮薄骨细，全身清秀，皮下脂肪少，轮廓分明，被毛细短，角细致，向前向内弯曲，体躯宽深，背腰平直，后躯发达，乳房发育良好，容积大，乳静脉宽深，侧望体躯呈楔形。全身毛色黑白相间，额星、腹下、四肢下部、尾帚为白花。成年牛体重，公、母牛分别为900～1 200 kg、650～750 kg；初生重35～45 kg。成年公牛体高 145 cm、体长 190 cm、胸围 226 cm、管围 22 cm，母牛体高 135 cm、体长 170 cm、胸围 195 cm、管围 19 cm。母牛平均年产乳量 6 000~8 000 kg，乳脂率 3.4%~3.7%。该品种产乳量高，饲料转化率高，耐寒，但耐热性差，饲养管理条件要求高。

兼用型黑白花牛体格略小，体躯宽深，背腰宽平，尻部方正，肌肉丰满，乳房发育良好，侧望体躯略呈矩形，毛色与乳用型相同。成年公牛体重 900~1 100 kg，母牛 550~700 kg；母牛平均年产乳量 4 500~5 500 kg；乳脂率 3.8%~4.2%；经育肥后屠宰率为 55%~62%。

（二）中国荷斯坦牛

中国荷斯坦牛体型外貌具有明显的乳用特征，体质细致结实，乳房系统发育良好，毛色为黑白花。但体格大小不一，可分为大、中、小 3 种类型，成年母牛体高 130~136 cm。

（三）娟姗牛

娟姗牛原产于英国娟姗岛。体型小，细致紧凑；头小而额部凹陷，角中等大小，向前弯曲，角尖黑色；颈细长，垂皮发达，有皱褶；胸宽深，腰平直，尻部宽平；四肢端正，骨骼细致；乳房发育匀称，质地好，乳静脉粗大而弯曲，体躯呈楔形。毛色以浅褐色居多，其次有灰褐、深褐色，鼻镜和尾帚为黑色。成年体重，公牛 650~750 kg，母牛 340~450 kg，初生重 23~27 kg；成年母牛体高和体长分别为 113 cm 和 133 cm，平均产乳量 3 600~4 500 kg，乳脂率 5%~6.37%。目前，美国饲养的娟姗牛群体最高产乳量达 6 000 kg。该品种具有耐热性好，乳脂率高的特点。

（四）爱尔夏牛

原产于英国的爱尔夏。体格中等，结构匀称，角向外向上弯曲，角尖黑色，胸深而窄，乳房匀称，附着良好，毛色为红白花，尾帚白色。成年体重，公牛 800 kg，母牛 550 kg，平均年产乳量 4 000~5 000 kg，乳脂率 3.5%~4.5%。该品种具有四肢坚实，放牧性能好，繁殖力强，肉质细嫩的特点。

二、兼用品种

（一）西门塔尔牛

原产于瑞士阿尔卑斯山区的河谷地带。分为乳肉和肉乳兼用 2 种类型，该品种体格高大，粗壮结实，头部轮廓清晰，额宽，角向外向上弯曲，前躯发达。体躯宽深，尻部长宽平直，肌肉丰满，乳房中等，4 个乳区匀称。毛色为黄白花或淡红白花，肩胛和十字部常有白色毛带，头部、腹下、四肢下部和尾帚为白色，眼睑和鼻镜为粉红色。成年公牛体重 1 000~1 300 kg，体高 148 cm；母牛 650~800 kg，体高 134.4 cm。泌乳期平均产乳量 4 000~5 000 kg，乳脂率 3.9%~4.2%；屠宰率 65%，优质切块肉占 41.3%。

（二）短角牛

原产于英国的英格兰，有乳肉兼用、肉用、乳用 3 种类型。短角牛分为有角和无角 2 种类型，角细致，角由额部向前伸展，角尖向上弯曲，头短额宽，胸宽且深，鬐甲宽平，背腰平直宽广。尻部方正，体躯呈矩形，乳房大小适中，四肢短。毛色多数为紫红色，少数为红白沙毛或白色，被毛卷曲。成年公牛体重 800~1 000 kg，体高 142.8 cm；母牛 600~750 kg，体高 130.4 cm；初生重 32~40 kg。产乳量 2 800~3 500 kg。乳脂率 3.5%~4.2%，屠宰率 65%~68%，肌纤维细嫩。

（三）三河牛

原产于中国内蒙古的额尔古纳右旗三河地区，由多品种杂交育成。体格高大结实，头清秀，角向前略向上方弯曲，胸深、背腰平直，四肢端正而强健。毛色以红（黄）白花为主，花片分明，头部或额、腹下、四肢下部和尾帚为白色。成年公牛体重 1 050 kg，体高

156.8 cm；母牛体重 547.9 kg，体高 131.8 cm。初生重 31～38 kg。产乳量 2 000～3 600 kg，乳脂率 4.0%～4.1%。屠宰率 53.11%，净肉率 44%。

乳肉兼用牛品种还有瑞士褐牛、中国西门塔尔牛、中国草原红牛、中国蜀宣花牛等。

三、国外肉用牛品种

全世界有 60 多个专门化的肉牛品种。近 30 年来，我国至少引进了 12 个国外肉牛品种，主要有安格斯牛、利木赞牛、夏洛来牛、日本和牛、婆罗门牛、皮埃蒙特牛、海福特牛、短角牛、南德温牛、黑毛和牛、莫累灰牛等。

(一) 安格斯牛

原产于英国苏格兰北部的阿拉丁和安格斯地区，为古老的小型黑色肉牛品种。近几十年来，美国、加拿大等一些国家育成了红色安格斯牛。安格斯牛无角，头小额宽，头部清秀，体躯宽深，呈圆筒状，背腰宽平，四肢短，后躯发达，肌肉丰满；被毛为黑色或红色，成年公牛体重 700～900 kg，体高 130 cm；母牛体重 500 kg，体高 119 cm。屠宰率 60%～70%。该品种具有早熟、放牧性能好、性情温驯、难产率低、胴体品质好的特点，肌肉大理石纹理明显，是理想的母系品种。

(二) 利木赞牛

原产于法国中部利木赞高原地区。体格高大，头短而小，额宽。公牛角向两侧伸展，母牛角细，向侧前方平出，前躯发达，胸宽而深，肋弓开张，体躯长，背腰壮实，后躯肌肉特别发达，四肢强健。毛色多为红黄色，眼睑、鼻周围、四肢内侧、会阴及尾帚毛色较浅。成年公牛体重 950～1 200 kg，体高 140 cm；母牛体重 600～800 kg，体高 130 cm；初生重 35～36 kg。屠宰率 63%～71%，瘦肉率高达 80%～85%。肉质良好，嫩度高，脂肪含量低。该品种具有适应性强、耐粗饲、饲料转化率高的特性。

(三) 夏洛来牛

原产于法国中部夏洛来和涅夫勒地区，体格高大强壮，头大小适中而稍短，鼻镜宽广，角圆而较长，向两侧前上方伸展，胸深肋圆，背腰宽厚平直，臀部大，大腿宽广而圆，四肢粗壮，肌肉特别发达，常有"双肌"特征，毛色为乳白色或乳黄色。成年公牛体重 1 100～1 200 kg，体高 145 cm；母牛体重 700～800 kg，体高 137 cm；初生重 42～45 kg。屠宰率 65%～70%。夏洛来牛具有早期生长发育快，瘦肉多的特点，在净肉率和眼肌面积上具有优势。

(四) 日本和牛

原产于日本的九州、鹿儿岛、兵库等地，是中型肉用品种。具有早熟、抗结核病、肌肉多汁细嫩、大理石花纹特别明显的特点。该牛角短小，向上内弯，角根白色，角尖黑色，鼻镜黑色；毛色有黑毛和褐毛 2 种，但以黑色为主，乳房和腹壁有白色毛斑；前躯较强，无肩峰，背腰平直，尻部方正，骨细，全身肌肉丰满，但后躯肌肉不及欧洲牛丰满。成年公母牛体重分别为 700～900 kg、400～560 kg，体高分别为 137 cm、124 cm。育肥日增重 850～990 g，屠宰率 58%～62%。

四、国内肉用牛品种

目前，我国已经培育专门化肉牛品种 4 个，包括夏南牛、延黄牛、云岭牛和辽育白牛。

(一) 夏南牛

原产于河南省南阳市，是以法国夏洛来牛为父本，我国南阳牛为母本，经导入杂交、横交固定和自群繁育培育而成的肉牛新品种。毛色为黄色，公牛角呈锥状，水平向两侧延伸，母牛角细圆，致密光滑，稍向前倾；颈粗壮、平直，肩峰不明显。体躯呈长方形；胸深肋圆，背腰平直，尻部宽长，肉用特征明显；四肢粗壮，蹄质坚实，成年公牛体高142.5 cm，体重850 kg，成年母牛体高135.5 cm，体重600 kg左右。据屠宰实验，17～19月龄的未育肥公牛屠宰率60.13%，净肉率48.84%。夏南牛性情温驯，适应性强，耐粗饲，采食速度快，易育肥，抗逆力强，耐寒冷，耐热性稍差。

（二）延黄牛

原产于吉林延边，以利木赞牛为父本，延边黄牛为母本，经过杂交、正反回交和横交固定形成。延黄牛体质结实，骨骼坚实，体躯较长，颈肩结合良好，背腰平直，胸部宽深，后躯宽长而平，四肢端正，肌肉丰满，全身被毛为黄色或浅红色。公牛角粗壮，多向后方伸展，成"一"字形或倒"八"字角，母牛角细而长，多为龙门角。成年公母牛体重分别为1 056.6 kg和625.5 kg；体高分别为156.2 cm和136.3 cm。犊牛初生重，公犊30.9 kg，母犊28.9 kg。屠宰率为59.8%，净肉率为49.3%，日增重为1.22 kg。延黄牛具有耐寒、耐粗饲、抗病力强、性情温驯、适应性强、生长速度快、肉质细嫩多汁等特点。

（三）云岭牛

原产于云南，利用婆罗门牛、莫累灰牛和云南黄牛3个品种杂交选育而成。以黄色、黑色为主，体型中等，头稍小，眼明有神，多数无角，耳稍大、横向舒张，颈中等长。公牛肩峰明显，颈垂、胸垂和腹垂较发达，体躯宽深，背腰平直，后躯和臀部发育丰满；母牛肩峰稍有隆起，胸垂明显，四肢较长，蹄质结实，尾细长。成年公牛体高148.92 cm、体重813.08 kg，成年母牛体高129.57 cm、体重517.40 kg。屠宰率为59.56%，净肉率为49.62%。云岭牛为热带牛品种，耐粗饲，具有早期增重快、脂肪沉积好的特点。

（四）辽育白牛

辽育白牛是以夏洛来牛为父本，辽宁本地黄牛为母本级进杂交后，在第4代的杂交群中选择优秀个体进行横交和有计划选育，采用开放式育种体系，坚持档案组群，形成了含夏洛来牛血统93.75%、本地黄牛血统6.25%遗传组成的稳定群体。辽育白牛全身被毛呈白色或草白色，毛色一致，体质健壮，性情温顺，好管理，宜使役；适应性广，耐粗饲，抗逆性强，抗寒能力尤其突出，可抵抗-30℃左右的低温环境，易饲养；增重快，6月龄断乳后，持续育肥的平均日增重可达1 300 g，300 kg以上的架子牛育肥的平均日增重可达1 500 g，宜育肥；肉质较细嫩，肌间脂肪含量适中，优质肉和高档肉切块率高；早熟性和繁殖稳定。成年公牛体重910.5 kg，肉用指数6.3，母牛体重451.2 kg，肉用指数3.6，初生重公牛41.6 kg，母牛38.3 kg。辽育白牛6月龄断乳后持续育肥至18月龄，宰前重、屠宰率和净肉率分别为561.8 kg、58.6%和49.5%；持续育肥至22月龄，宰前重、屠宰率和净肉率分别为664.8 kg、59.6%和50.9%。

五、中国黄牛

我国是世界上牛品种最多的国家，地方黄牛品种有52个，《中国牛品种志》把我国黄牛按地理分布区域和生态条件，划分为3大类型，即北方黄牛、中原黄牛和南方黄牛。这3种类型的牛体型外貌上表现一定的差异，体格上依次由大到小，颈垂皮依次变发达，肩峰依次由低到高。我国黄牛具有耐粗饲、性情温驯、抗病力强、适应性强的生物学特性，而产肉性能欠佳，肉质好。著名的五大良种黄牛为秦川牛、南阳牛、鲁西牛、晋南牛、延边牛。

（一）秦川牛

原产于陕西省渭河流域的平原地区，体格高大，骨骼粗壮，头方正，肩长而斜，胸部宽深，背腰平直，荐部稍隆起，多为斜尻，毛色多为紫红色或红色，鼻镜和眼圈肉红色。成年公牛体重470～700 kg，母牛320～450 kg，公母牛体高分别为141.8 cm和132.4 cm，18月龄平均屠宰率58.3%、净肉率50.5%，肌肉细嫩多汁，大理石纹明显。

(二) 南阳牛

原产于河南省南阳地区，体格高大，肌肉丰满，体质结实。公牛前躯发达，行动敏捷，毛色以黄色居多，其次为红色和草白色。成年公母牛平均体重分别为 650 kg 和 410 kg，平均体高分别为 144.9 cm 和 126.3 cm，中等膘情公牛屠宰率 52.2%，净肉率 43.6%。

(三) 鲁西牛

原产于山东省的菏泽、济宁两地，体躯高大，胸宽深，背腰宽广，毛色为黄色居多，眼圈、口轮、腹下和四肢内侧色淡。鼻镜多为肉红色，成年公母牛平均体重分别为 644.4 kg 和 365.7 kg，体高分别为 146.3 cm 和 138.2 cm，产肉性能好，肉质细嫩，18 月龄育肥牛屠宰率 59.2%，净肉率 48.1%。

(四) 晋南牛

原产于山西西南部汾河下游的晋南盆地，体躯高大，毛色以枣红色居多，其次为黄色、褐色，鼻镜和蹄为粉红色，成年公母牛体重分别为 607.4 kg 和 339.4 kg，18 月龄育肥屠宰率 59.2%。

(五) 延边牛

原产于吉林省延边朝鲜族自治州，毛色多为深浅不同的黄色，成年公母牛平均体重分别为 465.5 kg 和 365.5 kg，18 月龄育肥公牛屠宰率 57.7%。

六、水　　牛

(一) 中国水牛

我国水牛有 2 000 多万头，主要分布于秦岭以南的长江流域和淮河以南的广大水稻产区，属于沼泽型水牛。我国水牛无品种之分，各地方类群同属一个品种。按不同地区的生态条件和体型大小，可分为滨海型，如上海水牛、海子水牛，体型较大；平原湖区型，如滨湖水牛、鄱阳湖水牛，中等体型；高原平原型，如德昌水牛、德宏水牛，体型中等；丘陵山地型，如温州水牛、福安水牛、涪陵水牛，体型较小。

我国水牛外貌基本特征为体躯矮而粗重，皮厚毛粗，身短腹大，鬐甲高，头与颈衔接角度和地面几乎平行，前躯发达，尻部发育差，呈斜尻。角长，呈新月形居多。毛色为青灰色、芦花白，白色极少。腭下有 1~2 条白带，面颊或眼角或嘴角有一撮白毛。成年大、中、小型公牛体重分别为 650~800 kg、550 kg、500~550 kg，母牛分别为 620 kg、480 kg、400~450 kg；成年大、中、小型公牛体高分别为 142.8~154 cm、133 cm、129~133 cm，母牛分别为 132~138 cm、127 cm、120~123 cm。

中国水牛具有役用、肉用、皮用和乳用多种经济用途。役用，日耕地 0.2~0.4 hm²，可载重 800~1 000 kg；老残牛净肉率 37%~43%，水牛肉脂肪含量低；一个泌乳期（8~10 个月）产乳量 400~1 000 kg，乳脂率 7.4%~11.6%。

中国水牛具有耐粗饲、消化力强、适应性强、抗病力强、性成熟晚、性情温驯、易于调教的生物学特性，夏季喜浸水滚泥。

(二) 摩拉水牛

原产于印度旁遮普和德里南部，属于江河型乳用品种，主要外貌特征：角呈螺旋形，被毛黝黑，尾帚白色或黑色，头小额宽，耳薄下垂，公牛体躯深宽，母牛体躯侧观呈楔形，成年公牛体重 450~800 kg，母牛 350~700 kg，公母牛体高分别为 141.9 cm 和 132.8 cm，产乳量 1 400~2 000 kg，乳脂率为 7%。

七、牦　　牛

牦牛是牛属动物中唯一生活在海拔 3 000 m 以上高寒地区的特有牛种资源。主要分布在青藏高原及其相邻的高山地区,中国是牦牛分布最多的国家,约占世界牦牛总数的 93%,近 1 300 万头,主要分布在青海、西藏、四川,甘肃、云南和新疆等省区也有少量分布。根据牦牛分布地和生态特点,我国牦牛可划分为"高原型"和"高山型"。例如,青海高原牦牛、天祝白牦牛、麦洼牦牛属高原型;西藏高山牦牛、九龙牦牛属高山型。我国育成的第 1 个牦牛品种为大通牦牛。

牦牛特殊的生理结构,对缺氧、太阳辐射强烈、低气压、昼夜温差大的高寒草原地区有高度的适应性,具有耐寒、耐粗、耐劳和采食性强的特点,但耐热性差,是该地区人民衣、食、住、行、用的工具,被誉为"高原之舟"。牦牛具有多种经济用途,无专门化品种,具有产肉、乳、皮、毛、绒的功能,也可作役力。牦牛毛和尾毛是我国传统特产,以白牦牛毛最为珍贵,牦牛绒是新型毛纺原料,具有很高的经济价值。

牦牛外貌粗野,体躯强壮,头小颈短,嘴较尖,胸宽深,鬐甲高,背线呈波浪形,四肢短而结实,蹄底部有坚硬的突起边缘,尾短而毛长如帚,全身披满粗长的被毛,尤其是腹侧丛生密而长的被毛,形似"围裙",粗毛中生长绒毛,毛色以黑色居多,约占 60%,其次为深褐色、黑白花、灰色及白色。有的牦牛有角,有的无角。公母牦牛两性异相,公牦牛头短颈宽,颈粗长,肩峰发达;母牦牛头尖,颈长角细,尻部短而斜。成年体重,公牦牛 300~450 kg,母牦牛 200~300 kg;屠宰率 55%,净肉率 41.4%~46.8%,眼肌面积 50~88 cm²;泌乳期 3.5~6 个月,产乳量 240~600 kg,乳脂率 5.65%~7.49%;剪毛量,公牛产毛 3.6 kg、绒 0.4~1.9 kg,母牛产毛 1.2~1.8 kg、绒 0.4~0.8 kg;负载 60~120 kg;行走速度 15~30 km/h。

八、瘤　　牛

原产于亚洲和非洲的一种家牛,因其鬐甲部有一隆起肌肉组织似瘤而得名。瘤牛头狭长、额平、耳大而下垂,颈垂和脐垂特别发达,公牛的瘤峰较母牛大,体格高大,但狭窄,体重小,尻部倾斜。毛色复杂,有红色、灰色、黑色等。具有耐热强、抗梨形虫病的特性。有乳用、肉用及役用等经济用途,著名的品种有辛地红牛和婆罗门牛。

第四节　牛的体型外貌

牛的体型外貌与其生产性能存在着密切联系,正确识别各生产用途牛的外貌特性有利于选留优秀个体和牛生产。

一、不同生产用途牛的外貌要求

(一) 乳用牛的外貌要求

全身清秀,细致紧凑,皮薄骨细,肌肉不很发达,皮下脂肪少,血管显露,被毛细短且光泽性好,乳房发达,体躯呈楔形。头部轮廓清秀,眼大而灵活有神,口方正、口岔要深;颈细长,体躯宽深,尻部长且平、宽,背腰平直,前躯、中躯、后躯的比例为 3:5:4;乳房容积大,呈"浴盆状",附着良好,4 个乳区匀称,乳头呈柱状,乳静脉明显,乳镜宽大,乳井粗深;四肢强健有力,肢势端正。

(二) 肉用牛的外貌要求

体躯低垂,皮薄骨细,全身肌肉丰满,整个体躯呈长方形。头短宽,颈粗短,鬐甲低平宽厚多肉,前胸饱满,腰角不显露,肌肉丰满,大腿宽厚多肉,前躯、中躯和后躯长度基本相等,四肢短且左右开阔。

(三) 役用牛的外貌要求

体躯粗壮结实，各部位对称，结合自然，皮厚，肌肉强大，皮下脂肪少，全身粗糙而紧凑，为前强体型。头粗重，额宽，颈粗壮；鬐甲要高，结合紧凑，胸宽深，肋骨开张好，背腰平直宽广，腰短、腹大，尻部平宽且适当地倾斜，大腿宽广深厚；四肢高，强劲有力，肢势端正，蹄圆大而坚实。

(四) 种公牛的外貌要求

体躯高大、雄壮，头粗短，额较宽，眼圆大而灵活；颈粗壮深厚，前躯发育良好，鬐甲宽广、适当隆起，肌肉充实，胸深而宽，肋骨弯曲良好，背腰平直，腹部充实，整个中躯如圆桶状，臀宽广长，大腿宽而丰满；四肢端正，蹄正而圆；生殖器官发育良好，睾丸大而对称。

二、牛的外貌鉴定

(一) 常用体尺的测量

1. 体高 鬐甲的最高点到地面的垂直距离。

2. 体斜长 从肩端开始沿着体表到坐骨结节角的距离，用卷尺测量。

3. 体直长 从肩端到坐骨端的距离，用测杖测量。

4. 胸围 肩胛后缘处胸部的垂直周径。

5. 管围 前肢管部上 1/3 最小处的周径。

6. 十字部宽 左右腰角间的距离。

(二) 牛活体重量估测

1. 乳牛和乳肉兼用牛 体重（kg）＝胸围^2（m）×体直长（m）×87.5

2. 肉牛 体重（kg）＝胸围^2（cm）×体长（cm）/10 800

3. 水牛 体重（kg）＝胸围^2（m）×体长（m）×80＋50

(三) 乳牛体型外貌线性评定

乳牛体型线性评定由美国荷斯坦乳牛协会 1983 年正式推出。1990 年，中国制定了中国乳牛体型外貌线性评定规范。线性评定依据单个性状的实际表现程度给予度量，从一个生物学极端到另一个生物学极端，充分体现个体间的差异。

1. 线性评定的对象 线性评定的对象主要是产乳母牛，公牛则以其女儿体型线性平均得分为评定依据，公牛本身的线性评分作参考。最理想的评定个体为产犊后 90~120d 的头胎母牛，干乳期的牛、泌乳初期的牛、患病期间及 6 岁以上的母牛不做鉴定。

2. 线性评定的性状 母牛线性评定的主要性状有 15 个。主要性状指那些具有经济价值，变异范围大并可作为选择对象的性状。次要性状作为评定的参考，线性评定采用 50 分制，性状处于生物学极端越高得分越高。评定的 15 个主要性状为：体高（x_1）、胸宽（x_2）、体深（x_3）、棱角性（x_4）、尻角度（y_1）、尻宽（y_2）、后肢侧视（z_1）、蹄角度（z_2）、前乳房附着（w_1）、后乳房高（w_2）、后乳房宽（w_3）、悬韧带（w_4）、后乳房深（w_5）、乳头位置（w_6）、乳头长（w_7）。

3. 个体的整体评定 乳牛体型外貌优劣的判定是根据个体所得线性评定的整体功能分，处于生物学高极端即线性评分高的性状并不表明该个体表现优秀。因此，判定时要将线性分转换成功能分，功能分实行 100 分制，功能分越高，性状表现越优。按各体型性状的功能分分别加权获得四大部位分，四大部位为一般外貌（ga）、乳用特征（dc）、体躯容积（bc）和乳器系统（ms）。四大部位功能分分别给予加权得到该个体体型外貌线性评定的整体分。

母牛整体分＝0.4ms＋0.3ga＋0.15（dc＋bc）

公牛整体分＝0.45ga＋0.3dc＋0.25bc

体型线性评定的整体分和部位分及其等级可直接登记到系谱中,供选择时使用,整体等级标准为:90~100 分优(EX),85~89 分很好(VG),80~84 分好加(GP),75~79 分好(G),65~74 分中(F),64 分以下差(P)。

4. 乳牛体况评分(body condition score,简称 BCS) 体况评分指的是乳牛皮下脂肪或者能量储存的相对含量。BCS 对最大化牛乳产量,繁殖效率,同时减少代谢性疾病和产科疾病来说是很重要的评价指标。

大部分体况评分系统使用的是以 0.25 为单位的 5 分制。体况为 2.50~4.00 的乳牛需要进行精确的体况评分,这个范围包含了大部分乳牛。在这个范围内的评分对管理决定很重要。超过这个范围的评分预示着问题很严重(1.00 分说明乳牛十分消瘦,5.00 分表示乳牛极度肥胖)。对极端的体况进行精确的评分不是那么重要,并且 BCS 不是能量平衡的一个指标,会随着时间的推移而变化(表 9-1)。

首先从侧面观察乳牛的骨盆,观察从髋结节到髋关节再到坐骨结节形成的线条,看它是否有角度(V 形)或者月牙形(U 形)。如果这条线形成一个扁平的 V 形,那么 BCS≤3.00。从牛的后面观察乳牛的髋结节、坐骨结节和短肋来决定是否增减 1 个单位。

如果这个线条基本上是直的,则 BCS>4。

表 9-1 乳牛体况评分表

部位	鉴定要求	评分
整体	所有骨突出部分都被脂肪包裹着	5.00
	髋关节基本看不见	4.75
	平的髋关节,坐骨结节被脂肪包裹	4.25
	平的髋关节,荐骨韧带和尾根韧带不可见	4.00
荐骨韧带、尾根韧带	荐骨韧带基本上看不见,完全看不见尾根韧带	3.75
	荐骨韧带可见,基本上看不见尾根韧带	3.50
	荐骨韧带和尾根韧带都可见	3.25
髋结节	圆形的髋结节	3.00
	尖的髋结节,在坐骨结节处有显著的脂肪垫	2.75
	尖的坐骨结节和髋结节,在坐骨结节处能摸到少许脂肪	2.50
	在坐骨结节处没有脂肪。短肋到脊柱的一半都能看到褶皱	2.25
	短肋到脊柱的 3/4 都能看到褶皱	2.00
	髋关节突出,锯齿形脊柱	<2

(四)肉牛外貌的鉴定

我国的肉牛外貌评分鉴定见表 9-2。

表 9-2 肉牛外貌鉴定评定表

部位	鉴定要求	评分 公	评分 母
整体结构	品种特征明显,结构匀称,体质结实,肉用体型明显,肌肉丰满,皮肤柔软有弹性	25	25
前躯	胸深宽,前胸突出,肩胛平宽,肌肉丰满	15	15
中躯	肋骨开张,背腰宽而平直,中躯呈圆筒形,公牛腹部不下垂	15	20
后躯	尻部长、平、宽,大腿肌肉突出伸延,母牛乳房发育良好	25	25

(续)

部位	鉴定要求	评分 公	评分 母
肢蹄	肢蹄端正，两肢间距宽，蹄形正，蹄质坚实，运步正常	20	15
合计		100	100

（五）牛的年龄鉴定

牛的年龄鉴定较准确的方法是依据牙齿的变化来鉴定，按牙齿鉴定年龄时，以门齿的换生和磨损状况为依据，门齿共有 8 枚，第 1 对称钳齿，第 2 对称内中间齿，第 3 对称外中间齿，第 4 对称隅齿，乳牛年龄与门齿变化关系见表 9-3。

表 9-3　乳牛年龄（岁）与门齿变化关系

门齿	换生	门齿磨面略呈横椭圆形	门齿磨面近方形	齿星出现近圆形
钳齿	1.5～2	5～6	7～7.5	10
内中间齿	2～3	6～6.5	8	10～10.5
外中间齿	3～3.5	6.5～7	9	10.5～11
隅齿	4～4.5	7～7.5	10	11～12

第五节　犊牛的饲养与管理

一、犊牛的饲养

（一）犊牛的消化特点

犊牛一般是指出生到 6 月龄的牛，这个时期犊牛经历了从母体子宫环境到体外自然环境，由靠母乳生存到靠采食植物性为主的饲料生存，由反刍前到反刍的巨大生理环境的转变，各器官系统尚未发育完善，抵抗力弱，易患病。

犊牛在胎儿期皱胃得到了较充分发育，而以调节微生物生长环境和吸收微生物发酵产物为主要功能的前胃（瘤胃、网胃和瓣胃）发育不充分。新生犊牛的瘤胃和网胃容积仅占整个胃容积的 1/3 左右，且功能不完善，瘤胃黏膜乳头短小且软，微生物区系尚未建立，不具备发酵饲料营养物质的能力。因此，新生犊牛属单胃营养类型，主要靠皱胃和小肠消化吸收摄入的营养物质。

新生犊牛小肠黏膜吸收细胞刷状缘具有吞噬大分子物质的能力，因此可以吸收初乳中的免疫球蛋白。由于胎盘的血液屏障作用，犊牛在胎儿阶段不能获得母体免疫球蛋白。吸收细胞刷状缘的这种吞噬能力对于犊牛出生后迅速获得免疫能力非常重要。随着消化道机能的完善，这种吞噬大分子物质的能力迅速消失，称为肠道闭锁。发生肠道闭锁后，蛋白质分子被分解为氨基酸或肽后才能被吸收，而被分解了的蛋白质分子一般不具备原有的生物学活性。

犊牛的食道沟（又称网胃沟）将食道和瓣胃口直接相连从而使食道直接与皱胃相通，食道沟由 2 块肌肉组织构成，当这 2 块肌肉收缩时可形成类似食道样的管道结构。从出生到 15～20 日龄的犊牛，在吮乳时可形成食管沟反射，即食管形成管状结构，使得液体食物（包括牛乳等）避过瘤胃和网胃直接流入皱胃。犊牛饮乳过急，会有少量乳进入瘤胃和网胃，引起异常发酵，往往导致犊牛腹泻。

新生犊牛肠道内存在足够的乳糖酶，缺少淀粉酶和麦芽糖酶，几乎没有蔗糖酶。因此，新生犊牛能很好地消化牛乳中的乳糖，但不能很好地消化淀粉类糖类。犊牛出生 2 周后，乳糖酶的活性随着日龄增加而逐渐降低，淀粉酶和麦芽糖酶的活性逐渐升高。新生犊牛胰脂肪酶活性很低，随着年龄增加而迅速增加，可使犊牛很容易消化乳脂及代奶粉脂肪。新生犊牛由皱胃分泌的凝乳酶对牛乳进行消化。随着犊牛生长，凝乳酶逐步被胃蛋白酶所代替。从犊牛出生后消化道酶活性的变化可以看出，3~4周龄犊牛的主要营养来源是乳汁或以乳成分为主的代奶粉。

犊牛出生后，瘤胃内的微生物区系开始形成，瘤胃黏膜乳头逐渐发育。20日龄后，瘤胃微生物区系逐渐完善，前胃迅速生长发育，犊牛采食饲料的数量逐渐增多。

犊牛瘤胃和网胃的发育包括容积和吸收能力2个方面。机械刺激能够促进容积的扩大。饲喂固体饲料，尤其是粗饲料，对于瘤胃和网胃容积的扩大有很好的作用。瘤胃和网胃吸收机能的发育，则主要受饲料瘤胃发酵终产物的刺激，尤其是丙酸和丁酸的刺激。

（二）新生犊牛的护理与营养

新生犊牛的护理和营养包括清除口鼻腔及体躯上的黏液、断脐带及哺喂初乳等。

1. 清除黏液 犊牛应在产房的产栏中出生，产房中垫料（干草、麦秆或锯末等）充足，环境干燥，空气清新。出生后，立即清除口腔及鼻孔内的黏液以免妨碍呼吸，造成犊牛窒息或死亡；然后用干草或干抹布擦净犊牛体躯上的黏液，以免犊牛受凉，特别是当外界气温较低时。

2. 断脐带 犊牛出生时，脐带往往会自然地被扯断。在未扯断脐带的情况下，可在距犊牛腹部10~12 cm处，用消毒过的剪刀剪断脐带，然后挤出脐带中的黏液并用碘酊充分消毒，以免发生脐带炎等疾病。断脐带后约1周脐带会干燥而脱落，若脐带长时间不干燥并有炎症时应及时治疗。

3. 哺喂初乳

（1）初乳的作用：乳牛分娩后第1天分泌的乳汁称为初乳，第2~5天分泌的乳汁称为过渡乳，6天以后分泌的乳汁为常乳。初乳中的营养物质丰富，含有较高浓度的镁离子，具有促进胎粪排出的作用；初乳较高的酸度有利于刺激犊牛胃液的分泌，较高的黏度使其起到暂时代替消化道黏膜的作用。因此，初乳对于犊牛消化系统的发育有重要作用。

初乳中含有大量的免疫球蛋白（表9-4）。因为在母牛妊娠期间抗体无法穿过胎盘进入胎儿体内，新生犊牛的血液中没有抗体，新生犊牛依靠摄入高品质的初乳获得被动免疫能力，抵御病原微生物的侵袭，如果犊牛没有饲喂足量高品质的初乳，出生后的几天（或几周）内的死亡率极高。

表9-4 初乳、过渡乳及常乳主要营养成分比较

（引自 Foley 和 Otterby，1978；Hammon 等，2000；曹志军等，2012）

	初乳	过渡乳		常乳
		第2天	第3天	
密度	1.056	1.040	1.035	1.032
总固体（%）	23.9	17.9	14.1	12.9
脂肪（%）	6.7	5.4	3.9	4.0
总蛋白（%）	14.0	8.4	5.1	3.1
酪蛋白（%）	4.8	4.3	3.8	2.5
免疫球蛋白（%）	8.4	5.2	1.6	0.3
IgG（每100 mL，g）	3.2	2.5	1.5	0.06
乳糖（%）	2.7	3.9	4.4	5.0

(续)

	初乳	过渡乳		常乳
		第2天	第3天	
IGF-I (μg/L)	341	242	144	15
胰岛素 (μg/L)	65.9	34.8	15.8	1.1
维生素A (每100 mL, μg)	295	190	113	34
维生素E (每克脂肪, μg)	84	76	56	15
核黄素 (μg/mL)	4.83	2.71	1.85	1.47
维生素B_{12} (每100 mL, μg)	4.9	—	2.5	0.6
叶酸 (每100 mL, μg)	0.8	—	0.2	0.2
镁 (每100 mL, mg)	51.5	37.7	24.7	16.4
钙 (每100 mL, mg)	295	227	200	166

　　(2) 初乳的喂量：为保护犊牛免受疾病感染，2日龄犊牛血液中IgG浓度至少应为10 g/L或总蛋白52 g/L。出生后1 h内饲喂3.0 L初乳，12 h饲喂2.0 L初乳（不能剩余）或出生后1 h内饲喂4.0 L初乳，12 h饲喂2.0 L初乳（可以剩余），一般能使犊牛获得足够的IgG（娟姗犊牛由于出生体重较小，初乳饲喂量可以减半）。若初乳品质较差或饲喂量少于3.0 L，血液中IgG浓度或总蛋白浓度就会不足（表9-5）。犊牛血液中的大部分抗体来自第1次食入的初乳。出生后12 h饲喂的初乳IgG的吸收率下降，如出生24 h后才饲喂初乳，犊牛因未能尽早获得抗体，导致被动免疫转移失败（failure of passive transfer），发病率和死亡率升高。饲喂初乳前不应饲喂其他任何食物。

表9-5　不同品质初乳对新生犊牛血清IgG含量的影响
（引自曹志军等，2013）

处理组	饲喂第1次初乳/过渡乳/常乳后的时间		
	0 h	24 h	48 h
初乳组 (mg/mL)	0.04	24.6	22.8
过渡乳组 (mg/mL)	0.05	16.4	13.9
常乳组 (mg/mL)	0.02	0.09	0.08

　　注：初乳组为出生后2 h内灌服4 L初乳，8 h后再灌服2 L初乳（IgG含量为70.4 mg/mL）；过渡乳组为出生后2 h内灌服4 L过渡乳，8 h后再灌服2 L过渡乳（IgG含量为38.6 mg/mL）；常乳组为2 h内灌服4 L常乳，8 h后再灌服2 L常乳（IgG含量为0.6 mg/mL）。

　　如果初乳饲喂时间为0.5~24 h，平均吸收率约为35%。出生时重40 kg犊牛的血清IgG最好能够达到35 g/L。因此，如果是品质较好的初乳（50 g/L），需要饲喂2.0 L，如果是品质一般的初乳（25 g/L），需要饲喂4.0 L，才能达到理想水平。

　　初乳的饲喂温度在35 ℃左右。剩余的初乳可冷藏或冷冻保存（标注日期和来源），冷藏或冷冻保存的初乳可用水浴加热至35 ℃饲喂犊牛，明火或60 ℃以上加热易造成初乳的凝固。

　　(3) 初乳的饲喂方法：第1次饲喂初乳可以使用胃导管，其优点是犊牛能在短时间内摄入足量初乳。第2次饲喂初乳可以使用带有橡胶乳嘴的乳瓶或普通乳桶。每次使用后盛初乳用具应清洗干净。

　　(4) 初乳的品质管理：可通过专用仪器（如初乳测定仪、折射仪等）检测。品质较好的初乳IgG含量应高于50 g/L。以下初乳不建议使用：①IgG含量低于25 g/L的初乳（表

9-6)；②外观稀薄并呈水样或带有血色的初乳；③产前患病牛或产前漏乳牛的初乳；④主要传染病（布氏杆菌病、结核病、副结核等）阳性牛的初乳。有条件的牛场可以将初乳巴氏消毒（60 ℃，30 min）后再饲喂犊牛。

表 9-6　简易初乳品质判定对照表
（引自曹志军等，2012）

IgG (mg/mL)	品质判定	密度计	折射仪
>49.9	好	绿色	>21.9%
24.9~49.9	一般	黄色	20.0%~21.9%
<24.9	差	红色	<20.0%

（5）初乳与疾病的传播：某些情况下，初乳是乳牛和犊牛间疾病传播的载体，如患有结核或副结核乳牛，可以通过初乳传染给犊牛。因此，阳性乳牛所产的犊牛，必须从产房立即移走，并喂给健康乳牛的初乳。

4. 犊牛登记　按照我国规定的统一格式编号，同时根据牛场需要可按时间顺序编号。新生犊牛应打上永久的标记，其出生资料必须永久存档。标记犊牛的方法包括套在颈项上刻有数字的环、金属或电子识别的耳标、盖印、冷冻烙印。此外，照片或自身的毛色特征，也是标记犊牛的永久性记录。

（三）犊牛的哺乳与营养

1. 哺乳量　日哺乳量一般为出生体重的10%~20%，每天喂2~3次，每次饲喂量2.0~3.0 L。饲养方案不同，哺乳期总的哺乳量差别较大。生产中普遍采用7~8周断乳饲养方案（表9-7），早期断乳可在5~6周龄（表9-8），部分牛场选择3月龄断乳（表9-9）。

表 9-7　哺乳期 56 d 的犊牛饲喂方案示例
（引自曹志军等，2012）

日　龄	饲喂食物	每天饲喂次数（次/d）	每次饲喂量
出生	初乳	2	1h内饲喂4 L
2~7 d	全乳/代奶粉	2	3 L
8~15 d	全乳/代奶粉	2	3 L
16~21 d	全乳/代奶粉	2	3.5 L
22~35 d	全乳/代奶粉	2	4.5 L
36~49 d	全乳/代奶粉	2	3.5 L
50~56 d	全乳/代奶粉	1	3 L

注：犊牛第3天开始提供开食料和温水，第8周末如果犊牛能够连续3d采食1.2 kg以上开食料即可进行断乳，如果低于该采食量，建议再按照第8周方案饲养1周，直到采食量达到推荐标准。

表 9-8　哺乳期 45 d 的犊牛饲喂方案示例
（引自曹志军等，2012）

日　龄	饲喂食物	每天饲喂次数（次/d）	每次饲喂量
出生	初乳	2	1h内饲喂4 L，12 h再饲喂2 L
2~7 d	全乳/代乳粉	2	4.0 L
8~15 d	全乳/代乳粉	2	3.0 L
16~25 d	全乳/代乳粉	2	2.5 L

(续)

日龄	饲喂食物	每天饲喂次数（次/d）	每次饲喂量
26~35 d	全乳/代乳粉	2	2.0 L
36~45 d	全乳/代乳粉	2	1.5 L

表 9-9 哺乳期 90d 的犊牛饲喂方案示例
(引自曹志军等，2012)

日龄	每天饲喂量（L/d）	总量（L）
1~10 d	6	60
11~20 d	7	70
21~40 d	9	180
41~60 d	7	140
61~80 d	4	80
81~90 d	2	20
合计	—	550

2. 哺乳方法 在乳牛养殖生产中，犊牛饲喂方法较多，主要包括乳桶饲喂法、乳瓶饲喂法、自动饲喂法、群体饲喂法等。注意喂乳器卫生，最好能够每次饲喂后及时清洗，以免细菌滋生。

3. 可供哺乳的牛乳及其他液体饲料 可以用于犊牛哺乳的牛乳类型除全乳外，还有初乳、发酵初乳、脱脂乳及其他牛乳加工副产品等。合理地利用这些原料哺喂犊牛可以降低成本。

（1）全乳：初乳期后可一直饲喂全乳（whole milk），直至断乳。一定量的全乳配合优质的犊牛料，是犊牛最佳的日粮。采食这一日粮的犊牛的生长情况，常作为评估其哺乳方案优劣的标准。

（2）发酵初乳：将多余的初乳放在消毒的容器内接种乳酸菌后室温发酵，可以用来哺育犊牛。如此制作的发酵初乳可以保存几周。

（3）代乳粉：犊牛出生后饲喂足量初乳后，第 2~3 天开始可以使用代乳粉（milk replacer）。目前，主要有两类代乳粉：高蛋白代乳粉（28%蛋白质，15%~20%脂肪）和常规代乳粉（20%~22%蛋白质，15%~20%脂肪）。犊牛不同增重水平对于代乳粉组成影响较大（表 9-10），犊牛如果日增重为 0.4 kg，代乳粉蛋白质含量为 23.4%即可，而如果日增重为 1.0 kg，代乳粉蛋白质含量为 28.7%才能满足营养需要。如果按照常规代乳粉（20%粗蛋白质和 20%粗脂肪）饲喂，犊牛无法获得足够的蛋白质，进而降低了犊牛增重部分的蛋白质比例。

表 9-10 犊牛出生到断乳能量和蛋白质需要量（等热区域）
(引自 Van Amburgh 和 Drackly，2005)

日增重（kg/d）	干物质采食量（kg/d）	代谢能（MJ/d）	粗蛋白质（g/d）	粗蛋白质（%DM）
0.2	0.5	10.0	94	18.0
0.4	0.6	12.1	150	23.4
0.6	0.8	14.7	207	26.6
0.8	0.9	17.2	253	27.5
1.0	1.1	20.1	307	28.7

代乳粉的营养成分应与全乳相近（表9-11）。乳清蛋白、浓缩的鱼蛋白或大豆蛋白可作为代乳粉中的蛋白质成分。但某些产品，如鱼粉、大豆粉、单细胞蛋白质以及可溶性蒸馏物（淀粉发酵蒸馏过程的副产品），不适宜作为代乳粉的蛋白质成分，因为它们不易被犊牛吸收。使用代乳粉时，应严格按照产品使用说明正确稀释。大多数代乳粉可按1∶7稀释。

表9-11 全脂牛乳、代乳粉和开食料主要营养指标对比

营养指标	全脂牛乳	代乳粉	开食料
粗蛋白质（%）	24～27	22～28	20～22
粗脂肪（%）	28～31	15～20	4～5
粗纤维（%）	—	0.10～0.15	5～7
矿物质			
Ca（%）	0.95	1.00	0.70
P（%）	0.76	0.70	0.45
Mg（%）	0.10	0.07	0.10
Na（%）	0.38	0.40	0.15
K（%）	1.12	0.65	0.65
Cl（%）	0.92	0.25	0.20
S（%）	0.32	0.29	0.20
Fe（mg/kg）	3.0	100	50
Mn（mg/kg）	0.2～0.4	40	40
Zn（mg/kg）	15～38	40	40
Cu（mg/kg）	0.1～1.1	10	10
I（mg/kg）	0.1～0.2	0.50	0.25
Co（mg/kg）	0.004～0.008	0.11	0.10
Se（mg/kg）	0.02～0.15	0.30	0.30
维生素			
维生素A（IU/kg）	11 500	9 000	4 000
维生素D（IU/kg）	307	600	600
维生素E（IU/kg）	8	50	25
维生素B_1（mg/kg）	3.3	6.5	—
核黄素（mg/kg）	12.2	6.5	—
维生素B_6（mg/kg）	4.4	6.5	—
泛酸（mg/kg）	25.9	13.0	
烟酸（mg/kg）	9.5	10.0	—
生物素（mg/kg）	0.3	0.10	
叶酸（mg/kg）	0.6	0.5	
维生素B_{12}（mg/kg）	0.05	0.07	
胆碱（mg/kg）	1 080	1 000	

4. 犊牛开食料 犊牛开食料不仅对犊牛瘤胃发育有重要影响，而且能够为犊牛提供充足营养，提高日增重水平。尤其是在冬季较为寒冷的地区，犊牛采食足量的开食料，可以降

低发病率和死亡率。犊牛开食料配方和主要营养指标示例见表 9-12、表 9-13。

表 9-12　犊牛开食料配方示例
（引自杨军香和曹志军，全混合日粮实用图册，2011）

原料及营养组成	配比及含量
压片玉米（%）	43
燕麦（%）	9
大麦（%）	6
优质苜蓿草粉（%）	4
糖蜜（%）	3
膨化大豆（%）	28
乳清粉（%）	3.7
预混料（%）	1
磷酸氢钙（%）	0.5
氧化镁（%）	0.3
石粉（%）	1
食盐（%）	0.5
合计（%）	100
产乳净能（MJ/kg）	8.8
粗蛋白质（%）	18.2
中性洗涤纤维（%）	15.2
酸性洗涤纤维（%）	8.2
钙（%）	1.1
磷（%）	0.46
脂肪（%）	6.5

表 9-13　犊牛开食料配方示例
（引自杨军香和曹志军，全混合日粮实用图册，2011）

原料及营养组成	配比及含量
玉米（%）	48
麸皮（%）	17
豆粕（%）	10
花生粕（%）	10
干酒糟及其可溶物（DDGS）（%）	10
预混料（%）	1.0
磷酸氢钙（%）	1.5
石粉（%）	1.5
食盐（%）	1.0
合计（%）	100

(续)

原料及营养组成	配比及含量
产乳净能（MJ/kg）	8.0
粗蛋白质（%）	17.9
中性洗涤纤维（%）	20.5
酸性洗涤纤维（%）	9.3
钙（%）	1.1
磷（%）	0.54
脂肪（%）	4.2

5. 断乳 根据月龄、体重、犊牛饲料采食量确定断乳的时间。应在犊牛生长良好，并至少摄入相当于其体重1%的犊牛料时进行，较小或体弱的犊牛应延后断乳。在断乳前1周每天饲喂1次牛乳。生产实践中一般在7～8周龄断乳。犊牛料采食量应作为确定断乳时间的主要依据。当犊牛连续3 d采食0.7 kg以上犊牛料时便可断乳。犊牛在断乳期间饲料摄入不足，可造成断乳后的最初几天体重下降（断乳应激）。断乳期间需要特别关注犊牛健康状况，发现犊牛采食量下降、精神不振等情况，应及时诊断或治疗。

一般犊牛断乳后有1～2周日增重较少，且毛色缺乏光泽、消瘦、腹部明显下垂，甚至有些犊牛行动迟缓、不活泼，这是犊牛的前胃机能和微生物区系正在建立，尚未发育完善的缘故，随着犊牛料采食量增加，上述现象很快就会消失。断乳至6月龄日粮配方可参考表9-14。犊牛断乳后进行小群饲养，将年龄和体重相近的牛分为一群，每群10～15头。

表9-14　3～6月龄后备牛日粮配方
（引自屠焰，乳牛饲料调制加工与配方集萃，2013）

日粮组成及营养成分	配比及含量（%）
干草	28
碎玉米	16
碎燕麦	15
小麦麸	5
豆油	29
糖蜜	5
磷酸氢钙	1
预混料	1
合计	100
干物质	87.7
粗蛋白质	26
粗脂肪	3.5
酸性洗涤纤维	16.7
中性洗涤纤维	—
粗灰分	8.1

6. 饲料种类与使用量 犊牛哺乳期间是否饲喂干草还有争议。美国和加拿大等国家一般不建议犊牛哺乳期间饲喂干草，而德国和荷兰等国家建议哺乳犊牛应自由采食干草。但总

体原则是犊牛需要采食优质饲料,如果饲喂一部分粗饲料,最好使用燕麦草或苜蓿干草等优质粗饲料。

7. 饮水 应该为犊牛提供充足饮水,并保证水质。水温一般不低于 15 ℃。研究表明,为犊牛提供自由饮水,可以提高日增重,提高开食料采食量,减少犊牛腹泻持续天数。在比较寒冷的地区,冬季为犊牛提供饮水更为重要,因为犊牛可以采食更多开食料,获得更多营养,从而提高抵御寒冷的能力。

二、犊牛的管理

(一)犊牛舍卫生

刚出生的犊牛对疾病没有任何抵抗力,应放在干燥、避风、不与其他动物直接接触的单栏内饲养,以降低发病率。直至断乳后 10 d,最好均采取单栏饲养,并注意观察犊牛的精神状况和采食量。犊牛舍内要有适当的通风装置,保持舍内阳光充足,通风良好,空气新鲜,冬暖夏凉。犊牛舍应及时更换垫草,一旦犊牛被转移到其他地方,牛栏必须提前清洗消毒。

(二)健康管理

建立犊牛健康监测制度。及时发现犊牛患病征兆,如食欲降低、虚弱、精神萎靡等,必要时请兽医诊断并及早治疗。犊牛常见疾病为肺炎和腹泻,这是造成犊牛死亡率较高的主要疾病。

(三)去副乳头

乳牛有 4 个乳区,每个乳区有 1 个乳头,但有时在正常乳头的附近有小的副乳头,可引发乳房炎,应将其切除。方法是用消毒剪刀将其剪掉,并涂碘酊等消毒药进行消毒。适宜的切除时间为 4~6 周龄。

(四)去角

犊牛 2~3 周时可以去角。去角的方法有氢氧化钠钠涂抹法和电烙铁烧烙法。操作方法是将生角基部的毛剪去后,在去毛部的外围有毛处,涂一圈凡士林,以防药液流出伤及头部或眼部。然后用含 25% 左右氢氧化钠制成的膏剂涂擦角基部,至角基部有微量血液渗出为止,或用电烙铁烧烙,成为白色时再涂青霉素软膏或硼酸粉。去角后的犊牛要分开,防止其他小犊牛舔到,且不让犊牛淋雨,以防止雨水将苛性钠冲入眼内。

(五)免疫

犊牛的免疫程序应根据牛场的具体情况和国家的有关法律法规,由专业人员制订。

(六)称量体重和转群

犊牛可每月称量 1 次体重和测量 1 次体高,并做好记录,用于监测犊牛发育情况。6 月龄后转入青年牛群。

第六节 育成牛与青年牛的饲养与管理

一、育成牛与青年牛的饲养

(一)育成牛与青年牛的生理特点

从 6 月龄到配种前的阶段,称为育成牛;配种后到初次分娩产犊,称为青年牛。将首次分娩的后备牛称为头胎牛,将产二胎及以上的牛称为经产牛或成年母牛。

12 月龄以后,后备牛的消化器官发育已接近成熟,瘤网胃比例基本与成年母牛相似,但相对容积仍在增加。由于后备牛饲料组成中粗饲料含量较高(高于 70%),所以反刍时间较长，占全天时间的 1/3 左右。

对于成年体重不同的乳牛个体，对日增重的要求也不同（表 9-15）。因此，日粮提供的能量和蛋白质也应该不同，以满足不同的增重需要。

表 9-15 不同成熟体重和初产月龄对日增重的影响
（引自 Van Amburgh 和 Meyer，2005）

成熟体重 (kg)	初产月龄 (月)	当前月龄 (月)	当前体重 (kg)	初产体重 (kg)	初配体重 (kg)	妊娠月龄 (月)	日增重 (kg/d)
636	23	6	182	541	350	14	0.71
750	23	6	182	638	413	14	0.97
750	25	6	182	638	413	16	0.78

（二）育成牛与青年牛的生长与调控

后备牛的抗病力较强，生长发育较快。后备牛饲养管理的主要目标是至 13～15 月龄能够达到成年母牛体重的 52%～55%，分娩时达到成年母牛体重的 82%～85%（表 9-16）。

后备牛的生长速度直接影响牛场的经济效益。初产体重过小会限制产乳量，并可能降低第 1 个泌乳期的受胎率，但过量摄入能量可能导致胎儿过大，容易发生难产，并且提高酮病、胎衣不下等疾病的发病率。后备牛的生长速度对初情期时间和初产月龄影响很大。当后备牛生长缓慢时（日增重低于 0.35 kg），初情期将推迟，可能推迟到 18～20 月龄；而当后备牛生长过快时（日增重大于 0.9 kg），可在 9 月龄开始发情。

表 9-16 后备牛目标生长的理想体重
（引自 Van Amburgh 和 Meyer，2005）

类别	占成年体重比例（%）	成年体重（kg）		
		409	591	800
初配	55	225	325	440
初产	85	348	502	680
二胎产后	92	376	544	736
三胎产后	96	393	567	768

一些学者提出了青年母牛最佳生长速度，以便降低饲养成本，并获得最佳的生产性能，其核心内容是设定初配体重、初配月龄、初产月龄和出生体重，根据这些结果，计算平均日增重（average daily gain，ADG），再根据 ADG 提供相应营养素。

（三）育成牛（7 月龄至配种前）的饲养

该阶段主要目标是通过合理的营养使其按时达到理想的体型、体重标准和性成熟时间，按时配种受胎。

此期是达到生理上最高生长速度的时期，在饲料供给上应满足其快速生长的需要，避免生长发育受阻，以至影响其终生产乳潜力的发挥。虽然此期育成牛已能较多地利用粗饲料，但在初期瘤胃容积有限，粗饲料以优质干草为好，供给量为其体重的 1.2%～2.5%，但单靠粗饲料并不能完全满足其快速生长的需要，因而在日粮中需要补充一定数量的精饲料。精饲料添加量一般根据粗饲料的品质进行调整，若粗饲料品质较好（如苜蓿干草、玉米青贮等），精饲料的喂量仅需 0.5～1.5 kg/d 即可，如果粗饲料品质一般或较差（如玉米秸秆、麦秆等），精饲料的喂量则需 2.5～2.0 kg/d，并根据粗饲料品质确定精饲料的蛋白质和能量浓度，使育成牛的饲料蛋白水平达到 14%～16%（表 9-17）。

表 9-17 育成牛日粮配方示例

(引自李胜利和范学珊，奶牛饲料与全混合日粮饲养技术，2011)

原料及营养成分	配比及含量
玉米（%）	26
玉米青贮（%）	10
羊草（%）	20
苜蓿草（CP>18%）（%）	20
麸皮（%）	6
豆粕（%）	4
芝麻粕（%）	3
棉粕（%）	3
DDGS（%）	6
碳酸氢钙（%）	0.5
碳酸钙（%）	0.5
食盐（%）	0.5
预混料（%）	0.5
合计（%）	100
产乳净能（MJ/kg）	5.7
奶牛能量单位	1.8
粗蛋白质（%）	15
钙（%）	0.88
磷（%）	0.50

（四）妊娠青年牛的营养

妊娠青年牛一般仍可按配种前日粮进行饲养。当青年牛妊娠至分娩前3个月，由于胎儿的迅速发育以及青年牛自身的生长（1.2~1.5 kg/d），需要额外增加0.5~1.0 kg/d的精饲料。如果在这一阶段营养不足，将影响青年牛分娩体重以及胎儿的发育，但营养过于丰富，将导致过肥，引起难产、产后综合征等。

在产前2~3周，将妊娠青年牛转群至清洁、干燥的环境饲养，并进行乳区长效抗生素用药，防止青年牛乳房炎的发生。该阶段日粮能量浓度应为5.8~6.0 MJ/kg，蛋白质水平为13.5%~14.0%，降低高钾饲料的使用量，具体推荐营养成分和日粮配方见表9-18和表9-19。试验研究表明，将产前青年牛与产前成年母牛分群饲养，有利于提高青年牛干物质采食量，降低产后发病率。

表 9-18 不同月龄青年牛营养需要

(引自 NRC，2001)

	6~11月龄	12月龄至配种前	产犊前	产犊后
干物质采食量（kg）	5~6	7~11	12~13	15~20
产乳净能（MJ/d）	40~45	60~70	75~85	—

（续）

	6～11月龄	12月龄至配种前	产犊前	产犊后
粗蛋白质（％）	14～16	14～16	13～14	15～17
代谢蛋白质（g/d）	400～430	550～650	800～1 100	—
NDF（％）	30～33	30～33	30～33	30～33
非纤维性糖类（％）	34～38	34～38	30～34	38～42
钙（％）	0.41	0.41	0.9～1.1	0.8～1.0
磷（％）	0.25～0.30	0.25～0.30	0.3～0.35	0.35～0.4
镁（％）	0.11	0.08～0.11	0.4～0.45	0.3～0.4
氯（％）	0.10～0.12	0.10～0.12	0.3	0.3～0.4
钾（％）	0.47	0.48	<1.3	1.5～2.0
钠（％）	0.08	0.08	0.07	0.4～0.6
硫（％）	0.2	0.2	0.2	0.25～0.3
硒（％）	0.3	0.3	0.3	0.3
维生素A（IU/d）	16 000	24 000	100 000	150 000
维生素D（IU/d）	6 000	9 000～14 000	30 000	45 000
维生素E（IU/d）	150～200	250～350	1 800	1 000

注：变量表示随产乳量变化而变化。

表9-19 青年牛日粮配方示例

（引自Zanton和Heinrichs，2006）

原料	配比（％）
干草	3.04
苜蓿	34.99
玉米青贮	36.23
玉米	14.73
豆粕	3.93
棉籽壳	2.02
DDGS	2.59
尿素	0.05
矿物质混合料	2.42
合计	100

二、育成牛与青年牛的管理

（一）育成牛的管理

评价该阶段饲养管理的标准主要包括：①总死亡率低于1％；②总发病率小于4％；

③日增重0.75~0.90 kg；④13月龄时体重达到成年母牛的52%~55%。生产中，有些牛场往往疏忽该阶段牛的饲养管理，出现牛生长发育受阻，体躯狭浅，四肢细高，发情和配种延迟，导致成年时泌乳遗传潜力得不到充分发挥，给生产造成巨大的经济损失。根据牛场实际生产条件，将不同月龄的青年牛分群饲养管理，如7~12月龄的牛和13月龄至妊娠前的牛分群饲养，尽量避免单头转群，而采用群体转群，即5~10头青年牛一起转群，减少转群应激。

（二）青年牛的管理

评价该阶段饲养管理的标准主要包括：①总死亡率低于1%，流产率低于3%；②总发病率小于2%；③日增重0.8~1.3kg；④分娩时体重为成年母牛体重的82%~85%，体况评分为3.0~3.5分（1~5分标准）。

第七节　泌乳牛与干乳牛的饲养管理

一、泌乳期和干乳期乳牛的饲养

生产中，一般根据乳牛泌乳阶段，将乳牛分为泌乳期和干乳期。其中，泌乳期分为泌乳前期、泌乳中期和泌乳后期，干乳期分为干乳前期和干乳后期。正常的乳牛泌乳规律应遵循图9-1所描述的规律和特点。

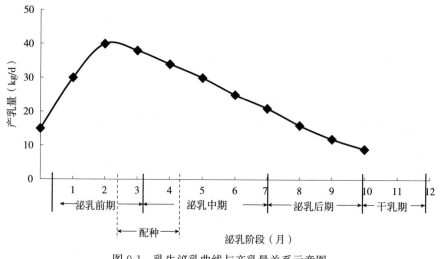

图9-1　乳牛泌乳曲线与产乳量关系示意图
(引自杨军香和曹志军，全混合日粮实用图册，2011)

（一）泌乳前期的营养

泌乳前期一般指乳牛产后至100 d。生产中，一般又将产后至21 d称为围生后期或泌乳早期，产后22~100 d称为泌乳盛期。乳牛产后产乳量迅速上升，一般6~8周即可达产乳高峰，产后虽然食欲也逐渐开始恢复，但至10~12周干物质采食量才达到高峰，由于干物质采食量的增加跟不上泌乳对能量需要的增加，乳牛能量代谢呈现负平衡，乳牛动员体组织，以满足产乳的营养需要，因此高产乳牛逐渐消瘦，体况下降。根据我国《奶牛饲养标准》（NY/T—2004）并参考美国NRC乳牛饲养标准（2001），泌乳早期乳牛日粮干物质采食量占体重的3.0%~3.5%，日粮产乳净能为6.5~7.0 MJ/kg，粗蛋白质为16%~18%、NDF至少为25%、ADF至少为19%、钙为0.7%~1.0%、磷为0.37%~0.45%，钙与磷的比例以（1.5~2）：1为宜（表9-20）。

表 9-20 泌乳前期牛日粮配方示例

（引自李胜利和范学珊，奶牛饲料与全混合日粮饲养技术，2011）

原料及营养成分	配比及含量
玉米（%）	24.0
麸皮（%）	5.0
苜蓿（%）	10.1
青贮（%）	20.0
羊草（%）	15.0
棉粕（%）	5.0
豆粕（%）	7.0
DDGS（%）	5.0
啤酒糟（%）	4.1
全棉籽（%）	2.5
碳酸钙（%）	0.5
碳酸氢钙（%）	0.3
碳酸氢钠（%）	0.5
食盐（%）	0.5
预混料（%）	0.5
合计（%）	100
产乳净能（MJ/kg）	6.83
奶牛能量单位	2.18
粗蛋白质（%）	16
中性洗涤纤维（%）	38
酸性洗涤纤维（%）	21
钙（%）	0.88
磷（%）	0.46

乳牛日粮中的粗脂肪含量应控制在 7%以下。一般在乳牛日粮中不直接添加液态脂肪，液态脂肪密度小，在瘤胃中它会漂浮在瘤胃液的表面，黏在粗饲料表面，从而减少了瘤胃微生物和消化酶对粗饲料的消化，如果添加液态脂肪过量，严重的会造成乳牛腹泻。所以在生产实践中，往往通过添加过瘤胃脂肪，如高含油的植物籽实（膨化大豆、全棉籽和葵花子等），来达到提高日粮能量浓度，增加总能量进食量的目的。泌乳高峰期乳牛体内营养处于负平衡状态，常规的饲料配合难以保证日粮中的能量需要，尤其是高产乳牛能量需要。同时，大量增加精饲料比例，也容易导致瘤胃发酵异常，pH 下降，乳脂率降低，以至出现瘤胃酸中毒及其代谢疾病。日粮中添加过瘤胃脂肪或保护脂肪，可以在基本不改变日粮的精粗比例的情况下，提高日粮能量浓度。

保证乳牛充足的饮水供应，定期检查和清洗水槽或水池，保证乳牛饮用比较洁净的水。冬天保证不给乳牛饮冰水，夏天多给乳牛饮用清凉、洁净的水，这些措施有利于提高产乳量。

（二）乳牛泌乳中期的营养

一般乳牛产后 101～200 d 为泌乳中期。乳牛食欲旺盛，采食量达到高峰。日粮中干物质应占体重的 3.0%～3.2%，日粮产乳净能为 6.0～7.0 MJ/kg，粗蛋白质含量为 13%～15%，NDF 含量高于 30%，ADF 高于 21%，钙 0.45%～0.60%，磷 0.35%～0.45%（表9-21）。日增重 0.25～0.5 kg，保证充足的饮水和加强运动，并保证正确的挤乳方法。

表 9-21 泌乳中期乳牛日粮配方示例
(引自杨军香和曹志军，全混合日粮实用技术，2011)

原料及营养成分	配比及含量
玉米（%）	22
玉米青贮（%）	30
麸皮（%）	4
啤酒糟（%）	3
豆粕（%）	4
羊草（%）	25
棉粕（%）	4
DDGS（%）	3
胡麻粕（%）	2
碳酸氢钙（%）	1
碳酸钙（%）	0.5
碳酸氢钠（%）	0.5
食盐（%）	0.5
预混料（%）	0.5
合计（%）	100
产乳净能（MJ/kg）	6.27
奶牛能量单位	2
粗蛋白质（%）	15
中性洗涤纤维（%）	38
酸性洗涤纤维（%）	21
钙（%）	0.66
磷（%）	0.41

（三）乳牛泌乳后期的营养

一般指乳牛产后 201 d 至干乳之前的这段时间。泌乳后期乳牛的特点是此期由于受胎盘激素和黄体激素的作用，产乳量开始大幅度下降，每月递减 8%～12%。泌乳后期是乳牛增加体重、恢复体况的最好时期。因此，泌乳前期、中期体重消耗过多和瘦弱的乳牛应适当比维持和产乳需要多喂一些，这不仅对乳牛健康有利，对乳牛持续高产也有好处。日粮干物质应占体重的 3.0%～3.2%，日粮产乳净能为 6.0～6.5 MJ/kg，粗蛋白质含量为 12%～14%，NDF 含量高于 32%，ADF 高于 24%，钙 0.45%～0.55%，磷 0.35%～0.40%。

二、干乳期饲养

干乳期是指从干乳日至分娩日的这个阶段，一般又分为干乳前期和干乳后期。饲养管理的目标是：①使母牛利用较短的时间停止泌乳；②使胎儿得到充分发育，母牛正常分娩；③母牛身体健康，并有适当增重，储备一定量的营养物质以供产犊后泌乳之用；④使母牛保持一定的食欲和消化能力，为产犊后大量进食做准备；⑤使母牛乳房得到休息和恢复，为产后泌乳做好准备。

（一）干乳的意义

为保证母牛在妊娠后期体内胎儿的正常发育，使母牛在紧张的泌乳期后能有充分的休息时间，使其体况得以恢复，乳腺得以修补与更新，在母牛妊娠的最后45～70 d采用人工方法使母牛停止产乳，称为干乳。干乳对于乳牛体况的恢复和下个泌乳周期的产乳具有重要的意义。

1. 体内胎儿后期快速发育的需要 母牛妊娠后期，胎儿生长速度加快，胎儿近60%的体重是在妊娠最后2个月增长的，需要大量营养。

2. 乳腺组织周期性休养的需要 母牛经过10个月的泌乳期，各器官系统一直处于代谢的紧张状态，尤其是乳腺细胞需要一定时间修补与更新。

3. 恢复体况的需要 母牛经过长期的泌乳，消耗了大量营养物质，也需要有干乳期，以便使母牛体内亏损的营养得到补充，并且能储积一定的营养，为下一个泌乳期能更好地泌乳打下良好的体质基础。

4. 治疗乳房炎的需要 由于干乳期乳牛停止泌乳，这段时间是治疗隐性乳房炎和临床性乳房炎的最佳时机。

（二）干乳时间与干乳方法

干乳期以45～70 d为宜，平均为60 d，过长过短都不好。干乳期过短，达不到干乳的预期效果；干乳期过长，会影响牛乳总量和乳腺的复原。

母牛泌乳达到干乳期时不会自动停止泌乳，为使母牛停止泌乳，必须人为干乳。在预定干乳之日，无论当时乳量多少，将乳挤尽。挤尽后即刻用碘伏消毒乳头，而后向每个乳区注入一支含有长效抗生素的软膏。在停止挤乳后的3～4 d应密切注意干乳牛乳房的情况。在停止挤乳后，母牛的泌乳活动并未完全停止，因此乳房内还会聚集一定量的乳汁，使乳房出现膨胀现象，这是正常的，不要按摩乳房和挤乳，几天后乳房内乳汁会被吸收，乳腺萎缩，干乳即成功。但如果乳房膨胀不消且有炎性症状（红、肿、热、痛），应治愈后再进行干乳。

（三）乳牛干乳期的营养

1. 干乳前期的营养 指从干乳日起至泌乳活动完全停止，一般指是从干乳日至产前3周的这段时间。干乳前期乳牛干物质进食量为母牛体重的1.5%，日粮中粗蛋白质含量12%～14%，产乳净能含量5.5～6.2 MJ/kg，NDF 40%～45%，ADF 30%～35%，钙0.4%～0.6%，磷0.3%～0.4%（表9-22）。饲养原则为在满足母牛营养需要的前提下少用青绿多汁饲料和副料（啤酒糟、豆腐渣等），而以粗饲料为主，保持适宜的纤维摄入量搭配一定精料。

表9-22 干乳牛日粮配方示例

（引自Qian Zhang等，2015）

原料（%）	干乳前期配比	干乳后期配比
玉米秸	46.8	17.0
全株玉米青贮	—	19.9
羊草	27.6	24.9
苜蓿	—	7.5
玉米	13.1	15.7
小麦麸	2.6	2.4

(续)

原料（%）	干乳前期配比	干乳后期配比
豆粕	2.5	3.1
棉籽粕	1.8	3.0
菜籽粕	1.3	3.0
DDGS	3.0	2.2
预混料	1.3	1.3
合计	100	100

2. 乳牛干乳后期的营养 一般指产前 21 d 至分娩日。由于胎儿和子宫的急剧生长，压迫消化道，干物质进食量会逐渐降低。日粮仍以粗饲料为主，含钙和钾较高的饲料（如苜蓿）应减量或停止使用。乳牛干物质采食量为母牛体重的 1.2%～1.5%，日粮中粗蛋白质含量为 12%～14%，产乳净能为 5.8～6.0 MJ/kg，NDF 为 40%～45%，ADF 为 30%～35%，钙为 0.4%～0.5%，磷为 0.3%～0.4%。

三、泌乳期和干乳期乳牛的管理

（一）泌乳前期的管理

该阶段主要管理目标是：①减缓乳牛能量负平衡，减少体重损失，防止发生酮病、脂肪肝等疾病；②提供适口性好的饲料，提高乳牛干物质采食量；③及时观察乳牛生殖系统健康状况，适时配种。

（二）泌乳中期的管理

该阶段主要管理目标是：①控制每月产乳量下降的幅度为 5%～8%；②及时检查乳牛是否妊娠；③控制精料饲喂量，这个阶段精料饲喂过多，极易造成乳牛过肥，影响产乳量和繁殖性能。

（三）泌乳后期的管理

该阶段主要管理目标是：①尽量延缓产乳量下降的速度，保证胎儿正常发育，对头胎乳牛还要保证其生长，按时干乳；②做好保胎工作，防止流产。

（四）干乳前期的管理

该阶段主要管理目标是：①尽早使母牛停止泌乳活动，乳房正常萎缩，乳牛顺利过渡到干乳期，无乳房红肿等现象出现；②坚持蹄浴，预防蹄病的发生。

（五）干乳后期的管理

该阶段主要管理目标是：①乳牛采食量稳定；②分娩时乳牛体况评分为 3.0～3.5 分；③及时将临产牛转移至产房，为乳牛提供一个干净、干燥和安静的分娩环境。干乳后期的管理措施：①加强户外运动，防止肢蹄病和难产的发生，并可促进维生素 D 的合成以防止产后瘫痪，避免剧烈运动以防止机械性流产；②不饮冰冻水，冬季饮水水温在 10 ℃以上，不喂腐败发霉变质的饲料，以防止流产；③母牛妊娠期皮肤代谢旺盛，易生污垢，因而要加强刷拭，促进血液循环；④加强停乳牛舍及运动场的环境卫生工作，有利于防止乳房炎的发生。

（六）乳牛信号管理

乳牛信号管理就是通过观察乳牛的行为判断饲养管理的合理性及存在的问题。通过躺卧行为，判断乳牛的舒适度；通过采食行为，判断 TMR 日粮含水量、混合是否均匀和粗饲料长度是否适宜；可观察反刍行为、粪便形态、肷窝深浅等判断乳牛的消化、采食和饮水情况；其他还有通过体况评分、粪便筛、行走评分、飞节评分、乳头评分、乳房洁净度评分等对乳牛饲养管理进行合理性评估。

第八节 肉牛的饲养管理

一、肉牛育肥

在肉牛生产中,不同的育肥方法使得生产的牛肉产品风味和价格差别很大。

(一)小白牛肉生产技术

小白牛肉是指将犊牛培育至6~8周龄、体重90 kg时屠宰,或18~26周龄、体重达到180~240 kg屠宰生产的牛肉。完全用全乳、脱脂乳、代用乳饲喂,生产小白牛肉的犊牛少喂或不喂其他饲料。因此,小白牛肉生产不仅饲喂成本高,牛肉售价也高,其价格是一般牛肉价格的2~10倍。

1. 小白牛肉生产的饲养模式 单笼饲养、圈舍群养和群饲与单独饲养结合模式。

2. 犊牛的品种与性别 生产小白牛肉的犊牛品种很多,肉用品种、乳用品种、兼用品种或杂交种牛犊都可以。目前,大部分以前期生长速度快、牛源充足、价格较低的乳牛公犊为主。

3. 育肥方法 传统的小白牛肉生产,由于犊牛吃了草料后肉色会变暗,不受消费者欢迎,为此犊牛育肥不能直接饲喂精料、粗料,应以全乳或代乳品为饲料。生产1 kg牛肉约消耗10 kg牛乳,很不经济,而且随着犊牛生长,犊牛消化问题越来越严重。因此,近年来采用代乳品加少量精粗饲料的饲养制度越来越普遍。

(二)小牛肉生产技术

犊牛出生后饲养至7~8月龄或12月龄以前,以乳、精饲料和少量粗饲料饲喂,体重达到300~450 kg所产的肉,称为小牛肉。西方国家目前的市场动向是大胴体较小胴体的销路好。牛肉品质要求多汁、肉质呈淡粉红色、胴体表面均匀覆盖一层白色脂肪、高蛋白、低脂肪,更适合婴幼儿和中老年人群食用。

1. 犊牛品种 生产小牛肉应尽量选择早期生长发育速度快的牛品种,肉用牛的公犊是生产小牛肉的最好选材。为了便于组织生产,现在乳牛公犊被广泛用于生产小牛肉。

2. 犊牛性别 生产小牛肉,犊牛以选择公犊牛为佳,因为公犊牛生长快,可以提高牛肉生产速率和经济效益。

3. 育肥方法 以月龄为基础,分群饲养,不同阶段采用不同的饲养标准和配方。国外小牛肉生产主要以精饲料(占85%以上)为主,辅以少量优质粗饲料。

犊牛出生后灌服或吃足初乳,采用人工哺乳,1月龄内按体重的8%~9%喂给牛乳,1月龄后喂乳量保持不变,直至2~3月龄断乳。从7~10日龄开始习食后逐渐增加精料和青干草,自由采食。4月龄前自由采食精料,之后适当控制逐渐增加喂量,育肥至7~8月龄或1周岁出栏。出栏时期根据消费者对小牛肉口味喜好的要求而定,不同国家并不相同。小牛肉生产实际是育肥与犊牛的生长同期。

(三)西餐红肉生产技术

西餐红肉指犊牛断乳后持续育肥,16~22月龄体重达到600 kg出栏生产的牛肉,其胴体12~13肋间肌内脂肪含量≤10%。此阶段由于在饲料转化率较高的生长期,保持了较高的增重,缩短了生产周期,生产的牛肉肉质鲜嫩,可以制作西餐调理。

1. 舍饲快速育肥技术 品种可以选择肉用良种牛、杂交牛或乳公犊,以月龄为基础,分群饲养,不同阶段采用不同的饲养标准和配方,平均日增重1.2 kg以上。是否阉割去势,根据用户情况确定(北美去势,欧洲不去势),围栏散养,每群15~20头,6 m²/头,自由运动,自由采食,自由饮水,一般16月龄以上,体重600 kg以上出栏。乳公犊生产西餐红肉的饲养制度见表9-23。

表9-23 乳公犊生产西餐红肉的饲养制度

月龄	饲喂期	日粮组成	精料∶粗料	饲养方式
初生至2月龄	哺乳期	鲜乳（代乳粉）＋开食料	—	自由采食
2～3月龄	断乳过渡期	开食料	—	自由采食
3～6月龄	犊牛期	精料＋干草＋青贮饲料	逐渐过渡至60∶40	自由采食
6～7月龄	育肥过渡期	精料＋干草＋青贮饲料	60∶40逐渐过渡至85∶15	自由采食
7月龄至出栏	育肥期	精料＋青贮饲料	85∶15	自由采食

2. 放牧舍饲快速育肥技术 夏季水草茂盛，也是放牧的最好季节，充分利用野生青草营养价值高、适口性好和消化率高的优点，采用放牧育肥方式。温度超过30 ℃时，注意防暑降温，可采取夜间放牧的方式，提高采食量，增加经济效益。春、秋季应白天放牧，夜间补饲一定量青贮、氨化、微贮秸秆等粗饲料和少量精料。冬季要补充一定的精料，适当增加能量饲料，提高肉牛的防寒能力，降低能量在基础代谢上的比例。

（四）普通牛肉生产技术

普通牛肉是指犊牛断乳后进行吊架子后再育肥，出栏月龄在22月龄以上，体重600 kg左右的牛所产的牛肉，一般称作架子牛育肥。架子牛是指年龄在2岁左右、未经育肥或不够屠宰体况的牛。犊牛断乳后在较低营养水平的条件下饲养，管理粗放，牛"架子"搭起后，强度育肥一段时间，以加大体重，改善肉质。

1. 架子牛的选择 架子牛品种选择总的原则是基于市场条件，以生产产品的类型、可利用的饲料资源状况和饲养技术水平为出发点。可以选择肉用型品种牛和肉用杂交改良牛（肉牛作父本与我国黄牛杂交繁殖的后代）。生产性能较好的杂交组合有：利木赞牛与本地牛杂交的后代、夏洛来牛与本地牛杂交的后代、西门塔尔牛与本地牛杂交改良的后代、安格斯牛与本地牛杂交改良的后代等。

根据肉牛的生长规律，目前架子牛的育肥大多选择在牛2岁以内。性别影响牛的育肥速度，在同样的饲养条件下，以公牛生长最快，阉牛次之，母牛最慢。因此，如果生产普通牛肉，以不去势为好。

2. 架子牛的短期育肥技术 采取阶段饲养法，根据肉牛的生长发育特点及营养需要，架子牛到育肥场后，把120～150 d的育肥饲养期分为过渡期和催肥期2个阶段。

（1）过渡期（观察、适应期）：10～20 d隔离饲养，因运输、草料、气候、环境的变化引起牛体一系列生理反应，通过科学调理，使其适应新的饲养管理环境。前1～2 d不喂草料只饮水，适量加盐以调理胃肠，增进食欲。以后第1周只喂粗饲料，不喂精饲料。第2周开始逐渐加料，每天只喂1～2 kg玉米粉或麸皮，不喂饼（粕），过渡期结束后，由粗料转为精料。

（2）催肥期：根据育肥时间分为3期，第1期日粮中精料占体重的1%左右，粗蛋白质水平保持在12%；第2期日粮中精料比例提高到体重的1.2%左右，粗蛋白质水平为11%；第3期精饲料比例可以达到体重的1.5%，粗蛋白质含量为10%。在肉牛饲料中应加碳酸氢钠以防止瘤胃酸中毒，补充钙、食盐、微量元素预混料等。粗饲料应进行适当加工处理，如玉米秸青贮或微贮之后饲喂。

（五）花纹和雪花牛肉生产技术

所谓花纹牛肉是指阉牛（公牛去势后）和母牛育肥到24～30月龄，达到一定膘情后屠宰，第12和第13肋间肌内脂肪含量8%～15%的胴体产出的肉；而雪花牛肉是第12和第13肋间肌内脂肪含量≥15%的胴体产出的肉。这些牛肉除嫩度剪切值在3.62 kg以下、大理石花纹等级在 A3 以上、质地松软、多汁色鲜、风味浓香外，还应具备产品的安全性，即可追溯性以及产品的规模化、标准化、批量化和常态化。肉牛经过高标准的育肥后其屠宰率可达 65%～75%。其中，高档牛肉量可占胴体重的 8%～12%，或是活体重的 5% 左右。85% 的牛肉可作为优质牛肉，少量为普通牛肉。

1. 品种与性别要求 花纹和雪花牛肉生产对肉牛品种有一定的要求，不是所有的肉牛品种都能生产出花纹和雪花牛肉。经试验证明，某些肉牛品种不能生产高档牛肉。目前，国际上常用安格斯牛、日本和牛、墨累灰牛等及以这些品种改良的肉牛作为高档牛肉生产的材料。国内的许多地方品种如秦川牛、晋南牛、鲁西牛、南阳牛、延边牛、郏县红牛、复州牛、渤海黑牛、草原红牛、新疆褐牛等适合用于高档牛肉的生产，或用地方优良品种导入能生产高档牛肉的肉牛品种生产的杂交改良牛生产高档牛肉。

性别影响肉的品质，母牛的肉质最好，阉牛次之，公牛最差，因此生产花纹和雪花牛肉的公牛必须去势。

2. 育肥时间要求 高档牛肉的生产育肥时间通常要求在 18～24 个月，如果育肥时间过短，脂肪很难均匀地沉积于优质肉块的肌肉间隙内，如果育肥牛年龄超过 30 月龄，肌间脂肪的沉积要求虽达到了高档牛肉的要求，但其牛肉嫩度很难达到高档牛肉的要求。

3. 屠宰体重要求 屠宰前体重达到 600～900 kg，没有这样的宰前活重，牛肉的品质达不到高档牛肉标准。

4. 营养水平与饲料要求 7～13 月龄日粮营养水平：粗蛋白质 12%～14%，消化能 12.6～13.4 MJ/kg，或总可消化养分 70%，精料占体重的 1.0%～1.2%，自由采食优质粗饲料。

14～22 月龄日粮营养水平：粗蛋白质 14%～16%，消化能 13.8～14.6 MJ/kg，或总可消化养分 73%，精料占体重的 1.2%～1.4%，用青贮饲料和黄色秸秆搭配粗饲料。

23～28 月龄日粮营养水平：粗蛋白质 11%～13%，消化能 15.1～16.0 MJ/kg，或总可消化养分 74%，精料占体重 1.3%～1.5%。此阶段为肉质改善期，少喂或不喂含各种能加重脂肪组织颜色的草料，如黄玉米、南瓜、红胡萝卜、青草等。改喂使脂肪白而坚硬的饲料，如麦类、麸皮、麦糠、马铃薯和淀粉渣等。粗料最好用含叶绿素、叶黄素较少的饲草，如玉米秸、谷草、干草等。在日粮变更时，要注意做到逐渐过渡。一般要求精料中麦类含量高于 25%、大豆粕或炒制大豆含量高于 8%，棉饼（粕）小于 3%，不使用菜籽饼（粕）。

按照不同阶段制订科学饲料配方，注意饲料的营养平衡，以保证牛的正常发育和生产的营养需要，防止营养代谢障碍和中毒疾病的发生。

5. 育肥公犊标准和去势技术 标准犊牛：①胸幅宽，胸垂无脂肪、呈 V 形；②育肥初期不需重喂改体况；③食量大、增重快、肉质好；④生病少。

不标准犊牛：①胸幅窄，胸垂有脂肪、呈 U 形；②食量小、增重慢、肉质差；③易患肾结石、尿结石，突然无食欲，生病多。

用于生产高档牛肉的公犊，在育肥前需要进行去势处理，应严格控制在 4～5 月龄（4.5 月龄阉割最好），太早容易形成尿结石，太晚影响牛肉等级。

二、育肥牛的管理

（一）一般饲养技术

饲喂上做到定时，以增进牛的采食和反刍；定人，便于观察掌握各牛只情况。更换饲料种类时应逐渐进行，须有 2 周的过渡时间。给予充足饮水，有条件的地方可安装自动饮水器或自由饮水，饲喂应采取 TMR 饲喂技术，防止肉牛挑食，确保瘤胃健康。

（二）采取阶段饲养法

根据肉牛不同生理阶段及生长发育特点合理分群，按照饲养标准，根据不同性别、不同体重、日增重配制日粮。

（三）观察牛群，预防腹泻

每天观察牛群的食欲、反刍、粪便情况。发现异常立即处理。肉牛育肥过程中切忌牛腹泻，以免影响日增重和饲料转化率。饲喂酸性强的饲料应特别注意。

（四）淘汰育肥性能差的牛

育肥过程中应淘汰食欲差、消化不良、生产速度慢的牛。少数牛对应激反应强，生长速度慢，生产的肉质差，也应淘汰；否则，会增加成本，降低经济效益。

（五）刷拭

牛体刷拭有助于加强血液循环，可每天刷拭1次或3～5 d刷拭1次均可。育肥牛出现食欲减退时，加强牛体刷拭可增进食欲。也可以安装自助式牛体刷。

（六）自由运动

育肥牛适当运动，有助于保持旺盛的食欲。而拴系育肥违背动物本身意愿，育肥效果差。

（七）环境卫生

牛舍清洁干燥，育肥牛有舒适感，每天清除牛舍中的粪便，勤换垫草，通风良好，冬暖夏凉。

（八）牛舍冬暖夏凉

牛不耐热，夏季气温高，牛食欲降低，影响日增重。应做好防暑降温工作，保持牛舍通风良好。可根据实际条件采取行之有效的措施：如安装电扇、喷淋装置等。牛舍四周植树遮阳。虽然牛对低温耐受力较强，但气温在5 ℃以下时，肉牛饲料转化率下降，低于−10 ℃，日增重明显下降，因此，牛舍应采取防寒保温措施。

第九节　其他牛的饲养管理

一、种公牛的饲养管理

（一）种公牛的饲养

种公牛饲养原则是保持强壮的体质、品质优良的精液和较长的利用年限。培育种公牛时保证其生长发育符合种用公牛的体型，避免形成草腹，种用公犊饲养与母犊相同。育成公牛保证矿物质、维生素尤其是维生素A的供给，饲喂优质干草和青饲草，少用劣质草料，精粗比（55～60）∶（45～40）。育成公牛单槽饲养，与母牛隔离。日粮中粗蛋白质以12%为宜。

成年种公牛大多数采用人工采精，无配种季节，饲养上保持营养物质的全价性、均衡性和长期性，注意Ca、P和维生素A、维生素E的供给；否则，造成精子数量减少和品质下降。保证蛋白质的品质，蛋白质适量供给，不足或过量都会影响公牛性欲和精液品质，日粮的容积不能大。干物质进食量为体重的1.3%～1.6%。

（二）种公牛的管理

1. 牵引和运动　10～12月龄时种用青年牛必须穿鼻戴环，用双绳牵系牵引，坚持运动，上下午各1次，每次1～2 h，目前趋向于种公牛自由活动。

2. 刷拭　每天刷拭牛体1～2次，对种公牛的皮肤进行护理，易藏垢的地方，如颈部、角基要仔细刷拭，保持种公牛皮肤清洁。

3. 修蹄　每年修蹄1～2次，保持蹄的正常，防止蹄壁破裂和蹄病，并对蹄部进行定期药浴。

4. 称重 每个季节称重 1 次，防止饲喂过肥，使种公牛保持中等偏上的体况即可；否则影响种公牛的性欲和精液品质。

5. 生殖器的护理 经常按摩、护理阴囊和睾丸，保持阴囊清洁卫生。

6. 采精 每周采精 2 次，每次射精 2 次，间隔 10 min。

7. 严禁粗暴对待种公牛 种公牛具有记忆力好和防御反射强的特点，严禁打骂、逗引种公牛。饲养员和采精员应避免参与兽医工作。

二、役用牛和水牛的饲养管理

（一）役用牛和水牛的饲养

役用牛和水牛具有采食量大、代谢缓慢，对粗饲料消化力强和反刍时间长、次数多的特性。我国水牛主要作为役用，其饲养与役用牛相似。役用牛和水牛在饲养上以粗饲料为主，适当搭配精料即可。休闲期和使役期其营养需要有差异，休闲期役用牛和水牛约需可消化蛋白质 200 g，净能 19 MJ，只要将青饲料或干草让其吃饱即可满足；若是秸秆类粗饲料，补充 2 kg 左右的农副加工产品。另外，补充盐和矿物质。役用牛和水牛在使役期，消耗的能量比休闲期高 1.5～2.5 倍，代谢旺盛，出汗多，矿物质流失严重。因此，使役期增加各营养物质的供给，使役用牛供给优质幼嫩的青草和干草，任其自由采食，补充富含淀粉、蛋白质的原料（如玉米、高粱、小麦、大麦、豆类、豆粕、油枯等）组成的配合精料。一般而言，每头牛每天供给青草 15～25 kg，干草 4～6 kg，精料 1～3 kg，食盐 30～50 g，磷酸氢钙 50～60 g。使役前 2 个月，加强饲养，使牛复壮。

（二）役用牛和水牛的管理

1. 日常管理

（1）定时定量、合理拌草：饲喂役牛和水牛时定时定量，少给勤添，观察牛的采食、反刍、精神和粪便情况，发现疾病及时处理。干草铡短成 7 cm 左右长，用盐水和少量精料混匀饲喂。

（2）分槽饲养：采用个体饲喂，避免争食和角斗。

（3）做好清洁卫生工作：保持圈舍、牛体、饲槽清洁。每天打扫圈舍卫生，清除粪便。保持饲草、饲料和饮水的卫生，禁止饲喂霉烂、变质的饲料，清除饲料中的杂质。

2. 备足草料 储存干草、青贮饲料，人工种植牧草，保证役用牛和水牛一年四季有充足的饲草供给，预防冬季牛掉膘。

3. 使役期管理 使役期每天饲喂 3 次，饲喂后休息一段时间才劳役，每天使役时间 6～8 h，让牛有足够的休息和反刍时间，使役过程中不打冷鞭，不转急弯，使役 2 h 让牛休息 30 min，分娩前后 2 个月的牛停止使役。

4. 采取防寒保暖措施，做好越冬管理 冬季寒冷，对牛舍进行维修，做到不漏雨、四壁无贼风、通风良好；清除粪便，勤换垫草，保持圈舍干燥；精心饲养，喂匀喂饱。

5. 供给充足的饮水

三、牦牛的饲养管理

（一）牦牛的饲养

牦牛的饲养基本采用终年放牧，群体饲养的方式，牧草场划分为夏秋牧地、冬春牧地和割草地 3 种。交通方便，地势较低，方便出售牛乳的地方划为夏秋牧地；人工割草后的草地，交通不便，被河流阻断，夏季不便利用的草地，沼泽和半沼泽草地划分为冬春牧地。每年 5—10 月利用夏秋牧地，11 月至翌年 4 月利用冬春牧地。放牧时按性别、年龄进行分群，每群 50～100 头。放牧时夏秋早出晚归，冬春迟出早归。一般而言，每天的 7：00～9：00 挤乳，当天的 20：00 至翌日 5：00 夜牧于营地附近，其他时间外出放牧和饮水。放牧地随牧草生长季节而移动，春季到返春较早的沼泽、半沼泽地放牧；夏初到开花的草地放牧；秋季到开阔地，牧草结籽多的地方放牧，其目的都是让牦牛采食充足的牧草，保持较好的膘性。据牧草的长势和牛群大小，夏秋季每隔10~40 d搬迁1次营地，冬春季共搬迁2~5次，夏末割牧草晒干，备足冬春季补饲用干草，并防雪灾。有条件的地方冬季和挤乳牦牛可补饲干草和少量精料，使用舐砖补饲矿物盐。犊牦牛随母哺乳，分娩后第1个月母牛不挤乳，供犊牦牛吮用，以后将母仔隔离，12月龄断乳。

（二）牦牛管理

1. 放牧管理 放牧时放牧员不能紧跟牦牛，选择一处与牦牛群有一定距离、较高的地势，远望牛群，以防牛越界和狼害，放牧员采用特定的呼唤声或掷小石头控制牛群。

2. 建设棚圈 在定居点或离定居点较近的冬春季牧地修建棚圈，一般就地取材，用泥土、牛粪、木头修建。

3. 挤乳 牦牛每天挤1次乳，采用压榨法挤乳，挤乳前让犊牛吮吸乳头，引起排乳反射后再挤乳。

4. 抓绒和剪毛 每年初夏，捕捉牦牛，捆绑四肢，先抓绒，后剪毛。

5. 预防接种和药浴 每年春秋两季进行预防接种，每年7月进行药浴和投内服药，驱除内外寄生虫。

第十节 牛产品的初步加工

一、牛乳的初步加工

（一）牛乳的理化特性

1. 牛乳的组成 牛乳因品种、个体、饲料条件、泌乳期等不同，其成分差异较大，一般情况下，牛乳中含水85.5%~89.5%，干物质10.5%~14.5%，干物质中含脂肪2.5%~4.2%，蛋白质2.9%~5.00%，乳糖3.6%~5.5%，矿物质0.6%~0.9%。另外，含维生素、酶、体细胞等成分。牛乳中的水绝大部分为自由态，结合态和结晶态的水占2%~3%，蛋白质主要为酪蛋白和乳清蛋白，乳脂为长链脂肪和短链脂肪，各占一半。

2. 牛乳的物理特性

(1) 色泽和滋味：正常牛乳为乳白色或微黄色，略带甜味或咸味，微黄色主要来自草料中的叶黄素和维生素A。

(2) 比重：乳的比重指15 ℃时同体积的牛乳和水的质量之比，牛乳的正常比重为1.028~1.032。

(3) 乳的酸度：指以酚酞作指示剂，中和100 mL牛乳所消耗0.1 mol/L NaOH溶液的毫升数。它是自然酸度和发酵酸度的总和，正常牛乳的酸度为16~18 °T。

（二）牛乳的验收

1. 感官鉴定 检查牛乳的气味、滋味、色泽是否正常。肉眼不能看到异物和凝块。

2. 比重测定 用密度计测定密度，标准密度换算成比重。比重＝乳的密度＋0.002；乳的密度指20 ℃的牛乳与同体积4 ℃水的质量之比，乳的密度＝1＋［读数＋（样品温度－20）×0.2］/1 000。

3. 酸度测定 生产上常用酸碱中和滴定法和乙醇阳性试验。

(1) 酸碱中和滴定法：取10 mL牛乳于三角瓶中，用20 mL蒸馏水稀释，加入0.5%酚酞0.5 mL，用0.1 mol/L NaOH滴定，不断摇动，直至粉红色30 s不消失。消耗NaOH溶液的体积乘以10即为牛乳的酸度。

（2）乙醇阳性试验：生产中常用68%、70%和72%的乙醇2 mL加入等量的牛乳，不出现絮状物为合格。以上乙醇浓度下不出现絮状物，表明的酸度分别为20 °T、19 °T和18 °T以下。

（三）牛乳的初步处理

1. 牛乳的净化 挤出的牛乳尤其是手工挤出的乳难免有尘埃、牛毛、牛粪、草渣等落入，使牛乳变质。因此，加工前必须进行净化处理，一般采用滤布或净化机将异物除去。

2. 牛乳的冷却 刚挤出的牛乳温度为35 ℃左右，牛乳为天然的培养基，很容易引起细菌的繁殖，造成牛乳变质，所以刚挤出的牛乳必须进行冷却，以抑制细菌的生长，采用3~4 ℃的循环水或冷却器（如冷库）冷却牛乳。

3. 牛乳的储存 牛乳储存必须防止温度的快速升高，一般将冷却到4 ℃的牛乳置于绝热性能好带有搅拌设施的乳罐中，使用前使牛乳的温度不超过18 ℃。

4. 牛乳杀菌 杀灭牛乳中的致病菌和引起牛乳变质的微生物，使牛乳成为安全的食品，牛乳杀菌一般采用巴氏消毒法，根据杀菌温度和持续时间，杀菌方法分为3种：

（1）低温长时间杀菌（LTL）法：将牛乳加热到62~65 ℃，保持30 min，使用冷热缸作加热设备。

（2）高温短时间杀菌（HTST）法：牛乳加热到72~75 ℃，维持15~16 s或80~85 ℃，维持10~15 s，采用全套杀菌设备。

（3）超高温瞬间灭菌（UHT）法：将牛乳加热到135 ℃，保持2 s，采用片式热交换设备。

二、肉牛的屠宰及分割

牛肉的生产加工工艺流程：膘情评定→检疫→宰前称重→淋浴→倒吊→击晕→放血→剥皮（去头、蹄和尾）→去内脏→胴体劈半→冲洗→修整→宰后称重→冷却→排酸成熟→剔骨分割、修整→包装。

（一）屠宰前的准备

（1）检疫。肉牛必须经过宰前检验，兽医卫生检验与检疫人员对所宰牛的种类，头数，有无疫情、病情等是否签发检疫证明书进行检查，经屠宰场初步视检，认定合格后才允许屠宰，以防带有各种传染病。

（2）宰前24 h停止饲喂和放牧，但供给充足的饮水。宰前8 h停止饮水。宰前的牛所处环境要保持安静。

（二）屠宰

1. 宰前活重 将待宰的健康牛由人沿着专用通道牵到地磅上进行个体称重。

2. 淋浴 称重后的肉牛沿通道牵至指定地点，用温度为30 ℃左右的洁净水给牛冲洗，以去掉牛体表面的污染物和细菌等，减少胴体加工过程中的细菌污染。

3. 倒吊 将淋浴后的牛通过屠宰通道运到屠宰地点，用铁链将一条后腿套牢，并挂在电动葫芦的吊钩上。启动电动葫芦将牛吊起。

4. 击晕 在眼睛与对侧牛角两条连线的交叉点处将牛电麻或击晕。

5. 放血 在颈下缘咽喉部切开放血（即俗称"大抹脖"）。

6. 剥皮 放血完毕后，通过电动葫芦将牛背部朝下放到剥皮架上剥皮。剥皮有人工剥皮和机械剥皮2种形式。无论采用什么方法剥皮，都要注意卫生，以免污染。并依此工序去除前后蹄、尾和头。

7. 去内脏 沿腹侧正中线切开，纵向锯断胸骨和盆腔骨，切除肛门和外阴部，分出连接体壁的膈，去除内脏器官，去除盆腔脂肪。

8. 胴体劈半 沿脊椎骨中央分割为左右各半片胴体（称为二分体）。

9. 冲洗 用 30～40 ℃、具有一定压力的清洁水冲洗胴体，以除掉肉体上的血污和污物及骨渣，改善胴体外观。

10. 修整 除掉胴体上损坏的或污染的部分，在称重前使胴体标准化。

11. 宰后称重 启动电动葫芦，用吊钩将半胴体从高轨上取下，同时用低轨滑轮钩住胴体后腿将其转至低轨，并经过低轨上的电子秤称量半胴体重量，储存于电脑中并打印。屠宰率＝胴体重/宰前活重×100%。

（三）胴体成熟

胴体成熟是牛屠宰后，牛肉内部发生一系列的化学变化，使肉柔软、多汁，并产生特殊风味的过程，它包括尸僵和自溶 2 个过程。胴体成熟的处理：将胴体在 16～18 ℃下预冷 4 h，然后在 0～4 ℃、相对湿度 70%以上的环境中存放 2 d 以上，当胴体表面形成一层"干燥薄膜"，肌肉有弹性、切面潮润时，表明成熟已完成。

（四）胴体分割

它是牛肉处理和加工的重要环节，也是提高牛肉商品价值的重要手段。

分割工艺流程：排酸后的半胴体→四分体→剔骨→7 个部位肉（臀腿肉、腹部肉、腰部肉、胸部肉、肋部肉、肩颈肉、前腿肉）→13 块分割肉块（里脊、外脊、眼肉、上脑、胸肉、嫩肩肉、臀腰肉、臀肉、膝圆、大米龙、小米龙、腹肉、腱子肉）。

三、牛皮的初步处理和储存

（一）鲜牛皮的预处理

用钝刀刮掉牛皮上的肉屑、脂肪、凝血、粪便、杂质等，去掉口唇、耳及有碍皮形整齐的皮角边等。

（二）牛皮的防腐

牛皮的防腐原则是低温、低水分、利用防腐剂抑制细菌和酶的活动。常用的防腐方法有干燥法、盐渍干腌法和盐干法。

1. 干燥法 将牛皮的肉面向上，平摊在木板、席子上，或肉面向风吊起，采用自然通风干燥使牛皮的水分降低到 15%以下。注意不能在阳光下暴晒或淋雨。

2. 盐渍干腌法 将牛皮的毛面向下，平铺于中心较高的垫板上，整个肉面均匀撒满食盐，然后再将另一张皮铺上撒盐处理，生皮堆高 1～1.5 m，腌制时间 6 d，用盐量为皮重的 25%。

3. 盐干法 盐腌后的生皮再进行干燥。

（三）牛皮的储存

将防腐处理后的牛皮完全铺开使上面一张的毛面对下面一张的肉面，层层堆叠。仓储条件为：室内通气良好，温度 10～25 ℃，相对湿度 65%～70%，生皮的含水量保持在 12%～20%，并在牛皮堆放处喷洒杀虫剂，如樟脑粉。

复习思考题

1. 下列牛品种：荷兰牛、娟姗牛、西门塔尔牛、利木赞牛、辛地红牛、中国水牛、摩拉水牛、天祝牦牛，哪些不同属？哪些同种不同属？
2. 简述乳用牛、肉用牛、种公牛的体型外貌要求。
3. 简述乳牛体型外貌线性鉴定的过程。

4. 牛的采食生物学特性是什么？
5. 牛的消化特征是什么？
6. 简述初乳的特点。
7. 简述优质犊牛培育的主要技术措施。
8. 简述干乳的方法。
9. 简述泌乳牛的饲养方法及管理技术。
10. 简述成年牛及架子牛的育肥技术。
11. 简述西餐红肉的生产技术。
12. 简述花纹和雪花牛肉的生产技术。
13. 简述小牛肉的生产技术。
14. 种公牛的饲养管理要点是什么？
15. 役牛使役后期饲养及管理的重点是什么？
16. 牦牛的饲养要点是什么？
17. 怎样验收牛乳？牛乳应进行哪些初步处理？
18. 怎样生产牛胴体？
19. 怎样初步处理生牛皮？

第十章 猪生产

重点提示：本章重点论述猪生产基本概念、基本理论与方法。包含猪的生物学特性，猪的类型和品种、种猪的饲养管理、幼猪培育、肉猪生产、猪生产工艺与设备等有关内容。通过本章的学习，能够让学生对猪生产的有关理论与方法有一定的了解，并初步掌握科学养猪的主要技术。

第一节 猪生产概述

一、中国猪生产概述

二维码10-1 "学士猪倌"的成功之路

中国养猪生产有7 000多年的历史，中国是世界上最大的养猪与猪肉生产国。养猪业是我国畜牧业经济中比重最大的行业。几十年来，我国的养猪业快速发展，有力地推动了农业产业结构调整，对繁荣农村经济，提高农民收入起到了重要作用。中国的生猪存栏量占世界总量的50%左右。2016年，中国生猪存栏量为4.35亿头，屠宰量为6.99亿头；屠宰头数和猪肉产量占世界总量的比例分别为52.3%和49%。而1990年中国猪存栏头数为3.36亿头，出栏头数为3.10亿头，出栏头数和猪肉产量分别占世界总量的33.6%和32.6%（表10-1和表10-2）。

我国人均猪肉产量于1997年超过发达国家水平，2002年，达到34.2 kg，2005年，达到38.5 kg。由于发达国家的人均猪肉产量近10年稳中有降，目前我国的人均猪肉产量已远远超过发达国家平均水平（表10-1和表10-2）。

表10-1 中国养猪业的变化

年份	存栏量（万头）	屠宰量（万头）	猪肉产量（万t）	平均胴体重（kg）	出栏率（%）	每头存栏猪产肉（kg）
1980	30 000.0	13 986.0	1 000.0	71.5	46.6	33.3
1990	33 624.0	30 969.6	2 280.7	73.6	92.1	67.8
2000	42 256.3	51 977.2	4 031.4	77.6	123.0	95.4
2005	48 881.2	67 310.9	5 120.0	76.1	137.7	104.7
2010	45 380.1	67 912.3	5 071.0	74.7	149.7	111.7
2011	47 334.3	66 015.2	5 060.0	76.6	139.5	106.9
2012	46 467.5	69 145.8	5 343.0	77.3	148.8	115.0
2013	47 411.2	71 006.7	5 493.0	77.4	149.8	115.9
2014	46 583.4	73 506.0	5 671.0	77.2	157.8	121.7
2015	45 113.0	70 864.0	5 487.0	77.4	157.0	121.6

(续)

年份	存栏量（万头）	屠宰量（万头）	猪肉产量（万 t）	平均胴体重（kg）	出栏率（%）	每头存栏猪产肉（kg）
2016	43 504.0	69 861.2	5 299.0	75.9	160.6	121.8

表 10-2　中国猪生产占国际的比例（%）

年份	屠宰量	猪肉产量	存栏量
1990	33.6	32.6	42.3
1998	46.2	46.1	44.3
2000	44.9	45.0	46.3
2004	48.6	47.6	49.4
2007	51.3	53.0	50.7
2015	56.8	52.1	56.7
2016	52.3	49.0	55.4

二、世界猪生产概况

（一）全世界猪的存栏数与产肉量均呈增长趋势

据美国农业部（USDA）统计，1975—2016 年全世界猪肉产量及存栏量见表 10-3。

表 10-3　1975—2016 年全世界猪肉产量及存栏量

年份	1975	1985	1995	2005	2015	2016	倍数*
产量（万 t）	4 167.0	5 997.0	8 009.0	10 252.0	11 145.8	10 820.0	2.60
存栏量（万头）	68 565.0	79 353.0	89 908.0	96 041.0	79 585.0	78 483.0	1.14

* 指 2016 年相当于 1975 年的倍数。

由表 10-3 可知，2015 年，全世界猪肉总产量为 11 145.8 万 t，猪存栏量达 79 585 万头。1975 年，全世界猪肉总产量和猪存栏量分别为 4 167 万 t 和 68 565 万头。经过 40 年的发展，全世界猪肉总产量和猪存栏量分别增长了 167.48% 和 16.07%，猪肉产量增幅明显高于存栏量增幅。猪的品种和生产性能得到了改良和提高，促进了猪肉生产的快速发展。

40 年中，世界猪肉产量基本保持每 10 年增长 2 000 万 t 左右。其中，20 世纪 90 年代增长速度相对较快。20 世纪 70—80 年代世界猪存栏量增长较快。1975—1995 年，20 年中增加了 2.13 亿头。1995—2005 年的 10 年中仅增加了 6 133 万头，而猪肉产量仍增长了 2 243 万 t，是 40 年中猪肉产量增长速度最快的 10 年。可以看出，世界猪品种改良速度明显加快，猪的生产性能得到了快速提高。

（二）世界养猪区域分布的特点

1. 世界各大洲生猪存栏与猪肉生产　第 1 是亚洲。亚洲养猪数量居世界第 1 位，猪存栏量占世界总存栏量的 56.7%，猪肉产量占世界总产量的 53%。中国养猪头数、猪肉产量、品种数量、出口活猪头数、出口猪鬃和肠衣的数量等 6 个方面均为世界第 1。日本猪的出栏率达 180%，居世界先进水平。

第 2 是欧洲。欧洲是现代养猪技术的发源地，养猪技术很高，它以占世界 10% 的土地生产了世界上 29% 的猪肉。

第 3 是美洲。美洲以北美洲的美国和加拿大养猪业比较发达。美国是世界上第 2 养猪大国，猪肉总产量仅低于牛肉和禽肉。而南美洲养猪比较粗放。

第 4 是非洲。养猪数量和生产水平都比较低，猪存栏量占世界总存栏量的 2.4%。

第 5 是大洋洲。养猪数量不多，仅占世界猪总存栏量的 0.05%。但澳大利亚和新西兰的养猪技术和生产水平比较高，猪出栏率达到 190%，居于世界先进水平。

2. 2015 年世界生猪存栏量与猪肉产量位次 见表 10-4。

表 10-4　2015 年世界生猪存栏量与猪肉产量位次

生猪存栏量				猪肉产量			
位次	国家	存栏数（万头）	所占比重（%）	位次	国家	产量（万 t）	所占比重（%）
1	中国	45 113	56.7	1	中国	5 735	52.1
2	欧盟	14 325	18.0	2	欧盟	2 237	20.3
3	美国	6 367	8.0	3	美国	1 086	9.9
4	巴西	3 979	5.0	4	巴西	682	6.2
5	俄罗斯	2 388	3.0	5	俄罗斯	407	3.7
6	加拿大	1 592	2.0	6	加拿大	308	2.8
7	其他	5 810	7.3	7	其他	550	5.0

3. 中国猪肉产量、生产水平大幅度提高　2015 年，中国猪肉产量达 5 735 万 t，占世界猪肉总产量的 52.1%；生猪存栏量达 45 113 万头，占世界生猪存栏量的 56.7%。中国生猪存栏量在 30 年中虽然增幅并不很明显，但猪肉产量却增加了几倍，生产水平快速提高。

4. 欧美发达国家（组织）生产水平仍处于领先地位　2015 年，欧盟猪肉产量达 2 237 万 t，居世界第 2 位，占世界总产量的 20.3%；生猪存栏量为 14 325 万头。2015 年，居世界第 3 位的美国猪肉产量达 1 086 万 t，占世界总产量的 9.9%。因此，不难看出欧美发达国家（组织）生猪生产水平仍处于世界领先水平。

（三）世界猪肉贸易变化趋势

2012 年以来，全球猪肉产量呈增长趋势，全球产量从 2011 年的 10 358.1 万 t 增至 2015 年的 11 145.8 万 t，2012 年、2013 年、2014 年、2015 年的年增长率分别为 3.2%、1.8%、1.6% 和 0.8%，增长趋于平缓。在主要的猪肉生产国中，韩国、俄罗斯、墨西哥和中国增速较快，近 5 年产量年均增加 9.7%、6.2%、2.7% 和 2.7%，欧盟、加拿大和日本等发达国家（组织）猪肉产量趋于平稳，年均分别增加 0.1%、0.3% 和 0.1%。

1. 世界猪肉贸易量大幅上升　2016 年，世界猪肉贸易量上升幅度较大，达到 831 万 t，比 2015 年上升了 24%，世界猪肉贸易量大幅度上升的主要动力是中国猪肉进口量的大幅度上升。根据美国农业部的估计数据，2016 年，中国猪肉进口量达到 240 万 t，比 2015 年增加了近 140 万 t，而 2016 年世界猪肉的贸易量增幅为 160 万 t，因此世界贸易量增加的部分主要来源于中国进口，中国在 2016 年已经超过日本成为世界最大猪肉进口国，当年日本的进口量为 132 万 t，在日本之后，墨西哥的进口量也达到了 102.5 万 t。在出口方面，欧盟出口量占比最大，达到 38.24%，这一份额比 2015 年略低；其次是美国，为 28.38%，比 2015 年有所上升；加拿大和巴西的出口份额分别为 15.07% 和 10.89%。

2. 美国猪肉出口量有一定上升　2016 年，美国猪肉出口 237.4 万 t，比 2015 年上升了 4.47%。2012 年以来，美国猪肉出口量总体比较平稳，主要出口到东亚、拉丁美洲、加拿大以及澳大利亚等地，墨西哥和日本成为美国猪肉主要的出口目的地，合计份额在 50% 以上，中国市场成为美国 2016 年出口增长的主要动力。美国 2016 年的猪肉进口量达到 49.5 万 t，比 2015 年下降了 2.12%，主要进口来源国是加拿大、丹麦和波兰，这 3 个国家合计份额达到 87.6%，美国猪肉出口量占国内产量的比重为 20% 左右。

3. 欧盟猪肉出口量增幅较大 根据美国农业部的数据，2016年，欧盟对外猪肉出口量达到330万t，比2015年上升了38.13%，大幅上升的主要原因是欧盟对中国猪肉出口的大幅增加。根据中国的海关数据，2016年，欧盟对中国鲜冷冻猪肉的出口量达到109.9万t，比2015年上升了89.4%。在鲜冷冻猪肉方面，德国对中国的出口量由2015年的20.5万t上升至2016年的34.4万t，西班牙由13.7万t上升至26万t，荷兰由2.97万t上升至12万t，丹麦由8.13万t上升至15.9万t。因此，中国的进口需求扩大对于欧盟2016年生猪价格的回暖起到了重要作用。

第二节 猪的生物学特性

一、采食行为

猪生来就具有拱土的遗传特性，拱土觅食是猪采食行为的一个突出特征，喂食时每次猪都力图占据食槽有利的位置，有时将两前肢踏在食槽中采食。猪的采食有选择性，特别喜爱甜食。猪的采食是有竞争性的，群饲的猪比单饲的猪吃得多、吃得快，增重也快。

在多数情况下，饮水与采食同时进行。猪的饮水量相当大，仔猪出生后就需要饮水，吃料时饮水量为干料的2~3倍；成年猪的饮水量除受饲料组成影响外，很大程度取决于环境温度。

二、消化特性

猪是杂食动物，门齿、犬齿和臼齿都很发达，能充分利用各种动植物和矿物质饲料，但猪对食物有选择性，能辨别口味。

猪对日粮的饲料转化率仅次于鸡，而高于牛、羊，对饲料中的能量和蛋白质利用率高。猪的采食量大，但很少过饱，消化道长，消化极快，能消化大量的饲料，以满足其迅速生长发育对营养的需要。猪对精料有机物的消化率为76.7%，也能较好地消化青粗饲料，对青草和优质干草的有机物消化率分别达到64.6%和51.2%。猪对粗饲料中粗纤维的消化能力较差，饲料中粗纤维含量越高对日粮的消化率也就越低。在猪的饲养中，应注意精、粗饲料适当搭配，控制粗纤维在日粮中所占的比例，保证日粮的全价性和易消化性。中国地方猪种较国外培育品种具有较好的耐粗饲特性。

三、嗅觉和听觉灵敏，视觉不发达

猪生有特殊的鼻，嗅区广阔，嗅黏膜的绒毛面积很大，分布在嗅区的嗅神经非常密集。因此，猪的嗅觉非常灵敏，对任何气味都能嗅到、辨别出来。仔猪在生后几小时便能鉴别气味，依靠嗅觉寻找乳头，在3d内就能固定乳头，任何情况下都不会出错。凭着灵敏的嗅觉，识别群内的个体、自己的圈舍和卧位，保持群体之间、母仔之间的密切联系；对混入本群的他群仔猪能很快认出，并加驱赶。灵敏的嗅觉在公母猪的联系中也起很大作用，发情母猪闻到公猪特有的气味时，即使公猪不在场，也会表现"呆立"反应。

猪耳形大，外耳腔深而广，听觉相当发达。仔猪生后几小时，就对声音有反应，到3~4月龄时就能很快地辨别出不同的声音。现代养猪场，为了避免由于喂料声响所引起的猪群骚动，常采取全群同时给料装置。为了保持猪群安静，尽量避免突然的声响，尤其不要轻易抓捕小猪，以免影响其生长发育。

猪的视觉很弱，缺乏精确的辨别能力，视距、视野范围小，不靠近物体就看不见东西。

四、性行为与繁殖特性

性行为包括发情、求偶和交配行为。母猪在发情期，可以出现特异的求偶表现，公母猪都表现一些交配前的行为。

发情母猪主要表现为卧立不安，食欲忽强忽弱，发出特有的柔和而有节律的"哼哼"声，爬跨其他母猪，或等待其他母猪爬跨，频频排尿。

公猪一旦接触母猪，会追逐，嗅其体侧肋部和外阴部，把嘴插向母猪两腿之间，突然往上拱动母猪的臀部，口吐白沫，出现有节奏的排尿。

公猪由于营养和运动的关系，常出现性欲低下，或发生自淫现象；群养公猪，常造成稳定的同性性行为的习性，群内地位低的公猪多被其他公猪爬跨。

猪一般 4～5 月龄达到性成熟，6～8 月龄就可初次配种。妊娠期短，只有 114 d，1 岁时或更短的时间内可以第 1 次产仔。中国优良地方猪种，公猪 3 月龄开始产生精子，母猪 4 月龄开始发情排卵，比国外品种早 3 个月，太湖猪 7 月龄便有分娩的。

猪是常年发情的多胎高产动物，1 年能分娩 2 胎，有些可以达到 2 年 5 胎或 1 年 3 胎。经产母猪平均 1 胎产仔 10 头左右，比其他家畜要高产。

母猪 1 个发情周期内可排卵 12～20 枚；而产仔只有 8～15 头；公猪 1 次射精量 200～400 mL，含精子数 200 亿～800 亿个。可见，猪的繁殖潜力很大。只要采取适当繁殖措施，改善营养和饲养管理条件，以及采用先进的选育方法，进一步提高猪的繁殖效率是可能的。

五、生长期短、周转快、积脂力强

猪由于胚胎期短，同胎仔数又多，出生时发育不充分，头的比例大，四肢不健壮，初生体重小，仅占成猪体重的 1%，各器官系统发育也不完善，对外界环境的适应能力差，所以，初生仔猪需要精心护理。

猪出生后为了补偿胚胎期内发育不足，生后 2 个月内生长发育特别快，30 日龄的体重为初生重的 5～6 倍，2 月龄体重为 1 月龄的 2～3 倍，断乳后至 8 月龄前，生长仍很迅速。在满足其营养需要的条件下，一般 160～170 d 体重可达到 90～100 kg，即可出栏上市，相当于初生重的 90～100 倍。

六、定居漫游与群居行为

猪的群体行为是指猪群中个体之间发生的各种交互作用。在无猪舍的情况下，猪能自己找固定地方居住，表现出定居漫游的习性。猪有合群性，也有竞争习性，有大欺小、强欺弱和欺生的好斗特性，猪群越大，这种现象越明显。

猪喜群居，同一小群或同窝仔猪间能和睦相处，但不同窝或群的猪新合到一起，就会相互撕咬，并按来源分小群躺卧，几天后才能形成一个有次序的群体。在猪群内，无论群体大小，都会按体质强弱建立明显的位次关系，形成固定的位次关系，若猪群过大，就难以建立位次，相互争斗频繁，影响采食和休息。

猪群具有明显的等级，这种等级出生后不久即形成。猪群等级最初形成时，以攻击行为最为多见，等级顺序的建立，受构成这个群体的品种、体重、性别、年龄和气质等因素的影响。

稳定的猪群，是按优势序列原则，组成有等级制的社群结构，当重新组群时，稳定的社群结构发生变化，发生激烈的争斗，直至重新组成新的社群结构。

七、争斗行为

争斗行为包括进攻防御、躲避和守势等行为。

陌生的猪进入一猪群中，这头猪便成为全群猪攻击的对象。猪的争斗行为多受饲养密度的影响，当猪群密度过大，每头猪所占空间下降时，群内咬斗次数和强度增加，会造成猪群吃料攻击行为增加，降低采食量和增重。新合群的猪群，主要是争夺群居位次，只有群居构成形成后，才会更多地发生争食和争地盘的格斗。

八、母性行为

母性行为包括分娩前后母猪的一系列行为，如絮窝、哺乳及其他抚育仔猪的行为等。

母猪临近分娩时，以衔草、铺垫猪床絮窝的形式表现出来。分娩前24 h母猪表现为不安、频频排尿、磨牙、摇尾、拱地、时起时卧、不断改变姿势；分娩时多采用侧卧，选择最安静的时间分娩，夜间产仔较多见。母猪整个分娩过程中，自始至终处在放乳状态，并不停地发出"哼哼"的声音，乳头饱满，甚至乳汁流出，使仔猪容易吸吮。授乳时常采取左倒卧或右倒卧姿势，母猪以低度有节奏的哼叫声呼唤仔猪哺乳，有时是仔猪以它的召唤声和持续地轻触母猪乳房以刺激授乳，1头母猪授乳时母仔的叫声，常会引起同舍内其他母猪也哺乳。

母猪非常注意保护自己的仔猪，在行走、躺卧时十分谨慎，不踩伤、压伤仔猪。

母性行为，地方猪种表现尤为明显；现代培育品种，尤其是高度选育的瘦肉猪种，母性行为有所减弱。

九、活动与睡眠

猪的行为有明显的昼夜节律，活动大都在白天。在温暖季节和夏天，夜间也会活动和采食，遇上阴冷天气，活动时间缩短。

哺乳母猪睡卧时间随哺乳天数的增加逐渐减少，走动次数由少到多，时间由短到长，这是哺乳母猪特有的行为表现。

仔猪出生后3 d内，除吸乳和排泄外，几乎全是酣睡不动，随日龄增长和体质的增强活动量逐渐增多。仔猪活动与睡眠一般都尾随效仿母猪。出生后10 d左右便开始同窝仔猪群体活动，单独活动很少，睡眠休息主要表现为群体睡卧。

十、排泄行为

猪是爱清洁的动物，不在吃睡的地方排粪尿，能保持其窝床干洁。采食、睡眠和排粪尿都有特定的位置，能在猪栏内远离窝床的一个固定地点排粪尿。猪一般喜欢在清洁干燥处躺卧，选择在墙角潮湿有粪便气味处或污浊处排粪尿，且受邻近猪的影响。若猪群过大，或圈栏过小，猪的上述习惯就会被破坏。

猪属平衡灵活的神经类型动物，易于调教。在生产实践中可利用猪的这一特点建立有益的条件反射，如通过短期训练，可使猪在固定地点排粪尿等。

十一、后效行为

猪的行为有的与生俱来，如觅食、哺乳和性行为等，有的则是后天形成的。后天获得的行为称条件反射行为，或称后效行为。后效行为是猪生后对新鲜事物慢慢熟悉后而逐渐建立起来的。猪对吃、喝的记忆力强，对饲喂的有关工具、食槽、饮水槽及其方位等，最易建立起条件反射。

十二、适应性强、分布广

猪对自然地理、气候等条件的适应性很强，是世界上分布最广、数量最多的家畜之一。

猪如果遇到极端的环境和极其恶劣的条件，如当温度升高到临界温度以上时，出现热应激，呼吸频率加快，呼吸量增加，采食量减少，生长猪生长速度减慢，饲料转化率降低，公猪射精量减少、性欲变差，母猪不发情，当环境温度超出等热区上限更高时，猪则难以生存。同样，冷应激对猪影响也很大，当环境温度低于猪的临界温度时，其采食量增加，增重减慢，饲料转化率降低，战栗、挤堆，进而死亡。

在整个养猪生产工艺流程中，充分利用这些行为特性，精心为各类猪群提供适宜的生活环境，使猪群处于最优生长状态，方可充分发挥猪的生产潜力，获取最佳经济效益。

第三节 猪的类型和品种

中国猪种资源丰富。猪的类型划分的依据不同，分法不一，最常用的类型划分有：根据来源，可划分为地方品种、培育品种和引入品种3大类；根据猪胴体瘦肉含量，又可分为脂肪型（脂用型）品种、鲜肉型（兼用型）品种和腌肉型（瘦肉型）品种。

一、猪的经济类型

人们根据市场对瘦肉和脂肪要求不同及各地区猪饲料供应的差异，经过长期的选育而形成不同类型的猪种——脂肪型、腌肉型和鲜肉型，这是品种向专门化方向发展的结果与产物。

（一）脂肪型

提供较多的脂肪，一般脂肪占胴体的45%以上，第6～7胸椎间上方膘厚在3.5 cm以上。外形特点：下颌多肉沉重，体长和胸围相等或略小于胸围。例如，广西陆川猪、老式巴克夏猪均属于典型代表。

（二）腌肉型

能提供较多的瘦肉，一般可占胴体的55%以上，第6～7胸椎间上方膘厚在3 cm以下，可用于加工成长期保存的腌肉与火腿。外形特点是前躯轻、后躯重、中躯长、整体呈流线型。国外品种，如大约克夏猪、长白猪、杜洛克猪等，还有我国浙江的金华猪均属此类。

（三）鲜肉型

以生产鲜肉为主，胴体中的瘦肉和脂肪比例相近，各占40%左右，第6～7胸椎间上方膘厚3～5 cm，我国地方猪种多属此类。

二、中国地方品种和培育品种

（一）地方品种

中国幅员辽阔，地形和气候差异较大，猪种来源复杂，再加上各地区农业生产条件和耕作制度差异悬殊，长期的精心选育形成了许多不同类型的优良猪种。地方品种大致可分为6个类型。

1. 华北型 主要分布于秦岭、淮河以北，包括自然区中的华北区、东北区和蒙新区。此型猪性成熟早，3～4月龄开始发情，4月龄即可配种。繁殖性能强，产仔数多在12头以上，护仔性好，仔猪育成率高，猪育肥增重低，一般12月龄才达到100 kg以上，瘦肉率45%左右，肉味鲜美。属于此类猪种有：内蒙古河套大耳猪、东北民猪、西北八眉猪、山西马身猪、河北深州猪、山东莱芜猪。

以东北民猪为例：原产于东北和华北部分地区，具有抗寒能力强、体质健壮、产仔较多、脂肪沉积能力强、肉质好以及适于放牧粗放管理等特点。

外形特征：头中等大，面直长，耳大下垂，体躯扁平，背腰狭窄，臀部倾斜，四肢粗壮,全身被毛黑色,毛密而长,猪鬃较多,冬季密生绒毛。

生产性能:窝产仔数11~15头,初生重0.98 kg,60 d断乳时重12 kg,10月龄肉猪体重136 kg,屠宰率72%。成年公猪体重200 kg,成年母猪体重148 kg。

杂交利用:以东北民猪为母本分别与大约克夏猪、长白猪、苏白猪和哈白猪杂交,其杂种猪育肥期日增重分别为560 g、544 g、499 g和575 g,以东北民猪为母本生产的两品种一代杂种母猪,再与第3品种公猪杂交所得三元杂交后代,其育肥效果比二元杂种猪又有所提高。

2. 华南型 分布于云南、广西和广东偏南地区、福建省东南角、台湾全省。该类猪性成熟早,3~4月龄发情,6月龄左右体重达30 kg即可配种。繁殖力较弱,每窝产仔数8~9头,乳头数5~6对。仔猪断乳时重7~8 kg,早熟易肥,肉质细嫩,屠宰率较高,一般在75%以上。属于华南型的猪种有:广西陆川猪、两广小花猪、滇南小耳猪、福建槐猪等。

以陆川猪为例:产于广西陆川、合浦等县及广东高州、湛江等地。该猪具有早熟易肥、屠宰率高、繁殖力强、耐粗饲、适应性强、性情温驯等特点。

外形特征:整个体躯矮短肥胖,头较短小,额生横纹,多有白斑,耳小且向外平伸,吻突粉红,背腰宽而凹陷,腹大拖地,被毛短细稀疏,除耳、背、臀和尾为黑色外,其余部位均为白色。

生产性能:产仔数11头,初生重0.56 kg,60 d断乳时重8 kg,8月龄体重70 kg左右,屠宰率68%,成年公猪体重87 kg,成年母猪体重79 kg。

3. 华中型 主要分布于长江和珠江流域的广大地区。华中型猪的体型和生产性能与华南型相似,体质较疏松,早熟。乳头6~7对,窝产仔数10~12头,生长较快,成熟早,肉质细致。浙江的金华猪、广东的大花白猪、福建的闽北黑猪和贵州的关岭猪等均属此类。

以金华猪为例:产于浙江省金华、义乌和东阳三地,该猪具有性成熟早、繁殖力强、皮薄骨细、肉质好、适于腌制优质火腿等特点。

外形特征:体型中等偏小,耳中等大小、下垂,背微凹,腹大微下垂,四肢细短,蹄坚实呈玉色,毛色以中间白、两头黑为特征,即头颈和臀部为黑皮黑毛,体躯中间为白皮白毛,故又有"两头乌"或"金华两头乌猪"之称。

生产性能:窝产仔数12头,初生重0.73 kg,60 d断乳时重10 kg,8~9月龄肉猪体重63~76 kg,屠宰率72%,成年公猪体重140 kg,成年母猪体重110 kg。

杂交利用:用丹麦长白猪作第2父本,与约×金(大约克夏公猪配金华母猪)杂种母猪杂交,其三品种杂种猪在中等营养水平下饲养,体重在18~75 kg阶段,日增重381 g,胴体瘦肉率58%。

4. 江海型 主要分布于汉水和长江中下游及东南沿海和我国台湾西部的沿海平原。母猪性成熟早,发情明显,受胎率高。产仔数在13头以上,有的达16头以上,以繁殖力强而著称。该类型猪体脂沉积力强,增重较快,性成熟早,屠宰率一般在70%左右。属于该类型的猪种有太湖猪、姜曲海猪、虹桥猪、阳新猪及台湾猪等。

以太湖猪为例:产于长江下游太湖流域的沿江沿海地区。由二花脸、梅山、枫泾、嘉兴黑和横泾等地方类型猪组成。太湖猪是我国乃至世界猪种中繁殖力最强、产仔数最多的品种,品种内类群结构丰富,有广泛的遗传基础。肌肉间脂肪较多,肉质较好。

外形特征:体型中等,头大额宽,额部皱褶多而深,耳特大、软而下垂,胸较深,背腰微凹,腹大下垂,臀宽倾斜,全身被毛黑色或灰色,毛稀疏,四肢末端为白色。

生产性能:性成熟早,产仔数13头左右,一胎产仔20头以上者也属常见,初生重0.72 kg,60 d断乳时重13 kg,6~10月龄肉猪体重65~90 kg,屠宰率67%左右,成年公猪体重140 kg,成年母猪体重114 kg。

杂交利用：用苏白猪、长白猪和大约克夏猪作父本与太湖猪杂交，一代杂种猪日增重分别为 506 g、481 g 和 477 g，三品种杂种猪日增重、瘦肉率均有所提高。

5. 西南型 主要分布在四川盆地和云贵高原的大部分地区以及湖南、湖北的西部。每窝产仔 8～10 头，乳头 6～7 对，屠宰率较低。属于该类型的猪种有：内江猪、荣昌猪、乌金猪、关岭猪、柯乐猪及云南富源大河猪等。

以荣昌猪为例：产于重庆市的荣昌和四川省的隆昌两地，荣昌猪具有适应性强、瘦肉率较高、配合力较好和肉质优良等特点。

外形特征：体型较大，头大小适中，面微凹，耳中等大小、下垂，额面皱纹横行、有旋毛，背腰微凹，腹大而深，四肢细致、结实，除两眼四周或头部有大小不等的黑斑外，被毛均为白色。

生产性能：产仔数 12 头左右，断乳时重 11.9 kg，12 月龄肉猪体重 100～125 kg，成年公猪体重 158 kg，成年母猪体重 144 kg。

6. 高原型 主要分布于青藏高原，此类型猪属于小型晚熟品种，长期放牧奔走，因而体型紧凑，四肢发达，系部短而有力，蹄小结实，嘴尖长而直，耳小直立，背窄微弓，腹紧，臀倾斜，被毛密长，并生有绒毛，产仔数多为 5～6 头，乳头一般 5 对，生长缓慢，屠宰率低，但胴体瘦肉较多，属于该种类型的有藏猪和合作猪。

以藏猪为例：产于我国青藏高原的广大地区，属于典型的高原型猪种。

外形特征：体型小，具有典型高原猪的外形，被毛多为黑色，部分猪兼有"六白"特征，少数猪为棕色。

生产性能：产仔数 5～6 头，初生重 0.4～0.6 kg，断乳时重 2～5 kg。在放牧条件下，育肥增重很慢，12 月龄体重 20～25 kg，24 月龄体重 35～40 kg。屠宰率低，皮较薄，胴体中瘦肉较多。

（二）培育品种

1949 年以来，我国根据国民经济发展和人民生活的需要，有目的、有计划、有组织地进行了新猪种的培育工作。据统计，我国已育成了 50 多个品种（系）。这些培育品种保留了地方品种适应性强、耐粗放饲养管理、繁殖力强、肉质好的特点，同时胴体瘦肉率和育肥性状等生产性能也较地方品种有了较大的改良和提高。在瘦肉型猪生产中，用培育品种作母本，用引入猪种作父本，其二元杂种的日增重和瘦肉率达到了较高的生产水平，已是我国多数瘦肉型商品猪生产的主要途径。

1. 上海白猪 产于上海近郊宝山区等地，主要是由大约克夏猪、苏白猪和太湖猪培育而成，主要特点是生长较快、产仔较多、适应性强、胴体瘦肉率高。

外形特征：体型中等偏大，体质结实，颜面平直或微凹，耳中等大小略向前倾，背宽，腹稍大，腿臀较丰满，被毛白色，乳头排列稀，乳头数 7 对左右。

生产性能：产仔数 12 头左右，60 d 断乳时重 18 kg 左右，体重 20～90 kg 时，日增重 615 g 左右，90 kg 屠宰，屠宰率 70%、瘦肉率 52.5%。

2. 北京黑猪 主要由北京市双桥、北郊农场用巴克夏猪、大约克夏猪、苏白猪及河北黑猪培育而成，主要特点是体型较大、生长速度较快、母猪母性好，与长白猪、大约克夏猪和杜洛克猪杂交效果好。

外形特征：体质结实，结构匀称，头大小适中，两耳向前上方直立或平伸，面微凹，额较宽，颈肩结合良好，背腰较平直且宽，四肢健壮，腿臀丰满，全身被毛黑色。乳头多在 7 对以上，属兼用型猪种。

生产性能：产仔数 11 头左右，初生重 1.25 kg，60 d 断乳时重 17 kg，生长育肥猪体重在 20～90 kg 时，日增重达 600 g 以上，90 kg 屠宰，屠宰率达 72%～73%，胴体瘦肉率

49%～54%。

我国培育的猪品种还有：三江白猪、东北花猪、新淮猪、山西瘦肉型 SD-1 系猪、湖北白猪、芦白猪、汉沽黑猪等。

（三）国外引入品种

从 1840 年起，国外猪种开始输入中国，但数量很少。1949 年后，我国陆续有计划地引进了大约克夏猪、长白猪和巴克夏猪等。从 20 世纪 80 年代起，我国又引进了汉普夏猪、杜洛克猪和迪卡猪、斯格猪、丹系法系猪、PIC 猪等配套系，主要用于经济杂交，这些猪种的引入对我国新猪种的培育以及养猪产业发展起到了重要作用。

1. 大约克夏猪　大约克夏猪原产于英国北部的约克郡及其邻近地区。经不同选育逐渐分化出大、中、小三型，并各自形成独立的品种。由于小型猪不适合生产需要，已被淘汰。中型猪在我国饲养数量不多，现在各国饲养的均为大型约克夏猪即大白猪。该猪是世界著名的瘦肉型猪种。引入我国后，经过多年培育驯化，已经有了较好的适应性，其主要优点是生长快、饲料转化率较高、产仔较多、胴体瘦肉率高。

外形特征：体格大，体型匀称，耳立，鼻直，背腰多微弓，四肢较高，后躯发育良好，腹线平直，全身被毛白色，乳头 6～7 对。

生产性能：产仔数 11 头，初生重 1.3～1.7 kg，60 日龄断乳时重 18～25 kg，6 月龄体重可达 100 kg 左右，屠宰率较高，成年公猪体重 300～370 kg，成年母猪体重 250～333 kg。

2. 长白猪　原产于丹麦，原名兰德瑞斯猪，由于其体躯长，毛色全白，故在我国通称长白猪。该猪是世界上著名的瘦肉型猪种之一。其主要特点是产仔数较多，生长发育较快，胴体瘦肉率高，但体质较弱，抗逆性差，对饲料要求较高。

外形特征：头小轻秀，颜面平直，耳向前倾平伸略下搭，胸宽深适度，肋骨开张良好，背腰特长，背线微呈拱形，后躯丰满，体躯前窄后宽呈流线型，全身被毛白色，乳头一般 7～8 对。

生产性能：产仔数 11 头，初生重 1.4～1.7 kg，60 d 断乳时重 18～24 kg，6 月龄猪体重 100 kg，日增重 500～800 g，屠宰率为 69%～75%，胴体瘦肉率为 58%～63%，成年公猪体重 300～350 kg，成年母猪体重 250～300 kg。

3. 汉普夏猪　原产于美国肯塔基州，是美国分布最广的瘦肉型品种之一。其主要特点是生长发育较快，抗逆性较强，饲料转化率较高，胴体瘦肉率高，肉质较好，但产仔数量较少。

外形特征：全身黑毛，从肩部到前肢环绕一条白毛带，头大小适中，颜面直，鼻端尖，耳直立，背腰粗短，体型紧凑，体质强健。

生产性能：平均产仔数 9 头，初生重 1.4～1.6 kg，6 月龄体重 90 kg，眼肌面积大，胴体瘦肉多，瘦肉率约 65%，成年公猪体重 300～380 kg，成年母猪体重 250～300 kg。

4. 杜洛克猪　杜洛克猪原产于美国东部的新泽西州和纽约州等地，主要亲本用纽约州的杜洛克猪和新泽西州的泽西红猪杂交育成，原称杜洛克泽西猪，后统称杜洛克猪，分为美系杜洛克猪和加系杜洛克猪。

外形特征：杜洛克原种猪毛色棕红、结构匀称紧凑、四肢粗壮、体躯深广、肌肉发达，属瘦肉型肉用品种。头大小适中、较清秀，颜面稍凹、嘴筒短直，耳中等大小，向前倾，耳尖稍弯曲，胸宽深，背腰略呈拱形，腹线平直，四肢强健。公猪包皮较小，睾丸匀称突出，附睾较明显；母猪外阴部大小适中，乳头一般为 6 对，母性一般。

生产性能：杜洛克猪产仔数较少，大群平均仅为 9～10 头，但生长快，饲料转化率高，抗逆性强。70 日龄至 100 kg 日增重 750 g，70 日龄至 100 kg 饲料转化率 2.8∶1，出生至 100 kg 需 170 d，育肥猪 25～90 kg 阶段日增重为 700～800 g，饲料转化率

(2.8~3.2):1,达 90 kg 体重日龄在 170 d 以下。90 kg 屠宰时,屠宰率 72%以上,胴体瘦肉率 61%~64%,肉质优良,肌内脂肪含量高达 4%以上。

5. PIC 配套系猪　PIC 猪是五系配套,商品代含有大约克夏猪、长白猪、杜洛克(白毛)猪、皮特兰(已去除氟烷基因)猪,甚至还有中国梅山猪的血统,通过庞大的群体进行选优和提纯,选育出基因型纯合的纯种繁育群,组成一个核心群,再经过杂交组合、配合力测定,得出最佳组合,其充分利用了母体和个体杂交优势,稳定了遗传性状。

生产性能:PIC 商品猪的平均活产仔数 11.5 头,母猪年产 2.35 胎,日增重 890 g,背膘厚 1.81 cm。PIC 五元杂交商品猪,生长速度快,目前平均 140 d 可达 110 kg,瘦肉率 66%,饲料转化率 2.8:1。

第四节　种猪的饲养管理

一、配　种

(一)提高精液的数量和品质

提高公猪精液品质和配种能力,应保持营养、运动、配种利用三者间的平衡,若失去平衡,就会产生不良的结果。

1. 射精量和精液组成　公猪一次射精量平均为 250 mL,一般为 150~500 mL。精液由精子和精清组成,精清是副性腺的混合分泌物,占 15%~20%,前列腺分泌物占 55%~70%,尿道球腺分泌物占 10%~25%。

2. 公猪的饲养　营养是维持公猪生命活动、产生精子和保持旺盛配种能力的物质基础。

(1)营养需要:实行合理的饲养,才能使公猪经常保持种用体况,体质结实,精力充沛,性欲旺盛,精液品质好,配种成绩好。

体重 200 kg 左右的公猪,在配种期日供给风干饲料 2.4 kg,含消化能 30.03 MJ,可消化粗蛋白质 265 g,日粮中必须提供优质的蛋白质饲料。形成精液的必需氨基酸有赖氨酸、色氨酸、胱氨酸、组氨酸、蛋氨酸等。其中,赖氨酸最为重要。

公猪日粮中钙、磷不足或缺乏使精液品质明显下降,出现大量死精或畸形精子。维生素不足会影响猪的正常生理代谢,造成种猪食欲减退,生长停滞,精液品质下降。公猪在配种准备期和配种期,每千克饲料中应供给维生素 A 4 100 IU,维生素 D 177 IU,维生素 E 11 mg,烟酸、泛酸也是公猪不可缺少的维生素。

(2)饲养方式:有 2 种饲喂方式,即一贯加强的饲养方式和配种季节加强的饲养方式。

(3)饲料与饲喂技术:饲喂公猪的饲料的体积不宜过大,应以精料为主,以避免造成垂腹。宜采用生干料或湿料,加喂适量的青绿多汁饲料,供给充足清洁的饮水。

3. 公猪的管理　公猪单圈喂养或小群喂养。

合理的运动可提高公猪的食欲和消化力,增强体质,避免肥胖,在非配种期和配种准备期要加强运动,配种期应适度运动。刷拭与夏天洗澡能增强血液循环,使公猪性欲增强,温驯,听从管理,便于采精或辅助配种。要经常修整公猪的蹄甲,注意保护肢蹄,应铺垫草或木屑,以减少四肢疾患的发生。

夏季高温,公猪遭受热应激,精液品质会明显降低,甚至发生严重死精现象。高温也影响公猪的性行为,降低性欲,必须因地制宜采取防暑降温措施,如采用通风、洒水、洗澡、遮阳等方法,防止热应激的负面效应。

公猪应定期称重,根据体重变化检查饲养效果,以便及时调整日粮。公猪不能过肥,成年公猪的体重应无太大变化,经常保持种用体况。经常检查精液品质,根据精液品质的优劣，调整营养、运动和配种次数，以保证公猪的健康和提高受胎率。

4. 公猪的利用 一般来说，我国地方种公猪性成熟较早，引入的国外品种性成熟较晚，我国培育的品种和杂种公猪性成熟居中。配种过早，会影响公猪本身的生长发育，缩短利用年限，还会降低与配母猪的繁殖成绩。

公猪初配前应进行调教，这对引入的国外品种尤为重要。公猪精液品质的优劣和利用年限的长短，除受营养和饲养管理条件的影响外，很大程度上还取决于利用强度。公猪利用过度，精液品质下降，从而影响其受胎率，降低其配种能力并缩短公猪的利用年限。2岁以上的成年公猪1 d配种1次为宜，必要时也可1 d 2次，1头公猪可负担20～30头母猪的配种任务。

（二）适时配种

1. 掌握适宜的配种时间 配种适宜时间是在母猪排卵前的2～3 h，即在发情后的20～30 h。如配种过早，当卵细胞排出时，精子已失去受精能力；交配过迟，当精子进入母猪生殖道内时，卵细胞已失去受精能力。

我国地方猪种，以年龄讲，老龄母猪发情持续时间短，配种时间可适当提前，幼龄母猪发情持续时间长，配种时间可适当推迟；以品种讲，地方猪种应适当晚配，引入的国外品种应适当早配，我国培育的猪种和杂种母猪居中。

根据母猪发情的外部表现和行为，即母猪阴户红肿刚开始消退和呆立不动时，正处于排卵阶段，是配种的最佳时间。

2. 交配方法 交配方法有本交和人工授精。本交分为自由交配和人工辅助交配。

自由交配即公母猪直接交配。人工辅助交配，先把母猪赶入交配地点，后赶进公猪，待公猪爬跨母猪时，配种员将母猪的尾巴拉向一侧，使阴茎顺利插入阴道中。与配的公母猪，体格最好相仿，如公猪比母猪个体小，配种时应选择斜坡处，公猪站在高处；若公猪比母猪个体大，则公猪站在低处。

人工授精可提高优良公猪的利用率，减少公猪的饲养头数，克服本交时体格悬殊的障碍，避免疫病的传播，在规模化、集约化养猪场采用人工授精是提高经济效益的一项重要措施。近年来，发达国家的猪人工授精技术又有了新的发展和突破，一种新的人工授精技术开始得到应用，即深部输精技术——将公猪精液送入母猪子宫内，使精子与卵细胞结合距离缩短，从而防止精液倒流，提高受胎率和产仔数。

二、妊娠期的管理

妊娠母猪的饲养管理目标是根据胚胎生长发育规律、妊娠母猪的生理特点和营养需要，采取相应的有效措施，以保证胎儿的正常生长发育，防止流产和成功进行繁殖。

（一）妊娠诊断

母猪配种后如果不再发情，便可判断已经妊娠。母猪妊娠后表现食欲旺盛、性情温驯、动作稳重、嗜睡、皮毛发亮、尾下垂、阴户收缩等症状。但个别母猪妊娠后由于体内激素局部失调，可能出现发情表征，时间很短，这是一种假发情的表征，应认真加以区别。

（二）胚胎发育特点

从卵细胞受精到子宫着床需14～15 d，再经20 d形成各种器官和胎儿雏形，50 d左右性别分化，90 d长被毛，到114 d胎儿成熟。存活的胚胎在妊娠前期（1～40 d）绝对生长量小，第40天时不足初生重的1%。中期（41～80 d）生长量也不大，约占初生重的30%。而后期（81 d至出生），特别是临产前20 d生长最快，约占初生重的60%。

母猪每个发情期排卵20枚左右，卵细胞的受精率在95%以上，但每胎产仔数一般10头左右，约有一半的受精卵在胚胎发育过程中死亡。胚胎死亡大致有3个高峰期：第1次出现在妊娠后第9~13天，正处于着床准备期，这一阶段胚胎死亡率占胚胎总数的20%~25%。第2次死亡高峰出现在受精后18~24 d，此期正处于胚胎器官形成阶段，此期胚胎死亡率占总数的10%~15%。第3次死亡高峰出现在妊娠的60~70 d，此期胎儿生长发育加速，而胎盘发育停止，营养不均导致胎儿死亡或发育不良，此期胎儿死亡占总数的5%~10%。这样经过3次死亡高峰和妊娠后期、临产前的死亡，最后母猪产活仔数大约只有发情排出卵细胞数的一半。

（三）妊娠母猪对饲料养分利用的特点

母猪在妊娠后对营养物质的利用率提高了，这是由于妊娠期合成代谢作用加强的结果。代谢效率高，脂肪沉积加强，妊娠母猪体组织增长，体重增加。到妊娠中后期，胎儿生长发育加快，胎儿组织合成所消耗的能量增加。妊娠母猪的营养需要有维持需要、胎儿发育、后备母猪生长、经产母猪复膘及储备泌乳等几方面。妊娠前期母猪对营养的需要主要是用于自身的维持生命和复膘，初产母猪还要用于自身的生长发育，而用于胚胎发育所需极少。妊娠后期胎儿生长发育迅速，对营养要求增加。

（四）饲养管理

对于断乳后体况差的经产母猪应采取"抓两头、顾中间"的饲养方式，即从配种前10 d起就开始增加采食量，提高能量和蛋白质水平，直至配种后恢复繁殖体况，然后按饲养标准降低能量浓度，并增加青粗饲料喂量，妊娠后期再给营养丰富的饲料。对于青年母猪，由于本身尚处于生长发育阶段，同时也要负担胎儿的生长发育；哺乳期内妊娠的母猪要满足泌乳和胎儿发育的双重营养需要，对这2种类型的妊娠母猪，应采用步步登高的饲养方式，即在整个妊娠期内，应采取随妊娠日期的延长逐步提高营养水平的饲养方式；对配种前体况良好的母猪，应采用"前粗后精"的饲养方式。管理妊娠母猪的中心任务是做好保胎工作，促进胎儿的正常发育，防止机械性流产。因此，对妊娠母猪应细心管理，严禁鞭打，防止惊吓和拥挤，保持安静。妊娠前期可合群饲养，每天适当运动，后期应单圈饲养，临产前应停止运动。在夏季要做好防暑降温工作，经常保持猪舍卫生清洁。

三、分娩期的管理

分娩是养猪生产中最繁忙的生产环节，其任务是使母猪安全分娩，产下的仔猪存活率高。

（一）分娩前的准备工作

母猪的妊娠期为114 d，推算预产期最简单的方法是"三、三、三"，即母猪配种后，经3个月又3周零3 d为预产期。在产前1周应准备好产房，产房要求干燥、保温、通风、光照充足，并经彻底消毒才能使用。为了使母猪习惯新环境，应提前3~5 d将其赶入产房（产栏）。临产前准备好垫草和接产用具、分娩登记表、毛巾、剪刀、消毒液、碘酒、产箱、手秤、手电筒等。产前要将母猪腹部、乳头及阴户部消毒并擦洗干净。

（二）母猪临产征候

根据配种记录确定预产期比较准确，但还应识别产前的表现。一般母猪产前14~27 d乳房逐渐膨大，乳头由白色转为红色，阴户逐渐红肿，特别在临产前3~5 d，腹部显得下垂，此时可以看到臀部和尾根两侧凹陷下去。到临产前1 d左右，母猪有不安的表现。此时，多数母猪能挤出黄白色初乳，母猪排粪尿次数增多，食欲减退。若母猪侧卧，呼吸急促，腹部开始有阵痛现象，这预示着母猪即将分娩。

（三）接产与护理

仔猪出生后，接产人员应立即用手指将口、鼻处的黏液掏出并擦净，再用毛巾将全身黏液擦净。然后断脐带，先将脐带内血液向腹部方向挤压，再在距腹壁3~4 cm处用手指掐断脐带，断端涂5%碘酊消毒。之后将仔猪放入垫有干草的产箱内。

初生仔猪体重小，母猪骨盆入口宽度一般是仔猪最宽部位的2倍，所以很少难产，但是在分娩过程中，由于种种原因常出现仔猪假死现象，即出生后呼吸停止，但心仍在跳动。急救的方法以人工呼吸最简单有效，操作时将仔猪四肢朝上，一手托着肩部，另一手托着臀部，然后一屈一伸反复进行，直到仔猪叫出声。

（四）仔猪编号及称重

全窝仔猪产完以后，将仔猪的犬齿从齿根部（黑牙）剪掉。然后称仔猪体重，即为初生重，再剪耳号。编号对谱系、育种记录、个体识别、疾病治疗等都很重要，用剪耳法给仔猪编号是一种常用的方法，在猪耳部每剪1个缺口，代表某1个数字，把几个数字相加，即得其号数，公猪为单号，母猪为双号。仔猪剪耳法有2种（图10-1）。

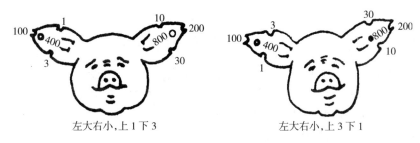

图 10-1 仔猪剪耳号法

（五）母猪的产前产后护理

母猪分娩前3～5 d，根据体况适当减少饲料喂量，防止喂量过多而引起消化不良和乳汁过浓。母猪分娩当天因失水过多一般会感到口渴，应喂2～3次麸皮盐水汤，每次饲喂麸皮250 g、食盐25 g、水2 kg左右。分娩后逐步更换哺乳期饲料，5～7 d后恢复正常饲料喂量。

母猪分娩结束后，立即用温水与消毒液清洗消毒乳房、阴部与后躯血污。胎衣排出后要及时拿走，防止母猪吞吃引起消化不良和吃仔猪的恶癖。管理上要保持产房的安静，让母猪有充分的休息时间。产后3 d开始让母猪到舍外自由活动，有利于恢复体力，促进消化和泌乳。

四、泌乳期的管理

（一）母猪泌乳的特点

母猪的乳头各自独立，一般前部乳头比后部乳头泌乳量大。母猪乳房没有乳池，不能随时排乳，仔猪也就不可能在任何时候都能吃到母乳，只有在母猪排乳时才能吃到。母猪放乳的时间很短，一般在10～20 s，最长可达40～50 s。所以一昼夜哺乳次数多达20余次，母猪的泌乳量较大，一般体重150～200 kg的母猪，全哺乳期60 d共产乳200～600 kg。

（二）影响泌乳的因素

影响母猪泌乳的因素很多，如品种、年龄、泌乳期的饲养水平及管理条件、气候环境等因素。胎次不同泌乳量也有明显差异，一般情况下，初产母猪的乳腺发育尚不完全，又缺乏哺养经验，排乳较慢，泌乳量低于经产母猪。第2～3胎泌乳量上升，第3～6胎保持较高水平，6～7胎之后呈下降趋势。

（三）哺乳母猪的饲养管理

母猪在泌乳期负担很大，如饲养管理不当，营养物质供给不足，就将对母猪和仔猪产生一系列的不利影响。采食量不足，能量和蛋白质摄入量不能满足泌乳母猪需要时，母猪即动用体脂及肌肉组织中的蛋白质用于泌乳需要，导致母猪体重下降。因此，对哺乳母猪要制订合理的饲养标准。母猪的营养供应需要考虑本身体格大小、膘情好坏，带仔多少，根据饲养标准制订合理的日粮配方。

在管理上，泌乳期应充足供给清洁饮水，母猪产后 3~5 d 开始进行适当运动，泌乳环境必须安静，让母猪充分休息好，圈舍应保持清洁干燥，调教母猪到固定地点排泄粪便，经常检查母猪乳房、乳头，如果损伤，及时治疗。

第五节　幼猪的培育

幼猪是发展养猪生产的物质基础，幼猪时期是生长发育最快、可塑性最强、饲料转化率最高、最有利于定向选育的时期。幼猪培育是提高养猪数量、保证猪肉品质、巩固育种效果、降低生产成本的关键阶段。

一、哺乳仔猪的养育

哺乳仔猪是指从出生至断乳前的仔猪。这一阶段是幼猪培育最关键的环节，仔猪出生后的生存环境发生了根本变化，从恒温到常温，从被动获取营养和氧气到主动吮乳及呼吸来维持生命，导致哺乳期死亡率明显高于其他生理阶段。

（一）哺乳仔猪的生理特点

1. 调节体温机能不完善，体内能源储备有限　仔猪出生时大脑皮层发育不全，垂体和下丘脑的反应能力以及为下丘脑所必需的传导结构的机能较低，通过神经系统调节体温适应环境应激的能力较差，保温隔热能力很差，在气温较低的环境下，仔猪不易维持正常体温。

初生仔猪的适宜环境温度为 35 ℃，当环境温度低于此温度时，体温若不能依靠物理调节维持正常，就要靠化学调节提高物质代谢增加产热量，否则仔猪会出现体温下降乃至被冻僵的现象。仔猪及时吃到初乳，得到脂肪和糖的补充，血糖含量上升，到 6 日龄时化学调节能力仍然很差；从 9 日龄起得到改善，20 日龄才接近完善。所以，对哺乳仔猪保温和尽可能让其早吃到初乳是养好仔猪最重要的措施之一。

2. 消化器官不发达，消化机能不完善　仔猪出生时消化器官相对质量和容积较小，胃的质量为 4~8 g，小肠在哺乳期内生长强烈，长度约增加 5 倍，容积扩大 50~60 倍，消化器官这种强烈的生长可持续到 6~8 月龄，以后才开始降低，到 13~15 月龄才接近成年猪的水平。初生仔猪乳糖酶活性很强，仔猪能够很好地消化乳糖，而分解蔗糖和淀粉的酶活性较弱，通过提早补食饲料能够刺激盐酸和胃液的分泌。仔猪从 1 周龄开始就能很好地利用乳脂肪，对其他脂肪不能很好乳化，也不能激活脂肪酶，故新生仔猪对其难以有效消化吸收。

3. 缺乏先天免疫力，抵抗疾病能力差　初生仔猪体内没有免疫抗体，存在于母猪血清中的免疫球蛋白不能通过母猪血管与胎儿脐血管传递给仔猪，从而导致初生仔猪没有先天免疫力。

母猪初乳中的蛋白质含量明显高于常乳。初乳中的免疫球蛋白含量下降很快，母猪分娩 12 h 后，球蛋白含量比分娩时下降 75%，随着分娩后乳汁分泌的增加，球蛋白浓度被稀释，因此，仔猪出生后吃到初乳越晚，得到的免疫球蛋白量越少。

新生仔猪的肠道上皮处于原始状态，只在短时间内对大分子物质有渗透作用，36 h 后明显降低。开始时的初乳中含有胰蛋白酶抑制剂，能使抗体蛋白不被分解，如果 γ-球蛋白在肠道内被分解，则保护作用受到破坏。

4. 生长发育迅速，新陈代谢旺盛　仔猪出生时体重相对较小，还不到成年猪体重的 1%。仔猪出生后的快速生长是以旺盛的物质代谢为基础的。一般出生后 20 d 的仔猪，每千克体重每天要沉积蛋白质 9~14 g，相当于成年猪的 30~35 倍；仔猪每千克体重所需代谢净能是成年母猪的 3 倍，矿物质代谢也高于成年猪，每千克增重中含钙 7~9 g，磷 4~5 g。仔猪生长发育快，新陈代谢旺盛，对营养物质的需要，在数量上和品质上都要求较高，对营养不全反应非常敏感。

（二）哺乳仔猪的饲养管理技术

1. 及早吃足初乳 初生仔猪不具备先天性免疫能力，必须通过吃初乳获得免疫力。仔猪出生后将其放到母猪身边及时吃上初乳，能刺激仔猪消化器官的活动，促进胎便排出，增加营养产热，提高仔猪对寒冷的抵抗力。初生仔猪若吃不到初乳，则很难成活。

2. 仔猪保温防压 母猪与仔猪对环境温度的要求不同。新生仔猪的适宜环境温度为 30~34 ℃，当仔猪体温为 39 ℃时，在适宜环境温度下，仔猪可以通过增加分解代谢产热，并收缩肢体以减少散热。当环境温度低于 30 ℃时，新生仔猪受到寒冷侵袭，必须依靠动员糖原和脂肪储备来维持体温。寒冷环境有碍于体温平衡的建立，并可引发低温症。仔猪保温可采用保育箱，箱内吊 250 W 或 175 W 的红外线灯，距地面 40 cm，或在箱内铺垫电热板，都能满足仔猪对温度的需要。

3. 仔猪补铁 初生仔猪体内铁的储存量很少，每 1 kg 体重约为 35 mg，仔猪每天生长需要铁 7 mg，由于仔猪生长快速，在第 3、4 日龄即需要补铁，缺铁会造成仔猪对疾病的抵抗力降低，患病仔猪增多，死亡率升高，生长受阻，出现营养性贫血等症状。

补铁的方法很多，目前最有效的方法是给仔猪肌内注射铁制剂，如硫酸亚铁针剂、右旋糖酐铁注射液、牲血素等，一般在仔猪 2 日龄注射铁制剂 100~150 mg。

严重缺硒地区，仔猪可能发生缺硒性腹泻、肝坏死和白肌病，宜于生后 3 d 内注射 0.1% 的亚硒酸钠、维生素 E 合剂，每头 0.5 mL，10 日龄补第 2 针。

4. 固定乳头 仔猪有固定乳头吮乳的习性，开始几次吸食某个乳头，直到断乳时不变。初生体重大的仔猪能很快地找到乳头，而较弱小的仔猪则迟迟找不到乳头。为使同窝仔猪生长均匀，放乳时有序吸乳，在仔猪生后 2 d 内应进行人工辅助固定乳头，使各仔猪吃足初乳。对个别弱小或强壮争夺乳头的仔猪再进行调整，把弱小的仔猪放在前边乳汁多的乳头上，体大强壮的放在后边的乳头上。固定乳头要以仔猪自选为主，个别调整为辅，特别要注意控制抢乳的强壮仔猪，帮助弱小仔猪吸乳。

5. 剪犬齿与断尾 仔猪生后的第 1 天，对窝产仔数较多，特别是产活仔数超过母猪乳头数时，可以剪掉仔猪的犬齿。用于育肥的仔猪出生后，为了预防育肥期间咬尾现象的出现，要尽可能早地断尾，一般可与剪犬齿同时进行。方法是用钳子剪去仔猪尾巴的 1/3（约 2.5 cm 长），然后涂上碘酒，防止感染。

6. 选择性寄养 在母猪产仔过多或无力哺乳自己所生的部分或全部仔猪时，应将这些仔猪移给其他母猪喂养。最好是将多余仔猪寄养给迟 1~2 d 分娩的母猪，尽可能不要寄养给早 1~2 d 分娩的母猪。在同日分娩的母猪较少，而仔猪数多于乳头数时，为了让仔猪吃到初乳，可将窝中体重大、较强壮的仔猪暂时取出 4 h，以留出乳头给寄养的仔猪使其获得足够的初乳。

7. 提早开食补料 哺乳仔猪的营养单靠母乳提供是不够的，还必须补喂饲料。猪场设备较好的分娩舍，仔猪生后 5~7 d 即可开食，常采用自由采食方式，即将特制的诱食料投放在补料槽里，让仔猪自由采食。开始几天将仔猪赶到补料槽旁，上下午各 1 次，效果更好。每次投料要少，多次投喂，开食第 1 周仔猪采食很少。仔猪诱食料最好是颗粒料，还要适口，以利于仔猪消化。

8. 仔猪补水 哺乳仔猪生长迅速，代谢旺盛，母猪乳中和仔猪补料中蛋白质含量较高，需要较多的水分。及时给仔猪补喂清洁的饮水，可以满足仔猪生长发育对水分的需要。

仔猪 3~5 日龄，给仔猪开食的同时，在仔猪补料栏内安装仔猪专用的自动饮水器或设置适宜的水槽。

二、断乳仔猪养育

（一）断乳日龄及方法

1. 断乳日龄 传统管理都采用 8 周龄断乳，而现代商品猪生产，断乳时间大多提前到 21~35 日龄。早期断乳能够提高母猪的年产窝数和仔猪头数，但是仔猪哺乳期越短，仔猪越不成熟，免疫系统越不发达，对营养和环境条件要求越苛刻。早期断乳的仔猪需要高度专业化的饲料和培育设施，也需要高水平的管理和高素质的饲养人员。

2. 断乳方法

（1）一次断乳法：当仔猪达到预定断乳日龄时，将母猪隔出，仔猪留原圈饲养。注意对母猪和仔猪的护理，断乳前 3 d 要减少母猪精料和青绿饲料量以减少乳汁分泌。

（2）分批断乳法：在母猪断乳前数日先从窝中取走一部分个体大的仔猪，剩下的个体小的仔猪数日后再行断乳，以便仔猪获得更多的母乳，增加断乳体重。

（3）逐渐断乳法：在断乳前 4~6 d 开始控制哺乳次数，第 1 天让仔猪哺乳 4~5 次，以后逐渐减少哺乳次数，使母猪和仔猪都有一个适应过程，最后到断乳日期再把母猪隔离出去。

（4）隔离式早期断乳（SEW）：在一个猪场专门进行繁殖，仔猪在 10~18 日龄断乳后，转移至距离 3 km 以外的保育猪场，当猪体重达到 25 kg 时，再转移至另外一个专门进行育肥的猪场直至出栏。

（二）断乳仔猪的培育

1. 过渡期管理 仔猪断乳后要继续喂哺乳期饲料，不要突然更换饲料。实行 35 d 以上断乳的仔猪，也可以在断乳前 7 d 换料。更换仔猪饲料要逐渐进行，避免突然换料。对断乳的仔猪要精心管理，在断乳后 2~3 d 要适当控制给料量，不要让仔猪吃得过饱，每天可多次投料，防止消化不良而腹泻，保证饮水充足、清洁，保持圈舍干燥、卫生。

断乳时把母猪从产栏调出，仔猪留原圈饲养。不要在断乳的同时把几窝仔猪混群饲养，以避免仔猪受断乳、咬架和环境变化引起的多重刺激。

2. 网床培育 利用网床培育断乳仔猪的优点：粪尿、污水能随时通过漏缝网格漏到网下，减少了仔猪接触污染的机会；床面清洁卫生、干燥，能有效地遏制仔猪腹泻病的发生和传播。另外，仔猪离开地面，减少冬季地面传导散热的损失，提高饲养温度。

断乳仔猪转群也可以不按窝进行，把同 1 d 断乳的仔猪，按体重、性别、强弱分群，分群后 2 d 内仔猪相互打架，以后逐渐稳定。

保育舍内温度应控制在 22~25℃，保持干燥卫生，经常打扫、消毒，预防传染病发生。定期通风换气，保持舍内空气新鲜，相对湿度控制在 65%~75% 为宜。

对新转群的断乳仔猪要进行定点采食、排粪尿、睡卧的调教管理，仔猪保育栏内可分为睡卧区、排泄区和采食区。调教的方法是诱导仔猪到排泄区排便，排泄区内的粪便暂时不清扫，其他区的粪便及时清除干净。

断乳仔猪的日粮以制成颗粒为好，饲喂颗粒料可以减少饲喂时的浪费。断乳仔猪可用乳头式饮水器饮水。管理人员必须仔细观察仔猪的行为，以确保仔猪都能适应这种乳头式饮水器。仔猪如果饮水不足，采食就会不正常，必须注意鸭嘴式饮水器的出水率。

3. 减少断乳仔猪腹泻的措施 断乳后仔猪腹泻发生率很高，危害较大，引发断乳应激的因素很多，诸如饲料中不易被消化的蛋白质比例过大或灰分含量过高、粗纤维水平过低或过高、日粮不平衡如氨基酸和维生素缺乏、日粮适口性不好、饲料粉尘大、霉变、鱼粉混有沙门菌或含盐量过多等。饲喂技术上，如开食过晚、断乳后采食饲料过多、突然更换饲料、仔猪采食母猪饲料、饲槽不洁净、槽内剩余饲料变质、水供给不足、只喂汤料、水槽污染严重及水温过低等因素都可能导致仔猪腹泻。

三、后备猪的培育

后备猪是断乳后至初次配种前的种用幼猪。后备猪的培育任务是获得体格健壮、发育良好、具有品种的典型特征和高度种用价值的种猪。为养猪生产打下良好基础。

(一) 后备猪的生长发育特点

猪在不同阶段，各组织的生长率不同。后备猪阶段，一方面生长优势由体高逐渐转移为体长与胸围的增长；另一方面，骨骼生长的优势已不断下降，肌肉生长优势达到高峰，脂肪沉积逐渐增强，6月龄以后更为强烈。现代猪育种对后备猪既要强调选择，更要突出培育，把选种工作建立在科学培育的基础上。

(二) 后备猪的选择

种用幼猪的选择关系到猪群的未来，在实际猪育种工作中，对幼猪不同发育阶段要考虑留种与淘汰的问题。通常在幼猪断乳、4月龄、6月龄3个时期进行选择。

(三) 后备猪的饲养

一般8月龄后备猪的体重可达成年猪体重的50%左右。大型品种120～140 kg，中型品种90～110 kg，小型品种70～90 kg。适宜的营养水平可促进后备猪生长发育，过高过低均会造成不良影响。5月龄以前，母猪正处于生长发育旺期，不仅要配制营养全面的日粮，而且数量上也要满足；5月龄以后的母猪，由于沉积脂肪的能力增强，为避免过肥，应适当降低营养水平或减少饲养量，增加青粗饲料的比例，使肌肉、骨骼得到充分的生长发育，在饲喂方法上应采用限量饲喂。

(四) 后备猪的管理

1. 分群管理 后备猪在体重60 kg以前，可以4～6头为一群进行群养。60 kg以后，按性别和体重大小再以2～3头为一小群饲养，这时可根据膘情进行限量饲养，直到配种前，或视猪场的实际情况而定。

2. 测量体长及膘厚 后备猪6月龄以后，应测量活体背膘厚，按月龄测量体长和体重。要求后备猪在不同月龄阶段有相应的体长与体重。发育不良的后备猪，要及时淘汰。

3. 调教 后备猪生长到一定月龄以后，要加强调教，建立人畜亲和关系，使猪不惧怕人，为以后的采精、配种、接产打下良好基础。饲养人员要经常接触猪只，抚摸猪只的敏感部位，如耳根、腹侧、乳房等处，促使人畜亲和。

4. 日常管理 后备猪同样需要注意防寒保暖，防暑降温，保证清洁卫生等适宜的环境条件。在后备公猪达到性成熟后，应实行单圈饲养，合群运动，除自由运动外，可进行驱赶运动，这样既可保证食欲，增强体质，又可避免造成自淫恶癖。

5. 环境适应 后备母猪要在猪场内适应不同的猪舍环境，与老母猪一起饲养，与公猪隔栏相望或者直接接触，这样有利于促进母猪发情。

第六节 肉猪生产

一、肉猪生长发育的规律

(一) 体重的增长

生长育肥猪的生长速度先是增快（加速度生长期），到达最大生长速度（拐点或转折点）后降低（减速生长期），转折点发生在体重达成年体重的40%左右，相当于育肥猪的适宜屠宰期。猪体重达到90～100 kg时生长速度最快，生长育肥猪的生长强度可用相对生长来表示。年龄（体重）越小，生长强度越大，随着年龄（体重）增长，相对生长速度逐渐减慢。要抓好猪在生长转折点（适宜屠宰体重）之前的饲养管理工作，尤其是利用好其在生长阶段的较大的生长强度，以保证其最快生长，提早出栏，并提高饲料转化率。

（二）体组织的生长

生长育肥猪体组织重量的日增长速度曲线类似于体重增长曲线。反映了不同组织发育和成熟的相对效率，猪体的神经、骨骼、肌肉、脂肪的生长顺序和强度是不平衡的。神经组织和骨骼组织的最快生长期比肌肉和脂肪组织出现得早，而脂肪是最快生长期出现最晚的组织。皮肤的生长基本上比较平稳，其生长势一般出现于肌肉之前。

一般情况下，生长育肥猪20～30 kg为骨骼生长高峰期，60～70 kg为肌肉生长高峰期，90～110 kg为脂肪蓄积旺盛期。

品种及营养水平对体组织生长强度有一定的影响。根据以上生长发育规律，在生长育肥猪生长期（60～70 kg活重以前）应给予高营养水平的饲料，要注意饲料中矿物质和必需氨基酸的供应，以促进骨骼和肌肉的快速发育；到育肥期（60～70 kg以后）则要适当限饲，特别是控制能量饲料在日粮中的比例，以抑制体内脂肪沉积，提高胴体瘦肉率。

（三）猪体化学成分的变化

随着年龄和体重的增长，猪体的化学成分也呈一定规律的变化，幼龄时猪体的水分、蛋白质、矿物质的相对含量较高，随年龄增长而逐步降低；幼龄时猪体的脂肪含量相对较低，以后则迅速增高。从增重成分看，年龄越大，则增重部分所含水分越少，含脂肪越多。蛋白质和矿物质含量在胚胎期与出生后最初几个月增长很快，以后随年龄增长而减速，其含量在体重45 kg（3～4月龄）以后趋于稳定。

二、提高生长育肥猪生产力技术措施

（一）选择优良品种及适宜的杂交组合

利用杂种优势，进行不同品种或品系之间进行的杂交，是提高生长育肥猪生产力的有效措施。我国大多利用二元和三元杂种猪育肥。通过杂交所得到的后代生命力强、增重快、饲料转化率高。但是，不同杂交方式及不同环境条件下杂交效果不同，不同杂交组合的杂交效果也不同，因而对杂交组合进行筛选极为重要。

目前，我国许多猪场采用"洋三元"杂交（3个国外瘦肉型猪种之间杂交），其杂种猪生长快、瘦肉率高，但肉质较差。在环境条件一致的情况下，杂种猪的日增重可提高10%～20%，饲料转化率可提高5%～10%，胴体瘦肉率可达到60%以上。三元杂交比二元杂交效果更为显著。近年来，通过借鉴国外培育杂优猪的经验，我国已开始选育配套系，生产杂优猪。如光明猪配套系，父系为美系杜洛克猪，母系为比利时斯格猪，配套培育的商品猪适应性强、耐高温、高湿，后躯丰满，繁殖性能好，生长速度快，瘦肉率高，遗传性能稳定，平均日增重880 g，活体膘厚1.67 cm，饲料转化率（料重比）为2.5∶1。

（二）提高仔猪初生重和断乳重

仔猪的初生体重越大，生活力越强，其生长速度越快，断乳体重也就越大；仔猪断乳体重越大，则转群时体重也越大，生长快速，育肥效果好。必须重视妊娠母猪的饲养管理和仔猪的培育，使仔猪得到充分发育，从而提高仔猪初生重和断乳重，最终提高育肥效果。

（三）适宜的饲料营养水平

1. 能量水平　在不限量饲喂条件下，为兼顾生长育肥猪的增重速度、饲料转化率和胴体肥瘦度，饲料能量浓度以1 kg饲料含消化能11.92～12.55 MJ为宜。对于不同品种、不同类型和不同性别的生长育肥猪应该确定其最佳的能量水平。

2. 蛋白质和必需氨基酸水平 在一定范围内（蛋白质水平9%~18%），针对同一品种、类型和满足消化能需求的生长育肥猪来说，随着饲料蛋白质水平的提高，其增重加快，饲料转化率改善。当粗蛋白质水平超过18%时，对增重无效，但可改善肉质，提高瘦肉率。

3. 矿物质和维生素水平 生长育肥猪日粮中应添加适量的矿物质和维生素，以保证其充分生长。特别是某些微量元素，当其缺乏或过量时会导致生长育肥猪物质代谢紊乱，使增重速度减慢，饲料转化率降低，甚至引起疾病或死亡。

4. 粗纤维水平 粗纤维含量是影响饲料适口性和消化率的主要因素。饲料中粗纤维含量过低，猪会腹泻或便秘；饲料中粗纤维含量过高，则适口性差，并严重降低增重和养分的消化率。猪不同生理阶段日粮中粗纤维含量推荐如下：公猪6%~8%，空怀及妊娠母猪8%~12%，哺乳母猪7%，后备猪6.5%~8%，断乳仔猪3%~4%，育肥猪6%~7%。

（四）适当的饲养管理方法

1. 育肥方式和饲喂方法

（1）育肥方式：生长育肥猪的育肥方式一般可分为"吊架子"和"一条龙"2种。

"吊架子"育肥法也称"阶段育肥法"，是经济欠发达地区人民根据当地饲料条件所采用的一种育肥方式。小猪阶段饲喂较多的精料，饲料能量和蛋白质水平相对较高。架子猪阶段利用猪骨骼发育较快的特点，让其长成骨架，采用低能量和低蛋白的饲料进行限制饲养（"吊架子"），一般以青粗饲料为主，饲养4~5个月。而催肥阶段提高饲料中精料比例，提高能量和蛋白质的供给水平，快速育肥。

"一条龙"育肥法也称"直线育肥法"，采用不同的营养水平和饲喂技术，在整个生长育肥期间能量水平始终较高，且逐阶段上升，蛋白质水平也较高，以这种方式饲养的猪增重快，饲料转化率高，这是现代集约化养猪生产普遍采用的方式。

（2）饲喂方法：生长育肥猪的饲喂方法，一般分为自由采食和限量饲喂2种。限量饲喂又主要有2种方法，一种是控制营养平衡的日粮数量；另一种是降低日粮的能量浓度，把纤维含量高的粗饲料配合到日粮中去，以限制育肥猪对养分特别是能量的采食量。

2. 合理分群及调教

（1）合理分群：分群时，除考虑性别外，应把来源、体重、体质、性情和采食习性等方面相近的猪合群饲养。加强新合群猪的管理、调教工作，避免或减少咬斗的发生。同时，可吊挂铁链等小玩具来吸引猪的注意力，减少争斗。分群后要保持猪群相对稳定，除对个别患病、体重差别太大、体质过弱的个体进行适当调整外，不要任意变动猪群。每群头数应根据猪的年龄、设备、圈养密度和饲喂方式等因素而定。

（2）调教：猪在新合群或调入新圈时，要及时加以调教。一是防止强夺弱食，为保证每头猪都能吃到、吃饱，应备有足够的饲槽，对霸槽争食的猪要勤赶、勤教；二是训练猪养成"三角定位"的习惯，使猪采食、睡觉、排泄地点固定在圈内3处，形成条件反射，以保持圈舍清洁、干燥，有利于猪生长。

3. 去势、防疫和驱虫

（1）去势：我国农村多在仔猪35日龄、体重5~7 kg时进行去势。近年来，集约化猪场大多提倡仔猪7日龄左右去势，其优点是易保定操作、应激小，手术时流血少，术后恢复快。瘦肉型猪种及其杂种猪的性成熟较迟，幼母猪一般不经去势就育肥。

（2）防疫：为了预防生长育肥猪的常见传染病，必须制订合理的免疫程序，认真做好预防接种工作。应每头接种，避免遗漏，对从外地引入的猪，应隔离观察，并及时免疫接种。

（3）驱虫：生长育肥猪主要有蛔虫、姜片吸虫和疥螨、虱等内外寄生虫的感染。通常在90日龄进行第1次驱虫，必要时在135日龄左右再进行第2次驱虫。

4. 管理制度　对猪群的管理要形成制度化，按规定时间给料、给水、清扫粪便，并观察猪的食欲、精神状态、粪便有无异常，对不正常的猪要及时诊治。

要完善统计、记录制度，对猪群周转、出售或发病死亡、称重、饲料消耗、疾病治疗等情况加以记录。

（五）适宜的环境条件

1. 温度和湿度　生长育肥猪的适宜环境温度为16~23 ℃，前期为20~23 ℃，后期为16~20 ℃。环境温度过低，猪需要消耗更多能量用于产热，以维持其体温，使日增重降低，采食量增多，从而使饲料转化率下降。在寒冷季节要做好猪的防寒保暖工作，关好门窗以防止寒风侵袭、保持圈舍干燥、圈内铺以干燥垫草等。

环境温度过高，食欲减退，采食量明显下降，导致生产力降低。若环境温度升高至25 ℃和30 ℃，则采食量分别减少10％和35％。

在温度适宜的情况下，猪对湿度的适应力很强，当相对湿度从45％升到70％或95％时，对猪的采食量和增重速度影响不大。但是，在低温高湿情况下，可使生长育肥猪日增重减少36％，每千克增重耗料增加10％；在高温高湿时，猪的增重更慢，死亡率还可能大大升高。

2. 圈养密度和圈舍卫生　圈养密度越大，猪呼吸排出的水汽量越多，粪尿量越大，舍内湿度也越高；舍内有害气体、微生物数量增多，空气卫生状况恶化；猪的争斗次数明显增多，休息时间减少，从而影响猪的健康、增重和饲料转化率。15~60 kg的生长育肥猪每头所需面积为0.6~1.0 m²，60 kg以上的育肥猪每头需1.0~1.2 m²，每圈头数以10~20头为宜。

圈舍卫生状况对猪的生长、健康有一定影响。生长育肥猪的舍要清洁干燥、空气新鲜，应每天清除被污染的垫草和粪便，在猪躺卧的地方铺上干燥的垫草，要定期对猪舍进行消毒。

3. 气流　空气的流动是由不同位置的空气温度不一致而引起的。猪舍内气流以0.1~0.2 m/s为宜，最大不要超过0.25 m/s。在寒冷季节要降低气流速度，更要防止"贼风"。对气流速度的调节可通过控制猪舍的通风换气来实现，根据生产实际情况，采取自然通风或辅以机械通风。

4. 光照　太阳光线是天然的保健剂和杀菌剂，在冬季充分利用阳光尤为重要。然而过强的光照会引起猪兴奋，减少休息时间，促进甲状腺的分泌，提高代谢率，影响增重和饲料转化率。育肥猪舍内的光照可暗些，只要便于猪采食和饲养管理即可，使猪得到充分休息。

5. 舍内有害气体、尘埃与微生物　猪舍中氨气浓度的最高限度为26 mg/m³，硫化氢含量以6.6 mg/m³为限，二氧化碳应以0.15％为限。为减少猪舍空气中有害气体的积聚，应改善猪舍通风换气条件，及时处理粪尿，保持适宜的圈养密度。尘埃可使猪的皮肤发痒以至发炎、破裂，对鼻腔黏膜有刺激作用；病原微生物附着在灰尘上易于存活，对猪的健康有直接影响。

6. 噪声　猪舍内的噪声来自外界、舍内机械和猪只争斗等方面。噪声对猪的休息、采食、增重都有不良影响。应尽量避免突发性的噪声，噪声强度以不超过85 dB为宜。

（六）适时屠宰

生长育肥猪的适宜屠宰活重（期）受日增重、饲料转化率、屠宰率、瘦肉率等生物学因素的制约。随着体重的增加，生长育肥猪日增重逐渐增加，到一定阶段之后，则转为逐渐下降；维持营养所占比例相对升高，饲料消耗增加，饲料转化率下降。育肥猪随体重的增加屠宰率提高，但胴体沉积的脂肪比例升高，瘦肉率降低。生长育肥猪的屠宰活重不宜过大，否则日增重和饲料转化率下降，瘦肉率降低。但屠宰活重过小也不适宜，此时虽单位增重的耗料量少，瘦肉率高，而育肥猪尚未达到经济成熟，屠宰率低，瘦肉产量少。生长育肥猪的适宜屠宰活重的确定，要结合日增重、饲料转化率、每千克活重的售价、生产成本等因素进行分析。综合上述因素，瘦肉型杂种肉猪以100~110 kg上市为宜，个别体型大的杂种肉猪可延至120 kg上市，体重再大不合适。一些小型早熟品种以活重75 kg为宜，晚熟品种以90~100 kg上市为宜。

第七节 猪生产的工艺与设备

一、猪生产的工艺

(一) 现代化养猪生产的工艺流程

现代化养猪生产一般采用分段饲养、全进全出饲养工艺（图10-2）。为了使生产和管理方便、系统化，提高生产效率，可以采用不同的生产工艺，实施全进全出。

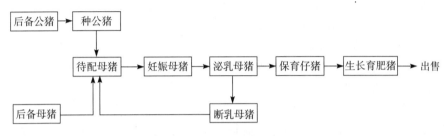

图 10-2 养猪生产的工艺流程

1. 三段饲养工艺流程 空怀及妊娠期→泌乳期→生长育肥期。

三段饲养二次转群是比较简单的生产工艺流程，它适用于规模较小的养猪企业。特点：简单、转群次数少、猪舍类型少、节约维修费用。

2. 四段饲养工艺流程 空怀及妊娠期→泌乳期→仔猪保育期→生长育肥期。

在三段饲养工艺中，将仔猪保育阶段独立出来就是四段饲养三次转群工艺流程，保育期一般5周，猪的体重达20 kg，转入生长育肥舍。

3. 五段饲养工艺流程 空怀配种期→妊娠期→泌乳期→仔猪保育期→生长育肥期。

五段饲养四次转群与四段饲养工艺相比，是把空怀待配母猪和妊娠母猪分开，单独组群，有利于配种，提高繁殖率。工艺的优点是断乳母猪复膘快、发情集中、便于发情鉴定，容易把握时间适时配种。

4. 六段饲养工艺流程 空怀配种期→妊娠期→泌乳期→保育期→育成期→育肥期。

六段饲养五次转群与五段饲养工艺相比，是将生长育肥期分成育成期和育肥期，各饲养7～8周。

5. 以场全进全出的饲养工艺流程 大型规模化猪场要实行多点式养猪生产工艺及猪场布局，以场为单位实行全进全出。

(二) 生产工艺的组织方法

1. 确定饲养模式 养猪的生产模式不仅要根据经济、气候、能源、交通等综合条件来确定，还要根据猪场的性质、规模、养猪技术水平来确定。

2. 确定生产节律 在一定时间内对一群母猪进行人工授精或组织自然交配，使其受胎后及时组成一定规模的生产群，以保证分娩后形成一定规模的泌乳母猪群，并获得规定数量的仔猪。生产节律一般采用1 d、2 d、3 d、4 d、7 d或10 d制，可根据猪场规模而定。

3. 确定工艺参数 为了准确计算猪群结构即各类猪群的存栏数、猪舍及各猪舍所需栏位数、饲料用量和产品数量，必须根据养猪的品种、生产力水平、技术水平、经营管理水平和环境设施等，实事求是地确定生产工艺参数。

4. 猪群结构 根据猪场规模、生产工艺流程和生产条件，将生产过程划分为若干阶段，不同阶段组成不同类型的猪群，每一类群猪的存栏数量就形成了猪群的结构。

5. 猪栏配备 现代化养猪生产能否按照工艺流程进行，关键是猪舍和栏位配置是否合理。猪舍的类型一般是根据猪场规模按猪群种类划分的,而栏位数量需要准确计算。

6. 工作安排 根据工艺流程安排 1 周的工作内容,对每一项内容提出具体的要求,并且监督执行。

二、猪生产的设备

猪场的设备主要包括各种限位猪栏、漏缝地板、饲喂设备、饮水设备、采暖与降温设备、清洁与消毒设备等。

(一)猪栏

1. 公猪栏和配种栏 猪舍的公猪栏和配种栏的构造有实体、栏栅式和综合式 3 种。在大中型工厂化养猪场中,应设有专门的配种栏。

典型的配种栏的结构形式有 2 种,一种是结构和尺寸与公猪栏相同,配种时将公母猪驱赶到配种栏中进行配种;另一种是由 4 头空怀待配母猪与 1 头公猪组成一个配种单元,4 头母猪分别饲养在 4 个单体栏中,公猪饲养在母猪后面的栏中。公猪栏一般每栏面积为 7~9 m^2 或者更大些,栏高一般为 1.2~1.4 m。

2. 母猪栏 有大栏分组群饲、小栏单体限位饲养和大小栏相结合群养 3 种方式。其中,小栏单体限位饲养具有占地面积小,便于观察母猪发情和及时配种,母猪不争食、不打架,避免互相干扰,减少机械性流产等优点。

3. 分娩栏 分娩栏的中间为母猪限位架,是母猪分娩和仔猪哺乳的地方,两侧是仔猪采食、饮水、取暖和活动的地方。分娩栏尺寸与猪场选用的母猪品种体型有关,一般长 2.2~2.3 m,宽 1.7~2.0 m,母猪限位栏宽 0.6~0.65 m,多采用 0.6 m,高 1 m。母猪限位栅栏,离地高度为 30 cm,并每隔 30 cm 焊一金属支架。

4. 仔猪保育栏 由金属编织的漏缝地板网、围栏、自动食槽、连接卡、支腿等组成,金属编织的漏缝地板网通过支架设在粪尿沟上(或实体水泥地面上),围栏由连接卡固定在金属漏缝地板网上,相邻两栏在间隔处设有 1 个双面自动食槽,供两栏仔猪自由采食,每栏安装 1 个自动饮水器。网上饲养仔猪,粪尿随时通过漏缝地板网落入粪沟中,保持网床上干燥、清洁,使仔猪避免被粪便污染,减少疾病发生,大大提高仔猪的成活率。

仔猪保育栏的长、宽、高尺寸视猪舍结构不同而定。常用的有栏长 2 m、宽 1.7 m、高 0.6 m,侧栏间隙 6 cm,离地面高度为 25~30 cm,可养 10~25 kg 的仔猪 10~12 头,使用效果很好。

5. 生长猪栏与育肥猪栏 常用的有以下几种,一种是采用全金属栅栏和全水泥漏缝地板条,相邻两栏在间隔栏处设有 1 个双面自动饲槽。供两栏内的生长猪或育肥猪自由采食,每栏安装 1 个自动饮水器供自由饮水。另一种是采用水泥隔墙及金属大栏门,地面为水泥地面,后部有 0.8~1.0 m 宽的水泥漏缝地板,下面为粪尿沟。

(二)漏缝地板

漏缝地板有钢筋混凝土板条、板块、钢筋编织网、钢筋焊接网、塑料板块、陶瓷板块等,适应各种日龄猪的行走站立,不卡猪蹄。

钢筋混凝土板块、板条,其规格可根据猪栏及粪沟设计要求而定,漏缝断面呈梯形,上宽下窄,便于漏粪。金属编织地板网由直径为 5 mm 的冷拔圆钢编织成 10 mm×40 mm、10 mm×50 mm 的缝隙网片与角钢、扁钢焊合,再经防腐处理而成。塑料漏缝地板由工程塑料模压而成,可将小块连接组合成大块,具有易冲洗消毒、保温好、防腐蚀、防滑、坚固耐用、漏粪效果好等特点,适用于分娩母猪栏和保育仔猪栏(图 10-3)。

人工清粪劳动量大,母猪排尿造成走道潮湿,掉入粪沟的粪便多采用水冲粪清理,污水处理量大。为了避免这一设计工艺的缺点,将人工清粪改为粪尿分离机械刮粪板清粪工艺。

图 10-3 钢筋混凝土漏缝地板

这样，可以极大地降低人工清粪劳动强度，也可以节省大量用于冲洗粪沟的用水，结合粪沟通风机械，可以显著地降低猪舍内部的有害气体浓度，保持猪舍干燥、空气清洁，母猪进出限位栏也更为便捷。

（三）饲喂设备

1. 饲料运输车 饲料运输车可分为机械式和气流输送式 2 种。通过搅龙或气流将饲料输送进 15 m 以内的储料仓（塔）中。

2. 储料仓（塔） 仓体由进料口、上锥体、柱体和下锥体构成，进料口多位于顶端，也有在锥体侧面开口的，储料仓（塔）的直径约 2 m，高度多在 7 m 以下，容量有 2 t、4 t、5 t、6 t、8 t、10 t 等多种。储料仓（塔）要密封，避免漏进雨、雪，设有出气孔，一个完善的储料仓（塔），还应装有料位指示器。

3. 饲料输送机 把饲料由储料仓直接分送到食槽、定量料箱或撒落到猪床面上的设备。

4. 加料车 加料车广泛应用于将饲料由饲料仓出口装送至食槽。

5. 食槽 对于限量饲喂的公猪、母猪、分娩母猪一般都采用钢板食槽或混凝土地面食槽；对于自由采食的保育仔猪、生长猪、育肥猪多采用钢板自动落料饲槽。

6. 自动料线 在三相交流电动机的带动下，刮板式链条通过管道，将饲料从料罐刮到猪舍。料线管道从猪采食的食槽上面经过，在每个食槽位置，留有 1 个三通下料口（图 10-4）。

图 10-4 自动料线

（四）饮水设备

猪用自动饮水器的种类很多，有鸭嘴式自动饮水器、乳头式自动饮水器、杯式自动饮水器等，应用最为普遍的是鸭嘴式自动饮水器。

1. 鸭嘴式自动饮水器 鸭嘴式猪用自动饮水器主要由阀体、阀芯、密封圈、回位弹簧、塞盖、滤网等组成。饮水器要安装在远离猪休息区的排粪区内。定期检查饮水器的工作状态，清除泥垢，调节和紧固螺钉，发现故障及时更换零件。

2. 乳头式自动饮水器 乳头式猪用自动饮水器的最大特点是结构简单，由壳体、顶杆和钢球三大件构成。安装乳头式自动饮水器时，一般应使其与地面呈 45°～75°角。离地高度，仔猪为 25～30 cm，生长猪（3～6 月龄）为 50～60 cm，成年猪为 75～85 cm。

3. 杯式自动饮水器　杯式猪用自动饮水器是一种以盛水容器（水杯）为主体的单体式自动饮水器，常见的有浮子式、弹簧阀门式和水压阀杆式等类型。

（五）采暖与降温设备

1. 供热保温设备　猪舍的供暖分集中供暖和局部供暖 2 种方法。集中供暖是由一个集中供热设备，如锅炉、燃烧器、电热器等，通过煤、油、煤气、电能等产热加热水或空气，再通过管道将热介质输送到猪舍内的散热器，保持舍内适宜的温度。局部供暖有地板加热和电热灯加热等。

猪场供热保温设备大多是针对小猪的，主要用于分娩舍和保育舍。

2. 通风降温设备　是否采用机械通风，可依据猪场具体情况来确定，对于猪舍面积小、跨度不大、门窗较多的猪场，为节约能源，可利用自然通风。如果猪舍空间大、跨度大、猪的密度大，特别是采用水冲粪或水泡粪的全漏缝或半漏缝地板养猪场，一定要采用机械强制通风。通风机配置的方案较多，其中常用的有：①侧进（机械），上排（自然）通风；②上进（自然），下排（机械）通风；③机械进风（舍内进），地下排风和自然排风；④纵向通风，一端进风（自然）一端排风（机械）。

（六）清洁与消毒设备

1. 人员、车辆清洁消毒设施　凡是进场人员都必须洗澡、更换场内工作服。

2. 环境清洁消毒设备　地面冲洗喷雾消毒机和火焰消毒器等。

复习思考题

1. 简述中国和世界养猪业的发展概况。
2. 简述猪的生物学特性和行为学特点。
3. 中国地方猪品种按地域分分为哪几个类型？各类型代表品种有哪些？
4. 妊娠期母猪和哺乳期母猪的饲养管理要点是什么？
5. 幼猪培育的关键技术是什么？
6. 试论述猪的育肥技术管理要点。
7. 工厂化养猪的饲养工艺流程有哪些？养猪设备主要有哪些？

第十一章 羊 生 产

重点提示：通过本章学习，了解羊毛、羊肉等产品的特点，中国羊生产现状及世界养羊业发展趋势；了解羊的生活习性及消化特点；掌握绵羊、山羊品种不同类型的特点及其代表品种；掌握各类型羊饲养管理的技术要点，以及放牧和羊舍建设技术。

第一节 羊生产概述

一、羊生产的特点及在国民经济中的作用

二维码 11-1 从"牧羊人"到"羊院士"

羊具有适应性强、易管理、繁殖率高等特点，在我国牧区、农区广泛饲养。羊生产对促进国民经济发展和提高各族人民生活水平具有重要作用。

第一，养羊业可改善人们的生活水平。羊生产可为人类提供衣、食、住、行方面诸多产品的原材料，与人类发展有着密切关系。在穿衣方面，羊毛（绒）可制成毛衣、毛裤、呢绒及其他精纺织品，既保暖耐用，又美观大方，并具有其他纺织品所不及的优点；用绵羊、山羊板皮加工制作的各式皮夹克是富有时代色彩的衣着之一。在饮食方面，羊肉是我国的肉品来源之一，尤其是牧民消费的主要肉品；羊乳是我国乳品供应的重要来源之一，也是牧民生活中不可缺少的重要食品。在住、行方面，羊毛可制作高档地毯、毛毯、羊毛被等，羊板皮可用于制作皮鞋、皮包等。

第二，养羊业是繁荣产区经济，增加农牧民收入的一条重要途径。在牧区，养羊业是占牧民经济收入主导地位的重要产业。在农区，发展养羊的潜力很大，舍饲养羊已逐渐成为调整产业结构、增加农民收入的一个重要产业。

第三，养羊业可为工业提供原料，促进工业发展。羊毛（绒）、羊肉、羊乳、羊肠衣等产品是毛纺工业、食品工业、制革工业及化学工业的重要原料。

另外，羊粪尿作为养羊业的副产品，由于氮、磷、钾含量很高，是一种很好的有机肥料，不仅可以显著提高农作物单位面积产量，而且对改善土壤团粒结构、防止土壤板结，尤其是对改良盐碱土和黏土有显著效果。

二、羊的主要产品

（一）羊毛

1. 羊毛纤维的构造、类型和羊毛分类

（1）羊毛纤维的构造：

①羊毛纤维的形态学构造：包括毛干、毛根和毛球 3 部分。毛干是羊毛纤维露出皮肤表

面的部分，纺织用的羊毛纤维就是指毛干部分。毛根是羊毛纤维在皮肤内的部分，其下端与毛球相接。毛球为毛纤维的最末端，呈梨形，本身的细胞不断增殖构成毛纤维新的部分。

②羊毛纤维的组织学构造：羊毛纤维组织学结构可分为鳞片层、皮质层和髓质层。鳞片层由扁平、无核、角质化细胞构成，覆盖于毛纤维表面，可保护毛纤维内层组织免受化学、机械和生物等因素的损伤。根据鳞片层在毛纤维表面的排列形状，鳞片层可分为环形鳞片和非环形鳞片2种。皮质层位于鳞片层之下，由梭状、角质化的皮质细胞和细胞间质所组成。皮质层是毛纤维的主体部分，决定着羊毛纤维的机械性能（如强度、伸度等）和理化特性（颜色、染色性能、化学稳定性等）。皮质层在毛纤维中所占比例因毛纤维的细度和类型不同而变化。一般羊毛越细，皮质层所占比例越大，越粗的羊毛皮质层所占比例越小。髓质层位于毛纤维的中心，为疏松网状结构，中间充满空气。髓质越发达，羊毛的纺织工艺性能越低。

(2) 羊毛纤维的类型：是就单根羊毛纤维而言，依据羊毛纤维的生长特性、组织构造及工艺性能来划分，可分为有髓毛、无髓毛和两型毛。

①有髓毛：具有髓质层，又可分为正常有髓毛、干毛和死毛。正常有髓毛较粗长、弯曲少，手感粗糙。细度一般为 40~120 μm，是粗毛羊毛被的重要成分，一般只用于织造毛毯、地毯、毡制品等粗纺织品。干毛是一种变态的有髓毛，组织结构与正常有髓毛相同，其特点是纤维上端粗硬变黄，这是由于雨水、日光等外界因素的侵蚀，失去油汗而形成的。干毛质地粗硬、脆弱，无光泽，工艺性能降低。死毛是一种变态的有髓毛，髓质层特别发达，其特征是纤维粗短、脆而易断、不能染色、无纺织利用价值。

②无髓毛：又称绒毛，无髓质层。外观细、短、弯曲多而明显，直径 15~30 μm，长度 5~15 cm，是毛纺工业的优质原料。细毛羊的被毛完全由无髓毛组成，粗毛羊的被毛底层中也含有大量的无髓毛，称作内层毛或底绒。

③两型毛：它的组织构造和细度介于有髓毛和无髓毛之间，髓质层较少，呈点状或线状，一般直径为 30~50 μm，长度中等，弯曲较大，工艺价值优于有髓毛。

(3) 羊毛的分类：是针对羊毛集合体而言的，如毛丛、毛股等，根据羊毛集合体所含羊毛纤维类型，可分为同质毛和异质毛。

①同质毛：由同一种类型的毛纤维所组成，其毛纤维的粗细、长短和弯曲近于一致，可分为同质细毛和同质半细毛。同质细毛纤维直径小于 25 μm 或品质支数在 60 以上，是高级精纺原料。同质半细毛由同一纤维类型的较粗的无髓毛或同一纤维类型的两型毛所组成，直径在 25.1~67.0 μm，品质支数为 32~58，纺织工艺性能较同质细羊毛用途更广。

②异质毛：由不同类型的毛纤维所组成。粗毛羊及毛质改良较差的低代杂种羊的毛属于异质毛，由无髓毛、两型毛和有髓毛组成。各类型纤维的比例，因品种和个体不同而不同。品质好的异质毛可织造粗纺织品、长毛绒和提花地毯等，差的只能用于擀毡。

2. 山羊绒和山羊毛

(1) 山羊绒：在国际市场上又称"开司米"，是从山羊身体上抓取下来的绒毛。绒纤维直径一般 14~15 μm，绒长一般 4 cm 以上，光泽明亮如丝。其织品具有轻、暖、柔、滑的特点，是毛纺工业的高级原料，有"纤维中之宝石"美称。我国的山羊绒产量居世界首位，并以质优而闻名，是我国重要的出口换汇物资。

(2) 山羊毛：它包括安哥拉山羊毛（又称"马海毛"）和普通山羊毛。安哥拉山羊毛属同质半细毛，成年羊毛纤维直径 32~52 μm，长度为 13~25 cm。强度大而富有弹性，光泽明亮如丝，具有波浪状大弯曲，是一种高档的精纺原料。普通山羊毛是山羊抓绒后所剪下的毛，毛长度在 6~15 cm，纤维粗而直，可制作工业呢、地毯、刷子、毛笔等，用途较为广泛。我国是山羊粗毛的重要生产国。

3. 羊毛的主要纺织工艺特性　羊毛的纺织工艺特性是评定羊毛品质、决定羊毛用途的重要指标。

（1）羊毛的细度：是指羊毛横切面平均直径的大小，以微米（μm）表示。在羊毛市场及毛纺工业上则以"支纱"为单位，即 1 kg 净梳毛能纺成多少个 1 000 m 长度的毛纱就称多少支纱。羊毛品质支数越高，就能纺出越细的纱线，其织品也就越薄。

（2）羊毛的长度：羊毛长度分自然长度和伸直长度 2 种。自然长度是指毛丛在自然状态下的长度，多在羊生产中采用。伸直长度指单根毛纤维伸直时的长度，多在毛纺工业中采用。羊毛越长，则剪毛量越大，又细又长的羊毛的纺织性能为最好。

（3）羊毛的强度和伸度：羊毛的强度是指羊毛纤维被拉断时所用的力，用克（g）表示。它与织品的结实性、耐用性有关。羊毛伸度是指将已经伸直的羊毛纤维拉伸到断裂时所增加的长度与原来羊毛纤维伸直长度的百分比。羊毛的强度、伸度决定织品的结实程度。

（4）净毛率：原毛经洗涤除去油汗、杂质后，剩下的羊毛被称为净毛。净毛重占原毛重的百分比称为净毛率。它反映了羊个体的真实产毛量。

（二）羊肉

羊肉蛋白质含量为 12.60%～20.65%，高于猪肉而略低于牛肉，氨基酸的种类和数量符合人体需要，脂肪含量 4.30%～13.10%，高于牛肉而低于猪肉，脂肪中胆固醇含量比其他肉类低，而且羊肉中肌纤维细嫩柔软、味美可口，消化率高。羊肉多年来在国际市场上供不应求，价格高于其他肉类。

根据羊的屠宰年龄及育肥与否，可将羊肉分为大羊肉、小羊肉和肥羔肉。大羊肉是指年龄在 1 周岁以上或已换过永久门齿的羊宰杀所生产的羊肉；小羊肉是指年龄在 1 周岁以下或未换过永久门齿的羊宰杀所生产的羊肉，小羊肉较大羊肉具有鲜嫩、多汁、脂肪少、膻味小、胆固醇含量低等优点，因此小羊肉品质好、价格高；肥羔肉是指 4～6 月龄经过育肥的羔羊宰杀所生产的羊肉，肥羔肉是一种肉品质十分理想的小羊肉。

（三）羊乳

羊乳营养丰富，含有人体所需的蛋白质、脂肪、糖类、矿物质和维生素，消化率在 90%以上。山羊乳脂肪球小，更容易被人体消化吸收；山羊乳 pH 为 7.0 左右，缓冲作用好，是胃酸过多者及胃肠溃疡患者的理想食品；山羊乳中酪蛋白与人乳蛋白结构相似，亚麻油酸、花生油酸、维生素、钙和磷的含量较高，能满足人体需要。

（四）羊皮

羊皮是养羊业中重要的产品之一，包括毛皮和板皮。

1. 毛皮　绵羊或山羊所产的羔皮和裘皮都属于毛皮。羔皮是指从流产或生后 1～3 d 的羔羊宰杀所剥取的毛皮，羔皮具有花案奇特、美丽悦目、柔软轻便的特点，可用于制作皮帽、皮领和翻毛大衣等。裘皮是指宰杀 1 月龄以上的羊所剥取的毛皮，裘皮具有保温、结实、轻便、美观、不毡结的特点，主要用于制作裘皮大衣，用来御寒保暖。

2. 板皮　羊毛没有实用价值且未经鞣制的羊皮称板皮，板皮可鞣制成各种皮革。山羊革具有柔软细致、轻薄且富于弹性、染色和保型性能好等特点，可制作各种皮衣、皮鞋、皮帽、皮包等产品。山羊板皮品质由板皮张幅大小、皮板厚薄和均匀度等指标决定。

三、中国养羊生产现状

中国为养羊大国，养羊数量居世界第 1 位。2014 年，中国羊存栏量 3.81 亿只（其中，山羊 1.86 亿只，绵羊 1.95 亿只），占世界羊存栏总量（22.07 亿只）的 17.26%。中国羊肉、绵羊毛和山羊绒总产量均居世界首位，2015 年分别为 440.8 万 t、42.7 万 t 和 1.9 万 t。目前，中国肉羊产业发展重点正在由牧区向农区转移。2015 年，我国牧区（新疆、内蒙古、西藏、青海、宁夏）羊存栏量为1.33亿只，羊肉产量为177.9万t，分别占中国羊存栏量和羊肉总产量的42.7%和40.4%。

中国虽然是世界养羊大国，但并非世界养羊强国，突出表现为羊生产性能不高、产品品质差。例如，在产肉性能方面，2014年，我国屠宰每只绵羊的平均胴体重为16.1 kg，而美国为30.3 kg，澳大利亚为25.2 kg，新西兰为19.4 kg。在羊毛的净毛率方面，我国绵羊污毛的净毛率为50%左右，而澳大利亚、新西兰等发达国家则为69%~74%。

四、世界养羊业发展趋势

（一）绵羊逐渐由毛用、毛肉兼用转向肉用或肉毛兼用

世界羊肉产量呈现稳定增长趋势。1961年，世界羊肉产量为603万t；2000年，达到1 154万t；2014年，达到1 448万t；1961—2014年期间平均年增长2.7%。世界绵羊毛产量则呈现逐渐下降趋势，1990年，为335万t；2000年，为231万t；2010年为202万t。细毛羊产业发达的国家澳大利亚，1990年，绵羊毛产量为110万t；2000年，为67万t；2010年，为35万t。

（二）羊肉生产由大羊肉转向小羊肉

生产小羊肉较生产大羊肉具有生产成本低、周期短、羊皮品质好、可减轻牧区枯草期草场压力、改善羊群结构等优点，因此生产小羊肉已成为世界羊肉生产的发展趋势。一些养羊业发达的国家，在繁育早熟肉用羊品种的基础上，通过经济杂交，进行肥羔的专业化生产，肥羔肉产量增长很快。

（三）绵羊毛生产由细毛转向超细毛或较粗的同质半细毛

毛纺市场对羊毛品质的需求发生了重大变化，对超细羊毛（80~90支）和较粗的同质半细毛（48~50支）的需求量增加。因此，羊毛生产方向也由原来生产细毛（60支）转向生产超细羊毛或较粗的同质半细毛。在澳大利亚，超细绵羊毛产量增加幅度较大。

（四）山羊业发展受到重视

山羊性情活泼、温驯易管理、适应性强，在很多家畜无法生存的地方，甚至在半饥饿的条件下，仍能生活，为人类提供宝贵的畜产品。世界山羊的饲养量增长较快，1961年为3.5亿只，2000年为7.5亿只，2014年为10.1亿只。山羊是不发达地区人民重要的生产和生活资料，2014年，亚洲山羊数量占世界山羊总数量的57.4%，非洲占37%。

第二节 羊的生物学特性
一、羊的生活习性

（一）合群性强

羊具有较强的合群性。头羊行进时，众羊则会跟随。放牧时，虽然羊只分散采食，但不离群。一般来讲，绵羊的合群性比山羊强。合群性使羊大群放牧、转场和饲养管理变得方便。

（二）喜干厌湿

羊圈舍、放牧地和休息场所长期潮湿，易导致羊发生肺炎、蹄炎或寄生虫病等。因此，在饲养管理上应避免潮湿，湿冷或湿热对羊体健康极为不利。

（三）嗅觉灵敏

羊的嗅觉十分灵敏，拒绝采食被污染、践踏或发霉变质及有异味的饲料和饮水。因此，应注意羊饲草饲料的清洁卫生，以保证羊正常采食。羔羊出生后与母羊接触几分钟，母羊就

能够通过嗅闻羔羊体躯及尾部气味来识别自己所产的羔羊。在生产中，可利用这一特性寄养羔羊，只要在被寄养的羔羊身上涂抹保姆羊的羊水或粪尿，寄养多会成功。

（四）胆小易惊

羊自卫能力差，在家畜中是最胆小的畜种之一。突然惊吓，容易导致"炸群"，影响羊只采食或生长，所以群众有"一惊三不长，三惊久不食"之说。因此，在羊群放牧和饲养管理过程中，应尽量保持安静，避免羊只受到惊吓。

（五）采食能力强

羊采食的饲料广泛，多种牧草、灌木、农副产品以及禾谷类籽实等均能被利用。羊具有薄而灵活的嘴唇和锋利的牙齿，能摄取零碎的树叶和啃食低矮的牧草，在放牧过牛、马的草场，羊仍然能够采食。羊的四肢强健有力，蹄质坚硬，具有很强的游走能力。山羊行动敏捷，善登高，可登上其他家畜难以达到的悬崖陡坡采食。

（六）适应性强

羊对环境有较强的适应能力，对不良环境有较强的忍耐力。因此，羊在地球上的分布范围很广，可适应牧区、农区和丘陵地区等不同类型的生态条件。羊抗病能力强，很少发生疾病。然而羊一旦发病，病初往往不易察觉，没有经验的饲养员不易发现。因此，要求饲养人员仔细观察，发现羊有采食或行为反常等现象时，要及时治疗。

二、羊的消化特点

（一）羊消化器官的构造特点

羊的消化器官构造具有"一大"和"一长"特点。"一大"是指胃容积大，羊胃由瘤胃、网胃、瓣胃和皱胃共4个胃室组成，前3个室的胃壁黏膜无胃腺，犹如单胃的无腺区，统称前胃，皱胃壁黏膜有腺体，与动物的单胃功能相同。羊胃容积约为30 L。其中，瘤胃容积最大，占胃总容积的80%左右。羊能够在较短时间内采食大量牧草，未经充分咀嚼就咽下，储藏在瘤胃内，待休息时反刍。"一长"是指羊的肠道长，羊的小肠细长曲折，长度为17～28 m，大约相当于体长的25倍，大肠的长度约为8.5 m。由于羊肠道长，因此对营养物质的消化和吸收能力强。

（二）反刍

反刍是羊消化饲草饲料的一个过程。当羊停止采食或休息时，瘤胃内被浸软、混有瘤胃液的食物会自动沿食道成团逆呕到口中，经反复咀嚼后再吞咽入瘤胃，然后再咀嚼吞咽另一食团，如此反复，称之为反刍。反刍是周期性的，正常情况下，在进食后40～70 min即出现第1次反刍，每次持续40～60 min，每个食团一般咀嚼40次左右。反刍次数的多少、反刍时间的长短与进食食物种类有密切关系。

（三）瘤胃的消化生理特点

瘤胃中存在着大量微生物（细菌和纤毛虫）。这些微生物能够分泌家畜本身所不能分泌的消化酶，这使反刍家畜和非反刍家畜在饲料养分的消化方面具有明显的不同。瘤胃是一个高效率的发酵罐，在1 g瘤胃内容物中有500亿～1 000亿个细菌，1 mL瘤胃液中有20万～400万个纤毛虫。其中，细菌在瘤胃发酵过程中起主导作用。

瘤胃微生物可将58%～80%的粗纤维进行降解，分解成为乙酸、丙酸、丁酸等挥发性脂肪酸，用来提供能量或构成体组织的原料。瘤胃微生物还能够将含氮化合物（包括非蛋白氮和蛋白氮）合成微生物蛋白。这种微生物蛋白所含必需氨基酸比例适宜，成分稳定，生物学价值高，可在通过羊小肠时被消化吸收。因此，在羊饲料中均匀加入一定量的非蛋白氮，如尿素、铵盐等，可节约蛋白质饲料，降低饲养成本。此外，瘤胃微生物可以合成B族维生素和维生素K。因此，在正常情况下，羊的日粮中不需要添加这类维生素。

(四)哺乳期羔羊的消化生理特点

初生时期羔羊只有皱胃发育完善,而前胃发育尚不完善,容积较小,尚未形成瘤胃微生物区系,因此前胃不具有消化能力。所以,此时羔羊的消化特点同单胃动物,以母乳为主要营养来源。

随着羔羊日龄的增长和逐渐习惯采食草料,会刺激前胃发育,其容积逐渐增大,羔羊在出生大约 20 d 后开始出现反刍行为。此时,皱胃中凝乳酶的分泌逐渐减少,其他消化酶的分泌逐渐增多,能够对采食的部分草料进行消化。在羔羊哺乳早期,如果人工补饲易消化的植物性饲料,可以促进前胃的发育,增强对植物性饲料的消化,有利于实施羔羊早期断乳。

第三节 羊的品种

一、品种分类

按照生产用途进行分类,绵羊品种可分为细毛羊、半细毛羊、肉用羊、裘皮羊、羔皮羊、肉脂羊、粗毛羊、乳用羊;山羊品种可分为乳用山羊、肉用山羊、毛用山羊、绒用山羊、裘皮山羊、羔皮山羊、普通山羊。

(一)绵羊品种分类

1. 细毛羊 主要用途是生产同质细毛,细度在 60 支以上,毛丛长度在 7 cm 以上,被毛为白色、弯曲明显且整齐、净毛率高。

细毛羊又分毛用细毛羊、毛肉兼用细毛羊和肉毛兼用细毛羊 3 个类型。毛用细毛羊一般体格略小,除颈部皮肤有皱褶外,身体其他部位也有皱褶,单位体重产毛量高,一般每千克体重能产净毛 60～70 g。毛肉兼用细毛羊体格大小中等,只有颈部皮肤有 1～3 个皱褶,单位体重产毛量中等,一般每千克体重净毛产量为 40～50 g。肉毛兼用细毛羊体格大,颈部皮肤皱褶少或无皱褶,单位体重产毛量低,一般每千克体重净毛产量为 30～40 g。

我国引入的细毛羊品种有澳洲美利奴羊、德国肉用美利奴羊等。我国培育的品种有中国美利奴羊、新疆细毛羊、东北细毛羊、内蒙古细毛羊、甘肃高山细毛羊、敖汉细毛羊、新吉细毛羊、苏博美利奴羊等。

2. 半细毛羊 毛纤维的细度为 32～58 支,被毛由同一纤维类型的无髓毛或两型毛组成,毛纤维越粗则越长。根据被毛的长度,可分为长毛种和短毛种 2 种。按其体型结构和产品的侧重点,又可分为毛肉兼用和肉毛兼用两大类。

我国引入的毛肉兼用半细毛羊品种有茨盖羊,肉毛兼用品种有罗姆尼羊、考力代羊、边区莱斯特羊等。我国培育的半细毛羊品种有青海细毛羊、东北半细毛羊、凉山半细毛羊、内蒙古半细毛羊、云南半细毛羊等。

3. 肉用羊 该类型羊体格大,两后腿之间(裆部)呈明显的倒 U 形,肉用体型明显。从国外引入的肉用羊品种有夏洛来羊、无角陶赛特羊、萨福克羊、特克赛尔羊、杜泊羊、澳洲白羊等。我国培育的肉用羊品种有巴美肉羊、昭乌达肉羊、察哈尔羊等。

4. 裘皮羊 裘皮羊的毛股紧密,毛穗非常美观,色泽光润,被毛不擀毡,皮板良好,称为二毛皮。国外品种有罗曼诺夫羊。我国品种有滩羊、贵德黑裘皮羊和岷县黑裘皮羊等。

5. 羔皮羊 所生产的羔皮具有美丽的毛卷或花纹,图案非常美观,如卡拉库尔羊、湖羊等。

6. 肉脂羊 产肉性能较好,由于善于储存脂肪而具有肥大的尾部(尾型呈短脂尾、长脂尾和肥臀尾),被毛皆为粗毛。如中国的寒羊、乌珠穆沁羊、阿勒泰羊、同羊、兰州大尾羊等。

7. 粗毛羊 被毛为异质毛，一般含有细毛、两型毛、粗毛和死毛。羊毛产量低、品质差，纺织工艺性能不佳，只能用于制作粗呢、地毯和擀毡。我国粗毛羊的数量多、分布广、体质健壮、适应性强。蒙古羊、哈萨克羊和西藏羊为我国著名的三大粗毛羊品种。

8. 乳用羊 乳用羊的泌乳性能好，如东佛里生羊。

（二）山羊品种分类

1. 乳用山羊 具有细致而紧凑的体质，骨细而结实，皮下脂肪不发达，皮薄毛稀。头小额宽，颈细长，背平直，尻部宽长且略有倾斜，腹部发达，四肢细长而强健。前胸较浅，后躯较深，泌乳系统发达，全身呈楔形，性格活泼。我国引入的品种有萨能乳山羊、努比亚乳山羊等，我国培育的品种有关中乳山羊、崂山乳山羊、延边乳山羊等。

2. 肉用山羊 体质细致而疏松，骨骼细短，皮肤疏松，皮下脂肪及肌肉层发达。毛短，体躯较长，四肢细短，性情不够活泼。我国引入的品种有波尔山羊，我国培育的品种有南江黄羊、简州大耳羊等。

3. 毛用山羊 毛用山羊体质弱，头轻小，骨细，胸窄，鬐甲较高，肋骨开张不够，尻部较斜。皮肤厚而松软，有发达的皮下组织，四肢端正，蹄质结实。如国外的安哥拉山羊、苏维埃毛用山羊等。

4. 绒用山羊 公母羊均有角，被毛多为白色，分内外两层毛，外层毛为粗直而长的有髓毛，内层毛为细软而较短的无髓毛，又称绒毛。由于品种和产地不同，其体型外貌和体尺差异较大。主要品种有辽宁绒山羊、内蒙古白绒山羊、陕北白绒山羊、柴达木绒山羊、罕山白绒山羊、河西绒山羊、乌珠穆沁白绒山羊等。

5. 裘皮用山羊和羔皮用山羊 一般体质结实，骨骼粗壮，皮厚而宽松，皮下脂肪较发达，前躯发育好，四肢粗壮，外观略呈长方形。我国著名的裘皮用山羊品种有中卫山羊，羔皮用山羊品种有济宁青山羊。

6. 兼用山羊 又称普通山羊，一般体质结实粗糙，骨骼粗壮，大多兼有产毛、肉、绒、皮等多种性能。如黄淮山羊、陕西白山羊、马头山羊、宜昌白山羊、成都麻羊、板角山羊、武安山羊、承德无角黑山羊、长江三角洲白山羊、贵州白山羊、隆林山羊、福清山羊、雷州山羊等。

二、绵羊品种

（一）细毛羊品种

1. 澳洲美利奴羊 产于澳大利亚。其羊毛品质优良，毛纤维长且密，净毛产量高，是世界上著名的细毛绵羊品种。澳洲美利奴羊体格中等、体质结实，体型外貌整齐一致，体躯呈矩形，毛着生至两眼连线。根据羊毛细度可分为细毛、中毛和强毛3个类型。引入我国的多为中毛型，成年公羊体重68～91 kg，剪毛量8～12 kg；成年母羊体重40～64 kg，剪毛量5～6.4 kg，毛长7.5～11 cm，细度60～64支，净毛率62%～65%。该品种在提高我国细毛羊产毛性能及毛纤维品质方面效果显著。

2. 德国肉用美利奴羊 原产于德国萨克森地区，公母羊均无角，颈部及体躯均无皱褶；体格大，胸宽深，背腰平直，肌肉丰满，后躯发育良好；被毛白色，密而长，弯曲明显。成年公羊体重90～100 kg，成年母羊体重60～65 kg。4月龄宰杀胴体重18～22 kg，屠宰率47%～49%，日增重为300～350 g。该羊性早熟、1周岁可配种，产羔率为150%～250%，羔羊成活率高。该品种羊对气候干燥、降水少的地区有良好的适应能力，且耐粗饲。与细毛羊杂交，可在不改变细毛羊生产细毛方向的前提下，显著提高其产肉性能。与蒙古羊、小尾寒羊等杂交，后代生长发育快，产肉性能良好。

3. 中国美利奴羊 1972—1985年在新疆巩乃斯种羊场、紫泥泉种羊场、内蒙古通辽市嘎达苏种畜场和吉林省查干花种畜场联合培育而成。由于培育地区的基础母羊和生态条件不同，从而形成了新疆型、新疆军垦型、科尔沁型和吉林型4个类型。中国美利奴羊体质结实，身体呈长方形。公羊有螺旋形角，母羊无角，公羊颈部有1～2个横皱褶或发达的纵皱褶，公母羊躯干部均无明显的皱褶。全身被毛有明显的大、中弯曲，油汗呈白色或乳白色，油汗含量适中。一级母羊平均剪毛后体重40.9 kg，剪毛量6.41 kg，体侧净毛率60.84%，平均毛长10.2 cm；特级母羊剪毛后体重45.84 kg，剪毛量7.21 kg，体侧净毛率60.87%，平均毛长10.48 cm。产羔率为117.0%～128.0%。2.5岁羯羊屠宰率为44.19%，净肉率为34.78%。

（二）半细毛羊品种

1. 茨盖羊 原产于苏联，体格较大，公羊有螺旋形的角，母羊无角，胸深、背腰较宽直，被毛覆盖头部至眼线，毛色纯白，但有些个体在脸、耳及四肢有褐色或黑色斑。茨盖羊成年公羊体重80～90 kg，剪毛量6～8 kg；成年母羊体重50～55 kg，剪毛量3～4 kg，产羔率115%～120%，毛长8～9 cm，细度46～56支，净毛率50%，屠宰率50%。茨盖羊体质结实，耐严寒和粗放的饲养管理条件，抗病力强，适应性好。

2. 罗姆尼羊 育成于英国东南部的肯特郡。四肢较高，体躯长而宽，后躯比较发达，头型略长；头、被毛覆盖较差，体质结实。成年公羊体重90～110 kg，剪毛量4～6 kg；成年母羊体重80～90 kg，剪毛量3～5 kg，产羔率120%。净毛率60%～65%，羊毛长度11～15 cm，细度46～50支。4月龄育肥公羔体重22.4 kg、母羔20.6 kg。成年羊屠宰率55%。罗姆尼羊引入我国东南沿海和西南各省饲养适应性尚好，而在西北和内蒙古饲养适应性较差。

3. 考力代羊 原产于新西兰。头宽但不很大，额上覆盖着羊毛。公母羊均无角，颈短而宽，背腰宽平，后躯发育良好，四肢结实，长度中等。全身被毛白色，头、耳、四肢偶有黑色斑。成年公羊体重100～115 kg，成年母羊体重60～65 kg；剪毛量成年公羊10～12 kg、成年母羊5～6 kg，净毛率60%～65%，毛长12～14 cm，细度50～66支。产羔率125%～130%。早熟性好，4月龄羔羊体重可达35～40 kg，屠宰率45%～50%。考力代羊在东南沿海、东北和西南等省区适应性较好。

（三）肉用绵羊品种

1. 夏洛来羊 原产于法国。1987年，首次引入我国河北省定兴、沧县。该羊额宽颈短，体躯较长，四肢短粗，胸宽而深，背腰平直，后躯长并且宽，肌肉丰满，体躯呈圆筒状，具有良好的肉用体型。成年公羊体重100～150 kg，成年母羊体重75～95 kg。早熟性好，4月龄公羔体重35 kg、母羔33 kg。繁殖率高达185%，屠宰率55%。与小尾寒羊杂交能显著提高后代的生长速度和产肉性能。

2. 无角陶赛特羊 原产于澳大利亚。公母羊均无角，颈粗短，胸宽深，背腰平直，躯体呈圆筒状，后躯丰满，四肢粗短，被毛白色。成年公羊体重85～115 kg，成年母羊体重55～80 kg，产羔率120%～160%。该品种具有早熟、生长发育快、全年发情、耐热及适应干燥气候的特点。在澳大利亚，无角陶赛特羊被广泛用于与美利奴羊或美利奴羊与长毛型半细毛羊（如边区莱斯特）的杂种羊进行杂交，专门生产羔羊肉。

3. 萨福克羊 原产于英国东南部萨福克，为大型肉羊品种。头和四肢为黑色，被毛白色，但常混有黑色毛纤维。体型较大，头较长，耳长，颈长而粗，胸宽，背腰和臀宽而平，肌肉丰满，后躯发育好。成年公羊体重120～140 kg，成年母羊体重70～90 kg，羔羊出生重4.5～6.0 kg，断乳前日均增重为330～400 g，4月龄体重47.5 kg，屠宰率55%～60%。胴体中脂肪含量低，肉质细嫩，肌肉横断面呈大理石花纹。产羔率130%～170%。公母羊剪毛量分别为5～6 kg和2.5～3 kg，毛长8～9 cm，细度50～58支。该品种属中毛型肉用羊，在世界各国肉羊生产体系中多被用作经济杂交的终端父本。

4. 特克赛尔羊 原产于荷兰。在19世纪中叶,是用林肯羊公羊和莱斯特公羊与当地沿海低湿地区的一种晚熟但毛质好的马尔夫母羊杂交培育而成。成年公羊体重110~130 kg,成年母羊体重70~90 kg。羔羊生长快,在较好的草原放牧条件下断乳前羔羊日均增重330~425 g,4~5月龄体重可达40~50 kg,6~7月龄体重可达50~60 kg,屠宰率55%~60%。性成熟早,母羊7~8月龄可配种,全年发情,产羔率150%~160%。剪毛量5~6 kg,毛长10~15 cm,毛纤维的细度为50~60支。

现被欧洲、亚洲、南美洲、北美洲、澳洲等的几十个国家引入,作为经济杂交生产肥羔的终端父本,对各国不同类型的自然环境均有良好的适应性。

5. 杜泊羊 原产于南非。由有角陶赛特羊和波斯黑头羊杂交育成,最初在南非较干旱的地区进行繁殖和饲养。因其适应性强、早期生长发育快、胴体品质好而闻名。杜泊羊分为白头和黑头2种。杜泊羊体躯呈桶形,无角,头上有短、暗、黑或白色的毛,体躯有短而稀的浅色毛(主要在体躯前半部),腹部有明显的干死毛。成年公羊和母羊体重分别为120 kg左右和85 kg左右。羔羊日增重为300 g左右,3~4月龄羔羊体重可达37 kg以上。生长良好的肥羔,其胴体品质无论在形状或脂肪分布方面均能达到优秀标准。

(四)羔皮品种

湖羊:原产于我国的浙江、江苏的太湖流域。该羊头面狭长,鼻梁隆起,耳大下垂,公母羊均无角,颈、躯干和四肢细长,肩部、胸部不够发达。被毛白色。成年公羊体重40~50 kg,成年母羊体重35~45 kg,成年公羊剪毛量2 kg,成年母羊剪毛量1.2 kg。毛被为异质毛。湖羊繁殖力强,产羔率为232%。湖羊羔羊生后1~3 d宰杀,取羔皮,毛色洁白,具有波浪花纹,极美观,被誉为"软宝石",在国际市场享有盛名。

(五)裘皮品种

滩羊:原产地为宁夏中部。滩羊体型近似蒙古羊,体格中等,公羊有大而弯曲的螺旋角,母羊无角。脂尾,尾根宽,向下逐渐变小,尾尖向上卷起。体躯被毛一般为白色,头部多为黑色。成年公羊体重40~50 kg,剪毛量1.91 kg;成年母羊体重35~45 kg,剪毛量1.12 kg。产羔率100%,屠宰率45%以上。羔羊生后25~30 d宰杀,取其裘皮。裘皮结实、轻软、保暖性好,毛股长而弯曲,形成各种花穗,光泽悦目,在国内享有很高的声誉。

(六)肉脂羊

1. 寒羊 产于山东、河北、河南,是我国地方优良品种。其外貌特征一般为耳大下垂,头和颈部较长,鼻梁隆起,体躯较长,后躯发达。生长在河北的寒羊公母羊均无角,而山东寒羊的公母羊均有角。寒羊的脂尾类型不一,可分为大尾和小尾2种。寒羊早熟性好,产羔多,生长发育快,是肥羔生产的理想母本。成年公羊体重50~60 kg,成年母羊体重48~52 kg,屠宰率50%。羊毛细度50~58支,毛长4.5~6.5 cm,产毛量1~3 kg。寒羊四季均能发情配种,产羔率多为229%。

2. 乌珠穆沁羊 主要分布在内蒙古的乌珠穆沁旗及锡林浩特等地区。该品种羊体格大,体躯白色,头颈黑色者居多,异质毛、干死毛多。剪毛量成年公羊1.87 kg,成年母羊1.45 kg,净毛率70%~80%。生长发育快,早熟,肉用性能好,6~7月龄公羊体重39.6 kg,母羊体重35.9 kg,成年公羊体重74.43 kg,成年母羊体重58.4 kg,屠宰率50.0%~51.4%。产羔率100.2%。

3. 阿勒泰羊 主要分布在新疆维吾尔自治区北部阿勒泰地区。该品种羊体格大,早熟,1.5岁公羊体重61.1 kg,母羊体重52.8 kg,成年公羊体重85.6 kg,成年母羊体重67.4 kg。肉用性能好,屠宰率50.9%~53.0%。属于脂臀羊,成年羯羊的臀脂平均重7.1 kg。被毛色杂,异质,干死毛多。剪毛量成年公羊2.04 kg,成年母羊1.63 kg,净毛率71.2%。产羔率110.3%。

(七) 粗毛羊品种

1. 蒙古羊 原产于内蒙古高原，现已分布到全国大多数省份。蒙古羊表现为头狭长、鼻梁隆起，公羊多数有角，母羊多数无角，耳大下垂，短脂尾。体躯被毛多为白色，头和四肢多为杂色。成年公羊体重45～65 kg，剪毛量1～2 kg；成年母羊体重35～55 kg，剪毛量0.8～1.5 kg。产羔率100%～105%，屠宰率47%～52%。

2. 哈萨克羊 原产于新疆维吾尔自治区。哈萨克羊鼻梁隆起，公羊角粗大，母羊无角，背腰宽、体躯浅、四肢高而结实，善于游走，肥臀尾，毛色极不一致，多为褐、灰、黑、白等杂色，全白者不多。公羊体重60 kg，母羊体重50 kg。剪毛量，成年公羊2.61 kg，成年母羊1.88 kg。成年公羊毛辫长度11～18 cm，母羊5.5～21 cm，羊毛密度稀。繁殖率101%，屠宰率49%。

3. 西藏羊 原产于青藏高原。品种内分许多类型，其中以草地型（也称高原型）为代表品种。草地型藏羊的公母羊均有角，角长而扁平，向外向上作螺旋状弯曲。头呈三角形，鼻梁隆起，体躯较长，近长方形。体躯毛色为全白，头部、腰部杂色者多。成年公羊体重50.8 kg，剪毛量1.42 kg；成年母羊体重38.5 kg，剪毛量0.97 kg。产羔率100%，屠宰率48.7%。

三、山羊品种

(一) 乳山羊

1. 萨能乳山羊 原产于瑞士泊尔尼州西南部的萨能山谷，是世界著名的乳山羊品种。全身白色或淡黄色，皮肤薄，公母羊多无角，耳长直立，部分羊颈下两侧各有1个肉垂。萨能乳山羊体躯宽深，背长而直，四肢结实，乳房发育良好，具有乳用动物特有的楔形体型。成年公羊体重75～100 kg，母羊体重50～65 kg。生产性能：泌乳期8～10个月，一般年产乳量600～1 200 kg，乳脂率3.8%～4.0%。产羔率160%～220%。目前分布很广，杂交改良地方山羊，效果显著。

2. 崂山乳山羊 产于山东青岛市，用萨能乳山羊与本地母羊杂交育成。其外貌与萨能乳山羊相似。成年公羊体重80 kg，母羊体重45 kg，泌乳期7～8个月，产乳量450～700 kg，乳脂率4%，产羔率平均为172%。崂山乳山羊适应性强，耐粗饲，乳用体型明显。

3. 关中乳山羊 产于陕西的渭河平原，用萨能乳山羊公羊与本地母羊杂交育成。成年公羊体重65 kg以上，成年母羊体重45 kg以上。在一般条件下，个体产乳量：一胎450 kg，二胎520 kg，三胎600 kg，高产个体在700 kg以上，乳脂率3.8%。一胎产羔率平均为130%，二胎以上平均为174%。

(二) 肉用山羊

1. 波尔山羊 原产于南非。该羊具有良好的肉用体型，体躯呈长方形，背腰宽厚而平直，肌肉丰满。被毛白色，头颈为红褐色，从额中至鼻端有1条白色毛带。头粗壮，耳大下垂，前额隆起，公羊角较宽且向上向外弯曲，母羊角小而直。颈粗厚，四肢较短。皮肤松软，有较多的皱褶，毛短而有光泽。初生重3.2～4.3 kg，3月龄断乳重公、母羔分别平均为21.9 kg和20.5 kg。羔羊生长速度快，6月龄内平均日增重为225～255 g。成年公羊体重90～100 kg，母羊体重65～75 kg。肉用性能好，屠宰率50%～60%，肉质细嫩，肌肉横断面呈大理石花纹。该品种繁殖性能好，6月龄性成熟，秋季为性活动高峰期，春羔当年可配种，1年产2胎或2年产3胎。初产母羊产羔率150%，经产母羊产羔率220%。该品种在我国适应性良好，已遍及全国各地，改良本地山羊效果显著。

2. 南江黄羊 产于四川省南江县。大多数公母羊有角，头型较大，颈部较粗，体格高大，背腰平直，后躯丰满，体躯近似圆筒形，四肢粗壮。被毛呈黄褐色，面部多呈黑色，体格大，生长发育快，四季发情，繁殖力强，泌乳性能好，抗病力强，采食性能好，耐粗饲，适应能力强。6月龄公羔体重16~21 kg，母羔体重15~19 kg；周岁公羊体重32~38 kg，母羊体重28 kg；成年公羊体重57~58 kg，成年母羊体重38~45 kg。产肉性能在放牧条件下，6月龄宰前体重21.3 kg，胴体重9.6 kg，屠宰率45.21%，净肉率29.63%。8月龄宰前体重平均23.8 kg，胴体重平均11.4 kg，屠宰率47.9%，净肉率35.7%。10月龄宰前体重平均可达27.5 kg，此时屠宰最好。产羔率为187%~219%。

（三）毛用羊

安哥拉山羊。原产于土耳其的安哥拉高原，是世界上优秀的毛用山羊品种。所产羊毛称为"马海毛"，其价格高出细羊毛数倍，属高档毛纺原料。安哥拉山羊全身白色，公母羊均有角，额面平直，耳大下垂，胸狭窄，肋骨扁平，骨骼细，四肢较短而端正，蹄质结实。生产性能：被毛主要以两型毛组成，基本同质。剪毛量公羊3.5~5 kg，母羊1.7~2.0 kg，长度平均为18~25 cm，细度35~25 cm，净毛率65%~85%，一般1年剪毛2次。成年公羊体重55~60 kg，成年母羊体重36~42 kg，产羔率100%~110%。

（四）绒山羊

1. 辽宁绒山羊 主要分布于辽宁省盖县及辽东半岛中部地区。毛色纯白，体格较大，颈粗短，后躯发育好，四肢健壮，适应性强，耐粗饲。公母羊均有角，公羊体重平均50 kg，母羊体重平均40 kg。生产性能：公羊产绒量平均600 g，最高可达1 000 g，绒长6.9 cm，细度17.36 μm；母羊产绒量470 g，绒长6.2 cm，细度17.38 μm。产羔率为140.55%，屠宰率50.6%。

2. 内蒙古白绒山羊 主要产于内蒙古阿拉善左、右旗。全身白色，公母羊均有角有须，身体近方形，后躯略高、背腰平直、粗壮结实。成年公羊体重52 kg，成年母羊体重35 kg。平均产绒量360 g，最高达870 g，细度12.1 μm，长度4.4 cm。屠宰率40%~50%，产羔率为94.2%。耐严寒酷暑，适于放牧。

（五）裘皮山羊和羔皮山羊

1. 中卫山羊 又称中卫沙毛山羊，产于宁夏回族自治区，是我国著名的裘皮用山羊。中卫山羊毛色纯白，纯黑个体极少。体躯短深，近于方形，全身各部位结构匀称，结合良好，四肢端正，蹄质结实，体格中等。成年公羊体重30~40 kg，成年母羊体重25~30 kg。在30日龄宰杀剥取毛皮，毛股长7 cm以上，具有花穗美观、保暖、结实、轻便、不擀毡等特点，但手感粗糙，故有"沙毛"之称。成年羊产肉量为12 kg左右，屠宰率40%~48%，产羔率105%。

2. 济宁青山羊 产于山东省济宁和菏泽2个地区，是我国著名的羔皮用山羊，所产羔皮称为猾子皮。外貌特征为：被毛由黑、白二色混生而成青色，它的角、蹄和唇也为青色，前膝为黑色，故有"四青一黑"的特征。青山羊头部较小，公母羊都有角有须，颈细长，背腰平直，胸宽深，腹部较大，尻微斜，四肢短而结实，整体略呈方形。青山羊个体较小，公羊平均体重25 kg，母羊平均体重20 kg。生产性能：羔羊生后3 d内宰杀剥取的青猾子皮具有美丽的花纹，是制造皮领、皮帽的优质原料。该羊性成熟早，4月龄即可配种，多产双羔，平均产羔率227.5%，屠宰率42.5%。

第四节　羊的饲养管理

一、种羊的饲养管理

（一）种公羊的饲养管理

种公羊要求体质结实，保持中上等膘情，性欲旺盛，精液量大且品质好。种公羊的饲养管理可分为非配种期的饲养管理和配种期的饲养管理。

1. 非配种期的饲养管理 种公羊在非配种期的饲养以保持其良好的种用体况为目的。在非配种期种公羊虽然没有配种任务，但仍不能忽视饲养管理工作。在我国牧区，种公羊除放牧采食外，应补充足够的能量、蛋白质、维生素和矿物质饲料。对体重 80~90 kg 的公羊，在冬季和早春时期一般日补给混合精料 500 g、优质干草 2~3 kg。夏秋季节以放牧为主，每天补喂少量的混合精料和干草。

农区规模羊场多采用舍饲，除做到精粗料合理搭配外，种公羊还应加强运动。此外，农区母羊四季均有发情，种公羊全年配种。因此，对种公羊进行全年均衡饲养尤为重要。

2. 配种期的饲养管理 配种期包括配种预备期（1~1.5 个月）和配种期（1.5~2 个月）及配种后复壮期（1~1.5 个月）。

配种预备期应增加精料量，按配种期喂精料量的 60%~70% 供给，并逐渐增加到配种期的精料喂量。对于计划参加配种的后备公羊，应进行配种或采精训练。种公羊在配种前 1 个月开始采精，定期检查精液品质，以决定每只公羊在配种期的利用强度。

配种期种公羊任务繁重，要消耗大量的营养和体力，应加强饲养。配种期种公羊每天饲料定额大致如下：混合精料 1.2~1.4 kg、苜蓿干草或野干草 2 kg、胡萝卜 0.5~1.5 kg。每天分 2~3 次给草料，饮水 3~4 次。每天放牧或运动 6 h。种公羊采精或配种次数，根据其年龄、体况、种用价值及精液品质来确定，每次采精应有 1~2 h 的间隔时间。配种期种公羊通常每天采精 1~2 次，最多可达每天 3~4 次。对于精子密度低的种公羊，应提高日粮中蛋白质饲料的比例，并降低配种或采精频率。

对于配种后复壮期的公羊，主要管理目标在于恢复体力、增膘复壮，其日粮标准和饲养制度要逐渐过渡到非配种期，不能变换太快。

种公羊的管理应强调以下几点：①种公羊每天都应保持适当的运动，特别在舍饲时更应重视；②应控制种公羊每天的交配或采精次数，不能过于频繁；③谷物饲料中含磷量高，日粮中谷物比例大时要注意补钙，保证钙磷比例不低于 2.25∶1；④不能为了母羊的全配满怀而任意拖长配种时期，这样不利于种公羊越冬。

（二）种母羊的饲养管理

种母羊根据其不同生理时期对营养需要的不同，可以划分为配种准备期、妊娠前期、妊娠后期、哺乳前期和哺乳后期 5 个阶段。

1. 配种准备期 即经产母羊断乳至再次参加配种的时期。此期是母羊抓膘复壮、为配种妊娠储备营养的时期。羊只有抓好膘，才能达到全配满怀、全生全壮的目的。对繁殖母羊应加强放牧，突击抓膘；对部分膘情不好的羊要实行短期优饲，尤其要提高饲料中的能量水平，这对母羊配种受胎颇为有利。

2. 妊娠前期 此期约 3 个月。胎儿发育较慢，所需营养并没有显著增多，但要求母羊能继续保持良好膘度。如放牧不能满足营养需要，即应考虑补饲。日粮组成为苜蓿 50%、干草 30%、玉米青贮 15%、精料 5%。管理上要避免吃霜草或霉烂饲料，不使羊群受惊猛跑，不饮冰碴水，不走暗冰道，不爬大坡，以防止发生早期隐性流产。

3. 妊娠后期 此期约 2 个月，是胎儿迅速生长的时期，初生重的 90% 是在母羊妊娠后期增加的，故此期妊娠母羊对营养物质的需要量明显增加。据研究，妊娠后期妊娠母羊和胎儿共增重 7~8 kg，热能代谢比空怀母羊提高 15%~20%。因此，妊娠后期怀单羔母羊的能量供给可在维持饲养基础上提高 12%，怀双羔则增加 25%。这样做的好处：一是可提高羔羊初生重和母羊泌乳量；二是可促进胎儿的次级毛囊发育，提高后代羊毛密度和改善腹毛着生状况。

此期对母羊的一切管理措施都围绕保胎来考虑，如进出圈要慢，翻山过沟要慢赶，饮水要防滑倒和拥挤，严禁饲喂发霉变质或冰冻的饲料。早晨空腹不饮冷水，忌饮冰冻水，以防流产。妊娠后期仍须坚持放牧运动，母羊临产前1周左右不得远牧，以便分娩时能及时回到羊舍。

4. 哺乳前期 在我国广大的牧区，哺乳期一般是4个月，可分为哺乳前期（哺乳前2个月）和哺乳后期（哺乳后2个月）。在哺乳前期，羔羊生长速度很快，母乳是羔羊营养的主要来源，为满足羔羊快速生长发育的需要，就得千方百计提高母羊的泌乳量。为此，必须加强母羊的补饲。此时期除应延长放牧时间外，还应根据所带单、双羔情况执行不同的补饲标准，精料量应比妊娠后期稍有增加。产后1~3 d，对膘好的母羊可不补饲精料，以防消化不良或发生乳房炎。粗饲料尽可能以优质干草、青贮饲料和多汁饲料为主。管理上要保证饮水充足、圈舍干燥清洁，寒冷地区圈舍要有保温措施。

5. 哺乳后期 哺乳后期母羊泌乳量渐趋下降，虽然加强补饲，也很难达到哺乳前期的泌乳水平。更主要的是此期羔羊已能采食大量青草和粉碎饲料，对母乳的依赖程度减小，从3月龄起，母乳仅能满足其本身营养需要的5%~10%。因此，哺乳后期的母羊，除放牧外，补饲些干草即可，对膘情较差的母羊可酌情补饲精饲料。目前，舍饲母羊的哺乳期一般不超过2个月，因此舍饲母羊无哺乳后期。

（三）哺乳羔羊的饲养管理

1. 精心护理初生羔羊 羔羊出生后，体质较弱，适应能力较差，抗病能力弱，容易发病。因此，做好初生羔羊护理工作，是减少羔羊发病死亡、提高成活率的关键。初生羔羊体温调节机能很不完善，因此保温防寒是初生羔羊护理的重要环节，一般羊舍温度应保持在5 ℃以上。为使初生羔羊少受冻，应让母羊立即舔干羔羊身上的黏液。母羊舔干羔羊，除了可促进羔羊体温调节外，还有利于羔羊排出胎粪和促进母羊胎衣排出。个别具有黏稠胎脂的羔羊，母羊多不愿舔，可将麸皮撒在羔羊身体上，引诱母羊舔羔。

做好棚圈卫生工作，严格执行消毒隔离制度，也是初生羔羊护理工作中不可忽视的重要内容。羔羊圈舍狭窄拥挤、肮脏潮湿、贼风侵袭，都可引起羔羊疾病的大量发生。此外，还应细致观察羔羊，查看食欲、精神状态、粪便等是否正常，做到有病及时治疗。对病羔羊实行隔离，对病死羔羊及其污染物及时处理掉，以控制传染源。

2. 早吃初乳，吃好常乳 初乳是母羊分娩后3d内的乳汁，之后所分泌的乳汁称常乳。初乳较常乳具有以下特点：初乳酸度较高，能有效刺激胃肠黏膜产生消化液和抑制肠道细菌活动；含有较多的抗体和溶菌酶，还含有K抗原凝集素，能颉颃特殊品系的大肠杆菌；初乳比常乳的矿物质和脂肪含量高1倍，维生素含量高20倍；含有较多的镁盐、钙盐，可促进羔羊胎粪的排出。羔羊出生十几分钟后即能站立，这时应人工辅助使之尽快吃到初乳，因为初乳中的抗体会随分娩时间的延长而迅速下降，同时羔羊胃肠对初乳中抗体的吸收能力也是每小时都在下降，到生后36 h已不能完全吸收完整的抗体蛋白大分子。所以早吃初乳是促使羔羊体质健壮、减少发病的重要措施。

哺乳期羔羊生长发育很快，平均日增重200~300 g，尤其是生后前8周龄阶段，常乳是重要的营养来源，因此必须让羔羊吃好常乳。为此，首先，加强泌乳母羊的补饲，使母羊乳充足；其次，安排好吃乳时间和次数。哺乳期羔羊吃乳时间可这样安排：舍饲，母仔同舍饲养至羔羊断乳；放牧，母仔舍饲15~20 d，然后白天羔羊留在羊舍饲养，母羊外出放牧，中午回来哺乳羔羊1次。这样加上出牧前和收牧后哺乳羔羊，1 d哺乳羔羊3次。每天母羊放牧回来时，往往急于向羊舍狂奔，而羔羊此时也在舍内嗷嗷待哺，这时牧工一定要有耐心，控制好母羊群，使母仔对号配乳，尤其对1月龄以内的羔羊，配乳尤其重要。

对乳不够吃的缺乳羔羊及丧母的无乳羔羊应找保姆羊代哺，也就是把羔羊寄养给死了羔羊或乳充足的哺乳单羔的母羊。也可采用人工哺乳，但应注意配乳的浓度，并严格消毒和控制乳温、饲喂量及哺乳时间，一般采用少量多次的人工哺乳方法。

3. 羔羊的合理补饲和运动

（1）补饲：早期补饲不仅可使羔羊获得更完全的营养物质，更重要的是能够促进其消化器官的发育和消化吸收机能的完善。一般羔羊生后15～20 d开始训练吃草吃料，粗饲料要选择质好、干净、脆嫩的青干草，扎成把挂在羊圈的栏杆上，不限量，任羔羊采食。混合精料炒后粉碎放入食槽内，或与切碎的青干草、胡萝卜等混合喂给，同时可混入少量食盐以刺激羔羊食欲。精料喂量一般半月龄的羔羊每天补饲50～75 g，1～2月龄100 g，2～3月龄200 g，3～4月龄250 g，1个哺乳期需精料10～15 kg。正式补饲时，干草也要切碎放在槽内喂，先喂粗料，后喂精料，定时定量喂给。羔羊吃饱后，把饲槽翻转过来，一方面，可保持饲槽清洁及防止羔羊卧在食槽内；另一方面，可防一些鸟、昆虫拣食剩余的饲料而带来传染病。

（2）运动：一般羔羊生后5～7 d，选择无风温暖的晴天，中午把羔羊赶到运动场，进行运动和日光浴，以增强体质，增进食欲，促进生长，减少疾病。随着羔羊日龄的增加，应逐渐延长在运动场的时间，或将其赶到附近的牧地上放牧，以加大羔羊的运动量。羔羊因运动场窄小或缺乏食盐等矿物质，常出现异食癖、啃墙土、吃羊毛等现象，容易造成肠道堵塞而致死，如发现上述情况应有针对性地及时采取措施。

4. 正确断乳 一般羔羊到3～4月龄即可断乳。断乳一方面有利于母羊恢复体况；另一方面也锻炼羔羊的独立生活能力。对于一年两产母羊，若其羔羊发育良好或其羔羊用于肥羔生产，可提早断乳。生产中多采用一次性断乳法，即将母仔断然分开，不再合群。断乳后，把母羊移走，羔羊仍留在原羊舍饲养，尽量给羔羊维持原来的环境。断乳以后，羔羊按性别、大小、强弱分群，加强补饲。

二、乳山羊的饲养管理

羊乳是乳山羊的主要产品，故其一切饲养技术措施都以提高产乳量为目的。根据乳山羊泌乳规律可将产乳母羊的饲养分为泌乳期饲养和干乳期饲养。其中，泌乳期又可分为泌乳初期、泌乳盛期、泌乳中期和泌乳末期；干乳期分为干乳前期和干乳后期。

（一）泌乳初期

指母羊产后20 d之内，也称恢复期。这一时期母羊产后不久，体质虚弱，腹部空虚，常感到饥饿，食欲逐渐旺盛，但消化能力弱，产道尚未完全复原，产多羔的羊因妊娠期间心脏负担过重，如果运动不足，腹下和乳房底部常有水肿，其乳腺及循环系统的机能还不正常，所以此期饲养以恢复母羊体质为主。故此期间应饲喂易消化的优质嫩干草，任其自由采食。然后根据乳山羊的体况、乳房膨胀程度、食欲表现、粪便形状和气味等灵活掌握精料及多汁饲料的喂量。对身体消瘦、消化力弱、食欲不振、乳房膨胀不够者，可少量喂给含淀粉多的薯类饲料，以增进其体力，有利于泌乳量的增加。对体况良好者，应缓慢增加精料，以既不使乳山羊造成营养亏损，妨碍乳量上升，又可保证食欲旺盛为原则。在加料过程中，若发现母羊食欲不振，排稀粪、软粪、有特殊气味的粪便，就不要急于增加精料和多汁饲料喂量。精料和多汁饲料有催乳作用，给得过早过多，轻者会造成食滞或慢性胃肠疾患，影响泌乳量，严重时可伤害终身消化力。管理上，对乳房水肿的高产母羊，从产羔前5 d开始，注意加强运动并按摩和热敷乳房，每次3～5 min，使水肿尽快消失。

（二）泌乳盛期

指产后20～120 d这一时期。此期产乳量占全泌乳期产乳量的一半，其产乳量的高低与本胎次产乳量密切相关。因此，此时期应尽一切办法提高产乳量。此阶段母羊体力已恢复，由于大量泌乳使体内养分呈负平衡状态，体重不断下降。在此期间加强饲养管理对提高泌乳量十分有效，应尽量配给最好的日粮，除喂给相当于体重1.0%～1.5%的优质干草外，还应尽量多喂给青草、青贮饲料、部分块根、块茎类饲料，但要防止腹泻。如果消化养分或蛋白质不足，再用混合精料补充。

为了促进母羊泌乳，可进行催乳。何时催乳要根据母羊的体质、消化机能和产乳量来决定。一般在产后的20 d左右催乳，过早会影响体质恢复，过晚则影响产乳量。催乳的方法是从产后20 d开始，在原来精料喂量（0.5～0.7 kg）的基础上，每天增加50～80 g精料，只要乳量不断上升，就连续增加，当精料增加到每产1 kg乳喂给0.4～0.45 kg时，乳量不再上升，则停止增加精料并将该给量维持5～7 d，之后根据泌乳羊标准供给。催乳时要前边看食欲（是否旺盛），中间看乳量（是否继续上升），后边看粪便（是否排稀粪），使羊始终保持旺盛的食欲。若饲槽有剩草、料，产乳量不再上升，粪便变形，就应控制或减少催乳饲料喂量。

对于高产母羊，泌乳高峰出现较早，采食高峰出现较晚，为了防止泌乳高峰营养亏损，饲养上要做到产前（干乳期）丰富饲养，产后（泌乳期）大胆饲养，精心护理。

（三）泌乳中期

指产后120～210 d。此期产乳量逐渐下降，每天递减5%～7%，这是泌乳的一般规律。但若能采取有效措施，可以使产乳量稳定地保持一个较长的时期，此期乳量若有下降就不容易再回升。所以在饲养上要坚持不随意改变饲料、饲养方法及工作日程，以免使产乳量急剧下降。精料给量较泌乳盛期减少，可依据泌乳母羊的产乳量、膘情、年龄等进行调整。对于低产母羊，此期精料给量不宜过多，否则会造成肥胖，影响配种。

（四）泌乳末期

指产后210 d到干乳这段时间（3个月）。这个时期的特点是母羊逐渐进入发情配种季节，到此期的后期，大部分羊已妊娠。母羊由于受发情和妊娠的影响，产乳量显著下降。饲养上要想法使产乳量下降缓慢一些，精料的减少要安排在乳量下降之后。泌乳末期的3个月，正是妊娠期的前3个月，胎儿虽增重不大，但要求母羊日粮营养全价，要多供给优质粗饲料。

（五）干乳前期

指从干乳开始到产羔前2～3周。此期正值妊娠后期，胎儿生长发育迅速，干乳可使羊乳腺得到休整、体质得到恢复，保证胎儿的正常生长发育和使母羊体内储存一定量的营养物质，为下一个泌乳期泌乳奠定物质基础。在干乳前期，对于营养良好的母羊，一般喂给优质粗饲料及少量精料即可；对于营养不良的干乳母羊，除给优质饲草外，还要饲喂一定量的混合精料，提高其营养水平。50 kg体重的羊，可按每天产乳1.5 kg的饲养标准饲喂，每天给1 kg左右优质干草、2～3 kg多汁饲料和0.6～0.8 kg的混合精料。青粗饲料和多汁饲料不宜喂得过多，以免压迫胎儿引起早产。

当前生产上存在的问题是普遍不重视干乳期的饲养。实际上，母羊干乳期饲养得好，下一胎产乳量才高，干乳期母羊体重如果能比产乳高峰期增加20%以上，胎儿的发育和下一胎的产乳量才会有保证。

（六）干乳后期

指产羔前2～3周到分娩。可按妊娠后期母羊饲养标准进行饲养。对于初产母羊和高产母羊可采用"引导饲养法"。具体做法是在原有日粮的基础上逐渐增加混合精料的喂量，使其每100 kg体重吃到1.5～2 kg的精料。母羊分娩后仍需维持或增加精料的喂量，直到母羊产乳高峰期。该方法除增加精料外，优质青干草应任其自由采食，还应饲喂大量的青绿多汁饲料，这样可减小母羊发生消化不良的概率。在饲养过程中，若母羊在产前4～7 d乳房发生过度膨胀或水肿严重时，可适当减少精料及多汁饲料，只要母羊乳房不发硬则可照常饲喂。产前2～3 d，一般日粮中应加入小麦麸等轻泻性饲料，以防止便秘。"引导饲养法"是通过提高产乳量来提高饲养效益，但如果所增产的羊乳不再能补偿投喂精料的价格，甚至导致乳羊消化不良，那就不可取了。

三、肉羊的育肥管理

(一) 育肥方式

有放牧育肥、舍饲育肥、混合育肥3种方式。

放牧育肥是草地畜牧业的一种基本方式，适宜在优质草场上进行，可利用夏秋季节牧草生长旺盛的特点进行季节性放牧育肥，为此就必须安排母羊在初春产羔。放牧育肥的优点是可以充分利用牧草资源，育肥成本低，并可以大大缓解冬春季节的草场压力。缺点是易受气候、草场等多种不稳定因素的干扰和影响，育肥效果不稳定。另外，商品肉羊出栏集中在秋末冬初季节，市场供应具有明显的季节性。

舍饲育肥是根据羊育肥前的状态，按照饲养标准配制日粮，进行完全舍饲饲养的一种育肥方式。舍饲育肥羊经30~60 d快速育肥即可达到上市标准，饲料、圈舍、劳力等投入相对较大，但可按市场需要实行大规模、批量化生产羔羊肉，生产效率高，从而获得规模效益。舍饲育肥羊的来源主要是增重潜力大的羔羊。

混合育肥有2种情况：其一是阶段育肥，断乳羔羊先利用夏季和秋季牧场进行集群放牧，至秋末草枯后再集中舍饲育肥30~40 d后再出栏，阶段育肥适用于体重小、增重速度较慢的羔羊；其二是放牧加补饲育肥，是在放牧基础上进行补饲的强度育肥，适于增重速度较快的羔羊。在具有放牧地和一定补饲条件情况下，混合育肥是一种十分理想的育肥方式。

(二) 育肥羊的生长发育规律及特点

育肥羊的生长发育规律：1~3月龄为骨骼快速生长期，4~6月龄为肌肉快速生长期，6月龄以后脂肪生长加快，到12月龄肌肉、脂肪生长速度几乎相同。可见，羔羊育肥包括肌肉生长和脂肪沉积2个过程，需要高蛋白、高能量饲料作为育肥日粮，而成年羊育肥主要是脂肪沉积过程，需要高能量饲料作为育肥日粮。

不同月龄羔羊育肥的饲料转化率存在差别，哺乳羔羊育肥的饲料转化率为(2~2.5):1，1.5月龄早期断乳羔羊育肥的饲料转化率为(2.5~4):1，而正常断乳的当年羔羊育肥的为(6~8):1。尽管哺乳羔羊、1.5月龄早期断乳羔羊育肥具有饲料转化率高的优点，但也存在育肥出栏体重偏小（30 kg左右）的缺点。此外，受羔羊来源限制而不能进行规模化生产，并不能成为羊肉生产的主要方式。正常断乳羔羊除了一小部分被选留到后备羊群外，大部分需经育肥后出售处理，因此正常断乳羔羊育肥是羊肉集约生产的基本方式。

(三) 待育肥羊的管理

待育肥羊到达育肥舍的当天，给予充足的饮水，喂给少量干草，减少惊扰，让其安静休息。休息过后，应进行健康检查、驱虫、药浴、防疫注射和修蹄等，并将其按年龄、性别、体格大小、体质强弱状况等组群。对于育肥公羊，早熟品种8月龄、晚熟品种10月龄以上的公羊应去势，但6~8月龄以下的公羊不必去势。最初2~3周要勤观察羊只表现，及时挑出伤、弱、病的羊，给予治疗并改善饲养环境。

(四) 集约化肥羔生产

通常根据羔羊品种、来源地及体重大小确定肥羔生产方案。一般体重小或体况差的正常断乳羔羊进行适度育肥，体重大或体况好的羔羊则进行强度育肥。但根据生产和市场需要，也可以前期进行适度育肥，后期进行强度育肥。不论采用强度育肥还是适度育肥，羔羊进入育肥舍后，都要经过预饲期。

预饲期大约14 d，可分为3个阶段：第1阶段为育肥开始的1~3 d，第2阶段为第4~10天，第3阶段为第11~14天。第1阶段只喂干草并保证充足饮水，目的是让羔羊适应新环境；第2阶段开始仍以干草为主，但逐渐更换为第2阶段的日粮，第7天更换完毕并喂到第10天；之后，再逐渐更换为正式育肥期的日粮，到第14天换完，此为第3阶段。第15

天进入正式育肥期。预饲期参考日粮配方如下：第 2 阶段日粮为玉米 25%，干草 64%，糖蜜 5%，豆粕 5%，食盐 1%，精粗比为 36∶64；第 3 阶段日粮为玉米粒 39%，干草 50%，糖蜜 5%，豆粕 5%，食盐 1%，精粗比为 50∶50。

预饲期结束后进入正式育肥期。正式育肥期一般每天饲喂 2～3 次，育肥羊必须保证有充足的清洁饮水。集约化肥羔生产，由于批次大、投入高、周期短，对于日粮的配制要求严格，稍有不适都会影响日增重，降低育肥效益。此期应根据育肥计划和当地条件选择日粮类型，日粮类型可分为精料型和粗料型。

精料型日粮适于对体重较大的健壮羔羊进行强度育肥。绵羔羊育肥初重为 35 kg 左右，育肥期为 40～55 d，出栏体重达到 48～50 kg，为强度育肥。精料型日粮组成：玉米 96%，蛋白质补充饲料 4%。蛋白质补充饲料的组成是：优质苜蓿 62%，尿素 31%，黏固剂 4%，磷酸氢钙 3%，粉碎混匀后制成 0.6 cm 的颗粒饲料。矿物质盐砖自由采食，组成为碳酸钙 50%，磷酸氢钙 18%，氯化钾 15%，食盐 9%，硫酸钾 5% 和预混料 3%。此外，为了保证每只羔羊每天摄入 45～90 g 的粗纤维，可以单独喂给少量秸秆或干草。

粗料型日粮适于对正常断乳羔羊进行适度育肥。这里介绍供羔羊自由采食的中等能量和低等能量日粮配方。中等能量日粮配方：玉米 58.75%，干草 40.00%，豆粕 1.25%，精粗比为 60∶40。低等能量日粮配方：玉米 53.00%，干草 47.00%，精粗比为 53∶47。干草应是以豆科牧草为主的优质青干草，蛋白质含量应不低于 14%。所配制成的日粮必须粉碎并搅拌均匀，保证自动饲槽内的饲料上下成色一致。矿物质盐砖自由采食，配方同精料型日粮中的矿物质盐砖。

育肥日粮的能量水平是决定增重效益的主要因素，能量的来源决定了日粮成本的高低。一般先用粗饲料来满足育肥羔羊的能量需要，当育肥日粮中粗饲料比例占到 20%～50% 时，粗饲料品质是决定能量供量的关键。当粗饲料比例降至 5%～15% 时，其所提供的能量可以忽略，这时重点考虑粗饲料形态等物理特性。精料型日粮中的粗饲料，主要起供给粗纤维和充填作用，苜蓿干草和棉籽壳、花生壳的作用基本相似。

日粮中蛋白质不足，首先考虑使用饼粕类饲料。尿素可以在育肥日粮中应用，但用量不可超过日粮总蛋白质量的 1/3，一般尿素在日粮中的添加量不得超过 1.5%。育肥日粮中还要注意氮硫比和钙磷比，前者大致为 10∶1，后者为 2∶1。谷物中含硫量多半为 0.1%～0.15%，精料型日粮普遍缺硫，应用非蛋白氮（如尿素）时会更加严重，配合育肥日粮时应引起重视。羔羊育肥日粮中添加 0.5% 氯化铵或 0.5% 硫酸铵，有预防尿结石的功效，氯化铵预防效果优于硫酸铵，但从补充硫需要的角度考虑，0.5% 硫酸铵相当于 0.12% 硫，这对平衡精料型日粮的氮硫比十分重要。

四、舍饲养羊

（一）羊舍的建设

1. 场址选择 应选择地势高燥、向阳背风、排水良好、通风干燥的地方建场，切忌将场址选在低洼潮湿、排水不良、通风不畅的地方。场址的土质应选择透水性强、吸湿性和导热性弱、质地均匀并且抗压性强的沙质土壤。要求羊场周围必须有充足的饲草、饲料基地或饲草、饲料资源；水源充足，水质清洁，并且使用方便；交通便利，但为了便于防疫，不能紧靠交通要道；远离有传染病的疫区及牲畜交易市场和食品加工场，以防疾病的发生；羊场应尽量远离居民区，以防污染居民环境。羊场所在地区最好具备屠宰、冷冻、加工条件，以避免育肥羊大运大调。

2. 羊舍建筑的基本参数

（1）羊舍及运动场面积：羊舍及运动场应有足够的面积，使羊在舍内不拥挤。羊舍拥挤，空气污浊，舍内潮湿，有碍羊只健康，并且饲养管理也不方便。羊舍面积过大，不但造成浪费，而且也不利于冬季保温。各类羊所需羊舍面积为：春季产羔母羊 1.1～1.6 m²/只，冬季产羔母羊 1.4～2.0 m²/只，群养公羊 1.8～2.25 m²/只，种公羊（独栏）4～6 m²/只，成年羯羊和育成公羊 0.7～0.9 m²/只，1 岁育成母羊 0.7～0.8 m²/只，去势羔羊 0.6～0.8 m²/只，3～4 月龄的羔羊占母羊面积的 20%。产羔室面积可按基础母羊数的 20%～25%计算。运动场面积一般为羊舍面积的 2～2.5 倍。成年羊运动场面积可按 4 m²/只计算。

（2）羊舍防寒防热温度界限：冬季产羔舍温度最低应保持在 8 ℃以上，一般羊舍在 0 ℃以上，夏季舍温不超过 30 ℃。

（3）羊舍湿度：羊舍应保持干燥，地面不能太潮湿，空气相对湿度以 50%～70%为宜。

（4）采光：羊舍要求光照充足。采光系数，成年绵羊舍为 1∶（15～25），高产绵羊舍 1∶（10～12），羔羊舍 1∶（15～20），产羔室可小些。

（5）通风换气指数：通风的目的是降温，换气的目的是排出舍内污浊空气，保持舍内空气新鲜。通风换气参数为：成年绵羊冬季 0.6～0.7 m³/（min·只），夏季 1.1～1.4 m³/（min·只）；育肥羔羊冬季 0.3 m³/（min·只），夏季 0.65 m³/（min·只）。

3. 典型羊舍类型　规模化羊场的羊舍类型有长方形羊舍、楼式羊舍和塑料暖棚羊舍等多种类型。

（1）长方形羊舍：长方形羊舍有开放、半开放结合单坡式羊舍，半开放双坡式羊舍和封闭双坡式羊舍等。开放、半开放结合单坡式羊舍，适合于炎热地区和当前经济较落后的牧区（图 11-1）。半开放双坡式羊舍适合于比较温暖的地区或半农半牧区（图 11-2）。封闭双坡式羊舍，四周墙壁封闭严密，保温性能好，适合寒冷地区（图 11-3）。

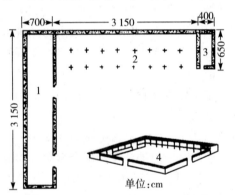

图 11-1　开放、半开放结合单坡式羊舍
1. 半开放羊舍　2. 开放羊舍　3. 工作室　4. 运动场

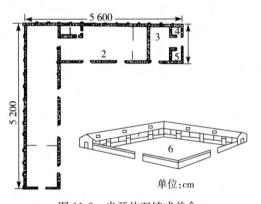

图 11-2　半开放双坡式羊舍
1. 人工授精室　2. 普通羊舍　3. 分娩栏室
4. 值班室　5. 饲料间　6. 运动场

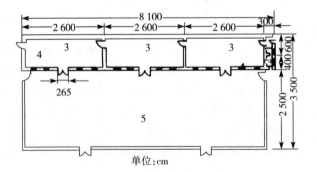

图 11-3　封闭双坡式羊舍
1. 值班室　2. 饲料间　3. 羊圈　4. 通气管　5. 运动场

(2) 楼式羊舍：为楼式结构，楼台距地面 1～2 m。楼板下为接粪坡，后与粪池连接，楼板为漏缝地面。这种羊舍的特点是楼板距地面有一定高度，防潮、通风透气性良好，适于南方炎热、潮湿地区采用。羊不与粪便接触，避免了寄生虫的感染，可降低羊的发病率（图11-4）。

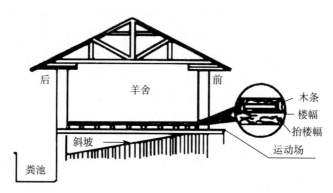

图 11-4 楼式羊舍

楼式羊舍干燥清洁，通风良好，适于气候温暖潮湿的地区。缺点是造价高，投资较大。楼式羊舍最好利用废旧房屋改建或靠山修建，较为经济。

(3) 塑料暖棚羊舍：适合在高寒地区或冬季采用。这种羊舍在气温降至 0～5 ℃时，棚内温度可较棚外高 5～10 ℃；气温降至 −20～−30 ℃，棚内温度可较棚外高 20 ℃左右。其原理是利用白天太阳能的热量蓄积和畜体自身散发的热量，达到防寒保温的目的（图11-5）。

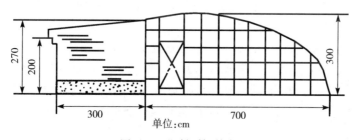

图 11-5 塑料暖棚羊舍

塑料暖棚养羊，应根据舍内温度、湿度等随时调节进气孔和排气窗的大小。羊出棚时，要提前打开进气孔、排气窗和圈门，逐渐降低舍温，使舍内气温与舍外气温大体一致再出棚；否则易引起羊患风寒。舍内粪便要及时清除，勤垫干土，保持舍内清洁干燥。由于塑料薄膜易损坏，要时常观察修补。

4. 养羊设备 包括饲槽、水槽、饲草架、活动母仔栏、羔羊补饲栏、分群栏、药浴池、兽医室、人工授精室、料库、青贮窖、堆草圈等设施和铡草机、粉碎机、颗粒饲料机、剪毛机、地磅等设备。

(二) 舍饲羊场的防疫

1. 防疫制度 每年定期注射"三联四防苗"，可有效预防羊快疫、猝疽、羔羊痢疾、肠毒血症这些梭菌性疾病，应在每年的春季（2—3月）和秋季（9—10月）各免疫接种 1 次，不论大小羊一律肌内注射或皮下注射 1 mL，注射后 14 d 产生免疫力。此外，根据本地区或羊场疫病流行情况，应有针对性进行小反刍兽疫、羊痘等传染病的免疫接种工作。

从外地进羊要严格检疫，谢绝无关人员进场，不从疫区购买草料和羊只。工作人员进入生产区需更换工作服，饲养人员不得使用其他羊舍的用具及设备，羊舍应消灭老鼠及蚊蝇。

2. 驱虫计划 每季度进行 1 次全群驱虫，或依据化验结果确定驱虫时间，并结合本地情况选择驱虫药物。驱体外寄生虫（螨、蜱、虱、羊鼻蝇蛆等）和线虫（捻转血矛线虫、结节虫、肺丝虫等）用伊维菌素注射液，每千克体重 0.2 mg，皮下注射；驱绦虫、吸虫，用吡喹酮，每千克体重 65～80 mg，口服；驱伊氏锥虫、梨形虫，用贝尼尔，每千克体重 7～10 mg，配成 2%的溶液，深部肌内注射。为了避免寄生虫产生抗药性，驱虫时应交叉用药。

3. 消毒制度 场门、生产区入口处消毒池内的药液要经常更换，保持有效浓度。车辆、人员都要从消毒池经过。羊舍内要经常保持卫生整洁、通风良好。羊床每天要打扫干净，羊舍冬季每 1 个月、春秋季每半个月、夏季每 10 d 消毒 1 次，每年春秋两季各进行一次大的消毒。常用消毒液有：10%～20%的生石灰乳、2%～5%的氢氧化钠溶液、0.5%～1%的过氧乙酸溶液、3%的甲醛溶液、1%的高锰酸钾溶液或癸甲溴铵溶液等。转群或出栏后，要对整个羊舍和用具进行 1 次全面彻底的消毒，方可进羊。

（三）饲养管理

按品种、性别、年龄分群饲养，根据不同群体、不同阶段确定饲养标准，避免随意更改，防止营养缺乏症和胃肠疾病的发生。草料应干净、切碎、无农药残留及杂质，禁止饲喂有毒、霉变的饲料。母羊妊娠后，禁止饲喂棉籽饼、菜籽饼、酒糟、柞树叶等饲料。日常饮水保持清洁、卫生、充足，妊娠母羊、刚产羔的母羊供应温水，预防流产或产后疾病。经常刷洗羊体，冬天防寒、夏季防暑，保证羊只充分运动。各类型羊的具体饲养管理技术，见本节种羊的饲养管理、乳山羊的饲养管理及肉羊的育肥管理。

五、放牧技术

（一）放牧基本要求

放牧中要做到"三勤""四稳"。"三勤"就是腿勤、嘴勤和手勤，"四稳"就是放牧稳、饮水稳、出入圈稳和走路稳。其目的是控制好羊群，使之少走、慢走、吃饱、吃好，有利于抓膘和保膘。在实践中可通过一定的放牧队形来控制羊群。在平坦、开阔、牧草良好的牧地上放牧，可采用"一条鞭"，使羊排成"一"字形横队，使羊既可吃到优质草，又可充分利用草地。在丘陵、山地及牧草分布不均或产草较少的牧地，可采用"满天星"，使羊群在一定范围内均匀散开，自由采食，可吃到较多的优质草。夏天采用"满天星"比较凉爽。

放牧时要按时给羊饮水，定期喂盐。饮水要清洁，不饮池塘死水，以免感染寄生虫病。饮水次数因季节、气候、牧草含水量的多少而有差异。饮河水、泉水时要顺水饮，逆水饮容易呛水。不饮"一气水"，避免水呛入肺引起肺炎。四季都必须喂盐，日粮中盐量不少于 8～15 g，可将粒状食盐均匀撒在石板上或放在盐槽内任羊自由舔食，也可把粉碎的食盐按需要量混在精料里喂给，或者使用盐砖供羊舔食。若羊流动放牧，可间隔 5～10 d 喂盐 1 次。为了避免丢羊，要勤数羊。俗话说"一天数三遍，丢了在眼前；三天数一遍，丢了找不见"。每天出牧前、放牧中、收牧后都要数羊。

（二）四季牧场的选择及其放牧特点

1. 四季牧场的选择 不同季节、不同地形牧草生长情况不同。因此，必须按照季节、牧草、地形特点选择牧场，以利于放牧管理。春季牧场应选择接近冬季牧场的向阳温暖地方，如平原、川地、盆地和丘陵阳坡，这些地方较暖和，雪融化较早，牧草返青也早；夏季牧场应选择高岗地带，既凉爽，又少蚊蝇，但必须有水源；秋季牧场宜选择山腰或河流、湖泊附近牧草优质的地方，利于抓好秋膘。此外，秋季还可利用割草后的再生草地和农作物收割后的荐地放牧抓膘；冬季牧场应选择在背风向阳、地势较低的暖和低地和丘陵的阳坡。一般平原丘陵地区按照"春洼、夏岗、秋平、冬暖"选择牧地；山区按照"冬放阳坡、春放背、夏放岭头、秋放地"选择牧地。

2. 四季放牧特点

(1) 春季放牧：春季羊瘦弱，同时又是接羔、育羔和草料青黄不接的时期，因此春季放牧的主要任务是恢复羊的体力，力求保膘保羔。放牧技术上，首先要躲青拢群，防止跑青。为防止跑青，对于饲料储备充足的场（户）可采取短期舍饲的方法，舍饲半个月左右，待青草长高时再转入放牧。其次，应注意防止羊贪青而误食毒草，许多毒草返青早，长得快，幼嫩时毒性很强，多生在潮湿的阴坡上，放牧时应加注意。有经验的牧工常采用"迟牧、饱牧"的方法避免毒草危害。再次，草原上的蛇常常是在开春以后出来饮水，要防止羊饮水时被蛇咬伤，可采取"打草惊蛇"的方法。最后，北方的很多牧区每年要到小满以后才能过终霜，母羊采食霜冻的幼嫩青草可导致乳质变差，易使羔羊腹泻，应引起注意。根据春季气候特点，出牧宜迟，归牧宜早，中午可不回圈，使羊多吃些草。风大的地区，要顶风出牧，顺风归牧。

春季放牧前要将绵羊尾部和大腿内侧的羊毛剪掉，以免吃青腹泻结成大的粪块影响行动；羊眼周围的长毛也要剪掉，便于羊采食；修蹄最好在下雨后或潮湿地带放牧一段时间，待蹄甲变软时修剪。春季要做好羊舍的消毒、羊群的驱虫工作。根据各地气候情况，酌情掌握剪毛、山羊梳绒及药浴的时间。

(2) 夏季放牧：主要任务是抓好伏膘，为促使母羊提前发情、迎接秋季配种打基础。夏季放牧地应选择高岗或山梁草地，这里牧草茂盛，蚊蝇少，羊群能较安静地吃草，也可减少寄生虫的感染率。夏季出牧宜早，归牧宜迟，中午炎热时可多休息，也可实行夜牧。每天放牧时间不少于12 h，做到"四饮、三饱、两休息"。在牧地上放牧时要采取"顶风背太阳，阴雨顺风放"的方法。夏季是多雨季节，力争做到"小雨当晴天，中雨顶着放，大雨抓空放"，但归牧后应使羊在圈外风干被毛后入舍，否则羊毛品质将受到影响。夏季天气炎热，为防中暑和"扎窝子"，可采用"满天星"放牧队形。每次放牧时，可先放熟地（已放牧过的草地），等羊吃到大半饱不爱吃时，再放生地（没有放牧过的草地），这时羊群移动速度可适当加快，以增加羊的采食量。羊不爱吃露水草，早晨可先放远处，待露水消失后再往回放。也可等太阳升高、露水消失后出牧，傍晚要在露水出现前回牧。在露水多时或雨后，不要到豆科牧草地，如苜蓿地去放牧，以免引起急性腹胀病。

(3) 秋季放牧：主要任务是抓膘育肥，实现满膘配种。秋季放牧要选择草高、草密的草地，并要经常更换牧地，使羊吃到多种杂草和草籽，但要避开有钩刺的灌木。秋季无霜期放牧应早出晚归，晚秋有霜时应晚出晚归，尽量延长放牧时间。秋季放牧应尽量减少游走路程，当羊抓到七八成膘时不宜再上高山，只宜到山腰、山沟或滩地草场放牧，减少体力消耗。在草枯前后，宜赶往草枯较晚的地段去放牧，延长吃青草时间。利用草场时，可先由山顶到山下，由阳坡到阴坡，由山上向沟里，最后由平滩转到沙窝子。农区要抢放茬田，使羊拣食地里的残留谷物和嫩草，前半天放熟茬地，后半天放生茬地，或者前半天放草地，后半天放茬地。放牧队形可因地制宜。如在丰富的草籽地放牧可采用"一条鞭"队形，在茬子地放牧多用"满天星"队形。

(4) 冬季放牧：主要任务是保膘保胎，促进胎儿正常发育。冬季放牧应早出晚归，中午不休息，以增加放牧时间，并加强对羊群的控制，减少游走的体能消耗。早晨出牧前应将羊叫起站一会儿，一方面使羊将粪排在圈内；另一方面使羊对外面寒冷空气有所适应，防止感冒，然后赶离圈舍。出入圈要严防拥挤，放牧时不跳沟跳壕，稳放慢赶，霜落后再出牧，避免造成流产。放牧保持顶风较好，毛顺贴体，体温丧失较少，顶风走草往嘴边倒，容易吃饱，顶风放有助于气候突变时好顺风往回赶。若遇强寒流天气，要提前归牧；否则易引起母羊成批流产或母羊死亡。冬季牧地利用要有计划：先利用牧道上易被践踏的牧地和远处的牧地，再逐渐向近处牧地转移。冬季有较多降雪的地区，可先放阴坡，后放阳坡；先放沟底，后放坡地；先放低草，后放高原；先放远处，后放近处，以免使那些本可先放牧的地段被雪封盖住而不能被利用。

复习思考题

1. 羊毛纤维的类型和羊毛分类的依据分别是什么？分别可分为哪些类型？
2. 世界养羊业发展趋势是什么？
3. 成年羊和哺乳期羔羊瘤胃的消化机能有什么不同？
4. 绵羊品种按生产用途可分为哪几类？各有哪些代表品种？
5. 山羊品种按生产用途可分为哪几类？各有哪些代表品种？
6. 种公羊的饲养管理可分为哪几个时期？各期的饲养管理要点是什么？
7. 繁殖母羊的饲养管理可分为哪几个时期？各期的饲养管理要点是什么？
8. 哺乳羔羊的饲养管理要点有哪些？
9. 乳山羊的饲养管理可分为哪几个时期？各期的饲养管理要点是什么？
10. 肉羊育肥有哪几种方式？各有何特点？
11. 育肥羊生长发育有何规律及特点？
12. 集约化肥羔生产在预饲期及正式育肥期应怎样进行饲养管理？
13. 羊舍建筑参数主要有哪些？典型羊舍有哪些类型？
14. 如何选择四季牧场？四季放牧各有何特点？

第十二章 家禽生产

> 重点提示：通过学习，熟悉家禽的生物学特性及主要品种，掌握孵化条件和孵化效果的检查方法，学会蛋鸡、肉鸡、鸭和鹅的饲养管理，并了解养禽设备及禽类产品的初步加工技术。

第一节 家禽生产概述

在食物构成中肉、蛋、乳所占比例，成为人们生活水平提高的重要标志。禽肉因价格低、利于人体健康和适于深加工，在世界范围内被广泛接受，禽蛋所含有的营养成分的种类、数量和比例能够满足孵化一个生命体的需求，营养价值很高。因此，家禽产业发展迅速。

二维码12-1 从内打破是成长，从外打破是压力——由鸡蛋孵化映射人生哲理

（一）家禽生产的特点

现代家禽业采用现代科学技术的综合成果，使生产效率与生产水平均有很大提高，生产规模大。通过适当的禽舍和环境控制设施，为家禽创造适宜的饲养环境，使家禽生产不受季节和气候的影响，从而可以均衡供应市场。使用机械化养殖设备，方便饲养管理，并提高劳动生产效率。养鸡生产采用终年舍内饲养方式，为了提高饲养密度而采用多层笼养，以减少占地面积和鸡舍建筑面积，而其他家禽也根据不同情况和需求采用各种禽舍和饲养设备，水禽对自然条件的依赖要大一些。家禽生产总体呈现区域化养殖，规模化生产，社会化服务，现代化加工，一体化经营。

（二）家禽生产发展概况

我国有5 000多年的养禽历史，但长期以来经营规模小而分散，生产方式落后，生产水平低下，家禽生产发展缓慢。20世纪70年代，一些大城市为解决禽蛋和禽肉供应短缺问题，在郊区开始发展工厂化养鸡。1988年，国务院批准农业部组织实施"菜篮子工程"，城市郊区家禽生产基地得以巩固和扩展，同时也吸引了许多农户开始涉足家禽业，我国的家禽业进入飞速发展的阶段。

城市郊区的机械化鸡场对满足市场需求、普及养禽技术起到了重要作用。我国在20世纪90年代中期以前，对这些国有大型禽场给予各种形式的补贴，支持其经营和发展。此时，因养鸡利润丰厚吸引了许多农村专业户投入家禽生产中，形成竞争局面。在市场竞争中，国有大型禽场因体制、生产成本等原因，普遍经营困难。而部分重视技术、懂得经营的农村养禽专业户则迅速发展壮大。逐步发展出专业化养鸡养鸭村、乡和县。这些农村家禽集中生产地区的出现，对我国家禽生产的合理布局和繁荣农村经济起到了重要作用。在国家取消对国有禽场的补贴以后，地处城市郊区的大型国有养禽场逐步退出商品生产，转入种禽、饲料等行业。同时，出现专业贩运禽产品的公司，把养禽集中产区的产品销往全国各地，形成了禽蛋和禽肉大流通、全国大市场的格局。

经过近 30 年的发展和产业结构的调整,农村养禽成为我国家禽生产的主体。"小规模、大群体"是我国目前蛋鸡生产的基本结构,这种结构的缺陷以及由此而带来的市场主体的"行为缺陷或障碍"也越来越明显地显现出来,我国蛋鸡产业发展进入了增长缓慢的"平台期"。

(三)现代家禽生产发展趋势

我国是养禽大国但不是养禽强国,存在存栏量大而单产水平低、饲养条件差、死淘率高、产品品质参差不齐等诸多问题,必须给予重视并认真解决。在生产环节,要重视无公害禽蛋和禽肉生产体系的建设,重点解决饲料中违禁药物使用和药物残留问题,改善鸡舍内环境卫生,减少生产过程的污染。在流通环节,则应加快周转,并建立合理的冷冻、冷藏保存和运输体系。针对中高档消费市场,要推广品牌优质蛋和禽肉产品,对鸡蛋进行清洗、分级、包装,并实行冷链运输和储藏;对禽肉则要进一步加强深加工,开发出多种多样的禽肉产品,以扩大消费,促进生产的发展。现代禽业生产发展的趋势为:以现代科学理论来规范和改进家禽生产的各个技术环节,用现代经济管理方法科学地组织和管理家禽生产,实现家禽业内部的专业化和各个环节的社会化;合理利用家禽的种质资源和饲料资源,建立合理的家禽业生产结构和生态系统;不断提高劳动生产率、禽蛋和肉的产品率及商品率,使家禽生产实现高产、优质、低成本的目标,以满足社会对优质禽蛋和禽肉日益增长的需要。

第二节 家禽的生物学特性

一、家禽在动物分类学中的地位

(一)鸡在动物学分类中的地位

门:脊索动物门
　亚门:脊椎动物亚门
　　纲:鸟纲
　　　亚纲:今鸟亚纲
　　　　目:鸡形目
　　　　　科:雉科
　　　　　　族:雉族
　　　　　　　属:原鸡属
　　　　　　　　种:红原鸡
　　　　　　　　　品种:家鸡

(二)鸭在动物学分类中的地位

门:脊索动物门
　亚门:脊椎动物亚门
　　纲:鸟纲
　　　亚纲:今鸟亚纲
　　　　目:雁形目
　　　　　科:鸭科
　　　　　　亚科:鸭亚科
　　　　　　　族:鸭族
　　　　　　　　属:鸭属
　　　　　　　　　种:绿头鸭
　　　　　　　　　　品种:家鸭

（三）鹅在动物学分类中的地位

门：脊索动物门
　亚门：脊椎动物亚门
　　纲：鸟纲
　　　亚纲：今鸟亚纲
　　　　目：雁形目
　　　　　科：鸭科
　　　　　　亚科：雁亚科
　　　　　　　族：雁族
　　　　　　　　属：雁属
　　　　　　　　　种：灰雁（欧洲鹅系统）、鸿雁
　　　　　　　　　　品种：家鹅

二、家禽的一般特征

大多数鸟类具有适于飞翔的身体构造，虽然有些家禽经过人类驯养已失去飞翔能力，但此特征仍保留着。家禽的一般特征为：①全身被羽毛覆盖；②眼大，头小，没有齿，口可以张得很大；③骨骼不仅愈合得多而且有气室；④前肢演化为翼；⑤胸肌与后肢肌肉非常发达；⑥有嗉囊和肌胃，没有膀胱；⑦卵生，雌性仅有左侧输卵管，雄性睾丸位于体腔内；⑧具有泄殖腔，没有膈；⑨肺小，连接气囊，靠肋骨与胸骨的运动进行呼吸。

三、家禽的生物学特性

（一）卵生

通过受精蛋孵化繁殖后代，胚胎发育经过体内、体外 2 个阶段。

（二）体温高，新陈代谢旺盛

家禽的体温均较家畜的高，如鸡的正常体温为 40.5～41.7 ℃，鸭的为 41.5～42.2 ℃，鹅的为 40.5～41.6 ℃。

（三）生长发育迅速

家禽生长快，成熟早，生产周期短。如肉仔鸡初生重 39 g，7 周龄可达 2 500 g，是初生重的 64 倍，饲料转化率（1.7～2.0）∶1。

（四）繁殖力强

高产蛋用鸡年产蛋 300 枚以上，蛋用鸭年产蛋 300 枚左右，肉种鸡年产蛋 180～200 枚，肉种鸭如北京鸭年产蛋 180 枚以上，中国鹅年产蛋 80～120 枚；公禽每天交配次数多，精液量虽少，但精液浓稠，精子密度大、数量多，在母禽输卵管内可以存活 5～10 d，个别可以存活 30 d 以上。

（五）对高温高湿环境敏感

禽全身披覆羽毛，没有汗腺，机体水分的蒸发与调节主要依靠呼吸作用，以及改变体态、活动、饮水、遮阳等方式，对高温高湿敏感。

（六）对粗纤维消化率低

家禽口腔无咀嚼作用，且大肠较短。除鹅与火鸡外，鸡与鸭对粗纤维的分解能力均弱。

（七）群居性强

家禽有合群性，适合群饲。在群居情况下，通过啄斗而自然分成"群居顺序"。

（八）对光线敏感

光照时间和光照度对家禽的性成熟有影响，在育成阶段要严格控制光照。

为了提高家禽的性能和生产效率，除了解上述特性外，还须知道家禽的行为特征，以提高饲养管理水平。

第三节 家禽的品种

一、家禽品种的分类

（一）按《中国家禽品种志》分类

由农业部和中国农业科学院编写的《中国家禽品种志》对我国家禽品种的分类是：

1. 地方品种 我国养禽历史悠久，各省份形成了不少地方品种。其中，鸡品种107个，分为蛋用型、肉用型、兼用型、玩赏型、药用型和其他6个类型；鸭品种32个，分为蛋用型、兼用型和肉用型3个类型；鹅品种30个，都属肉用型。鸽品种2个，火鸡品种1个。

2. 培育品种 1949年以后，我国从事家禽科学的人员自行选择、培育新品种。收入《中国家禽品种志》的培育鸡种有4个，培育鹅品种1个。

3. 引入品种 我国引入的标准品种分为蛋用型、肉用型、兼用型3个类型。鸡引进品种5个，鸭引进品种2个，鹅引进品种2个，鸽引进品种1个，火鸡引进品种1个，鹌鹑引进品种2个。

（二）按"标准品种分类"法分类

所谓"标准品种分类"是由英国、美国、加拿大等国的家禽工作者为推动家禽育种工作而制订的一套品种登记方法。该法将家禽分为类、型、品种和品变种。

1. 类 按禽的原产地分为亚洲类、美洲类、地中海类、英国类、波兰类等。每类之中又可细分为品种和品变种。

2. 型 根据家禽的用途分为蛋用型、肉用型、兼用型和观赏型。

3. 品种 是指通过育种而形成的有一定数量的群体，它们具有特殊的外形和一般基本相同的生产性能，并且遗传性稳定，适应性也相似。这个群体还有一定的结构，即由若干各具特点的类群构成。

4. 品变种 又称亚品种、变种或内种。是在一个品种内按羽毛颜色或羽毛斑纹或冠形分为不同的品变种。

采用标准分类法分类的品种志有《美洲家禽品种志》和《不列颠家禽标准品种志》。

（三）按现代养鸡业分类

现代养鸡业把鸡分为蛋鸡系和肉鸡系。蛋鸡系包括白壳蛋系、褐壳蛋系和粉壳蛋系；肉鸡系包括白羽肉鸡、有色羽肉鸡等。建立配套系的种质资源主要集中在白来航鸡、洛岛红鸡、新汉夏鸡、白洛克鸡、科尼什鸡等少数几个品种。

二、鸡的品种

（一）标准品种

这里介绍已引进我国的标准品种和原产于我国的标准品种。

1. 白来航鸡 白色单冠来航鸡为来航鸡的一个品变种，原产于意大利，1835年由意大利的来航港运往美国，现普遍分布于全世界，是世界著名的蛋用鸡品种，也是现代化养鸡业白壳蛋系使用的鸡种。

白来航鸡体型小而清秀，全身紧贴白色羽毛，单冠，冠大鲜红，公鸡直立，母鸡倒向一侧。喙、胫、皮肤均为黄色，耳叶白色。性情活泼好动，易受惊吓，无就巢性，适应能力强，性成熟早，产蛋率高，饲料消耗少。雏鸡出壳140日龄后开产，72周龄产蛋220枚以上，高产的可超过 300 枚蛋。蛋重 56 g 以上，蛋壳白色，成年公鸡体重 2.5 kg，成年母鸡体重 1.75 kg 左右。

2. 洛岛红鸡 育成于美国洛德岛州，属兼用型，有单冠和玫瑰冠 2 个品变种。洛岛红鸡由红色马来斗鸡、褐色来航鸡和鹧鸪色九斤鸡与当地土种鸡杂交而成。1904 年正式被承认为标准品种。我国引进的洛岛红鸡为单冠品变种，此鸡羽毛深红色，尾羽黑色。体躯略近长方形，头中等大；单冠，喙褐黄色，胫黄色或带微红的黄色；冠、耳叶、肉髯及脸部均鲜红色，皮肤黄色。体质强健，适应性强。180 日龄开产，年产蛋 180 枚，高产的可达 200 枚以上，蛋重 60 g，蛋壳褐色。成年公鸡体重 3.7 kg，成年母鸡体重 2.75 kg。

现代生产褐壳蛋的商品杂交鸡，在四系配套杂交组合的父本中，主要利用洛岛红的高产品系作父本父系和父本母系，利用其隐性金黄色羽伴性遗传的特点，实现商品代雏鸡自别雌雄。

3. 新汉夏鸡 育成于美国新汉夏州。从洛岛红鸡群选育而成，体型外貌与洛岛红相似，但背部较短，羽毛颜色较浅。单冠，体大，适应性强。180 日龄开产，年产蛋 200 枚以上，蛋重 58 g，蛋壳褐色。成年公鸡体重 3.6 kg，成年母鸡体重 2.7 kg。

4. 白洛克鸡 属洛克品种，兼用型，育成于美国。单冠，冠、肉髯、耳叶均为红色，喙、胫和皮肤黄色，全身羽毛白色。成年公鸡体重 4.15 kg，成年母鸡体重 3.25 kg。年产蛋量 170 枚，蛋重 58 g，蛋壳褐色。近来在肉鸡配套系生产中多用作母系。

5. 白科尼什鸡 原产于英格兰的康瓦尔，属科尼什的一个品变种。豆冠，喙、胫、皮肤均为黄色，肩、胸很宽，胸、腿肌肉发达，胫粗壮，体重大。成年公鸡重 4.6 kg，成年母鸡体重 3.6 kg。肉用性能好，但产蛋量少，年平均产蛋 120 枚左右，蛋重 56 g，蛋壳浅褐色。近年因引进白来航显性白羽基因，育成为肉鸡显性白羽父系，已不完全为豆冠。目前，主要用该品种与母系白洛克品系配套生产肉用仔鸡。

6. 九斤鸡 世界著名肉用品种之一，原产于中国，对世界鸡种改良有很大贡献。头小，喙短，单冠；冠、肉髯、耳叶均为鲜红色，眼棕色，皮肤黄色。颈粗短，体躯宽深，胸部饱满，外形近似方形。胫短，黄色，有胫羽和趾羽。就巢性强，但因体重大不宜孵蛋。8～9 月龄开产，年产蛋 80～100 枚，蛋重 55 g，蛋壳黄色，肉质滑嫩。成年公鸡体重 4.9 kg，成年母鸡体重 3.7 kg。

7. 丝毛乌骨鸡 原产于中国，主要产区为江西、广东和福建等，基本分布于全国，药用，主治妇科病的"乌鸡白凤丸"，即用该鸡全鸡配药制成。国外分布也很广，列为观赏鸡。该鸡身体轻小，行动迟缓。头小，胫短，眼乌，全身羽毛白色，呈丝状。外貌具十全特征：桑葚冠、缨头（羽毛冠）、绿耳、胡子、五爪、毛脚、丝毛、乌皮、乌骨、乌肉。此外，眼、喙、趾、内脏及脂肪也是乌黑色。此鸡体型小，骨骼纤细。雏鸡抗病力弱，育雏率低。成年公鸡体重 1.35 kg，成年母鸡体重 1.20 kg，年产蛋量 80 枚左右，蛋重 40～42 g，蛋壳淡褐色，就巢性强。

（二）我国地方品种

我国优良鸡种很多，现简要介绍其中几个。

1. 仙居鸡 蛋用型，主产区是浙江省仙居县，现分布很广。体型较小，动作灵敏，易受惊吓。单冠，眼大，胫长，尾翘，其外形和体态与来航鸡相似。毛色有黄、白、黑、麻雀斑色等多种，胫色有黄、青及肉色等。140 日龄开产，年产蛋量 180～200 枚，高产的达 269 枚。蛋重 35～43 g，蛋壳棕色，有就巢性。成年公鸡体重 1.25～1.5 kg，成年母鸡体重 0.75～1.25 kg。

2. 北京油鸡 产于北京郊区，属优质肉鸡。体躯中等大小，羽色分赤褐色和黄色两大类。具有冠羽、胫羽，有些个体有趾羽，不少个体有胡须。210 日龄开产，年产蛋 110 枚。成年公鸡体重 2.0～2.5 kg，成年母鸡体重 1.5～2.0 kg。屠体肉质丰满，肉味鲜美。

3. 浦东鸡 产于上海市黄浦江以东地区，因此得名，属肉用型。体躯硕大，近似方形。毛色以黄、麻褐色较多。喙粗短、稍弯曲，呈黄色或褐色。单冠，冠、肉髯、耳叶和脸均红色。胫黄色，多数无胫羽。成年公鸡体重 4.0 kg，成年母鸡体重 3.0 kg，以体大、肉肥、味美著称，是公认的优质肉鸡。年产蛋量 100～130 枚，蛋重 58 g，蛋壳深褐色。就巢性强。

4. 惠阳鸡 又称三黄胡须鸡，产于广东省惠阳地区，是我国著名优质黄羽肉鸡。其特点为：黄毛、黄嘴、黄脚、有胡须、短身、矮脚、易肥、软骨、白皮、玉肉（又称玻璃肉）。头中等大，单冠直立，胸肌饱满，后躯发达，育肥性能良好。成年公鸡体重 2.1～2.3 kg，成年母鸡体重 1.5～1.8 kg，年产蛋 108 枚，平均蛋重 46 g，蛋壳浅棕色，有就巢性。

三、鸭的品种

按生产用途分为蛋用型、肉用型和兼用型 3 种类型。

1. 北京鸭 原产于北京近郊，是世界著名的肉用白羽标准品种。由于该鸭生长快、繁殖率高、适应性强、肉品质好，被国内外广泛饲养。许多肉鸭业发达的国家以北京鸭为基础选育出了大型肉鸭配套系，如法国的奥白星肉鸭、英国的樱桃谷肉鸭、澳大利亚的狄高肉鸭等，是世界白羽大型肉鸭的鼻祖。北京鸭公鸭成年体重 4～4.5 kg，喙较宽，上喙微弯曲，呈橘红色，颈短而粗，尾部有 4 根向上卷起的性羽，脚高粗，蹼大而深厚，为深橘红色。母鸭成年体重 3.5～4 kg，颈细长，尾部无向上卷曲的性羽。北京鸭无就巢性，优秀种群年产蛋量 227 枚左右，平均蛋重 92 g，蛋壳乳白色。北京鸭产肉性能好，商品代 7 周龄体重 3 kg，饲料转化率 3∶1，全净膛屠宰率公鸭为 77.9%，母鸭为 76.5%。

2. 奥白星肉鸭 是法国克里莫兄弟育种公司用北京鸭培育的大型白羽肉鸭，根据产蛋和生长情况又分为中型（STAR43 型）、重型（STAR53 型）和超级重型（STAR63 型）3 种。STAR43 型父母代公鸭 24 周龄性成熟，母鸭 24 周龄开产，68 周龄产蛋 230 枚，商品代羽毛白色，42 日龄活重 2.8 kg，饲料转化率 2.4∶1。STAR53 型父系 25 周龄性成熟，母系 24 周龄开产，68 周龄产蛋 230 枚，商品代 2 日龄活重 3 kg，饲料转化率 2.4∶1。STAR63 型父系 25 周龄性成熟，母系 25 周龄开产，69 周龄产蛋 220 枚。商品代 42 日龄活重 3.4 kg，饲料转化率 2.3∶1。

3. 樱桃谷超级肉鸭 SM 型 樱桃谷肉鸭是英国樱桃谷农场培育的四系配套种鸭，外形似北京鸭，羽毛纯白。SM 型肉鸭开产期 26 周龄，母鸭体重 3.1 kg，66 周龄产蛋 220 枚。商品代 47 日龄体重 3.07 kg，饲料转化率 2.5∶1。

4. 狄高肉鸭 澳大利亚狄高公司用北京鸭和英国爱斯勃雷大型肉鸭杂交选育成的大型肉鸭。外形似北京鸭，羽毛白色，体大，胸宽，胸肌丰满。能在陆地交配，适于旱养。

5. 绍兴鸭 产地为浙江绍兴、萧山、诸暨等地，是我国蛋用型鸭高产品种之一。以成熟早、产蛋多、体型小、耗料少而著称。根据羽毛颜色分为 2 个品种类型：带圈白翼梢和红毛绿翼梢。带圈白翼梢母鸭以浅褐色麻雀羽为主，颈中部有 2～3 cm 宽白羽圈，主翼羽白色。公鸭头颈上部墨绿色有金属光泽，颈部有白圈，主翼羽和腹部白色，尾羽墨绿色；红毛绿翼梢母鸭以深褐色麻雀羽为主，颈上部褐色无黑斑羽。公鸭全身羽毛以红褐色为主，头颈部墨绿色，有光泽。绍兴鸭开产期特早，90 日龄时鸭群中即可见蛋，年产蛋 260 枚，带圈白翼梢型产玉白色壳蛋，红毛绿翼梢型产青壳蛋，蛋重 68 g。

6. 金定鸭 原产于福建龙海，是我国优良蛋鸭品种。公鸭头颈上部翠绿色，无明显的白颈圈，前胸红棕色，背部灰褐色，翼尾黑褐色。母鸭全身为深褐色麻雀羽，翼羽深褐色。120 日龄开产，年产蛋 260 枚，蛋重 72 g，95% 为青色蛋壳。

7. 瘤头鸭 又称番鸭，原产于南美洲，与一般的家鸭同科不同属。外貌特征为头大而长，自眼至喙的周围无羽毛，头部两侧和脸上长有赤色肉瘤。羽毛纯白、纯黑或杂色。肉厚，味美，属肉用型。有飞翔能力，可陆地旱养。成年公鸭体重 3.5～4.5 kg，成年母鸭体重 2.7～3.2 kg。与家鸭杂交一代生长快、肉质好，但无繁殖能力。7月龄开产，年产蛋 40 枚，蛋壳多为白色。有就巢性。

四、鹅的品种类型

1. 中国鹅 属小型鹅，以产蛋多而著称于世，按羽色可分为白鹅和灰鹅 2 种类型。太湖白鹅羽毛全白，偶在眼梢、头顶、颈背与腰处有少量灰褐色羽点。肉瘤姜黄色，喙与脚呈橘红色，爪白色。无肉髯。成年公鹅体重 3.5～4.5 kg，成年母鹅体重 3.25～4.25 kg。7～8月龄开产，年产蛋 50～60 枚，高产群 70 枚以上。蛋重 135 g，蛋壳白色。有就巢性。

2. 狮头鹅 大型鹅种，原产于广东饶平一带。以体型大、生长快、成熟早著称。额与颌部有黑色肉瘤呈狮头状得名。颌下有咽袋。体羽淡灰色或棕灰色，颈背部有红褐羽毛条斑。喙深灰色，脚橙红色，夹有褐斑。成年公鹅体重 10～12 kg，成年母鹅体重 9～10 kg。7～8月龄开产，年产蛋 35 枚左右。蛋重 200 g 左右，蛋壳白色。就巢性强。

第四节 家禽的孵化

孵化是家禽繁殖的特殊方法，分天然孵化和人工孵化 2 种形式，前者是抱巢禽孵化种蛋，后者则是利用缸孵、炕孵或大型电力孵化器等进行孵化。现在孵化工作已经专业化、工厂化。主要采用电力孵化器孵化。

一、孵化前的准备

(一) 孵化室的准备

孵化室应与养殖场舍有一定的间隔（至少 150 m 以上），以切断疾病传播。孵化室应严密、保温性能良好，同时具有良好的通风设备以保证室内空气新鲜。地面要坚固平坦，并设有排水沟以利于冲洗，四壁光滑以利于消毒。孵化室温度为 20～24 ℃，出雏时升高到 30 ℃；相对湿度为 55%～60%，出雏时加大到 60%～65%。

(二) 孵化工艺流程

孵化场的工艺流程为：种蛋→种蛋消毒→种蛋储存→种蛋分级码盘→孵化→移盘→出雏→雏鸡分级、鉴别、预防接种→雏鸡存放→发放雏鸡。

(三) 孵化器的准备

在孵化前，孵化器应经检修、消毒、试车后方可入孵。主要检修电热、风扇、电机、控温、控湿、翻蛋等部件，并对温度计进行校正。检修后，彻底清扫、洗刷、熏蒸消毒，然后在入孵前 2 d 试车，待运转正常才可入孵。

二、种蛋的选择、保存、消毒和运输

(一) 种蛋的选择

种蛋选择非常重要，种蛋品质既影响孵化率又影响雏鸡品质。种蛋最好来源于生产性能高而稳定、无经蛋传播的疾病（如白痢、支原体、马立克病等）、饲喂全价饲料且管理良好的种禽群。种蛋表面应清洁，蛋重、蛋壳颜色应符合品种要求。一般要求蛋重为：鸡蛋 50～70 g，鸭蛋 80～100 g，鹅蛋 160～200 g。蛋形为卵圆形，蛋的短径与长径之比应为 (0.72～0.76)∶1，以 0.74∶1 最好。蛋壳应致密均匀，蛋的相对密度为 1.080 最好。应注意剔除钢皮蛋、沙皮蛋、皱纹蛋和裂纹蛋。

（二）种蛋的保存

禽场应专设蛋库保存种蛋。保存的适宜温度为12～15 ℃，相对湿度为70%～80%。保存期不应超过2周，种蛋放置时最好钝端朝上。

（三）种蛋的运输

应用特制蛋箱运输，防止碰撞和震荡。冬季要注意保温，夏季注意防止日晒雨淋。运输工具要求快速、平稳、安全，并小心轻放，防止倒置。

（四）种蛋的消毒

种蛋产出后遭受污染的机会随着时间的延长而增多，影响胚胎的正常发育及孵化率。因此，应在集蛋后尽快消毒，并在孵化前再次消毒。所用方法多为熏蒸法，即将种蛋放入消毒间或消毒柜内，按每平方米容积用高锰酸钾15 g、甲醛30 mL的比例混合熏蒸20～30 min，环境温度为25～27 ℃，相对湿度为75%～80%。熏蒸后将气体排出。

三、主要家禽的孵化期

不同禽种的孵化期不同，主要禽种的孵化期见表12-1。

表12-1 主要家禽的孵化期（d）

禽种	孵化期	禽种	孵化期
鸡	21	珍珠鸡	26
鸭	28	鸽	18
鹅	31	鹌鹑	17～18
火鸡	28	鸸鹋	23～25

同一种家禽的孵化期也略有不同。肉用型鸡的孵化期较蛋用型鸡的长，大蛋比小蛋孵化期长，孵化温度低时孵化期长，种蛋保存时间长时孵化期延长。

四、人工孵化的条件

受精蛋产出后，当遇到适宜的条件便开始发育，这些条件主要有温度、湿度、通风、翻蛋等。

（一）温度

温度是家禽胚胎发育最主要的条件。一般讲，温度高，胚胎发育快，但胚胎较弱。相反，温度低时，胚胎发育迟缓，雏禽腹大，难以站立。因此，孵化时应掌握合适的温度。鸭胚的孵化温度为36.4～38.9 ℃（97.6～102.1 ℉），鹅胚的孵化温度为35.9～38.4 ℃（96.6～101.1 ℉）。

（二）湿度

孵化器内湿度过高或过低均影响胚胎的正常物质代谢，同样影响孵化率与雏禽品质。在鸡胚孵化初期胚胎要生成羊水与尿囊液，相对湿度为60%～65%；孵化中、后期排出羊水和尿囊液，相对湿度可降至55%～60%；出雏期间相对湿度应增高至70%。水禽胚要求的湿度较鸡胚高。

（三）通风

随着胚龄的增大，物质代谢的提高，尿囊的发育，特别是肺呼吸的形成，胚胎与外界的气体交换不断加强。因此，必须供给新鲜空气。蛋周围的二氧化碳量不得超过0.5%，二氧化碳达到1%时，则胚胎发育迟缓、死亡率高，出现胎位不正或畸形等现象。

孵化器的制造非常注意孵化器内空气质量和通气的均匀度。只要能保持正常的温度与湿度，孵化器内的通气越畅通越好。

（四）翻蛋

孵化过程中必须经常翻蛋，特别是第 1 周。翻蛋的目的是防止胚胎与壳膜粘连，使胚胎各部受热均匀，增加胚胎运动，保持胎位正常。

为保持翻蛋效果，翻蛋角度为 $\pm 45°$，每 2 h 翻动 1 次。

五、影响孵化率的因素

除孵化条件直接影响孵化率外，还有许多因素与孵化率有关，主要有以下几个方面。

（一）遗传因素

家禽的品系、家系不同孵化率也不同；近交时孵化率下降，杂交时孵化率提高。

（二）种禽的年龄、产蛋率、健康状况及营养水平

母鸡刚开产时的种蛋孵化率低，孵出的雏鸡也弱小。母鸡在 8~13 月龄时产的种蛋孵化率最高，而后随着年龄增长逐渐下降。来源于高产鸡群的种蛋的孵化率高，当种禽患有疾病时孵化率降低。维生素 A、维生素 D、维生素 E、核黄素、泛酸、生物素、维生素 B_1 以及亚油酸缺乏时孵化率低。

（三）气温

夏季的高温和冬季的低温均使孵化率降低。

（四）其他因素

蛋的品质、胎位、放置位置及海拔等都对孵化有不同程度的影响。

六、初生雏的性别鉴定、分级、断喙及运输

（一）性别鉴定

目前，生产上常用的性别鉴定方法有肛门鉴别法和羽毛鉴别法。

1. 肛门鉴别法 在雏鸡出壳后 2~12 h，借助 60~100 W 的白炽灯照明，人工观察雏鸡泄殖腔开口部下端的中央有无生殖突起。母鸡无生殖突起或有生殖突起但较软，缺乏弹性，触摸不充血，突起表面无光泽，顶端为尖形，周围组织无力。反之，则为公鸡。

2. 羽毛鉴别法 利用伴性遗传理论，根据新生雏鸡主翼羽的长度或羽毛颜色来鉴别雌雄。

（二）分级

为了提高成活率，使雏禽发育均匀，雏鸡孵出、鉴别后要进行强弱分群；较弱的雏鸡单独装箱，而腿、眼和喙有疾病或畸形的以及脐带愈合不良过于弱的雏鸡均不宜饲养，且易传染疾病，应立即全部淘汰。

（三）自动红外断喙与免疫接种

自动红外断喙与免疫接种系统由雏鸡服务器组件、冷却组件和雏鸡服务分析器组件构成。雏鸡服务器组件执行自动断喙、疫苗注射、计数和分装功能，包括控制台、挂鸡模块、红外线断喙模块、注射模块、计数模块、分装模块、转轮、底座等部分。雏鸡服务分析器执行自动断喙与免疫接种的控制中枢功能，通过无线网络与雏鸡服务器组件相连接，实现自动数据记录与过程控制。红外断喙过程为非接触性、不流血的过程，处理后不会产生开放性伤口，不产生神经瘤和细菌感染，每小时可处理 2 500~4 000 只家禽，实现 100% 的自动化，断喙处理后对鸡只饮食和生长没有不良影响。红外断喙工作在孵化厅进行，与性别鉴定和免疫注射同步完成，不需要工作人员花费额外时间用于抓鸡，减少了人员与家禽的接触等同于减少应激，生物安全性也有所提高，为提高后期鸡群生产性能奠定了基础。

（四）运输

初生雏运输的基本原则是迅速及时，舒适安全，注意卫生。初生雏最好在 8~12 h 运到

育雏舍，远距离运雏也不应超过 48 h。运输途中，要注意观察雏禽状态，发现过冷、过热或通风不良时，应立即采取措施。

第五节　家禽的饲养管理
一、蛋鸡的饲养管理

蛋鸡按其生产过程及对饲养管理条件要求不同，可将其划分为几个阶段：0～8 周龄为育雏期，9～18 周龄为育成期，19 周龄至开产，开产至产蛋高峰期（产蛋率≥85%），高峰后期（产蛋率<85%）。

（一）育雏期的饲养管理

雏鸡具有体温调节机能不完善、代谢旺盛而消化力弱、免疫机能较差等特点，在生产实践中要结合其生理特点进行特殊的管理与照顾。

1. 育雏条件

（1）温度：合适的温度是育雏成败的关键，它与雏鸡的散热、采食、消化、饮水、活动密切相关。当温度合适时，雏鸡精神活泼，食欲旺盛，饮水正常，休息时均匀散开。若温度偏高，雏鸡远离热源，张口喘气，饮水增加；温度偏低，则靠近热源相互聚集，不断尖叫，而且采食量增加。因此，在生产实践中应选择有利于雏鸡生长发育的温度（表 12-2）。温度的降低应逐渐进行，切忌忽高忽低。

表 12-2　育雏期的适宜温度
（引自杨宁，家禽生产学，2002）

日龄、周龄		1～3 d	4～7 d	2 周龄	3 周龄	4 周龄	5 周龄	6 周龄
适宜温度（℃）		35～33	33～30	30～28	28～26	26～24	24～21	21～18
极限值（℃）	高温	38.5	37	34.5	33	31	30	29.5
	低温	27.5	21	17	14.5	12	10	8.5

（2）湿度：由于育雏温度高，若育雏舍湿度低，空气过于干燥，很容易导致雏鸡失水，造成蛋黄吸收不良、羽毛发干。此时若饮水不足，雏鸡会脱水甚至死亡。若湿度过高，则雏鸡羽毛污秽、凌乱，体弱多病。因此，育雏的相对湿度应尽量保持在 1～10 日龄为 60%～65%，10 日龄以后为 55%～60%。

（3）通风：育雏舍内温度高、鸡群密度大，雏鸡的新陈代谢又十分旺盛，因此应保持适当的通风量，以使舍内空气新鲜，否则会导致疾病发生。

（4）密度：雏鸡的饲养密度与饲养方式密切相关，合理的密度有利于雏鸡的健康生长，垫料平养、网上平养及笼养时的雏鸡密度见表 12-3。

表 12-3　雏鸡饲养密度（只/m²）

周龄	垫料平养	网上平养	立体笼养
1～2	25	30	60
3～4	18	25	40
5～6	13	20	30

2. 雏鸡的饲养管理

（1）育雏方式：育雏方式可分为地面平养、网上平养和立体笼养。地面平养需要优质垫料，且垫料管理麻烦，生产中多采取后 2 种饲养方式。

（2）开食和初饮：雏鸡出壳后第 1 次吃料称开食，一般在孵出后 24～36 h 开食。以前多以碎米、小米或玉米粉为开食料，现在多采用雏鸡配合饲料，开食应采用专用食槽。开食时要求提高室温与照度，务必使雏鸡学会吃食。

雏鸡出壳后第 1 次饮水称初饮，初饮可以在开食前进行，也可与开食同时进行。一般在饮水中添加 5% 的葡萄糖，连续饮用 10 h 以上，可提高雏鸡成活率。1 周龄内饮温开水，之后可饮清凉水，饮水应常备不断。

（3）控制环境条件：雏鸡对环境条件的变化很敏感，遇到刺激易引起惊群，轻者影响采食、饮水，重者造成挤压死亡。而且雏鸡抗病能力差，一旦感染疾病，将造成难以弥补的损失。因此，应给雏鸡创造一个安静、卫生的环境。

（4）观察鸡群：饲养员每天都要对雏鸡的采食、饮水、精神状态及粪便的颜色和形态进行细致观察。健康无病的鸡食欲旺盛、饮水适度、反应灵敏、活泼好动，其粪便为灰白色条形或塔形。发现异常应及时采取措施。

（5）断喙：断喙的目的在于防止啄癖，减少饲料浪费。对 1 日龄未采用红外断喙的鸡群采用电热断喙方式，适宜在 6～9 日龄进行，将上喙尖端至鼻，切去 1/2，下喙切去 1/3。断喙务求精确。为了减轻应激和防止出血过多，饮水中添加水溶性维生素，饲料中添加维生素 K（2 mg/kg）。

（6）体重、胫骨长度与均匀度测定：每 1～2 周称空腹体重、测定胫长 1 次，按总数的 1% 抽样，但不能少于 50 只。抽样要有代表性，在鸡舍的不同区域、不同层次抽取，且每层笼取样数量相同。鸡群的均匀度指群体中体重介于平均体重±10% 内鸡所占的百分比。鸡群均匀度在 70%～76% 时为合格，77%～83% 时为较好，达到 84%～90% 时为最好。鸡群体重、胫长差异小，说明鸡群发育整齐，性成熟也能同期化，开产时间一致，产蛋高峰期产蛋率高且维持时间长。

（二）育成期的饲养管理

育成期的鸡体温调节机能和消化机能已发育健全，具有较强的适应能力。此阶段骨骼、肌肉增长较快，脂肪沉积渐增，10 周龄后生殖系统开始发育直至性成熟。

育成期的饲养方式主要有地面平养、网养、笼养等几种方式，个别地区采用放牧饲养。

1. 合理分群 由育雏舍转入育成舍的同时，将鸡按体重大小、强弱进行分群，并按不同饲养方式所要求的密度进行安置。地面平养时，每平方米可容纳 6～8 只；网养时，每平方米 10～12 只；笼养时，每平方米可养 25～30 只。

2. 控制性成熟 事实上，母鸡的性成熟已在慢慢地提前。传统上一直认为早熟的鸡产小蛋。如今饲养管理成功的关键是使后备母鸡达到最大的体重。在性成熟时体重能达到或稍高于标准的后备母鸡一般属于高产蛋鸡。多数来航型品系在 6 周龄、12 周龄和 18 周龄的体重应分别达到 400 g、900 g 和 1 300 g；褐壳蛋鸡在 6 周龄、12 周龄和 18 周龄的体重应为 500 g、1 000 g 和 1 500 g。控制性成熟的途径有 2 个，一是限制饲养；二是控制光照。

（1）限制饲养：为避免鸡只体重过大或过肥影响生产性能，应对饲喂量进行必要的限制，通常在育成期及产蛋后期进行限饲。根据标准体重和饲喂量，对照实测体重确定给料量。一般轻型鸡喂给自由采食量的 7%～8%，中型鸡喂给自由采食量的 10%～15%。

（2）控制光照：母鸡的性成熟日龄与培育期的光照时间有很大关系。在渐长的光照时间下，较为早熟，但产蛋前半期小蛋较多，产蛋量较少；在渐短的光照时间下，较为晚熟，在产蛋前半期则能生产较大、较多的蛋。一般认为，每天 10 h 以上的光照时间，足以导致快速性成熟；10 h 以下性成熟延迟。母鸡在 7～10 周龄前性器官发育很慢，此期光刺激作用微弱；12 周龄以后母鸡的输卵管重量、容积、长度逐渐增大；16 周龄卵巢重量迅速增加。为使母鸡适时开产，18 周龄前，光照控制在 10 h 以下。光照渐长会促进母鸡性器官的发育。因此，在生长期，特别是后半期，应创造渐短光照或每天光照时间少于 11 h，以防止母鸡性早熟。开放式禽舍利用窗户采光，日照时间随季节而变化，从冬至到夏至，每天日照时间逐渐延长；从夏至到冬至，每天日照时间逐渐缩短。因此，光照时间的制订须根据日照的变化而定：4 月 15 日至 9 月 1 日孵出的小鸡，其生长后半期处于日照时间逐渐缩短或日照时间较短时期，可完全利用自然光照。9 月 1 日到翌年 4 月 15 日孵出的小鸡，母鸡生长的后期多处于日照渐增的阶段，易于刺激母鸡过早性成熟，为避免母鸡过早性成熟，查出母鸡 20 周龄时的光照长度，在此基础上增加 5 h，作为育雏第 1 周的光照时间，以后每周减少 15 min，减到 20 周龄时恰好是自然光照时间。形成一个人为光照渐减时期，对防止母鸡过于早熟比较有利。

3. 修喙 蛋鸡饲养到 120 日龄左右根据实际情况可考虑进行第 2 次断喙，即将上次断喙后的再生部分去掉。

4. 营养与饲料 育成期为了控制性成熟，应降低日粮中的蛋白质及能量水平，同时提高粗纤维含量，后期还要降低钙的含量，以提高鸡对钙的保留能力，提高产蛋期鸡对钙的利用率。

5. 选择与淘汰 在 18 周龄对鸡群进行选择，留下体型发育良好、体重符合标准要求，具有本品种特征的个体，淘汰发育不良、体重过大或过小、畸形及病残个体，使鸡群整齐一致。

6. 卫生防疫 育成期要对鸡新城疫、鸡痘、传染性法氏囊病等疾病进行预防免疫，根据鸡群状况和当地疾病发生规律科学制订免疫程序。免疫接种时要严格按照免疫程序操作。此外，在转入产蛋鸡舍前要驱虫 1 次。

（三）产蛋期的饲养管理

产蛋期的饲养管理要点是创造良好的环境条件，根据产蛋率及产蛋期的不同，提供不同的营养，以使鸡达到稳产、高产、高成活率、低消耗的目的。

1. 控制环境条件 对蛋鸡生产性能影响较大的环境条件有光照、温度、湿度和空气质量等。

（1）光照：对于产蛋期母鸡必须确保光照的时间和强度。一般每天 14～16 h 的光照（多采用 16 h）。延长光照时间时，切忌突然延长；否则蛋鸡易出现脱肛、啄癖等现象。光照度为 10～15 lx。自然光照不足时，应补充人工光照。注意每天开关灯时，应用光控器使鸡舍亮度逐渐变大或变小，以免引起惊群。人工光照要按小瓦数、多灯头、交错配置的原则布置，以确保光照度均匀。

（2）温度：保证最高产蛋率、最佳饲料转化率的适宜温度为 13～16 ℃，产蛋期若长期处于 22 ℃时，蛋重减轻，蛋壳变薄；处于 29 ℃时，产蛋率下降。相反，当舍温低于 −9 ℃时，鸡难以维持正常体温和较高的产蛋高峰。为保证鸡正常产蛋，应尽量使舍温达到或接近适宜温度。

（3）湿度：成年产蛋鸡要求的适宜相对湿度为 60%～70%。成年产蛋鸡由于饲养密度过大，每天排出水量过多，因而所面临的问题往往是湿度过大。避免湿度过大的方法是将鸡舍建在高燥、向阳的地方，使用保温防潮材料，平时注意通风换气。

（4）空气质量：鸡舍内的有害气体主要有 NH_3、H_2S、CH_4 等。目前，防止有害气体浓度过高的方法是加大通风量、常清鸡粪、勤换垫料等。

此外，蛋鸡对环境的变化非常敏感，应保持稳定的环境条件，饲喂要定人、定时，工作人员的服装颜色不可轻易更换。

2. 做好生产记录 每天应做鸡群管理记录，主要内容有鸡群变动、产蛋量、平均蛋重、采食量、温度和通风情况。将记录结果与该品种品系的性能指标相比较，如发现问题应急时解决。

3. 调整饲粮营养水平 众所周知，在正常的环境和管理条件下，饲粮进食量因产蛋率和/或鸡的年龄不同而不同，制订配方时这些因素都要加以考虑。虽然来航鸡可根据饲粮能量水平调节饲料进食量，但尚无证据表明对其他营养有如此准确的调节。为了保证营养素的进食量，饲粮的营养水平应随饲料进食量的变化而修改。表 12-4 所示为不同饲粮进食水平下营养水平改变的实例。

表 12-4 饲粮营养水平与日饲进食量

饲料营养水平	日饲粮进食量（g）				
	110	100	90	80	70
粗蛋白质（%）	15.5	17	19	20.5	22.1
代谢能（MJ/kg）	11.30	11.72	12.20	12.66	12.89
钙（%）	3.4	3.5	3.6	3.8	4
可利用磷（%）	0.38	0.4	0.45	0.5	0.55
赖氨酸（%）	0.68	0.72	0.77	0.84	0.91
蛋氨酸（%）	0.32	0.36	0.41	0.47	0.56
蛋氨酸＋胱氨酸（%）	0.55	0.64	0.71	0.8	0.91
色氨酸（%）	0.14	0.15	0.17	0.18	0.20

(四) 蛋鸡产业化生产模式

中国蛋鸡业正由小规模大群体向适度规模集约养殖转变，未来的蛋鸡产业将具备以下特征：环境友好、区域布局、符合生物安全的生产工艺；规模化、专业化、标准化的生产条件作为产品品质的保证；社会化服务、一体化经营，会形成大规模蛋鸡综合公司。图 12-1 为美国蛋鸡产业化综合公司操作流程。

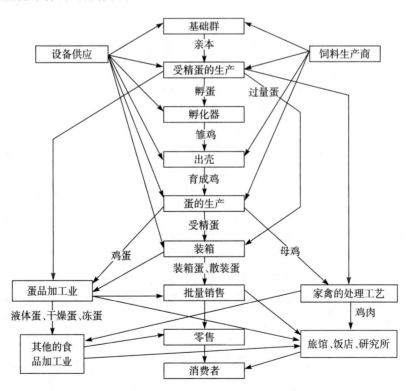

图 12-1 蛋鸡产业化综合公司操作流程
(引自张沅，傅金恋，Schrader et al.，1978)

二、肉鸡的饲养管理

（一）肉用种鸡的饲养管理

1. 育雏期的饲养管理

（1）密度：合适的密度是保持鸡群均匀一致的重要条件，应予以重视。平养条件下，育雏期10只/m²；育成期5只/m²；产蛋期3~4只/m²。

（2）温度：一般刚出雏时鸡舍的温度应为33~35℃，以后每周下降2~3℃至室温，然后保持18~21℃最佳。

（3）湿度：温度30℃以上时相对湿度为75%，30℃以下为50%~60%。

（4）通风：一般通风量应掌握在每千克体重3~5 m³/h。冬季要妥善处理通风与保温的关系。

（5）光照：应遵循不增加育雏育成期光照时间，不减少产蛋期光照时间的原则。

（6）垫料：应及时翻松、更换垫料，以保持其松软、清洁、干燥。另外，还要用吸湿性强的垫料。

（7）断喙：1日龄红外断喙或6~9日龄电热断喙，上喙切去1/2。下喙在切完后应稍长于上喙。种公鸡轻度断喙。

2. 育成期的饲养管理要点

（1）限制饲喂：肉用种鸡具有易沉积脂肪的本能，如果任其自由采食，不仅饲料消耗大，而且还会因过肥而导致公鸡的配种能力下降和母鸡的过早成熟。因此，母鸡从3周龄开始要限制饲喂，最迟不得迟于4周龄。公鸡在4周龄或6周龄选种以后开始限制饲喂。限制饲喂的方法主要有限质法和限量法。

限质法主要是降低蛋白质和能量水平，也可降低赖氨酸水平，但钙、磷等矿物质营养和微量元素必须充分供应。

限量法主要有①隔日饲喂：即将2 d的规定料量合在一起在喂料日早晨1次喂完；②每日限饲：即将每天规定的饲料量在上午1次投给；③五二限饲：指1周内除周三、周日不喂料外，每周喂5 d；④综合限饲方案：指根据肉种鸡生长期的不同，采取不同的限料方式，使限饲程度随鸡龄增长而逐步放宽，以利于性成熟和正常开始产蛋。

限制饲养的核心技术是准确确定饲喂量。如果种鸡低于标准体重，可适当增加料量；如体重超出标准，可暂停增加料量，但不能减量。

（2）光照管理：种鸡育成期的光照在10~18周龄是关键时期，光照时间可以恒定或逐渐缩短，但不宜延长，一般每天光照8~10 h，到18周后根据不同品种鸡的情况，开始逐渐增加光照。光照度在育成期以5~10 lx为宜。现代肉种鸡对光照刺激的反应不太灵敏，比蛋用种鸡反应慢。肉种鸡在增加刺激4周左右才开始产蛋，而且光刺激的强度应大些。

（3）种公鸡的饲养管理要点是①严格控制体重：种公鸡性成熟时，不允许当周体重超过标准体重的10%；②种公鸡的选择：淘汰外形有缺陷、体重轻的公鸡；③断趾和剪冠：一般在出壳当天进行，断趾也可在5~7日龄进行；④锻炼与保护腿脚：种公鸡的腿力如何，直接影响它的配种能力，因此应锻炼其腿力，采取措施保护其腿脚；⑤公母分饲：以免公鸡过肥，影响交配。

3. 产蛋期的饲养管理

（1）预产蛋期的饲养管理：18~23周龄是从育成期进入产蛋期的生理转折阶段，称预产蛋期。此时应及时将母鸡转入产蛋鸡舍，转群前后2~3 d饮水中应补加多种维生素；饲料改为预产蛋期日粮，将钙量由1%增加到1.5%~2.0%；逐渐开始增加光照时间，直至16~17 h。

(2) 产蛋期的饲养管理：肉种鸡饲养至 24~26 周龄将陆续产蛋，正常开产的鸡群 25 周龄产蛋率达到 5%。

①产蛋高峰前的饲养管理：母鸡从 22 周龄开始改为每日限饲，喂料量适当增加，当鸡群产蛋率达 40%~50% 时，饲喂量应达到最高量。注意饲料量的增加要早于产蛋量增加，如饲料量不足或增加不够，就不会出现产蛋高峰，即使出现也不会持久。产蛋高峰前产蛋数及蛋重都急速增长，急需补充营养。重点是饲料中氨基酸应平衡，这对促进种鸡高产、稳产具有很大作用。同时，还应补充维生素、钙质。

②产蛋高峰至淘汰前的饲养管理：产蛋高峰后 4~5 周最好不要减少饲料量，以后随产蛋率下降而逐渐减少，产蛋率每减少 4%~5%，就调整 1 次饲料量，每次减料每只不超过 2~3 g。如果因减料而出现产蛋不正常下降时，就要停止减料或恢复到减料前的饲料量。

（二）肉仔鸡的饲养管理

1. 肉仔鸡的饲养制度

(1) 饲养方式：

①垫料平养：垫料要求松软、吸水性强、卫生、干燥、不发霉，长度以 5~10 cm 为宜，厚 10 cm 左右。这种饲养方式的优点是投资少、简便易行，胸部囊肿、龙骨弯曲等的发病率低；缺点是球虫病较难控制，占地面积大，需要大量垫料。

②网养或栅养：将肉仔鸡饲养在离地面 60~80 cm 的金属网或竹、木栅平面上的一种饲养方式。其优点是鸡体不与粪便接触，降低了球虫病的发病率，不需垫料，管理方便；缺点是投资较高，清粪操作不便。

③笼养：笼养就是肉仔鸡从出壳到出栏一直在笼内饲养。这种方式能有效利用鸡舍面积，有利于操作，便于鸡群管理；但是一次性投资大，肉仔鸡易发生胸囊肿和胸骨弯曲，肉鸡的合格率降低。

(2) 全进全出制：所谓全进全出制，是指在一个鸡场中同一时间内只养同一日龄的肉仔鸡，采用相同的饲养管理措施和防疫程序，在同一天出栏。出栏后彻底清扫、消毒，空舍 10~15 d，接养下一批雏鸡。为保证"全出"，对生长较慢的鸡要分开饲养，加强管理，以尽快赶上群体水平。

(3) 公母鸡分群饲养：公母鸡的生理基础不同，因此对生活环境、营养条件的要求和反应也不相同。公母鸡分群饲养，各自在适当的日龄出场，便于对公母鸡实行不同的饲养管理制度。这样既发挥了公母鸡的生长潜力，又利于提高增重、饲料转化率和整齐度，改善屠体品质。

2. 肉仔鸡的饲养管理

(1) 肉仔鸡的饲养：肉仔鸡的饲喂原则是自由采食、少给勤添，初饲雏鸡每次采食量少，一般间隔 2~3 h 饲喂 1 次，每天饲喂 8~10 次，以后逐渐减少饲喂次数，并调节加料量，使每次加料前将上次料吃完，清理饲槽后再重新加料。肉仔鸡的营养需要见表 12-5。

表 12-5 肉仔鸡的营养需要

（中国建议的鸡的饲养标准 2004，美国 NRC1994 部分节选）

周龄 营养指标	中国			美国		
	0~3 周	4~6 周	7 周以后	0~3 周	3~6 周	6~8 周
代谢能（MJ/kg）	12.54	12.96	13.17	13.39	13.9	13.39
蛋白质（%）	21.5	20.0	18.0	23.0	20.0	18.0
蛋白能量比（%）	17.14	15.43	13.67	17.2	14.4	13.44
钙（%）	1.0	0.9	0.8	1.0	0.9	0.8

(续)

周龄 营养指标	中国			美国		
	0~3周	4~6周	7周以后	0~3周	3~6周	6~8周
非植酸磷（%）	0.45	0.40	0.35	0.45	0.35	0.30
氯（%）	0.20	0.20	0.20	0.20	0.15	0.12
钠（%）	0.20	0.20	0.20	0.20	0.15	0.12
蛋氨酸（%）	0.50	0.40	0.34	0.50	0.38	0.32
赖氨酸（%）	1.15	1.00	0.87	1.10	1.00	0.85

（2）肉仔鸡的管理要点：

①保持良好的环境条件：

控制温度：肉仔鸡对温度的要求，1日龄为34~35 ℃，以后每天降0.5 ℃，每周降3 ℃，直到4周龄时，温度降至21~24 ℃，以后维持此温度不变。

合理通风：指加强鸡舍通风，尽量降低氨、硫化物等有害气体的浓度，并借此调节舍内的温度和湿度。为了既保持室温，又使室内空气新鲜，可先提高温度，然后再适当打开门窗通风换气。

光照管理：肉仔鸡光照的目的是延长采食时间，增加采食量，促进生长。采用长时间弱光照制度是肉仔鸡光照管理的一大特点。目前有2种光照制度，一是暗光连续光照，即在育雏前2 d连续48 h光照，然后每天23 h光照，夜间1 h黑暗；二是间歇光照，一般采用1 h光照和3 h黑暗，一昼夜循环6次。

②加强防疫制度：包括做好鸡舍及舍内设备消毒工作、加强垫料管理、制订合适的免疫程序、定期对鸡舍内环境进行消毒等。

3. 肉仔鸡的催肥措施 当肉仔鸡长到28~30日龄时，就要进入育肥阶段。催肥主要有以下几个措施①调整日粮配方：提高日粮中的能量水平，适当降低蛋白质含量，同时还应降低粗纤维含量；②设法提高采食量：提高采食量的措施有多种，如改粉料为颗粒料、环境温度适宜、增加饲喂次数等；③减少鸡的运动：采用笼养和弱光照有利于减少运动。

（三）优质肉鸡的生产

1. 优质肉鸡的概念 一直以来，优质肉鸡的概念并不明确，20世纪60年代，广东地区收购地方鸡时用来区分等级；70年代末80年代初，则是指比国外快大白羽肉鸡生长速度慢的黄羽肉鸡；现在则认为，优质肉鸡是具有一定比例地方鸡种血缘，经饲养到一定日龄，肉质鲜美、风味独特、营养丰富、符合某一地区烹调方法的要求，且具有该地区或民族喜欢的体型外貌和较高的生产性能的鸡。

2. 优质肉鸡的分类

（1）按羽色羽型分类：有黄羽、麻羽、黑羽和白羽。其中，黄羽优质肉鸡又分成浅黄、深黄和米黄色等；麻羽又分麻黄羽、麻褐羽等类型；羽型分为片羽型和丝羽型。

（2）按腿胫色分类：分为青腿和黄腿。

（3）按皮肤和肌肉颜色分类：分为黄皮黄肉和黑皮黑肉。

（4）按生长速度分类：分为快速型、中速型和优质型。快速型以长江中下游湖北、安徽、江苏和浙江等省为主要市场；中速型主要以我国香港、澳门和广东珠江三角洲市场为主；优质型以广东、广西为主要市场，湖南、上海、浙江市场份额也在增加。

3. 优质肉鸡的发展趋势

(1) 生产规模不断扩大：优质肉鸡因产品风味独特，市场需求旺盛，有广阔的发展空间。饲养方式也会由分户散养向适度规模经营发展，产业链条也将更为完善。

(2) 育种新技术加快优质肉鸡的选种选育：采用分子育种技术，在保证"优质"的前提下，对生长性能、繁殖性能和抗病能力进行重点选育，提高优质肉鸡的生产效率。

(3) 建立优质肉鸡产品评价体系：制定各类优质肉鸡的营养标准、饲养管理规程及产品品质评定标准，使优质肉鸡生产走向规范化。

（四）肉鸡产业化生产模式

自20个世纪80年代以来，中国肉鸡产业一直保持快速增长的势头，到目前已成为仅次于美国的第二大禽肉生产国，产业链条也日趋完善。禽肉生产相对集中在华东、华中、华北的东南部以及西南地区，其中山东是白羽肉仔鸡产量最大的省份，广东是黄羽肉鸡生产最多的省份。作为粮食主产区的黄河流域、东北及华北地区，发展潜力很大，有望成为肉鸡生产主产区。中国肉鸡生产的组织形式大体有3种类型：①千家万户的分散饲养，主要分布在经济比较落后的贫困地区，生产条件差，技术落后，饲养管理水平低，效益差，产品以自给为主，商品率低，随着肉鸡产业的进一步发展，这种生产方式将逐渐向适度规模转变；②龙头企业＋农户，是较为普遍的生产组织形式，通常由种鸡、饲料或屠宰加工企业牵头，带动周围地区具有一定饲养规模的农户进行生产，此种方式属契约合作，相互之间的联系并不紧密，抗拒市场波动的能力不强；③一体化经营公司，集种鸡繁育、商品鸡饲养、饲料生产、屠宰加工、产品销售为一体，形成产加销产业链条，由公司统一控制和平衡各个生产环节，其特点是饲养规模庞大，经济实力雄厚，管理水平很高，抗市场波动能力很强，此种方式代表着肉鸡产业的发展方向，图12-2是肉鸡一体化公司生产结构图。

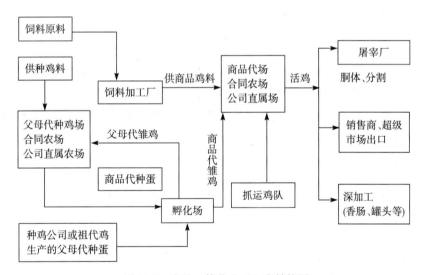

图12-2 肉鸡一体化公司生产结构图

三、水禽的饲养管理

（一）鸭的饲养管理

鸭食性杂，适应性广，生产性能强，性情温驯，容易饲养管理。鸭的饲养管理分为牧饲（季节性或全年性）和舍饲（平养或笼养）2种方式。本书主要介绍舍饲。

1. 雏鸭（0～4周龄）的饲养管理

(1) 温度适宜：育雏舍合适的温度为1～3日龄28～32℃，以后随日龄增长而逐渐下降，4～6日龄25～28℃，7～10日龄22～25℃，11～15日龄19～22℃，16～20日龄17～19℃，21～25日龄即可脱温。如果条件所限达不到标准，略低1～2℃也可以，但必须做到平稳，切忌忽高忽低；否则容易导致疾病发生。

(2) 密度合理：雏鸭的饲养密度随雏鸭日龄的增长而减小。平养时第1周龄为15~20只/m²，第2周龄10~20只/m²，第3周龄5~10只/m²。网养通常1~2周龄20~25只/m²，2~3周龄10~15只/m²。

(3) 营养平衡：雏鸭饲料应按标准配制。其饲粮营养水平中蛋白质20%~22%、代谢能12.55~12.13 MJ/kg，补充多种维生素和矿物质，添加益生元预防雏鸭的消化道疾病或肠炎，使雏鸭健康成长。

(4) 饲喂次数：雏鸭开食时每小时1次，1周龄之内均可自由采食，1周龄后改为每昼夜喂6次，2周龄后喂5次，3周龄以上喂4次。

(5) 调教下水：平养育雏时，一般在3日龄可开始让雏鸭在浅水盆或浅水池中戏水，6日龄后可让鸭自由下水，注意离水后要晾干羽毛方能入舍休息。

2. 育成鸭的饲养管理　5~16周龄为育成鸭。育成鸭生长发育迅速、活动能力很强、能吃能睡、食性很广，需要给予较丰富的营养物质。鸭神经敏感、合群性强、可塑性强，适于调教和培养良好的生活规律。

(1) 日粮配合：雏鸭的青饲料饲喂十分重要，要保证品质。代谢能也要渐次增加。注意粗蛋白质水平不要突然增加过多，以免引起新羽生长、旧羽脱换（掉碎毛现象），影响正常开产。一般饲料中代谢能11.0~11.5 MJ/kg，蛋白质为15%~18%，钙为0.8%~1%，磷为0.45%~0.5%。

(2) 选择与淘汰：作为种鸭的育成鸭，在8周龄和10周龄进行2次选择，淘汰体型不良、羽毛生长迟缓、体重不够标准的鸭，转入填鸭或肉鸭生产用。

(3) 限制饲养：根据实际情况确定是否采用，生产中有时为防止鸭群过早开产，常在8周龄前后进行限制饲养，一般为每天喂给采食量的70%~80%，饲喂次数可减少到每昼夜2次。

(4) 加强运动，促进骨骼、肌肉发育：作为填鸭用的雏鸭要求骨骼和肌肉发育良好、消化系统强健，为填鸭期大量填喂和脂肪蓄积打下良好的基础。

(5) 光照：育成期光照原则是不要延长光照时间或增加光照度，以防过早性成熟，一般不超过14 h为宜。

3. 产蛋鸭的饲养管理

(1) 产蛋预备期（17~20周龄）的饲养管理要点：期间母鸭已陆续达体成熟和性成熟，此阶段饲养管理的好坏直接影响蛋鸭产蛋率及蛋重，因此应根据生产趋势适时调节饲喂量和营养水平。

(2) 产蛋初期和前期（21~42周龄）的饲养管理要点：增加饲喂次数，光照时间增至14 h。增加日粮营养，尽量把产蛋推向高峰。抽样称重，维持良好体况。

(3) 产蛋中期（43~57周龄）的饲养管理要点：产蛋高峰期鸭的体力消耗大，营养跟不上就会影响产蛋，甚至换毛，此期一是继续提高日粮中蛋白质的浓度；二是补充青饲料；三是光照时间增至16 h；四是室温控制在5~30 ℃。

(4) 产蛋后期（58~72周龄）的饲养管理要点：根据体重和产蛋率确定喂料量和饲料的营养含量，控制体重，以防鸭过肥。每天16 h光照，当产蛋率降至60%时，光照时间增至17 h，直至淘汰。操作规程要稳定，避免鸭群应激。

4. 肉鸭的饲养管理　我国肉鸭生产分填饲肉鸭和自食育肥肉鸭两类。

(1) 填鸭的饲养管理：重点在于使填鸭快速增重，加速肌肉间脂肪沉积，提高屠体品质，缩短填肥期，降低耗料和伤残。

①开填日龄：6~7周龄体重达1.6~1.8 kg时开始填饲。开填过早长不大、伤残多；

开填过晚耗料多、增重慢。

②填饲用料：填饲期一般为2周左右，日粮分前期料和后期料，各填1周左右时间。前期料能量低、蛋白质水平较高，后期料正好相反。将饲料拌成浆状"水食"填喂，水与干料比例约为6∶4，日填4次。

③填鸭肥度检验：一般日平均增重在50~60 g。肥度好的填鸭翅根下肋骨上的脂肪大而突出，尾根宽厚。背部朝下平躺时腹部隆起。

(2) 自食育肥鸭的饲养管理：饲养配套商品雏鸭，参考雏鸭的饲养管理，喂给全价颗粒饲料。1~3周龄颗粒饲料的直径为3.6 mm，4~8周龄为5.2 mm。颗粒料放于自动饲槽内任鸭自由采食。7周龄，体重达3.0 kg，料重比3.5∶1。

(二) 鹅的饲养管理

鹅喜食青草，盲肠发达，消化能力强。鹅体质健壮，抗病力与抗寒力很强，合群性又好，适于群养放牧。

1. 雏鹅的饲养管理

(1) 饮水：雏鹅初次饮水称"潮口"。雏鹅对水要求很迫切，应先饮水后开食。如先开食后饮水或连续数顿不饮水，则雏鹅一遇水就会暴饮致病，俗称"呛水"。雏鹅的饮水应根据天气而定，一般每天2~3次。

(2) 开食：以手指引诱，大部分伸头张口啄食手指，发出尖叫时即开食，一般在出壳后30~36 h。开食时用围席在篷布或塑料布上围成小圈，其内撒上用水泡过的碎米，然后放入雏鹅，任其自由采食。

(3) 保温：雏鹅一般多采用自温育雏。初生雏鹅体质比较弱，适应外界环境能力不强，需防止其受凉和受热。

(4) 防潮：潮湿对雏鹅危害很大，过湿会导致其感冒、腹泻，故应勤换垫料，应每天更换1次。

(5) 训练放牧：第4天起晴天无风可放牧，时间由短到长，距离由近到远，喂食照常。

2. 仔鹅的饲养管理

(1) 仔鹅的生长发育规律及生理特点：雏鹅养到1月龄左右即进入育成期中的中雏鹅阶段。从中雏鹅到大雏鹅的整个育成期中，前期长骨架、后期长肌肉，同时也是脱换旧羽生长新羽的时期。雏鹅适应外界的能力不断增强，消化器官发育完善，消化能力很强。抓住这一时期，供给充足的营养，使其体重迅速增加，就可培育出健壮的鹅群。

(2) 仔鹅的饲养管理要点：

①正确放牧：鹅的采食习性是采食-饮水-休息-采食，放牧时应根据这一习性有节奏地放牧，才能使鹅群吃得饱、长得快。

②合理补饲：为了使鹅群生长迅速，除放牧外，可用糠麸加入一些薯类和切碎的蔬菜作为补饲饲料。补饲量应根据牧场草质的好坏和草量的多少来决定，一般每天3次，晚间2次为宜。

③夏秋放牧：天气炎热，不能整天放牧，一般清晨放牧，10∶00左右收牧，并补饲；15∶00以后再出牧，傍晚时收牧，并补饲；晚间可再补饲1~2次。

④垫料：要勤翻晒，鹅圈要保持干燥卫生。

3. 种鹅的饲养管理 根据产蛋与否对种鹅采取不同的饲养管理。在冬季与休产期间，以优质粗饲料，如干草为主，适当补饲一些精料。一般在产蛋前4周开始改用种鹅日粮，粗蛋白质水平为15%~16%，在整个产蛋期每天每只按体重大小喂给250~300 g混合粉料，并全天供应足够的优质粗料，条件适合即进行放牧。母鹅多于夜间或上午产蛋，一般上午产蛋结束后才开始放牧。平时公鹅单养，繁殖时期放入鹅群内。

第六节 养禽设备

一、饲养设备

（一）饲养设备

1. 育雏育成笼 育雏可分为笼养育雏和平养育雏2种，而在进行笼养育雏时，通常会将育雏育成舍合为一段式进行饲养。所用设备大多为层叠式育雏育成笼，三层、四层或者更多。育雏阶段进鸡初期，先将雏鸡放置于中间层，待至育成期再逐渐将鸡分散到上、下层。

育雏育成笼设备配置主要包括：笼具、首架、尾架、自动喂料系统、自动清粪系统、自动饮水系统。采用层叠式育雏育成笼进行饲养，舍饲密度高、占地面积小、节约土地（比阶梯式节约用地70%左右）、集约化程度高、经济效益好；并且育雏育成在同一舍内进行，减少了鸡在转群过程中的应激和劳动强度。

2. 蛋鸡笼 现代蛋鸡养殖主要使用半阶梯式鸡笼和层叠式鸡笼。近些年，欧美等发达国家提倡使用福利式鸡笼。

（1）半阶梯式鸡笼：将鸡笼的上、下层之间部分重叠，便形成了半阶梯式鸡笼，具有结构简单、通气充分、光照均匀等特点。目前，采用的半阶梯式鸡笼多为4层，也有3层或5层的，随着层数增多，鸡笼高度也增加，一般须配合机械给料系统、自动清粪系统和集蛋系统。

（2）层叠式鸡笼：将鸡笼的上下层完全重叠便形成了层叠式鸡笼，层与层之间由输送带将鸡粪清走。其优点是饲养密度高，鸡场占地面积大大降低，提高了饲养人员的生产效率；但对鸡舍建筑、通风设备和清粪设备的要求较高。多采用4~12层的层叠鸡笼，配套自动给料、供水、集蛋、清粪、通风、降温等设备，实现了机械化、自动化控制，改善了鸡舍环境，提高了鸡群生产效率。

（3）福利式鸡笼：受蛋鸡福利养殖的影响，欧美等地多采用的蛋鸡饲养方式为大笼饲养、富集型鸡笼饲养和栖架散养。相比传统鸡笼的蛋鸡养殖，上述福利蛋鸡养殖方式能更好地满足蛋鸡日常行为的表达，并且环境的丰富度也为鸡只提供了更多机会表达其天性。

（二）饮水设备

随时供给家禽充足、清洁的饮水对养禽生产十分重要。因此，机械化养禽必须装备可靠的饮水设备。

1. 槽型饮水器 主要材料是竹、木、塑料、镀锌铁皮等，制成V形、U形或者梯形。一般V形水槽用铁皮制成，但是金属制成的水槽容易被腐蚀。塑料制成的U形水槽容易清洗，解决了V形水槽的漏水问题。梯形水槽一般由木、竹材料制成，水槽上口宽5~8 cm，深3~5 cm。

2. 杯式饮水器 这种饮水器由阀帽、挺杆、触发板和杯体等部分组成（图12-3）。它安装在供水管上。鸡在饮水时用喙啄动触发板即能自动进水，并使杯内始终保持一定水位。杯式饮水器的优点：耗水量小、清洁卫生、不易漏水、不易传染疾病。缺点是清洗较麻烦。

3. 乳头式饮水器 这是供水系统中另一种理想的饮水器，它因其端部有乳头阀杆而得名，多用于笼养。乳头式饮水器比其他形式的饮水器更清洁卫生、更节约水（图12-4）。

4. 吊塔式饮水器 由钟形体、滤网、弹簧、饮水盘、阀门体等组成。水从阀门体流出，

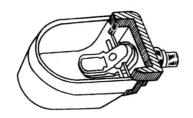
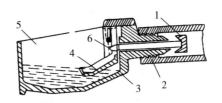

图 12-3 杯式饮水器的外形和内部构造
1. 阀帽 2. 水管 3. 水杯体 4. 触发板 5. 水杯壁 6. 挺杆
(引自邱祥聘，家禽学，1993)

通过钟形体上的水孔流入饮水盘，保持一定水位。适用于大群平养。

5. 真空式饮水器　由水罐和饮水盘组成。饮水盘上有 1 个出水孔，水从孔中流出，当淹没出水孔时，水不再流出，当鸡饮去部分水时，水又外流，水盘始终保持一定水位。适合于平养雏鸡（图 12-5）。

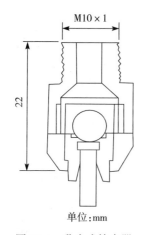

图 12-4　乳头式饮水器

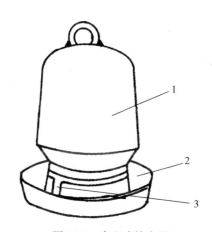

图 12-5　真空式饮水器
1. 水罐 2. 饮水盘 3. 出水孔

（三）喂料设备

规模化养鸡场的喂料设备主要包括饲料的存储设备和饲喂设备。

1. 料塔　料塔仓壁由有张力的钢材构成，而且经过电镀涂层处理，增加了强度和使用寿命。波纹钢板在安装过程中必须确保其能够精确吻合。40°的料塔仓顶为料塔提供了更大的强度和容量，仓顶设置必须使雨水远离漏斗和相对高度比较低的下料管区域，从而能够全天候保护料塔。料斗底部，按照倾斜角度有 3 类可供选择：45°的用于干饲料的运输，60°的用于可平滑流动的谷物输送，67°用于难以平滑流动的谷物输送。

2. 螺旋给料设备　主要包括控制螺旋给料装置、动力设备齿轮减速电机、固定铁片、感应器等，利用齿轮减速电机传达动力来旋转连接在输出轴上的螺旋，将料斗中的饲料不断地向前移送。给料装置主要有螺旋料斗、螺旋送料管以及螺旋给料器。根据鸡的生长，及时调节料线的高度。

3. 链条喂料设备　链条式喂料机能够均匀、快速、及时地将饲料输送到整栋鸡舍。一般送料能力为 0.7~1.5 kg/m，可以根据料箱来调整。驱动装置可以安装在料线任何位置，电机可适用于单料线和双料线 2 种方式。链条的速度为 36 m/min。

4. 行车式喂料设备　喂料均匀、节省时间、降低养殖户劳动强度，解决了人工喂料时产生的布料不均匀、浪费饲料等问题。但是，成本高、能耗大，对鸡舍的建筑要求也比较高。

5. 播种机式喂料设备 播种机式喂料机布料均匀、噪声小、节能、节约饲料、节省人工、节约时间、运行平稳、速度快，可根据饲养方式选择。

二、环境控制设备

（一）通风换气设备

通风装置由通风机和风扇控制器组成。通风机有离心式、轴流式和螺旋桨式3种，一般多采用螺旋桨式。通风机的换气量，依风扇叶片的直径和电动机的转速不同而不同，其技术性能见表12-6。

表12-6 螺旋桨式通风机的技术性能
（引自单永利、黄仁录，现代化肉鸡饲养手册，2001）

风扇叶片直径（cm）	转速（r/min）	换气量（m^3/min）
30	900	19.82
30	1 400	29.72
38	900	35.40
38	1 400	56.64
46	900	60.98
46	1 400	96.29
54	460	82.13
54	520	93.46
54	700	124.61
54	900	162.84

设计通风装置时，应参考鸡的换气量和收容只数算出鸡舍需要的换气量，然后根据所选用通风机的性能算出必需的台数。风扇控制器可以按温度变化自动控制电风扇，改变转速或自动开关以变换通风量。

（二）温度控制设备

1. 鸡舍降温设备

（1）高压喷雾系统：特制的喷头由水管连接，另有高压水泵将水打入水管，由于高压作用，液态水变为气态，在鸡舍另一端安装风机，不断地将舍内湿气排出，这种变化过程有极强的冷却作用。

（2）低压喷雾系统：喷嘴安装在舍内或笼内鸡的上方，以常规压力进行喷雾降温。

（3）湿帘-风机系统：气流通过湿帘时水蒸发形成气体，从而降低气流的温度，使鸡舍内空气温度降低。在实际生产中，湿帘配合负压通风系统，湿帘在密闭鸡舍的一端山墙上或侧墙上，风机装在另一端的山墙或者侧墙上，降温风机抽出舍内的空气，推动室外的空气经过多孔湿润的湿帘表面，使进入鸡舍的空气温度降低7～10℃，进而达到防暑降温的目的。

2. 鸡舍供暖设备

（1）暖气供暖：系统包括燃煤或燃气锅炉和舍内暖气管道。可根据每栋鸡舍鸡只对温度的要求适当调整暖气管道阀门。暖气管道供暖，舍内温度均匀、空气清新，是目前效果较好的供暖方式之一。

（2）地暖：地暖在鸡舍中属于较为先进的加热设备，地暖也是以水为介质进行热量传递，原理类似水暖。不同之处在于地暖是将加热水管铺在鸡舍地下，对鸡舍地面加热，升高舍内温度。

(3) 热风炉供暖：该系统主要由热风炉、轴流风机、有孔塑料管、调节风门等组成。热风炉是供暖设备系统的主体设备，它以空气为介质、以煤为燃料，为鸡舍提供洁净的热空气。该设备结构简单、热效率高、送热快、成本低。

(4) 其他加热设备：控温育雏伞，其加热器为电阻丝或热效率高的远红外管，控温器采用印刷线路，体积小、避免虚焊，因而稳定可靠；燃气散热器，在国外主要靠煤气和天然气，产物为 CO_2 和 H_2O，因而比较清洁卫生。

3. 光照控制设备

(1) 遮光流板：通过波纹状板块，可以减少外界光线的进入，而对气流的影响则很少，适宜于密闭鸡舍用。

(2) 24 h 可编光照程序控制器：仪器内芯由电脑芯片装配而成，故障率极低，能自主设置程序，模拟自然光，对鸡群无应激。鸡场停电时，仪器内充电电池立即切换供电，确保内存程序不会丢失。

三、清粪设备

（一）刮板式清粪系统

一般分为全行程刮板式清粪器和步进式刮板式清粪器 2 种。全行程刮板式清粪器工作时，钢绳通过电动机驱动，刮粪板紧贴粪沟地面全行程刮粪。刮粪板有横向和纵向之分，横向刮粪板收集粪便，纵向刮粪板将粪污输送到粪池或者运输粪的交通工具上。当粪污的输送线路过长，刮粪器负荷太大时通常采用多个刮粪器联合使用的步进式刮板清粪器。刮粪钢丝绳经常与粪便接触，容易被腐蚀，最好用塑料布包被上，以延长使用时间。

（二）传送带式清粪系统

传送带式清粪系统由控制器、电机、履带等组成，一般用于叠层式笼养的清粪，部分阶梯式笼养也采用这种清粪方式。对于层叠式鸡笼而言，每层笼设置 1 条传送带，承粪和除粪均由输送带完成，工作时由 1 台电机带动上下各层输送带的主动辊，把鸡粪带到鸡舍一端的横向粪沟。对于阶梯式笼养而言，传送带安装在底层鸡笼下面，当发动机启动时，由电机、减速器通过链条带动主动辊运转，在被动辊的挤压下产生摩擦力，带动承粪带沿着笼子的纵轴方向移动，将鸡粪输送到一端，被端部的刮粪板刮落，从而完成清粪工作。

相比刮板式清粪系统，传送带式清粪系统能保证粪不落地，并且清粪完全，运行效率高，但是庞大的设备对电能依赖性强，设备前期投入和后期维护都需要较多资金。

四、集蛋设备

人工收集鸡蛋是一项较为繁重的体力工作，小规模养殖户以人工捡蛋为主，即人工将鸡蛋放在蛋托或者蛋箱内，然后使用手推车将收集的鸡蛋运送到工作间对鸡蛋进行清洗、消毒和包装。在国内外大规模养殖场内采用层叠笼养，机械化集蛋设备较为普遍，提高了工作效率。

1. 双层全阶梯笼养集蛋 这种集蛋方式配有独立的集蛋带和集蛋平台，需要人工在 2 个集蛋台上装盘装箱。

2. 单层平置笼养集蛋 平置式和高床平置式的笼养人工集蛋比较困难，因而采用纵向集蛋带和横向集蛋带以及集蛋台共同组成集蛋系统来集蛋。每 2 列鸡笼共用 1 条纵向集蛋带，集蛋台应根据鸡舍内操作人员进行配置。

3. 多层笼养集蛋 多层集蛋装置由水平输蛋装置、垂直输蛋装置、横向水平总集蛋带和总集蛋台组成。水平输蛋装置把各层鸡蛋输送到鸡舍一端的垂直输蛋装置处，由它向上或向下输送鸡蛋，这些鸡蛋被输送到横向水平总集蛋带上，被送往总集蛋台，最后手动装盘或输送鸡蛋到处理间。传送带每列每层组成环线，电机和减速箱联合使用保证鸡蛋能够匀速在传送带上面转动。自动化集蛋设备大大地提高了工作效率，但是其破蛋率也较高。自动化集蛋设备的破蛋率受捡蛋时间和捡蛋次数的影响，集蛋次数越多破蛋率越低。

第七节　禽类产品的初步加工

一、蛋的储藏

为了能全年均衡供应优质新鲜的蛋品，需用科学的储藏方法来保存鲜蛋，以防其腐败变质。

（一）鲜蛋储藏的原则

鲜蛋储藏保管的方法很多，但基本原则是相似的。

（1）尽量减少微生物侵入蛋内。

（2）使蛋壳上微生物停止发育或抑制蛋内的微生物繁殖。

（3）尽量保持鲜蛋内容物的基本性状；不能使用含有毒有害物质的容器盛放，以防污染蛋品或给蛋带来异味。

（二）鲜蛋的储藏方法

1. 冷藏法　冷藏法是利用冷库中的低温来抑制微生物繁殖以及使蛋内酶的活性丧失，从而延缓蛋内容物的变化。

鲜蛋冷藏温度需 0 ℃ 左右，严防温度过低，使内容物冻结。试验证明，在 0 ℃ 条件下，相对湿度为 75%～85% 时，鲜蛋保存 9～10 d，其重量损失每月平均为 0.43%～0.63%，蛋壳表面常有耐低温的霉菌存在，如能在冷库中同时用 0.1% 的灭菌灵（含次氯酸钠及羟基喹啉磺酸钠的复方消毒剂）在蛋壳上喷雾，则可抑制霉菌繁殖生长。

2. 石灰水储藏法　石灰水呈弱碱性，一般微生物不能在此溶液中生存，蛋内放出的二氧化碳和石灰水中的氢氧化钙作用，生成不溶性的碳酸钙微粒沉积在蛋壳表面抑制二氧化碳逸出，使蛋内 pH 下降，抑制微生物生长，从而达到保存鲜蛋的目的。

石灰水储藏法必须严格选蛋，不允许有破损蛋、变质蛋混入。另外，要控制石灰水的温度，水温在 15 ℃ 以下时，鸡蛋可保存 5～6 个月之久。

3. 水玻璃储藏法　水玻璃又名泡花碱，是一种不挥发性的硅酸盐溶液。鲜蛋浸过水玻璃溶液后，硅酸盐胶体便包围在蛋壳外形成一层水玻璃层，闭塞气孔，减弱蛋内的呼吸作用，同时又可阻止微生物侵入，所以使鲜蛋能较长时间保鲜。通常储藏于 20 ℃ 的室温条件下，鲜蛋可以保持 4～5 个月。

另外，还有涂布法、充氮储蛋法、射线辐射储蛋法、化学药品储蛋法等。

二、肉鸡的初步加工

（一）肉鸡的屠宰

1. 屠宰前的检验　为保证鸡肉产品的品质和食品卫生，防止疾病的传染，只有经检验合格的鸡只才允许进入屠宰场地，若发现严重异常鸡或疑似病鸡，则应剔除，不予屠宰，以防宰后屠体交叉污染。

2. 肉鸡的屠宰程序

（1）挂鸡：将待宰活鸡倒悬挂在高架轨道挂钩上，借助高架轨道自动运转。

（2）刺杀放血：准确切开颈动脉放血，应避免切断气管、食道，放血时间 2.5～3 min，放血量为总血量的 40%～50%。

（3）浸烫：将屠体在 50～60 ℃ 的热水中短时间浸烫。水温过高则会损伤表皮，破坏屠体外观；过低则拔毛困难，更容易破皮，造成次品。

（4）脱毛：鸡体脱毛时可用2台脱毛机连续进行，也可按部位分区手工拔毛，顺序为：右翅羽→肩头毛→左翅羽→背毛→胸腹毛→尾毛→颈毛。脱毛后的鸡体应做到体表洁净、不变形、不破皮。

（5）除内脏：大型肉鸡屠宰厂，一般采用自动化内脏摘取机取出鸡内脏；小型加工厂，多从胸骨后至肛门的正中线切腹开膛，清除内脏。

（6）沥干：屠体净膛后沥水，沥去体表、腹腔残留血水。

（7）冷却：经检验并沥干的屠体挂在冷却间，使屠体温度下降到20 ℃左右，以抑制微生物生长繁殖，然后送包装间处理。

3. 肉鸡的分割与冷藏

（1）分割：鸡只的产品种类可分为主产品、副产品、二次加工产品。主产品可分为全鸡类、全翅类、胸肉类、腿肉类等。

全鸡类包括①净膛鸡（鸡胴体）：屠体从腹部开口（2 cm），摘取内脏（包括食道、嗉囊、气管、肺、胃和肠、生殖器官、腹脂），除去头、颈、脚，颈皮从内侧划开，保留5 cm左右；②半净膛鸡：将符合卫生标准要求的心、肝、肺、颈装入聚乙烯袋内，放入净膛鸡胸腹腔内，不得散放和遗漏。

全翅类包括①全翅：从肩关节处割下，切断筋腱，不得划破骨关节和损伤里脊；②上翅：从肘关节处切断，肩关节至肘关节段；③小翅：切断肘关节，由肘关节至翅尖段。

胸肉类包括①胸肉：从胸骨两侧用刀划开，切割肩关节，握着翅根连胸肉向尾部撕下，剪下翅，皮附于肉上，大小一致，称带皮去骨胸肉；②小胸肉（胸里脊）：沿锁骨和乌喙骨两侧处的胸里脊部分。

腿肉类包括①全腿：在腿腹间两侧用刀划开，将大腿向背侧方向用刀，从髋关节处脱开，割断关节四周肌肉和筋腱，在跗关节处切断，腿皮覆盖良好；②大腿：从髋关节至膝关节间的部分；③小腿：从膝关节至跗关节间的部分；④去骨腿肉：从胫骨到股骨内侧用刀划开，切断膝关节，剔除股骨、腓骨和软骨，皮附于肉上，称带皮去骨腿肉。

副产品即心、肝、骨架、鸡脚等。整理内脏产品必须有单独的车间，不得与分割间共用。二次加工产品包括翅根、腿肉切块、腿肉串、葱肉串、腿肉皮串和皮串。此外，还有尾串（带尾脂腺和去尾脂腺）、鸡肫串、水煮鸡肉块等产品。

（2）包装、冻结和冷藏：

包装：鸡屠体经修整分割后必须在室温为12～15 ℃条件下迅速包装。包装后的成品应及时入库。

冻结：多数采用送风式冷冻，使冻结库温度最低可保持在－30～－35 ℃，风速为2～4 m/s，相对湿度为90%。冻结要求肌肉中心温度在24 h内降至－15 ℃以下。快速冻结可保持产品有良好的色泽、保水性和卫生状况。

冷藏：速冻后，经测试检查肌肉中心温度已达－15 ℃时，即可将小包装的产品打包转入冷藏库储存。其温度应保持在－18 ℃以下，温度变动不得超过2 ℃，相对湿度为90%。宰杀后的鲜鸡胴体，在运往附近销售点时，要装入专用塑料袋内，并装有碎冰，使温度保持在－5 ℃以下。

三、禽类副产品的加工利用

禽类的副产品包括粪便、羽毛、血液、内脏、腺体、骨架以及其他废弃物。它不仅可作为畜禽的饲料、优质有机肥，而且还是较重要的医药化工原料。

(一) 鸡粪的加工

鸡粪可以作有机肥原料、沼气原料，经过加工还可做饲料。

1. 脱水干燥法 鸡粪收集后立即送入微波干燥器和消毒器中进行处理，干燥温度以 145 ℃ 左右为宜。将处理过的鸡粪与其他营养添加剂混合后，制成直径 1～4 mm 粉状物，可用作畜禽的补充饲料。

2. 青贮法 将 70% 的鲜鸡粪、20% 的青绿饲料、10% 的糠或作物秸秆粉混匀，含水量保持在 60% 左右，放入青贮窖内踏实封严，经 5～6 周即可使用。经青贮后的鸡粪产品，干物质、粗蛋白质、灰分含量增加，适口性明显提高。

3. 发酵法 发酵方式有槽式、塔式、罐式等。槽式堆肥发酵相对经济实用，是将堆料混合物放置在长槽式的结构中进行发酵的堆肥方法，槽式堆肥的供氧依靠搅拌机完成，搅拌机沿槽的纵轴移行，在移行过程中搅拌堆料。堆肥槽中堆料深度为 1.2～1.5 m，堆肥发酵时间为 3～5 周。槽式堆肥发酵粪便处理量大，发酵周期短，通常在大棚内进行，可对臭气进行收集处理，无大气污染问题，发酵后的鸡粪各种营养成分提高，并且安全可靠。

4. 昆虫转化法 利用鲜鸡粪饲养食粪昆虫，如蝇蛆等，再用蝇蛆饲喂畜禽，可以提高利用率。

(二) 家禽羽毛的加工

1. 鸡羽毛的加工 鸡羽毛可分为绒羽、发羽和真羽，是良好的保暖填充物；优质绒羽可用作纺织工业原料；真羽中的大羽可做羽毛扇、羽毛掸、羽毛画及其他装饰品；羽毛还是做泡沫灭火剂的原料，也可经加工后作动物性蛋白质饲料。

2. 鸭、鹅羽毛的加工 按鹅鸭羽毛的用途可分为 3 类。①翅膀大羽毛：古时曾用翅膀大羽毛作沾水笔，也是制作精美羽扇的原料。此外，白色翅膀大羽毛染成各种颜色，可制作多种羽毛工艺品。②体被外羽毛（即背、胸、腹部片状羽毛）：可作为制作清除浮尘掸子的原料，如将之染成各种彩色，则是制作各种羽毛工艺品的好原料。③绒毛（即体被片状羽毛下紧贴皮肤的细软呈球形羽毛）：其特性是轻而柔软、保暖力强，是制作军民用保暖羽绒被褥的最优质的原料，其产量虽在羽毛中较低，但它是羽毛中的珍品，经济价值最高。

复习思考题

1. 根据蛋壳颜色把现代蛋鸡品种分为几类？各有什么特点？
2. 影响家禽孵化率的因素有哪些？
3. 如何提高雏鸡成活率？
4. 青年鸡的管理要点是什么？
5. 产蛋鸡的环境控制包括哪些内容？
6. 怎样进行鸡粪的加工利用？

第十三章 家兔生产

重点提示：本章重点介绍了家兔生产概述、家兔的生物学特性、家兔的品种、家兔的饲养管理、养兔设备与工厂化养兔，以及家兔产品的初步加工等有关内容。通过本章的学习，掌握科学养兔的理论和主要技术，并初步了解兔产品的加工技术。

第一节 家兔生产概述

一、家兔生产的特点

（一）家兔产品独具特点

1. 兔肉 兔肉营养价值与消化率均居各种畜禽肉之首，具有高蛋白质、高赖氨酸、高消化率、低脂肪、低胆固醇、低热量的特点，同时含有丰富的 B 族维生素，以及铁、磷、钾、钠、钴、锌、铜等。其中，脂肪中不饱和脂肪酸含量高，经常食用有较强的乳化胆固醇的作用，可使血浆胆固醇保持悬浮而不沉淀，防止和延缓动脉粥样化斑点及血栓的形成。磷脂在人体内可形成一种有助于记忆、信息传递的物质——乙酰胆碱，兔肉的磷脂含量高，所以若经常食用兔肉，可提高儿童智商和改善人的记忆力。兔肉对老年人、幼儿、孕妇、冠心病患者等有滋补作用，是人类的重要食品，被人们称为"保健肉""益智肉"等。

二维码 13-1 肉兔新品系培育，全产业链技术创新——培育新时代领军创新人才，做改革创新生力军

2. 兔毛 兔毛特别是长毛兔（安哥拉兔）的兔毛，具有长、松、净的特点。长毛兔兔毛制品具有轻软、保暖、吸湿、透气等特点，因此兔毛是高档的纺织原料，可用于生产精纺制品，如生产高档衬衫、西装面料和运动衫等；也可用于生产粗纺制品，如地毯、装饰挂毯和保健用品等；同时兔毛制品可产生微弱的静电，对防治人的关节炎和皮肤炎等疾病还具有一定的作用。

3. 兔皮 兔皮尤其是獭兔皮美观、轻便、柔软、保暖性好，通过鞣制加工的毛皮和革皮，可制作成各式各样的长短大衣、披肩、围巾、手套、挎包，以及室内挂毯等装饰用品，特别是獭兔皮制作的各种式样裘皮服装，美丽、轻柔，颇受人们的青睐，用兔裘皮制作的各式妇女与儿童用品，备受消费者欢迎。

4. 实验动物 家兔因其体型、体重、繁殖特点等方面的优势，在繁殖和生理、生物工程、制药等研究领域具有重大作用。医药卫生部门所试制的各种新药，都必须首先做动物试验，而实验动物应用最普遍的首推家兔。

5. 观赏动物 家兔性情温驯，体态优美，不少人把家兔当作一种观赏动物饲养。

6. 副产品 兔脑、血、肝、胆、心、胃、肠等除直接供食用外，还可为制药工业提供

优质原料，直接为人、畜保健服务。兔粪中氮、磷、钾含量丰富，是优质的有机肥料。

（二）家兔是节粮型草食家畜

我国是世界人口大国，也是农业大国，人多地少，长期以来一直为解决粮食问题而努力，而缓解人畜争地、争粮问题的途径之一就是发展节粮型畜牧业。在目前家养的草食畜禽中（如马、牛、羊、骆驼、家兔，以及鹅等），家兔是最典型的节粮型草食小家畜。

（三）家兔产品符合国内外市场的需要

1. 兔肉 家兔的主要产品是兔肉、兔毛和兔皮，其中以兔肉为主。据报道，世界养兔的80%左右是以生产兔肉为目的。

（1）国际兔肉市场持续发展：由于兔肉的特点，世界上许多国家把发展肉兔业作为满足人类对蛋白质需要、解决粮食紧缺和蛋白质供应不足的重要途径之一。世界上兔肉生产和消费量较大的欧盟国家，多年来兔肉生产和消费量都有增长。许多欧盟国家如意大利、法国、德国等生产量大，每年还需从中国进口兔肉。我国兔肉远销十几个国家和地区，享有很高的声誉。

（2）国内市场开发潜力很大：近几年，我国积极开发国内大市场，对兔肉生产进行综合开发与利用，降低成本，使国内市场的销售价格符合当前我国人民生活的实际水平。进入21世纪以来，随着人们生活水平的提高和对兔肉营养价值的充分认识，国内兔肉消费市场正在逐渐形成。

2. 兔毛 由于长毛兔兔毛及其制品的特点，国内外厂家均将兔毛作为高档纺织原料进行精纺和粗纺。目前，安哥拉兔毛的主要销售市场在欧洲以及日本和我国香港、澳门地区。近年来，世界兔毛的产量和贸易量比较稳定，相信随着毛纺工业的进步，兔毛市场将会有稳定的发展。

3. 兔皮 兔皮尤其是獭兔皮美观、轻便、柔软、保暖性好。近几年，国际毛皮市场的变化为獭兔发展提供了良好的机遇，市场潜力巨大。目前，我国獭兔生产与獭兔皮贸易出现了几个显著变化：一是獭兔皮贸易全球化；二是国内狐皮、貂皮等裘皮商纷纷转投獭兔皮市场；三是外商开始寻求獭兔产品系列产品；四是外商开始在国内投资兴办獭兔场、裘皮加工厂。

二、家兔生产发展概况

（一）家兔生产发展简史

家兔由野生穴兔驯养而成，其驯养的历史记载不过千年，但对其祖先野生穴兔的史前自然分布状态了解甚少。有关穴兔的记载，可追溯到公元前1100年，野生穴兔驯化是16世纪由法国修道院的修士们开始并完成的，兔的家养和驯化持续了几个世纪才得以完成。

野生穴兔驯养成家兔之后，养兔业首先在食兔肉的国家和民族盛行起来，这就逐步形成了以食兔肉为主要形式的初级阶段养兔业；饲养方式以围栏、栅养、圈养、散养等为主，也有简单的兔笼或兔舍。随着人们对家兔使用价值的认识，其性状逐渐受到人们的重视，16世纪开始出现几个品种兔的记载。从19世纪开始，西欧城郊和农村普遍采用了笼养兔的方法，使欧洲的养兔业有了很大的发展。直到19世纪末，安哥拉兔开始在手工纺织业兴旺的法国发展起来。20世纪初，许多学者开始了有计划、有预见的育种，当时兔的笼养方式也导致了养兔业迅猛发展。

（二）世界家兔生产现状

1. 肉兔生产 世界各国的肉兔生产方式多种多样，既有简单的放养，也有工厂化集约生产。据统计，约有60%的母兔以传统粗放饲养方式生产兔肉，这是肉兔生产的主要形式，其兔肉产量占世界总产量的40%；有10%左右的母兔以商业化、集约化饲养方式生产兔肉，是欧洲肉兔生产的主要形式，其兔肉产量占世界兔肉总量的27%。鉴于此，各地区饲养的肉兔品种差异不大，但生产水平有很大差别。以母兔年产肉能力来看，西欧为36 kg，东欧为27.5 kg，亚洲为17.5 kg，北非为14 kg，显然西欧是肉兔生产水平最高的地区。据统计，世界养兔的国家约有186个，但主产集中于欧洲和亚洲的12个国家。兔肉生产国主要为中国、意大利、西班牙和法国，兔肉总产量占世界总产量的79.17%。

2. 毛兔生产 各养兔国家所养的长毛兔均以安哥拉长毛兔为主，其兔毛是一种特殊的纺织原料，用于纺织还不到300年，开始形成一项产业也只有100多年的历史。目前，世界兔毛年产量约1.2万t。其中，以中国产量为最多，1万多t；其次是智利、阿根廷、法国、德国。另外，巴西、匈牙利、波兰和朝鲜等国家也正在积极发展毛兔生产。英国、美国、日本、西班牙、瑞士、比利时等国也有少量生产。安哥拉兔毛的主要销售市场在欧洲，日本及我国香港、澳门地区。欧洲主要的兔毛进口国是意大利和德国，日本从1965年开始进口兔毛，现已成为世界上最大的兔毛进口国。

3. 皮兔生产 皮兔生产正在形成产业，最有代表性的皮兔品种是分布广泛的獭兔（又称力克斯兔）。世界上饲养獭兔最早、饲养数量最多的国家是法国，年产兔皮1亿张左右，其中60%出口到比利时、巴西等国家。德国是继法国之后培育出褐色獭兔的国家。世界獭兔生产仍以农户饲养为主，一般每户饲养基础母兔20~50只。日粮组成多以谷物、糠麸、青绿饲料和干草为主。在法国和美国，集约化工厂式养兔业正在迅速发展，颗粒饲料喂兔已广泛应用。

（三）中国家兔生产概述

我国饲养家兔历史悠久。1954年，首次出口兔毛400 kg；1957年，首次出口冻兔肉221 t。20世纪七八十年代，中国成为世界养兔大国，但由于中国家兔生产一直是外向型，易受国际市场制约，故养兔业出现几起几落，使养兔户形成了"兔子尾巴长不了"的观念。从养兔区域上看，养兔业已遍布全国20多个省、自治区、直辖市，养兔在1 000万只以上的省份有山东、四川、河北、河南和江苏等。从生产技术上看，家兔生产的科技含量得到很大提高，如改鲜干草饲料为全价颗粒饲料，改传统窝养或窖养为地上多层笼养，改母仔同养为母仔分开喂养，改疾病针对性治疗为疾病综合防治等。家兔生产水平也有大幅度的提高，长毛兔年产毛量已由20世纪70年代的只均200 g提高到现在的400 g以上，肉兔由过去的120日龄上市缩短到现在的90日龄左右上市。

三、现代家兔生产发展趋势

（一）肉兔为主，兼顾其他

在家兔众多的生产用途中，肉食是主要的，目前已有100多个国家从事家兔生产并逐渐养成了吃兔肉的习惯。据资料报道，世界养兔数量的80%左右是以生产兔肉为目的。

（二）毛用兔生产两极分化

长毛兔类群有细毛型和粗毛型之分。在毛纺工业上，国内外均将长毛兔的兔毛作为高档的纺织原料进行精纺和粗纺。根据世界纺织业的发展要求，粗纺对兔毛的要求是高粗毛率，一般应在15%以上；精纺要求的是低粗毛率，一般应在5%以下。因此，市场上粗毛率低于5%或高于20%的长毛兔品系或类群具有较大的发展空间。

（三）皮用兔以裘为主，兼顾革皮

兔皮包括一般家兔皮（肉兔皮和长毛兔剪毛后皮）和獭兔皮2种，又有毛皮和革皮之分。由于人们衣、食、住、行条件的变化，特别是发达国家，对以獭兔裘皮类为代表的服装的需求量将日渐增多，裘皮市场将在一定时期内具有良好的发展前景；而兔革制品，也将随着加工工艺水平的不断改进和提高，越来越被人们所重视。特别是革皮服装，将以薄、软、韧为特点，再加染色技术的改进和提高，将会受到广大青年的欢迎。

(四) 产品加工综合利用

在兔产品中，除肉、毛、皮三大主要产品外，还有粪尿、骨、血、脑、爪、耳、残皮、肠、胃、肝、胆、肺、肾等副产品，完全可以开发和利用，变废为宝，增加产值，提高经济效益。尽管家兔体型小，单只兔的副产品产量低，但在一些屠宰量大的加工厂或养兔集中的地区，年提供的副产品数量却很大，若能及时进行综合开发与利用，对养兔业将会有更大的促进作用。尽管家兔副产品综合加工利用的投资大，但产生的经济效益也高，也是今后世界养兔业的发展方向之一。

(五) 家兔育种配套、高效和优质

为了提高养兔效益，商品兔的生产将从单一品种繁殖或二元杂交，向着多元化配套系杂交方向发展，从而获得生产性能好、饲料转化率高、抗病能力强的优秀后代。例如，在肉兔生产方面培育成功并在生产中推广应用的齐卡肉兔配套系、伊普吕肉兔配套系、伊拉肉兔配套系和艾哥肉兔配套系等。国外长毛兔以德系安哥拉为例，主要措施是建立健全三级良种繁育体系，即以核心种兔场、繁育场和商品兔场为框架的育种方式，推动了育种工作的进展；其次是建立生产性能测定站，提高长毛兔产毛量。獭兔育种趋势是在强调毛皮品质的同时，培育体型较大的品系，以获取更高的出皮率和产肉率。

(六) 饲养管理规模化、集约化

随着养兔业的发展和人们对家兔产品的需求量不断增加，其饲养方式必然由小规模的家庭散养逐渐转变成规模较大的集约化饲养，才能达到节省人力、提高出栏率和经济效益的目的。20世纪70年代末，世界家兔生产（尤其是肉兔生产）出现集约型工厂化的雏形。90年代以来，很多养兔国家中已出现了不同规模、科学饲养的养兔户或养兔场，各国先后建起了一批大型养兔场，并使家兔的饲养管理、繁殖配种、卫生防疫等生产环节的组织实现了程序化管理，集约化程度大大提高。

(七) 兔病防治坚持预防为主

各国专家、学者大都将研制各种预防兔病的疫苗作为研究的主要方向，在生产实践中，定期进行预防注射或口服预防，增强兔群对某种疾病的免疫力，达到预防某种传染性疾病的目的。如目前在家兔生产中广泛应用的兔瘟疫苗、巴氏杆菌疫苗、波氏杆菌疫苗等，对我国和世界养兔业的健康发展做出了重大贡献。而面对一些家兔的普通病和常发病，则应考虑在加强饲养管理、提高家兔自身免疫力的前提下，及时正确地识别各种疾病的发病特征和致病因素，以便及时预防和治疗，减少因兔病造成的经济损失。

(八) 健全兔生产技术教学、科研和推广体系

随着家兔产品在人们生活中的推广普及，家兔的产业化进程不断进步，有关家兔生产技术的教学、科研和推广体系在不断完善和普及。目前，世界上许多养兔国家包括中国在高等农业院校开设了养兔专业课，有的院校定为必修课，有的院校定为选修课，有的国家还在高等院校设立了养兔专业，招收研究生，培养高层次养兔方面的专业人才；组织有关专家、教授编著不同层次的养兔教材，出版有关专业书籍。

有的国家还强化养兔研究机构，成立养兔研究中心，组建养兔研究室，成立了养兔协会，健全养兔信息网络，定期交流养兔信息，大大促进了家兔科学技术的研究，如营养需要量的研究、繁殖技术的研究（冻精、胚胎移植、嵌合兔、试管兔、克隆兔等）、育种技术的研究和疾病防治技术的研究。国际上成立的世界家兔协会，每4年在不同的国家召开年会，有力地促进了不同国家的家兔科技进步和信息交流；我国也成立了中国畜牧业协会兔业分会，定期举办年会，结合许多省、自治区、直辖市成立的养兔学会、研究会、协会一起指导国内的养兔生产、技术交流和信息交流，对养兔户或养兔单位的管理人员或饲养者，根据需要，定期进行技术培训，普及科学养兔基本知识，不断提高饲养者的技术水平。

第二节 家兔的生物学特性

一、动物分类学地位

科学家根据家兔的起源、生物学特性与解剖特征等，将家兔列在如下动物学分类地位：

动物界
　脊索动物门
　　脊椎动物亚门
　　　哺乳纲
　　　　兔形目
　　　　　兔科
　　　　　　兔亚科
　　　　　　　穴兔属
　　　　　　　　穴兔种
　　　　　　　　　家兔变种

二、家兔的生物学特性

了解家兔的生物学特性是养好家兔的基础，它与家兔的繁殖、营养需要、饲养管理、兔舍建筑以及产品利用等密切联系。

（一）生活习性

1. 夜行性和嗜睡性　家兔的祖先是野生穴兔。野生穴兔在长期生态条件下形成了昼寝夜行的习性，现代家兔继承了这一特点。兔场中，我们常看到家兔白天相对安静，除吃食、饮水外，常闭眼睡觉，夜间则十分活跃，采食频繁。据测定，家兔夜间采食的日粮和饮水占全部日粮和饮水的75％左右。

家兔在某些条件下很容易进入困倦和睡眠状态，此间痛觉降低或消失，此为嗜睡性。翻转家兔，将其背向下放在V形架或适当器具上，简单保定，顺毛抚摸其胸腹的同时，按摩太阳穴部位，家兔很快进入完全的睡眠状态。翻转呈正常肢势时，家兔立即苏醒。

2. 性情温驯、胆小怕惊　家兔耳长、大，听觉灵敏，常竖耳听声响，以便逃跑避敌害。遇敌害时常借助弓曲的脊柱迅速逃走。外来应激易造成家兔的踩脚行为，这种顿足声会使全兔舍或某一部分兔惊慌。

3. 喜清洁、爱干燥　家兔喜爱清洁干燥的生活环境。干燥清洁的环境，有利于兔体健康，而潮湿污秽的环境，则是造成兔患疾病的重要原因之一，疾病往往会造成很大损失。所以，在进行兔场设计和日常饲养管理工作时，要考虑为兔提供清洁干燥的生活环境。兔舍内适宜的相对湿度为60％～65％。

4. 同性好斗　家兔具有群居性，以便相互照应。家兔发现敌情时会以后肢猛踩笼底板发出大的声响等形式向同伴报警。但性成熟的家兔群养时，同性别的兔常发生互相争斗撕咬的现象，特别是公兔群养，或者是新组成的兔群，互相咬斗现象更为严重、激烈，有时甚至会咬得皮开肉绽。因此，管理上应特别注意，成年兔一般要单笼饲养。

5. 穴居性　家兔保留了其原生穴兔的打洞穴居本能，尤其是繁殖仔兔时会旧习重演。

6. 怕热耐寒　家兔汗腺不发达，仅唇部有汗腺，难通过汗腺来散热，仅靠大耳朵散热，被毛浓密，有较强的耐寒能力，但仔兔出生后因全身无毛也不耐寒。

7. 啮齿性　家兔的第1对门齿是恒齿，出生时就有，永不脱换，且不断生长。如果处于完全生长状态，上颌门齿每年生长可达 10 cm，下颌门齿每年生长 12 cm，家兔必须借助采食和啃咬硬物，不断磨损，才能保持其上下门齿的正常咬合。这种借助啃咬硬物磨牙的习性，称为啮齿行为，这与鼠类相似。

(二) 消化特点

1. 草食性 家兔以植物为食物，属于草食家畜。家兔有 6 枚门齿。其中，上颌 2 对，有 1 对大门齿和 1 对小门齿，下颌 1 对，上唇分为 2 片，门齿露出，胃肠的容积较大，并且有极其发达的盲肠。

家兔对食物有明显的选择性，喜吃多汁性饲料和多叶性饲料。其中，特喜欢胡萝卜、萝卜等，喜吃粒料特别是颗粒料，不喜吃动物性饲料。

2. 对粗纤维的利用能力强 家兔的消化道复杂且较长，容积也大，盲肠和结肠发达，其中有大量的微生物繁殖，是消化粗纤维的基础，但分解粗纤维的微生物和纤维素酶活性较低，对粗纤维的消化率为 20% 左右。粗纤维缺乏时（低于 5%）易引起消化紊乱，采食量下降、腹泻等。家兔消化道中的淋巴球囊有助于家兔对饲料中营养物质的消化利用。淋巴球囊位于小肠末端，中空、厚壁、呈圆形，有发达的肌肉组织，囊壁含有丰富的淋巴滤泡，开口于盲肠，有机械、吸收和分泌 3 种功能。经过回肠的食糜进入淋巴球囊时，被发达的肌肉机械的磨碎，经过消化的最终产物大量地被淋巴滤泡吸收。淋巴球囊还不断分泌碱性液体，以中和由于微生物活动而形成的有机酸，保持大肠中有利微生物繁殖的环境，有利于纤维素的消化。

3. 对粗饲料中蛋白质的消化率较高 家兔能充分利用粗饲料中的蛋白质，如苜蓿粉蛋白质的消化率猪为 50%，家兔约 75%。

4. 耐高钙 饲料中的钙、磷比例高达 12：1 时，也不会降低家兔的生产率，而且保证骨骼灰分正常。当饲料中的钙含量高时，家兔即从尿中排出大量的钙，使家兔的尿呈混浊状态，这是正常的现象。

5. 有一定的解毒能力 家兔的肝功能强大，质量约占体重的 3%，解毒能力较强。家兔对植物中有毒的生物碱有较强的抵抗力。

6. 食粪性 家兔的粪分硬粪及软粪 2 种。硬粪白天排出，软粪晚上排出。软粪由暗色成串小珠状粪构成，粪球外面由有特殊光泽的外膜包被，内含流质内容物。这种软粪一排出就被家兔直接吃掉，通常软粪全部被吃掉。家兔有异常情况如生病时才停止食软粪，无菌兔和摘除盲肠的兔无食粪行为，所以几乎所有家兔从开始吃饲料就有食粪行为。

比较软粪和硬粪的组成可知，软粪比硬粪所含蛋白质和水溶性维生素更多，因而家兔食软粪的意义在于对软粪中蛋白质和 B 族维生素的再利用，且软粪中微生物对胃肠消化有利。家兔食粪后，全部饲料的消化率可提高 6%～7%，氮素、无机物的消化率上升明显。

家兔食软粪时有咀嚼动作，这种习性被人称为"假反刍""食粪癖""盲肠营养"等。

7. 幼兔易患消化道疾病 幼龄兔肠壁特别薄，比成年兔通透性高。当幼兔消化道发生炎症时，其肠壁渗透性进一步增强，将肠道内的毒素和消化不全的产物大量吸收入血，易发生中毒。因此，幼龄兔患消化道疾病时症状特别严重，常出现中毒症状，死亡率高。

(三) 繁殖特性

家兔的生殖过程与其他家畜基本相似，但也有独特方面。

1. 繁殖力强 家兔的繁殖力强不仅表现为每窝产仔数多，妊娠期短，全年产仔窝数多，而且表现为性成熟早和繁殖不受季节限制，全年均可产仔。

2. 刺激性排卵 家兔卵巢内发育成熟的卵泡，必须经过交配刺激的诱导之后，才能排出。一般排卵的时间在交配后 10～12 h，若在发情期内未进行交配，母兔就不排卵，其成熟的卵泡就会老化衰退，经 10～16 d 逐渐被吸收。但有试验表明，母兔发情时不进行交配，而给母兔注射人绒毛膜促性腺激素（HCG），也可引起排卵。

3. 双子宫动物　家兔的2个子宫颈共同开口于阴道，不会发生受精后合子从1个子宫角向另1个子宫角移行的情况。

4. 卵细胞较大　家兔的卵细胞是目前所知哺乳动物中最大的，直径约160 μm，同时也是发育最快、在卵裂阶段最易在体外培育的哺乳动物卵细胞。

5. 性活动规律　家兔的性活动有其规律性。1 d内日出前后1 h，日落前2 h和日落后1 h的性活动最强烈。生产中常见清晨或傍晚的受胎率最高。实践证明，当气温14～16 ℃，光照16 h，母兔的发情率最高。

6. 发情周期不规律　家兔的这个特点与其刺激性排卵有关，没有排卵的诱导刺激，卵巢内成熟的卵细胞不能排出，当然也不能形成黄体，所以对新卵泡的发育不会产生抑制作用。因此，母兔就不会有规律性的发情周期。

7. 母兔的假妊娠现象　当母兔接受母兔的爬跨、不育公兔的交配时，会出现母兔排卵不受精的现象。此时母兔会表现出妊娠母兔的行为，此为母兔的假妊娠。母兔的假妊娠一般持续16～18 d。

（四）行为学特征

利用家畜行为学原理研究不同饲养管理状态下家兔的行为及其相互关系，了解家兔的生活模式，创造适合于家兔习性的饲养管理条件，以提高养兔生产的效率与效益。

1. 领域行为　野生穴兔在野外以定居方式生活，其领域范围取决于周围环境中食物的供应状况，兔只会利用腺体分泌物或排泄物来标记它们的领域。家养条件下，人们要给家兔提供永久性住处与有保护设施的安静环境。被突然的喧闹声、惊吓以及异味等惊动的第1只兔，会以后肢猛踹笼底的方式通知伙伴。为使家兔不受惊吓，工作人员在舍内操作时动作要轻，同时切忌聚众围观和防止其他动物进入，给家兔创造一个安静的环境。

2. 争斗行为　家兔具有同性好斗的特性，与性行为联系时更为突出。

3. 采食行为　家兔具有啮齿行为，常啃咬兔笼、产仔箱以及食槽等硬物磨牙，喂料前，饲养员走近兔笼时，这种行为表现更为激烈。家兔对料型、质地等有明显的选择性，喜欢吃有甜味的饲料和多叶鲜嫩青料，喜欢吃颗粒饲料。自由采食情况下，家兔的采食次数夜间多于白天；分次定量饲喂时很快吃完所投颗粒料。

4. 饮水行为　家兔体内含水约70%，幼兔还要高些。水对饲料的消化、可消化物质的吸收、代谢产物的排泄以及体温的调节过程起很大的作用。

5. 食粪行为　家兔具有吃自己粪的特性，软粪一排出肛门即被吃掉，但不吃落到地板上的粪。家兔食入软粪后，经过适当咀嚼即行咽下。家兔患有疾病时一般停止食粪。

6. 性行为　有配种能力的公兔和母兔相遇，不论母兔是否发情，公兔都有求偶的表现。

7. 分娩行为　母兔移入产房或产仔箱后，表现更为兴奋，将草拱来拱去，四肢做打洞姿势，在产前2～3 d开始衔草做窝，并将胸部毛拉下铺在窝内。这种行为持续到临产，大量拉毛出现在产前3～5 h。拉毛或衔草时，常常抬头环顾四周，遇有响声即竖耳静听，确认无事后再继续营巢。母兔产前尤其需要安静的环境。

8. 哺乳行为　仔兔出生后即寻找乳头吮乳，母兔则边产仔边哺乳，有的仔兔在母兔产仔结束时已经吃饱。

第三节　家兔的品种

家兔品种很多，全世界有60余个品种和数百个品系。按经济用途分类，家兔品种主要有3类，即肉用品种、皮用品种和毛用品种。

一、肉用品种

（一）单一品种

1. 新西兰兔 原产于美国，是最著名的优良肉兔品种之一，有白色、黑色和红棕色3个变种，目前我国饲养最多的是新西兰白兔。新西兰白兔被毛纯白，眼粉红色，头宽圆而粗短，耳宽厚而直立，臀部丰满，腰肋部肌肉发达，四肢粗壮有力，具有肉用品种的典型特征。成年体重4~5 kg，最显著的特点是早期生长快，在良好的饲养条件下，8周龄体重2 kg，屠宰率达64%，繁殖能力强，平均每胎产仔7~8只。新西兰白兔具有产肉力强、繁殖力强、性情温驯、抗病力强、适应性强等优点，与中国白兔、日本大耳兔、加利福尼亚兔杂交能获得较好的杂种优势，故是集约化肉兔生产理想的品种。但缺点是被毛较长且回弹性稍差，毛皮利用价值低。

2. 加利福尼亚兔 原产于美国的加利福尼亚州。该品种仔兔哺乳期被毛全白，换毛后体躯被毛白色，但鼻端、两耳、四肢末端及尾端的被毛为黑色，故称"八点黑"。眼呈红色，耳小直立，颈粗短，躯体紧凑，肌肉丰满；成年兔体重4~4.5 kg，仔兔初生重60~70 g，3月龄体重可达2.5 kg以上，平均每胎产仔7~8只。该兔外形秀丽，性情温驯，早熟易肥，肌肉丰满，肉质肥嫩，屠宰率高。母兔繁殖性能高，哺乳能力强，同时仔兔生长发育整齐，仔兔成活率高，故是有名的"保姆兔"。加利福尼亚兔对断乳前后的饲养条件要求高。

3. 德国花巨兔 德国花巨兔也称巨型花斑兔，由德国用弗朗德巨兔和不知名的白兔及花兔杂交育成，是集皮用、肉用和观赏于一体的大型兼用兔品种。引入我国的主要是黑色花巨兔。被毛底色为白色，双耳、口鼻部、眼圈周围为黑色，从颈部沿背脊至尾根（背中线）有一锯齿状黑带，体躯两侧有若干对称、大小不等的蝶状黑斑，故又称"蝶斑兔"。体躯大而窄长，呈弓形，较其他品种兔多1对肋骨（一般为12对），骨架较大，体躯欠丰满，腹部较紧凑。该兔早期生长发育快，仔兔初生重75 g，40 d断乳重1.10~1.25 kg，90日龄体重达2.5~2.7 kg。成年兔体重5~6 kg，体长50~60 cm，胸围30~35 cm。母兔繁殖力强，每窝产仔9~15只，最高达18只，但母兔的母性和泌乳性能较差，仔兔的育成率较低。性情粗野，抗病力强。

4. 比利时兔 原产于比利时。该品种毛色很像野兔，被毛呈黄褐色或栗壳色，毛尖略带黑色，腹部灰白，眼呈黑色但眼圈周围有不规则的白圈，耳尖有光亮的黑色毛边，两耳较长，头型似"马头"，颊部突出，脑门宽圆，鼻梁隆起，颈粗短，体躯较长，腹部离地较高，四肢粗壮，被誉为"竞走马"，尾部内侧呈黑色。比利时兔属于大型品种，成年体重5~6 kg，3月龄体重可达2.8~3.2 kg，屠宰率为52%~55%，繁殖力强，平均每胎产仔7~8只，最高可达16只，且泌乳力高。但该兔性成熟较晚，饲料转化率低，不适宜于笼养，易患脚皮炎等。

5. 哈白兔 又称哈尔滨大白兔，原产于中国哈尔滨。该品种全身被毛洁白，毛密柔软。头型大小适中，眼呈红色，耳宽大直立，四肢健壮，前后躯结构匀称，体质结实，肌肉丰满；哈白兔属于大型品种，成年体重平均6.2 kg，仔兔初生重为60~70 g，90日龄体重2.7 kg，屠宰率53.5%，平均每胎产仔10.5只。不足之处是群体较小，且在饲养条件差时生产性能表现不理想。

6. 塞北兔 以产肉为主的大型肉皮兼用型品种，又称斜耳兔。由张家口高等农业专科学校以法系公羊兔和弗朗德巨兔杂交选育而成。1988年，通过河北省科学技术委员会组织的鉴定。塞北兔头型中等大、略显粗重。耳宽大，1只耳直立，1只耳下垂，颈粗短，有肉髯；体躯宽深，前后匀称，肌肉发育良好，腹部微垂，四肢粗壮；被毛颜色有野兔色、红黄色及纯白色等 3 种类型，乳头 4~5 对。

（二）肉兔配套系

1. 齐卡肉兔配套系 齐卡（ZIKA）肉兔配套系是由德国齐卡家兔基础育种场于 20 世纪 80 年代初育成。我国在 1986 年由四川省畜牧兽医研究所首次引进。齐卡肉兔配套系由 3 个系组成，即 G 系、N 系和 Z 系。其配套杂交模式为：G 系公兔与 N 系中产肉性能特别优异的母兔杂交生产父母代公兔，Z 系公兔与 N 系中母性较好的母兔杂交生产父母代母兔，父母代公母兔交配得到商品代兔。

G 系为德国巨型兔，毛色白化型，属大型品种，成年体重 5.0~6.0 kg，12 周龄体重在 3 kg 以上。N 系为新西兰白兔，属中型品种，成年体重 4.5~5.0 kg，12 周龄体重超过 2.8 kg，其中分为 2 个类型：一类在产肉性能方面有优势，另一类繁殖性能及母性方面比较突出。Z 系为合成系，毛色为白化型或灰色，属小型品种，成年体重 3.6~3.8 kg，母性极佳。商品兔 70 日龄体重 2.5 kg。

2. 艾哥肉兔配套系 艾哥肉兔配套系在我国又称布列塔尼亚兔，是由法国艾哥（ELCO）公司培育的肉兔配套系。艾哥肉兔配套系由 4 个系组成，即 GP111 系、GP121 系、GP172 系和 GP122 系。其配套杂交模式为：GP111 系公兔与 GP121 系母兔杂交生产父母代公兔，GP172 系公兔与 GP122 系母兔杂交生产父母代母兔，父母代公母兔交配得到商品代兔。

GP111 系兔，毛色为白化型或有色，成年体重 5.8 kg 以上，70 日龄体重 2.5~2.7 kg。GP121 系兔，毛色为白化型或有色，成年体重 5.0 kg 以上，70 日龄体重 2.5~2.7 kg。GP172 系兔，毛色为白化型，成年体重 3.8~4.2 kg。GP122 系兔，成年体重 4.2~4.4 kg。商品兔 70 日龄体重 2.4~2.5 kg。

3. 伊拉肉兔配套系 伊拉（HYLA）肉兔配套系是法国欧洲兔业公司在 20 世纪 70 年代末培育成的杂交品系，它由 9 个原始品种经不同杂交组合和选育试验筛选出的 A、B、C、D 4 个系组成。其配套杂交模式为：A 系公兔与 B 系母兔杂交生产父母代公兔（AB），C 系公兔与 D 系母兔杂交生产父母代母兔（CD），父母代公母兔交配得到商品代兔（ABCD）。

A 系兔除耳、鼻、肢端和尾是黑色外，全身白色，成年体重公兔 5.0 kg，母兔 4.7 kg。B 系兔除耳、鼻、肢端和尾是黑色外，全身白色，成年体重公兔 4.9 kg，母兔 4.3 kg。C 系兔全身白色，成年体重公兔 4.5 kg，母兔 4.3 kg。D 系兔全身白色，成年体重公兔 4.6 kg，母兔 4.5 kg。商品兔 70 日龄体重 2.52 kg。

4. 伊普吕肉兔配套系 伊普吕（Hyplus）肉兔配套系是由法国克里莫股份有限公司经过 20 多年的精心培育而成的。伊普吕肉兔配套系是多品系杂交配套模式，共有 8 个专门化品系。

2005 年 11 月，山东青岛康大集团公司从法国克里莫股份有限公司引进祖代 1 100 只，其中 4 个祖代父本和 1 个祖代母本。其主要组合情况如下：

标准白：由 PS19 母本与 PS39 父本杂交而成。母本白色略带黑色耳边，性成熟期 17 周龄，每胎平均产活仔 9.8~10.5 只，70 日龄体重 2.25~2.35 kg；父本白色略带黑色耳边，性成熟期 20 周龄，每胎平均产活仔 7.6~7.8 只，70 日龄体重 2.7~2.8 kg，屠宰率 58%~59%；商品代白色略带黑色耳边，70 日龄体重 2.45~2.50 kg，70 日龄屠宰率 57%~58%。

巨型白：由 PS19 母本和 PS59 父本杂交而成。父本白色，性成熟期 22 周龄，每胎产活仔 8~8.2 只，77 日龄体重 3~3.1 kg，屠宰率 59%~60%；商品代白色略带黑色耳边，77 日龄体重 2.8~2.9 kg，屠宰率 57%~58%。

标准黑眼：由 PS19 母本与 PS79 父本杂交而成。父本灰毛黑眼，性成熟期 20 周龄，每胎产活仔 7~7.5 只，70 日龄体重 2.45~2.55 kg，屠宰率 57.5%~58.5%。

巨型黑眼：由PS19母本与PS119父本杂交而成。父本麻色黑眼，性成熟期22周龄，每胎产仔8～8.2只，77日龄体重2.9～3.0 kg，屠宰率59%～60%。

二、皮用品种

獭兔，又称力克斯兔（Rex），也称海狸力克斯兔和天鹅绒兔，我国俗称獭兔，是著名的皮用兔品种。由法国普通兔中出现的突变种培育而成。獭兔皮具有保温性能，且日晒不褪色、质地轻柔、美丽大方等特点，具体地说可用"短、细、密、平、美、牢"来概括。所谓"短"就是毛纤维短，理想毛长为1.6（1.3～2.2）cm。"细"就是指绒毛纤维横切面直径小，粗毛量少，不突出被毛，并富有弹性。"密"就是指皮肤单位面积内着生的绒毛根数多，毛纤维直立，手感特别丰满。"平"就是毛纤维长短均匀，整齐划一，表面看起来十分平整。"美"就是毛色众多，色泽光润，绚烂多彩，显得特别优美。"牢"就是毛纤维与皮板的附着牢固，用手拔，不易脱落。因此，獭兔皮在兔毛皮中是最有价值的一种类型。獭兔被毛颜色比较多，有海狸色（即红棕色）、青紫蓝色、巧克力色（肝褐色）、天蓝色、乳白色、白色、黑色、红色等14种色型。该兔体型中等，体质结构匀称，肌肉丰满，胸宽，背长而直，臀圆，四肢强壮，头适中。成年兔体重2.5～3.5 kg，最高的可达4 kg。繁殖力强，一年可产4～5窝，窝产仔兔7只左右。

近年来，我国先后从美国、德国和法国引进较多的獭兔，分别称为美系獭兔、德系獭兔和法系獭兔。

1. 美系獭兔 我国从美国多次引进美系獭兔。该兔头清秀，眼大而圆，耳中等长、直立，颈部稍长，肉髯明显，胸部较窄，腹部发达，背腰略呈弓形，臀部较发达，肌肉丰满。共有14种毛色，如白色、黑色、蓝色、咖啡色等，其中以白色为主。成年兔体重3.5～4.0 kg，体长45～50 cm，胸围33～35 cm。繁殖力较强，每胎产仔6～8只，初生仔重40～50 g，母性好，泌乳力强，40 d断乳个体重400～500 g，5～6月龄体重可达2.5 kg。

美系獭兔最大特点是毛皮品质好，被毛密度大，粗毛率低，平整度高，但对饲养管理要求较高，粗放饲养退化较严重。

2. 德系獭兔 1997年，北京万山公司从德国引进德系獭兔。该兔体型大，头大嘴圆，耳厚而大，被毛丰厚、平整、弹性好。全身结构匀称，四肢粗壮有力。成年兔体重4.5 kg左右。成年公兔体长47.3 cm，母兔48 cm；成年公兔胸围31.1 cm，母兔30.93 cm。每胎平均产仔6.8只，初生个体重54.7 g，平均妊娠期为32 d。早期生长速度较快，6月龄平均体重可达4.1 kg。但该兔繁殖力比美系獭兔略低。

3. 法系獭兔 1998年，山东省荣成玉兔牧业公司从法国引进法系獭兔。该兔体型较大，头圆颈粗，嘴呈钝形，肉髯不明显，耳短而厚，呈V形上举，眉须弯曲，被毛浓密，平整度好，粗毛率低，毛纤维长1.55～1.90 cm。毛色以白色、黑色和蓝色为主。体尺较长，胸宽深，背宽平，四肢粗壮。成年兔体重4.5 kg。年产4～6窝，每胎平均产仔7.16只，初生个体重约52 g。生长发育快，32日龄断乳体重640 g，3月龄体重2.3 kg，6月龄体重3.65 kg。该兔皮毛品质较好，但对饲料营养要求高，不适宜粗放饲养管理。

三、毛用品种

长毛兔是我国人民对毛用兔的俗称，世界上统称为"安哥拉兔"。世界各国的长毛兔属于同一个品种。当长毛兔传入法国、美国、德国、日本等国家后，经各国养兔界的选育而形成了不同品系。它们不仅在体型和外貌上各具特点，而且在毛色上也由单一白色而变得丰富多彩，但是长毛兔最为普遍的毛色是白色。在长毛兔的被毛中可以分为细毛、粗毛和两型毛3种毛纤维。习惯上，把被毛中的粗毛率在10%以下的长毛兔类群称之为细毛型长毛兔，粗毛率高于10%的称为粗毛型长毛兔。

(一) 细毛型长毛兔

1. 德系安哥拉兔 德系安哥拉兔的体型较大，体躯略长且宽，呈圆柱形。头宽且较短，两耳竖立。头部和耳部被毛的覆盖情况很不一致，有的面部和耳部无长毛；有的在面部和耳背均无长毛，而耳尖却有一撮长毛，俗称"一撮毛"；有的在额部、颊部和耳朵上的长毛都较茂密，俗称"全耳毛"；有的只有少量额毛和颊毛，耳只在上缘的半边有毛，俗称"半耳毛"。这几种类型中以"一撮毛"较为多见。该兔的最大特点是全身的被毛密度大，腹部的毛长而密，四肢毛和脚毛都非常茂密。

德系安哥拉兔1岁以上的兔体重可达5.5 kg以上。被毛有毛丛结构，细毛含量高达95%，养毛期3个月，特级毛含量可达65%～75%。毛纤维有波浪形弯曲。毛品质好，被毛结块率低。在我国，成年兔年产毛量一般在800～1 000 g。繁殖力强，平均每胎可产仔6只，最高可达12只，乳头平均8个，多的可达10只。体质结实，发育良好。我国从1978年起陆续从德国引入德系安哥拉兔。

2. 中系安哥拉兔 俗称全耳毛兔，是由英系和法系安哥拉兔杂交，其中又掺入各饲养地白兔的血统，经过不断选育而形成的。这种兔的头宽且短，耳中等长，稍向两侧开张，整个耳背及耳端密生细长绒毛，飘出耳外。额毛、颊毛异常茂密，额毛向两侧延伸可抵眼角，再加上茂密的颊毛，使头部显得扁平，从侧面往往看不到眼睛，从正面看，只见绒毛一团，形似狮子头。脚毛也很茂密，形似老虎爪。所以，全耳毛、狮子头、老虎爪成了中系安哥拉兔的主要外形特点。

中系安哥拉兔成年兔体重一般为2.5～3.0 kg，成年兔年产毛量370 g，最高可达500 g。产仔力强，平均每窝可产7.5只，高的可达11只。中系安哥拉兔体型较小，毛密度较差，产毛量较低，毛丛结构差，被毛容易缠结，加之体质稍弱，抗病力较差。

(二) 粗毛型长毛兔

1. 法系安哥拉兔 法系安哥拉兔体型大，体躯中等长，胸部发育良好，后躯丰满。从侧面看，呈明显的椭圆形；从上面俯视，呈长方形。头也呈椭圆形，有少量颊毛。耳朵较长，竖立于头顶；耳壳光滑无毛，间或在耳尖上有少量簇生绒毛。四肢略粗壮，没有长毛。

法系安哥拉兔成年体重达3.4～4.8 kg。被毛密度较小，但粗毛含量高，粗毛率可达20%以上；根据法国的资料，该兔的平均年产毛量目前已达1 000 g以上。这里需要指出的是，在法国是用拔毛方法采集法系安哥拉兔的兔毛的。

2. 我国自己培育的粗毛型长毛兔 我国的家兔育种者在20世纪80年代和90年代为了适应市场对粗毛型长毛兔的要求，许多地方先后培育出了具有各自特点的粗毛型长毛兔，其中影响较大的有以下几个：

(1) 浙系粗毛型长毛兔：浙江省农业科学院联合浙江省嵊州长毛兔研究所和浙江省新昌长毛兔研究所以及浙江省上虞市畜产公司自1987年开始培育，于1993年育成。浙系粗毛型长毛兔的体型较大，11月龄时的平均体重为4.02 kg；在剪毛的情况下，平均年产毛量959 g，粗毛率达15.94%；繁殖性能较好，平均产仔数7.3只，平均产活仔数6.8只。

(2) 苏Ⅰ系粗毛型长毛兔：江苏省农业科学院自1988开始培育，于1995年育成。苏Ⅰ系粗毛型长毛兔的体型大，11月龄时的平均体重为4.51 kg；在剪毛的情况下，平均年产毛量898 g，粗毛率达15.71%；繁殖性能好，平均产仔7.1只，平均产活仔数6.8只。

(3) 皖Ⅲ系粗毛型长毛兔：安徽省农业科学院在1982年开始培育，1991年育成了皖Ⅱ系粗毛型长毛兔，又经过5个世代的继代选育，于1995年育成了皖Ⅲ系粗毛型长毛兔。皖Ⅲ系粗毛型长毛兔的体型较大，11月龄的平均体重达4.1 kg。体躯发育良好，前胸宽阔，骨骼较粗壮，额部、颊部和耳背的绒毛覆盖情况不一致，耳毛以"一撮毛"的偏多。在剪毛情况下，平均年产毛量为 1 013 g，被毛粗毛率在 11 月龄时达 15.14%。繁殖性能较好，平均每胎产仔 7.1 只，平均产活仔 6.6 只。

四、兼用品种

1. 日本大耳白兔 日本大耳白兔又称日本白兔、大白兔。原产于日本，是以中国白兔和日本兔杂交选育而成的皮肉兼用兔。日本大耳白兔分大、中、小 3 个类型，大型兔体重 5.0~6.0 kg，中型兔体重 3.0~4.0 kg，小型兔体重 2.0~2.5 kg。我国引进的大多数是中型兔。中型兔体型较大而窄长，头偏小，两耳长大直立，耳根细，耳端略尖，形似柳叶，耳上血管网明显。额宽、面丰、颈粗，母兔颈下有肉髯，被毛纯白、浓密柔软，眼粉红，前肢较细，皮板面积较大、质地良好。1 年能繁殖 4 胎，多至 5~6 胎，每胎产仔 8~10 只，最高达 16 只。初生仔兔平均重 60 g，母兔的母性强，母兔泌乳量大，仔兔、幼兔阶段生长速度较快，2 月龄幼兔体重一般可达 1.4 kg，3 月龄达 2 kg 以上，7 月龄 4 kg。成年兔体重 4~5 kg。适应性强，较耐粗饲，耐寒。

2. 青紫蓝兔 原产于法国，被毛浓密且具光泽，呈胡麻色并夹杂全黑和全白的针毛，耳尖与耳背呈黑色，眼圈与尾底为白色，腹部淡灰到灰白色，每根毛纤维由基部到毛尖依次呈深灰色、乳白色、珠灰色、白色和黑色 5 种颜色，风吹被毛时呈漩涡状，形似花朵，眼为茶褐色或蓝色。青紫蓝兔现有 3 个类型，分别为标准型、美国型和巨型。标准型成年体重 3~3.5 kg，美国型成年体重 4.5~5 kg，巨型兔偏向肉用型，成年体重 6~7 kg；平均每胎产仔 7~8 只，仔兔初生重 50~60 g，3 月龄体重达 2~2.5 kg。我国引进青紫蓝兔较早，现全国各地均有饲养，尤以标准型和美国型较为普遍。该兔具有毛皮品质好、适应性强、繁殖力强、哺育力强、肉质好等优点，适应我国的饲养条件，其不足是生长速度缓慢。

3. 丹麦白兔 原产于丹麦，被毛纯白，柔软紧密，眼红色，头清秀，耳较小、宽厚而直立，口鼻端钝圆，额宽而隆起，颈粗短，背腰宽平，臀部丰满，体型匀称，肌肉发达，四肢较细。母兔颌下有肉髯。仔兔初生重 45~50 g，6 周龄体重达 1.0~1.2 kg，3 月龄体重 2.0~2.3 kg，产肉性能较好，屠宰率 53% 左右。成年母兔体重 4.0~4.5 kg，公兔 3.5~4.4 kg。繁殖力强，平均每胎产仔 7~8 只，母兔性情温驯，泌乳性能好。适应性强，抗病力强，体质健壮。

4. 福建黄兔 该兔为小型肉皮兼用型地方品种，因毛色独特、肉质优良、素有"药膳兔"之称。该兔体型较小，全身被毛为黄色，背毛粗而短，从下颌至腹部到胯部呈白色带状延伸。头大小适中，公兔略显粗大，母兔头较清秀。两耳厚短、直立，耳端钝圆，虹膜呈棕褐色。胸部宽深，背腰平直，后躯较丰满，腹部紧凑，四肢强健。母兔乳头 4~5 对，以 4 对为多。成年体重公兔 2.75~2.95 kg，母兔 2.80~3.00 kg，30 日龄体重 491.7 g，70 日龄体重 1 028.4 g，3 月龄体重 1 767.2 g。120 日龄全净膛屠宰率 48.5%~51.5%。105~120 日龄、体重 2 kg 即可初配。母兔一般年产 5~6 胎，窝产仔数 7.7 只，窝产活仔数 7.3 只。该兔耐粗饲、抗病力强，适于野外和平地放养。

5. 四川白兔 该兔是小型肉皮兼用型地方品种，俗称菜兔。体型小，体躯紧凑。头清秀，嘴较尖，无肉髯。眼红色，两耳短小、厚而直立，耳长 10 cm 左右，耳宽 5.6 cm，耳厚 1.1 mm。被毛优良，短而紧密。毛色多数纯白，也有少数胡麻色、黑色、黄色、黑白花色的个体。背腰平直、较窄，腹部紧凑，臀部欠丰满。乳头一般为 4 对，成年兔体重 2.5~3.0 kg，体长 40.4 cm，胸围 26.7 cm。110~120 日龄屠宰，平均体重 1.58~1.77 kg，全净膛屠宰率 51%~54%。性成熟早，母兔 4~4.5 月龄、公兔 5~5.5 月龄初配。母兔最多的一年产仔可达 7 胎，窝产仔数 5~8 只，平均 6.5 只，最多的一胎产仔 11 只。该兔适应性、繁殖力和抗病力均较强，耐粗饲。

6. 万载兔 该兔是小型肉皮兼用型地方品种，俗称火兔（黑兔）或木兔（麻色），原产于江西省万载地区，毛色以黑为主，体型大的称为"木兔"，又名四季兔，毛色为麻色。万载兔头大小适中、清秀，嘴尖，耳小而竖立，且有毛，眼为蓝色，背腰平直，腹部紧凑，四肢发育良好，尾短。毛粗而短，着生紧密。乳头4对，少数5对。黑兔成年体重为1.75～2.25 kg，麻兔为2.0～2.5 kg，体长38～50 cm，胸围25～34 cm。6月龄全净膛屠宰率44%左右。8月龄半净膛屠宰率为62.5%。性成熟期为100～120日龄，初配日龄为145～160。母兔年产仔5～6胎，每胎平均产仔7～8只。该兔具有耐粗饲、抗病力强、胎产仔数多，对我国南方亚热带温湿气候适应性强等优良特性。

7. 云南花兔 该兔是小型肉皮兼用型地方品种，又称曲靖兔。躯小而紧凑，头较小，嘴尖，无肉髯，耳短而直立，耳长7～10 cm，耳宽4～6 cm，耳厚0.10～0.15 cm。具有多种毛色，毛绒细密，毛色以白色为主，其次为灰色、黑色、黑白杂花，少数为麻色、草黄色或麻黄色。被毛白色兔的眼球为红色，其他毛色兔的眼球为蓝色或黑色。腰短，臀部略下垂、尖削，腹部大小适中，四肢粗短、健壮。成年兔体重为2 kg左右。8月龄的半净膛屠宰率为58.7%，1岁龄的半净膛屠宰率为62.2%。公兔一般在6～7月龄、体重达1.4～1.5 kg时开始配种，母兔在5～6月龄、体重达1.3～1.4 kg时开始配种，年产仔7～8胎，平均窝产仔数5只，断乳成活率在90%以上。该兔适应性强，抗病力强。

8. 九嶷山兔 该兔属小型肉皮兼用型地方品种，原名宁远兔，当地俗称为山兔。被毛短而密，以纯白毛、纯灰毛居多，其他毛色（黑、黄、花）很少。体躯较小，结构紧凑，头呈纺锤形；眼中等大，白毛兔眼球为红色，灰毛兔和其他毛色兔的眼球为黑色；两耳直立，厚薄长短适中，耳毛短而稀；背腰平直，肌肉较丰满；腹部紧凑而有弹性；臀部较窄，肌肉欠发达；四肢端正，强壮有力，足底毛发达。乳头4～5对，以4对居多。成年公兔体重2.68 kg，母兔2.95 kg。13周龄体重1.62 kg，90日龄全净膛屠宰率50%左右。一般母兔21周龄、体重达2.2 kg以上，公兔22周龄、体重2.3 kg以上可以配种繁殖。平均年产7胎，窝产仔数7.3只，窝产活仔数7.7只，断乳成活率96.7%。该兔具有耐粗饲，抗病力强，繁殖快，肉质鲜美，易管理等特点。

9. 闽西南黑兔 闽西南黑兔属小型肉皮兼用型地方品种，原名福建黑兔，体躯较小，头部清秀，两耳直立厚短，眼大、圆睁有神，眼结膜为暗蓝色。背腰平直，腹部紧凑，臀部欠丰满，四肢健壮有力。绝大多数闽西南黑兔全身披深黑色粗短毛，乌黑发亮，脚底毛呈灰白色，少数个体在鼻端或额部有点状或条状白毛。乳头4～5对。在闽西南黑兔白色皮肤上带有不规则的黑色斑块。成年公母平均体重2.2～2.3 kg，体长36.0～45.0 cm，胸围26.9～28.9 cm，耳长9.4～11.3 cm。13周龄体重公兔1.2 kg，母兔1.2 kg。90～120日龄全净膛屠宰率43%～48%。公兔5.5～6.0月龄、母兔5.0～5.5月龄适配。经产母兔年产5～6胎，窝产仔数5.9只，窝产活仔数5.7只。该兔具有适应性强、耐粗饲、胴体品质好及风味好等优良特性。

第四节　家兔的饲养管理

饲养管理是养好家兔获取高产优质兔产品的关键。要养好家兔，必须采用科学的饲养管理技术。

一、家兔饲养管理的一般原则

（一）家兔饲养的一般原则

1. 以青粗饲料为主，精料为辅 家兔是草食性动物，故应以喂草为主。家兔每天能采食占自身质量10%~30%的青粗饲料，但要想养好兔，并获得理想的饲养效果，还必须科学地补充精料，同时补充维生素和矿物质等营养物质，否则达不到高产的要求。

2. 合理搭配，饲料多样化 家兔的饲料应由多种饲料原料组成，并根据不同饲料原料所含的养分进行合理搭配，取长补短，使饲料营养趋于全面、平衡，这样才能满足各种类型兔对营养物质的需要。

3. 讲究饲喂技术 家兔的饲喂方法有分次饲喂、自由采食和混合饲喂3种。混合饲喂是将家兔的饲料分成两部分，一部分是青绿饲料和粗饲料采用自由采食的方法；另一部分是混合精料、颗粒饲料和块根块、茎类，采用分次饲喂的方法。我国农村养兔普遍采用混合饲喂的方法。

根据家兔的采食习性，在饲喂时要做到少给勤添，不要堆草堆料；在以喂鲜青料为主适当补喂精料时，每天至少要饲喂5次，即2次精料和3次鲜青绿饲料。

由于喂给家兔颗粒饲料有很多好处，因此在家兔生产中应大力推广颗粒饲料；在加工颗粒饲料前，粗饲料粉碎不能过细，加工后颗粒饲料的直径为3~5 mm，长度为6~10 mm即可。

4. 晚上应添足夜草 家兔为夜行性动物，夜间的采食量和饮水量大于白天，因此晚上应给兔多添加饲草，以供夜间采食。

5. 更换饲料时要逐渐增减 一年之中饲草和饲料来源总在发生变化，在更换饲料时，新用的饲料量要逐渐增加，如突然改变饲料，往往会引起采食量下降，严重时拒绝采食或导致消化道疾病。

6. 供足饮水 家兔每天的需水量一般为采食干料量的2~3倍。在饲喂颗粒饲料时，中、小型兔每天每只需水量为300~400 mL，大型兔为400~500 mL。家兔的饮水必须新鲜清洁，最好饮温水，不能喂冰水。理想的饮水方法是通过自动饮水器饮水；采用定时饮水方法时，应每天饮水2次以上，夏季应增饮1次。

7. 切实注意饲料品质，认真做好饲料调制 在养兔生产中，要注意饲料品质，做到十不喂：带露水的草不喂，腐烂变质的饲料和饲草不喂，带泥土的草和料不喂，带虫卵和被粪便污染的饲草和饲料不喂，有异味的饲料不喂，有毒的草不喂，带有农药的草和料不喂，被化学药剂污染的草和料不喂，冰冻的饲料不喂，水洗后和雨后的饲料不能马上喂。同时，要按各种饲料的不同特点进行合理调制，做到洗净、切碎、煮熟、调匀、晾干，以提高饲料转化率，增进食欲，促进消化，并达到防病目的。

（二）家兔管理的一般原则

1. 做好卫生，保持干燥 家兔是喜清洁爱干燥的动物。兔笼兔舍必须坚持每天打扫，及时清除粪便，垫草要勤换，保持清洁干燥。饲喂用具和笼底板等要勤刷洗并定期消毒。

2. 保持安静，防止惊扰 家兔的听觉灵敏，胆小怕惊，一旦有突然的声响或有陌生的人或动物出现，则立即惊慌不安，在笼内乱窜乱跳，并常以后脚猛力拍击笼底板，发出响亮的声音，从而引起更多兔的惊恐不安，这对兔的配种、分娩和哺乳等影响很大。因此，在日常饲养管理操作时动作要轻，应尽量保持兔舍内外的安静；同时要注意防御犬、猫、鼠、蛇等敌害的侵袭，并防止陌生人突然闯入兔舍。

3. 分笼分群饲养管理 养兔场（户）应根据兔的品种、生产目的及方式、年龄和性别等对兔实行分群管理。对种公兔和繁殖母兔，必须实行单笼饲养，繁殖母兔笼应有产仔室或用产仔箱，幼兔可根据日龄、体重分群饲养，青年兔应公、母分笼群养或单笼饲养，而产毛兔必须单笼饲养。

4. 加强运动，增强体质 笼养兔每周应放出自由运动1~2次，每次运动1 h。放出运动时，应将公、母兔分开，避免混交乱配。

5. 每天仔细观察兔群 每天应观察粪便量的变化、精神状态、鼻孔的干洁情况和毛皮

6. 经常检查牙齿和足底 应及时发现、淘汰牙齿畸形兔。笼养兔常发生脚皮炎，故必须经常检查足底，维修笼具，尽量防止脚皮炎的发生。

7. 夏季防暑，冬季防寒，雨季防潮 尽量为家兔创造冬暖夏凉的环境条件。雨季湿度大，气候潮湿，所以应特别注意保持舍内干燥。连续阴雨，舍内太潮湿时，可撒生石灰或干草木灰吸潮，尽量保持舍内干燥。

二、家兔的日常管理技术

1. 捉兔方法 捕捉家兔正确的方法是先用手顺毛抚摸兔体，待兔不感惊恐时，以一手抓住双耳和颈皮轻轻提起，另一手立即托住兔的臀部，并使兔的体重主要落在托臀的手上，这样既不伤害兔，兔也不会抓伤人。

2. 年龄鉴别 家兔的门齿和爪随年龄的增长而增长，是鉴别家兔年龄的主要根据。青年兔的门齿洁白短小，排列整齐；老年兔的门齿黄暗、长而厚，排列不整齐，有时有破损。从兔的趾爪颜色和形状来看，白色兔在仔幼兔阶段，爪呈肉红色，尖端略发白；1岁时爪的肉红色和白色长度几近相等；1岁以下红色长于白色，1岁以上白色长于红色。有色家兔的年龄可根据爪的长度和弯曲状况来鉴别，青年兔的爪较短且平直，隐在毛中，随着年龄的增长，爪渐渐露出脚毛以外，露出爪越长则年龄越大，同时随着年龄的增长，其爪也越弯曲。白色兔的爪与有色兔相同，爪越长越弯曲则年龄越大。

此外，兔的眼神和皮肤的松紧厚薄也可用作鉴别兔年龄的依据。青年兔的皮薄而紧，眼明亮有神，行动活泼；而老年兔则眼神发滞，行动迟缓，其皮厚而松。对兔的年龄，只能是大概进行鉴别，较难做到准确鉴定。如要做到准确，最好是采用编刺耳号和做好记录的方法。

3. 性别鉴定 成年公、母兔的性别鉴定很容易，公兔的鼠蹊部有1对明显的阴囊下垂，母兔则无；大中型母兔均有肉髯，公兔则无。幼兔的性别鉴定比较容易，方法是用一只手抓住兔的双耳和颈皮，另一只手托住臀部，并以食指和中指夹住尾根，用拇指在外生殖器前向前推压，使外生殖器开口外露，其外生殖器为圆柱形，开口孔呈圆形者为公兔；距肛门很近，形似r者为母兔。青年兔和成年兔也可用此法鉴别公母。对仔兔，可通过观察其阴部的孔洞形状以及与肛门之间的距离加以鉴别。孔洞呈r形而略大，与肛门距离较近者为母兔；孔洞呈圆形并略小于肛门，与肛门距离较远者为公兔。

4. 编号 编刺耳号在仔兔断乳时或断乳前进行，这样才不至于在断乳后因公母分笼或不同窝的仔兔并笼而将血统搞乱。一般采用单耳编号法，刺号前，先以酒精棉球消毒兔耳刺号部位，然后用力握钳柄即可刺上号，再用毛笔蘸取墨汁涂擦，并用手揉搓几下兔耳壳，使墨汁充分渗入所刺的字眼即可。若无专用耳号钳，可用注射针头或蘸水笔蘸墨汁扎刺，效果相同。

5. 采毛 采用的方法主要有梳毛、剪毛和拔毛3种。

（1）梳毛：梳毛的目的一是防止兔毛缠结，提高兔毛品质；二是积少成多收集兔毛。仔兔断乳后即应开始梳毛，以后每隔10~15 d梳毛1次。成年兔在每次采毛后的第2个月即应梳毛，每10 d左右梳理1次，直至下次采毛。多用金属或黄杨木木梳梳毛。梳毛顺序为顺毛方向，由上而下。结块毛应先用手指慢慢撕开后再梳理；如难撕开时，则可剪掉。

（2）剪毛：幼兔第1次剪毛在8周龄，以后同成年兔。成年兔剪毛次数应根据市场要求进行，一般每年剪毛4~5次。剪毛一般用专用剪毛剪，也可用电动剪毛机或裁衣剪。剪毛时，先将兔背脊的毛左右分开，使其呈一条直线。剪下的兔毛应毛丝方向一致，按长度、色泽及优劣程度分别装箱。剪下的毛如不能及时出售，应在箱内撒一些樟脑粉或放些樟脑块，以防虫蛀。剪毛时应防止剪伤皮肤、剪二刀毛（重剪毛）、剪破母兔的乳房和公兔的阴囊，临近分娩的母兔暂不剪胸毛和腹毛。

（3）拔毛或拉毛：拔长留短法适于寒冷或换毛季节，每隔30～40 d拔1次；也有在温暖季节采用全部拔光法的，每隔70～90 d拔毛1次。拔毛操作时，先用梳子梳理被毛；用左手固定家兔，右手拇指将毛按在食指上，均匀用力一小撮一小撮地拔取长毛，也可用右手拇指将长毛压在梳子上拔取小束长毛；体质壮的青年兔即使是全部拔光时，也要保留头、脚、尾和四肢软裆处的毛。拔毛时应注意：第1次和第2次采毛不宜采用拔毛法。同时，妊娠、哺乳母兔、配种期的公兔、被毛密度较大的兔种不宜采用拔毛法。

三、不同生理状态家兔的饲养管理

（一）种公兔的饲养管理

1. 种公兔的饲养　种公兔应体质健壮，发育良好，性欲旺盛，精液品质优良。对种公兔应自幼进行选择和培育。种公兔的配种受精能力取决于精液品质，这与营养的供给有密切关系，特别是蛋白质、矿物质和维生素等营养物质。因此，种公兔的饲料必需营养全面，长期稳定。对于集中使用的种公兔，应注意提前1个月调整饲料配方，提高饲料的营养水平；在配种期间，也要相应增加饲料喂量。同时，应根据种公兔的配种强度，适当增加动物性饲料，以达到改善精液品质、提高受胎率的目的。

2. 种公兔的管理　对种公兔的管理应注意以下几点：

（1）幼龄种公兔的选育：3月龄时即应单笼饲养，严防早交乱配。不留作种用的公兔要去势；留作种用的公兔和母兔要分笼饲养。

（2）适时配种：青年公兔应适时初配。一般大型品种兔的初配年龄为8～10月龄，中型品种兔为5～7月龄，小型品种兔为4～5月龄。

（3）运动：种公兔应每天放出运动1～2 h，经常晒太阳对预防球虫病和软骨症都有良好作用。但夏季运动时，不要把兔放在直射的阳光下，对长毛兔更应注意。

（4）笼舍：种公兔的笼舍应保持清洁干燥，并经常洗刷消毒。

（5）种公兔饲养：应单笼饲养，一兔一笼，以防互相殴斗；公兔笼和母兔笼要保持较远的距离，避免由于异性刺激而影响公兔性欲。

（6）种公兔舍温度：最好保持在5～25 ℃，过热过冷都对公兔性机能有不良影响。

（7）合理利用种公兔：对种公兔一般每天使用2次，连续使用2～3 d后休息1 d。对初配公兔，应每隔1 d使用1次。如公兔出现消瘦现象，应停止配种1个月，待其体力和精液品质恢复后再参加配种。但长期不使用种公兔配种，容易造成过肥，性欲降低，精液品质变差。

（8）种公兔配种：在换毛期内不宜配种，此时配种会影响兔体健康和受胎率。

（9）做好配种记录：以便观察每只公兔的配种性能和后代品种，利于选种选配。

（二）母兔的饲养管理

母兔的饲养管理是一项细致而复杂的工作。成年母兔在空怀、妊娠和哺乳3个阶段的生理状态有着很大的差异。因此，在母兔的饲养管理上，要根据各阶段的特点，采取相应的措施。

1. 空怀母兔的饲养管理　母兔的空怀期是指仔兔断乳到重新配种妊娠的一段时期。母兔的空怀期长短取决于繁殖制度，在采用频密繁殖和半频密繁殖制度时，母兔的空怀期几乎不存在或者极短，一般按哺乳母兔对待；而采用分散式繁殖制度的母兔，则有一定空怀期。

空怀期的母兔，由于在哺乳期间消耗了大量养分，体质比较瘦弱，需要供给充足的营养物质来恢复体质，迎接下一个妊娠期。因此，在这个时期，应喂给母兔富含蛋白质、维生素和矿物质的饲料，以促使母兔正常发情排卵，并再配种受胎。对空怀期母兔也应实行限制饲养，以防过于肥胖；但也不能使母兔过瘦，母兔过于消瘦也会造成发情和排卵不正常。为了提高空怀母兔的营养供给，在配种前半个月左右就应按妊娠母兔的营养标准饲喂。长毛兔在配种前应提前剪毛。

2. 妊娠母兔的饲养管理 母兔自配种怀胎到分娩的这一段时期称妊娠期。

（1）加强营养：妊娠母兔所需的营养物质以蛋白质、维生素和矿物质最为重要。因此，母兔在妊娠期间，特别是妊娠后期，对营养物质的需要量急剧增加。母兔在妊娠期应给予营养价值较高的饲料，其中富含蛋白质、维生素和矿物质，并逐渐增加饲喂量，直到临产前3 d才减少精料量，但要多喂优质青绿饲料。

（2）做好护理，防止流产：母兔的流产，大都在妊娠15～20 d发生。为了防止母兔流产，在护理上应做到不无故捕捉妊娠母兔；保持舍内安静，不使之惊扰，禁止突然声响；笼舍要保持清洁干燥，防止潮湿污秽；严禁喂给发霉变质饲料和有毒青草等；冬季应饮温水；摸胎时，动作要轻柔，不能粗暴，已断定受胎后，就不要再触动腹部；毛用兔在妊娠期特别是妊娠后期，应禁止采毛。

（3）做好产前准备工作：在预产前3 d将产仔箱放入母兔笼内，箱内垫放柔软的干草，让母兔熟悉环境并拉毛做巢。产仔箱事先要清洗消毒，消除异味。产期要设专人值班，冬季要注意保温，夏季要注意防暑。供水要充足，水中加些食盐和红糖。

3. 哺乳母兔的饲养管理 从母兔分娩至仔兔断乳这段时期为哺乳期。此期要给哺乳母兔饲喂营养全面、新鲜优质、适口性好、易于消化吸收的饲料，在充分喂给优质精料的同时，还应喂给优质青绿饲料。哺乳母兔的饲料喂量要随着仔兔的生长发育不断增加，而且要富含蛋白质、维生素（特别是维生素A）和矿物质，这样才能满足母兔对各种营养物质的需要。并充分供给饮水，以满足泌乳的需要。直至仔兔断乳前1周左右，开始逐渐给母兔减料。

在管理上，对产前没有拉毛做巢的母兔，产后要人工辅助拉毛，将腹部的毛拉下供做窝用，并且拉毛可刺激母兔泌乳，使乳头裸露，以利于仔兔吮乳。母兔产后要及时清理巢箱，清除被污染的垫草和毛以及残剩的胎盘和死胎。以后每天都要清理笼舍，每周清理兔笼并更换垫草。每次饲喂前要刷洗饲喂用具，保持其清洁卫生。要经常检查母兔的泌乳情况并仔细检查其乳房和乳头，如发现乳房有硬块、乳头红肿，要及时进行治疗。当母兔哺乳时应保持安静，不要惊扰和吵嚷，以防影响哺乳。

（三）仔兔的饲养管理

从出生至断乳这段时期的小兔称仔兔。按照仔兔的生长发育特点，可将仔兔期分为2个不同的时期，即睡眠期和开眼期。

1. 睡眠期仔兔的饲养管理 仔兔从出生至睁眼这段时间称为睡眠期。睡眠期仔兔饲养管理的重点：

（1）早吃乳，吃足乳：初乳营养丰富，是仔兔出生后生长发育所需营养物质的直接来源，又能帮助排泄胎粪，因此应保证仔兔早吃乳、吃足乳，尤其要及时吃到初乳。在仔兔生后6 h内要检查母兔的哺乳情况，如发现仔兔未吃到乳，要及时让母兔喂乳。

仔兔生下后就会吃乳，母性好的母兔，会很快地哺喂仔兔；而且仔兔的代谢旺盛，吃下的乳汁大部分被消化吸收，很少有粪便排出来。因此，睡眠期的仔兔只要能吃饱、睡好，就能正常生长发育。吃饱的仔兔腹部圆胀，肤色红润，安睡不动。但在实践中，初生仔兔吃不到乳的现象常会发生，表现为在窝内乱爬，皮肤有皱褶，肤色灰暗，很不安静，饲养人员如以手触摸，仔兔头向上窜，并发出"吱吱"叫声。这时必须查明原因，针对具体情况，采取有效措施：

①强制哺乳（人工辅助哺乳）：对有些母性不强的母兔，特别是初产母兔必须进行强制哺乳。具体方法是将母兔固定在产仔箱内，使其保持安静，将仔兔分别放置在母兔的每个乳头旁，嘴顶母兔乳头，让其自由吮乳，强制哺乳4~5次，连续3~5 d，母兔便会自行哺乳。

②调整仔兔：在生产实践中，有的母兔产仔数过多，有的则产仔数少。这种情况下，可采用调整仔兔的方法让仔兔尽快吃到母乳。具体做法是：根据母兔的产仔数和泌乳情况，将窝中过多的仔兔调整给产仔数少的母兔代养，但两窝仔兔的产期要接近，最好不要超过2 d，即将两窝仔兔的产仔箱从母兔笼中取出，根据要调整的仔兔数和体型大小与强弱等，将其取出移放到带仔母兔的产仔箱内，使仔兔充分接触，经0.5~1 h后，再将产仔箱送回至母兔笼内。此时要注意观察，如母兔无咬仔或弃仔情况发生则为成功。此外，还应在被调整的仔兔身上涂些养母兔的尿液，令其气味一致，则更能获得满意的效果。

调整仔兔应在母兔产后3 d内进行，这就要求母兔配种做到同期化。同时，调整的数量不宜太多，要依据母兔的乳头数和泌乳量确定。

为了防止因调整仔兔而扰乱血统，可以给被调整仔兔身上做标记，白色兔可以在身上墨刺，深色兔可在耳根部穿一细线并系好。同时，要做好记录，尤其在种兔场更应注意。

③全窝寄养：母兔产后死亡，或者患乳房炎不能哺乳，或者良种母兔进行频密繁殖需另配保姆兔时，采用这种方法。寄养的方法和要求与调整仔兔相同。

④人工哺乳：需调整或寄养的仔兔找不到母兔代养时，可采用人工哺乳的方法。人工哺乳的工具有玻璃滴管、注射器、塑料眼药水瓶等，在管端接一乳胶管即可。使用前先消毒，可喂鲜牛乳、羊乳或炼乳（按说明稀释）。乳的浓度不宜过大，以防消化不良。一般最初可加入1~1.5倍的水，1周后加入1/3的水，半个月可喂全乳。喂前要煮沸消毒，待乳温降至37~38 ℃时喂给。每天喂给1~2次。喂时要耐心，哺喂的速度要与仔兔的吸吮动作合拍，不能滴得太快，以免误入气管而呛死，喂量以吃饱为限。

⑤防止吊乳：母兔在哺乳时突然跳出产仔箱并将仔兔带出的现象称为吊乳。主要原因是母乳不足或者母乳多仔兔也多时，仔兔吃不饱，吸着乳头不放；或者在哺乳时母兔受到惊吓而突然跳出产仔箱。被吊出的仔兔如不及时送回产仔箱，则很容易被冻死、踩死或饿死，所以在管理上应特别小心。实行母仔分养、定时哺乳的方法可从根本上解决吊乳发生。

（2）认真做好管理工作：做好仔兔的管理工作一般应注意以下几点：

①夏天防暑，冬天防寒：仔兔出生后体表无毛，没有任何体温调节能力，体温随着外界环境温度的变化而变化。因此，要注意仔兔的保温。如有条件，最好设立仔兔哺育室，使母仔兔分开，按时让母兔哺乳。

②预防鼠害：睡眠期内的仔兔最易遭受鼠害，因为这个时期的仔兔没有御敌能力，老鼠一旦进入兔舍，就会把全窝仔兔咬死甚至吃掉；而且在兔舍内灭鼠相当困难。有效的方法是处理好地面和下水道等，也可用母仔分养、定时哺乳的方法，减少鼠害的损失，即哺乳时把产仔箱放入母兔笼内，哺乳后再移到安全的地方。

③防止发生黄尿病：出生后1周内的仔兔容易发生黄尿病。其原因是患乳房炎的母兔乳汁中含有葡萄球菌，仔兔吃后便发生急性肠炎，尿液呈黄色，并排出腥臭而黄色的稀便，弄脏后躯，患兔体弱无力，皮肤灰白，无光泽，很快死亡。防止此病的方法主要是保证母兔健康无病。喂给母兔的饲料要清洁卫生，笼内通风干燥，经常检查母兔的乳房和仔兔的排泄情况。如发现母兔患乳房炎时，应立即采取治疗措施，并对其仔兔进行调整和寄养。若发现仔兔精神不振，粪便异常，也要立即采取防治措施。

④防止感染球虫病：携带有球虫的母兔或患有球虫病的母兔，球虫排出的毒素经血液循环至乳汁中，可使仔兔消化不良，腹泻，贫血，消瘦，死亡率很高。预防的方法主要是注意笼内清洁卫生，及时清理粪便，经常清洗或更换笼底板，并用阳光暴晒等方法杀死虫卵，同

时保持舍内通风，使球虫卵囊没有适宜条件孵化成熟，平时在饲料中经常添加一些抗球虫药。

⑤防止仔兔窒息或残疾：长毛兔产仔做窝拔下的细软长毛，受潮湿和挤压后就结毡成块，难以保温。另外，由于仔兔在产仔箱内爬动，容易将细毛拉长成线条，如线条缠结在仔兔颈部，就会使仔兔窒息而死，如缠结在腿腹部，便引起仔兔局部肿胀坏死而成残疾。因此，长毛兔拔下的营巢用毛，要及时收集起来，改用标准毛兔的被毛或其他保温材料垫窝。

⑥保持产仔箱内干燥与卫生：仔兔在开眼前，排粪排尿都在产仔箱内，时间一长箱内空气便会污浊，垫料潮湿，并会滋生大量致病菌，引起仔兔患病。所以，认真做好产仔箱内的清洁卫生工作，保持垫料干燥，也是提高仔兔成活率的措施之一。平时可在阳光下晒、消毒垫料，除去异味，或经常更换干燥清洁的垫料。

为了好管理，最好是将母仔分开，特别是在晚上，应将产仔箱放在安全的地方。实行母仔分养、定时哺乳可及时观察仔兔情况，确保母仔安静，便于给仔兔创造一个较高温的小环境，防止吊乳现象的发生；还有利于给仔兔单独补料，防止母仔争料；还可有效地防止鼠害。

采用母仔分养、定时哺乳的管理方法时，要注意定时、对号哺乳，产仔箱放置要有固定的顺序，以避免气味多变，母兔拒绝哺乳。最好每箱加盖编号，防止混箱，但需保证箱内冬暖夏凉。

2. 开眼期仔兔的饲养管理 从仔兔开眼到断乳这段时间称为开眼期。

（1）及时开眼：仔兔的开眼时间一般在出生后9～12 d，仔兔开眼的迟早与其发育有关，发育良好的仔兔，一般开眼早，延期开眼的仔兔体质往往较差，且易患病，故需加强护理。有的仔兔到12日龄还没有睁眼，这就要帮助其睁眼。

（2）及时补料：仔兔在16～18日龄即可开始补料。仔兔的补料方法有2种，一种是提高母兔的饲料量或品质，增加饲料槽，适用于母仔同笼饲养，共同采食的饲养方式。另一种是补给仔兔优质饲料，要求补给仔兔的饲料容易消化，富有营养，清洁卫生，适口性好，加工细致，同时在饲料中拌入矿物质、维生素、氯苯胍、洋葱、大蒜、橘叶等具有营养保健、消炎、杀菌、健胃的物质，以增强体质，减少疾病发生。仔兔胃小，在喂料时要少喂多餐，均匀饲喂，逐渐增加。一般每天应喂5～6次。在开食初期以吃母乳为主，补料为辅，到30日龄时，则逐渐过渡到以补料为主，母乳为辅，直至断乳。

（3）及时断乳：仔兔一般在35～45日龄时断乳。仔兔的断乳方法，要根据全窝仔兔体质的强弱而定。若全窝仔兔生长发育均匀，体质强壮，可采取一次断乳法；如果全窝仔兔体质强弱不一，生长发育不均匀，可采用分期分批断乳法。断乳母兔在2～3 d只喂给青粗饲料，停喂精料，以使其停乳。断乳时，最好采取捉走母兔、将仔兔留在兔笼内的方法，以防环境骤变，对仔兔不利。

（4）加强仔兔的管理：开眼的仔兔粪尿量增加。因此，要经常检查产仔箱，补充更换垫草，尤其在冬季更要注意补充干净干燥的垫草用来保温，夏季高温季节可以适当撤掉部分垫草和兔毛。仔兔刚开始采食时最好实行母仔分养的方法，并在仔兔饲料中定期添加氯苯胍。要经常检查仔兔的健康状况，如有腹泻或黄尿病情况发生，要查明原因，及时采取措施。

（四）幼兔和青年兔的饲养管理

1. 幼兔的饲养管理 幼兔是指断乳后到3月龄这一阶段的小兔。

（1）加强饲养：喂给幼兔的饲料要容积小，营养价值高，易消化，富含蛋白质、维生素和矿物质，而且粗纤维必须达到要求；否则，会发生排软便和腹泻并导致死亡。饲料一定要清洁、新鲜，一次饲喂量不易过大，应掌握少量多次的原则，饲喂量随年龄的增长而增加，防止料量突然增加或饲料突然改变。一般青绿饲料每天喂3次，精料每天喂2次。

(2) 做好管理工作：幼兔应按体质强弱、日龄大小进行分群，笼养时每笼以 4~5 只为宜，群养时可 8~10 只组成小群。断乳时要进行第 1 次鉴定、打耳号、称重、分群等工作，并登记在幼兔生长发育卡上。要加强幼兔的运动。笼养的长毛幼兔每天可放出运动 2~3 h，肉皮用幼兔可集群放养。幼兔放养时，要有专人管理，防止互斗、兽害和逃跑。仔兔断乳后即开始换毛，喂料量应相应增加。毛幼兔 2 月龄时要把毛全部剪掉，以促进其生长发育。剪毛后的幼兔，要加强护理，特别是对体弱的兔要精心喂养，注意防寒保温；否则，很容易引起呼吸道和消化道疾病而死亡。为了防止感染球虫病，应在断乳转群时，在饲料中投放一些防治球虫病的药物。为了及时掌握兔群的发育情况，要定期称重，发育良好的兔在 3 月龄可转入种兔群，发育差的兔可转入繁殖群和生产群。做好环境卫生工作，保持兔舍内清洁干燥、通风，定期进行消毒。要经常观察兔群健康情况，发现病兔，应及时采取措施，进行隔离观察和治疗。

2. 青年兔的饲养管理 青年兔是指从 3 月龄到初次配种这一时期的兔，又称育成兔。青年兔对粗饲料的消化能力和抗病力增强，应以青粗饲料为主，适当补给精料。一般在 4 月龄之内喂料不限量，使之吃饱吃好，5 月龄以后，适当控制精料，防止过肥。在管理上要及时分群饲养，为了防止早配、乱配，必须把公、母兔分开饲养。到 4 月龄后进行一次配种前的选种工作，把生长发育好、体质健壮、符合种兔要求的留作种用，并实行单笼饲养，加强培育。不符合种用的肉皮兔，如需继续饲养，可将公兔去势育肥，达到上市标准即可出售。皮用兔宜养至毛皮成熟时屠宰或出售。品质很差的毛用兔应淘汰，较好的留养产毛，但需单笼饲养，以便提高兔毛品质。另外，要加强运动，增强体质，注意清洁卫生，做好防病工作。

第五节 养兔设备与工厂化养兔

一、兔舍设计和建筑

(一) 兔舍建筑和设计的一般要求

1. 符合家兔的生物学特性 兔舍的设计要符合家兔的生物学特性，有利于环境控制，有利于家兔生产性能和产品品质的提高，有利于卫生防疫，便于饲养管理和提高劳动效率。

2. 兔舍的形式、结构、内部布置 必须符合不同类型和不同用途家兔的饲养管理及卫生防疫要求，也必须与不同的地理条件相适应。

3. 兔舍建筑材料 兔笼材料要坚固耐用，防止被兔啃咬损坏；兔舍应有防止家兔打洞逃跑的相应设计。

4. 环境要求 家兔胆小怕惊，抗兽害能力差，怕热，怕潮湿。因此，兔舍要有相应的防雨、防潮、防暑降温、防兽害及防严寒等设施。

5. 地面 兔舍地面要求平整、坚实，能防潮，舍内地面要高于舍外地面 20~25 cm，舍内走道两侧要有坡面，以免水及尿液滞留在走道上；室内墙壁、水泥预制板、兔笼的内壁、承粪板的承粪面要求平整光滑，易于消除污垢，易于清洗消毒。

6. 采光与门窗 兔舍窗户的采光面积为地面面积的 15%，阳光的入射角度不低于 25°。兔舍门要求结实、保温、防兽害，门的大小以方便饲料车和清粪车的出入为宜。

7. 排水 兔舍内要设置排水系统，排粪沟通往蓄粪池，还要有一定坡度，以便在打扫和用水冲刷时能将粪尿顺利排出舍外，也便于尿液随时排出舍外。

8. 防疫和消毒 在兔场和兔舍入口处应设置消毒池或消毒盘，并且要方便更换消毒液。

9. 通风 我国南方炎热地区多采用自然通风，北方寒冷地区在冬季采用机械强制通风。自然通风适用于小规模养兔场，机械通风适用于集约化程度较高的大型养兔场。

（二）兔舍建筑形式

我国地域辽阔，各地气候条件千差万别，兔舍建筑形式也各不相同。笼养是较理想的一种饲养方式，相对于其他几种饲养方式（如散养、圈养、窖养等），笼养更便于控制家兔的生活环境，便于饲养管理、配种繁殖及疾病防治，有利于家兔的生长发育和提高毛皮品质，因而是值得推广的一种饲养方式。在这里主要介绍以笼养为前提的几种常见兔舍建筑形式。

1. 室外单列式兔舍 这种兔舍实际上既是兔舍又是兔笼，是兔舍与兔笼的直接结合。因此，既要达到兔舍建筑的一般要求，又要符合兔笼的设计需要。兔笼正面朝南，兔舍采用砖混结构，为单坡式屋顶，前高后低，屋檐前长后短，屋顶采用水泥预制板或波形石棉瓦，兔笼后壁用砖砌成，并留有出粪口，承粪板为水泥预制板。为适应露天条件，兔舍地基宜高些，兔舍前后最好有树木遮阳。这种兔舍造价低，通风条件好，光照充足；缺点是不易挡风挡雨，冬季繁殖有困难。

2. 室外双列式兔舍 为两列兔笼面对面而列，2 列兔笼的后壁就是兔舍的两面墙体，2 列兔笼之间为走道，粪沟在兔舍的两面外侧，屋顶为双坡式或钟楼式，兔笼结构与室外单列式兔舍基本相同。与室外单列式兔舍相比，这种兔舍保暖性能较好，饲养人员可在室内操作，但缺少光照。

3. 室内单列式兔舍 这种兔舍四周有墙，南北墙有采光通风窗，屋顶形式不限，兔笼列于兔舍内的北面，笼门朝南，兔笼与南墙之间为工作走道，兔笼与北墙之间为清粪道，南北墙距地面 25 cm 处留有对应的通风孔。这种兔舍冬暖夏凉，通风良好，光线充足，缺点是兔舍利用率低。

4. 室内双列式兔舍 这种兔舍分为 2 种形式：一种是 2 列兔笼背靠背排列在兔舍中间，2 列兔笼之间为清粪沟，靠近南北墙各 1 条走道；另一种是 2 列兔笼面对面排列在兔舍两侧，2 列兔笼之间为走道，靠近南北墙各有 1 条清粪沟。同室内单列式兔舍一样，南北墙有采光通风窗，接近地面处留有通风孔。这种兔舍室内温度易于控制，通风透光良好，但朝北的一列兔笼光照、保暖条件较差。由于空间利用率高，饲养密度大，在冬季门窗紧闭时有害气体浓度也较高。

5. 室内多列式兔舍 室内多列式兔舍含有多种形式，如 4 列 3 层式、4 列阶梯式、4 列单层式、6 列单层式、8 列单层式等。结构与室内双列式兔舍大致相同，只是兔舍的跨度加大，一般为 8～12 m。这类兔舍的最大特点是空间利用率高，缺点是通风条件差，室内有害气体浓度高，湿度比较大，需要采用机械通风换气。

二、兔舍常用设备及用具

兔舍常用的设备及用具主要有兔笼、食槽、喂料车、饮水器、产仔箱等。

（一）兔笼

兔笼要符合家兔的生理要求，便于操作和清洁卫生，经久耐用，造价低廉。兔笼的大小一般以兔能在笼内自由活动为原则。大型品种兔、长毛兔、繁殖母兔、种公兔的兔笼宜大些，中小型品种兔、商品肉兔的兔笼则可小些。以中型品种兔为例，一般笼宽 70 cm，笼深 60 cm，笼高 45 cm。兔笼的大小还取决于兔笼形式及通风状况，固定式多层兔笼比单层兔笼要大一些，单层钢丝兔笼则小些。多层式兔笼的总高度不应过高，以方便饲养员喂料、喂水、捉兔、检查等操作为宜。

笼底板是兔笼最更要的部分。笼底板要便于家兔行走，厚薄要适中，并制成可拆卸的，以便定期取下清洗、消毒。笼底板可用竹片制作，每根竹片宽 2.5 cm 左右，竹片间距 1 cm，竹片方向应与笼门垂直。也可用其他材料（如木条、镀锌钢丝等）制作笼底板。不管用何种材料制作，笼底板表面一定要光滑，不能有毛刺或尖状物，漏缝间距不超过 1.3 cm。

笼门在多层兔笼的前面或单层兔笼的上方，开启方便。笼门可用竹片、木条、铁皮冲压废料、钢板网或铁丝网制成。笼门安装要紧闭灵活，笼门上的缝隙或网孔不宜太大，以防鼠害。

食槽、草架、饮水装置最好都安装在笼门外，尽量做到不开门喂食，以节省工时。

笼壁用竹片、木条、砖、钢丝或铁丝、铁皮冲压废料等制成。笼壁要平滑，以免造成兔的外伤或勾脱兔毛。用竹片制作时，光滑的一面向内，用砖砌时，需用水泥粉刷平整。

承粪板安装在笼底下面，一般用水泥制成。在多层兔笼中，则用底层兔笼的笼顶代替承粪板。承粪板前面应突出笼外 3～5 cm，后面伸出 5～10 cm，并且前高后低呈斜坡状。笼底板与承粪板之间的距离，前面为 15～20 cm，后面为 20～25 cm。多层式兔笼的底层兔笼与地面的距离为 30～40 cm。

支架：除砖石兔笼外，移动式兔笼均需一定材料为骨架。骨架可用角铁（35 cm×35 cm）、铁棍（直径 12 cm 以上）焊成，也可用竹棍、硬木制作。底层兔笼离地要稍高些，一般 30 cm 左右，层间距（笼底板与承粪板之间距离）前面为 14～20 cm，后面为 20～26 cm。

兔笼的形式多种多样。根据制作兔笼主体材料的不同，可分为竹制或木制兔笼、砖木混合结构兔笼、金属兔笼和塑料兔笼等；根据组装、拆卸及移动的方便程度不同，可分为活动式兔笼和固定式兔笼 2 种。常见的兔笼形式有：单层活动式兔笼、多层双联活动式兔笼、多层固定式兔笼、阶梯式组合金属兔笼、悬挂式（支架式）单层金属兔笼等。

（二）食槽

兔用食槽有很多种类型。有简易食槽，也有自动食槽。因制作材料不同，又有竹制食槽、陶制食槽、水泥食槽、铁皮食槽、塑料食槽之分。配置何种食槽，主要根据兔笼形式而定。

（三）喂料车

喂料车主要是大型兔场采用，用它装料喂兔，省工省时。喂料车一般用角铁制成框架，用镀锌铁皮制成箱体，在框架底部前后安装 4 个车轮。其中，前面 2 个为万向轮。

（四）饮水器

一般家庭养兔，可就地取材，用前面介绍的陶制食槽、水泥食槽作饮水器。这种饮水器价格低，易于清洗，但也容易被兔脚爪或粪尿污染，每天至少需要加 1 次水，比较费时费工。具有一定规模的养兔场大多采用专用饮水器。有储水瓶式饮水器、乳头式自动饮水器等。

（五）产仔箱

产仔箱又称巢箱，供母兔筑巢产仔用，也是 3 周龄前仔兔的主要生活场所。通常在母兔接近分娩时放入笼内或挂在笼外。产仔箱的制作材料有木板、纤维板、塑料等。常见的产仔箱有平口产仔箱、月牙状产仔箱和悬挂式产仔箱等。

三、工厂化养兔

工厂化养殖是一种集约化的高密度封闭养殖过程，是一种实用的典型畜牧业生产方式。最先开始开展工厂化养殖的是家禽养殖业，之后扩展到其他养殖业。工厂化养殖具备高效率和高效益的优点，已经成为世界通行的规模化和集约化养殖业的规范化养殖模式。工厂化养殖是一种"批次化"生产方式，遵循"全进全出"方针，所有的养殖操作都围绕"全进全出"进行，因此工厂化养殖也被称为"全进全出"系统。

（一）工厂化养兔的核心技术

工厂化养兔是系统工程，是众多技术的集成，其核心技术是"繁殖控制技术"和"人工授精技术"。

1. 繁殖控制技术　工厂化养兔对种公兔和种母兔的生理压力都比传统养兔要大得多。繁殖控制技术主要是针对种母兔采取的一系列生产操作，目标是让种母兔同期发情。所以，繁殖控制技术泛指应用物理和生化的技术手段促进母兔群同期发情的各项技术集成，主要包括"光照控制""饲喂控制""哺乳控制"和"激素应用"等。

（1）光照控制：从人工授精11 d后到下次人工授精前的6 d光照12 h，7：00～19：00；从人工授精前的6 d到人工授精后的11 d光照16 h，7：00～23：00。密闭兔舍方便进行光照控制，对开放兔舍需要采用遮黑挡光的方式以控制自然光照的影响。光照度在60～90 lx，要根据笼具类型灵活掌握，与金属笼具相比，透光较差的水泥笼具需要增加光照度。

（2）饲喂控制：对后备母兔首次人工授精操作时，在人工授精的前6 d开始，从限制饲喂模式转为自由采食模式，加大饲料的供给量，给所有后备母兔造成食物丰富的感觉，同样利于同期发情。对空怀母兔要采取限饲措施，在下一次人工授精之前的6 d起再自由采食，既能控制空怀母兔过肥，也能起到促发情效果。对后备母兔和空怀母兔限制饲喂，一般饲喂量为160～180 g，也要根据饲料营养浓度和季节灵活掌握，以保持母兔最佳生产性能为准。母兔促发情阶段和哺乳期间采取自由采食的方式。

（3）哺乳控制：哺乳控制是为了提高卵巢活力以提高生殖力和繁殖力。人工授精前的哺乳程序：人工授精之前36～48 h将母兔与仔兔隔离，停止哺乳，在人工授精时开始哺乳可提高受胎率。

（4）激素应用：在人工授精前48～50 h注射25 IU的孕马血清促性腺激素（PMSG），促进母兔发情。激素对促发情效果影响很大，进口激素质量好但成本高，国产激素质量不稳定，很容易产生抗体，造成繁殖障碍。如果光照控制和哺乳控制做得很好的话，可以达到同期发情的目的，孕马血清促性腺激素的应用可以省略，以减少因产生激素抗体对受胎率造成的负面影响。

2. 人工授精技术　兔人工授精技术的优点：①最大限度地提高良种公兔的繁殖效能和种用价值，本交时射1次精只能配1只母兔，人工授精时射1次精可配6～8只母兔；②加快品种改良速度，促进育种进程；③由于人工授精需要预先检查精液的品质，保证了最低活精子数，加之输精于阴道深部、子宫颈附近，注意消毒，减少了交配时造成的各种污染，因此可以提高受胎率和产仔数；④避免疾病传染，特别是对于患生殖道疾病的兔往往于交配过程发生相互传染，人工授精避免了公、母兔的接触，因此也减少了这种传染的机会；⑤人工授精是更进一步的人工控制繁殖，对家兔繁殖性能的研究更加有利。

人工授精时应注意的问题：

①精液品质：要想获得理想的配种效果，就必须有品质良好的精液，只有品质评定良好的精液才可用于输精。

②严格消毒：人工授精过程中使用的所有器具都必须清洗干净，严格消毒。如果消毒不严，不仅影响精液品质，影响受胎率，还可导致母兔生殖道疾病。

③刺激母兔排卵：兔为刺激性排卵动物，发情后不经交配或药物刺激是不会排卵的。因此，在输精前必须刺激母兔排卵。可用不育公兔或注射绒毛膜促性腺激素（HCG）、黄体素（LH）等刺激排卵。对未发情的母兔可用孕马血清促性腺激素、雌二醇等诱导发情，然后再刺激排卵。

④输精部位准确：母兔膀胱在阴道内5～6 cm处的腹面开口，大小与阴道腔孔径相当，而且在阴道下面与阴道平行，输精易将精液输入膀胱，过深又易将精液输入一侧子宫，造成

另一侧空怀。因此，输精时必须将输精器朝向阴道壁的背面插入 6~7 cm 深处，越过尿道口，将精液注入两子宫颈口附近，使精子自子宫颈进入两子宫内。

（二）工厂化养兔的工艺流程

工厂化养兔的工艺流程概括起来就是"全进全出"循环繁育模式，采用繁殖控制技术和人工授精技术，批次化安排全年生产计划。国际上根据出栏商品兔体重的不同，主要有 42 d 繁殖周期和 49 d 繁殖周期 2 种生产方式，即 2 次人工授精之间或 2 次产仔之间的间隔是 42 d 或 49 d。要实现"全进全出"，需要有转舍的空间，兔舍应是成对设置，所有兔舍都具备繁殖和育肥双重功能，每栋舍有相同的笼位数。笼具为上下 2 层，下层为繁殖笼位，在繁殖笼位外端用可活动的隔板隔开一部分作为一体式产仔箱，撤掉隔板后繁殖笼位有效面积增大，上层笼位可以放置育肥兔或后备种兔。

图 13-1 是以 42 d 繁殖周期为例的工厂化养兔工艺流程图。以新建养兔场为例，假设将后备母兔转入 1 号兔舍，放在下层的繁殖笼位，适应环境后可进行同期发情处理，即人工授精前 6 d 由 12 h 光照增加到 16 h 光照，由限饲转为自由采食。人工授精后 11 d 内持续 16 h 光照。人工授精 7 d 后至产前 5 d 限制饲喂。授精 12 d 后做妊娠鉴定（摸胎），空怀母兔集中管理，限制饲喂。产仔前 5 d 将隔板和垫料放好，由限制饲喂转为自由采食。第 1 批产仔，产仔后进行记录，做仔兔选留和分群工作，淘汰不合格仔兔，将体重相近的仔兔分在一窝。1 号舍母兔产后 5 d 开始由 12 h 光照增加到 16 h，产后 11 d 再进行人工授精，人工授精后 11 d 内持续 16 h 光照。人工授精 7 d 后上批次空怀母兔限饲，授精 12 d 后做妊娠诊断（摸胎），新空怀母兔集中管理，空怀不哺乳的母兔限制饲喂，空怀哺乳的母兔自由采食。在仔兔 35 日龄断乳后，所有母兔转群到空置的 2 号兔舍，断乳仔兔留在 1 号舍原笼位育肥，1 周或 10 d 左右可适度分群，部分仔兔分到上层的空笼位中。转群到 2 号兔舍的母兔在 1 周左右开始产仔（第 2 批），产仔后进行记录，做仔兔选留和分群工作，淘汰不合格仔兔，将体重相近的仔兔分在一窝。2 号舍母兔产后 5 d 光照开始由 12 h 增加到 16 h，产后 11 d 再进行人工授精，人工授精后 11 d 内持续 16 h 光照。人工授精 7 d 后上批次空怀母兔限饲，摸胎后，新空怀母兔集中管理，空怀不哺乳的母兔限制饲喂，空怀但哺乳的母兔自由采食。1 号舍仔兔 70 日龄育肥出栏，1 号空舍进行清理、清洗、消毒后备用。2 号舍仔 35 日龄兔断乳，所有母兔转群到已经消毒空置的 1 号兔舍，断乳仔兔留在 2 号舍原笼位育肥，1 周或 10 d 左右可适度分群，部分仔兔分到上层的空笼位中。如此循环，此流程也称为"全进全出" 42 d 循环繁育模式。

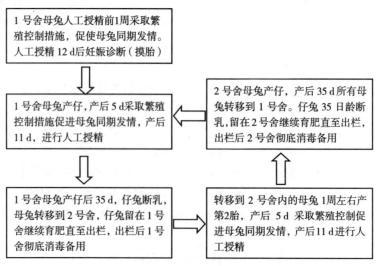

图 13-1 以 42 d 繁殖周期为例的工厂化养兔工艺流程图

第六节 家兔产品的初步加工

一、兔肉的初步加工

我国兔肉以活兔鲜销和冻兔肉出口为主,兔肉加工以传统中式产品为主。

(一)家兔屠宰

优质的兔肉源于优质的兔源和科学的屠宰程序。

兔肉加工一定要严格检验,讲究卫生,从严把关,强调品质。家兔屠宰车间要布局规范,符合生产流程;干净整洁,确保兔肉卫生。屠宰车间生产前要严格消毒,待宰兔应来自非疫区,并在宰前进行严格的宰前检验,确认健康后才允许进入候宰间或记以准宰标识,等待屠宰。

现代化家兔屠宰采用机械化流水线作业,用空中吊轨移动来完成家兔的屠宰与加工。我国各地兔肉加工规模大小不一,机械化程度参差不齐。现将其主要工序介绍如下:

(1)宰前准备:外地运来的家兔进入屠宰加工厂前必须经过健康检查(宰前检疫),根据检查结果确定待宰兔的去向,并做好宰前饲养管理工作。

经检验合格的家兔进入加工厂后,在指定的场所(暂养间)休息12~24 h方可进行屠宰。家兔在临宰前,应停食12 h。在停食期间,应供给家兔充足的清洁饮水,以保证正常生理机能的活动,促使粪便排出;足量的饮水也有利于剥皮工作的进行。宰前2~4 h应停止供水,以避免倒挂放血时胃内容物从食道流出。

(2)致死:包括击晕与放血2个步骤。击晕的方法很多,常见的有电击法、空气法等。电击法目前在我国各兔肉加工厂已广泛采用。不同用途家兔屠宰放血剥皮的先后顺序不同。家兔放血要干净,放血时间以2~3 min为宜,一般不能少于2 min。

(3)剥皮:将放血后的兔体右后肢跗关节卡入挂钩,用清水淋湿兔体或对家兔尸体进行淋浴或揩水(防止兔毛飞扬和污染兔肉)待剥皮。家兔皮一般采用退套剥皮法,即从后腿部剥皮至前腿部,兔皮外翻,呈筒状。

(4)截肢去头:在腕关节上方截去前肢,从跗关节上方截断后肢。在第1颈椎与枕骨大孔连接处截断兔头。

(5)剖腹去脏:沿腹中线剖腔,刀口不要偏斜,也不要开得过长。腹部剖开后,取肠、胃、肝、膀胱及生殖器官。在取大小肠时,应用手指按腹壁及肾,以免腹壁脂肪与肾连同大小肠一并扯下。然后再割开膈,把手指伸入胸腔抓住气管,将心、肺取出,取出的心、肺另放一处,以便兽医检验。

(6)胴体修整:胴体修整的目的是切除胴体上残留的腺体、脂肪及修理胴体外伤。

(二)兔肉分级与包装

兔肉一般依据胴体大小分级。

1. 兔肉分级 根据标准,兔肉按照加工工艺分为6类:带骨鲜兔肉、带骨冻兔肉、去骨鲜兔肉、去骨冻兔肉、分割鲜兔肉、分割冻兔肉。

带骨鲜兔肉和带骨冻兔肉按每只的克数分为3级,其余类别不分级。

一级品,大于1 000 g;二级品,701~1 000 g;三级品,500~700 g。

去骨鲜兔肉通常每块5 kg,每块要求至少有2只整兔,用聚乙烯塑料袋装,每箱4块。

冷却兔肉应在低于12 ℃、卫生环境良好的车间内进行分割。刀具和操作人员的双手应每隔1 h消毒1次。兔肉通常按照前腿、腰背、后腿和里脊肉等分割,用聚乙烯塑料袋包装。

2. 兔肉包装 兔肉一般用聚乙烯塑料袋包装，纸箱装箱运送。

二、兔皮加工技术

（一）鲜皮防腐

鲜皮是经屠宰刚从兔体上剥下的生皮。

1. 皮张清理 清理的目的是除去皮张上的粪便、脂肪、残肉等。清理时将皮张挂在作业台上，先用铲皮刀或刮肉机刮除皮板上的脂肪和残肉。经初步清理的兔皮，最好用类似米粒大小的锯末搓洗皮板上的浮油和被毛中的污物。

2. 防腐方法 兔皮防腐方法主要有干燥防腐法和盐腌防腐法 2 种。

（1）干燥防腐法：在自然干燥时，将鲜皮按自然皮形平摊在木板或草席上，毛面向下，板面朝上，置于阴凉、干燥和通风处，切忌烈日暴晒，也要防止雨淋或露水打潮。

（2）盐腌防腐法：盐腌时，将清理沥水后的鲜皮毛面向下，板面朝上平铺在垫板上，先将食盐均匀地撒布在板面上，用盐量为皮重的 20%～25%。然后毛面对毛面，板面对板面层层堆叠，垛高 1～2 m，放置 5～6 d。

3. 入库储存 防腐处理的兔皮必须按等级、色泽、品种捆扎、装包。捆扎时应毛面对毛面，板面对板面，头对头，尾对尾，叠置平放，每隔 2～3 张皮放置适量樟脑丸以防虫蛀。储存皮张的仓库应通风、干燥，最适温度为 10 ℃左右，相对湿度应控制在 50%～60%，原料皮的含水量应保持在 12%～18%。

（二）毛皮鞣制

1. 鞣制方法 兔皮的鞣制方法很多，主要有铬鞣、明矾鞣、甲醛鞣和混合鞣等，但明矾鞣和混合鞣比较简单而实用。

2. 鞣制工序 兔皮的鞣制工艺，大致可分为准备工序、鞣制工序和整理工序。其流程如下：生皮→打毛→浸水→削里→脱脂→水洗→鞣制→水洗→加脂→干燥→回潮→刮软→除灰→整形→成品。

（1）准备工序：兔皮鞣制时，首先要除去原料皮上的污物和杂质，然后将原料皮经过软化，恢复鲜皮状态，除去毛皮加工中不需要的皮下组织、结缔组织、肉渣、肌膜等，称为准备工序，主要包括浸水、削里、脱脂、水洗等过程。

（2）鞣制工序：生皮经准备工序的一系列处理后，已使真皮纤维组织获得一定的松软性能，但由于纤维没有定型，干燥后，纤维重新结胶，皮板变硬。成品受潮，易受微生物侵蚀，腐烂、变质。同时，成品不耐化学药品的作用，要改变这些缺点，使真皮纤维松散度达到一定程度的稳定性，就必须经过鞣制，使生皮性能发生根本变化。

（3）整理工序：主要包括水洗、加脂、干燥、回潮、刮软、整形等过程。毛皮整理是本色毛皮鞣制工艺的最后阶段，直接影响到毛皮的品质。

（三）成品规格

鞣制加工优质的兔皮要求皮板完整，厚薄均匀，板面洁净，富有平整、美观、柔软、丰满的感觉。皮板僵硬，抖之发响，强度很低，一撕即破；毛很松动，纤维缠结；毛色发暗，缺乏光泽均属于成品有缺陷。

三、兔毛的加工利用

兔毛原料有普通兔毛、粗毛、绒毛。兔毛中粗毛比例高，可使兔毛针织制品枪毛外露，具有立体感强，适合时装的潮流。细毛比例高的兔毛，适合用于制作精纺呢面风格的织物。近年来，国际市场上的兔毛针织衫，兔毛含量越高，价格越高，高比例兔毛纱的经济效益远远大于低比例兔毛纱。高比例兔毛纱生产难度较大，除了对梳纺前的准备和梳纺工艺进行改进及调整外,还对兔毛进行了改性处理,并取得一定成效。目前,我国除了可以纺高比例(50%以上)兔毛纱以外,也可纺制100%兔毛产品,在粗梳毛纺系统,除了加工各种比例兔毛针织衫以外,兔毛粗纺产品也有很多种,如兔毛呢(大衣呢、女式呢等)、兔毛毯、兔毛披巾以及其他保暖、保健用品。

(一)原料选用

混纺兔毛纱,一般均有2~3种其他原料掺配,所以务必混合均匀,要求成纱中每一片段的原料成分与混合比例基本相符。掺用羊毛时,可选用精梳散毛条或炭化短毛、羔毛,或含杂量在0.5%以下的细支毛、服装毛等。

(二)和毛加油

兔毛因表面含有一层蜡质粉状物,一旦除去就易缠结,给梳毛带来困难。且这种蜡质遇水就会溶解,所以和毛时油水不能直接加在兔毛上,须采用间接加油水的和毛法,即羊毛或腈纶单独铺层加油水,存放20 h后再与兔毛进行"层和",1层兔毛、1层羊毛或腈纶,10 h后再调匀喂入和毛机开松和毛。

混纺兔毛纱和毛时必须给油,目的是润滑纤维、防止静电、减少纤维损伤和增加纤维间的抱合力。

(三)梳毛工序

兔毛因表面光滑、鳞片少、强度差,能否分离成单纤维状态,并与羊毛或腈纶纤维均匀混合、聚集成条,这是梳毛工序所要解决的关键问题。应合理选择梳毛机的速度、隔距、速比、出条重量等工艺参数,避免出现兔毛缠绕和断裂。

复习思考题

1. 家兔生产有哪些主要特点?
2. 现代家兔生产有哪些发展趋势?
3. 家兔的生活习性、消化特点和繁殖特点有哪些?
4. 肉兔的主要单一品种和配套系有哪些?
5. 家兔饲养管理的一般原则是什么?
6. 种公兔在饲养管理中应注意哪些问题?
7. 妊娠母兔饲养管理应注意哪些问题?
8. 仔兔饲养管理应注意哪些问题?

第十四章 马属动物生产

重点提示：本章介绍了马的类型和品种，马的外形、毛色和年龄识别，马的外貌鉴定，马的饲养管理，及马术运动，同时介绍了驴的类型、品种和年龄鉴定、驴的本品种选育、肉用驴的育肥及驴产品。

第一节 马 生 产

一、马的类型和品种

我国有不同类型的马品种20多个。最小的品种体高40 cm左右，现代骑乘和重挽马品种体高多在160 cm左右。

（一）马品种的形成和分类

近几个世纪以来，育出了一大批骑乘、轻挽、重挽、乘挽兼用品种。20世纪末又育出了一些供肉用、乳用和游乐用的专用品种。这些按用途分类的品种，都有其与用途相适应的特有体型。

（二）我国地方马品种的分类和主要品种

我国马种资源丰富，可划分为以下几个类型。其中，矮马（果下马）包括在西南马类型中（表14-1）。

表14-1 我国地方马种的类型和品种
（引自甘肃农业大学，养马学，1990）

类 型	分 布	比 例	品种和类群
蒙古马	内蒙古自治区，东北和华北大部及西北的一部分	68%	乌珠穆沁马、百岔马、乌审马、焉耆马、祁连马、锡尼河马、鄂伦春马
西南马	云贵高原及其延伸部，包括云南、贵州、四川、广西四省份及湖北西部山区和陕西南部	16%	建昌马、云南马、贵州马、百色马、利川马、乌蒙马、矮马（果下马）
河曲马	四川、甘肃、青海三省相毗邻的部分地区	2%	甘肃河曲马、四川河曲马、青海河曲马
哈萨克马	新疆	10%	哈萨克马、巴里坤马
西藏马	西藏、青海、四川西部、云南西北部	4%	玉树马、甘孜马、中甸马、西藏马

二、马的毛色和年龄识别

(一) 毛色与别征

1. 毛色 毛色是马属动物的重要标识,也是识别个体的重要特征。马的毛色常见的有:

(1) 栗毛:全身长短毛均呈栗壳色,因被毛颜色不同又分为红栗毛、金栗毛、朽栗毛、花尾栗毛。

(2) 骝毛:其特征是长毛及四肢下部为黑色,可按被毛颜色不同分为红骝、黑骝、黄骝等。

(3) 黑毛:全身长短毛均为黑色,又可分纯黑、淡黑、锈黑等。

(4) 白毛:全身为白色,皮肤和眼睛也缺乏色素。

(5) 青毛:全身短毛为黑白毛混生,又可分为铁青、红青、菊花青等。

(6) 兔褐毛:被毛为灰、黄等色,长毛中部为黑色,两侧和被毛相同,四肢下部近于黑色,背部有背线,前膝和飞节上有虎斑。某些马肩部有暗色条纹。依被毛颜色不同又可分为灰兔褐、黄兔褐、青兔褐。

此外,还有沙毛、花毛、斑毛、鼠灰等毛色。

2. 别征 是指毛色以外的特征,也可以说成"印记"。通常指头部、四肢上的白色毛斑,额上的旋毛及后天的鞍伤、烙印等。马脑门上的白章称为"星"。根据白章大小分为小星、星、流星等。四肢上的白章无固定位置,如实称呼即可,如蹄冠白、系白等。

(二) 年龄识别

马切齿最明显的特点是齿面不平,上空下实,上面的空洞称黑窝,俗称"渠"。马年龄识别是根据切齿的发生、脱换和磨灭情况来判定的。

2.5 岁、3.5 岁、4.5 岁,从乳齿的门齿开始依次脱换。3 岁、4 岁、5 岁时,永久门齿、中间齿和隅齿分别长成。隅齿长成后,俗称"齐口"。永久齿黑窝消失,下颌门齿 6 岁磨完,下中间齿、隅齿分别于 7 岁、8 岁磨完。下颌切齿齿星明显出现于齿坎前的时间,门齿为 9 岁,中间齿为 10 岁,隅齿为 11 岁。齿坎痕消失的时间,下颌门齿为 12 岁,中间齿为 13 岁,隅齿为 14 岁。

三、马的外貌鉴定

马的外貌因其经济用途不同,在外貌鉴定时,对体型结构要求的侧重点也有所区别。

乘用型马,要求体质干燥、细致、结实。神经活动机敏,有悍威,体格的长高略近方形,肢长大于胸深,前躯、中躯、后躯 3 部分大致相等。头轻,颈细长,鬐甲高长且相当厚,背腰短而直广,正尻形。肩长斜,股部肌肉坚实,胫长,四肢关节干燥强大。系长斜,筋腱明显,步样正正、轻快。

挽用型马,头较重,颈短而宽厚,鬐甲低长而厚实,肩长斜,背腰短广,尻宽长较斜,肌肉发达,前脑丰满而宽广。四肢粗短,关节强大坚实,系短粗,蹄大。体格的高长近方形。胸深与肢长约相等,挽力强大,步样确实。

兼用型马,分乘挽兼用和挽乘兼用 2 种,后者较前者体型略粗壮,体力好,而速度稍差。

驮用型马,要求体格不大,体呈方形,体质粗糙结实,头稍重,躯干粗实,背腰短广,胸部较深,关节强大,系短蹄坚,运步敏捷,善走山路。

四、马的饲养管理

(一) 舍饲马的饲养管理

舍饲马一年中大部分时间是在厩舍内拴系状态下度过的,它们所需营养几乎全部依赖人工饲喂。因此，饲养管理工作的好坏，成为决定其膘情、健康状况、繁殖力和役用能力强弱的关键。表 14-2 列出了体重 300 kg 的北方农村役马在不同情况下的日粮组成。

表 14-2 北方农村役马（体重 300kg）日粮组成

（甘肃农业大学主编，养马学，1990）

作业程度	粗料多汁料（kg）		精料（kg）					矿物质（g）	
	干草	胡萝卜	玉米	麸皮	高粱或谷子	饼类	合计	食盐	石粉
重 役	8.5	—	1	1	0.5	1	3.5	40	40
中 役	8.5	—	1	1	—	0.75	2.75	35	35
轻 役	8.0	—	1	1	—	0.75	2.75	35	35
妊娠后期、哺乳前期、轻役	8.5	2.0	1	1	0.75	0.75	3.5	40	40

在不同季节应注意下列情况：春季一般膘情较差，重点是保膘复壮，迎接春耕；夏季应防暑，防蚊、蝇、虻；秋季防偷食粮食，引起胃扩张，防采食半干藤蔓造成结症；冬季注意防寒、保膘。

1. 饲养管理的一般要求

（1）备足备好草料：草料种类应因地制宜，在以秸秆为主要饲草的情况下，必须掺入部分青草或青干草，最好种植一些苜蓿和胡萝卜。全年精料应不少于 350 kg。其中，豆类或饼类应不少于 55 kg，另备食盐和石粉各 10 kg，草料备足后，在冬闲时铡好草，配好混合料，妥善保存。更换草料种类时，应逐渐替换。

（2）精心饲喂：首先要保证每昼夜有 6～7 h 的采食时间，定时、定量。白天干活忙，采食时间短，要加强夜饲，尤其冬天夜长寒冷，更要延长夜饲。每次饲喂时草、料要过筛，保证草料纯净，做到少给勤添。先草后料，最后上水拌草料，使其吃净吃饱。在精料少的情况下，做到春季可适当补充精料，夏秋少喂或不喂。忙时多喂，闲时少喂。每天喂饲次数要根据季节、忙闲而定，夏秋 4 次，冬春 3 次，大忙季节或外出拉载中间还要加喂。夜饲以草为主，下槽后刷净饲槽。

（3）饮水要足：饮水切忌"热饮"，即役用后马体发热出汗时，不可急饮，等汗落后喘息平定再饮。马性急，应防止暴饮，做到"饮马三提缰"，为防止暴饮，可在水桶或水槽里撒些碎草，使马慢饮。饮水必须清洁，纯净无异味，水温以 8～18 ℃为宜。

（4）放牧或运动：使役马在休闲时或幼驹未使役前，不能整天拴系，应让其有一定的运动。有放牧条件的地方，可以放牧或长绳系牧、牵牧，也可在下槽后放入运动场任其自由活动。室外活动的目的是让马接受日光浴，促进代谢，增强食欲。

（5）刷拭护蹄：刷拭畜体有使畜体清洁、消除疲劳、促进血液循环和提高代谢的作用。正规的是用铁篦和毛刷刷马，方法是由前到后，从上到下，先左后右，由粗到精刷遍马体。通过刷拭可以检查马体，发现外伤。对于幼驹、育成驹还可通过刷拭，使其从小就愿意接近人，便于后期的调教。

蹄是马负重、运动的重要器官，必须注意蹄的护理工作，以维持蹄的正常机能。定时削蹄、挂掌，经常检查能预防蹄变形和蹄病的发生。平时应注意厩床要平坦，不过于潮湿，也不过于干燥，地面以土地或三合土为宜。

（6）保持圈舍卫生：是日常管理工作，在住房附近养畜，更应保持环境卫生。

2. 不同马的饲养管理

（1）种公马：饲养种公马的目的是使其体质健壮，精力充沛，性欲旺盛，提供优质精液，提高其配种能力。在配种准备期（配种开始前 40 d）和配种期内更为重要，因为饲养管理对精液品质的影响需经 12～15 d 才能见效，因此配种准备期就应按配种期标准喂给饲料，日粮营养价值应全面，力求多样化；还应给一定数量的多汁饲料，逐渐加强运动，配种前1～2周适当减轻运动强度，配种前1个月，进行种公马精液品质检查，前几次采的精液不能用，直到正常。

在配种期间，因种公马体力消耗增大，必须喂给富有营养、容易消化、喜食的饲料，特别要注意动物性蛋白质、矿物质和维生素的补给。配种期内应根据公马的年龄、采精量和精液品质，规定适当的采精频度，如果公马每天采精2次，则间隔时间不可少于8 h，且每周应休息1 d。公马采精时，必须消除一切破坏正常性反射的外界影响。

(2) 繁殖母马的饲养管理：

①空怀母马的饲养管理：为了促进母马正常发情，要从配种前提高饲养水平，喂给足量的蛋白质、矿物质和维生素饲料；对使役过重的母马，适当减轻劳役；过肥的母马，应减少精料、增喂优质干草和多汁料。

②妊娠母马的饲养管理：妊娠母马的饲养，不仅要满足本身需要，更要满足胚胎发育和产后泌乳所需的营养。

无劳役的母马妊娠初期，由于胎儿的体重不大，饲料量可与空怀母马基本一致。但这时胚胎发育分化强烈，因此应注意给予品质优良、营养完善的日粮，以促进胚胎发育和预防早期流产。

妊娠母马在放牧季节尽可能每天放牧，以摄取蛋白质、无机物和维生素含量较高的饲草。在中等草场上，每天放牧10 h，每100 kg体重可采食8～10 kg青草，能基本满足妊娠初期的营养需要。良种母马应补给油饼类0.5～1.0 kg。晚秋已达妊娠中期，牧草逐渐枯黄，需补给适量草料。品质好的禾本科和豆科的混合干草，是母马的良好粗饲料。入冬可增喂胡萝卜、大麦芽和饲用甜菜等多汁饲料，以促进消化和预防流产。

役用的地方品种和杂种母马，从妊娠中期开始，应增加精料0.5～1.0 kg。后期减轻使役，增加精料1～1.5 kg。

③产前产后母马的饲养管理：母马到妊娠末期、分娩之前应逐渐减少精料喂量。母马分娩后，体力虚弱，遇到潮湿冷风的刺激容易感冒，所以产房应干燥温暖，厚铺垫草，没有贼风。产后母马感到疲劳、口渴，需饮少量温水，然后喂给适量稍加食盐的小米粥或麸皮粥和优质干草。产后三四天不宜喂给营养丰富的饲料。从产后四五天起，逐渐恢复到哺乳母马的正常日量定额。幼驹生下，一般自然断脐，如不自断，即应人工断脐，人工断脐后要立刻消毒断处。生后30 min左右，幼驹即能起立和吸乳，应尽快让初生驹吃到初乳，使其早排出胎便。如胎粪停滞，会引起腹痛，可用温水或油剂灌肠。初生3 d的幼驹应每隔20 min哺乳1次，1昼夜哺乳约60次。如各方面表现正常，应注意及时进行破伤风的免疫注射。

④哺乳母马的饲养管理：哺乳母马的日粮，在品质上要求全价，在数量上要比妊娠母马多。要喂给优质干草。其中，豆科干草约占1/2，也可掺入少量阴干玉米秸或谷草。精料中配合适量油饼类、糠麸类饲料，有提高泌乳量的效果。多汁饲料更是必需的，每天喂给2～3 kg胡萝卜或饲用甜菜，可起到良好的效果。优质玉米青贮饲料，每天可给5 kg。夏季应充分利用牧地放牧或喂给青割饲料。另外，补给适量精料。饮水必须充足，要补足盐和钙质。

在哺乳期要定期称量母马和幼驹的体重，以作为调整日粮的参考根据。马驹的增重应符合其生长发育的指标。

母马从产后1个月开始使役，先担负轻役，以后逐渐可以担负中役，不应担负重役，以免影响母马泌乳和幼驹的发育。在作业中要勤休息，以便于幼驹哺乳。

(3) 乘用马的饲养管理：乘用马是指一般的骑乘用马和比赛用马。对于这两类马，尤其是比赛用马的饲养管理，比对其他役马要求更高。管理人必须知道每匹马的性格、体况和实际需要，做到精细护理，喂给全价日粮，满足其营养要求，才能把它们养好。

①一般乘用马的饲养管理：对一般轻型马（包括骑乘、轻驾车用马）要按年龄、体重、运动量和季节的不同而有差别。成年马的采食量约为其体重的 2.5%，幼年马和泌乳母马约为其体重的 3%。根据体重和运动量决定其日粮精料、粗料的喂量。乘用马的饮水要充足，1 d 饮 25～30 L。剧烈运动后不宜饮水，30 min 后待喘息已定再饮，以防腹痛。一天饮喂 4 次，早、午饲一般量，晚多饲，夜间自由采食干草。

②竞赛马的饲养管理：竞赛马对饲料营养的要求极为严格。在赛马期干草喂量限制到 3～4 kg，精饲料可喂到 8 kg。除上槽时间外，要经常戴上口罩，每周喂 1 次糊状麸粥以保持大便通畅。调教中的马，日粮营养水平要比一般马高，做到个体饲养，每 100 kg 体重每天可吃到 1.5 kg 精料和 1 kg 干草。

对竞赛马要求做到耐心细致的管理工作，每人只能管 2 匹。调教时应在调教师指导下，由专用骑手进行。每次有 2 匹马同时训练，以防止其出现恐惧心理，培养其赛跑竞争能力。赛马期应严格遵守作息时间。休闲时期，赛马最好在较宽敞的牧地进行放牧饲养，让其在充足的阳光下采食各种牧草，加强其营养的均衡性，锻炼其赛跑的速度。

（二）群牧养马的饲养管理

群牧养马有古老的历史，在我国养马业中目前仍居重要地位。全国马匹总数的 40% 左右是群牧管理。

群牧养马，公母成群，自然繁殖，受胎率高。小群固定配种受胎率多在 80% 以上，有的高达 90%，甚至 100%。从成本上讲，群牧养马仅为舍饲马的 1/5～1/3。几十匹到几百匹的马群由 1～3 个牧工就能管理起来。

原始的群牧养马方法也存在不少缺点。由于草原牧草生长的季节性关系，对马匹的生长、发育、保胎、成活都有一定的影响，形成了马匹"夏饱、秋肥、冬瘦、春乏或死亡"的现象。因此，群牧养马要正确地选育和加强储草越冬，修建棚圈，注意幼驹培育。

马群的四季放牧管理是群牧养马的基本管理工作，草场是群牧养马的主要饲养基地。要养好马，除草的品质要好外，还要有正确的放牧技术和合理的补饲等措施。

（1）四季草场的划分：群牧养马的四季草场是根据地势、海拔高度、气温变化、水源分布和草生情况等因素来划分的。实行季节轮牧，既能利用从平原到高山的草场资源，又能使草场有一定时间休息，使牧草得到再生。

按季节划分草场的形式有三季和两季之分：三季牧场通常划分为冬季、春季和夏秋季，或者冬春季、夏季、秋季；两季牧场分为冬春场和夏秋场。平原草场也有划分为四季牧区的。从维护牧草生机来看，划分四季利用是有利的，但需要有较大的草场面积。

春牧场应选在地势比较平坦干燥之处，山地草原多利用山的阳坡和丘陵地带。春牧场应离水源较近。

夏牧场的选择主要依据地区条件而定。在干旱草场和半荒漠地带，应选择在地势低洼处或河流两岸，牧草受旱较轻，生长较好。如果当地是山区，应把马赶到凉爽的高山上放牧，这里牧草繁茂，雨量充足，蚊蝇较少，马匹容易增膘。

秋牧场多选在其他季节因缺水不能利用的草场。靠近农田的地方，在农作物收获后组织马群进行抢茬，可代替一部分秋牧场。

冬牧场应注意避风，多选在山地高草地区，只要积雪不超过 60 cm，雪表面不结冰，即可作为成年马匹的冬牧场。雪深 25～30 cm 的草场可作为马驹的冬牧场。凡因缺水而不能利用的草场，冬季只要有积雪，以雪代水，可以作为冬牧场的一部分。

四季草场确定以后，在不利用的季节，必须加强保护，禁止放牧、混牧，治理鼠害，以免引起草场退化，影响生产的发展。

（2）四季的放牧管理：春季放牧是一年放牧管理中的关键时期，此时马匹较瘦弱，天气变化剧烈，寒流、暴风雪时有侵袭，如不增加补料，加之管理不当就可能使马匹死亡。因此，应有计划地将最好的草场和储存的越冬干草充分用于这个时期，以利于抗灾保畜和保胎。去年秋季未断乳的幼驹，这时要进行断乳和分群管理。马群要进行春季检疫、免疫注射、驱虫等。放牧中还应注意稳住马群，加强看管，防止"跑青"，按时饮水给盐。对不合种用的3岁公驹需进行去势，对随群公马要每天补料。

夏季放牧的主要任务是抓膘、保膘、配种和保胎。一般应在繁殖母马产驹和配种结束后转入夏牧场放牧。要注意喂盐，少圈群，防止马匹丢失和狼害。

秋季放牧是抓好"油膘"和保胎安全越冬的重要季节，在移动马群时，严禁急追猛赶，以防马出大汗和增加体内脂肪的消耗。要在夜牧时不断驱赶"打站"的妊娠马，让其采食，防止早晨空腹吃进大量霜草而发生流产。

在11月前后，做好当岁驹的断乳工作，断乳前1个月对幼驹进行烙印登记。

冬季马匹放牧管理主要是防寒、保膘、安全越冬。在放牧场使用上，冬初先用低地、谷地、阴坡。因为降雪后这些地段往往因积雪过深而无法利用。然后再利用边远地段。靠近储存冬草的草场应留到大风雪天使用，以利于放牧结合补草。对个别瘦弱马要及时留圈补饲。

（3）马群的组成：群牧马的组成为适龄配种母马群120～150匹，公母比例为1：（15～20）。当年驹在入冬前即进行断乳、分群。各龄驹群为150匹左右，公母分群管理。不足此数时，同一性别不同年龄的马可以并群管理。公母驹混合组群的，1.5岁时必须公母分开。

五、马术运动

通常把以马为主体或工具的运动、娱乐、游戏、表演统称为马术。马术运动大致可分为竞赛马术、民间马术、表演马术、马球、军事马术几大类。竞赛马术又可分为奥林匹克马术和能力测验马术，这是当今国际马术运动的主体，国际上统管马术运动的组织称国际马术联合会。独具特点的是马术运动对参赛骑手无性别要求，男女可同组比赛，服装和礼仪要求非常严格。

（一）马术运动项目

1. 奥运会马术项目

（1）盛装舞步：要求参赛选手在60 m×20 m的场地上进行比赛，比赛内容分为规定动作和自选动作两大部分30多个动作，主要是马的正步、原地跑步、横步和斜横步、原地旋转等步伐。骑手要风度高雅、稳重、操作轻微、自然。要求马的外形优美，动作协调敏捷，性情温驯，步伐轻快而有节奏。成绩评定如同体操，按人、马的姿态、风度、技巧和艺术编排水平打分，高者为胜。个人和团体均取前6名。女性选手以其操作细腻、骑坐平衡、平衡感强等特点获胜机会较大。

（2）场地障碍赛：按规定该项比赛场地不得小于2 500 m²，内设10～15个障碍物，赛程在900 m以内。障碍物多为木制或塑料制，分垂直、伸展、水沟、组合、封闭组合、堤坎、斜面坡等形式，高度一般为140～170 cm，宽度2 m左右。比赛中骑手应按指定路线和顺序跳过全部障碍物，速度要求每分钟350～400 m。比赛实行罚分制，在规定时间内完成比赛不扣分，每超过1 s罚0.25分，如超过规定时间1倍则所得成绩作废。比赛途中马拒跳或逃避，第1次罚3分，第2次罚6分，第3次取消资格。如碰掉1根障碍杆罚4分，落马或跌倒每次罚8分。比赛结束时得分越高成绩越差，若有积分相同者还要进行1次决赛，方法是加宽、加高障碍10 cm左右，减少障碍数量，如再相同则按时间决胜负。该比赛对骑手要求很高，着装、行礼、比赛路线、方向等都有明确规定。马不服从时对其施以虐待行为（如粗暴地鞭击马头和四肢、倒拿鞭子打马等），哪怕是在训练场地都要被取消参赛资格。更具特点的是每次比赛路线都不一样，而且赛前保密，赛前1 d发路线图，开赛前30 min允许骑手察看路线，但不能牵马入场。比赛过程中靠铃指挥骑手开始、中止，选手要绝对服从；否则，将被取消资格。现代五项运动中的马术即用的是这种障碍赛，只是难度小，罚分另有规定。

(3) 三日赛：又名三项全能马术赛，因其在3 d内完成故称三日赛。该项比赛选手体重（包括鞍重）必须在75 kg以上，整个3 d的比赛必须骑同一匹马。第1天为调教比赛或称马场马术赛，场地和规则与盛装舞步相似，目的在于测验马的调教程度和选手驾驭马的能力。第2天为30 km左右的越野赛，赛程大致分为5段，设有不同形式的障碍、水沟和复杂地形，每一段都有速度规定，超时罚分，这是最艰难的1 d，对马和选手都是严峻的考验。第3天是场地障碍赛，形式和规则大致与场地障碍赛马相似，但难度要小得多。即使这样，对于经历了越野赛之后的马来说，要很好地完成其难度是很大的。然而这才能很好地考验马的调教程度、耐力和人的毅力。这是奥运会马术项目难度最大的一个。成绩的评定，以3项比赛的积分高低确定。

2. 能力测验马术 一般指速度赛和驾车赛，多数都伴有赌博，以给人更大的刺激。赌博的盈利一部分用于赛马场自身的运转，另一部分则用于公共福利事业，这是赛马业得以不衰的原因。

3. 民间马术 通常把流传于民间带有浓郁民族色彩的马术运动称为民间马术。其形式多样，没有具体规则和场地要求，以娱乐为主。我国新疆、内蒙古及西南、西北等少数民族地区每当大型庆典都有名目繁多的马上项目，有些已列为全国少数民族传统体育运动会表演项目。常见的有姑娘追、套羊、套牛或套马、降服烈马（生马）、圈马（牛）等项目。

4. 表演马术 一般是指借助于某些器械在马上做一些技巧性动作，而不以比赛为目的的马上项目。多在大型体育场或马戏场内进行。常见项目有马上体操造型、马器械表演、马上技巧表演、驯马表演等。

5. 军事马术 骑兵或骑警为了作战或执行军务需要，训练马做各种动作称军事马术。常见的有立正、卧倒、跨越障碍物、按顺序行进、泗渡、马上射击等。

6. 马球 据考证，马球起源于我国西藏，始于汉代盛于唐代。现代马球运动始于19世纪中叶，其基本规则是：场地300 m×160 m，两端线中间各设1个8 m宽的球门。每队4人，场地中央设有开球区，裁判员在开球区向两队中间掷球，球一落地比赛即开始，队员手持T形拐棒，骑在马上向对方球门击球，每进1球得1分，进球后再重新回到开球区开球，全场比赛共分4局，每局8 min，2局后交换场地，每局换1次马，最后以得分多者为胜。该项目已被列入奥运会正式比赛项目，我国内蒙古马术队中设有马球队。

（二）马术运动对马的要求

1. 体质与气质 体质以干燥结实为理想；气质要求以上悍或烈悍为好，即反应敏锐、兴奋性强和善拼。参加竞赛的马要求竞争性强，表演用或军用马应适当控制其兴奋性。

2. 外形 总的要求外形优美、匀称、步伐轻快。不同项目要求也有差别，短距离速度赛的马以腰短、平尻为好；越野或弹跳项目的马则要求腰长适中，正尻或略斜，甚至轻度曲飞都是适宜的；盛装舞步的马要求外形优美，高大匀称，协调灵活。

第二节 驴生产

一、驴的类型、品种和年龄鉴定

我国驴的品种类型历来以体高为标准，划分为大、中、小3个类型。小型驴品种有：新疆驴、西南毛驴、华北毛驴、东北毛驴。大型驴品种有：关中驴、德州驴、晋南驴和广东驴。中型驴品种有：佳米驴、泌阳驴、淮阳驴和庆阳驴。

驴的毛色种类较少，主要有黑色、粉黑色、青色、灰色等。

鉴定驴的年龄，基本上按马的方法进行，但由于驴的切齿比马的耐磨，黑窝深，下切齿约13 mm，上切齿约22 mm，隅齿多不见黑窝，下切齿黑窝消失的时间比马晚3年左右，如农谚所说"中渠平，十岁龄"，即下门齿黑窝消失时为9～10岁，下中间齿黑窝消失时为11～12岁。

二、驴的本品种选育

我国开始驴的品种研究工作是在20世纪40年代。现有公认的驴的优良品种都是地方品种，一个类型中有几个不同特征性的代表，就有几个品种。

我国驴种形成过程有以下几个共同因素。

1. 生产需要决定驴的选育方向　驴具有乘、挽、驮兼用的生产性能。但平原、山区对驴的选育方向有所不同。关中平原、鲁北平原和晋南盆地等发达农区，土质黏重，要求深耕细作，只有体大强、力速兼备的驴方能胜任。加之滨海地区运盐、晋南地区运煤运盐的需要，都需大型驴。而山区丘陵地薄，道路崎岖，需体小灵活、善爬山越岭的小驴。所以平原多产大驴，山区多产小驴。

2. 饲养条件是形成驴种的物质基础　大型驴种产地都是著名的棉粮产区，具有良好的饲养管理条件。实行舍饲喂养，调制花草花料，冬喂谷草，夏喂苜蓿，喂饮定时，能满足大型驴发育的营养需要。

3. 当地群众有丰富的选育经验，重视选种工作　大型驴产区都有悠久的养畜历史，在长期实践中积累了丰富的选育经验。如各地普遍流行着选驴"两担（2个睾丸要大而匀称）、四斗（四蹄如斗）和八升（公驴连叫八声）"的农谚。山东、河南产驴区群众强调：驴要骨骼结实（骨头要圆细而坚实，头型方正），虎颈，出胸露膪，直腿驴，四蹄两行，两截子腿（前膊要长），波罗盖（前膝）要大，盒子骨（飞节）要强，"葫芦头"（球节）要圆，蹄寸子（系部）要短，蹄如木碗等。

4. 有一个良好的繁育基地　在过去交通不便的情况下，一个地区或几个县受自然屏障（如山脉、河流）的限制，往往形成一个相对闭锁的社会环境，人畜流动范围较小，一个或几个县驴群密度大，母驴和公驴品质特别好，从而自然形成了一个良种选育中心，即中心产区。如关中的武功、扶风、兴平、礼泉；山西晋南的夏县、闻喜；山东的无棣、庆云；河南的泌阳、淮阳，都成为公认的有关地方良种驴的中心产区。

20世纪50年代以来，各有关省先后在陕西扶风、山西夏县、广灵、山东无棣、庆云、河南泌阳建立了种驴场，就地选择优良个体，组成育种核心群，开展有计划的本品种选育工作，并在产区各县、区建立配种站，利用优良种公驴为民驴配种改良，从而形成了一套育种繁育体系，原有各地良种都有了不同程度的提高。同时推广优良种驴到其他省区，发挥其改良和繁殖优质骡的作用。

三、肉用驴的育肥

（一）肉用驴育肥技术的基本内容

1. 育肥的各类饲料比例　饲喂肉驴日粮中粗料和精料的比例可参考以下指标：育肥前期粗料55%～65%，精料35%～45%；育肥中期粗料45%，精料55%；育肥后期粗料15%～25%，精料75%～85%。

2. 营养水平模式　一般情况下，肉驴在育肥全过程中按营养水平可以分为3种模式：

①高-高型：从育肥开始至育肥结束，全程高营养水平；②中-高型：育肥前期中等营养水平，后期高营养水平；③低-高型：育肥前期低营养水平，后期高营养水平。

3. 出栏体重与饲料转化率　出栏体重由市场需求确定。出栏体重不同饲料消耗量和饲料转化率也不同。一般规律是，驴的出栏体重越大，饲料转化率就越低。

4. 出栏体重与肉品品质　同一品种中，肉的品质与出栏体重有密切关系。出栏体重小的驴肉品质不如出栏体重大的品质好。

5. 补偿生长　能否利用补偿生长的原理达到节约饲料，节省饲养成本的目的，取决于生长受阻的阶段、程度等，即补偿生长是有条件的，运用得当可以获得大的经济利益，运用不当则会受到较大损失。补偿生长的条件：生长受阻时间不超过6个月；胎儿及胚胎期的生长受阻，补偿生长效果较差；初生至3月龄时所致的生长受阻，补偿生长效果也不好。

6. 最佳育肥结束期　判断肉驴育肥最佳结束期，一般有以下几种方法：从采食量判断，在正常育肥期，绝对日采食量下降量达正常量的1/3或更少，按活重计算日采食量（以干物质为基础）为活重的1.5%或更少，表明已达到育肥的最佳结束期；从肉驴体型外貌来判断，必须有脂肪沉积的部位是否有脂肪沉积及脂肪量的多少，脂肪不多的部位的沉积脂肪是否厚实、均衡。

（二）肉驴育肥的技术方法

肉驴育肥，依其性能、目的和对象不同，可以有不同的方法。按性能划分，可分为普通肉驴育肥、高档驴肉育肥；按年龄划分，可分为幼驹育肥、青年驴育肥、成年驴育肥和淘汰驴育肥；按料别划分，可分为精料型育肥、粗精料结合型育肥。

1. 幼驴育肥技术　幼驴育肥是否成功取决于育肥驴本身生产性能的选择、育肥期的饲养管理技术、饲养和环境条件、市场需求的质与量以及经营者的决策水平。

幼驴育肥时育肥前期日粮以优质精料、干粗料、青贮饲料、糟渣类饲料为主，育肥后期以生产优质品和产量高的驴肉为主要目标，提高胴体品质，增加瘦肉产量。

幼驴育肥在设计增重速度时，要考虑3个方面，即胴体脂肪沉积适量、胴体体重较大和饲养成本低。品种不同，设计的增重速度也要不同。

幼驴育肥时应群养，无运动场，自由采食、自由饮水，圈舍应每天清理粪便1次，及时驱除内外寄生虫、免疫注射，采用有顶棚、大敞口的圈舍或者采用塑料薄膜暖棚圈技术。及时分群饲养，保证驴生长发育均匀，及时变换日粮，对个别贪食的驴限制采食，防止脂肪沉积过度，降低驴肉品质。

2. 阉驴育肥技术　阉驴的育肥可以采用以下几种模式。

（1）精料型模式：实施精料型育肥模式必须考虑适宜的驴品种，高精料的饲喂技术主要包括日粮配方、饲喂技术和管理技术，育肥的最终体重指标和胴体等级指标。

实施精料型育肥模式应以精料为主，粗料为辅。该育肥模式可以大规模，便于多养，满足市场不同层次的需要，同时应克服饲料价格、架子驴价格、技术水平和屠宰分割技术等限制因素。

（2）前粗后精模式：前期多喂粗饲料，精料相对集中在育肥后期，生产中常采用这种育肥方式。前粗后精的育肥模式，可以充分发挥驴补偿生产的特点和优势，获得满意的育肥效果。

在前粗后精型日粮中，粗饲料是肉驴的主要营养来源之一。因此，要特别重视粗饲料的饲喂。将多种粗饲料和多汁饲料混合饲喂，效果较好。前粗后精育肥模式中，前期一般为150～180 d，粗饲料占30%～50%；后期为8～9个月，粗饲料占20%。

（3）糟渣类饲料育肥模式：糟渣类饲料是肉驴饲养业中粗饲料的重要来源，合理地进行利用可以降低肉驴的生产成本。糟渣类饲料可以占日粮总量的35%~45%。

利用糟渣类饲料喂肉驴时应注意以下事项：不宜把糟渣类饲料作为日粮的唯一粗饲料，应与干草、作物秸秆、青贮饲料配合；长期使用白酒糟时应在日粮中补充维生素A，每天每头1万~10万IU；糟渣类饲料与其他饲料要搅拌均匀后饲喂；糟渣类饲料应新鲜，发霉变质的糟渣类饲料不能使用。

(4) 放牧育肥模式：在有可利用草场的地区采用放牧育肥，也收到良好的育肥效果，但要合理组织，做好技术工作。一是合理利用草场，充分利用草场资源，南方可全年放牧，北方可在5—11月放牧，11月至翌年4月舍饲；二是合理分群，以草定群，依草场资源性质，合理分群，每头驴占20~30m²的草场；三是定期驱虫、防疫，放牧期间夜间补饲混合饲料，每匹每天补饲混合精料量为肉驴活重的1%~1.5%，补饲后要保证充足饮水。

四、驴产品

(一) 驴肉

驴肉属于典型的营养保健食品，其肉质细嫩，滋味鲜美，在我国素有"天上龙肉，地下驴肉"的美誉。驴肉的蛋白质含量明显高于其他肉，比羊肉高14.6%，比猪肉高15.8%，比牛肉高16.9%，比鸡肉高21.1%，且包括人类所需的各种必需氨基酸，而脂肪含量却是这几种肉中含量最低的一种，但驴肉的多不饱和脂肪酸含量显著高于羊肉、猪肉、牛肉和鸡肉。而且驴肉中的胆固醇含量也是最低的，每100 g仅含65 mg。因此，驴肉是高血压、肥胖症、动脉硬化患者和老年人最理想的肉食品。

驴肉含有人体必需的钾、钠、钙、镁、铜、铁、锰和锌等元素，这些元素参与人体代谢，对增强人体免疫能力，维持机体自身稳定性起十分重要的作用。同时，驴肉还明显具有高铁的特点，可作为人类摄取铁等矿物元素的良好食物来源。

(二) 驴皮

驴皮营养丰富，中国人经常用于熬制驴皮明胶，俗称阿胶。因此，驴皮的功效与作用主要体现在阿胶上。

1. 阿胶的成分 阿胶由胶原蛋白和多肽类物质、多糖类物质及其他小分子物质组成。含有18种氨基酸（包括7种人体必需氨基酸），27种微量元素，其中必需微量元素有Fe、Cu、Zn、Mn、Cr、Ni、Mo、V、Sr等9种（目前认为必需微量元素为14种，尤以前4种微量元素含量最丰富）。阿胶中还含有硫酸皮肤素和透明质酸等多糖类及其降解、结合成分。

2. 阿胶的功效和作用 中医学认为，阿胶性味甘、平，阿胶有滋阴补血、安胎的功效。据研究，驴皮胶含有多种蛋白质、氨基酸、钙等，能改善血钙平衡，促进红细胞的生成，具有显著的抗贫血作用。阿胶可以显著改善试验动物的细胞免疫和体液免疫功能，对免疫功能有正向调节作用。此外，阿胶还能增强耐力，升高血压，防止失血性休克，抗疲劳，增强记忆，对动物试验的肌性营养不良也有较好的预防作用。

(三) 驴乳

驴乳色白、味甘、性寒，归心经、肝经、脾经、肾经，可用于清热解毒、润燥止渴、黄疸、小儿惊痫、风热赤眼、消渴等。

乳蛋白中含有两类蛋白质，即酪蛋白和乳清蛋白。酪蛋白属于难溶性蛋白质，较难消化吸收；乳清蛋白属于可溶性蛋白质，更易被人体消化吸收。驴乳的酪蛋白和乳清蛋白的比例最接近人乳，是乳清蛋白性乳类，生物学价值高。驴乳脂肪中含有丰富的人体必需脂肪酸，尤其是亚油酸，其含量占总脂肪酸的27.95%，比牛乳、人乳、羊乳、马乳都高。此外，驴乳应属典型的低脂、低胆固醇食品，适合心血管疾病、肥胖症等患者饮用。

复习思考题

1. 怎样进行马的年龄鉴定?
2. 不同类型的马在外形上有哪些特点?
3. 马饲养管理的一般要求有哪些?
4. 马术运动项目有哪些?
5. 简述幼驴育肥技术。

第十五章
经济动物生产

> 重点提示：本章介绍了主要经济动物生产的特点及发展趋势，还介绍了药用动物、毛皮动物和其他经济动物的养殖技术。通过本章学习，了解我国经济动物养殖业的现状和发展趋势，掌握经济动物生产的关键技术。

第一节 经济动物生产概述

经济动物的含义为除家畜家禽以外人工养殖的经济价值较高的动物，国外通常称之为圈养野生动物。

一、经济动物生产的特点

（一）地域的特异性

经济动物的特点是驯化历史短，因此其养殖区域多在其野生栖息地附近，所以有明显的地域性，如林蛙养殖只限于长白山和大小兴安岭地区，毛皮动物多养殖于四季分明的东北地区。

（二）特殊的价值

与传统家畜相比，经济动物具有特殊的观赏价值（如猫、犬等宠物）、药用价值（如鹿、麝、蝎子等）、肉用价值（如肉鸽、牛蛙等）和皮用价值（如水貂、狐等）。其产品的消费也有特殊的群体，并不像家畜产品是人们日常生活所必需的，有些甚至可称为"奢侈"品，如鹿茸、麝香及貂皮大衣等都很名贵。

（三）需要特殊圈舍

尽管特种经济动物的驯化历史长短不同，但与传统家畜禽相比，其驯化历史普遍较短，有的动物甚至还处在野生状态，所以绝大多数经济动物在养殖过程中需要特殊的圈舍（如养殖梅花鹿和马鹿时需要高 2 m 以上的坚固的圈舍或防逃围栏，养殖貂、狐、貉时需要坚固的铁笼等），建筑成本相对较高。

二、经济动物生产的发展现状

多数经济动物的养殖要发展成一种产业，都必须经历抓捕驯化、小群饲养、适度规模养殖和集约化生产 4 个阶段。我国特种动物的养殖历史比较悠久，但由于市场需求影响和养殖技术发展水平的制约，使得特种经济动物的养殖长期处在抓捕驯化和小规模生产阶段。从 20 世纪 70 年代末开始，随着市场对经济动物及其产品的需求量逐年增加，经济动物养殖得到了迅速发展，养殖技术日趋成熟，呈现出良好的发展势头，我国现已成规模的特种经济动物饲养业产值比较稳定的包括蜜蜂、林蛙和乌鸡饲养业，其他经济动物产业的效益并不稳定，经常呈周期起伏，表现明显的是养鹿业和毛皮动物饲养业。我国鹿存栏数量曾超过百万只，现今只有50万~60万只。我国毛皮动物养殖量曾达到1亿只，占世界总量的80%左右，是世界第一毛皮动物养殖大国。毛皮动物养殖业的效益对国际市场依赖很大，近年来，国外由于动物福利组织的干预加之劳动力成本昂贵，许多投资者到中国发展经济动物养殖业，养殖数量逐年增多，但由于世界经济不景气加上近年气候变暖，国际市场对裘皮的需要起伏很大。另外，经济动物领域科研投入相对较少，有很多需要解决的问题。

三、经济动物生产的发展趋势

经济动物养殖业的发展和人们生活水平密切相关。从不同种类经济动物来看，药用和药食同源的动物将稳步发展，主要是其产品用于保证人们健康；伴侣和观赏动物可能迅速发展，以满足城市居民的需要；毛皮动物养殖业还将受国际市场需求和气候因素的双重影响，将会起伏不定。从整个行业来看，该行业的产值将逐年递增，但养殖的优势种或品种将会不断变换。

第二节 药用动物生产

动物自身、分泌物或衍生物可以入药的动物称为药用动物。

一、鹿

我国养鹿的主要目的是收取鹿茸和其他副产品，如鹿鞭、鹿尾、鹿血、鹿心、鹿胎等作为医药和保健食品的原料。同时，也生产一定数量的鹿肉。

（一）生物学特性

鹿在分类学上属于脊索动物门脊椎动物亚门哺乳纲偶蹄目反刍亚目鹿科动物。我国人工驯养的鹿主要为梅花鹿和马鹿，养殖的主要目的是获取鹿茸，鹿茸是高级滋补品，其他产品如鹿心、鹿血、鹿尾、鹿筋、鹿鞭、鹿胎和鹿肉等也作药用或食用。

鹿性情胆怯，行动敏捷，嗅觉和听觉灵敏，视觉较差。其为反刍动物，采食各种草本植物和乔、灌木的嫩枝叶。

1. 梅花鹿 梅花鹿雌雄异形，公鹿长角，母鹿无角。耳大直立，颈细长，尾短，体态清秀。冬天毛栗棕色，绒毛厚密，夏天毛红棕色，无绒毛，体侧有明显的白色斑点。公鹿生后翌年长出锥形角，第3年角开始分叉，发育完全的成角为四叉形，4月角脱落之后长出鹿茸，夏末生长成熟并完全骨化，9月茸皮脱落，形成鹿角。

2. 马鹿 马鹿属于大型茸用鹿，同时具有良好的产肉性能。马鹿也是雌雄异形，公鹿长角，母鹿无角，成年马鹿成角呈六叉形。

（二）繁殖

鹿属于季节性繁殖动物，每年9—11月发情配种，5—6月产仔。公鹿出生后16~18个月即可产生成熟精子，但需到30月龄左右才能达到体成熟，参加配种。母鹿出生后16个月达初情期，一般繁殖年限为12~13年。

养鹿实践中多采用单公群母的方式自然交配，配种期每个鹿圈饲养1只公鹿，15~20只母鹿。部分鹿场也采用人工授精的方法进行配种。精液多采用电刺激法采集，母鹿需经同期发情处理，通常的方法是用含有3 g孕激素的阴道栓（CIDR）处理9~11 d，阴道栓取出后48~53 h人工输精，同时注射50~100 IU PMSG。

（三）饲养管理

鹿为反刍动物，其消化特点是具有很强的根据饲料消化率高低调节采食量的能力，即日粮的消化率低的增加采食量，消化率高的降低采食量，根据此特点可充分用粗饲料以降低饲养成本。常用的粗饲料为玉米秸秆，精饲料包括玉米和各种油粕类。一般情况下，精料补充料占日粮的 30%，即每只成年母鹿每天 0.5 kg，公鹿 1.0 kg。特殊生理阶段，如公鹿生茸期和母鹿哺乳期可适当增加精料补充料的饲喂水平。

1. 公鹿的饲养管理 可以分为 4 个时期，生茸前期、生茸期、配种期、恢复期。在生茸期鹿茸生长快，应供给充足的精饲料和青绿饲料，每只每天供应粗蛋白质含量为 20% 的精饲料补充料 2 kg 左右。9—11 月为配种期，这期间公鹿性冲动强烈，食欲减退，易于争斗。应设专人看管，做好配种记录，并及时制止公鹿间顶架。日粮上要求适口性强，营养丰富。每年 12 月至翌年 3 月为公鹿的越冬期，越冬期的公鹿要尽快恢复体况，减少体能消耗。

2. 母鹿的饲养管理 配种期的母鹿，日粮应以粗饲料为主，精饲料为辅，在管理上，要整顿鹿群。母鹿妊娠期应注意营养的供应和加强运动，注意保持较高的营养水平，要选择品质较好、适口性强的饲料。圈舍要保持清洁、干燥，每年 3—4 月，检查调群，对空怀、瘦弱、患病妊娠母鹿分出单独组群饲养。母鹿的产仔和哺乳期要注意饲料的多样化，提高适口性，以增加采食量和提高消化率，管理上要注意卫生，经常对圈舍进行消毒。在妊娠后期和哺乳期饲喂乳酸菌类益生素可有效减少鹿舍有害微生物数量，预防仔鹿腹泻的发生。

3. 幼鹿的饲养管理 对于初生仔鹿，应让其尽早吃到初乳。对弱生仔鹿要把仔鹿身上的胎水擦拭干净，防止其衰弱或死亡。如出现产后母鹿无乳、缺乳或死亡，可采用人工哺乳。仔鹿在生后 15~20 d 开始随母鹿采食一些精、粗饲料，同时出现反刍现象，这时可投给营养丰富易消化的混合精料。仔鹿舍内应平坦、干燥、水质清洁。在 8 月中旬或下旬，实行一次性离乳分群，用本圈驯化较好的大母鹿将所有仔鹿顺利领进预定仔鹿圈内，然后慢慢拨出大母鹿。当仔鹿群稳定和采食正常之后，抓住可塑性大的有利时机，经常有规律地进行驯化。

（四）鹿茸采收和初加工

1. 鹿茸的生长发育 公鹿出生后 9~10 月龄（翌年春天），逐渐生长出鹿茸，被毛较长，称为初角茸，俗称毛桃。9 月以后鹿茸骨化，茸皮脱落形成鹿角，直到翌年春天鹿角脱落重新长出新鹿茸，以后周而复始每年再生，骨化，脱落，再生。鹿角脱落后角基的上方呈现一个创面，皮肤逐渐向中心生长，在顶部中心愈合，几乎不留有痕迹，以后鹿茸逐渐向上生长。经过 20 d 左右的生长，梅花鹿鹿茸开始向前方分出第一个支（眉支），马鹿则连续分支形成眉支、冰支。当生长到 45~50 d 时，鹿茸顶部开始膨大，梅花鹿由主干分生出第 2 个侧支，马鹿则分生出第 3 侧支。继续生长，一般梅花鹿鹿茸可分生出 4 个侧支，马鹿可分生 6~7 个侧支。之后骨化脱皮形成鹿角。

2. 鹿茸的采收 初角茸一般长到 10 cm 左右时收取，之后可生长出分叉的再生茸。梅花鹿鹿茸在眉支形成后，第 2 个支分生出来之前采收称为"二杠茸"。第 2 个支形成后第 3 个支分生之前采收称为"三叉茸"。马鹿冰支形成后第 4 个支分生前收获称为"三叉茸"。也有收获"四叉茸"的，主要根据鹿茸生长的粗壮度和嫩度决定。

采收鹿茸时要对公鹿进行保定，规模化饲养场常用"吊圈"进行机械保定，家庭养鹿场多用麻醉法保定。锯茸前将鹿茸基部用麻袋线扎紧，可阻断鹿茸皮下血液循环，起止血作用。之后，用铁锯在鹿茸基部上方约 2 cm 处快速锯下鹿茸，锯口用骨蜡涂抹或其他止血材料止血即可。

3. 鹿茸初加工 收获的鹿茸清理干净后需进行初加工，主要目的是使鹿茸干燥，以利于长期保存和运输。传统方法是将鹿茸用 90 ℃ 左右的热水反复煮炸、冷却后（称"炸茸"），进行风干或烘干，干燥后即为商品鹿茸。目前，也有用冷冻干燥法干燥鹿茸，而且证明可有效保留鹿茸中热不稳定的有效成分。

二、麝

麝的产品为麝香,是我国传统的名贵药材。

(一) 生物学特性

麝在分类学上属于哺乳纲真兽亚纲偶蹄目鹿科麝属。我国麝的种类包括马麝、原麝和林麝,人工驯养的主要为林麝,在陕西和四川有一定数量的养殖,目的为获取麝香。

麝形似鹿,无角,头小而长,耳长而直立,吻端裸露。公麝上犬齿发达,形成向外弯曲的獠牙状。母麝上犬齿小,包在唇内。雄麝腹部肚脐与睾丸之间的正中线处,有一椭圆形、突于体表的香囊,囊内有麝香腺,含有颗粒状或粉状的麝香。

麝属于山地森林动物,多生活在海拔1 500~4 500 m的高原山区。其既怕严寒和酷热,又怕劲风。麝生性胆小、急躁,性情孤僻,独居、不成群。其嗅觉非常灵敏,视觉很好,在黑暗中能看清周围的事物。

麝的食性很广,喜欢啃食各种幼芽、嫩枝,特别是带有涩味、苦味、甜味的植物。雄麝1.5岁开始分泌乳白色液态麝香,以后每年5—6月周期性地分泌1次,4~7岁是分泌高峰。

(二) 繁殖

在一般饲养管理条件下,公麝14~18月龄、母麝7~18月龄达到性成熟。公母麝的适配年龄一般为3.5岁和2.5岁。其为季节性多次发情动物,发情季节一般在10月下旬至翌年3月上旬。整个发情季节母麝要经历3~5个发情周期,每个发情周期为19~25 d,发情持续时间为36~60 h,排卵期多在发情开始后的18~20 h。

大多数麝在发情季节野性很强,用人工授精来完成配种任务有一定难度,自然交配仍是主要配种方式,主要为单公群母和群公群母配种法。

麝的妊娠期为178~189 d,其妊娠期的长短与饲养管理水平、母麝年龄、胎儿性别、胎产仔数等因素有关。产前10 d左右,乳房明显增大;临产前的3~5 d采食量下降,喜卧僻静处,活动减少、尿次数增多。麝的产仔期从5月初开始,6月末或7月初结束。

(三) 饲养管理

麝为草食性反刍动物,可食饲料的种类繁多。饲养公麝的目的是使公麝有较强的配种能力和较大的泌香量。公麝在泌香期和配种期一般采取短期优饲的方式饲养,即提高精料补充料的供给量。对于生产公麝,要保证圈舍安静,减少各种应激因素对泌香的影响。妊娠后期和泌乳期的母麝,也采取短期优饲的方式饲养。在管理上要注意母麝的发情情况,及时安排配种,做好配种记录。妊娠期及哺乳期要保持圈舍清洁干燥,冬季要及时清扫积雪,保持麝群安静。幼麝新陈代谢十分旺盛,对营养需求量大。生长前期要特别注意钙、磷的供应,中期给足够的蛋白质,后期增加能量饲料。仔麝应注意驯化,培养其合群性。

(四) 人工活体取香

一般每年7月取麝香1次。准备好挖勺(一般用胆囊刮勺)、盛香盘、碘酒、乙醇、消炎软膏、镊、纱布等取香物品。一人抓住麝的后肢向上提起,跨骑在背上,用两腿将麝夹住固定,也可一人坐在椅子上,将麝放在腿上,右臂压住麝的颈部,右手握住麝的两前腿;左臂压住麝的臀部,左手握住两后腿进行保定。剪去覆盖在麝香囊口的毛,用乙醇消毒囊口。取香人左手食指和中指夹住香囊基部,小指和无名指固定香囊体,拇指分开香囊口,右手将经过消毒的挖勺慢慢伸入香囊内,最深不能超过2.5 cm,转动挖勺并向外挖取,使麝香顺口落入盛香盘内。倾斜取出挖勺,以防撑破囊口。将取出的麝香干燥后保存在密闭的容器内。

三、中国林蛙

中国林蛙是食药两用的珍贵蛙种,雌蛙输卵管的干品入药,林蛙肉质细嫩,味道鲜美,营养丰富，深受人们青睐。

（一）生物学特性

中国林蛙在分类学上属于脊索动物门脊椎动物亚门两栖纲无尾目蛙科蛙属。中国林蛙体型较小而修长，体长 40～50 mm。头部扁平，眼间距大于眼径，鼓膜显著。中国林蛙体色变异较大，在不同季节和不同产区其体色有所区别。中国林蛙一年的生活可分为陆地生活的森林生活期及水中生活的冬眠期和繁殖期几个不同阶段。春季繁殖后 5 月初一直到 9 月下旬进入山林转入森林生活时期；冬眠期为 9 月中下旬到翌年的 4 月初或 4 月中旬结束，6 个月左右；每年的 4 月初到 5 月初，约 1 个月的时间，是林蛙出河、配对和产卵的时期，即繁殖期。林蛙与其他两栖动物一样，只能捕食活的动物性食物。

（二）繁殖

一般为人工产卵及人工孵化，种蛙的选择很重要，常选用体长 6 cm，重 25 g 以上，发育良好的二年生蛙作为种蛙。人工产卵采用产卵箱产卵或水池散放产卵法，种蛙大概 16：00～17：00 时放入产卵箱，24：00 后开始产卵，大部分 48 h 排卵完毕，开始按时捞卵，不可停止；而水池散放产卵法是将种蛙以 50 对/m² 的密度散放到水池里，捞卵同产卵箱产卵法。人工孵化前要修整、补修产卵孵化池埂，清除池底淤泥，孵化前放水灌池。林蛙卵在其发育和孵化过程中，各阶段温度要求不同，囊胚期的适宜温度为 5～7 ℃，原肠胚期为 8～10 ℃，神经胚期为 12 ℃左右，之后一直到孵化期的最后阶段适宜的水温为 10～12 ℃，孵化水温高于 20 ℃时变态后雄蛙比例增加。

（三）饲养管理

1. 蝌蚪的饲养管理　蝌蚪日龄小时，耗氧量小，食量少，可以密集饲养，随着日龄增加，要进行疏散，降低密度。喂养蝌蚪的饵料，需经过加工处理，饵料熟化之后蝌蚪才能取食，投饵可以用堆状投饵法或分散投饵法。10 日龄前的蝌蚪每天投喂 1 次，生长中期每天投饵 2 次，第 1 次要在 6：00 开始，第 2 次在 13：00 开始，蝌蚪生长到 20～30 d 时，每天要在 6：00、12：00～13：00、15：00 各投喂 1 次。

2. 变态期的蝌蚪饲养管理　应将变态蝌蚪送往放养场内的变态池，要不间断地向变态池供水并加强变态幼蛙的饲养管理。林蛙蝌蚪变态最低水温为 15 ℃，最适宜温度为 20～26 ℃。在完成变态 1 周左右尚留在变态场范围内活动的幼蛙为变态幼蛙，这期间要在幼蛙密集处加遮蔽物，防止幼蛙因干旱死亡。要有充分的食物供应，要保持 4～5 cm 的土层，再将枯枝落叶铺放土层之上，使土壤动物有所增加，可为幼蛙补充食物。

3. 人工放养　前一年的蛙卵发育成的幼蛙，要实行集中放养，以提高回捕率和产量。幼蛙在放养池里春眠，放养场温度条件较好时最好实行春眠前放养，这样可以省去保管幼蛙春眠的环节。放养时白天气温应在 7～10 ℃，密度为 2～6 kg/m²。另外，当春季气候条件不适宜时，如遇寒潮和低温等，可以采用春眠后放养法。这种方法的关键是加强春眠管理，使幼蛙安全度过春眠期。种蛙也要进行放养，雌蛙产卵后立即进入产后休眠，所以在产卵后数小时内，要将雌蛙从产卵场移出，送入放养场。

4. 林蛙的越冬管理　若林蛙在山涧越冬，则要经常检查溪流的水流情况，防止冻干断流，还要预防天敌的危害。而在越冬池越冬是目前最好的保存种蛙的方式，种蛙存活率高，死亡率低，简便易行。池壁及池底可用砖石水泥修筑，也可用塑料薄膜围墙，平时要经常检查和调整水位。

（四）产品采收和初加工

林蛙的主要产品是林蛙油——干燥的雌性林蛙的输卵管。每年 9 月下旬，当气温下降到 12 ℃左右时，林蛙即从山上往下向越冬场移动，在山脚下用塑料薄膜围起栅栏，晚上捕捉林蛙。将 2 龄以上的雌性林蛙处死、干燥。干燥后的林蛙可直接作为商品出售，或喷淋少许水，用麻袋或其他织物覆盖，待林蛙皮软化后剥离输卵管，干燥后即为成品林蛙油。

四、鳖

鳖是我国传统的滋补品，具有极高的营养价值和药用价值，目前已被广泛饲养。

（一）生物学特性

鳖俗称甲鱼、水鱼，属于爬行纲龟鳖目鳖科，鳖科共有6属20余种，主要分布在亚洲、非洲和北美洲的部分地区。目前，饲养最多的主要为中华鳖和山瑞鳖，均为淡水生，两栖生活。嗅觉及触觉较发达，听觉敏锐，冬眠期间感官和神经系统的机能处于极低水平。鳖属于变温动物，其体温随环境温度变化而变化，27~33 ℃是鳖的最适生活温度。鳖为杂食性动物，喜食动物性饵料，耐饥饿能力特别强，较长时间不摄食也能生存。雌雄异体，卵生，体内受精。

（二）繁殖

每年4月，当水温达到20 ℃以上时鳖开始发情，产卵期为5—8月，其中85％左右的雌性个体集中在6—7月产卵，历时约90 d。鳖的产卵与当地的气候关系密切，但不影响精子的形成和存活。选取4岁左右，体重1.0 kg以上，健壮的个体作种鳖。性成熟后，可根据尾的长短鉴别鳖的性别。雌鳖尾短，在背甲的裙边外面看不到尾尖，后肢相对较宽；雄鳖尾长，能自然伸出裙边外，后肢间距较窄。在种鳖的投放中，雌雄比例一般为9∶1，雌鳖交配后约14 d开始产卵，多在22∶00至翌日凌晨4∶00，卵产出经8~24 h可将卵从穴中移出进行人工孵化。面盆内铺1~2 cm厚的沙作为收卵用具。

（三）饲养管理

鳖的人工养殖过程中，温度是影响其生产的因素，在亚热带及温带地区，鳖的养殖长达4~5年。如果饲养鳖的水温保持在15 ℃以上，鳖就不会进入冬眠而继续生长发育，1年半到2年半即可达上市规格。如果水温在30 ℃左右，12个月即可上市。目前有用人工控温的方法来养殖以延长周年中鳖的生长时间。

1. 非控温养殖 鳖好斗，小鳖常被大鳖吞食，所以应该进行分级饲养，包括种鳖的养殖、稚鳖的养殖、幼鳖的养殖和成鳖的养殖4个部分。刚出壳的稚鳖体质比较弱，适应能力差，应在室内放养，密度一般以50只/m^2为宜。每天投饵量一般为鳖总重量的5％~10％，上、下午各投饵1次，每3~5 d换水1次。稚鳖越冬后就长成了幼鳖，此时每天9∶00投饵1次，投放鳖总重的5％~10％，5月以后鳖进入最佳生长季节，应给予充足的饵料。此时5~6 d换1次水，且此时应做好防暑和保温工作。幼鳖经一年的饲养，其体重可达50~100 g，冬眠后于翌年春季进入成鳖饲养期。尽可能按体重的差异分池饲养，3年龄鳖的放养密度以5只/m^2为宜。每天上午按体重的5％~10％投饵1次，5月以后，每天总饵量按体重20％上、下午各投饵1次。鳖对水体的利用仅限于一定层次，一般主张螺、鱼、鳖混养，螺类是鳖喜欢的饵料，饲养鱼类可以控制浮游生物的数量，避免水体恶化，同时又可创造直接的经济效益。一般来讲，鳖、螺、鱼的养殖比例按（个体数）1∶1∶1比较恰当。

2. 人工控温养殖 可利用温泉和工厂余热对水加温，或采用锅炉加温。

（四）产品采收和初加工

鳖一年四季皆可捕捉。将捕捉到的活鳖，切下头部，取出背甲，干燥；或将去头宰杀的鳖放入沸水中煮2 min，取出，洗净体表膜状物，再放入锅内煮15~30 min，取出背甲，去净残肉，洗净晒干即得鳖甲。

（五）常见疾病

鳖的常见病有腮腺炎、腐皮病、赤斑病、毛霉病、疖疮病等。此外，鳖身体内还易寄生钟形虫、水蛭等。

五、蜜　　蜂

（一）生物学特性

1. 分类与分布　蜜蜂在分类学上属于节肢动物门昆虫纲膜翅目细腰亚目蜜蜂总科蜜蜂科蜜蜂亚科蜜蜂属。蜜蜂属中有 4 个种，即大蜜蜂、小蜜蜂、东方蜜蜂和西方蜜蜂。种与种之间不能杂交。大蜜蜂和小蜜蜂主要分布在我国的云南、广西等地。

2. 形态学特征　蜜蜂体分成头、胸、腹 3 部分。其体表由几丁质的外骨骼包裹着，起着支撑和保护内部器官的作用。其体表密生绒毛，有护体和保温作用。蜜蜂的绒毛有实心毛和空心毛 2 种，实心毛有利于黏附大量花粉粒。

3. 生活习性　蜜蜂是一种社会性昆虫，它们以蜂群的形式生存和发展，蜂群是由蜂巢和许多蜜蜂组成的有机体。一群蜂通常由形状各异、内部结构特点显著、分工明确的三型蜂（蜂王、工蜂、雄蜂）组成。

（二）繁殖

蜜蜂属孤雌性生殖的昆虫。蜂王所产的卵有 2 种，产在王台里的卵受哺育蜂的特殊照顾，自始至终食用蜂王浆，营养结构好，发育成蜂王；产在工蜂房内的卵，发育成工蜂；产在雄蜂房内的卵得到与工蜂相同的待遇，发育成雄蜂。生产上常采用人工育王的形式繁育蜂王。

（三）饲养管理

对缺蜜的蜂群喂以大量高浓度的蜂蜜或糖浆，使其能维持生存。在蜂巢中有较多储蜜的前提下，可喂给少量稀薄的蜜汁或糖浆，促进产卵育虫。一个强群一年可采集 25～35 kg 的花粉，所采花粉主要用来调制蜂粮养育幼虫。在蜜蜂繁殖期内，如果外界缺乏粉源，需及时补喂花粉。在气候干燥时，在蜂场附近设置饮水器补喂 0.1% 的盐水。

（四）产品采收和初加工

1. 蜂蜜的生产　蜂蜜是蜜蜂采集植物花蜜腺的花蜜或花外蜜腺的分泌液，混合蜜蜂酶液经过充分酿造而成储藏在巢脾内的甜物质，水分蒸发浓缩后，半蜜汁储在巢房中，经过不断添加和熟化，当蜜成熟储满巢房时，蜜蜂再用蜡将蜜房封上盖。取蜜时需将蜂房取出，脱去附在上面的蜜蜂，将胶盖割去，放入特制的取蜜器内将蜂蜜取出。

2. 蜂王浆的生产　蜂王浆是蜜蜂巢中培育幼虫的青年工蜂（保姆蜂）咽头腺的分泌物，是供给将要变成蜂王（母蜂）的幼虫的食物。生产蜂王浆的用具主要有采浆框、塑料台基条、移虫针、刮浆匙、削台刀、盛浆瓶、冷藏箱及冰块、乙醇、冰箱等。采浆框是一木质框中固定 3～4 根 11 mm 方木条，每个木条上捆绑一条台基条，上有 30 余个房孔。将刚孵化的小幼虫用移虫针放入台基的房孔的底部，每孔放 1 只幼虫（初次移虫时向每个孔内加少量蜂王浆）。移完一框后立即送入采浆群中，经 70 h 左右即可取浆。由蜂群中提出采浆框，扫下蜜蜂，用削台刀削去台基上的多余蜡质，将台基里的幼虫取出放在瓶中，用刮浆匙将台基中的蜂王浆刮出装瓶。瓶满后放入冰箱冷冻保存，取浆后立即移虫，连续生产蜂王浆。

3. 蜂胶的生产　蜂胶是工蜂从某些植物的幼芽和树干上采集的树胶与树脂，并混入上颚腺分泌物和蜂蜡等加工而成的胶状物。可在饲养时随时刮取，或用一些专用设备如用尼龙纱和格栅集胶器取胶。

六、蝎　　子

（一）生物学特性

蝎子在动物分类学上属于节肢动物门蛛形纲蝎目。除南极、北极及其他寒带地区外，呈世界性分布。我国蝎子约有 15 种，其中最常见和经济价值较高的为东亚钳蝎。蝎子是变温动物，一年四季随气候变化而表现出不同的生活方式。一般分为4个阶段①生长期：从每年的4月上旬至9月上旬约150 d，为蝎子的最佳生长期；②填充期：自9月下旬至10月下旬约45 d，蝎子积极储备营养，进行躯体脱水，准备冬眠，故称为填充期；③休眠期：从11月初至翌年2月中旬约120 d，蝎子处于休眠状态，进入休眠期；④复苏期：从3月上旬至4月上旬约40 d，处于休眠状态的蝎子开始苏醒，出蛰活动。

蝎子为卵胎生动物，性成熟要经6次蜕皮过程。每年7月中下旬至8月初，孕蝎产仔，小蝎开始生长。蝎子有认窝、识群性，多在固定的巢穴群居。蝎子为肉食兼食植物性多汁食物的动物。

(二) 繁殖

野生蝎一般需要26个月左右达性成熟。7龄蝎（经过6次蜕皮）为性成熟蝎。

母蝎每年可繁殖2次。一次是在5—6月，另一次是在母蝎产仔后，仔蝎脱离母背不久，在8月前后繁殖。雌蝎在交配后将精液储存在纳精囊内，精子可以长期在体内储存，待卵细胞发育成熟后受精。雌蝎交配1次可连续产仔3~5年。

(三) 饲养管理

蝎子较理想的食物有黄粉虫、土鳖虫、蛾幼虫等。猪、牛、羊、鸡的新鲜肉绞碎后也可以饲喂。蔬菜叶、多汁瓜果、麦麸等也可作补充饲料少量投喂。目前，已有多种昆虫可以进行大量的人工养殖，并已成为人工养蝎的主要饲料来源，如蚯蚓、地鳖虫、肉蛆、黄粉虫等都已养殖成功。夏季，用荧光灯、黑光灯或食饵，可诱捕许多昆虫，供蝎子食用。

蝎子人工养殖应保证饲料的新鲜和清洁，避免因剩余饲料霉变、腐败污染环境，导致疾病蔓延。饲料和水应分别放在食盘和水盘中，不要将饲料直接放在运动场和巢穴内。水盘、料盘为白铁做成的边高0.5 cm的方形浅盘。

每天投喂新料和新鲜洁净的水。保证出穴采食的蝎子均能获取足够的饲料营养。在供给活昆虫时，让其自由采食，供混合饲料时，要控制饲喂，以不剩料为宜。

春季蝎子刚复苏出蛰，活动能力差，既不饮水也不摄食，加之春天气温变化大，常遇寒流，要注意防寒保暖。当气温回升到25 ℃以上时，蝎子夜间出穴活动开始逐渐增多，要及时投食给水，以防因饥饿引起互食，还要注意调节活动场地的土壤湿度。刚复苏的蝎子，既要做到及时投喂，又不宜过早给食，春天气温低，蝎子消化能力差，以免引起消化不良甚至腹胀死亡。

夏季是蝎子活动和生长、繁殖最旺盛的时期。立夏以后，一般防寒保暖措施即可解除。芒种后，蝎子进入最适生长期，蝎子的活动量、采食量、生长发育速度都明显提高，食物和饮水要充足。小暑以后，蝎子进入繁殖期，雄蝎准备交尾，雌蝎准备妊娠产仔。此期，以活食、肉食为主。进入多雨季节后，环境潮湿、闷热，加强通风换气，及时清除蝎巢中剩余食物，以免霉变污染环境。此期，应勤观察蝎子，并加强防治病害和防治蝎子天敌的措施。

7月、8月产出的幼蝎，入冬前要分群。冬眠前，蝎子体内营养储备增加，采食量增加，此期适当增喂肉食饲料，以利于蝎子增强体质，储备能量。还要降低养殖环境湿度和饲料含水量，以减少蝎子体内游离水的含量，增加蝎体抗寒能力，以便安全度过漫长的冬天。

霜降以后，随着气温的急剧下降，蝎子停止活动进入冬眠。冬眠期要注意防寒，室内养殖一般不需采取专门防寒措施。如果室外池养，可将蝎窝封严，达到保暖效果。冬季还要防鼠，避免老鼠采食蝎子。

(四) 产品采收和初加工

蝎子一般在3—4月出蛰后开始采收，用清水清洗使其吐出和排出消化道的内容物后，用盐水或淡水煮20 min左右，捞出阴干即成咸全蝎或淡全蝎。

七、蜈 蚣

(一) 生物学特性

蜈蚣属于节肢动物门多足纲唇足亚纲整形目蜈蚣科蜈蚣属。蜈蚣的种类很多，分布也很广。人工养殖的药用蜈蚣中，主要是少棘蜈蚣和多棘蜈蚣2个地理亚种。少棘蜈蚣主要分布于湖北、江苏、浙江、河南、陕西等地，而多棘蜈蚣主要分布于广西都安一带，体大质优。

蜈蚣体扁而细长，成熟个体一般长10～12 cm，最短6 cm，最长可达14 cm，体宽0.5～1.1 cm，头部有1对细长分节的触角，共分17小节，除基部6小节外，都被有细密的绒毛。

蜈蚣天性畏光，昼伏夜出，喜欢在阴暗、潮湿、温暖、避雨、空气流通的地方栖居；蜈蚣的钻缝能力极强，蜈蚣的活动频率与气温、气压、湿度、降水量、光照时间等气象因素有一定关系；为典型的肉食性动物，食性广，性情凶猛，凭着其可射出毒汁的颚爪，可捕食比其大得多的各类小型动物；生长发育较慢，蜈蚣从卵开始到发育长大为成虫再产卵，需3年时间，蜈蚣从卵孵化、幼虫发育、生长直到成体，均需经过数次蜕皮，一般1年蜕1次皮；气温降至10 ℃以下时，蜈蚣便进入冬眠期。

(二) 繁殖

春末夏初是蜈蚣的交配季节，当气温在20～25 ℃时，性成熟的蜈蚣即有求偶表现。求偶时，雄体先不停地摆动触角，招引雌体，雌体也主动向雄体靠近。两性交配时间不超过1 h。

蜈蚣为卵生动物。受精卵在体内孕育26～30 d后，卵粒开始发育成熟。产卵前蜈蚣腹部紧贴在泥窝上，用头板、口器和前步足挖掘1个1 cm深的洞穴。一般产卵过程需2～3 h。产卵一般在夜间，也可在傍晚、清晨。1次产卵量为40～50粒。产卵季节在6月下旬至8月上旬，而以7月上、中旬为产卵旺期。

(三) 饲养管理

1. 蜈蚣的饲料 主要有以下几类：一是各种昆虫；二是蠕虫、蚯蚓、蜗牛等无脊椎动物及蛙、蛇、蜥蜴、壁虎、麻雀、鼠、蝙蝠等动物的肌肉、骨骼、内脏等；三是以上食源不足时，也可食少量青草的嫩芽、枝梢、根类和西瓜、黄瓜及蛋类、牛乳、面包等熟制品。人工饲养时，可喂给泥鳅、黄鳝、小虾、小蟹及人工饲养的黄粉虫和以动物肌肉为主的配合饲料。

蜈蚣的饲料虽然广杂，但要求食物新鲜。人工养殖时，必须每隔2～3 d投喂1次新鲜饲料。投料前必须彻底清除前次剩余的食料。

蜈蚣不耐渴，每天需饮水。因此，饲养场内必须放置盛水器皿，并定时换水，以保持饮水的新鲜、清洁。

2. 饲养管理

(1) 幼蜈蚣的饲养管理：刚脱离母体的幼小蜈蚣，体型弱小，抗逆性差，可放在塑料盒或缸中饲养，温度控制在20～30 ℃，窝泥相对湿度为30%～40%，饲以鲜水果皮、煮熟的蛋黄，或将全脂奶粉水沏后浸在海绵里，放置在小塑料布上，让幼小蜈蚣吸吮。饲料要勤换，保持新鲜，禁用霉败饲料。

(2) 成蜈蚣的饲养管理：幼蜈蚣盒养45 d后，即可转入养殖池内饲养。蜈蚣是变温动物，对四季气温一般都能适应，除食物外，温度的高低又决定着它的生长速度、生存与死亡。

(四) 产品采收和初加工

大量捕捉野生蜈蚣的时间为4月下旬至5月下旬。这段时间的蜈蚣，腹内容物较少，加工时容易干燥，品质较高。人工饲养蜈蚣的捕捉：一般在7—8月捕捉，或根据需要在9—10月捕捉。主要捕捉长度为12 cm以上的雄体和老龄雌体。捕捉时可用镊子或竹夹子夹住蜈蚣头部，放入容器中待加工。

药用蜈蚣为干燥的整体，加工时先将蜈蚣用沸水烫死，然后取与其长度相等的竹签，将两头削尖，一端刺入其头部的下边，另一端插入尾部，借助竹签的弹力，使其伸直，置于阳光下将其晒干或用火烤干。

第三节 毛皮动物生产

以取裘皮为目的而饲养的动物称为毛皮动物，包括水貂、狐和貉等。

一、水 貂

养殖水貂的主要目的是生产貂皮。貂皮是制作貂皮大衣的原料，少量的貂心和貂油作为医药和化妆品的原料。

（一）生物学特性

水貂属于哺乳纲食肉目鼬科鼬属的一种小型珍贵毛皮动物。原产于美洲，自然分布在北纬40°以北的地区。水貂外形与黄鼬十分相似，体躯细长，头小，颈粗短，尾细长，肛门两侧有1对臭腺。通常将黑色或黑褐色水貂称为标准水貂，其他颜色的称为彩貂。成年公貂体长38～42 cm，尾长18～22 cm，体重1.6～2.2 kg；成年母貂体长34～37 cm，尾长15～17 cm，体重0.7～1 kg。野生水貂多穴居于林溪边等有水的环境中，喜夜间活动，性情孤僻、凶猛。行动敏捷、听觉灵敏。以肉食为主。季节性换毛，每年春季和秋季各换毛1次。

（二）繁殖

水貂是季节性繁殖动物，每年2—3月发情交配，在妊娠的最初阶段，由于黄体活性受抑制，影响孕酮分泌，早期胚胎在子宫内呈游离状态，发育缓慢，此期称为胚泡滞育期，胚胎经1个月左右着床，发育加快。母貂4月下旬至5月下旬产仔，年产1胎，每胎产仔5～8只，仔貂平均初生重为8～11 g。人工饲养条件下5～9月龄成熟，当年育成的种貂，翌年春天就可配种，可繁殖年限为8～10年，种貂一般利用3～4年，但目前养貂场为节约饲养成本，仔貂断乳后即屠宰母貂，用新生仔貂作为翌年的繁殖母貂。

（三）饲养管理

水貂属食肉动物，在人工饲养方面，用多种饲料配制日粮。动物性蛋白类饲料，如杂鱼、畜禽肉、家畜屠宰及肉品加工的副产品，一般不少于蛋白饲料的40%；植物性蛋白饲料，如豆类、饼类；能量饲料如玉米等，喂前要熟化（如膨化和蒸煮等）。饲料要调制成糊状，放在食盆中或直接放置在笼子上饲喂。

1. 成年水貂的饲养管理 配种期公母貂由于受发情影响，营养消耗大，此期要加强饲养管理，供给优质全价、适口性好、易消化的饲料。在整个配种期，公貂交配次数不应超过20次。妊娠期的水貂，在配制日粮时，要尽量做到营养全价。母貂产前1周食欲开始下降，此时应提高日粮营养水平，减少喂量，产前5 d清理窝箱，并进行彻底消毒。母貂刚分娩后体力消耗很大，消化机能弱，应开始供给稀料，7～8 d后达到饲养标准的规定量。在水貂的换毛期，其对铜、维生素A、脂肪及含硫氨基酸等物质的需求明显增大。而繁殖期对蛋白质、必需氨基酸、多种维生素需求量增大，脂肪需要量减小。夏季做好防暑降温以及日常的疾病防治工作。而在冬毛期，应增加日粮中蛋白质和脂肪的含量，应特别注意含硫氨基酸的供应。最好把皮用貂养在棚舍的阴面或最低层。保持笼舍清洁干燥，避免粪便或饲料污染被毛，一旦发现毛被污染，应及时梳刷。

2. 幼貂的饲养管理　初生仔貂的体重小，且身体的各个组织器官发育不完善，体质较弱，易生病。对于幼貂，出生后的6～8 h进行第1次检查，做好分娩记录，统计总产仔数、产活仔数及性别等，了解水貂的哺乳情况，对于吃不到初乳的仔貂应寄养。采取必要的保温措施，对于体弱的母貂，应提前断乳，全窝仔貂发育均衡可同批断乳，不均衡可分批断乳。仔貂一般于6月中旬断乳、分窝。以往对商品貂皆采取单笼饲养，国外的饲养实践证明，每个笼子可饲养3～4只仔貂，体型大、中、小混合搭配，可防止打架，又可促进增重，还可节约笼舍。国内近年也有尝试，取得了良好的效果。

（四）产品采收和初加工

水貂取皮季节为11月下旬到12月上旬，此时毛皮自然成熟，取下的皮称为季节皮，春季配种以后（3月15日左右）取下的皮称为春皮，生产中还可埋置褪黑激素促进毛皮早熟（埋置激素后60～110 d即可成熟），取下的皮称为"激素皮"。

水貂取皮和初加工包括以下环节。

1. 动物处死　水貂通常用氯化琥珀胆碱注射或一氧化碳致死，狐、貉用电击法致死。

2. 剥皮　水貂一般采用圆筒式剥皮法，具体操作程序如下。

挑裆：先用挑刀从后肢爪掌中间，沿背腹毛长短分界线，横过肛门前缘3 cm直挑至另一只后掌中间，再从肛门后缘沿尾中线至尾长的1/3处，再挑开肛门两侧与尾根处连接的皮肤，去掉1小块三角形毛皮，留在肛门。挑开肛门两侧皮肤时，挑档应紧贴皮肤，以免挑破肛门腺。

剪除前肢脚掌：用骨剪从腕关节处剪掉两前肢的脚掌。

剥皮：挑挡后，要用锯末洗净挑开处的污血。剥皮时先将手指插入后肢的皮和肉之间，用手指仔细剥下整个后肢的皮，剥到掌骨处，用左手用力往下拉皮，右手用剪刀剪开皮与肉的连接处。当露出最末一节趾骨时，用剪刀剪断趾骨，使后爪翻包在腿皮内。剥至尾皮时，用手或钳抽出尾骨，并将尾皮全部挑开。然后将两后肢一同固定在工作台上，两手抓住皮张后缘，向头部方向翻剥，使之成筒状。剥公貂皮时，剥到腹部包皮处先剪断阴茎口，以免撕坏皮张。剥至前肢处，用手将前肢从皮筒中翻出。剥至头部时，切勿将眼裂、耳孔和嘴角割大。要注意保持耳、眼、鼻、唇部皮张的完整。在剥皮过程中，边剥边撒锯末或麸皮。

3. 刮油　有机器刮油和手工刮油2种方法。

机器刮油：刮1张皮只用40～60 s，先将筒状生皮套在刮油的木制辊轴上，拉紧后用铁夹固定两后肢和尾部。右手握刀柄，接通电源，机械刮油刀即开始旋转。刮油时，先从头部起刀，使刀轻轻接触皮板，同时向后推刀到尾部，依此推刮。使用刮油机时，起刀速度不能过慢，更不能让刀具停留在一处旋转；否则，由于刀具旋转摩擦发热，损伤皮板，造成严重脱毛。皮板上残留的肌肉、脂肪和结缔组织要修刮干净。

手工刮油：把筒皮放在合适的粗橡皮管上（也可用直径3.5 cm、表面光滑的硬胶棒），用刀刮去脂肪和肌肉。刮油时，把鼻端挂在工作台的钉子上，然后从尾部和后肢开始向前刮，边刮边用锯末搓洗皮板和手，以防脂肪污染毛绒。刮油时应转动皮板，平行向前推进，直至耳根。刮乳房或阴茎部时，用力要稍轻，其他部位也要用力适当，四肢和尾部要刮净。头部皮板上的肌肉往往无法用力刮净，因此在刮油完成后，要用剪刀将头部皮板上的肌肉去除。

4. 洗皮　用转鼓和转笼洗皮，机器洗皮效果好，洗除油污，使毛绒洁净而达到应有的光泽。先将皮筒的板面朝外，放进有锯末的转鼓中，转几分钟后将皮取出，然后翻转皮筒使毛被朝外，再放进转鼓中洗。洗皮用的锯末一律要筛过，除去其中的细粉，因过细的锯末会黏在绒毛内，不宜去除，把洗完的貂皮再放入转笼里甩净锯末和尘屑。转鼓、转笼的速度控制在18～20 r/min，各运转5～10 min即可。

5. 上楦　使用国际统一规格的楦板。我国水貂皮楦板分2种，一种是公皮楦板，另一种是母皮楦板。公皮楦板长110 cm，厚1.1 cm，由楦板尖起至2 cm处宽3.6 cm，至13 cm处宽5.8 cm，至90 cm处宽11.5 cm；母皮楦板长90 cm，厚1 cm。由楦板尖起至2 cm处宽为2 cm，至11 cm处宽5 cm，至71 cm处宽7cm。使用时先把专用纸套套在楦板上，再把貂皮朝外套在楦板上，拉住两前腿调整皮形，并把两前腿顺着腿筒翻入胸内侧，使露出的腿口和全身毛面平齐。然后翻转楦板，先上正头部，拉两耳使头部尽量伸长，再拉臀部，将尾基部尽量拉宽、固定，并使臀部边缘与尾根平齐，用图钉或细网片固定。尾部拉宽展平，使尾的长度缩短2/3或1/2，摆正后以细网片压在尾上，用图钉或小钉固定。背面上好后，再翻上腹面，拉宽两后腿，铺平在楦板上，使腹面和臀部边缘平齐，两腿平直靠紧，盖上细网片，用小钉固定。最后把下唇折向外侧。

6. 干燥　将上好楦板的皮张送入干燥室，分层放置于风干机的皮架上，将皮张嘴部套入风干机的气嘴上，让空气通过皮张的里侧带走水分风干。生皮最适宜的干燥温度是18～25 ℃，相对湿度55%～65%，严禁在高温（高于28 ℃）或强烈日光照射下进行干燥。在室温20～25 ℃，每分钟每个气嘴喷入空气0.20～0.36 m³的条件下，24 h左右水貂皮即可风干。

小型场可采取暖室自然干燥，在室温18～25 ℃的条件下晾干。严禁室温过高，更不能暴热或暴烤，以防止毛峰弯曲或焖板脱毛。

7. 下楦　干燥后的皮板要及时下楦，经梳毛、擦净，按商品要求分级包装。

狐、貉的取皮和初加工与水貂相似。

二、狐

狐的主要产品是狐皮。狐皮是做大衣和衣领等的原料。

（一）生物学特性

狐在生物学上属哺乳纲食肉目犬科狐属。人工饲养的狐主要有赤狐、银黑狐和北极狐3个种。狐野生时，栖息在森林、草原、丘陵、荒地和林丛河流、溪谷湖泊等地。狐以肉食为主，也食一些植物。狐性机警，狡猾多疑，昼伏夜出，行动敏捷，善于奔跑。嗅觉和听觉灵敏，汗腺不发达。狐从早春3月开始换毛，7—8月冬毛基本脱落，7月末起新的针绒毛快速生长，11月形成冬季长而稠密的被毛。

（二）繁殖

人工饲养条件下，狐的成熟期为9～11月龄，属于季节性一次发情的动物。不同品种的狐发情时间不同，银黑狐1月末至3月中旬发情，发情旺期在2月；北极狐2月末至4月发情，发情旺期在3月；赤狐1—2月发情。发情配种时期还要受气候、光照及饲养管理条件的影响，特别是光照时间与配种关系密切。

母狐的配种一般采取2次配种法或多次配种法，2次配种法即配种的翌日或隔日复配1次，用于发情不好的母狐；多次配种法即发情母狐第1次交配后，于第2天和第3天连续复配2次，这种方法受胎率高。人工授精技术在许多狐场开始应用，采精主要有按摩采精和电刺激采精2种方法。

母狐妊娠期平均为51～52 d，北极狐为50～58 d。妊娠后20～25 d，可看到母狐腹部膨大，稍往下垂，临产前，母狐侧卧于笼网上时可见到胎动，乳房发育迅速，大多数母狐有拔乳房周围的毛或衔草做窝的现象。银黑狐的产仔时间多半在3月下旬至4月下旬。北极狐在4月中旬至6月中旬，产程1～2 h，有时达3～4 h。银黑狐平均产仔数为4～5只。北极狐为8～10只。母狐一般不需要助产，产出仔狐后母狐立即咬断仔狐脐带。仔狐初生个体小，银黑狐初生重为80～130 g，北极狐初生重为60～80 g。平均每3～4 h吃1次乳，生后

14~16 d 睁眼，并长出门齿和犬齿。18~19 日龄时，开始吃由母狐叼给的饲料。

（三）饲养管理

1. 狐的饲料 狐属食肉动物，饲料应该以动物性饲料为主，包括海杂鱼类、畜禽副产品等湿性饲料和鱼粉、奶粉等干性饲料。由于动物性饲料价格较高，狐又可食用植物性饲料，如饼粕和谷物等。目前，养狐饲料以植物性饲料为主。与水貂一样，植物性饲料饲喂前需经熟化后饲喂。

2. 仔狐的饲养管理 仔狐的生长发育很快，断乳前 2 个月生长发育最快，8 月龄时生长基本结束。饲养管理方面，要注意仔狐的检查，在饲喂和饮水时通过听和看记录胎产仔数、成活数，了解仔狐的健康、吃乳、窝形及造窝保暖等情况，并对健康状况差、母狐无乳或少乳的仔狐进行护理。产仔数多、母狐泌乳量小、母性差或产后母狐死亡等情况下采用寄养。无法寄养时人工喂养。做好防寒防暑及卫生工作。仔狐 45~50 日龄时可断乳，80~90 日龄改为单笼饲养。

3. 成年狐的饲养管理 配种期饲养的中心任务是使公狐有旺盛、持久的配种能力和良好的精液品质。此时期公狐体能消耗大，因此要供给种狐优质、全价、适口性好、易消化的日粮。母狐妊娠期的饲料要做到营养齐全，品质优良，新鲜适口。饲喂量和营养水平要逐渐提高，但要防止母狐过肥。管理上要保持舒适、安静的环境，笼舍、地面、食具清洁卫生。产仔期的母狐采食量大，原则上对其不加限制，但要根据产后时间、食量以及仔狐数区别对待。公狐在配种结束后 20 d 内，母狐在断乳分窝后的 20 d 内，应继续给予配种期和产仔期、哺乳期的标准日粮，以恢复体况，利于翌年生产。

三、貉

养貉主要是为了获得貉皮及其副产品。貉皮属于大毛细皮，保温性能好，坚韧耐磨。拔掉针毛的貉绒，美观大方，柔软轻便，御寒能力强，是制作皮大衣、衣领、帽子、皮褥子的高级原料。

（一）生物学特性

貉为食肉目犬科貉属动物。主要分布于中国、俄罗斯、蒙古、朝鲜、日本、越南、芬兰、丹麦等国家。貉有 7 个亚种，我国饲养的貉为乌苏里貉。貉是一种中小型野生动物，喜穴居，以抵御天敌及防范自然灾害。成年公貉体重 5.4~10 kg，成年母貉体重 5.3~9.5 kg。貉具有群居性，昼伏夜出，定点排粪。貉的食性颇杂。由于貉食性杂，所以对食物条件要求不十分严格。野生貉以鱼、蛙、鼠、鸟及野兽和家畜的尸体、粪便为食，有自食粪便的行为，也可采食浆果、植物籽实及根、茎、叶等。貉是犬科动物中唯一一种有冬眠习性的动物。每到深秋初冬季节，当皮下脂肪和内脏周围脂肪的沉积达到体重的 23% 左右时，貉即进入冬眠状态，呼吸和心跳减慢，代谢率降低。但貉的冬眠呈"半冬眠状态"，当冬季气温回升或遇惊扰时还会起来活动，人工饲养时提供饲料也会采食。

（二）繁殖

人工饲养的貉 8~10 个月达性成熟，即每年 4—6 月产的仔貉到翌年 2—4 月配种期即可参加配种繁殖。母貉属于季节性一次发情动物，发情旺季集中在 2 月下旬至 3 月上旬，妊娠期平均 60 d，母貉 4—6 月产仔，一般集中在 4 月下旬到 5 月上旬，平均产子数约 8 只。

（三）饲养管理

1. 准备配种期的饲养管理 准备配种期为每年 10 月下旬至翌年 1 月上旬，此期的主要任务是调整种貉体况，为配种做准备。生产上一般选择体重 6.5~7.0 kg 的母貉作为种用，配种时体重降至 5.5 kg 左右，所以在准备配种期要根据母貉的体重调整饲喂量，每天饲喂量为 0~100 g（以干物质计算）。体重过大的貉少给饲料或隔天饲喂，到配种前 2 周左右（1月中旬），采取短期优饲，添加鲜活饲料，促进发情排卵。公貉在准备配种期也要调整体况，一般公貉比母貉体重重1 kg左右，因为公貉的精子在配种准备期发生、发育和成熟，所以公貉在配种准备期的日粮应以高蛋白的动物性饲料为主，同时满足维生素和微量元素的供应，采取少而精的方式饲喂。也有实践证明，貉在冬季（12月至翌年1月）断食40~60 d不影响其繁殖。

2. 配种期的饲养管理 配种期应为母貉提供全价日粮，同时提高动物性鲜活饲料的比例，控制食物总量，以使母貉不过胖为准。公貉配种期食欲减退，日粮要以鱼、肉、乳、蛋为主，自由采食。

3. 妊娠期的饲养管理 母貉配种受精后，要求日粮营养全价，确保没有变质、适口性强，每4~5只母貉给1个鸡蛋。如喂鱼，一定要保证新鲜。前期可每天喂2次，后期每天喂3次。为防止产仔期由于意外噪声惊吓发生食仔现象，在整个妊娠期内可在场地内播放音乐。

4. 泌乳期的饲养管理 泌乳期的饲养管理要点是使母貉尽量多采食，以促进泌乳，可在日粮中补充蛋和乳类，如生长期饲喂颗粒饲料，哺乳期添加的鲜活饲料要绞细混匀，防止仔貉将食物叼到食盒外边采食，形成习惯后饲喂颗粒料时也会经常把颗粒饲料叼到食盒外边吃，颗粒饲料容易掉落地上造成浪费。

5. 貉生长期和冬毛期的饲养管理 貉生长期指6月下旬至9月底，冬毛期指9月初到打皮（11月下旬到12月初）。生长期应供给全价饲料，饲料粗蛋白质含量28%以上，饲料量占体重6%左右，每天饲喂2~3次。饲喂2次时，早饲占40%，晚饲占60%；饲喂3次时，早、中、晚各占日料的30%、20%、50%。貉的生长期正处于炎热季节，要做好防暑降温工作。对于皮用貉，要控制好体重，在生长期结束时貉的体重以平均5 kg为宜，日增重控制在50 g以内。因为貉是半冬眠动物，其冬眠过程的主要启动因素是体脂肪沉积情况，当貉过早达到成年体重，体脂肪沉积达到体重的23%以上时，貉即进入冬眠状态，食量减少或不再采食。如果在冬毛期（尤其是冬毛期早期）就进入冬眠状态会导致食量减少或废绝，将严重影响绒毛的生长，有的貉还会出现体重迅速减轻（萎缩）或食毛现象，残皮率升高，影响经济效益。冬毛期要使貉保持良好的食欲，可适当添加鲜活饲料，保证蛋白质供应，切不可添加过量的油脂；否则，会影响采食量和毛皮品质。

第四节 其他经济动物生产

一、雉 鸡

（一）生物学特性

雉鸡属鸟纲鸡形目雉科雉属。目前，世界上有30多个亚种，主要分布在欧洲东南部、中亚、西亚、美国、蒙古、朝鲜、西伯利亚东南部、越南北部和缅甸东北部。我国有19个雉鸡亚种，其中有16个亚种为我国特有。雉鸡在我国的分布范围很广，除海南岛和西藏的羌塘高原外，遍及全国。

雉鸡体型略小于家鸡，公雉鸡体重为1 300~1 500 g，母雉鸡体重为1 150~1 250 g。公母雉鸡的体型外貌有很大差别，易于区分。公雉鸡毛色鲜艳，母雉鸡毛色较单调，头顶部有黑色和棕色的斑纹，颈部略带白色。雉鸡对外界环境具有极强的适应能力，能在300~3 000 m的海拔区域内正常生活，能耐受32 ℃的高温和-35 ℃的低温天气。雉鸡的活动范围较稳定，群集性强，秋冬季节，常以几十只为一小群集体活动，胆小而机警；繁殖季节则以雄雉鸡为核心，组成一定规模的繁殖群。

(二) 繁殖

1. 繁殖特性 母雉鸡 10 月龄达到性成熟并开始产蛋，公雉鸡的性成熟期比母雉鸡晚 1 个月左右。公雉鸡进入性成熟期有明显的发情表现，肉髯及脸变红，每天清晨发出清脆的叫声，并拍打翅膀向母雉鸡求偶，此时翎羽蓬松，尾羽竖立，频频点头，围绕母雉鸡快速来回做弧形运动。发情期母雉鸡性情变得温驯，主动接近公雉鸡，在公雉鸡附近低头垂展翅膀行走，发出求爱信息。

雉鸡属于季节性繁殖动物，在我国南方地区，雉鸡 3 月初即进入繁殖期，而北方要晚 1 个月。雉鸡的配种方式有大群配种、小群配种和人工授精 3 种。产蛋高峰期在 5—6 月，年产蛋 2 窝，每窝 10~15 枚，蛋重 25~28 g。

2. 人工孵化 种蛋要求来自饲养管理水平高，种雉鸡品质好、高产、健康的群体，以保证有较高的受精率和孵化率。同时，要求种蛋大小适中，蛋形正常，表面光滑清洁，无皱纹、裂痕和粪污等。种蛋保存前事先要对其进行标号。保存期间要严格控制温度和湿度，正确放置种蛋，尽可能缩短保存期限。放置时应大头朝下，保存种蛋的适宜温度为 10~18 ℃。种蛋一般需在产出后的 30 min 内和入孵前各消毒 1 次。入孵前 2~3 d，关闭孵化室门窗，用甲醛（按每立方米 40 mL 甲醛加 20 g 高锰酸钾配制）熏蒸消毒 2 h，然后打开门窗，打开排气扇换入新鲜空气。将温度保持在 21~24 ℃，相对湿度控制在 50%~60%。整批入孵时，第 1~10 天的适宜温度为 38.2~35.4 ℃，第 11~20 天的适宜温度为 37.8~38 ℃，第 20 天以后为 37.4~37.6 ℃。雉鸡孵化前期的相对湿度以 55%~60% 为宜，中期应降至 50%~55%，后期为了促进雏鸡破壳，应将相对湿度提高到 65%~70%。恒温孵化时，前期和中期的相对湿度应为 53%~57%，只有到破壳出雏期，才将相对湿度提高到 65%~70%。一般从入孵的第 1 天起，每昼夜翻蛋 8~12 次，要求每次翻蛋的翻转角度不得小于 45°，以 90°最好。21 d 后停止翻蛋。

生产中需要通过照蛋来观察胚胎的发育情况，拣出无精蛋和死胚蛋。一般在孵化第 7 天和第 18 天各照蛋 1 次。头照无精蛋不超过 6%，死胚蛋为 2%~3%，如果死胚率过高，多数是由于种蛋保管不好，孵化温度过高或过低，翻蛋不足引起。二照时死胚蛋不应超过 3%，死胚蛋过多常是种雉鸡饲养不良、胚胎营养不足及孵化温度不适合、通风不良所致。可通过胚胎发育情况及时采取相应措施。

(三) 饲养管理

由于成年雉鸡具有飞翔能力，育成鸡和成年雉鸡的运动场所必须用网围罩，网眼大小为：育成场 1.5 cm×1.5 cm，成年场 3.0 cm×3.0 cm，以防飞逃。防逃网可围罩于人工支架上，也可利用乔木林作支撑。

合理的饲养密度是保证增重和羽毛正常发育的关键，羽毛发育是否完全直接影响雉鸡的商品性能。育雏期 40 只/m² 左右为宜，7 周龄后 10~15 只/m²，10 周龄后 5 只/m²。

家鸡常用的饲料可作为雉鸡的饲料，但由于雉鸡沉积脂肪的能力比家鸡弱，而沉积蛋白质能力强，所以要求日粮中蛋白质含量高，控制脂肪的给量。日粮蛋白质水平比肉鸡各段的蛋白质水平高 4~5 个百分点为宜。

2 周龄时断喙 1 次，7 周龄转入育成饲养舍时再断喙 1 次，以防止互相啄伤。

二、肉　鸽

(一) 生物学特性

鸽属于鸟纲今鸟亚纲鸽形目鸠鸽科鸽属，由野生的原鸽经过人类长期驯养而成。现大致可分为信鸽、观赏鸽和肉用鸽 3 大类，世界各地都有分布。

与其他鸟类相比，肉鸽有其特殊的生活习性和特点，其配偶有选择性，单配且固定配偶，无胆囊，通常以植物性饲料为主，有嗜盐的习性，喜水浴、沙浴和日光浴，鸽为晚成鸟，具有协作性强、警觉性高、记忆力强、归巢性强、适应性强等特点。

（二）繁殖

鸽5~7月龄进入性成熟期。其繁殖过程分为求偶、配对、筑巢、产蛋、孵化等阶段。

1. 求偶、配对 5~7月龄的鸽逐渐开始性成熟，达到性成熟的鸽往往会表现出各种求偶行为。雄鸽的求偶行为非常明显，雌鸽则不太明显。鸽的求偶过程需要经历一定的时间，进入频频"亲吻"亲密相依的状态，才会交配。

2. 筑巢、产蛋 在有公共巢箱的鸽舍，并设有飞翔区的情况下，肉鸽才表现出明显的筑巢行为。雌雄鸽配对后，寻觅到巢箱后的第1个行为就是筑巢（全封闭鸽笼配置巢盆即可）。

鸽属于刺激性排卵的禽类。雌鸽在交配的刺激下，卵巢开始排卵，2~3 d后开始产下第1枚蛋（下午或傍晚），停产1 d后，于第3天中午过后再产第2枚蛋。在正常情况下，每窝连产2枚蛋，少数雌鸽会连产3枚蛋。鸽的寿命长达7~8年，但经济利用年限约5年。

3. 孵化 雌鸽产下第1枚蛋后便开始孵化，产下2枚蛋后，雌雄鸽开始共同孵蛋，一般雄鸽会在每天10：00左右进巢替换雌鸽孵蛋，雌鸽出来采食、饮水，然后14：00左右由雌鸽接替孵蛋。鸽的孵化期为18 d，孵化期从第2枚蛋产下的那天开始计算。

（三）饲养管理

1. 营养需要与饲料

（1）肉鸽营养需要：在肉鸽生产中，因为当前国内并无可供借鉴的肉鸽饲养标准，为使肉鸽生产有一个科学的规范，必须经过长期的饲养试验研究，探索肉鸽对各种营养物质的需要量，并根据实际生产条件拟订肉鸽的饲养标准。

（2）肉鸽的饲料配合：

①常用饲料：大多是没有经加工的谷类和豆类籽实以及一些维生素、矿物质等添加剂饲料。

②饲料配方：应根据各地的饲料来源和价格及肉鸽的食性确定各种饲料的搭配比例，应尽量避免饲料单一，并保持相对稳定。肉鸽日粮中通常能量饲料占70%~80%，蛋白质饲料占20%~30%。不同生理阶段的饲料组成应适当调整。

（3）保健沙：保健沙常用组分有黄泥、河沙、贝壳粉、蛋壳粉、木炭末、红土、骨粉、食盐、砖末、石膏、旧石灰等。保健沙无统一标准，根据不同地区、不同饲养肉鸽品种可有不同的配方。

配制保健沙时，所用各种配料应纯净、无杂质和霉败变质；在配料时应混合均匀。保健沙应现配现用，定时定量供给。一般肉鸽的保健沙消耗量占饲料重的5%~10%。

2. 日常饲养管理要点

（1）肉鸽饲养阶段的划分：肉鸽的生长发育阶段不同，其营养需要的水平和饲养管理的方法也不尽相同，然而目前对于鸽饲养阶段的划分尚无统一的标准，大多数资料分为以下几个阶段：乳鸽（0~1月龄）、童鸽（1~2月龄）、青年鸽（3~6月龄）和种鸽（6月龄以上）。

（2）饲喂方式及要求：

①喂食：肉鸽饲喂要坚持少给勤添的原则，饲喂必须定时、定质、定量。根据实践，童鸽和青年鸽一般每天上下午各喂1次；在种鸽群中，通常有带仔和不带仔种鸽之分，每对种鸽对营养物质的需要不尽相同，要根据不同的情况进行调整，以满足种鸽生产和维持的需要。

②饮水：饮水要保证充足，且无色、无味、无病原物与毒物的污染，饮用水的水温以常温为好。

此外，还要适当洗浴，定期清洁消毒，观察鸽群，做好记录。

三、鹌　鹑

（一）生物学特性

1. 分类与分布　鹌鹑属于鸟纲鸡形目雉科鹌鹑属。在我国分布于东北、河北、山东、新疆，东起华北南部，西至四川、西藏南部，南至海南广大地区均有分布。

2. 形态学特征　鹌鹑形似雏鸡，出生体重仅为6～12 g；头较小，喙细长；额头侧、额及喉处均为砖红色，基本羽色为茶褐色，背部赤褐色，并散布黄直条纹和暗色横纹。

3. 生活习性　鹌鹑还保留野性行为，食性杂，喜欢颗粒料，性成熟早，产蛋力强，受精率低，生长发育快，繁殖力强，性喜温暖。

（二）繁殖

1. 选种和配种

（1）种蛋的选择：应选留蛋重中等以上的鹌鹑作为蛋用种鹌鹑。而对于肉用种鹌鹑来说，应培育大蛋系作为父本。种蛋必须新鲜，储存时间一般为5～7 d，最长不超过10 d，夏季不超过7 d。选用母鹌鹑开产后4～8个月的蛋最好。种蛋储藏温度为10～20 ℃，相对湿度为78%左右。

（2）种苗的选择：即对初生雏鹌鹑进行选择，选体型较大、体重7 g以上，孵化率高的雏鹌鹑作为产蛋用。

（3）种鹌鹑选择：采用肉眼观察外貌，同时配合用手触摸进行鉴别。选择羽毛覆盖完整而紧密，颜色深且富光泽，体重为115～130 g，体质结实，交配力强的作为种用。

（4）配种：常用大群配种，公母鹌鹑按1∶5的比例放对配种，该法适用于大群或大笼饲养条件下配种。若用小笼饲养，可将1只公鹌鹑和3～5只母鹌鹑放在一起配种。

2. 孵化　人工孵化前要精选种蛋，并对种蛋和孵化设备进行消毒，孵化室应能通风换气并能调节温湿度。室温保持20～25 ℃，不得低于14 ℃，孵化温度39 ℃。

（三）饲养管理

1. 雏鹌鹑的饲养管理　开食时间以孵出后约20 h为宜。第1次喂料时，可按每10只雏鹌鹑给0.1 g益生素（酵母或乳酸菌制剂），拌入配合饲料中。在育雏期，每天加喂熟蛋黄，按100只雏鹌鹑3～4个鸡蛋的比例，将卵黄搅碎拌入配合饲料中，撒在床面铺料上，要让全群的雏鹌鹑都能吃到。1～21 d的雏鹌鹑，饲料中粗蛋白质的含量应保证在26%～27%，随着日龄的增长以后可逐渐降到19%～22%。育雏期以饲喂粉料为好。保证光照，每天不少于22 h。及时淘汰病弱及晚出壳的和畸形雏。公母分笼饲养，保持卫生，做好育雏记录等。

2. 成鹌鹑的饲养管理　雏鹌鹑长到30～35 d时，要从育雏箱移到成鹌鹑饲养箱进行成鹌鹑的饲养管理。过早会造成脚趾损伤，过迟会由于环境突变而影响产蛋。

（1）环境：鹌鹑胆小，怕惊吓，喜欢在安静的环境里生活，特别是产蛋的成鹌鹑，周围环境要经常保持安静。因此，饲养人员在下午或傍晚鹌鹑集中产蛋时间，最好不要在鹌鹑笼前走动、喂食、捡蛋，待晚些时候再集中捡蛋为好。

（2）温度：成鹌鹑要求的适宜温度是20～22 ℃。舍内应保持均衡的温度，夏天要打开饲养室的门窗，保持良好的通风，做到防暑降温，冬天室内要加温。

（3）湿度：室内的相对湿度以50%～55%为宜。

（4）通风：必须注意通风，在室内的上方和下方都应设通风排气孔，夏天的通风量为

3～4 m³/h，冬天为 1 m³/h，层叠式比阶梯式笼架通风量要大些。

（5）**光照**：充足的光线可以兴奋鹌鹑的神经，增强食欲，促进新陈代谢，保持身体健康，还有杀菌和消毒作用。

（6）**密度**：在笼养条件下，1 m² 的面积可养蛋鹌鹑 20～30 只。

（7）**饲喂**：最适粗蛋白质需要量 6～10 周龄为 20%～23%，11～21 周龄为 26%～28%，22～60 周龄为 22%～24%。到 12 周龄产蛋量正常下降后，要想使产蛋率达到 90% 的高峰，并且将产蛋的高水平保持到 13～21 周，其饲料中钙含量应为 2.5%～3.9%，磷含量应为 0.8%，其钙磷比例应保持在 4:1，要选择钙质易被吸收的骨粉、蛋壳粉和贝壳粉等为饲料。

复习思考题

1. 简述我国特种经济动物养殖业的现状和发展趋势。
2. 简述我国养鹿的主要目的和鹿茸生长周期。
3. 简述林蛙的生活周期。
4. 简述龟鳖的饲养管理要点。
5. 简述蜂王浆生产的技术环节。
6. 简述蝎子和蜈蚣的饲养管理要点。
7. 简述毛皮动物（水貂、狐和貉）饲养管理技术。
8. 简述鹌鹑的饲养管理技术。

第十六章

畜牧业企业经营管理

重点提示：本章讨论畜牧业企业的科学决策、畜牧业企业的生产管理、畜产品的营销管理。重点阐述了市场预测方法、经营决策程序和方法、生产计划的编制、生产过程的组织管理、全面质量管理及畜产品的营销策略。

第一节 畜牧业企业经营管理概述

一、畜牧业企业概述

（一）畜牧业企业的概念及类型

严格意义上来讲，畜牧业企业是指从事畜产品生产和销售活动，为满足社会畜产品需要，依照法定程序成立的具有法人资格，进行自主经营、独立享受权利和承担义务的经济组织。

二维码16-1　君乐宝——探索中国奶粉新高度（增强大国自信，培养创新精神）

本章介绍的畜牧业企业经营管理的理论，适合于更为宽泛的畜牧产品的生产者。畜牧产品的生产者是在整个畜牧业经营系统中具有自主经营、自负盈亏、自主决策的最基层的生产经营单位，畜牧业企业构成了畜牧产业的微观基础。畜牧业企业类型主要有：专业化生产的养殖大户、家庭牧场、畜牧场、畜牧企业（公司）、畜牧专业协会、专业性的合作经济组织等。不同的微观组织形成和发展的条件不同，其特点也不相同。

（二）畜牧业企业系统的构成要素

畜牧业企业系统是一个"输入-转换-输出"的开放式循环体。其中，输入就是从事畜牧业生产经营活动所必需的一切要素资源，转换和输出就是畜牧业企业合理地配置这些资源要素，运用符合动物生长规律的科学和方法，按照预定的目标给消费者提供新的产品或服务，满足社会需要，获得经济效益。

畜牧业企业系统的基本资源要素包括①人力资源：包括管理人员、技术人员、生产人员、维修等服务人员，人力资源是企业的主体和灵魂，人的素质高低将决定企业经营的成败；②物力资源：包括土地资源、畜舍等建筑物、各种物质要素，这是畜牧业企业生存的物质环境，如机器设备、工具等劳动手段，牧草和饲料等原料，种畜禽和幼畜禽等，畜牧业企业的生产效率和质量在很大程度上取决于物质要素；③财力资源：即资金，这是物的价值转化形态，资金周转状况是反映企业经营好坏的晴雨表；④信息资源：包括各种情报、数据资料、指令、规章制度等，这是维持畜牧业企业正常运营的神经细胞，信息的时效性可以使企业获得利润或产生损失。

（三）现代化畜牧业企业的目标

所谓畜牧业企业的目标，是畜牧业企业在一定时期内要达到的目的和要求，一般用概括性的语言或数量指标加以表述。畜牧业企业要实现一定的目的和追求，就要将这些目的和追求转化为一定时期内要达到的规定性成果——目标，并通过达到这些成果去实现企业的目的。现代化畜牧业企业除了传统畜牧业企业追求的市场、利润、成本、人员培训等目标之外，重点在生产技术、生产观念、生产组织3个方面追求达到现代化的生产水平。

1. 生产技术现代化　现代化畜牧业企业注重提高现代科技成果含量，技术的先进程度影响企业产品品质和经济效益，是企业获取竞争优势的根基。现代化畜牧业企业在生产经营中以形成依靠科技进步为主的内涵式增长模式为目标，推广畜禽良种，进行牧草、饲料作物品种改良，采用先进的生产管理技术，改善畜禽生产环境，提高疾病防控能力，提高畜禽产品的加工、储藏、保鲜等技术的应用。

2. 生产观念现代化　现代化畜牧业企业采用规模化、标准化、集约化方式生产，更为注重健康养殖，提高畜禽产品的品质。积极发展资源节约型和环境友好型畜牧业，实现畜牧业与生态环境的和谐发展，以生态平衡为基础，以畜禽安全饲养和畜禽产品安全生产为目标，提供绿色安全的畜禽产品。

3. 生产组织现代化　现代化畜牧业企业专业性强、规模大，因此不仅需要提高自身素质，提高生产水平和市场竞争力，而且需要加强企业之间的横向联合，进行组织创新。发展专业性的合作经济组织和畜牧专业协会，探索企业与农牧民之间更加紧密、合理的利益联结方式，帮助农牧民规避自然风险和市场风险，增强畜牧业企业可持续发展的能力。

二、经营管理概述

畜牧业企业的运营不仅要靠高水平的饲养技术，更重要的是要靠企业整体经营管理水平的提升。畜牧业企业管理者经营管理水平的高低，是决定企业能否长远发展的关键。

（一）经营和管理的概念

法国管理学家法约尔提出，任何企业都存在着6种基本的活动，而管理只是其中之一。这6种基本活动是①技术活动：指生产、制造、加工等；②商业活动：指购买、销售、交换等；③财务活动：指资金的筹措、运用、控制等；④安全活动：指设备的维护和人员的保护；⑤会计活动：指货物盘点、成本统计、核算等；⑥管理活动：指计划、组织、指挥、协调、控制。法约尔指出"所谓经营，就是努力确保6种基本活动顺利运转，从而将组织拥有的资源变成最大的成果，促使组织目标的实现"。而管理只是6种活动中的一种。

由此可见，经营和管理是2个不同的概念，经营的目的是以最少的投入取得最大的经济效益；而管理的目的是提高生产效率，管理是实现企业经营目的的手段。在企业管理实践中，经营和管理是交织在一起，密不可分的。没有科学有效的管理，企业的正确决策不能顺利实施，经营目标就难以实现。因此，企业经营和管理的全部内容统称为经营管理。

（二）畜牧业企业经营管理

畜牧业企业经营管理，就是对畜牧业企业生产经营活动进行计划、组织、指挥、协调和控制等一系列活动的总称。畜牧业企业经营管理的目的是取得最大的投入产出效率，即在充分合理地开发利用企业的人力、物力、财力、信息等资源的前提下，生产出尽可能多的符合社会需要的畜产品。

三、畜牧业企业经营管理的主要职能

根据畜牧业企业管理的对象，可以将畜牧业企业管理进行分类，即畜牧业企业经营管理的主要职能，主要包括生产管理、物料管理、营销管理、人力资源管理、财务管理、保养及安全管理、事务管理。

1. 生产管理 包括畜禽舍合理布局、畜禽饲养、畜禽繁育、疾病防控、品质管控等。

2. 物料管理 包括牧草、饲料的采购、验收、储存、搬运、预算及存量控制、自有草场的养护等。

3. 营销管理 包括市场需求分析、产品策略、定价策略、促销策略等。

4. 人力资源管理 包括工作分析和岗位分类、员工招募与甄选、员工培训、绩效考核、薪酬管理、员工关系管理等。

5. 财务管理 包括资金的取得、资金的运用、预算及折旧、成本控制、财务分析等。

6. 保养及安全管理 包括机械设备保养工作人员的督导管理、保养成本分析、意外危险预防及安全维护、员工保健卫生等。

7. 事务管理 包括文书及档案管理、办公室管理、员工宿舍管理、保卫及工人管理等。

第二节 畜牧业企业的科学决策

在市场经济条件下，畜牧业企业经营决策是否正确，直接关系到企业的兴衰存亡。因此，要求企业的管理者对经营管理所涉及的各方面工作能够及时做出科学的决策。科学决策包括调查搜集各方面的相关信息资料，对未来发展变化进行预测，确定正确的决策目标，并制订出确保决策目标能够得以实现的正确的措施。

一、畜牧业市场调查

在市场经济体制中，畜牧业企业所需原料需要从市场购进，生产的畜产品要通过市场销售出去，这就要求企业必须要了解市场情况，产品必须要符合社会需要，在市场上适销对路，才能取得较好的经济效益。

（一）畜牧业市场调查的内容

市场调查的内容非常广泛，凡是直接或间接影响畜产品市场变化的因素，都属于畜牧业市场调查的内容。归纳起来主要有以下几个方面：

1. 市场环境 包括对政治环境、经济环境和社会文化环境等方面的调查。政治环境是指政府的各项方针政策、各种法令法规。经济环境包括人均收入水平、人口状况的变化、自然条件、交通运输条件等。社会文化环境是指文化教育程度、宗教信仰和风俗习惯等。

2. 市场需求量 即调查市场对畜产品各方面的需求状况，包括畜产品品种、数量、品质、供求状况、价格变动以及消费者的购买习惯和行为等。在调查过程中，既要调查现实需求，也要调查潜在需求。

3. 竞争情况 调查市场上目前有哪些同类产品或企业与自己企业的产品相竞争。竞争单位的产品市场占有率及其对本企业产品销售有何影响，这些企业在生产成本、技术水平及产品的品质、品种、包装、价格上同本企业相比处于优势还是劣势，本企业产品处在哪个发展阶段，应该采取什么措施才能进一步提高本企业产品的市场占有率等。

（二）畜牧业市场调查的步骤

1. 确定调查目标 首先要明确调查的目的和要求，如为何要调查、想要知道什么、知道后有何用途等。调查目标往往是因为市场需求的不断变化与生产过程相对稳定的矛盾产生的，因此要围绕企业在经营中迫切需要解决的问题确定调查题目，目的要明确，范围要适当。

2. 拟订调查计划、确定收集资料的范围 其内容主要包括调查由谁负责组织领导，调查人员的选择、培训和分工，调查工作的起止时间，如何进行等。还要根据市场调查的目的和要求确定调查的范围和资料的来源。

3. 确定调查方法 采用什么样的调查方法直接影响到调查结果的正确性，调查的方法很多，有普查法、抽样调查法、询问调查法、观察法等。可根据调查的需要和企业的条件，采用其中的一种或同时采用几种调查方法。

4. 整理分析资料 将搜集到的各种资料用数学方法进行整理、加工和分析研究，得出判断性的结论。

5. 提出调查报告 报告内容要符合调查目标要求，主要包括本次调查的目的、调查使用的主要方法、调查得到的结果、对今后工作的建议等。调查报告的文字要通顺、简要。

（三）畜牧业市场调查的方法

1. 按选择调查样本的方法划分

（1）市场普查法：就是在本企业产品所涉及的市场范围内，对所涉及的所有因素和对象进行调查。这种方法能获得全面而精确的资料，但工作量较大，需要的人力、物力较多，一般只适用于品种简单，使用范围有限的商品，或试销试用的新产品。

（2）抽样调查法：就是根据随机原则，从需要了解的总体中抽取一小部分进行调查，从而推断出总体的状况。抽样调查法又有抽签抽样法、机械抽样法、分类抽样法等。这种方法主要适用于一些销量大、涉及面广的商品，在畜产品的产量、购买力、销售量调查中常采用。

（3）典型调查法：市场典型调查是通过对市场中具有代表性的单位和消费者进行深入调查，进而推测出总体状况的一种方法。这种方法节省人力、财力，取得资料较快，但使用这种方法时，要求调查者对调查母体非常了解，以避免选择极端的类型作为调查对象。

（4）随意调查：这是调查者根据调查的目的和内容，随意选择调查对象进行调查的一种方法。这种调查最方便，而且调查费用少，但结果的准确性差一些。

2. 按对调查对象所采取的具体方法划分

（1）询问调查法：调查者用提出问题征求答案的方式，向被调查者收集市场资料。询问调查的方式包括①访问调查：即调查人员走访被调查对象，或把被调查对象请上门来，个别面谈或开座谈会，直接听取对方的意见；②电话调查：即按拟好的提纲，通过电话向被调查者征求意见；③邮寄调查：即将设计好的调查表，邮寄给被调查者，让其填好寄回。

在进行访问调查时，要做好调查表格的设计，要注意选择最简单、明确的文字和表达形式，使调查对象乐意并正确地回答问题。

（2）观察法：其基本方法是调查人员直接到市场，对被调查的现实情况进行观察和记录。这种方法是从侧面观察人们的行为来收集市场资料，具有一定的客观性，但不能了解被调查者的内心活动，可与询问调查法配合使用。

（3）实验调查法：是通过小规模的实验来了解产品及其发展前途的一种方法。如企业为了解消费者对某种新产品的意见和评价，就可以选择一些消费者做试用实验；为了解新产品的销路情况，就可在一定的范围内进行试销调查。这种调查所得资料具有科学性，比较准确，但所需时间长，费用高。

二、畜牧业市场预测

畜牧业市场预测就是在调查的基础上，依据大量的信息和资料，运用科学的方法和手段，对市场畜产品供求趋势、影响因素和变化状况所做的分析和推断。为企业的经营决策和制订计划提供科学的依据。

（一）畜牧业市场预测的内容和程序

1. 市场预测的内容 主要有市场需求预测、资源供应状况预测、生产预测、产品销售预测、国际市场预测。

(1) 市场需求预测：是通过对消费者的心理和习惯分析，人口数量和人均收入水平等研究，推断出市场对畜产品的数量、品质、品种等方面在未来的发展变化趋势。

(2) 资源供应状况预测：是对发展畜牧业所需各种资源的潜力、开发前景、利用和消耗的分析及推断，目的是把畜牧业建立在一个可靠的物质基础上。

(3) 生产预测：是对畜牧业生产发展趋势，影响生产发展的经济、社会和科学技术等因素进行分析及推断。

(4) 产品销售预测：是对本企业的产品在市场上未来的销售数量以及本企业产品的市场占有率所做的分析和推断。以此来指导企业的生产经营活动，采取措施提高自己产品在市场上的占有份额。

(5) 国际市场预测：是对国际市场的供求变化，国内市场和国际市场的关系进行的分析和推断。

2. 市场预测的程序 市场预测的程序大体上可分为 3 个阶段：准备阶段、预测阶段和评价检验阶段。

(1) 准备阶段：主要是确定预测目标和内容，拟订预测计划。计划的内容包括预测时间的要求和经费、预测工作的组织领导和人员分工、选择合适的预测方法。

(2) 预测阶段：主要工作是：①搜集预测资料，根据预测的目的和要求确定搜集资料的内容、范围及资料的来源；②对资料进行整理分析，预测所需资料要求系统和完整，所搜集的资料由于来源不同、时间不同，所以要进行周密检查，如计值的价格、计量单位、指标核算的方法等，必须要调整为前后一致；③按照确定的预测方法对市场情况进行预测。

(3) 评价检验阶段：主要是对预测结果进行跟踪观察，分析、判断预测结果的准确程度，如果预测误差超出了允许的范围，则要及时修改预测值，并要对预测误差产生的原因进行具体分析，以便不断提高预测质量。

（二）畜牧业市场预测的方法

市场预测的方法很多，这里只介绍经理评判意见法、德尔菲法、移动平均法。

1. 经理评判意见法 就是由企业的总负责人把熟悉市场情况的各部门经理人员召集在一起，让他们对未来的市场情况发表自己的意见，做出自己的判断，然后使用简单算术平均或加权平均的方法把各种意见汇总起来，得出市场预测的结果。它的优点是简单易行、速度快、费用省。预测的准确程度如何，主要取决于经理人员的业务水平、分析能力以及是否掌握丰富的资料。

2. 德尔菲法 这种方法是以专家为索取信息的对象，对预测目标通过函询的方法，背靠背地反复征求专家的意见，最后汇总专家的意见作为预测结果。其具体做法：①选择专家：根据预测目标的需要，确定被聘请专家的范围和人数；②拟订调查提纲：调查提纲可采用表格的形式提出若干个有针对性的问题，表格的设计力求简单扼要，预测意图明确，要求具体，不带附加条件；③寄调查提纲：将调查提纲（包括调查表和必要的相关资料）寄给被聘请的专家，请他们提出意见，并在规定的时间内寄回；④匿名反馈：征求专家的意见不止一次，而是多次反复征求意见，负责预测的人员将专家第 1 次寄回来的预测情况进行综合整理、归纳，将结果匿名反馈给各位专家，再次征求意见，专家们提出修改意见，再寄回，一般要反复进行 3~4 轮，得出比较集中和一致的意见，每次征求意见和反馈时，不发表各位专家的姓名，以避免彼此间的心理干扰，保证他们充分自由地发表意见；⑤采用统计分析的方法对预测结果进行处理：函询调查后，将专家们的意见加以统计，用中位数或平均数对各种数据加以综合，得出预测结果。

采用这种方法进行预测的准确性，主要取决于专家的专业知识和相关学科知识基础，以及专家对市场变化情况的洞悉程度。因此，所聘请的专家要有丰富的经验和知识，聘请人数可根据预测目标而定,但不要太少。预测表格的基本形式如表 16-1 所示。

表 16-1　产品销售量预测表

专家姓名	第 1 轮意见			第 2 轮意见			第 3 轮意见		
	最低销售量	最可能销售量	最高销售量	最低销售量	最可能销售量	最高销售量	最低销售量	最可能销售量	最高销售量
1									
2									
3									
……									
平均数									

3. 移动平均法　移动平均法是以预测值同预测期相邻的若干观察期数据有密切关系为基础的。它是将观察期内的一组观察值,按一定的跨越期,由远而近求其平均数,随着观察期的推移,按一定跨越期的观察期数据也相应向前移动,逐一求得移动平均值,并将接近预测期的最后 1 个移动平均值,作为确定预测值的依据。

移动平均法预测的主要步骤是:

首先,将观察值按一定的跨越期求出移动平均数。其计算公式为:

$$M_t = \frac{X_t + X_{t-1} + \cdots + X_{t-n+1}}{n}$$

式中,t 为观察值的周期数,M_t 为移动平均数,n 为观察值的跨越期数,X_t 为观察值中第 t 期的数据。

其次,求出变动趋势值和平均变动趋势值。变动趋势值是本年的移动平均值与上年的移动平均值的差额。平均变动趋势值是按一定跨越期的变动趋势值的平均数。

最后,用预测公式进行预测。移动平均法的预测公式为:

$$F(预测值) = A + B \times C$$

式中,A 为最后一个移动平均数,B 为预测期距最后一个移动平均数的跨越期数,C 为最后一个平均趋势值。

例如,某部门用移动平衡法预测畜产品销售量,如表 16-2 所示。

本例设跨越期 $n = 3$,根据预测的步骤:

第一,按跨越期计算移动平均值 M_t,并将 M_t 值置于 $\frac{n+1}{2}$ 处。

$$M_3 = \frac{100 + 120 + 170}{3} = 130$$

$$M_4 = \frac{120 + 170 + 190}{3} = 160$$

其余以此类推,将计算结果填入表 16-2 的第三列。

第二,计算变动趋势和平均趋势值。

变动趋势:

$$160 - 130 = +30$$
$$190 - 160 = +30$$

其余以此类推,将计算结果填入表 16-2 的第四列。

平均趋势值:

$$\frac{30 + 30 + 10}{3} = 23.3$$

$$\frac{30+10-7}{3}=11$$

其余以此类推，将计算结果填入表 16-2 的第五列。

第三，进行预测。由表 16-2 可知 A=227，B=2，C=13.6

$$F_{2001}=227+2\times13.6=254.2$$
$$F_{2002}=227+3\times13.6=267.8$$

将所求得的预测值分别填入表 16-2 的第三列的最下面两行。

表 16-2　1989—2002 年移动平均值及预测值表

观察期	实际销售额（万元）	$n=3$		
		移动平均值	变动趋势	平均趋势值
1989	100			
1990	120	130		
1991	170	160	+30	
1992	190	190	+30	+23.3
1993	210	200	+10	+11
1994	200	193	−7	−2.3
1995	170	183	−10	−4.7
1996	180	186	+3	+4.7
1997	210	207	+21	+11.3
1998	230	217	+10	13.6
1999	210	227	+10	C
2000	240	A		
2001		254.2		
2002		267.8		

三、畜牧业经营决策

经营决策是指在企业经营活动中，为了达到未来的经营目标，运用科学方法，从 2 个或 2 个以上的可行方案中，选择 1 个最优方案，并加以实施的过程。经营决策的实质是选优，但经营决策并不是企业负责人下决心或"拍板"做出决定的瞬间，而是一个从思维到做出决定的系统分析过程。

（一）畜牧业经营决策的程序

经营决策不是一个孤立的为了解决某个问题而进行的简单的决断，它是一个复杂的相互联系的全过程。合理的决策活动过程，一般应包括以下几个步骤：

1. 确定决策目标　确定决策目标是经营决策的首要步骤。目标确定之后，解决问题就有了方向，就可据此拟订达到目标的方案，并从中选择最优的方案。

确定经营决策目标一般应注意以下问题：

（1）确定目标要充分考虑到客观上的需要与可能性：需要是确定决策目标的重要依据，有了需要，还要考虑确定决策目标的可能性。如果仅有需要而没有可能，仍然不能作为决策的目标。

（2）确定的目标必须明确、具体：决策目标明确具体是指目标必须是单意的，不要含糊不清。确定的目标使不同的人只能有一种理解，不可能随心所欲地加以解释。对目标要有具体衡量实现程度的标准，在可能的情况下，尽可能直接用数量指标表示决策目标。

（3）对多个决策目标要妥善处理：企业在经营管理中，由于影响因素很多，往往有许多决策目标，增加了经营决策的复杂性。对于这类问题的处理原则：一是通过削减、合并、综合，尽量减少决策目标的数量；二是对于实在不能减少的目标，应根据目标的重要程度区分目标的主次，对于主要的、必须达到的目标，是不能打折扣的，必须予以保证，对于次要的、希望达到的目标不必绝对限制，只规定出相对的要求就行了。

2. 拟订决策方案 决策方案是在多种可行方案中选择最满意的方案，没有选择也就没有决策。因此，在决策之前必须预备多种方案。一般来说，备选方案的数量最少有2个或2个以上，上限则包括全部可行方案。所提供选择的方案要尽可能多，否则，没有什么选择余地，也就无法选择到满意的方案。

拟订备选方案原则上应注意2点：一是所拟订的方案应包括所有的可行性方案，不要在拟订二三个方案后，就匆忙地进入选择阶段；二是排他性，即所拟订的各备选方案必须相互排斥，1个方案的行动或措施不能全部包括在另1个方案之中，也不应该是某2个方案成了解决第3个方案的2项措施，而必须是并列的方案，执行了这个方案就不能同时去执行另1个方案，否则，就没有办法进行选择。

拟订备选方案的过程一般分两步进行。首先是轮廓设想，这是大胆寻找备选方案的过程。在弄清问题实质的基础上，要发动企业各种智囊人物献计献策，要敢于大胆创新，从不同的角度和途径去设想各种可能的方案。其次，在轮廓设想的基础上，再对备选方案进行精心设计和论证。确定细节，估价方案实施的后果，规定出相应的实施措施，以保证最后选定的方案顺利实现。

3. 选择方案 选择方案就是对拟订出来的多种备选方案进行全面的比较、分析和总体评价，从中选出满意的方案。评价选择方案时，不但要考虑各种方案的技术效果、经济效果，还要考虑到各种方案的社会效果。

（二）畜牧业经营决策的基本方法

1. 确定型决策方法 确定型决策方法是指未来事件的客观情况为已知条件下的决策。确定型决策方法很多，这里只介绍盈亏平衡分析法。

盈亏平衡分析法，也称保本点分析法，是通过分析产品的产销量、成本、盈利之间的关系，来评价和选择决策方案的一种方法。基本做法是将成本划分为固定成本和变动成本，设固定成本为 F，单位产品的变动成本为 V，则产量为 Q 时的总费用为 $VQ+F$。设产品的销售单价为 P，则产量为 Q 时的销售收入为 QP。产量、成本、销售收入之间的相互关系如图 16-1 所示。

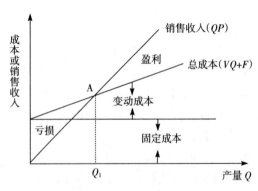

图 16-1 产量、成本、销售收入间的相互关系

由图 16-1 可以看出，销售收入线和总成本线都随着产量的增加而上升，但前者的斜率大于后者的斜率，它们相交于 A 点。在 A 点的销售收入与总成本相等，故称为盈亏平衡点

或保本点。据此可推算盈亏平衡点产量 Q_1 如下：

在盈亏平衡点，总成本等于总收入，即：

$$VQ_1 + F = Q_1 P$$

所以

$$Q_1 = \frac{F}{P-V}$$

当产量小于 Q_1 时，销售收入小于总成本，企业就会亏损；当产量大于 Q_1 时，销售收入大于总成本，企业就盈利。如果计划获 R 利润时，产量 Q 的计算公式为：

$$Q = \frac{F+R}{P-V}$$

例如，假设某企业生产一种配合饲料，价格为每吨 1 000 元，固定费用为 300 000 元，每吨产品的变动费用为 800 元，求保本点产量。如果企业要获得 50 000 元利润，应生产多少吨饲料？

运用盈亏平衡点分析法进行决策。

盈亏平衡点产量为：

$$\begin{aligned} Q_1 &= \frac{F}{P-V} \\ &= \frac{300\ 000}{1\ 000 - 800} \\ &= 1\ 500(\text{t}) \end{aligned}$$

若要获得 50 000 元利润，应生产的饲料量为：

$$\begin{aligned} Q &= \frac{F+R}{P-V} \\ &= \frac{300\ 000 + 50\ 000}{1\ 000 - 800} \\ &= 1\ 750(\text{t}) \end{aligned}$$

2. 不确定型决策方法 不确定型决策方法是指决策者对未来可能遇到的客观情况及发生概率都不能肯定的情况下的决策。由于无法确定各种情况出现概率的大小，因此不确定型决策在很大程度上取决于决策的主观臆断。对于同一问题，不同的决策人可能选出不同的最佳方案。

不确定型决策，主要有以下 4 种方法：

（1）小中取大分析法：这一方法是首先计算出各方案在各种自然状态下可能获得的收益值，然后把各种方案可能的最小收益值进行比较，从最小收益值中选最大者，作为最佳决策方案，即小中取大。举例说明如下：

假设，某企业生产蛋鸡配合饲料，可采用 3 种饲料配方，其中所用精料的价格可能会出现 3 种情况（高、中、低）。各配方在不同精料价格情况下的盈利情况如表 16-3 所列。

表 16-3 各配方在同精料价格情况下的盈利情况

配方	收益值（万元）		
	精料价格高	精料价格中	精料价格低
A	3	4	5
B	2	5	6
C	2	3	7

首先根据表 16-3 中所列数据找出 A、B、C 3 种方案在不同自然状态下的最小收益值。分别为 3、2、2，三者相比，其中方案 A 的最小收益值 3 万元为最大值。因此，按小中取大

分析法应选择方案 A 为最佳方案，这个方案的可能收益值最低为 3 万元。

(2) 大中取大分析法：这一方法是首先计算出各种方案在不同自然状态下的最大收益值，然后，从最大收益值中选取最大者，作为最佳决策方案。

仍以表 16-3 所列数据为例予以说明：

首先找出 A、B、C 3 种方案在不同自然状态下最大收益者，分别为 5 万元、6 万元、7 万元，三者相比，其中方案 C 的最大收益值 7 万元为最大。因此，按大中取大分析法，应确定 C 方案为最佳方案。

(3) 大中取小分析法：也称后悔值法则，这一种方法是首先计算各方案在不同自然状态下可能的后悔值，然后取各方案的最大后悔值进行比较，从中选取最小者作为最佳方案。

所谓后悔值是指相对于某种自然状态，各方案所可能获得的收益值与这种自然状态下的最大收益值之差。

仍以表 16-3 中所列数据为例，这种决策方法的具体分析过程为：

首先，从各方案中找出一个相对于每种自然状态下的最大收益值。根据表 16-3 中所列数据，精料价格高时，方案 A 的收益值最大为 3 万元，精料价格中时，方案 B 的收益值最大为 5 万元，精料价格低时，方案 C 的收益值最大为 7 万元。

其次，求出对应于每种自然状态下的各方案的后悔值。即由每一种自然状态下的最大收益值减去对应的各方案的收益值得出（表 16-4）。

表 16-4　各方案的后悔值

配方	后悔值（万元）			最大后悔值
	精料价格高	精料价格中	精料价格低	
A	0	1	2	2
B	1	0	1	1
C	1	2	0	2

最后，比较各方案的最大后悔值，确定最佳方案。A、B、C 3 个方案的最大后悔值分别为 2 万元、1 万元、2 万元。因此，根据大中取小分析法，应确定方案 B 为最佳方案。

(4) 机会均等法则：这一分析方法是假设各种自然状态出现的概率是相等的，再根据均等概率计算各方案的平均收益值，然后比较各方案的平均收益，选取最大者为最佳方案。其计算公式如下：

均等概率值＝1/状态数目

某方案的平均收益值＝各种状态的损益值之和×均等概率值

仍以表 16-3 所列数据为例，那么，均等概率值和各方案的平均收益值为：

均等概率值＝1/3

A 方案的平均收益值＝（3+4+5）×1/3＝4

B 方案的平均收益值＝（2+5+6）×1/3＝4.33

C 方案的平均收益值＝（2+3+7）×1/3＝4

计算的结果，B 方案的平均收益值最大，所以，应确定 B 方案为最佳方案。

3. 风险型决策方法　是指决策者对未来事件的各种自然状态不能肯定，但对各种自然状态发生的概率可以从以往的统计资料得，然后根据其发生概率进行决策。这种决策虽然有一定的客观概率为依据，但由于未来事件的自然状态不能确定，仍要承担一定的风险，故称为风险型决策。风险型决策常采用决策树分析法。

决策树分析法：就是运用树枝状图形来分析和选择决策方案的一种方法。

具体做法是：先画出决策点（用"□"表示）；然后从决策点向右画出若干条直线，每条直线代表一种备选方案,称为方案枝;在各方案枝的末端画一个圆圈,称机会点,也称方案节点,代表备选方案的经济效果;由机会点向右画出若干条直线,代表各备选方案不同自然状态的概率,称为概率枝;然后在各概率枝的末端画一个三角(△)表示结果点,用来反映各方案在相应的状态下可能发生的损益值;最后,按运行的逆方向计算各点的期望值,在选择最佳方案时,在劣于最佳方案的方案枝上打一个"‖"符合,表示剪枝,即淘汰的方案。这种分析法构成的图形称决策树分析图(图 16-2)。

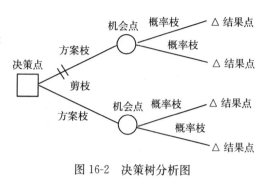

图 16-2 决策树分析图

现举例说明决策树分析法的决策过程。

例如,某饲料加工厂打算生产两种配合饲料,具体情况见表 16-5 所示。

表 16-5 不同配合饲料生产的收益情况分析

饲料种类	各种销售情况概率及工厂年收益值(万元)		
	较好(0.5)	一般(0.3)	较差(0.2)
A	5	3	2
B	7	3	0

如果工厂的生产能力只能进行一种饲料的生产,问应生产哪种饲料,能使工厂销售收益最大?

第一步,画出决策树图形。上例中配合饲料有 A、B 2 个方案。每个备选方案有 3 种自然状态,因此决策树图形如图 16-3 所示。

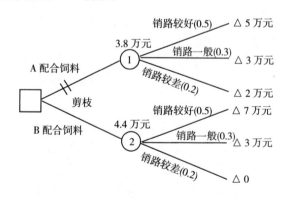

图 16-3 配合饲料的决策树分析图

第二步,确定各种自然状态可能发生的概率。概率值的准确性如何,对于决策方案的评价影响很大。因此,要尽可能提高概率值的准确性。本例中概率值已给出,可直接采用。

第三步,计算各方案的期望值。

A 配合饲料的期望值为:

$$5\times0.5+3\times0.3+2\times0.2=3.8(万元)$$

B 配合饲料的期望值为:

$$7\times0.5+3\times0.3+0\times0.2=4.4(万元)$$

把计算出来的期望值分别标在机会点①、②的上方。

第四步,选择最优决策方案。比较上述 2 种方案,生产 A 配合饲料,年收益期望值为

3.8万元。生产 B 配合饲料，年收益期望值为 4.4 万元。因此，以生产 B 配合饲料为最优决策方案，同时将 A 配合饲料的方案枝剪掉，即淘汰 A 方案。

第三节　畜牧业企业生产管理

畜牧业企业生产管理主要包括日常生产活动的计划、组织和控制等。它是企业管理的重要组成部分，是实现企业经营目标的基本保证。

一、畜牧企业计划管理

生产计划是企业各项生产活动的基础。它可以把企业的生产与社会需求密切结合起来，充分利用企业的生产能力，提高经济效益。畜牧业生产计划主要包括畜群交配分娩计划、畜群周转计划、畜产品产量计划和饲料计划等。

（一）畜群交配分娩计划

畜群交配分娩有陆续分娩和季节性分娩 2 种方式。陆续分娩就是在全年各月份均衡分娩，季节性分娩则是控制牲畜的交配，使母畜在最有利的季节里集中分娩。

城郊乳牛场宜采用陆续交配分娩方式，以保证鲜乳的均衡供应以及乳品加工业的原料需要。猪一般宜集中在春秋两季分娩，气候适宜，饲料丰富，对受胎、成活、增重都有利。草原放牧畜牧业宜冬春集中分娩，便于充分利用草场，有利于幼畜生长。

编制畜群交配分娩计划一般需掌握以下资料：

（1）计划年初畜群各组牲畜的实有头数。

（2）上年的交配分娩计划，到今年可达成熟期的后备母畜。

（3）计划年决定淘汰的母畜头数。

（4）母畜的受胎率、产仔率、成活率。

（5）本场确定的计划生产任务。

现以乳牛采用全年陆续分娩方式为例，说明畜群交配分娩计划的编制方法：

（1）根据上年牛群交配记录，确定本年分娩日期和头数。

（2）根据小母牛的出生记录和始配期（一般 13 个月）确定其交配的日期和头数。

（3）根据计划年交配的日期和头数，确定本年交配和分娩的时间和头数，最后分别计算出各月的交配和分娩头数，格式见表 16-6。

表 16-6　年度牛群交配分娩计划（头）

分娩时间	分娩头数			各月份交配头数												交配总数
	成母牛	后备母牛	合计	1月	2月	3月	4月	5月	6月	7月	8月	9月	10月	11月	12月	
去年分配的母牛																
今年分娩的母牛和青年母牛																
1月																
2月																
3月																
4月																
5月																
6月																

(续)

分娩时间	分娩头数			各月份交配头数												交配总数
	成母牛	后备母牛	合计	1月	2月	3月	4月	5月	6月	7月	8月	9月	10月	11月	12月	
7月																
8月																
9月																
10月																
11月																
12月																
1~2岁青年母牛																
未满1岁的幼牛																
合计																

（二）畜群周转计划

畜群在生产过程中，由于繁殖、生长、购入、出售、淘汰等原因，畜群结构时常发生变动，为了有计划地控制各畜组的增减变化，保证完成计划生产任务，养殖单位必须编制周转计划。编制畜群周转计划，一般需要掌握以下材料：

(1) 计划年初的畜群结构。
(2) 确定的计划年终畜群结构。
(3) 计划年各畜组的淘汰头数。
(4) 计划年出售幼畜和育肥畜的头数。
(5) 根据交配分娩计划，繁殖成活的仔畜头数。
(6) 计划购入的各种牲畜的头数。

仍以乳牛为例，说明畜群周转计划的编制方法：

(1) 根据计划年初牛群结构，本年生产任务和扩大再生产的要求，确定年末的牛群结构。
(2) 根据牛群交配分娩计划，确定计划年内繁殖幼畜头数。
(3) 根据成乳牛可使用年限及体质状况，确定各组的淘汰或出售头数，然后按照牛群的转组关系，编制牛群周转计划，格式见表16-7。

表16-7 年度牛群周转计划（头）

组别	计划年初头数	增加			减少			计划年终头数
		繁殖	购入	转入	转出	出售	淘汰	
成年母牛								
后备母牛（已成熟）								
1~2岁青年母牛								
未满1岁幼母牛								
计划年出生的小母牛								
计划年出生的小公牛								

(续)

组 别	计划年初头数	增加			减少			计划年终头数
		繁殖	购入	转入	转出	出售	淘汰	
育肥牛								
合 计								

(三) 畜产品产量计划

畜产品产量计划是养殖单位对所提供的肉、蛋、乳、油、皮、毛等畜产品生产量的计划。编制畜产品生产计划应以牲畜头数、产品率或平均活重、宰杀重等指标为依据，还要特别注意不同畜产品的生产规律。这里只对乳牛场产乳计划的编制做一重点介绍。

乳牛场产乳计划的编制方法如下：

(1) 根据乳牛以前的泌乳曲线计算出该泌乳期各个月的产乳量。

(2) 对于上年分娩的母牛，减去上年的泌乳量，计算出本年各月的泌乳量。

(3) 如果泌乳月和日历月份不一致时，要换算出各日历月份的产乳量。

乳牛场产乳计划的具体格式见表 16-8。

表 16-8　乳牛场产乳计划（kg）

乳牛编号	计划年各月份产乳量												全年合计
	1	2	3	4	5	6	7	8	9	10	11	12	
1													
2													
3													
⋮													
总计													

(四) 饲料计划

畜牧企业的饲料计划包括饲料需要量计划和饲料平衡计划两部分。

1. 饲料需要量计划　编制饲料需要量计划的依据是畜群周转计划中所反映的各种牲畜的平均头数和饲养日数及各种牲畜的饲料结构，在计划表中，按饲料的种类分别计算需要量。

(1) 确定牲畜（禽）的平均头（只）数：根据不同资料可采用不同的计算方法。

①按饲养的日数计算：

$$某畜（禽）年平均头（只）数 = \frac{某畜（禽）全年饲养总头（只）日数}{365}$$

②按年初、年末饲养头（只）数计算：

$$某畜（禽）年平均头（只）数 = \frac{年初头（只）数 + 年末头（只）数}{2}$$

③按年初、年中、年末饲养头（只）数计算：

$$某畜（禽）平均头（只）数 = \frac{\frac{年初头（只）数}{2} + 年中头（只）数 + \frac{年末头（只）数}{2}}{2}$$

(2) 按畜（禽）平均头（只）数和饲料消耗定额计算饲料需要量：

$$饲料需要量 = 平均头（只）数 \times 饲料消耗定额 \times 饲养日数$$

在计算全年各种饲料需要的总量时，要增加一定的百分比作为保险储备，一般为实际需要量的 10%～20%，以防意外需要。

饲料需要量计划格式如表 16-9。

表 16-9 饲料需要量计划

畜(禽)组	平均头(只)数	精料		青绿饲料		粗饲料		矿物质	
		每头定额	合计	每头(只)定额	合计	每头(只)定额	合计	每头(只)定额	合计
牛									
猪									
鸡									
……									

2. 饲料平衡计划　编制饲料平衡计划，是为了检查饲料余缺情况。饲料供需平衡包括两部分，一部分是各种饲料总量的供需平衡，另一部分是青绿饲料供需平衡。饲料平衡表格式见表 16-10。

表 16-10 饲料平衡表

饲料种类	供应量	需要量				余（+）缺（-）
		畜禽需要量	保险储备	其他	合计	
粗饲料						
精饲料						
青绿饲料						
……						

二、畜牧企业劳动管理

劳动管理是指企业在生产经营中对劳动力、技术人员和管理人员所进行的指挥、调度、安排和调节方面的一系列组织和管理工作。

劳动管理的要求是：充分而有效地利用劳动力和技术人员，一方面要提高劳动力和科技人员的利用率；另一方面要提高劳动生产率和经济效益。

（一）畜牧企业员工管理

劳动力资源在畜牧业企业生产力的组合要素中是起决定性作用的首要因素。充分合理地利用劳动力资源，最大限度地发挥劳动者的积极作用，才能使畜牧业企业生产得以持续稳定的发展。劳动力的管理包括提高劳动者的素质和技能、提高劳动力利用率和劳动生产率等内容。

提高劳动者的素质和技能是做好企业现代管理的核心。它主要通过教育和培训才能获得。其培训方式主要有①岗前培训：就是在招收新工人时，按录用标准和考核要求，先对报名者进行短期业务培训，然后根据考核成绩，择优录用；②在职培训：主要采取师傅带徒弟或由技术人员办短期培训班的方法，现场操作传授技术；③函授或自学考试：即鼓励职工边工作、边学习，并经函授或自学考试取得学历，自学成才；④脱产或半脱产培训：即挑选具有培养前途的优秀青年职工，送到有关院校代培，使他们获得系统的理论知识，造就一批畜牧科技和经营管理的骨干。

劳动力利用率是指实际利用的畜牧业劳动力与畜牧业劳动力总数的比。提高劳动力利用率可从 3 个方面考虑：一是提高实际参加生产的劳动力数量；二是提高劳动者实际参加生产劳动的天数；三是提高劳动者在班工作日中的纯工作时间。提高劳动力利用率的根本措施主要是进一步完善各种规章制度，充分发挥劳动者的主动性，同时要合理分配和使用劳动力，尽可能使每个职工在畜牧业企业中，能担负他最感兴趣，最适合他的能力的工作。

劳动生产率是指劳动者在单位劳动时间内所生产的畜产品数量，或者生产单位畜产品所消耗的劳动时间数。提高劳动生产率就意味着劳动者在单位劳动时间内生产的畜产品数量增多，或者单位畜产品消耗的劳动时间减少。提高劳动生产率的主要途径是：采用和推广先进的畜牧业科学技术；提高物资技术装备水平；深化改革，进一步完善责任制；重视智力开发，提高劳动者的素质。

（二）畜牧企业劳动定额管理

劳动定额是指在一定的生产技术条件下，按一定的质量要求，完成一定的工作（或产品量）所消耗的劳动数量标准。畜牧业企业中，劳动定额的形式主要有饲养定额和产量定额两种。饲养定额通常是指一个中等劳动力在一定的生产条件下，按一定的质量要求，在单位时间内饲养和管理的畜禽数量。畜禽种类不同，性别、年龄不同，对于技术及管理条件的要求不同。因此，各有不同的饲养定额。产量定额是指单位劳动时间内应该生产出来的某种产品的数量。由于畜牧业生产要通过饲养各种畜禽才能获得畜产品，因此饲养定额是畜牧业企业中最基本的劳动定额。

劳动定额是编制计划、计算劳动报酬的重要依据，也是贯彻生产责任制的先决条件。因此，劳动定额是计划管理和劳动管理的一项基础工作。在实际工作中，为充分发挥劳动定额促进生产的作用，制订出的劳动定额应具有先进性、合理性；劳动定额指标不仅要反映数量标准，而且要符合科学养畜的质量要求；各种劳动定额应以饲养工人为标准比照制订，做到基本平衡，以便确切反映每个职工的工作成绩。

制订劳动定额的方法有经验统计法、试工法、技术测定法。经验统计法主要以过去的统计资料和实践经验作为制订劳动定额的依据。试工法是对某项作业组织一个或几个中等劳动力进行实地操作，根据操作结果制订定额的一种方法。技术测定法是对作业操作过程进行系统观察和记录，在全面分析工作日消耗情况和操作方法的基础上制订劳动定额。

（三）畜牧企业岗位责任制

岗位责任制是养殖企业实现制度化、规范化管理的基础。它是指企业管理把重点放在对工作岗位的设计上，通过岗位责任制对企业的员工进行约束，包括养殖企业工作岗位的确定、各岗位员工的招聘、员工的培训、岗位责任制度的建立和完善等。

养殖企业由于饲养畜禽种类不同，其工作岗位的设计是不相同的。应根据本企业的实际情况，特别是要根据整个生产经营过程中各生产经营环节的构成情况和实际需要，科学合理地确定工作岗位。保证各岗位既能紧密衔接，又能明确界定，便于各种规章制度的建立。

企业员工的招聘要根据各工作岗位的特点和具体要求，首先确定各岗位招聘员工的数量和应具备的素质及条件，然后可采用竞岗的方式选择配备各岗位员工。

员工的培训是指对在职员工进行思想品德教育和业务能力培训，各养殖企业可根据自身的特点和条件，采取灵活多样、切合实际的方法对员工进行培训，重点是突出实效。

岗位责任制的建立和完善，主要是确定各岗位的职责范围、具体要求、奖惩措施，包括生产主管部门责任制度、饲养员责任制度、采购部门责任制度、销售部门责任制度、财会部门责任制度等。

（四）畜牧企业员工绩效考核

绩效考核是指根据员工需要达成的绩效标准对其在当前以及过去的绩效进行评价。绩效考核工作将员工的工作绩效记录与过去制订的标准进行比较，并及时将绩效考核结果反馈给员工，为组织目标的实现提供支持。

绩效考核体系是实现畜牧业企业目标管理体系的管理工具与评价手段。目标管理是指畜牧业企业根据在一定时期的使命，经过公司各个层次的人员参与讨论、协商一致，制订公司总目标；公司各个层次将总目标进行分解，制订各个层次、部门直至每个人的分目标；用总目标指导分目标，用分目标保证总目标，从而建立起一个自上而下层层展开，自下而上层层保证的目标体系，形成一种全员参加、全程管理、全面负责、全面落实的目标管理体系。以乳牛场为例，牧场管理目标分为2部分：总体目标（成本目标、产量目标、效益目标）和条块目标（饲养目标、繁育目标、兽医目标、犊牛目标、乳厅目标）。

畜牧业企业的绩效考核要以目标管理为导向，以关键绩效指标（KPI）为核心，关注过程，强化结果，强调绩效改善、绩效激励。管理者以企业绩效为准进行考核，员工以个人绩效为准进行考核。

关键绩效指标体系包括3个层面的指标：企业级关键绩效指标、部门级关键绩效指标和个人级关键绩效指标。部门级关键绩效指标和个人级关键绩效指标来源于企业级关键绩效指标，因此企业级关键绩效指标的制订至关重要。企业级关键绩效指标制订的步骤为：①聘请外部专家与企业高层领导一起明确企业未来的发展方向和战略目标。基于企业的战略目标分析企业获得成功的关键业务重点，这些业务领域就是公司的关键结果领域，以此确定KPI维度。这一步骤需要思考企业的成功依靠什么、企业未来追求的目标是什么。②把关键结果领域层层分解为关键绩效要素，即确定KPI要素，这是对关键结果领域的细化和描述。这一步骤需要思考每个关键成功领域包括哪几个方面的内容、如何在该领域获得成功、成功的关键措施、手段和标准是什么。③将关键绩效要素细分为容易量化的关键绩效指标。这一步骤需要注意每一个关键要素都可能有很多指标可以反映其特性，要对这些指标进行筛选，确定最终的KPI。

以乳牛养殖场为例，绩效考核指标可以设置为季度绩效考核、年度绩效考核2种，具体绩效考核项目和考核周期设置为：①净利润（季度/年度）；②生鲜乳产量（季度/年度）；③吨牛乳成本（季度）；④牛群繁殖率（年度）；⑤被动淘汰率（年度）；⑥青年牛单头耗费（季度）；⑦产乳牛单头耗费（季度）；⑧牛乳菌落数（季度）；⑨牛乳体细胞数（季度）；⑩成年母牛单产（年度）；⑪胎间距（年度）；⑫年头均医药费（年度）；⑬犊牛死淘率（年度）；⑭体况评分（季度）；⑮平均产后配准天数（季度）等。

畜牧业企业绩效考核主要针对员工个人的工作能力、工作态度和工作业绩，常用的方法有比较法、量表法和描述法3大类。

（1）比较法：这是一种相对考核的方法，通过员工之间的相互比较得出考核结果。这种方法可以避免绩效考核中易出现的宽大化、严格化和中心化倾向，但是不能为员工提供有效信息，对绩效改善的作用不大。常用的比较法有个体排序法、配对比较法、强制比例法等。个体排序法也称为排队法，是把员工按照从好到坏的顺序进行排列；配对比较法是把每一位员工与其他员工一一配对，分别进行比较，每次比较时，较好的员工用"＋"标记，较差的员工用"－"标记，所有员工比较结束后，"＋"数多的员工绩效考核名次就排在前面；强制比例法是首先将绩效考核结果分为几个等级，然后按照正态分布的原理确定出各个等级的比例，按照这个比例，根据员工的表现将其归入相应的等级中。

（2）量表法：这是一类最常用的绩效考核方法，是指将绩效考核的指标和标准制作成量表，依此对员工的绩效进行考核。这种方法具备了客观的标准，便于不同部门员工进行横向比较，员工也容易获得绩效表现的具体信息，有利于员工改进绩效。但是这种方法的困难之处在制订合理的指标和标准，量表的开发成本较高。常用的量表法有评级量表法、行为锚定量表评价法、行为观察量表法。评级量表法是在量表中列出所需要考核的绩效指标，每个指标分为不同等级，每个等级对应1个分数，根据员工的工作表现，对每个指标评定1个等级，得到对应的分数，最终加和所有指标的分数，得到员工绩效考核结果；行为锚定量表评价法是评级量表法与关键事件法的结合，每一水平的绩效均用某一标准行为来加以界定；行为观察量表法指在考核各个具体的项目时给出一系列有关的有效行为，考核者通过指出员工表现各种行为的频率来评价他的工作绩效。

（3）描述法：这种方法通常作为其他方法的辅助来使用，是指考核主体用叙述性的文字来描述员工在工作业绩、工作能力和工作态度方面的优缺点，以及需要加以指导的事项和关键事件等，由此得到员工的综合考核。常用的描述法为关键事件记录考核法，即通过观察记录员工完成工作时特别有效和特别无效的行为，依此对员工进行考核评价。

三、畜牧业企业质量管理

产品质量是企业的生命。随着社会经济的发展及国内国际市场的融合，人们对畜产品的质量要求越来越高。畜牧业企业要想在国内外市场的竞争中立于不败之地，就必须要加强企业的全面质量管理，不断提高企业的产品质量。

（一）全面质量管理的概念及特点

全面质量管理是指依靠企业全体职工，运用质量管理理论和方法，对从产品设计、生产加工到销售服务全过程中影响质量的因素进行全面预防和控制，以保证生产出满足用户需要的优质产品。全面质量管理的特点为：

1. 全过程的质量管理　即从市场调研、产品设计、生产加工到销售服务整个过程的各个环节都要进行质量管理。

2. 全方位的质量管理　企业的各个部门、各个方面、各个管理层次都要进行质量管理。

3. 全员的质量管理　企业的全体职工，上自最高负责人，下至基层的工人，都要参加全面质量管理活动。

（二）畜产品质量管理的基本工作程序

20世纪60年代，美国质量管理专家戴明根据管理是个过程的理论，把质量管理过程划分为计划（plan）、实施（do）、检查（check）、处理（action）4个阶段，称为PDCA循环。

PDCA循环是指质量管理工作按照计划、实施、检查、处理这4个阶段依次运转，周而复始地进行，使产品质量不断得以提高。

在质量管理工作中，PDCA循环又具体化为8个步骤：

（1）分析现状，找出存在的质量问题。

（2）分析产生质量问题的原因。

（3）找出主要原因。

（4）针对主要原因制订对策和计划。

（5）实施所制订的对策和计划。

（6）检查实施的效果。

（7）总结经验，巩固取得的成果。

（8）提出尚未解决的问题，转入下一次PDCA循环。

PDCA循环的4个阶段、8个步骤相互衔接，顺序循环。每循环一圈，就使产品质量提高一个等级。

（三）畜产品质量管理常用的几种方法

1. 排列图法　又称主次因素排列图法。是以图的形式把影响产品质量的因素按其对产品质量影响程度的大小顺序排列，从而分清主次，找出主要因素的一种简单而有效的方法。

排列图由两个纵坐标、一个横坐标、几个直方块和一条曲线组成。左边的纵坐标表示频数，右边的纵坐标表示频率，以百分比表示，横坐标表示影响产品质量的各个因素，按其影响大小从左向右依次排列，直方块表示某个因素影响程度的大小，曲线表示各影响因素的累计百分比。在主次因素分析中，通常按其累计百分比将影响因素分为 3 类：累计百分比在 0～80％为 A 类因素，即主要因素；在 80％～90％为 B 类因素，即次要因素；在 90％～100％为 C 类因素，即一般因素。针对主要因素，采取措施重点解决（图 16-4）。

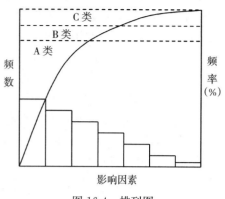

图 16-4　排列图

2. 因果图法　又称树枝图或鱼刺图。在生产过程中，影响产品质量的因素错综复杂，因此，在解决产品质量问题时，必须分析掌握影响产品质量的各种原因及其相互关系。借助因果图，可使产生质量问题的原因及其相互关系表现得更为直观、清晰，便于采取措施予以解决。

因果图的制作步骤为：①确定要解决的质量问题；②分析产生问题的原因；③整理原因，按原因大小及其关系画因果图（图 16-5）。

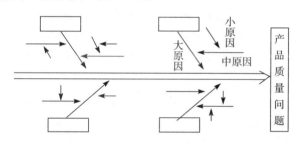

图 16-5　因果图

图中箭头表示各线段的作用方向，直接指向中间双线的第一层次线表示造成所分析质量问题的大原因，指向第一层次线的第二层次线是造成质量问题的中原因，指向第二层次线的第三层次线是造成质量问题的小原因。

3. 分层法　分层法是把收集的产品质量数据按照一定目的分类整理，以便分析产品质量问题及其影响因素的方法。它是通过将产品质量数据分门别类，把性质不同的数据和错综复杂的影响因素分析清楚，找出问题症结所在。因此，对于数据资料不能随意划分，要根据分析目的，按照一定的标志加以划分。如按人员、原料、工艺方法等标志划分。最终找出主要原因，采取措施，从根本上解决问题。

四、畜牧业企业产品成本核算

（一）畜牧业企业成本与费用的构成

畜牧业企业在生产经营过程中发生的费用可以分为 2 部分，一部分计入产品成本，如材料费用、人工费用、直接支出和制造费用等；另一部分不计入产品成本，如管理费用、财务费用、销售费用等，称为期间费用。

1. 产品成本项目　财务制度对产品成本和费用的项目、内容和标准有统一的规定，畜牧业企业需要计入成本的生产费用是指企业饲养和放牧各种畜禽发生的全部费用，按其经济用途划分为以下各成本项目。

（1）材料费用：指构成产品实体或有助于产品形成的原料及材料，包括畜牧业企业生产经营过程中实际消耗的精饲料、粗饲料、动物饲料和矿物质饲料等饲料费用（如需外购饲料，在采购中的运杂费用也列入饲料费），以及粉碎和蒸煮饲料、孵化增温等耗用的燃料动力费等。

（2）人工费用：指企业直接从事畜禽产品生产人员（如饲养员、放牧员、挤乳员等人）的工资、奖金、津贴、补贴、福利等。

（3）直接支出：指畜禽医药费、畜禽舍折旧费、专用机器设备折旧费、产畜摊销费等。

（4）制造费用：指畜牧业企业为组织和管理生产所发生的各项费用，包括生产单位管理人员工资、租赁费、修理费、低值易耗品费、取暖费、水电费、办公费、差旅费、运输费、保险费、试验检验费、劳动保护费、季节性和修理期间的停工损失，以及其他制造费用。

2. 期间费用 期间费用是指企业在生产经营过程中发生的，与产品生产活动没有直接联系，属于某一时期耗用的费用。期间费用不计入产品成本，直接计入当期损益，期末从销售收入中全部扣除。期间费用包括管理费用、财务费用和销售费用3项。

（1）管理费用：指企业行政管理部门为管理和组织生产经营活动而发生的各项费用，包括公司经费、工会经费、职工教育经费、劳动保险费、待业保险费、董事会费、咨询费、审计费、诉讼费、税金、土地使用费、土地损失补偿费、技术转让费、无形资产摊销、开办费推销、业务招待费、坏账损失、存货盘亏、损毁和报废以及其他管理费。

（2）财务费用：指企业为筹集资金而发生的各项费用，包括企业生产经营期间发生的利息支出、汇兑净损失、调剂外汇手续费、金融机构手续费以及筹资发生的其他费用等。

（3）销售费用：指畜牧企业在销售畜产品和其他产品、自制半成品和提供劳务等过程中发生的各项费用以及专设销售机构的各项经费。具体包括应用企业负担的运输费、装卸费、包装费、保险费、委托代销手续费、广告费、展览费、租赁费、销售服务费、销售部门人员工资和福利费、差旅费、办公费、折旧费、修理费、物料消耗、低值易耗品摊销以及其他经费等。

（二）畜牧业企业盈利核算

企业只有盈利才能生存。畜牧业企业盈利核算是对企业在一定生产期间所取得的经营成果进行计算、考核和分析，为衡量企业的经营业绩、挖掘企业潜力、实施投资决策提供重要依据。

1. 营业收入核算 营业收入是指畜牧业企业通过销售畜禽产品、提供劳务等经营活动所取得的销售收入，是企业赢利的主要途径。

按照企业收入的重要程度，营业收入分为主营业务收入、其他业务收入和对外投资收入。畜牧业企业主营业务收入是指生产和销售畜禽产品的收入，这部分收入在畜牧业企业收入中占有较大比重；其他业务收入即营业外收入，是指畜牧业企业从事畜禽产品生产和销售以外的其他业务活动所取得的收入，这部分收入在畜牧业企业收入中所占比重较小，对企业利润影响不大；对外投资收入主要指股票、债券及其他投资取得的收入。

企业一般应于产品已经发出，劳务已经提供，并已经收讫价款或取得收取价款的凭证时确认营业收入的实现。

2. 利润核算 利润是畜牧业企业在一定生产经营期间由于生产经营活动所取得的经营成果，在数量上等于各项收入和各项支出相抵后的差额。畜牧业企业的利润主要由3部分组成，即营业利润、投资净收益和营业外收入。计算公式为：

利润总额＝营业利润＋投资净收益＋营业外收入－营业外支出＋补贴收入

（1）营业利润：营业利润是企业在一定时期内从事生产经营活动所取得的利润，是利润总额的主体。计算公式为：

营业利润＝主营业利润＋其他业务利润－管理费用－财务费用

主营业利润＝主营业收入－主营业成本－营业费用－营业税金及附加

其他业务利润＝其他业务收入－其他业务支出（包括其税金）

营业费用即期间费用中的销售费用，营业税金及附加包括流转税、资源税、城市维护建设税、教育费附加等。

（2）投资净收益：投资净收益是企业对外投资取得的收益扣除投资损失后的余额，包括对外投资获得的利润、股利和利息，投资到期收回或中途转让取得款项高于账面价值的差额，以及股权投资在被投资单位增加的净资产中所拥有的数额等。投资损失包括投资到期或中途转让取得的款项低于账面价值的差额，以及股权投资在被投资单位减少的净资产中所分担的数额等。

（3）营业外收入：营业外收入包括固定资产的盘盈和出售净收益、罚款收入、因债权人原因确实无法支付的应付账款、教育费附加返还款等；营业外支出包括固定资产盘亏及报废毁损和出售的净损失、非季节性和非修理期间的停工损失、赔偿金、违约金、防汛抢险支出、经财政部批准的其他支出项目等。

第四节　畜产品营销管理

畜产品营销是畜牧业企业经营管理的一个重要环节。市场经济条件下，企业的产品是否适销对路，能否及时地销售出去，直接决定着企业的兴衰存亡。要做好畜产品的营销活动，必须要了解影响畜产品供求的因素，正确选择畜产品目标市场及营销策略。

一、影响畜产品供求的主要因素

（一）人口因素

人口是影响畜产品需求的最重要的市场因素之一。人口数量的增加，会直接增加对畜产品的需求，畜产品需求量与人口数量呈正比例关系。另外，人口结构、人口分布、宗教与风俗习惯都对畜产品需求及需求结构有重要影响。

（二）收入水平

收入水平决定着畜产品的消费水平，消费者的收入水平越高，其购买力越强，对畜产品的消费水平也就越高。当然，随着人们收入水平的不断提高，对畜产品的消费也是有一定限度的，当达到一定程度后，其需求量就会稳定在一定水平上。当消费者的收入水平下降，对畜产品的需求量也会随之下降。

（三）畜产品质量

随着收入水平和生活水平的不断提高，人们对畜产品质量越来越重视。畜产品质量包括营养水平、适用性、安全性等。畜产品必须具有满足消费者需要的质量，才会受到消费者欢迎，满足程度越高，其市场需求量越大；反之，则需求量下降。

（四）畜产品价格

畜产品价格是影响畜产品需求与供给的直接因素。从需求方面来看，由于多数畜产品并非最基本的生活必需品，畜产品价格升高时，畜产品需求量相应减少；反之，当畜产品价格降低时，需求量相应增加。从供给方面来看，在畜产品生产成本不变的情况下，畜产品价格上升，供给量就会增加；反之，畜产品价格下降，供给量就会减少。

（五）饲养畜禽的比较效益

在市场经济条件下，畜产品生产在很大程度上受比较效益影响，如饲养畜禽的经济效益低于农牧民所能够从事的其他行业,农牧民就会将其所拥有的各种生产要素投向其他行业,从而减少畜产品的供给量;反之,则相反。

二、畜产品目标市场的选择

(一) 畜产品市场的细分

畜产品市场细分就是根据市场上消费者对畜产品需求的差异性,将消费者整体划分为若干不同的消费者群体,并相应地将整体市场划分为若干个子市场的过程。每一个有相似欲望和需求的消费者群体称为一个细分市场。

畜牧业企业对市场进行细分,主要是基于市场对畜产品需求的差异性,而且随着科学技术的进步、社会经济的发展、人们生活水平的提高,对畜产品需求差异性会越来越大,迫使生产经营者不得不实行目标营销。另外,畜产品市场竞争的日益激化,迫使生产经营者为在激烈的竞争中求得生存和发展,通过市场细分来发现那些需求尚未满足的消费者,采取有效措施,迅速占领市场。

畜产品市场细分应遵循的原则有:可衡量原则、可接近性原则、效益性原则、可行性原则。

畜产品市场细分变量主要有:地理细分变量、人口统计细分变量、心理细分变量、行为细分变量。

(二) 选择畜产品目标市场

畜牧业企业在实行市场细分后,可根据自己的资源和目标选择子市场作为自己的目标市场,但企业此时面对许多子市场,究竟进入哪些细分市场,还需要对各个细分市场进行评估。

1. 细分市场评估 对细分市场评估必须考虑以下 3 个因素。

(1) 细分市场的规模:即对本企业来说,应考虑细分市场的规模是否适度。企业实力雄厚,就可以进入需求量大的细分市场,以获取较大的规模效益。而实力弱的小企业要避免进入大的细分市场参与激烈的竞争,以降低市场风险。

(2) 细分市场潜在的威胁:企业在进入细分市场前必须对其潜在的威胁进行充分考虑。发展潜力大的细分市场其吸引力也大,会有很多竞争者不断地进入,激烈的竞争会使投入不断加大,增加销售成本,导致企业利润下降。

(3) 本企业的竞争力:企业在进入某个细分市场之前,要考虑本企业与竞争对手相比是否有竞争优势,如果缺乏必要的竞争力,就应该放弃这个细分市场。

2. 选择目标市场的策略 目标市场营销策略是畜牧业企业对目标市场营销方案的总体谋划。一般可分为以下 3 种。

(1) 无差异营销策略:即畜牧业企业把整体市场作为自己的目标市场。采取这种策略的企业,只求满足消费者对畜产品的共同性的需要,不考虑消费者需求的差异性。因此,企业所生产的产品和营销方案是针对消费者整体的。

(2) 差异性营销策略:即对整个畜产品市场进行细分,然后选择多个子市场作为企业的目标市场,再分别针对每个目标市场设计加工产品和制订营销策略。这种策略充分注意了各细分市场的差异性,力图满足消费者的多元需求,能够提高企业在市场上的竞争力,有利于提高本企业产品的市场占有率,获得较高的销售额。但差异性营销会增大产品设计、生产加工、促销等方面的费用,从而会增加生产和营销成本。

(3) 集中性营销策略:即在对畜产品市场细分的基础上,选择 1 个或少数几个子市场作为目标市场,开展营销活动。实行这种策略的企业是力争在 1 个或少数几个子市场上占有较大的份额,而不是在整个畜产品市场上占有较小的份额。采用这种策略可以深入了解特定子市场的需要，有针对性地实行专业化生产和营销，在特定目标市场上获得优势地位。但采用这种策略由于产品单一、目标市场过分集中，企业营销风险较大。

三、畜产品销售策略

（一）产品策略

畜牧业企业的产品策略就是根据企业的目标，对畜产品组合的广度、深度和相关性进行决策。主要有以下几种：

1. 扩大产品组合策略 这种策略也称产品多样化策略，是指增加畜产品的种类和各种不同的产品品种数量，扩大经营范围。如畜产品加工厂进行牛肉产品、猪肉产品、乳产品等多种畜产品加工。

2. 缩小产品组合策略 这种策略是收缩、削减产品线或畜产品项目。即从产品组合中取消那些获利少的产品种类或品种，集中企业资源经营获利多的产品，力求从较少的产品中获得更多的利润。

3. 产品差异化策略 产品差异化是指企业为了突出本企业的产品与竞争者的产品有不同的特点，通过采用不同的设计、包装，或在包装内附上新奇的标识，以示与竞争者的区别。通过这种策略加深消费者对本企业产品的印象，提高其产品的竞争力。

4. 产品定位策略 这种策略是指企业根据消费者对某种产品属性的重视情况，给本企业产品确定一个适当的市场地位。也就是创造和培养出本企业产品的特色，以满足消费者的某种偏好和特定的需求。

（二）畜产品商标与包装策略

商标是商品的特定标识，一般由文字、图案、符号和标记等要素组成。包装具有保护商品、便于运输和储存的作用，而且目前已成为促销和提高产品竞争力的重要手段。

1. 商标策略 注册商标受法律保护，有益于维护买卖双方的利益。但商标也使产品成本增大，进而增加消费者负担。一般来说，商标策略有以下几种可供选择。

（1）个别商标策略：即一个企业所生产的多种产品，采用完全不同的商标，每1种产品使用1个商标。各种产品独立进入市场，不会因个别产品的失败而败坏整个企业的声誉。但这种策略会增加促销费用，加大管理难度。

（2）统一商标策略：即企业所生产的各种产品都使用同一商标。这种策略有利于利用已有良好声誉的商标推出新产品，节省商标设计费用和广告费用。但企业所生产的任何一种产品在质量和服务上出现问题，都会影响整个企业的声誉，给企业所有产品的销售造成困难。

（3）分类产品商标策略：即企业所生产的各类产品使用不同的商标，一类使用一种商标。如果企业生产多种类型的产品，可采取这种策略。

（4）不使用商标：企业所生产的产品，如果销售范围主要是满足普通居民的日常使用，并且不容易与其他同类产品相区别，可以不使用商标。

2. 包装策略 对于畜产品来说，精美的包装往往能刺激消费者的购买欲望。包装策略主要有以下几种：

（1）类似包装：即企业将其生产经营的各种产品，在包装上采用相同或类似的图案、色彩或有其他共同的特征，使顾客一看便知道是同一企业的产品，有利于树立企业形象，增强消费者对该企业产品的信任。

（2）等级包装：即按照产品的质量、价格的高低，将产品分为若干等级，优质产品采用高档包装，一般产品采用普通包装。使包装与产品质量相符，有利于优质产品的销售。

（3）附赠品包装策略：即在包装物内附有赠品或奖券，使顾客在购买产品的同时，拥有获得额外奖品的机会，刺激顾客重复购买。

（三）畜产品定价策略

产品价格对企业整个经营活动具有重要的影响作用，它直接影响着产品需求量的大小，影响着企业产品在市场上的竞争力和企业的盈利水平。因此，为了更好地实现企业目标，可根据产品和市场情况，采用多种灵活的定价策略。

1. 折扣定价策略 指卖方在正常价格的基础上，给予客户一定的价格优惠，以鼓励客户购买更多本企业的产品。

（1）数量折扣：即根据客户购买的数量给予一定的折扣。购买数量越多，折扣越大。这种策略是企业为鼓励客户大量购买或经常购买本企业产品所采用的一种定价策略。其实质是将客户大量购买时企业所节约的销售费用的一部分转让给客户。数量折扣分为累计数量折扣和一次性数量折扣2种。累计数量折扣是指在一定期限内，客户累计进货达到所规定的数量时，给予折扣优待。一次性数量折扣是指客户一次性购买达到所规定的数量时，给予折扣优待。

（2）现金折扣：是企业对客户按约定日期或提前付款而给予的折扣。目的是鼓励客户早日付款，以便减少资金占用，加速资金周转，减少因拖欠而造成的呆账、死账。采用这种策略，一是要约定提前付款的日期，二是要规定折扣率。

（3）商业职能折扣：是指生产企业根据中间商在产品销售过程中所担负的职能不同而给予的不同让价形式。这种折扣是生产企业对中间商经营其产品时所支付的储运、广告、销售等项费用的补偿和报酬。一般说来，给予批发商的折扣大于零售商。

2. 心理定价策略 是根据顾客在购买商品时接受价格的心理状态来制订价格的策略。

（1）尾数定价策略：是一种"取零不取整"的标价技巧。针对人们的求廉心理，给产品的定价以零头结尾。如5元的商品定价为4.95元，10元的商品定价为9.98元，使人感觉定价是经过精确计算的，因而对卖方产生信任感。同时，商品价格以零头结尾，可使顾客从心理上感觉商品便宜。

（2）声望定价策略：是利用顾客对某些产品、某些企业的信任心理而适当抬高价格的定价策略。某种产品或企业在顾客心目中享有较高的声誉和威望，其产品的出售价格可高于一般同类商品的定价。由于顾客对它信任，仍然能够畅销。

（3）习惯定价策略：是根据某种商品在市场上长期销售所形成的比较稳定的、人们习惯的价格而定价的策略。这种习惯价格被客户认为是合理价格。因此，企业应按习惯价格确定产品的价格；否则，客户在心理上就难以接受。如果确因产品的成本或质量变化而需要提价，则应采取相应的措施（如改变品牌或包装）。

（4）招徕定价策略：是利用人们求廉的购买心理，选择几种商品以大幅度低于市价的价格销售，以吸引顾客购买，顺便以正常价格推销企业的其他商品，达到扩大企业总销售额和总利润的目的。这是零售商常采用的一种策略。

3. 差别定价策略 是指对同一种畜产品根据不同的顾客群、不同的部位、不同的时间、不同的地点制订不同的价格。

（1）根据不同顾客群制订不同价格：主要以刺激需求为原则，同一种产品对不同的顾客群售价不同，如牛乳作为中小学生加餐食品给予优惠价格。

（2）畜禽的不同部位制订不同价格：如鸡腿、鸡翅、鸡胸、鸡肝等不同部位以不同的价格销售，满足人们不同的偏好。

（3）不同的时间制订不同的价格：如在传统节日对畜产品的需求量较大，其销售价格一般高于平日的售价。

（4）不同地点制订不同的价格：同一种畜产品在不同地域的市场上，其需求强度往往不同，据此可以制订不同的价格。

（四）畜产品促销策略

促销是指企业通过人员和非人员的推销方式，向广大客户介绍商品，促使客户对商品产生好感和购买兴趣，继而进行购买的活动。产品促销活动主要有人员推销、广告、公共关系和营业推广4种形式。

1. 人员推销　是企业派推销员直接与顾客接触，向顾客介绍和宣传商品，激发顾客购买欲望和购买行为的促销方式。其优点是针对性强，便于双向沟通，有利于建立长期稳定的供销关系，但人员推销的费用支出较高。

人员推销的优势在于：通过推销员与顾客直接联系，能够根据各类客户的需求，及时向客户提供产品信息，诱发客户的购买欲望，促进产品销售。同时，能够及时收集客户对本企业产品的意见，促使企业不断改进产品质量，更好地满足客户需求。

采用这种策略，要求推销人员必须具备很高的素质，包括思想素质、能力素质、业务知识等。因此，要采用科学的方法对推销员进行选拔和培训，以保证实现企业的促销目标。

2. 广告　是通过传播媒体，向公众介绍企业的产品，诱导公众购买的公开宣传活动，是非人员推销的主要形式。

为了更有效地发挥广告的促销作用，企业在设计和制作广告时，应慎重考虑企业的市场发展战略、产品的生命周期、广告媒体的相对价值、广告目标等项因素。综合考虑上述各种因素的变化和影响，确定广告的内容，选择适宜的广告形式。广告要富有真实性、针对性、创造性和艺术性。

3. 公共关系　企业开展公共关系活动是为了塑造企业的良好形象。企业的公关活动涉及面较广，包括顾客、中间商、政府部门、新闻媒介等。企业只有通过公关赢得公众对企业的理解、信任和支持，创造良好的社会关系环境，才能使本企业的产品得以畅销。

企业常用的公共关系活动方式有：通过新闻媒介传播企业信息，如记者招待会、新闻通信、企业介绍等；参与各种社会福利活动和公益活动，如赞助、捐赠等；举办各种专题活动，如庆祝活动、知识竞赛、联谊会等；加强与企业外部组织的联系；刊登公共关系广告。

4. 营业推广　是在短期内为刺激需求，扩大销售而采取的各种鼓励购买的措施。针对不同的促销对象常用的营业推广策略有3种：

（1）对推销人员的推广：多采用销货提成、超额销售奖励等措施，鼓励销售人员积极推销产品。

（2）对中间商的推广：采用多种方法吸引批发商或零售商购买本企业新产品，鼓励他们增加进货。常用的方法有：购买折扣、购货附赠品、广告促销、贸易展销等。

（3）对最终用户和消费者推广：主要是培养顾客对本企业产品的偏好，提高顾客现场购买兴趣。常用的方法有：赠送样品、有奖销售、降价销售、赊销或分期付款、加强售前、售中和售后的服务等。

复习思考题

1. 简述畜牧业企业经营管理的含义和主要职能。
2. 简述市场调查的步骤。
3. 简述德尔菲法的具体做法。
4. 简述经营决策的程序。

5. 什么是劳动生产率？什么是劳动定额？
6. 简述企业制订 KPI 的意义。
7. 简述 PDCA 循环的具体步骤。
8. 影响畜产品供求的主要因素是什么？
9. 简述畜牧业企业成本费用的构成。
10. 畜产品销售策略主要有哪些？

参 考 文 献

白庆余，1988. 药用动物养殖学[M]. 北京：中国林业出版社.
包军，1997. 动物福利学科的发展现状[J]. 家畜生态，18（1）：33-39.
毕玉霞，方磊涵，2017. 动物防疫与检疫技术[M]. 2版. 北京：化学工业出版社.
蔡立，1990. 四川牦牛[M]. 成都：四川民族出版社.
曹志贱，肖兵南，燕海峰，等，2000. 转基因技术在畜牧业中的应用[J]. 云南畜牧兽医（2）：18-19.
查向东，2005. 揭秘细菌的限制-修饰系统[J]. 生物学通报，40（11）：60-62.
柴同杰，张兴晓，姚美玲，2008. 对集约化畜禽养殖动物福利的认识[J]. 中国家禽，30（8）：21-23.
常明雪，刘卫东，2011. 畜禽环境卫生[M]. 2版. 北京：中国农业大学出版社.
陈代文，2005. 动物营养与饲料学[M]. 2版. 北京：中国农业出版社.
陈宏，2000. 现代生物技术与动物育种[J]. 黄牛杂志，26（4）：1-5.
陈杰，2011. 家畜生理学[M]. 4版. 北京：中国农业出版社.
陈熔，丁凯，2017. 基于无线传感网络的智能畜禽舍环境控制系统设计[J]. 江苏农业科学，45（13）：185-188.
陈淑珍，2017. 浅论畜禽生产的污染及控制[J]. 中兽医学杂志（1）：54-55.
陈幼春，1999. 现代肉牛生产[M]. 北京：中国农业出版社.
成海平，钱小红，2000. 蛋白质组研究的技术体及其进展[J]. 生物化学与生物物理进展，27（6）：584-588.
程罗根，2013. 遗传学[M]. 北京：科学出版社.
程支中，2003. 中国畜牧产业化经营问题研究[D]. 重庆：西南财经大学.
戴丽荷，2013. FSHβ基因多态性及对不同品种猪繁殖性状的影响[J]. 浙江农业学报，25（3）：461-466.
单永利，黄仁录，2001. 现代化肉鸡技术手册[M]. 北京：中国农业出版社.
道良佐，1996. 肉羊生产技术手册[M]. 北京：中国农业出版社.
邓露芳，2009. 日粮添加纳豆枯草芽孢杆菌对奶牛生产性能、瘤胃发酵及功能微生物的影响[D]. 北京：中国农业科学院.
丁健，王飞，金景姬，等，2015. 表观遗传之染色质重塑[J]. 生物化学与生物物理进展，42（11）：994-1002.
东北农学院，1979. 家畜饲养学[M]. 北京：农业出版社.
董开发，徐明生，2002. 禽产品加工新技术[M]. 北京：中国农业出版社.
董克用，2011. 人力资源管理概论[M]. 3版. 北京：中国人民大学出版社.
董伟，1980. 家畜繁殖学[M]. 2版. 北京：中国农业出版社.
董修建，李铁，2007. 猪生产学[M]. 北京：中国农业科学技术出版社.
杜立新，2002. 种草养驴技术[M]. 北京：中国农业出版社.
方天堃，2003. 畜牧业经济管理[M]. 北京：中国农业大学出版社.
冯仰廉，2000. 肉牛营养需要和饲养标准[M]. 北京：中国农业大学出版社.
甘肃农业大学，南京农业大学，1992. 动物性食品卫生学[M]. 北京：农业出版社.
甘肃农业大学，1990. 养马学[M]. 2版. 北京：农业出版社.
高景会，王蕊，范锋，2011. 阿胶现代研究进展[J]. 中国药事，25（4）：396-401.
龚利敏，王恬，2010. 饲料加工工艺学[M]. 北京：中国农业大学出版社.
谷子林，薛家宾，2007. 现代养兔实用百科全书[M]. 北京：中国农业出版社.

呙于明, 2016. 动物营养研究进展[M]. 北京: 中国农业大学出版社.

呙于明, 1997. 家禽营养与饲料[M]. 北京: 中国农业大学出版社.

郭永祥, 2005. 何谓动物福利[J]. 湖南农业, 9: 19.

过世东, 2010. 饲料加工工艺学[M]. 北京: 中国农业出版社.

哈特尔 D. L. 2016. 遗传学: 基因和基因组分析[M]. 8版. 北京: 科学出版社.

韩定角, 吴先华, 刘业勇, 2016. 不同光照时间对50～80 kg的生长育肥猪生长性能及经济效益的影响研究[J]. 猪业科学, 33 (8): 88-89.

韩国才, 2003. 畜牧业经营管理[M]. 北京: 中国农业出版社,

韩俊文, 丁森林, 2003. 畜牧业经济管理[M]. 北京: 中国农业出版社,

韩萍, 俞诗源, 2005. 人类基因组计划研究进展[J]. 西北师范大学学报 (自然科学版), 41 (5): 96-98.

韩友文, 1997. 饲料与饲养学[M]. 北京: 中国农业出版社.

贺光祖, 谭碧娥, 肖昊, 等. 2015. 肠道小肽吸收利用机制及其营养功能[J]. 动物营养学报, 27 (4): 1047-1054.

胡坚, 1996. 动物饲养学[M]. 3版. 长春: 吉林科学技术出版社.

胡自治, 2000. 人工草地在我国21世纪草业发展和环境治理中的重要意义[J]. 草原与草坪 88 (1): 12-15.

华南农业大学, 1988. 养牛学[M]. 北京: 农业出版社.

黄建黎, 2017. 中国牧场管理实战[M]. 北京: 企业管理出版社.

黄瑞森, 2012. 现代养猪设备在猪场中的应用[J]. 养猪 (4): 75-78.

黄涛, 2007. 畜牧工程学[M]. 北京: 中国农业科学技术出版社.

黄炎坤, 2000. 应用酶制剂减轻畜禽粪便对环境的污染[J]. 农业资源与环境学报, 17 (2): 39-41.

惠鸿伟, 2009. 现代化畜牧生产对动物福利的影响及对策[J]. 养殖技术顾问, 6: 158.

计成, 2008. 动物营养学[M]. 北京: 高等教育出版社.

蒋国材, 1998. 养牛全书[M]. 2版. 成都: 四川科学技术出版社.

焦骅, 孙德林, 1989. 电子计算机在畜牧业上的应用[M]. 沈阳: 辽宁科学技术出版社.

解涛, 梁卫平, 2000. 后基因组时代的基因组功能注释[J]. 生物化学与生物物理进展, 27 (2): 166-170.

寇云军, 2014. 猪青贮饲料的饲喂及其注意事项[J]. 现代畜牧科技 (7): 65.

兰泓, 张玉祥, 2015. 基因克隆技术及其进展[J]. 中国医药生物技术 (5): 448-452.

李碧春, 2008. 动物遗传学[M]. 北京: 中国农业大学出版社.

李翠霞, 2009. 国外绿色 (有机) 畜牧业的发展及对我国的启示[J]. 东北农业大学学报 (社会科学版), 3: 1-3.

李德发, 1997. 现代饲料学[M]. 北京: 中国农业大学出版社.

李福昌, 张凤祥, 2006. 无公害獭兔标准化生产[M]. 北京: 中国农业出版社.

李福昌, 朱瑞良, 2002. 长毛兔高效养殖新技术[M]. 济南: 山东科学技术出版社.

李福昌, 2016. 兔生产学[M]. 2版. 北京: 中国农业出版社.

李福昌, 2004. 肉兔标准化生产技术[M]. 北京: 中国农业出版社.

李建国, 桑润滋, 1997. 畜牧学概论[M]. 北京: 中国农业科学技术出版社.

李建国, 2006. 现代奶牛生产[M]. 北京: 中国农业大学出版社.

李建国, 李胜利, 2012. 中国奶牛产业化[M]. 金盾出版社.

李金元, 朱开萍, 王江红, 2008. 浅析改善我国动物福利的途径与措施[J]. 养殖与饲料, 4: 132-134.

李林, 2000. 蛋白质组学的进展[J]. 生物化学与生物物理进展, 27 (3): 227-231.

李善如, 1997. 遗传标记及其在动物育种中的应用[J]. 国外畜牧科技 (1): 29-34.

李胜利, 范学珊, 2011. 奶牛饲料与全混合日粮饲养技术[M]. 北京: 中国农业出版社.

李胜利, 2011. 奶牛标准化养殖技术图册[M]. 北京: 中国农业科学技术出版社.

李同洲, 2001. 科学养猪. [M]. 北京: 中国农业出版社.

李伟, 印莉萍, 2000. 基因组学相关概念及其研究进展[J]. 生物学通报, 35 (11): 1-3.

李文立, 2011. 动物营养学[M]. 青岛: 中国海洋大学出版社.

李希元, 2017. 猪舍装备FANCOM环境控制设备效果观察[J]. 现代畜牧兽医 (2): 22-25.
李忠华, 李波, 2017. 畜禽规模养殖场标准化建设要点研究[J]. 兽医导刊 (4): 230-230.
李子银, 陈受宜, 2000. 植物的功能基因组学研究进展[J]. 遗传, 22 (1): 57-60.
凌建松, 桑莲花, 2010. 浅谈动物疫病防疫与免疫抗体监测[J]. 山东畜牧兽医, 31 (3): 58-59.
刘波, 2017. 饲料微生物发酵床养猪场设计与应用[J]. 家畜生态学报, 38 (1) 73-78.
刘凤华, 2004. 家畜环境卫生学[M]. 北京: 中国农业大学出版社.
刘建新, 1996. 青贮饲料质量评定标准（试行）[J]. 中国饲料 (21): 5-7.
刘黎明, 张凤荣, 赵英伟, 2002. 我国草地资源生产潜力分析及其可持续利用对策[J]. 中国人口资源与环境, 4 (12): 100-105.
刘卫东, 孔庆友, 2000. 家畜环境卫生学[M]. 北京: 中国农业大学出版社.
刘小林, 2018. 动物育种学[M]. 北京: 高等教育出版社.
刘榜, 2009. 动物育种学[M]. 北京: 中国农业出版社.
卢晓寰, 2010. 畜禽生产的环境污染与营养调控[J]. 新农业 (9): 28-29.
芦风君, 2007. "五类"生猪养殖模式的比较分析[J]. 中国畜牧杂志, 43 (24): 11-15.
陆东林, 张丹凤, 刘朋龙, 2006. 董茂林驴乳的化学成分和营养价值[J]. 新疆农业科学, 43 (4): 335-340.
陆治年, 黄昌澍, 1982. 家畜饲养原理[M]. 南京: 江苏科学技术出版社.
吕广宙, 2005. 畜牧产业组织与企业行为研究[D]. 泰安: 山东农业大学.
马国林, 2013. 猪营养饲料的配制及饲养新法[J]. 畜牧兽医科技信息 (1): 77-78.
孟飞, 俞春娜, 王秋岩, 等. 2010. 宏基因组与宏基因组学[J]. 中国生物化学与分子生物学报, 26 (2): 116-20.
米歇尔·瓦提欧, 2004. 繁殖与遗传选择 [M]. 施福顺, 石燕译. 北京: 中国农业大学出版社.
莫放, 2010. 养牛生产学[M]. 北京: 中国农业大学出版社.
农业部, 国家发展和改革委员会, 工业和信息化部, 商务部, 国家食品药品监督管理总局, 2017. 关于印发《全国奶业发展规划（2016—2020年）》的通知[J]. 乳业科学与技术, 40 (1): 38-42.
农业部, 2014. 特色农产品区域布局规划（2013—2020年）[J]. 中国果菜, 34 (4): 15.
农业部, 2016. 全国农业可持续发展规划（2015—2030年）[J]. 农村实用技术 (4): 5-15.
农业部, 2017. 全国生猪生产发展规划（2016—2020年）[J]. 中国农业信息 (1): 16-22.
农业部, 2016. 全国种植业结构调整规划（2016—2020年）[J]. 休闲农业与美丽乡村 (5): 16-31.
农业部, 2018. 《种养结合循环农业示范工程建设规划》要求推进种养结合循环农业发展[J]. 浙江畜牧兽医, 43 (1): 39.
农业部, 2016. 关于北方农牧交错带农业结构调整的指导意见[J]. 北方牧业 (23): 18.
农业部, 2017. 全国苜蓿产业发展规划（2016—2020）[J]. 中国乳业 (2): 74.
农业部, 2016. 关于印发《全国草食畜牧业发展规划（2016—2020年）》的通知[J]. 饲料广角 (13): 17-38.
农业部, 2017. 全国畜禽遗传资源保护和利用"十三五"规划[J]. 浙江畜牧兽医, 42 (2): 31.
农业部, 2016. 全国饲料工业"十三五"发展规划[J]. 粮食与饲料工业 (11): 65.
蒲德伦, 朱海生, 2015. 家畜环境卫生学及牧场设计[M]. 重庆: 西南师范大学出版社.
朴厚坤. 1999. 皮毛动物饲养技术[M]. 北京: 科学出版社.
浦华, 郑彦, 王济民, 2008. 我国畜牧业生产现状与发展建议[J]. 中国农业科技导报, 10 (1): 63-66.
起剑华, 王秀翠, 2000. 功能基因组学的研究内容与方法[J]. 生物化学与生物物理进展, 27 (1): 6-8.
邱祥聘, 1993. 家禽学[M]. 3版. 成都: 四川科学技术出版社.
屈健, 2008. 动物福利的基本要求和重要意义[J]. 浙江畜牧兽医, 5: 13-15.
全国畜牧兽医总站, 2000. 中国养兔技术[M]. 北京: 中国农业出版社.
全国畜牧总站, 2011. 百例畜禽养殖标准化示范场[M]. 北京: 中国农业科学技术出版社.
任克良, 2002. 现代獭兔养殖大全[M]. 太原: 山西科学技术出版社.
桑润滋, 2006. 动物繁殖生物技术[M]. 2版. 北京: 中国农业出版社.

尚书旗，董佑福，史岩，2001. 设施养殖工程技术[M]. 北京：中国农业出版社.
沈维军，谢正军，2012. 配合饲料加工技术与原理[M]. 北京：中国林业出版社.
沈长江，2001. 对我国畜禽保种的意见[J]. 家畜生态，22（3）：1-4.
盛志廉，吴常信，1995. 数量遗传学[M]. 北京：中国农业出版社.
史荣仙，1996. 水牛学[M]. 北京：中国农业出版社.
舒安丽，2015. 畜禽养殖场的卫生与保健[M]. 中国动物保健（11）：12-13.
孙国强，2013. 动物生产学[M]. 青岛：中国海洋大学出版社.
孙继国，王爱国，袁万哲，2008. 动物产品安全生产与卫生学[M]. 北京：中国农业大学出版社.
孙乃恩，孙东旭，朱德煦，2002. 分子遗传学[M]. 南京：南京大学出版.
孙世铎，2004. 舍饲育肥猪[M]. 呼和浩特：内蒙古科学技术出版社.
孙伟丽，李志鹏，2008. 我国毛皮动物福利的现状[J]. 特种经济动植物，10：4-5.
唐臻钦，1991. 家畜改良中分子遗传学与数量遗传学的相互联系[J]. 国外畜牧科技，18（4）：5-9.
腾丽娟，张长松，李克，2008. 营养与肿瘤表观遗传学关系的研究进展——DNA甲基化机制[J]. 医学研究生学报，21（1）：95-97.
田树军，2004. 养羊与羊病防治[M].2版. 北京：中国农业大学出版社.
屠发志，彭世清，2007. 植物表观遗传与DNA甲基化[J]. 生物技术通讯，18（1）：155-158.
汪海峰，2012. 畜禽标准化设施养殖技术[M]. 北京：中国劳动社会保障出版社.
汪仁，薛绍白，柳惠图，2002. 细胞生物学[M].2版. 北京：北京师范大学出版社.
王秉秀，2000. 畜牧业经济管理学[M]. 北京：中国农业出版社.
王锋，2012. 动物繁殖学[M]. 中国农业大学出版社.
王关义，刘益，刘彤，等，2007. 现代企业管理[M].2版. 北京：清华大学出版社.
王济民，2014. 畜牧业转型与发展——第十二次全国畜牧业经济高峰论坛[M]. 北京：中国农业出版社.
王建民，2002. 动物生产学[M]. 北京：中国农业出版社.
王金玉，陈国宏，2004. 数量遗传与动物育种[M]. 南京：东南大学出版社.
王金玉，1994. 动物育种原理与方法[M]. 南京：东南大学出版社.
王瑾，钟代彬，王艾晶，等，2017. 奶牛场春秋季饲养管理及防疫措施[J]. 中国动物保健，19（9）：38-39.
王进圣，吴晓萍，姜永彬，2013. 鸡舍环境控制系统研究[J]. 中国家禽，35（10）：2-5.
王丽娜，2005. 畜禽生产中的福利问题及对策[J]. 黑龙江畜牧兽医，11：5-7.
王斯婷，李晓娜，王皎，等，2010. 代谢组学及其分析技术[J]. 药物分析杂志，9：1792-1799.
王铁权，1994. 现代乘马入门[M]. 北京：北京农业大学出版社.
王小龙，2009. 畜禽营养代谢病和中毒病[M]. 北京：中国农业出版社.
王永芬，2016. 畜产品质量安全与检测关键技术[J]. 郑州：中原农民出版社.
王勇强，张沅，张勤，2000. 家畜数量性状基因定位研究进展[J]. 中国畜牧杂志，36（1）：41-42.
吴常信，2001. 畜禽遗传保存的理论与技术[J]. 家畜生态，22（1）：1-4.
吴乃虎，张方，黄美娟，2006. 基因工程术语[M]. 北京：科学出版社.
现代畜牧业课题组，2006. 国外建设现代畜牧业的基本做法及我国现代畜牧业的模式设计[J]. 中国畜牧杂志 20（42）：24-28.
萧浪涛，2006. 生物信息学[M]. 北京：中国农业出版社.
熊本海，侯永生，陈继兰，1995. 世界各国家禽饲养标准参数浅析[J]. 动物营养学报，7（2）：42-62.
熊家军，2009. 特种经济动物生产学[M]. 北京：科学出版社.
须明华，陈国梁，陈小弟，等，2001. 全混合日粮（TMR）饲养技术应用效果[J]. 乳业科学与技术，1：13-15.
徐立德，1994. 家兔生产学[M]. 北京：中国农业出版社.
徐宇鹏，朱洪光，成潇伟，等，2017. 规模化畜禽养殖布局环境敏感影响因素及区域承载力研究[J]. 安徽农业科学，45（28）：58-60.
许怀让，1992. 家畜繁殖学[M]. 北京：中国农业出版社.

颜景辰，张俊飚，罗小锋，等，2007. 世界生态畜牧业发展现状趋势及启示[J]. 世界农业，9：7-10.

颜培实，李如治，2011. 家畜环境卫生学[M]. 4版. 北京：高等教育出版社.

杨凤，2001. 动物营养学[M]. 2版. 北京：中国农业出版社.

杨公社，2002. 猪生产学[M]. 北京：中国农业出版社.

杨军香，曹志军，2011. 全混合日粮图册[M]. 北京：中国农业科学技术出版社.

杨利国，2010. 动物繁殖学[M]. 中国农业出版社.

杨宁，2010. 家禽生产学[M]. 2版. 北京：中国农业出版社.

杨章平，2001. 转基因动物研究进展[J]. 畜牧与兽医，33（6）：34-36.

杨正，1999. 现代养兔[M]. 北京：中国农业出版社.

伊腾道夫，1979. 减数分裂[M]. 北京：科学出版社.

尹文，张久聪，宋涛，2005. 朊病毒蛋白的研究进展[J]. 细胞与分子免疫学杂志，21（b03）：122-124.

尤娟，罗永康，张岩春，等，2008. 驴肉主要营养成分及与其他畜禽肉的分析比较[J]. 肉类研究，7（113）：20-22.

于红，2009. 表观遗传学：生物细胞非编码RNA调控的研究进展[J]. 遗传，31（11）：1077-1086.

于森，王洪利，马爱霞，等，2017. 五种同期排卵—定时输精方案在奶牛场生产中的应用研究[J]. 畜牧与兽医，49（7）：5-8.

余大为，朱化彬，杜卫华，2011. 家畜转基因育种研究进展[J]. 遗传，33（5）：459-468.

余四九，2003. 特种经济动物生产学[M]. 北京：中国农业出版社.

袁惠新，俞建峰，2001. 超微粉碎的理论、实践及其对食品工业发展的作用[J]. 包装与食品机械，19（1）：5-10.

昝林森，2007. 牛生产学[M]. 北京：中国农业出版社.

张存根，2010. 世界畜牧业生产系统概述[J]. 中国牧业通讯（1）：45-47.

张峰，刘晓丹，姚昆，等，2012. 不同声音刺激对艾维茵肉鸡生产性能的影响[J]. 中国家禽，34（3）：14-17.

张宏福，2010. 动物营养参数与饲养标准[M]. 2版. 北京：中国农业出版社.

张佳，2016. 上周大量商品猪出栏[J]. 国外畜牧学（猪与禽）（1）：27-28.

张京和，2013. 畜牧场经营与管理[M]. 北京：中国农业大学出版社.

张丽丽，吴建新，2006. DNA甲基化—肿瘤产生的一种表观遗传学机制[J]. 遗传，28（7）：880-885.

张丽英，2016. 饲料分析及饲料质量检测技术[M]. 4版. 北京：中国农业大学出版社.

张庆东，2014. 建设标准化养猪场规划设计要点[J]. 畜牧与兽医，6（7）：141-142.

张细权，1997. 动物遗传标记[M]. 北京：中国农业大学出版社.

张雅飞，张继伟，王书瑶，等，2016. 反刍动物小肽营养的研究进展[J]. 饲料广角（23）：37-38.

张彦明，冯忠武，郑增忍，等，2014. 动物性食品安全生产与检验技术[M]. 北京：中国农业出版社.

张英杰，2010. 羊生产学[M]. 北京：中国农业大学出版社.

张沅，张勤，1993. 畜禽育种中的线性模型[M]. 北京：中国农业大学出版社.

张沅，1991. 现代动物育种原理和方法[M]. 北京：中国农业大学出版社.

张沅，2001. 家畜育种学[M]. 北京：中国农业出版社.

赵芙蓉，耿爱莲，焦伟伟，等，2012. 光周期对北京油鸡雏鸡采食行为与生长性能的影响[J]. 中国家禽，34（15）：25-28.

赵书广，2000. 中国养猪大成[M]. 北京：中国农业出版社.

赵书平，郝新国，2002. 当前我国家禽业可持续发展保障体系研究[J]. 畜禽业，10：50-52.

赵淑清，武维华，2000. DNA分子标记和基因定位[J]. 生物技术通报（6）：1-4.

赵希彦，齐桂敏，温萍，2004. 浅谈畜牧生产中的动物福利问题[J]. 吉林畜牧兽医，12：21-24.

赵有璋，2002. 羊生产学[M]. 北京：中国农业出版社.

郑久坤，杨军香，2013. 粪污处理主推技术[M]. 北京：中国农业科学技术出版社.

郑长山，谷子林，2013. 规模化生态蛋鸡养殖技术[M]. 北京：中国农业大学出版社.

中国畜禽遗传资源状况编委会，2004. 中国畜禽遗传资源状况[M]. 北京：中国农业出版社.

中国家禽品种志编写组,1986. 中国家禽品种志[M]. 上海:上海科学技术出版社.

中国牛品种志编写组,1988. 中国牛品种志[M]. 上海:上海科学技术出版社.

全国饲料工业标准化技术委员会. GB/T 20805—2005 饲料中酸性洗涤木质素(ADL)的测定[S]. 北京:中国标准出版社.

全国饲料工业标准化技术委员会. GB/T 20806—2006 饲料中中性洗涤纤维(NDF)的测定[S]. 北京:中国标准出版社.

全国饲料工业标准化技术委员会. NY/T 1459—2007 饲料中酸性洗涤纤维的测定[S]. 北京:中国标准出版社.

钟金城,陈智华,1997. 世纪之交的动物遗传育种科学[J]. 四川畜牧兽医,24(3):27-29.

周安国,陈代文,2013. 动物营养学[M]. 3版. 北京:中国农业出版社.

周三多,陈传明,2014. 管理学[M]. 4版. 北京:高等教育出版社.

朱尚雄,1988. 机械化养猪概论[J]. 农业机械学报(4):93-96.

朱士恩,2015. 家畜繁殖学[M]. 6版. 北京:中国农业出版社.

朱玉昌,郑小江,胡一兵,2015. 基因编辑技术的方法、原理及应用[J]. Hans Journal of Biomedicine,5(3):32-41.

Ambros, V, 2004. The functions of animal microRNAs [J]. Nature, 431: 350-355, doi: 10.1038/nature02871.

Barski A, Cuddapah S, Cui K, et al, 2007. High-resolution profiling of histone methylations in the human genome [J]. Cell, 129 (4): 823-837.

Beerli R R, Barbas C F, 2002. Engineering polydactyl zinc-finger transcription factors [J]. Nature Biotechnology, 20 (2): 135-141.

Berezikov E, Cuppen E, Plasterk R H, 2006. Approaches to microRNA discovery [J]. Nat. Genet, 38 (Suppl.): S2-S7.

Boch J, Scholze H, Schornack S, et al, 2009. Breaking the code of DNA binding specificity of TAL-type Ⅲ effectors [J]. Science, 326 (5959): 1509-1512.

Bork P, Dandekar T, Diaz Lazcoz Y, et al, 1998. Predicting function: from genes to genomes and back [J]. J Mol Biol, 283 (4): 707-725.

Capecchi M R, 2001. Generating mice with targeted mutations [J]. Nature medicine, 7 (10): 1086-1090.

Chen S A, YUAN, 2011. Decreasing ammonia emission from chicken manure by microbe and litter material [J]. Microbiology China, 38 (4): 503-507.

Costello J F, Plass C, Cavenee W K, 2002. Restriction Landmark Genome Scanning [J]. Methods, 27 (2): 144-149.

DAVISS B, 2005. Growing Pains for Metabolomics [J]. Scientist, 19 (8): 25-28.

De D C, 1988. Transfer RNAs: the second genetic code [J]. Nature, 333 (6169): 117-118.

Di T P, Chatzou M, Floden E W, et al, 2017. Nextflow enables reproducible computational workflows [J]. Nature Biotechnology, 35 (4): 316-319.

Dreier B, Segal D J, Rd B C, 2000. Insights into the molecular recognition of the 5'-GNN-3'family of DNA sequences by zinc finger domains [J]. Journal of Molecular Biology, 303 (4): 489-502.

Eads C A, Danenberg K D, Kawakami K, et al, 2000. MethyLight: a high-throughput assay to measure DNA methylation [J]. Nucleic acids research, 28 (8): e32-00.

Firkins J L, Skr K, Yu Z, 2008. Linking rumen function to animal response by application of metagenomics techniques [J]. Australian Journal of Experimental Agriculture, 48 (7): 711-721.

Garneau J E, Dupuis M E, Villion M, et al, 2010. The CRISPR/Cas bacterial immune system cleaves bacteriophage and plasmid DNA [J]. Nature, 468 (7320): 67-71.

Geng S M, Chang H, Qin G Q, et al, 2000. Genetic marker of cashmere yield and weight on cashmere goat [A]. Proceedings of International Conference on Animal Science and Veterinary Medicine Towards 21st Century[C]. Beijing China. 50.

Geng S M, Chang H, Qin G Q, et al, 2000. Linkage analysis between marker loci of blood protein and economic trait QTLs on the cashmere goat [J] . Animal Biotechnology Bulletin (7): 226-229.

Ghysen A, Celis J E, 1974. Mischarging single and double mutants of Escherichia coli sup3 tyrosine transfer RNA [J] . Journal of Molecular Biology, 83 (3): 333, IN1, 341-340, IN5, 351.

Giardine B, Riemer C, Hardison R C, et al, 2005. Galaxy: a platform for interactive large-scale genome analysis [J] . Genome Research, 15 (10): 1451-1455.

Hammer R E, Pursel V G, Jr R C, et al, 1985. Production of transgenic rabbits, sheep and pigs by microinjection [J] . Nature, 315 (6021): 680-683.

Hao Y, Joe M, Tong W, et al, 2015. Alignment of Short Reads: A Crucial Step for Application of Next-Generation Sequencing Data in Precision Medicine [J] . Pharmaceutics, 7 (4): 523-541.

Heller M J, 2002. DNA microarray technology: devices, systems and applications [J] . Annual Review of Biomedical Engineering, 4 (1): 129-131.

Jackson D A, Symons R H, Berg P, 1972. Biochemical method for inserting new genetic information into DNA of Simian Virus 40: circular SV40 DNA molecules containing lambda phage genes and the galactose operon of Escherichia coli [J] . Proceedings of the National Academy of Sciences, 69 (10): 2904-2909.

JD R J, WG V E, et al, 2002. Identification of genes that are associated with DNA repeats in prokaryotes [J] . Mol Microbiol, 43: 1565-1575.

Johnson C H, Ivanisevic J, Siuzdak G, 2016. Metabolomics: beyond biomarkers and towards mechanisms [J] . Nature reviews Molecular cell biology, 17 (7): 451-459.

Jothi R, Cuddapah S, Barski A, et al, 2008. Genome-wide identification of in vivo protein-DNA binding sites from ChIP-Seq data [J] . Nucleic Acids Research, 36 (16): 5221-5231.

Lander E S, Linton L M, Birren B, et al, 2001. Initial sequencing and a nalysis of the human genome [J] . Nature, 409 (6822): 860-921.

Mamas M, Dunn W B, Neyses L, et al, 2011. The role of metabolites and metabolomics in clinically applicable biomarkers of disease [J] . Archives of Toxicology, 85 (1): 5-17.

Mims B H, Prather N E, Murgola E J, 1985. Isolation and nucleotide sequence analysis of tRNAAlaGGC from Escherichia coli K-12. [J] . Journal of Bacteriology, 162 (2): 837-839.

Mojica F J, Diez-Villasenor C, Garcia-Martinez J, et al, 2009 . Short motif sequences determine the targets of the prokaryotic CRISPR defence system [J] . Microbiology, 155 (Pt 3): 733-740.

Okazaki Y, Furuno M, Kasukawa T, et al, 2002. Analysis of the mouse transcriptome based on functional annotation of 60, 770 full-length cDNAs. Nature 420: 563-573.

Prusiner S B, 1984. Prions: Novel Infectious Pathogens [J] . Advances in Virus Research, 29 (5): 1-56.

Reggio B C, James A N, Green H L, et al, 2001. Cloned transgenic offspring resulting from somatic cell nuclear transfer in the goat: oocytes derived from both follicle-stimulating hormone-stimulated and nonstimulated abattoir-derived ovaries [J] . Biology of Reproduction, 65 (5): 1528-1533.

Van Der Oost J, Jore M M, Westra E R, et al, 2009. CRISPR-based adaptive and heritable immunity in prokaryotes [J] . Trends in biochemical sciences, 34 (8): 401-407.

Velculescu V E, Zhang L, Vogelstein B, et al, 1995. Serial analysis of gene expression [M] . Wiley - VCH Verlag GmbH & Co. KGaA.

Venter J C, Adams M D, Myers E W, et al, 2001. The sequence of the human genome [J] . Science, 291 (5507): 1304-1351.

附 录

实 习 指 导

实习一 日粮配合与检查

[目的]

掌握畜禽日粮配合的原理和方法。

[材料和用具]

饲养标准、饲料成分表、计算机等。

[内容和方法]

(一) 配合日粮时应考虑的营养物质和饲料种类

根据饲养标准规定，配合日粮时必须考虑能量、蛋白质、矿物质和维生素营养。谷物是能量的主要来源，配合日粮时必须有一定量的谷物。糠麸也含有相当多的能量，而且B族维生素含量丰富，价格便宜，但注意钙、磷比极不平衡（几乎1∶8），在配合畜禽日粮中也应占一定的比例。一般地讲，上述两类饲料的蛋白质含量较少，蛋白质品质较差，氨基酸不平衡，因此还要加些植物性和动物性蛋白饲料。钙、磷、食盐、维生素添加剂（或青绿饲料）以及微量元素添加剂在日粮中占适当比例。对于草食动物（牛、羊、兔等），粗饲料如青干草、青贮饲料在配合日粮中也占一定比例，使配合的日粮含有满足畜禽生长、产蛋、产乳或繁殖需要的各种营养物质。

(二) 配合日粮应注意的问题

(1) 饲料种类尽可能多些，可保证营养物质完善，提高饲料消化率。

(2) 注意饲料的适口性和品质。

(3) 根据当地条件选择既能满足营养物质需要，又价格便宜的饲料。

(4) 根据畜禽品种、用途、年龄等生理特点选择适宜的饲料种类和用量。

(5) 饲料要有一定的容积。

(三) 日粮配合方法

日粮配合方法包括手算法（试差法、四角法、公式法）和电脑优化日粮配方。试差法配合日粮的步骤如下：

(1) 首先根据不同畜禽品种、年龄、类型、生产水平等，参照适当的饲养标准，确定所需各种营养物质的数量或比例。

(2) 选择当地的常用饲料并确定其数量。

(3) 试配日粮按饲料成分计算出配合日粮的营养物质含量，并与饲养标准相比较。一般说来，首先考虑能量和蛋白质两项，然后再考虑其他。

(4) 修正日粮，如果所配日粮与确定的需要量不符合，则应增减某种饲料的用量，以最后与确定的需要量吻合。

[作业]

1. 1头体重550 kg、产后90 d、日产乳30 kg（乳脂率4%）的中国荷斯坦乳牛，每天喂给3.0 kg苜蓿干草，15 kg玉米全株青贮饲料，2.0 kg燕麦草，3.0 kg玉米，2.10 kg豆饼，1.0 kg 全棉籽，0.5 kg 麸皮，1 kg 甜菜颗粒，2.0 kg DDGS，1.0 kg 石粉。试用乳牛饲养标准和饲料营养成分表，检查该乳牛日粮所提供的养分在粗蛋白质、奶牛能量单位、钙、磷是否符合其营养需要。

2. 试用现有饲料种类，玉米、大麦、麸皮、豆饼、鱼粉、青干草粉、磷酸氢钙、碳酸钙、食盐，用我国猪的饲养标准为体重 35～60 kg、日增重 0.69 kg 生长育肥猪配合饲料。

实习二 饲料原料识别与品质检验

[目的]
通过实习，掌握各种饲料原料的营养特性、外观特征，能识别常用的饲料原料。
[材料和用具]
常用饲料原料若干。
[内容和方法]
(一) 感官识别与质量指标
依据饲料原料的色泽、硬度、粒度、气味等进行性状识别。

(1) 大豆粕：呈浅黄色不规则碎片状，色泽一致，新鲜有豆粕的特色香味，无发酵、霉变、结块、虫蛀及异味异臭。水分≤13%，粗蛋白质≥42%，蛋白溶解度 65%～85%，脲酶活性 0.03～0.3。

(2) 棉粕：色泽新鲜一致的黄褐色，无发酵、霉变、虫蛀掺假（主要掺棉壳、黄土）。水分≤13%，粗蛋白质≥40%，粗纤维≤11%，粗灰分≤6.5%，游离棉酚≤1 200 mg/kg。

(3) 棉籽粕：呈新鲜一致的黄褐色，其中有褐色或黑色的棉籽壳，粉状或小瓦片状，具有棉籽油的香味。粗蛋白质≥38%，水分≤13%。

(4) 菜饼（粕）：青、黄色片状，俗称"青枯"。黄色或浅褐色，碎片或粗粉状，具有菜籽（粕）油香味。无发酵、发霉，变质、结块，无焦味。水分≤13%，粗蛋白质≥31%（饼）、粗蛋白质≥34%（粕），粗脂肪≥5%。

(5) 花生粕：碎屑状，色泽呈新鲜一致的黄褐色或浅褐色，无发酵、霉变、虫蛀、结块及异味异臭。粗蛋白质≥45%，水分≤12.5%。

(6) 向日葵粕：色泽一致，呈淡灰白色或浅黄褐色的粉状、碎片状，无发酵、霉变结块及异味异臭。粗蛋白质≥29%，水分≤12%。

(7) 芝麻饼：芝麻有黑白 2 种，前者成品为黑色，后者为黄色直至淡褐色，外观应新鲜一致。味道是令人愉快的甜香味，无霉变、异臭及焦味出现。饼状，不可有生虫现象，不可有焦粒。粗蛋白质≥42%，水分≤10%。

(8) 玉米蛋白粉：以玉米为原料加工淀粉等后的副产品。淡黄色或金黄色粉状，色泽一致，具有酸味或甜味。鲜度不良或久储者颜色趋黑，粉粒状，不可有发霉、结块、虫蛀等现象，有玉米烤过的味道，并具有玉米发酵的特殊气味，不可有发霉、发酸气味。粗蛋白质≥45%，水分≤13%。

(9) 豌豆蛋白粉：色泽一致，呈新鲜的淡黄色，鲜度不良或久储者颜色趋黑，粉粒状，不可有发霉结块、虫蛀现象，具有发酵的特殊气味，不可有发霉、发臭气味。粗蛋白质 55%，水分≤12%。

(10) 玉米酒精糟：浅褐色至黄褐色，碎屑状，不可有过热现象。粗蛋白质≥26%，水分≤10%。

(11) 肉骨粉：色泽一致，油状。金黄色直至淡褐色或深褐色，含脂量高时色深，过热处理时颜色会加深。粉状，含粗骨，颜色及成分均匀一致，无结块，不可含有过多的毛发、蹄、角及血液等。具有新鲜的肉味，并具有烤肉香及牛油或猪油味，无异味。粗蛋白质≥45%，水分≤7%。

（12）进口鱼粉：黄棕色、黄褐色松软粉状物，新鲜，有正常鱼粉气味，无结块、霉变、虫蛀，无焦灼和油脂酸败等异味异臭，杜绝掺假。水分≤10%，粗蛋白质≥62%，粗脂肪≤10.5%，粗灰分≤16.5%，盐分+沙分≤5%，沙分≤2%，赖氨酸≥4.8%，蛋氨酸≥1.8%，氨基酸总量/粗蛋白质≥90%，每100 g鱼粉含挥发性盐基氮(VBN)≤120mg。

（13）国产鱼粉：色泽新鲜一致，呈黄棕色或黄褐色，颗粒均匀，质地柔软，蓬松呈肉松状，无霉变、结块，具有鱼粉的正常气味——咸腥味，无异臭、焦灼味或油脂酸败味。粗蛋白质≥55%，水分≤11%。

（14）次粉：粉状、浅白色，含麸皮少，色泽新鲜无哈喇味，味甜，无发霉、结块变质，无掺假（主要是滑石粉、膨润土）。水分，夏秋≤13%，冬春≤13.5%，粗蛋白质12%～14.5%，粗纤维≤6.0%，粗灰分≤4%，含粉率40%～60%。

（15）玉米胚芽粕：呈新鲜一致的淡黄色或褐色，小瓦片状，细至中碎均有，具新鲜油粕味。粗蛋白质≥18%，水分≤11%。

（16）大豆磷脂：色泽一致，黄褐色粉末状，载体细腻，有一定黏性，但无黏结块，无杂质、霉变、结块现象，豆油香味浓，无异味异臭。粗蛋白质5%～10%，水分≤7%。

（17）米糠：淡黄或淡褐色粉末，略呈油感，色泽新鲜无哈喇味，无发酵、发热、结块、霉变、虫蛀现象及异味、异臭和掺假（主要是粉碎的粗糠）。水分≤13%，粗蛋白质≥11%，粗脂肪≥15%，粗纤维≤8%，粗灰分≤9%。

（18）干啤酒糟：灰黄色或褐色粉状或粒状，无霉变、结块，无掺杂掺假。水分≤10%，粗蛋白质≥25%，粗纤维≤15%。

（19）干酒糟及其可溶物（DDGS）：黄色不规则碎片，无发酵、霉变、结块及异味、异臭。水分≤11.0%，粗蛋白质≥26.0%，粗脂肪6.0%～10.0%，粗纤维≤8.0%。

（20）麦芽根：淡金黄色，麦芽味芬芳，味略苦，无霉变、掺杂掺假及异味，壳少。水分≤10%，粗蛋白质≥25%，粗纤维≤18%。

（21）玉米：籽实整齐、均匀、饱满、色泽纯黄或白色、新鲜、无发酵、霉变、腐烂、结块、虫蛀及异味异臭。水分≤14.0%，粗蛋白质≥8.0%，粗纤维≤2.0%，粗灰分≤2.6%。

（22）小麦：籽粒整齐，色泽新鲜一致，无发酵、霉变、结块及异味异臭。水分≤14%。

（23）小麦麸：细碎屑状，色泽新鲜一致，无发酵、霉变、结块及异味异臭。粗蛋白质≥14%，水分≤13%。

（24）乳清粉：乳清粉是产自于干燥乳清或酸乳清的一种产品，为均匀一致的淡黄色粉末，具有乳清固有的滋味和气味，无结块。乳清粉含有牛乳中大部分水溶性成分，如乳糖、乳白蛋白、乳球蛋白、水溶性维生素及矿物质等。粗蛋白质不可低于11%，乳糖含量不可低于61%。

（25）重质碳酸钙：白色，稍暗粉末状物质，流动性好，无结块，无异味。钙≥36%。

（26）轻质碳酸钙：白色粉末。钙≥37.6%，盐酸不溶物≤0.2%。

（27）骨粉：色泽一致，呈浅灰色或灰白色，粉状或颗粒状，部分颗粒呈蜂窝状，具固有气味，无不良气味。钙≥18%，磷≥8.5%。

（28）磷酸氢钙（$CaHPO_4 \cdot 2H_2O$）：白色单斜结晶粉末、无臭无味，溶于稀盐酸、硝酸、醋酸，微溶于水，不溶于乙醇。磷16%～18%，钙≥21%。

（二）显微镜识别

饲料显微技术是利用显微镜或显微镜与其他分析方法相结合对饲料原料及饲料成品进行质量鉴定的方法，其主要目的是借体表特征（体视显微镜检测）或细胞特点（复式显微镜检测）对单独的或者混合的饲料原料和杂质进行鉴别和评价［参阅《饲料显微镜检查图谱》（SB/T 10274—1996）和《饲料显微镜检查方法》（GB/T 14698—2002）］。

［作业］

准确记录观察到的饲料原料的感官性状。通过查阅文献，综述我国饲料原料质量安全现状、存在的问题及应采取的对策。

实习三　青贮饲料的调制及其品质鉴定

［目的］

青贮饲料是一种保存青绿饲料的简单而又安全的方法。通过实习能初步掌握调制青贮饲料及鉴定青贮饲料品质的基本方法。

［材料和用具］

新鲜或凋萎1~2 d的青绿饲料。玉米全株应控制含水量65%~70%，玉米留茬高度不低于15 cm，玉米籽粒应破碎。苜蓿应在80%植株出现花蕾时刈割，留茬高度4~6 cm，含水量45%~65%。乳酸菌发酵剂。大玻璃瓶、陶瓷罐、大塑料袋或其他容器，广泛pH试纸。

［内容和方法］

（一）青贮饲料的调制

将玉米青贮原料切碎（约1.5 cm长），苜蓿切短不超过6 cm。可选择性地添加促进乳酸发酵的乳酸菌制剂。分层装填于玻璃瓶或陶瓷罐等容器内，分层紧紧压实、封口。

（二）品质鉴定

储藏30 d以上，开启已青贮好的容器，取出青贮饲料。

1. 现场评定

（1）感官鉴定：

色泽：优质青贮饲料非常接近于作物原来的颜色，若青贮前作物为绿色，青贮后仍为绿色或黄色为最佳。青贮容器（青贮堆）内的温度是影响青贮饲料色泽的主要因素。温度越低，青贮饲料便越接近于原来的颜色。对禾本科牧草，温度高于30 ℃，颜色变成深黄色；温度为45~60 ℃，颜色近于棕色；超过60 ℃，由于糖分焦化近乎黑色。

气味：品质优良的青贮饲料通常具有轻微的酸味和水果香味，类似刚切开的面包味和香烟味（由于存在乳酸所致）。陈腐的脂肪臭味以及令人作呕的气味，说明产生了丁酸，这是青贮失败的标志；霉味则说明压得不实，空气进入了青贮窖，引起饲料霉变；如果出现一种类似猪粪尿的极不愉快的气味，则说明蛋白质已分解。

质地：植物的结构（茎叶等）应当能清晰辨认，结构破坏及呈黏滑状态是青贮饲料腐败的标志，黏度越大，表示腐败程度越高。

（2）pH：用广泛pH试纸测定。pH的高低是青贮是否成功的重要指标。pH在4.0以下的青贮饲料，质量优等；pH 4.1~4.3，质量良好；pH 4.4~5.0，质量一般；pH在5.0以上，质量劣等。

2. 综合评分　将上述内容加以综合、量化，可便于各饲料之间互相比较；使用上也比较方便。表实3-1、表实3-2、表实3-3是从现场测定指标综合判别各大宗青贮饲料的评分表，表中pH用广泛试纸测定，括号内数值表示得分数，表实3-4、表实3-5为等级划分表。

表实 3-1　青贮苜蓿质量评分表

项目	pH	水分	气味	色泽	质地
评分	25	20	25	20	10
优等	3.6 (25), 3.7 (23), 3.8 (21), 3.9 (20), 4.0 (18)	70% (20), 71% (19), 72% (18), 73% (17), 74% (16), 75% (14)	酸香味，舒适感 (18～25)	亮黄色 (14～20)	松散软弱，不黏手 (8～10)
良好	4.1 (17), 4.2 (14), 4.3 (10)	76% (13), 77% (12), 78% (11), 79% (10), 80% (8)	酸臭味，酒酸味 (9～17)	金黄色 (8～13)	中间 (4～7)
一般	4.4 (8), 4.5 (7), 4.6 (6), 4.7 (5), 4.8 (3), 4.9 (1)	81% (7), 82% (6), 83% (5), 84% (3), 85% (1)	刺鼻酸味，不舒适感 (1～8)	淡黄褐色 (1～7)	略带黏性 (1～3)
劣等	5.0以上 (0)	86%以上 (0)	腐败味，霉烂味 (0)	暗褐色 (0)	腐烂发黏，结块 (0)

表实 3-2　青贮红薯藤质量评分表

项目	pH	水分	气味	色泽	质地
评分	25	20	25	20	10
优等	3.4 (25), 3.5 (23), 3.6 (21), 3.7 (20), 3.8 (18)	70% (20), 71% (19), 72% (18), 73% (17), 74% (16), 75% (14)	甘酸味，舒适感 (18～25)	棕褐色 (14～20)	松散软弱，不黏手 (8～10)
良好	3.9 (17), 4.0 (14), 4.1 (10)	76% (13), 77% (12), 78% (11), 79% (10), 80% (8)	淡酸味 (9～17)	中间 (8～13)	中间 (4～7)
一般	4.2 (8), 4.3 (7), 4.4 (5), 4.5 (4), 4.6 (3), 4.7 (1)	81% (7), 82% (6), 83% (5), 84% (3), 85% (1)	刺鼻，酒酸味 (1～8)	暗褐色 (1～7)	略带黏性 (1～3)
劣等	4.8以上 (0)	86%以上 (0)	腐败味，霉烂味 (0)	黑褐色 (0)	腐烂发黏，结块 (0)

表实 3-3　青贮玉米秸质量评分表

项目	pH	水分	气味	色泽	质地
评分	25	20	25	20	10
优等	3.4 (25), 3.5 (23), 3.6 (21), 3.7 (20), 3.8 (18)	70% (20), 71% (19), 72% (18), 73% (17), 74% (16), 75% (14)	甘酸味，舒适感 (18～25)	亮黄 (14～20)	松散软弱，不黏手 (8～10)
良好	3.9 (17), 4.0 (14), 4.1 (10)	76% (13), 77% (12), 78% (11), 79% (10), 80% (8)	淡酸味 (9～17)	褐黄色 (8～13)	中间 (4～7)
一般	4.2 (8), 4.3 (7), 4.4 (5), 4.5 (4), 4.6 (3), 4.7 (1)	81% (7), 82% (6), 83% (5), 84% (3), 85% (1)	刺鼻，酒酸味 (1～8)	中间 (1～7)	略带黏性 (1～3)
劣等	4.8以 (0)	86%以上 (0)	腐败味，霉烂味 (0)	黑褐色 (0)	发黏，结块 (0)

表实 3-4 各种青贮饲料的评定得分与等级划分

等级	优等	良好	一般	劣质
得分	100~75	74~51	50~26	25 以下

表实 3-5 青贮玉米秸品质分级及指标 (GB/T 25882—2010)

等级	中性洗涤纤维（%）	酸性洗涤纤维（%）	淀粉（%）	粗蛋白（%）
一级	≤45	≤23	≥25	≥7
二级	≤50	≤26	≥20	≥7
三级	≤55	≤29	≥15	≥7

注：粗蛋白质、淀粉、中性洗涤纤维和酸性洗涤纤维为干物质中的含量。

[作业]

每人撰写一份实习报告。

实习四 参观饲料加工厂

[目的]

通过参观饲料加工厂，了解饲料厂的内部布局、设备及各类饲料的加工工艺。

[内容和方法]

听取技术人员介绍情况，在教师及厂方技术人员的指导下，参观饲料厂及有关车间。

(1) 了解该场的建筑布局及工艺设计、生产任务及规模、劳动组织及经营状况。

(2) 了解配合饲料加工主要设备及性能，如清理设备（振动筛、永磁滚筒、吸铁装置）、粉碎设备（粉碎机）、配料设备（喂料机、配料秤）、混合设备（混合机）、制粒设备（制粒机）、分装设备、封口机等。

(3) 了解预混料、浓缩料及全价料的配料设计及加工工艺。

(4) 了解该厂保证饲料产品品质与安全的措施。

[作业]

每人撰写一份饲料加工厂调查报告，分析生产及经营状况，提出合理化建议。

实习五 近交系数和亲缘系数的计算

[目的]

掌握近交系数和亲缘系数的计算方法。通过近交系数和亲缘系数的计算，可以了解畜群个体的亲缘关系，为有目的地选种选配，固定优良性状，淘汰不良性状，畜禽育种工作提供理论依据。

[内容和方法]

(一) 近交系数的计算

近交系数是表示组合的相同基因来自共同祖先的一个大致百分比，也就是杂合基因所占比例比近交前降低了多少的一个度量，其计算公式如下：

$$F_x = \sum [(1/2)^{n_1+n_2+1} \times (1+F_A)] \quad (1)$$

或

$$F_x = \sum [(1/2)^N \times (1+F_A)] \quad (2)$$

$$F_x = \sum (1/2)^N \quad (3)$$

式中，F_x 为个体 x 的近交系数；$\sum$ 为总和，即把从各个共同祖先分别计算的 F_x 累加起来；1/2 为每代的遗传相关的系数，即两代配子间的通径系数是一个常数；n_1 为从个体 x 的母亲到共同祖先的世代数；n_2 为从个体 x 的父亲到共同祖先的世代数；1 为常数，所以要加 1 是因为从亲代到子代还经过一代；$N=n_1+n_2+1$ 为包括双亲在内的通过共同祖先的通径链上所有的个体数；F_A 为个体 x 的共同祖先的近亲系数，计算方法同计算 F_x 相同，当 $F_A=0$ 时，即共同祖先 A 属于非近亲个体公式（2）化简为公式（3）。

计算时要求把系谱追谱追溯到父母的共同祖先，x 的双亲通过每个共同祖先都构成一条通径链，然后累加起来。

例一，半同胞：

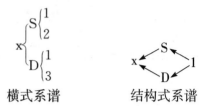

横式系谱　　　　　结构式系谱

在这个系谱中唯一的共同祖先是 1 号，在计算时，只要从个体 x 的一个亲本开始逐代往上数，经过共同祖先再逐代往下数，直到另一个亲本，看一共有多少个体数，这就是公式中的 N。

$$F_x = (1/2)^3 = 1/8 = 12.5\%$$

例二，全同胞：

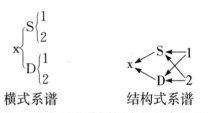

横式系谱　　　　　结构式系谱

计算方法同上，只不过是父、母有两个共同祖先和两条通径链。

$$F_x = 2 \times (1/2)^3 = 2 \times 0.125 = 25\%$$

（二）亲缘系数的计算

近交系数的大小决定于双亲间的亲缘程度，而亲缘程度的度量就是亲缘系数（R_{xy}）。两者区别是：F_x 是说明个体 x 本身与亲代的共同祖先发生的遗传联系，是说明个体 x 本身的遗传纯度；而 R_{xy} 则是说明个体 x 与 y 这两个个体间的遗传相关，表示的是个体 x 和 y 之间可能具有相同基因的概率。

亲缘关系有两种：一种是直系亲属，另一种是旁系亲属。

1. 直系亲属间的亲缘系数　指祖先和其后裔间的亲缘系数，公式如下：

$$R_{xA} = \sum [(1/2)^n] \times \sqrt{\frac{1+F_A}{1+F_x}} \tag{1}$$

式中，n 是由 A 到 x 所经过的代数（箭头数），R_{xA} 是表示祖先和后裔 x 之间的亲缘系数，F_A 和 F_x 分别表示个体 A 和个体 x 的近交系数。若祖先 A 与个体 x 都不是近交个体，则根号内的数字等于 1，公式可变为：

$$R_{xA} = \sum (1/2)^n \tag{2}$$

举例：现有 289 号公羊横式系谱如下，将其改制成结构式系谱，并计算它与共同祖先 16 号公羊间的亲缘关系。

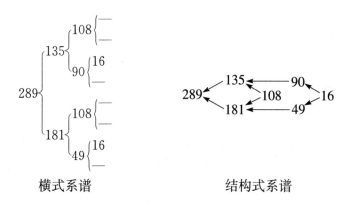

横式系谱   结构式系谱

从以上系谱可以看出，289 号与 16 号之间的亲缘关系，有两条通径路线，即：

289 ←— 135 ←— 90 ←— 16   289 ←— 181 ←— 49 ←— 16

每条通路的代数都是 3。另外 289 号公羊还是近亲后代，所以首先计算：

$$F_{289} = (1/2)^3 + (1/2)^5 = 15.63\%$$

$$R_{289 \cdot 16} = [(1/2)^3 + (1/2)^3] \times \sqrt{\frac{1+0}{1+0.156}} = 23.25\%$$

2. 旁系亲属间的亲缘关系 计算公式如下：

$$R_{xy} = \frac{\sum[(1/2)^n \times (1+F_A)]}{\sqrt{(1+F_x)(1+F_y)}} \quad\quad (1)$$

式中，R_{xy} 为个体 x 和 y 之间的亲缘系数，n 为个体 x 和 y 通过共同祖先的每一条通径链上的箭头数，F_x 为个体 x 的近交系数，F_y 为个体 y 的近交系数。

如果 x、y、A 均不是近交个体，则公式（1）可变为 $R_{xy} = \sum[(1/2)^n]$ (2)

举例：仍用 289 号公羊的系谱，求 135 号和 181 号间的亲缘关系。

从 289 号公羊系谱中可看出 135 号和 181 号之间有 108 号和 16 号两个共同祖先，其通径路线为：

135 ←— 108 ←— 181，135 ←— 90 ←— 16 ←— 49 ←— 181。

$$R_{135 \cdot 181} = (1/2)^2 + (1/2)^4 = 31.25\%$$

[作业]

1. 根据下面 X 的系谱，计算 A 和 B 的亲缘系数。

2. 将下面 8 号家畜的系谱改成结构式系谱，先计算 8 号公牛的近交系数，然后分别计算 4 号和 9 号、8 号和 1 号间的亲缘关系。

$$8 \begin{cases} 4 \begin{cases} 1 \\ 5 \end{cases} \\ 9 \begin{cases} 1 \\ — \end{cases} \end{cases}$$

实习六 牛体部位识别与体尺测量

[目的]

通过本实习，使学生认识牛的体表部位的名称、起止范围、外部形态和内部结构。通过体尺测量，要求能准确掌握各体尺的起止点和测量方法以及注意事项。

[材料和用具]

牛、卷尺、圆形测定器、测杖等测量器具。

[内容和方法]

（一）部位与识别

外形鉴定的重要部位有：头、颈、鬐甲、背、腰、尻、胸、腹、乳房、四肢、蹄等。现分述如下：

1. 头部 以角根或耳根的后侧到下颚后缘的连线与颈部分界。主要包括以下部位：

（1）额：以额骨为基础，上自两角根或两耳根连线，下至两眼内角连线。在两角根连线的最高处称额顶，牛即为枕骨脊所在处，马在此处着生鬃毛。

（2）鼻镜：为一光滑湿润无毛的部位，分布在鼻孔周围。

（3）下颚：以下颌骨为基础。

（4）脸（颜面）：上至两眼连线，下连鼻镜，两侧与颊相连，其中央为明显隆起的鼻梁。

2. 颈部 以鬐甲前缘到肩端的连线与前躯分界，主要部位包括：

（1）颈脊：是颈上缘的隆起肥厚部分，为公牛的第二性征之一。

（2）垂皮：为牛颈下缘的游离皮肤，借以增加散热面积。

3. 前躯 以前肢诸骨为基础，以肩胛软骨后缘到肘端的连线与中躯分界，主要部位包括：

（1）前胸：为向前突出于两前肢间的胸部。

（2）鬐甲：是介于颈背之间的隆起部位。它以脊椎的中间几个棘突为基础，两侧与肩胛软骨上缘相连。

（3）肩：以肩胛骨为基础，在体躯的两侧。乳牛的肩胛后方，常有一微凹的地方称"肩窝"。

（4）肩端：为肩关节的体表部位，即前躯两侧下方向前突出的部位。

（5）肘端：以肘关节的尺骨头为基础，为前躯两侧向后突出的部位。

（6）腕（前膝）：是腕关节的体表部位。

（7）管：是以大掌骨为基础的体表部位。

（8）球节：是以管下的关节为基础的体表部位。牛则在此处有两个角质退化的指骨称"悬蹄"。

（9）系：位于球节和蹄之间，以四肢的系骨为基础。

4. 中躯 以腰角前缘到膝关节的连线与后躯分界，主要部位包括：

（1）背：以最后6～8枚脊椎为基础，是指从鬐甲到腰部的体表部位，两侧与肋相连。

（2）胸：以肋为基础，位于中躯两侧。

（3）腰：以腰椎为基础，无肋相连。

（4）肷（腰窝）：是肋骨后、腰角前、腰椎下的无骨部分，呈三角形。肉用家畜因皮下脂肪发达，该部位与肋平齐，故合并称之为体侧。

（5）腹：是整个腹腔的体表部位。

（6）胁：是体躯与四肢相连的下凹处，可分前胁与后胁。

（7）乳静脉：是腹下两条由左右乳房到乳井进入胸腔的静脉。乳牛此静脉粗而弯曲。

（8）乳井：为乳静脉进入胸腔的两个凹陷部位，乳牛大而深。

5. 后躯 主要部位包括：

（1）乳房：是母畜乳腺组织的体表部位。

（2）乳镜：位于阴户下的两股间，乳牛此部位大而有细微皱纹。

（3）腰角：以肠骨外角为基础，它是后躯两侧突出的棱角。两腰角连线与背线相交处，称"十字部"。

(4) 臀角：是髋关节的体表部位。

(5) 臀端（坐骨端）：位于肛门两侧，以坐骨结节为基础。

(6) 尻：位于后躯之上，以荐椎为基础。它以腰角、臀角和臀端的连线与大腿分界。

(7) 大腿：以股骨为基础，上接尻，前连欣，是肌肉最多之处。大腿之后，乳镜两侧，半腱肌和半膜肌的体表部位称"臀"。

(8) 膝（后膝）：是膝关节的体表部位。

(9) 小腿：以胫骨、腓骨为基础的体表部位，位于膝之下、飞节之上。

(10) 飞节：为跗关节的体表部位。

(11) 尾：以第一枚可以自由活动的尾椎为起点。牛尾末端有许多长毛称"尾帚"。

牛体外貌部位的认识见图实 6-1。

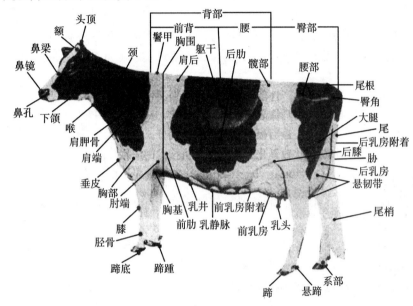

图实 6-1　牛体部位名称

（引自王根林，养牛学，2006）

（二）体尺测量

体尺种类很多，测量多少可根据具体目的和畜种而定。生产中多测量体高、体长、胸围、管围四项，测定部位的多少，依测定的目的而定。

进行测量时，应使牛站在平坦的地上。肢势端正，左右两侧的前后肢均在同一直线上，从后看后腿掩盖前腿，侧望左腿掩盖右腿，或右腿掩盖左腿。头应自然前伸，即不左右偏，也不高抬或下垂，枕骨应与髻甲接近在一个水平线上。只有这样的姿势才能得到比较准确的体尺数值。

乳牛常用的测定项目有以下几项：

(1) 髻甲高：髻甲高又称体高，自髻甲最高点垂直到地面的高度。用测杖量取。

(2) 胸围：肩胛骨后缘处体躯的水平周径，其松紧度以能插入食指和中指自由滑动为准。用卷尺测定。

(3) 体斜长：从肩端至坐骨端的距离。用卷尺或测杖量取，但需注明所用测具。

(4) 体直长：从肩端至坐骨端后缘垂直线的水平距离。用测杖量取。

(5) 背高：最后胸椎棘后缘垂直到地面的高度。用测杖量取。

(6) 腰高：也称十字部高，两腰角连线的中央至地面的垂直距离。用测杖量取。

(7) 胸深：在肩胛骨后方，从髻甲至大胸骨的垂直距离。用测杖量取。

(8) 胸宽：左右第六肋骨间的最大距离，即肩胛骨后缘胸部最宽处的宽度。用测杖或圆形测定器量取。

(9) 尻高：又称荐高、臀高。荐骨最高点垂直到地面的高度。用测杖量取。

(10) 臀端高：坐骨结节至地面的高度。用测杖量取。

(11) 背长：从肩端垂直切线至最后胸椎棘突后缘的水平距离。用测杖量取。

(12) 腰长：从最后胸椎棘突的后缘至腰角缘切线的水平距离。用测杖量取。

(13) 尻长：从腰角前缘至坐骨结节后缘的直线距离。用测杖量取。

(14) 腰角宽：左右两腰角最大宽度。用测杖或圆形测定器量取。

(15) 髋宽：左右两臀角外缘的最宽距离。用测杖或圆形测定器量取。

(16) 坐骨端宽：左右坐骨结节最外隆凸间宽度。用圆形测定器量取。

(17) 管围：左前肢掌骨上1/3处（最细处）的周径。用卷尺量取。

[作业]

(1) 绘出乳牛的外形轮廓图，要求将实习指导所提出的部位逐一标出。

(2) 根据实际情况，以乳牛为测量对象，每人要求实际测量2头，并将测量结果写进记录表中。

实习七　参观家畜人工授精站

[目的]

了解家畜人工授精的主要方法和步骤。

[材料和用具]

牛（猪、马、羊）的假阴道、输精器、消毒药品、稀释液、血细胞计算器、精液冷冻设备、交配架等用具及器材。

[内容和方法]

由人工授精站技术员讲述并操作下述内容：

(一) 人工授精室及其必要设备的参观

(1) 人工授精室的建造图样及用具的安置。

(2) 各种家畜精液常用的稀释液及配制的方法。

(3) 各种常用消毒药品使用及配制。

(4) 各种家畜假阴道的构造。

(二) 人工授精操作方法的参观

(1) 假阴道的装置及消毒。

(2) 采精操作技术及采精后精子活力的检查。

(3) 精液的稀释及冷冻保存。

(4) 输精方法。

(5) 假阴道及输精器用后的消毒保存。

(三) 办好人工授精站的经验介绍

(1) 提高种公畜（禽）精液品质的方法。

(2) 提高受精率的经验介绍。

(四) 参观精液冷冻站

(1) 了解精液冷冻的方法。

(2) 了解液氮罐的构造及使用方法。

[作业]

写一份实习体会。

实习八 乳新鲜度的测定

[目的]

通过本实习使学生掌握牛乳新鲜度测定方法的技术要点。

[内容和方法]

牛乳在存放过程中,微生物将乳糖分解为乳酸,使牛乳的酸度升高。牛乳的酸度越高,说明牛乳受微生物污染的程度越严重。因此,可通过测定牛乳的酸度评价牛乳的新鲜度。

牛乳的酸度用吉尔涅尔度表示(°T),即以酚酞做指示剂,中和 100 mL 牛乳所消耗的 0.1 mol/L 氢氧化钠溶液的量,也称滴定酸度。

刚刚挤下的新鲜牛乳,酸度在 16~18 °T,称为自然酸度或基础酸度。鲜牛乳在存放过程中由于乳酸的增加而增加的酸度称为发酵酸度。基础酸度与发酵酸度之和称总酸度。通常,乳品检验中所测定的酸度就是总酸度。也就是乳的滴定酸度。

测定牛乳酸度的方法很多,一般常用的有煮沸试验、乙醇试验和 0.1 mol/L 碱滴定法等。

(一)滴定酸度的测定

1. 实习材料 牛乳、0.1 mol/L 的氢氧化钠、10 mL 吸管、20 mL 吸管、50 mL 三角瓶、滴酚酞指示剂、蒸馏水。

2. 滴定酸度步骤

(1)以吸管量取乳样 10 mL 于三角瓶中,再加入 20 mL 蒸馏水(加入蒸馏水是为了便于观看指示剂的粉红色的出现)。

(2)加入 3~4 滴酚酞指示剂。

(3)在不停地搅拌下,徐徐以滴定管加入 0.1 mol/L NaOH 溶液直至淡红色在 1 min 内不消失。

(4)计算:为了要用°T 表示乳的酸度,必须将滴定管中消耗的 NaOH 量乘以 10,即是将其换算为 100 mL 乳滴定时所消耗的 NaOH 毫升数,即是°T。

(二)煮沸试验

牛乳的热稳定性与牛乳的酸度之间存在非常密切的关系。牛乳的酸度越高,其热稳定性就越差。牛乳的凝固温度与酸度之间存在表实 8-1 所示的关系,因而可根据牛乳发生凝固时的条件,估测牛乳的酸度。

表实 8-1 牛乳的凝固温度与酸度之间的关系

酸度(°T)	凝固的条件	酸度(°T)	凝固的条件
18	煮沸时不凝固	40	加热至 65 ℃时凝固
22	煮沸时不凝固	50	加热至 45 ℃时凝固
26	煮沸时凝固	60	22 ℃时自行凝固
28	煮沸时凝固	65	16 ℃时自行凝固
30	加热至 77 ℃时凝固		

1. 仪器与材料 20 mL 试管(2 支/人),正常和酸度为 26~28 °T 的牛乳样品。

2. 操作方法 取正常牛乳与高酸度牛乳样品各 5 mL,分别置于两支试管中。将试管浸入沸水中水浴 5 min,并观察其所发生的现象。

(三)乙醇试验

一定浓度的乙醇能使具有一定酸度的牛乳中的酪蛋白产生沉淀,故在乳品中常利用这一原理以检验牛乳的新鲜度，确定其是否符合加工要求。在相同的乙醇质量分数下，牛乳的酸度越高，产生的沉淀越多。

1. 实习材料 10 mL 试管，正常和轻度酸败牛乳样本，52%、60%、68%、70%、72%乙醇溶液。

2. 方法

（1）取 2 mL 牛乳样本于试管中，加等量的不同浓度的乙醇溶液，微摇混合液，检视管内壁及底是否有酪蛋白的絮状物出现，以此法根据表实 8-2 分别确定两种牛乳样本的实际酸度。

表实 8-2 乙醇浓度与发生沉淀时牛乳酸度的关系

乙醇浓度（乙醇计上的读数）	发生絮状物沉淀时乳的滴定酸度（°T）
70	19~20
68	20~22
60	23

（2）分别取两种牛乳样本各 2 mL 于两支试管中，加等量的 68%的乙醇溶液，微摇混合液，检视管内壁及底是否有酪蛋白的絮状物出现，参考表实 8-3，根据絮状物出现的情况确定被检测牛乳的酸度。

表实 8-3 68%乙醇引起的沉淀情况与牛乳酸度之间的关系

乳的酸度（°T）	牛乳的蛋白质凝固特征
21~22	极微小的絮状
22~24	微小絮状
24~26	中等大小的絮状
26~28	大的絮状
28~30	极大的絮状

（四）还原酶试验

乳中还原酶是乳中细菌的活动产物，细菌数越多所产生的还原酶也越多，在这些还原酶的作用下，会使某些颜料褪色，尤其对亚甲蓝（次甲蓝、美蓝）的作用更为明显，故常用亚甲蓝的褪色方法测定细菌数量，乳中还原酶越多，褪色越快，也就说明细菌数量越多。

1. 试验材料 主要有预先 60 ℃加热 2 h 消毒 20 mL 试管（2 支/人）、10 mL 吸管和试管塞（如棉花）；恒温水浴锅、恒温箱、亚甲蓝溶液（5 mL 亚甲蓝乙醇溶液与 195 mL 蒸馏水混合），正常和污染牛乳样本，乳样温度一般不可高于 6 ℃。

2. 操作方法 取 20 mL 待检乳样于消毒的试管中，在恒温水浴锅上加热至 38~40 ℃，加 10 滴亚甲蓝溶液，塞上脱脂棉塞，摇匀，放入 38~40 ℃恒温箱内，记录时间，分别在 20 min、2 h、5.5 h 观察牛乳颜色的变化，到蓝色完全消失变为白色为止，记录颜色完全消失所用的时间，参照表实 8-4，根据褪色时间判断牛乳的污染程度。

表实 8-4 亚甲蓝褪色时间与牛乳被细菌污染程度的关系

亚甲蓝褪色速度	1 mL 乳中细菌数（个）	乳的等级
5.5 h	500 000 以下	一级（良好的乳）

(续)

亚甲蓝褪色速度	1 mL乳中细菌数（个）	乳的等级
2 h以上	4 000 000以下	二级（合格的乳）
20 min以上	20 000 000以下	三级（坏乳）
20 min以下	20 000 000以上	四级（极坏的乳）

[作业]

（1）从乳牛场取5头乳牛的乳样。

（2）依本实习中内容与方法部分操作内容，每个学生做一头牛的乳样品的新鲜度测定，完成实验报告。

实习九　猪肉的品质评定

[目的]

肉质的优劣，直接影响畜牧业、肉类食品加工业、商业以及消费者的切身利益，国外曾因一些猪种的劣质肉（如"PSE"肉）发生率高而蒙受极大的经济损失，故对肉质的评定引起国内外的普遍重视。通过实习，要求掌握肉质评定方法和标准。

[内容和方法]

（一）肉色

肉色为肌肉颜色的简称。以最后一枚胸椎处背最长肌的新鲜切面作为代表。于宰后2～3 h，在一般室内正常光度下用目测评分法评定，避免在阳光直射或室内阴暗处评定肉色。其评定方法见表实9-1。

表实9-1　肉色评分标准

肉色	评分	结果
灰白色	1	劣质肉
微红色	2	不正常
正常鲜红色	3	正常
微暗红色	4	正常*
暗红色	5	不正常

* 此为美国的《肉色评分标准》，因我国地方的猪种的肉色较深，故评为3～4分者均为正常。

（二）肉的酸碱度

在动物停止呼吸后45 min内，直接用酸度计测定背最长肌的酸碱度（应先用金属棒在肌肉上刺一个孔），按国际惯例用pH表示。以最后胸椎部背最长肌中心处的肌肉为代表，直接记录指针所指示的pH。正常pH为6.1～6.4，灰白水样肉（PSE）的pH一般为5.1～5.5（酸度计要校正）。

（三）失水率和系水率

肌肉保持其内含水分的能力，用压力法度量肌肉失去水分比例来表示。公式为：

$$失水率 = 1 - \frac{加压后肉样重量}{加压前肉样重量} \times 100\%$$

$$系水率 = \frac{肌肉总水分量 - 肉样失水量}{肌肉总水重} \times 100\%$$

（四）大理石纹

大理石纹是一块肌肉范围内，可见的肌肉脂肪的分布情况，也以最后胸椎处背最长肌横断面为代表，用目测评分法评定。可参考美国国家猪肉生产者委员会（NPPC）的大理石花纹等级评定标准：大理石花纹评分1.0（等级1），大理石花纹评分2.0（等级2），大理石花纹评分3.0（等级3），大理石花纹评分4.0（等级4），大理石花纹评分5.0（等级5），大理石花纹评分6.0（等级6），大理石花纹评分10.0（等级7）进行评定。如果评定鲜肉样时不清楚，可以置于冰箱中4℃左右保存24 h再进行评分。

（五）熟肉率

采用完整的腰大肌，用感量为0.1 g的天平称重，将腰大肌置于铝蒸锅的蒸屉上用沸水在2 000 W电炉上蒸煮45 min，取出冷却30～45 min或吊挂于室内无风阴暗处，30 min后再称重。两次称重的比例即为熟肉率。其计算公式为：

$$熟肉率 = \frac{蒸煮后肉样重}{蒸煮前肉样重} \times 100\%$$

（六）品味鉴定

肉的味道、香味、颜色的浓淡和好坏，目前是不能用仪器测量的。品味测定是目前条件下一种简便、易行、快速和节省药械的可靠的肉质鉴定方法，能综合地反映出肉质优劣，可请品味专家评定。

[作业]

根据实习记录填写表实9-2：

表实9-2 猪肉品质评定结果记录表

测定项目	肉色评分	肉的pH	失水率（%）	系水率（%）	熟肉率（%）	大理石纹等级	品味
结果							

实习十　羊毛的组织学构造及类型的识别

[目的]

了解羊毛纤维的类型、组织学构造及其对羊毛特性的影响，明确主要羊毛纤维类型在组织构造上的差异。比较观察各种羊毛纤维类型的形态特征，以建立对各种羊毛纤维类型的明确概念。

[材料和用具]

每两人一套的用品：粗毛羊的羊毛1束，显微镜1台，载玻片及盖玻片各4片，镊子1把，黑绒布1块，玻璃皿1个，玻璃棒1根，剪子1把，烧杯（100 mL）2个，大头针一支，滤纸4张。

共用物品：17%的KOH或3%的NaOH溶液、甘油、汽油。

[内容和方法]

（一）毛样处理

试验前要将毛样在四氯化碳（或乙醚、皂碱）溶液中洗净，用皂碱溶液洗毛经济实用，效果好，适合处理大批羊毛。用皂碱溶液洗净羊毛，皂碱溶液应在实习前做好（皂碱溶液：1 g肥皂加5 g Na_2CO_3溶于1 L 45～50 ℃温水中配制而成，肥皂与碱必须全部溶解）。洗毛时先将羊毛在盛有皂碱溶液的烧杯中洗涤，然后在清水中洗干净，拧去羊毛上的水分，再将羊毛放在60～70 ℃的烘箱中烘干。

在汽油中洗毛时，将毛样在玻璃皿内用汽油洗涤，直至用滤纸压至无毛脂肪斑点。

用四氯化碳（或用乙醚）洗毛效果较好且迅速，但因其价格昂贵，只有实验室处理较少毛样时使用。

(二) 羊毛纤维组织学构造的观察

1. 鳞片层 将洗净烘干的毛样，剪成 3～7 mm 长的片段。在载玻上滴一滴甘油，取各种纤维 15～20 根放在载玻片的甘油中，用大头针很均匀地分开，盖上盖玻片在显微镜下观察鳞片的排列、形状等。

2. 皮质层 观察纺锤细胞，取 1～3 根羊毛纤维置于载玻片上，加盖玻片，然后滴一滴浓硫酸或 17% 的 KOH 或 3% NaOH 溶液于盖玻片的一端，使其借毛细管作用，均匀地漫及载玻片和盖玻片之间，并浸入羊毛纤维，经 1～2 min（KOH）或 15～20 min（NaOH）后，鳞片层即被破坏，放显微镜下观察皮质层细胞的形状及大小等。

3. 髓质层 观察有无毛髓，髓质层占羊毛直径的比例以及髓质层的形态等，作用与鳞片层相同。

(三) 羊毛纤维的类型以及外部形态的观察比较

根据肉眼观察羊毛的外形（弯曲形状、单位长度内的弯曲数、羊毛长度、细度及细度的均匀程度）及显微镜下观察组织学构造（鳞片排列、形状、髓质层的有无及所占羊毛直径的比较，髓质层的形态及髓质层的厚薄情况），将羊毛分成 4 种类型，细毛（绒毛）、粗毛（即发毛，包括干毛、死毛）、两型毛和刺毛。

比较各种纤维之前，需先将各纤维从混样中分离出来，分别放置于黑绒板上，然后进行下列各项比较：各种类型的长短、粗细、弯曲多少、光泽明显否、柔韧性。

[作业]

（1）将看到的各种羊毛纤维的组织学构造绘图说明。

（2）绘图表示皮质层长纺锤形细胞的情况。

（3）将羊毛纤维的种类及其外部形态的观察结果记入表实 10-1 中，要求对各种羊毛纤维的一般特征有明确的概念。

表实 10-1 羊毛纤维外部形态观察结果

类型	直径	长短	柔韧性	弯曲	光泽
绒毛					
正常发毛					
两型毛					
干毛					
死毛					

实习十一 鸡蛋的构造及品质测定

[目的]

通过到蛋品加工厂参观实习，掌握鲜蛋品质检查方法。

[内容和方法]

(一) 蛋的外观鉴定

新鲜蛋：蛋壳完整、清洁，蛋形正常。蛋壳颜色正常，壳面覆有霜状粉层（外蛋壳膜）。

陈蛋或变质蛋：壳面污脏，有暗色斑点，外蛋壳膜脱落变光滑，呈暗灰色或青白色。

(二) 相对密度鉴定法

鸡蛋相对密度为 1.084 5，将蛋放入相对密度 1.080 食盐液液中，下沉者为新鲜蛋。上浮者再放入相对密度 1.073 食盐液中，下沉者为普通蛋，上浮者移入相对密度 1.060 食盐液中，下沉者为合格蛋，上浮者为陈蛋或腐败蛋。

(三) 灯光照检法

用照蛋器观察蛋内容物。

新鲜蛋：浅红色，气室小而不移动，蛋内无异点或异块。

热伤蛋：蛋白稀薄，气室大，蛋黄有火红感。

靠黄蛋：转动时可见一个暗红色影子始终上浮靠近蛋壳。

贴壳蛋：蛋黄贴在蛋壳上，是靠黄蛋进一步发展的结果。

散次蛋：内容物呈云雾状。

霉蛋：某部有不透明的黑点或黑斑。

老黑蛋：壳面呈大理石花纹状，全部不透明（除气室透光外）。

孵化蛋：有黑色移动影子，有血丝呈网状。

(四) 气室大小测定

表示气室大小的方法有两种，即气室高度和气室底部直径大小。气室高度用测定软尺测量，直径用游标卡尺测量（气室底部的直径）。

最新鲜蛋：气室高度在 3 mm 以下。

新鲜蛋：气室高度在 5 mm 以内。

普通蛋：气室高度在 10 mm 以内。

可食蛋：气室高度在 10 mm 以上。

(五) 蛋内容物的感官鉴定

把蛋打开，观察内容物。

新鲜蛋：蛋白浓厚而包围在蛋黄的周围，稀蛋白极少，蛋黄高高突起，系带坚固而有弹性。

胚胎发育蛋：蛋白稀，胚盘比原来增大，蛋黄膜松弛，蛋黄扁平，系带细而无弹性。

靠黄蛋：蛋白较稀、蛋黄扁平。

贴壳蛋：蛋白稀，蛋黄扁平，蛋黄破裂散黄。

散黄蛋：蛋白和蛋黄混合。

霉蛋：蛋内有黑点或黑斑。

老黑蛋：有臭味。

异物蛋：有异物，如血块、肉块、虫子之类东西。

异味蛋：有蒜味、葱味、酒味或其他植物味。

孵化蛋：有发育不全的胚胎及血丝。

(六) 蛋黄指数测定

用高度游标卡尺和普通游标卡尺分别测定蛋黄高度和宽度。蛋黄指数为 0.4~0.44，0.25 时打开就成散黄蛋。评定标准：

新鲜蛋：蛋黄指数为 0.4 以上。

普通蛋：蛋黄指数为 0.35~0.4。

合格蛋：蛋黄指数为 0.3~0.35。

(七) 蛋白哈夫单位的测定

蛋白的哈夫单位，实际上是反映蛋白存在的状况。

方法：称蛋重（精确到 0.1 g），用高度游标卡尺测出浓蛋白的最宽部分的高度根据蛋白高度与蛋重，按下列公式计算蛋白哈夫单位。

$$Hu = 100 \lg (H - 1.7 W^{0.37} + 7.6)$$

式中，Hu 为哈夫单位，H 为蛋白高度（mm），W 为蛋的重量，100、1.7、7.6 为换算系数。

评定标准：

优质蛋：哈夫单位为 72 以上。

中等蛋：哈夫单位为 60～70。

次质蛋：哈夫单位为 31～60。

[作业]

每人撰写一份实习报告。

实习十二　家兔的屠宰与测定

[目的]

使学生掌握家兔的一般宰杀方法、剥皮技术、兔皮初加工方法。

[内容和方法]

(一) 屠宰前准备

(1) 宰前须经过健康检查，不健康的兔不应屠宰。

(2) 断食，屠宰前要求断食并静息 12～24 h，让兔充分休息。

(3) 断食后要保证兔有足够的清洁饮水，以维持正常的生理机能。促使粪便排出及放血量增多，从而提高肉的品质，并有利于剥皮。

(二) 宰杀方法

1. 放血法　冻兔加工厂多采用放血法，即将兔紧贴下颌部的颈动脉割断，倒悬兔体，血液流尽便死。

2. 颈部移位法　术者一手抓住兔的两后肢，另一手拇指按住兔两耳根后延脑处，其余四指紧抓住下颌，两手用力一拉即可造成兔颈椎与头颅脱臼死亡。

(三) 剥皮方法

宰杀后要立即剥皮，如尸体僵冷后再剥不易剥离。剥皮时先将前肢腕关节处和后肢跗关节处的皮剪断，再将两后肢股内侧至肛门方向的皮挑开，把皮从两后肢翻剥，提起两后肢将皮往头部方向一拉即可将皮呈筒状似脱衣一样脱下来。脱到头部将两耳根割断，把整张皮取下。

(四) 开腹

沿腹中线由外生殖器的上方剪开腹肌至剑状软骨处。

(五) 屠宰率测定

胴体重＝宰前活重－头、四脚、内脏及皮重

活重＝宰前停食 24 h 体重

$$屠宰率 = \frac{胴体重}{活重} \times 100\%$$

[作业]

每人撰写一份实习报告。

实习十三　畜禽品种的识别

[目的]

通过本次实习了解我国畜禽品种资源及现状，熟悉国内外常见的畜禽品种的产地、类型和外貌特点，识别畜禽品种。

[材料和用具]

幻灯机、各种畜禽品种的幻灯片、模型、挂图或计算机、多媒体投影仪、畜禽品种课件。

[内容和方法]

实习前同学自学教材中有关畜禽品种部分的内容，熟悉各品种的外貌特征、特性以及在育种和利用上的价值。

(一) 猪的品种

1. 我国的地方良种

华北型：东北民猪（黑龙江）、八眉猪（西北）、深县猪（河北）、河套大耳猪（内蒙古）、莱芜猪（山东）、淮南猪（河南）、定远猪（安徽）。

华南型：小耳黑背猪（广东）、滇南小耳猪（云南）、陆川猪（广西）、桃园猪（台湾）。

华中型：金华猪（浙江）、宁乡猪（湖南）、皖南花猪（安徽）、闽北黑猪（福建）、关岭猪（贵州）。

江海型：太湖猪（江苏）、安康猪（陕西）、虹桥猪（浙江）。

西南型：内江猪（四川）、荣昌猪（四川）、富源大河猪（云南）。

高原型：藏猪（青藏高原）、合作猪（甘肃）。

2. 我国的改良品种　哈尔滨白猪（黑龙江）、新淮猪（江苏）、豫南黑猪（河南）、苏太猪（江苏）、滇陆猪（云南）。

3. 引进国外品种　大约克夏猪（英国）、长白猪（丹麦）、杜洛克猪（美国）、汉普夏猪（美国）、皮特兰猪（比利时）、斯格猪（比利时）。

(二) 牛的品种

1. 乳用牛品种　中国荷斯坦牛（中国）、荷兰牛（荷兰）、娟姗牛（英国）、爱尔夏牛（英国）。

2. 肉用品种　海福特牛（英国）、夏罗莱牛（法国）、安格斯牛（英国）、利木赞牛（法国）、瘤牛（印度）、墨累灰牛（澳大利亚）、婆罗门牛（美国）、皮埃蒙特牛（意大利）、蓝白花牛（比利时）、夏南牛（中国河南）、延黄牛（中国吉林）。

3. 兼用品种　短角牛（美国）、西门塔尔牛（瑞士）、中国草原红牛（中国河北、吉林、辽宁、内蒙古）、新疆褐牛（中国新疆）、三河牛（中国内蒙古）。

4. 中国黄牛品种　南阳牛（河南）、秦川牛（陕西）、鲁西黄牛（山东）、晋南牛（山西）、延边牛（吉林）。

(三) 家禽的品种

1. 鸡的品种

(1) 标准品种：白来航鸡（意大利）、洛岛红鸡（美国）、新汉县鸡（美国）、芦花洛克鸡（美国）、白洛克鸡（美国）、浅花苏赛斯鸡（英国）、澳洲黑鸡（澳大利亚）、白克尼什鸡（英国）、狼山鸡（中国江苏）、九斤黄鸡（中国）、丝毛鸡（中国）、中国黄羽肉鸡（三黄鸡，如惠阳鸡、杏花鸡等）。

(2) 现代商品杂交鸡：

白壳蛋鸡：星杂288（加拿大）、巴布可克B-300（美国）、京白823（中国）、京白934（中国）、滨白584（中国）、海兰W-36（美国）、海赛克斯白鸡（荷兰）。

褐壳蛋鸡：伊萨褐壳蛋鸡（法国）、海赛克斯褐壳蛋鸡（荷兰）、海兰褐壳蛋鸡（美国）、尼克褐壳蛋鸡（美国）、罗斯褐壳蛋鸡（英国）、星杂579（加拿大）、罗曼褐壳蛋鸡（德国）、迪卡褐壳蛋鸡（美国）。

驳（粉）壳蛋鸡：京白939（中国）、尼克粉（德国）、海兰灰（美国）、京红1号（中国）、京粉1号（中国）。

白羽肉鸡：AA肉鸡（美国）、艾维因肉鸡（美国）、明星肉鸡（法国）、罗曼肉鸡（美国）、彼德逊肉鸡（美国）、罗斯208肉鸡（英国）。

有色羽肉鸡：红布罗肉鸡（加拿大）、狄高肉鸡（澳大利亚）、海佩科肉鸡（荷兰）、安康红肉鸡（法国）。

（3）我国的地方良种：仙居鸡（浙江）、萧山鸡（浙江）、庄河鸡（辽宁）、浦东鸡（上海）、固始鸡（河南）、桃园鸡（湖南）、寿光鸡（山东）、北京油鸡（北京）。

2. 鸭

蛋用型：绍兴鸭（中国浙江）、金定鸭（中国福建）、三惠鸭（中国贵州）、咔叽-康贝尔鸭（英国）。

肉用型：北京鸭（中国北京）、樱桃谷鸭（英国）、狄高鸭（澳大利亚）、瘤头鸭（南美洲）。

兼用型：高邮鸭（江苏）、建昌鸭（四川）、麻鸭（四川）、大余鸭（江西）。

3. 鹅 狮头鹅（广东）、皖西白鹅（安徽、河南）、四川白鹅（四川）、太湖鹅（江苏）。

4. 火鸡 青铜火鸡（美洲）、白色火鸡（荷兰）、白钻石火鸡（加拿大）、尼克拉斯火鸡（美国）、贝蒂纳火鸡（法国）。

（四）羊的品种

1. 绵羊品种

细毛羊：中国美利奴羊（中国）、新疆细毛羊（中国新疆）、东北细毛羊（中国辽宁、吉林、黑龙江）。澳洲美利奴羊（澳大利亚）、德国肉用美利奴羊（德国）、苏联美利奴、高加索细毛羊（俄罗斯）。

半细毛羊：茨盖羊（俄罗斯）、林肯羊（英国）、罗姆尼羊（英国）、考力代羊（新西兰）、波尔华斯羊（澳大利亚）、边区莱斯特羊（英国）。

肉用羊：夏洛来羊（法国）、无角陶赛特羊（澳大利亚）、萨福克羊（英国）、特克赛尔羊（荷兰）、肉用型德国美利奴细毛羊（德国）。

粗毛羊：蒙古羊（中国）、哈萨克羊（中国）、西藏羊（中国）。

裘皮及羔皮羊：滩羊（中国宁夏）、湖羊（中国浙江、江苏）、卡拉库尔羊或称三北羊（俄罗斯）、青海黑羔皮羊。

肉脂羊：寒羊（山东、河北、河南）、乌珠穆泌羊（内蒙古）、阿勒泰羊（新疆）。

2. 山羊品种

奶山羊：萨能奶山羊（瑞士）、崂山奶山羊（中国山东）、关中奶山羊（中国陕西）。

绒山羊：辽宁绒山羊（辽宁）、内蒙古白绒山羊（内蒙古）。

肉用山羊：波尔山羊（南非）、南江黄羊（中国四川）。

毛用山羊：安哥拉山羊（土耳其）。

裘、羔皮山羊：济宁青山羊（山东）、中卫山羊（宁夏）。

兼用山羊：槐山羊（河南）、马头山羊（湖南、湖北）、成都麻羊（四川）、武安山羊（河北）、承德无角山羊（河北）。

（五）马的品种

1. 地方品种 蒙古马（内蒙古）、河曲马（甘肃、四川、青海）、哈萨克马（新疆）、西南马（四川、云南、贵州）、藏马（西藏）。

2. 培育品种 伊犁马（新疆）、三河马（内蒙古）。

3. 育成品种

（1）乘用：阿拉伯马（阿拉伯半岛）、纯血马（英国）、苏纯血（附高血）马（俄罗斯）、顿河马（俄罗斯）。

（2）兼用（速步马）：澳尔洛夫马（俄罗斯）、卡巴金马（俄罗斯）、卡拉巴衣马（俄罗斯）、盎格鲁·诺尔曼马（法国）、莫尔根马（美国）。

(3) 挽用：阿尔登马（比利时）、苏维埃重挽马（俄罗斯）、富拉基米尔马（俄罗斯）、贝尔修伦马（法国）。

（六）兔的品种

毛用品种：英系安哥拉兔（英国）、德系安哥拉兔（德国）、中系安哥拉兔（中国）、法系安哥拉兔（法国）、浙系粗毛型长毛兔（中国浙江）、苏Ⅰ系粗毛型长毛兔（中国江苏）。

肉兔品种：新西兰兔（美国）、加利福尼亚兔（美国）、日本大耳兔（日本）、青紫蓝兔（法国）、比利时兔（比利时）、哈尔滨大白兔（中国）、齐卡（ZIKA）肉兔配套系（德国）、艾哥肉兔配套系（法国）、伊拉（HYLA）肉兔配套系（法国）。

皮用兔：獭兔（法国）。

实习十四　参观养殖场

[目的]

了解养殖场经营方向、任务和饲养管理情况以及办场应具备的条件。

[内容和方法]

(1) 了解养殖场的建设史，基本情况，办场方针和任务。

(2) 养殖场的地址选择，总体布局以及畜禽舍设计。

(3) 养殖场的畜禽规模，所养畜禽品种。

(4) 观察各畜禽品种特征，体质外形，种公畜禽的体型、发育情况，品种优劣。

(5) 了解畜禽的生产性能（牛的产乳量、乳脂率、乳蛋白率、体细胞数；猪产仔数、初生重、乳头数与窝重、每头母猪每年所能提供的断乳仔猪头数；鸡的产蛋量、开产蛋量、开产日龄、孵化情况等）。

(6) 繁殖情况，猪的产仔方式（季节或全年均衡），配种方式（自然交配或人工授精）。

(7) 场内各种畜禽的日粮配方，饲养管理经验。

(8) 饲料来源，农牧结合与青饲料轮供计划。

(9) 养殖场的机械化、自动化、信息化设备条件。

(10) 生产任务和完成情况。

(11) 养殖场畜禽的各项生产、育种记录。

(12) 养殖场各种畜禽的防疫卫生制度，常见传染病的防治。

(13) 场内财务收支情况。

到当地养殖场进行参观，采取场方介绍、实际参观、访问座谈等方式了解上述内容。

[作业]

每人写一份调查报告。